Colloid and Surface Chemistry

第4版

現代界面コロイド化学の基礎

原理・応用・測定ソリューション

日本化学会 編

丸善出版

序　文

1997 年に出版した本テキストは，その内容の見直しと新規分野の追加による刷新を重ねながら 20 年間の継続的出版を重ねてきた。この度，その内容の一部刷新と新規の項目を加えて，改訂 4 版を出版できることは大変喜ばしいことである。

界面化学およびコロイド化学は，古くて新しい分野である。その基礎概念は確立されており，大学などにおいては物理化学や材料科学の講義の一部として取り上げられている。しかし，この分野に関する体系的な講義や成書は少なく，今日の専門分野のニーズに即したわかりやすい解説書が求められていた。たとえば，近年の界面コロイド分野に関する物質・材料の物性および機能の制御も，情報処理工学の進歩でその評価・計測・分析機器の高度化の助けをかりてナノサイズレベル，および分子・原子レベルで行われるようになり，かつその動的挙動の把握もできるようになってきた。

また，界面コロイド化学の応用は，洗剤・化粧品・食品・医薬品・膜・塗料・インキ・触媒・エレクトロニクス材料・エネルギー関連材料・電池・デバイス・バイオなど，日常生活に欠くことのできない製品から最先端の技術まで大変広い分野に関連しており，この産業分野に従事している研究者や技術者はきわめて多い。そのため，界面化学およびコロイド化学に関する日本化学会の入門講座も，この 20 年間多くの参加者を集めて毎年開催されてきている。このような現代の社会的ニーズに応えるため，編集委員会では専門分野の学術的進展および応用面での発展を取り込んだ本テキスト内容を立案し，その掲載内容の継続的改訂を行ってきた。

本改訂テキストは，関連科学技術の現状把握と解決課題が明確になることを指標としてまとめられている。各章およびその節では，従来の基礎概念の解説や開発研究・技術のニーズに応えることはもちろんのこと，新しい測定・評価法，“その場”観察のダイナミクス，反応評価の解析などに関する紹介や解説も加え，新しい情報も包括的に取り上げている。ここでは，界面コロイド化学分野の全体を把握しやすく，かつ今後の開発に役立つ先導的な要素を兼ね備えたものとなるよう努めた。本書の内容が，該当専門分野とそれに関わる科学技術の進展を概観および理解するのに役立ち，各種製品の性能仕様の理解，関連製品を新しく開発し具現化することにつながることを期待したい。

上記のように，本テキストはこの分野に新しく関わる企業の研究者や技術者そして高学年の大学学部学生・大学院学生をおもな対象としているが，専門家の使用にも十分堪え，かつ役に立つものになっていると確信している。

最後に，優れた原稿をご提供いただいた150名の執筆者の方々，およびその取りまとめを辛抱強く行って下さった丸善出版株式会社の糠塚さやか，中村俊司の両氏に厚く御礼申し上げます。

2018年　陽春

日本化学会コロイドおよび界面化学部会の本書の編集委員を代表して

小　山　　　昇

編集委員および執筆者

編集代表

小　山　　　昇　　エンネット株式会社

編集委員

安　部　　　裕　　ライオン株式会社

岩　橋　槇　夫　　北里大学名誉教授

　　　　　　　　　コーセー美容専門学校

川　上　亘　作　　国立研究開発法人 物質・材料研究機構

芳　賀　正　明　　中央大学理工学部

田　村　隆　光　　一般財団法人 工業所有権協力センター

三　輪　哲　也　　国立研究開発法人 海洋研究開発機構

執　筆　者

青　柿　良　一　　職業能力開発総合大学校名誉教授

秋田谷　龍　男　　旭川医科大学医学部

秋　山　義　勝　　東京女子医科大学先端生命医科学研究所

秋　吉　一　成　　京都大学大学院工学研究科

足　立　榮　希　　富士電機株式会社

安　積　欣　志　　国立研究開発法人 産業技術総合研究所

阿　部　　　竜　　京都大学大学院工学研究科

網　屋　毅　之　　宇都宮大学地域共生研究開発センター

新　井　康　男　　元セメダイン株式会社

荒　殿　　　誠　　九州大学大学院理学研究院

荒　牧　国　次　　慶應義塾大学名誉教授

荒　牧　賢　治　　横浜国立大学大学院環境情報研究院
有　賀　克　彦　　国立研究開発法人 物質・材料研究機構
　　　　　　　　　東京大学大学院新領域創成科学研究科
幾　原　雄　一　　東京大学大学院工学系研究科
石　川　達　雄　　富士化学株式会社
石　川　正　司　　関西大学化学生命工学部
石　田　尚　之　　岡山大学大学院自然科学研究科
板　谷　謹　悟　　東北大学理学部
一ノ瀬　　　泉　　国立研究開発法人 物質・材料研究機構
伊　都　将　司　　大阪大学大学院基礎工学研究科
伊　藤　耕　三　　東京大学大学院新領域創成科学研究科
彌　田　智　一　　同志社大学ハリス理化学研究所
岩　井　秀　隆　　花王株式会社
岩　澤　康　裕　　電気通信大学燃料電池イノベーション研究センター
岩　橋　槇　夫　　北里大学名誉教授
　　　　　　　　　コーセー美容専門学校
上　田　隆　宣　　元上田レオロジー評価研究所
上　野　　　聡　　広島大学大学院生物圏科学研究科
牛　島　洋　史　　国立研究開発法人 産業技術総合研究所
大　坂　武　男　　神奈川大学大学院工学研究科
大　沢　正　人　　株式会社アルバック
大　澤　雅　俊　　北海道大学名誉教授
大　島　広　行　　東京理科大学名誉教授
大　谷　文　章　　北海道大学触媒科学研究所
大　坪　泰　文　　千葉大学名誉教授
大　本　俊　郎　　三栄源エフ・エフ・アイ株式会社
大　谷　朝　男　　群馬大学名誉教授
岡　島　武　義　　東京工業大学物質理工学院
岡　野　光　夫　　東京女子医科大学先端生命医科学研究所
　　　　　　　　　ユタ大学細胞シート再生医療センター
岡　本　　　亨　　株式会社資生堂

岡 本 秀 二	綜研化学株式会社
小 川 晃 弘	三菱ケミカルフーズ株式会社
小 川 悦 代	昭和学院短期大学名誉教授
奥 崎 秀 典	山梨大学大学院総合研究部
尾 崎 幸 洋	関西学院大学理工学部
尾 関 寿美男	信州大学理学部
小 田 俊 理	東京工業大学量子ナノエレクトロニクス研究センター
小 山 昇	エンネット株式会社
笠 井 均	東北大学多元物質科学研究所
片 岡 一 則	公益財団法人 川崎市産業振興財団 ナノ医療イノベーションセンター
片 山 建 二	中央大学理工学部
加 藤 健 次	国立研究開発法人 産業技術総合研究所
加 藤 直	首都大学東京大学院理工学研究科
蟹 江 澄 志	東北大学多元物質科学研究所
金 子 克 美	信州大学環境・エネルギー材料科学研究所
川 上 亘 作	国立研究開発法人 物質・材料研究機構
川 島 嘉 明	愛知学院大学薬学部
菅 野 了 次	東京工業大学物質理工学院
北 川 進	京都大学高等研究院物質-細胞統合システム拠点
北 濱 康 孝	関西学院大学理工学部
北 村 房 男	東京工業大学物質理工学院
城 戸 淳 二	山形大学大学院有機材料システム研究科
君 塚 信 夫	九州大学大学院工学研究院
木 村 滋	公益財団法人 高輝度光科学研究センター
日 下 靖 之	国立研究開発法人 産業技術総合研究所
國 武 雅 司	熊本大学先端科学研究部
栗 原 和 枝	東北大学多元物質科学研究所
小 関 良 卓	東北大学多元物質科学研究所
小 森 喜久夫	東京大学大学院工学系研究科
紺 野 義 一	株式会社コーセー

酒　井　秀　樹　　東京理科大学理工学部
酒　井　裕　二　　ポーラ化成工業株式会社
坂　田　修　身　　国立研究開発法人 物質・材料研究機構
坂　本　一　民　　東京理科大学理工学部
佐久間　信　至　　摂南大学薬学部
佐々木　高　義　　国立研究開発法人 物質・材料研究機構
指　方　研　二　　石巻専修大学人間学部
佐　藤　清　隆　　広島大学名誉教授
佐　藤　慶　介　　東京電機大学工学部
佐　野　佳　弘　　昭和大学薬学部
下　山　淳　一　　青山学院大学理工学部
鈴　木　大　介　　信州大学繊維学部
鈴　木　敏　幸　　株式会社コスモステクニカルセンター
関　口　隆　史　　国立研究開発法人 物質・材料研究機構
十　川　久美子　　国立研究開発法人 理化学研究所
武　井　　　孝　　首都大学東京大学院都市環境科学研究科
竹　内　祥　訓　　ライオン株式会社
武　田　真　一　　武田コロイドテクノ・コンサルティング株式会社
田　嶋　和　夫　　神奈川大学特別招聘教授
唯　　美津木　　名古屋大学物質科学国際研究センター
立　間　　　徹　　東京大学生産技術研究所
玉　田　　　薫　　九州大学先導物質化学研究所
谷　口　　　泉　　東京工業大学物質理工学院
田　村　隆　光　　一般財団法人 工業所有権協力センター
知　京　豊　裕　　国立研究開発法人 物質・材料研究機構
辻　井　　　薫　　元北海道大学電子科学研究所
鶴　田　英　一　　昭光サイエンス株式会社
出　口　　　茂　　国立研究開発法人 海洋研究開発機構
徳　永　万喜洋　　東京工業大学生命理工学院
戸　堀　悦　雄　　ライオン・スペシャリティ・ケミカルズ株式会社
豊　福　雅　典　　筑波大学生命環境系

内藤　　昇　株式会社コーセー
中川公一　弘前大学地域イノベーション学系
中嶋光敏　筑波大学生命環境系
中田和彦　株式会社メニコン総合研究所
中村彰一　大塚電子株式会社
西澤松彦　東北大学大学院工学研究科
西澤佑一朗　信州大学繊維学部
西原　　寛　東京大学大学院理学系研究科
西村良浩　レーザーテック株式会社
野副尚一　シエンタオミクロン株式会社
野村暢彦　筑波大学生命環境系
芳賀正明　中央大学理工学部
英　　謙二　信州大学大学院総合工学系研究科
原　　雄介　国立研究開発法人 産業技術総合研究所
原島秀吉　北海道大学大学院薬学研究院
日比裕子　国立研究開発法人 産業技術総合研究所
姫野達也　株式会社コーセー
夫　　勇進　国立研究開発法人 理化学研究所
山形大学大学院有機材料システム研究科
福岡　　宏　広島大学大学院工学研究科
福田啓一　花王株式会社
堀井　　滋　京都大学大学院エネルギー科学研究科
益田秀樹　首都大学東京大学院都市環境科学研究科
松岡秀樹　京都大学大学院工学研究科
松下祥子　東京工業大学物質理工学院
松田亮太郎　名古屋大学大学院工学研究科
松村浩司　株式会社東レリサーチセンター
松村　　晶　九州大学大学院工学研究院
眞山博幸　旭川医科大学医学部
三浦　　晋　元雪印乳業株式会社
南　　秀人　神戸大学大学院工学研究科

三　宅　深　雪　　ライオン株式会社

宮　坂　　　博　　大阪大学大学院基礎工学研究科

三　輪　哲　也　　国立研究開発法人 海洋研究開発機構

向　井　貞　篤　　京都大学大学院工学研究科

村　田　　　薫　　サーモフィッシャーサイエンティフィック株式会社

室　﨑　喬　之　　旭川医科大学医学部

森　永　　　均　　株式会社フジミインコーポレーテッド

持　田　祐　希　　公益財団法人 川崎市産業振興財団
　　　　　　　　　ナノ医療イノベーションセンター

文珠四郎　秀昭　　大学共同利用機関法人 高エネルギー加速器研究機構

山　内　仁　史　　ニプロファーマ株式会社

山　縣　雅　紀　　関西大学化学生命工学部

山　口　智　彦　　明治大学先端数理科学インスティテュート

山　崎　裕　一　　東京大学大学院工学系研究科

山　田　真　爾　　花王株式会社

山　中　啓　造　　元住友スリーエム株式会社

山　本　崇　史　　慶應義塾大学理工学部

山　本　浩　充　　愛知学院大学薬学部

叶　　　　　深　　東北大学大学院理学研究科

吉　武　道　子　　国立研究開発法人 物質・材料研究機構

吉　田　直　哉　　工学院大学先進工学部

依　田　恵　子　　花王株式会社

米　澤　　　徹　　北海道大学大学院工学研究院

渡　辺　　　啓　　株式会社資生堂

渡　部　俊　也　　東京大学政策ビジョン研究センター

渡　辺　政　廣　　山梨大学燃料電池ナノ技術研究センター

(2018 年 3 月現在，五十音順)

目　次

1

基本概念と熱力学

1.1　知っておきたいコロイドと界面化学の基礎

1.1.1　コロイド化学と界面化学の特徴—学際性と業際性

コロイド化学と界面化学は，化学の分類の中では，特異な位置にある。通常，有機化学/無機化学/高分子化学のような研究の対象物質による分類か，量子化学/熱化学/分析化学のような研究手法による分類がなされる。しかし，コロイド化学/界面化学は，コロイドや界面という状態を扱う学問という分類になっている。他とは異なる概念によって分類されている訳であるから，当然，他の分野と交差する。つまり，コロイド化学/界面化学はどんな物質を扱ってもよいし，どんな手法を使ってもよい。タンパク質，脂質，油脂，鉱油，界面活性剤，水，フラーレン，カーボンナノチューブ，グラフェン，金属，半導体，金属酸化物，粘土，プラスチック等々，すべてコロイド化学/界面化学の研究対象である。数学，物理学，化学，生物学で使われる，どんな手法を使ってもよい（図 1.1参照）。実際，数学の概念であるカオスやフラクタルも，コロイド化学/界面化学で利用されている。コロイド化学/界面化学は，その

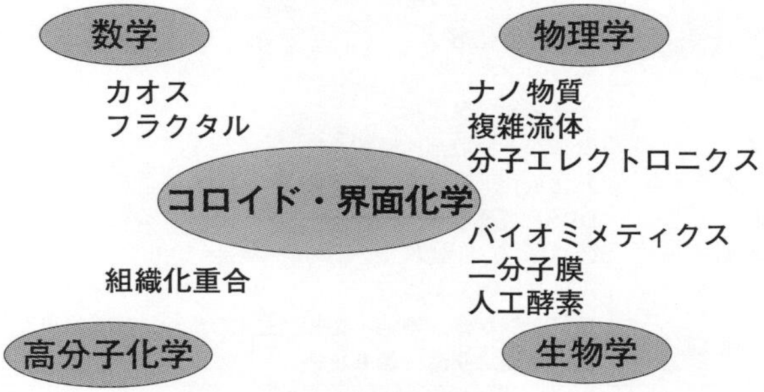

図 1.1　コロイド化学/界面化学が学際的であることを示す図
各分野との接点での研究課題例もあげておいた。

定義からして，学際科学たらざるを得ないのである。

一方，コロイド化学/界面化学は，限りなく実学に近い側面をもつ。「界面」の存在するところ，それはこの学問の研究対象であり，界面は世の中のありとあらゆるところに遍（あまね）く存在する以上，ほとんどすべての日常生活や産業分野にコロイド化学/界面化学は関係するからである。いかに多くの産業分野でコロイド化学/界面化学の技術が使われているかの例を，図 1.2 に示す。ここにはほとんどすべての産業分野があげられているが，そのどの分野でも，コロイド化学/界面化学が利用されていることをご理解いただけるであろう。

読者の皆さんにはあまり馴染みがないと思われる，建築業界の事例を一つ取り上げてみよう。近年，東京スカイツリーやあべのハルカスのような超高層建築が数多く建設されているが，これが可能になった重要な技術の一つがセメント分散剤である。コンクリートは，セメントと砂利と水を混ぜて流動性をもたせ，型に流し込んだ後に化学反応によって固化して使用される。このとき，流動性を与えるために水の添加は必須であるが，その量が多すぎるとでき上がったコンクリートの強度が下がる。できるだけ少量の水で流動性を与えることが，高強度のコンクリートを得るために重要であるが，この技術を可能にするのがセメント分散剤である。

学際性と業際性，この二つが，コロイド化学/界面化学の最も大きな特徴である。

界面は世の中に遍（あまね）く存在する

⬇

コロイド化学/界面化学は遍（あまね）く役立つ

産業分野	具体例
洗　剤	衣料用，台所用，住居用，その他
化粧品・トイレタリー	クリーム，口紅，シャンプー，リンス
食　品	マーガリン，マヨネーズ，豆腐，こんにゃく，ジェリー，寒天
繊維・衣料	染色，柔軟剤
塗料・インキ	分散安定剤
紙・パルプ	サイズ剤，脱墨剤
土木・建築	セメント分散剤，超親水壁材
ゴム・プラスチック	乳化重合，防曇剤，帯電防止
医薬・農薬	DDS，農薬乳剤
燃料・エネルギー	COM，石油回収
金　属	圧延油，防錆剤
電子・情報	磁気記録媒体，電池・電極，LSI の洗浄，HD の潤滑，トナー
自動車	電着塗装，潤滑，曇り止め

図 1.2　コロイド化学/界面化学は業際科学
ほとんどすべての産業界で，その技術は使われている。

1.1.2　表面張力と表面積が織りなす科学

前項で述べたように，コロイド化学/界面化学は，大変広範囲な分野で使われている。それゆえに，各産業界で使われている技術は，ともすれば，医薬の処方箋のような扱いを受ける場合が多い。“この顔料を水に分散するには，この分散剤が有効ですよ”，といった具合に。処方箋的な知識はそれはそれなりに役には立つが，原理の理解がないために，他分野への応用の展開が効かないのが欠点である。そこで本項では，コロイド化学/界面化学を統一的に理解するための背骨となる，一本筋の通った考えを述べてみたい。私は，それを，“表面張力と表面積が織りなす科学”として捉えることだと思っている。図 1.3 に，コロイド化学/界面化学が扱うほぼすべての現象をあげてある。これらの現象のほとんどすべてが，大胆にいえば，表面張力と表面積から理解できることを，以下に説明しよう。ぬれについては，1.1.3 項で改めて取り上げるので，本項では他の現象について説明する。

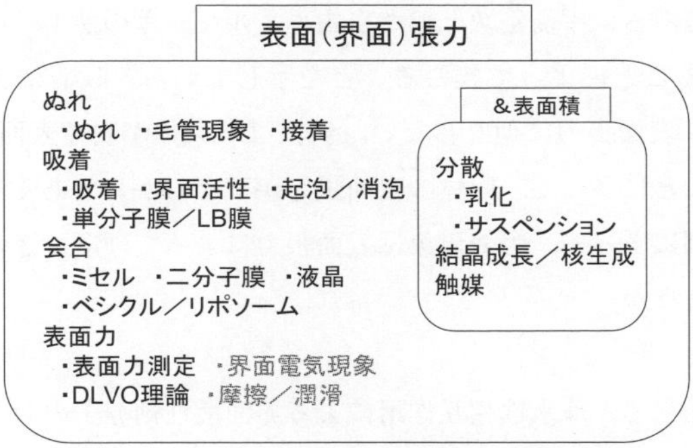

図 1.3　コロイド化学/界面化学は“表面張力と表面積が織りなす科学”

a.　吸 着 現 象

吸着現象の典型的な例として，Gibbs の吸着と Langmuir の吸着を取り上げよう（図 1.4 参照）。Gibbs の吸着は，溶液中の溶質（例えば水溶液中の界面活性剤）が溶液表面に吸着する場合に，Langmuir の吸着は，主として固体表面に気体が吸着する場合に適用される。図 1.4 中に示した Gibbs の吸着式によれば，吸着量 Γ は $-\mathrm{d}\gamma/\mathrm{d}\ln C$ で決まる。つまり，物質が溶ける（C が増える）ことによって溶液の表面張力 γ が下がるから吸着が起こることを表現している。表面張力とは，次節で詳しく説明され

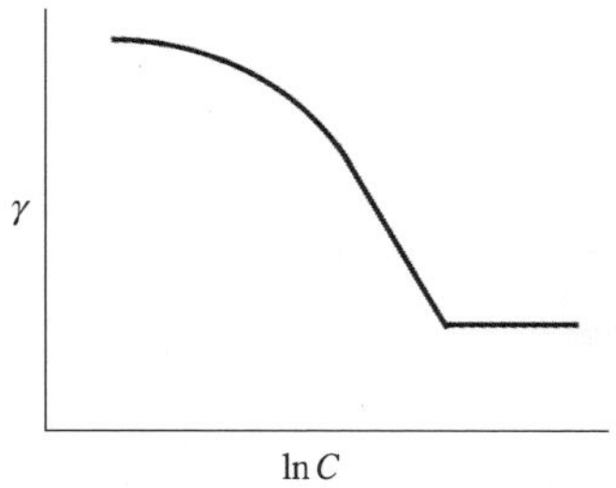

$$\Gamma = -\frac{1}{RT}\frac{\mathrm{d}\gamma}{\mathrm{d}\ln C}$$

溶解することによって
表面張力が下がるから
吸着する

Langmuir 吸着　$aP(1-\theta)=b\theta$　　　k は平衡定数だから

$$\theta=\frac{aP}{b+aP}=\frac{kP}{1+kP} \qquad -RT\ln k=\Delta G^\circ$$

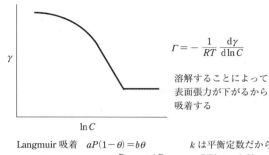

図 1.4　吸着は表面張力が下がるから起こる

るように，固体や液体表面が有する（バルクに比べて）過剰の自由エネルギーのことであるから，上記の表現は，「吸着することによって系の自由エネルギーが下がるから吸着が起こる」という，きわめて当たり前の事柄をいっているにすぎない。

Langmuir の吸着式に現れる $k(=a/b)$ は，吸着と脱着の速度定数の比であるから，吸着の平衡定数である。平衡定数と標準自由エネルギー差の熱力学の関係式から，吸着は ΔG° が下がることによって起こることを示している。吸着によって下がる自由エネルギーとは，表面張力に他ならない。例えば，気体が固体表面に吸着するのは，気体が吸着することによって，固体の表面張力が下がるからである。

上記の二つの例によって，吸着現象は表面張力によって理解できることを，納得してもらえたであろうか。

b. 会合現象

会合現象の例として，疎水性相互作用による界面活性剤分子の会合を考えてみよう（図 1.5）。この会合がなぜ起こるかといえば，水分子間の主となる水素結合による（引力）相互作用は大きいので，水分子は疎水基と接するよりも他の水分子と接したほうが安定に存在できるからである。そのため疎水基は水分子から疎外され，疎水基どうしが接触（つまり会合）せざるを得なくなる（もし界面活性剤分子に親水基がなければ，水に溶けずに相分離することになる）。見方を変えれば，疎水基/疎水基間の界面張力が水/疎水基間の界面張力より小さいために，会合が起こるといえよう。分子間相互作用を界面張力と表現することには，やや牽強付会（けんきょうふかい）の感はあるが，しかし考え方の基本はまったく同じである。会合現象も，界面張力の概念で説明できることを，ご理解いただけたであろうか？

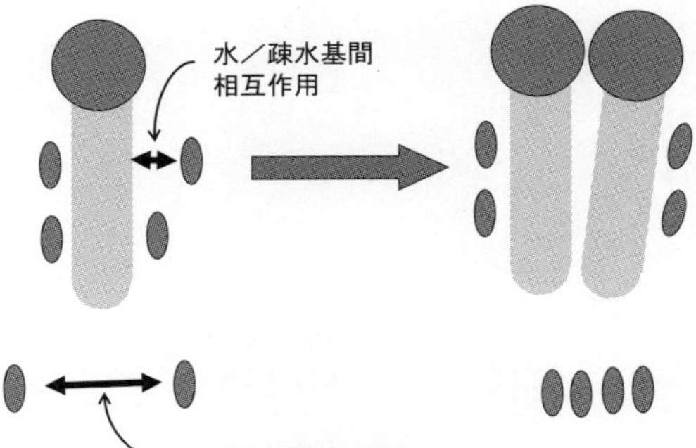

図 1.5 疎水性相互作用による会合
疎水基/疎水基間の界面張力が水/疎水基間の界面張力より小さいから起こると解釈できる。

c. 表 面 力

コロイドが凝集する原因として，二つの説明が行われていることに，読者の皆さんは気付いておられるであろうか？

説明その1：コロイド粒子は小さいので比表面積が大きく，そのために表面（媒体との間の界面）エネルギーが大きい。それを下げるために凝集して表面積を小さくする。

説明その2：コロイド粒子間にはファンデルワールス引力が働いており，そのために凝集する。

DLVO（Derjaguin, Landau, Verwey, Overbeek）理論では，もっぱら後者の説明がなされる。この二つの説明はまったく同じであり，表面力の引力項は表面張力によって理解できることを示そう。図 1.6の上図に，二つの粒子間のファンデルワールス引力の求め方を示した。粒子1の表面上のある分子と，粒子2の表面のすべての分子との間のファンデルワールス引力を足し算（積分）する。次にこの操作を，粒子1の表面上のすべての分子について行う（積分する）。このようにして求めた粒子間ファンデルワールス引力は，結晶をある面で割って無限の遠方まで引き離すときに必要な（自由）エネルギーと同等である（図 1.6の下図）。このエネルギーとは，表面張力の定義に他ならない。つまり，DLVO理論における引力項は，表面張力（媒体との間の界面張力）で理解できる。

表面力の斥力項のうち，静電反発力と吸着高分子による立体反発力は，表面張力で説明できない。しかし，溶媒和による反発力は，溶媒の粒子表面への吸着が原因で発

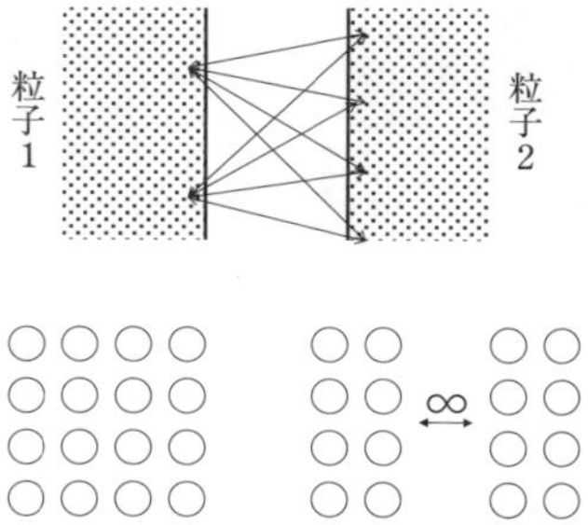

図 1.6　DLVO 理論における粒子間ファンデルワールス引力は表面張力と同じものである

生するのであるから，表面張力で理解できる。

d.　表面積も関与する現象

表面張力に表面積を絡めることによって，コロイドの分散（乳化，サスペンション），結晶核の生成と結晶成長，触媒などが理解できる。図 1.7 には，物体を細かくすると，体積は同じで表面積が増加することを示した。1片を n 分の1に切断すると，表面積は n 倍に増える。表面積が増えると表面エネルギー（表面張力）が増えるので，粒子は凝集（乳化の場合は合一）して表面積を小さくしようとする。この現象が，正しく分散現象の中心課題である。結晶核も微粒子であるから，比表面積が大きい。その表面エネルギーを下げるために結晶は成長する。触媒作用そのものは表面張力と関係はないが，反応物が触媒表面に吸着して初めて反応が起こるのであるから，表面張力が重要な因子である。それと，反応物が多く吸着するために，表面積の大きいほうが有利である。

もう一つの因子：表面積

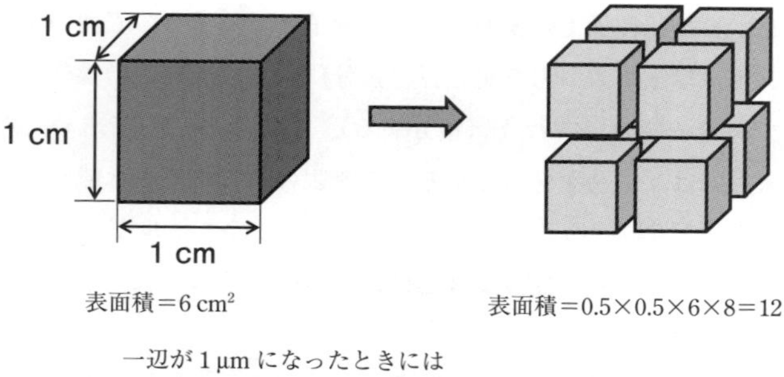

表面積＝6 cm^2　　　表面積＝0.5×0.5×6×8＝12 cm^2

一辺が 1 μm になったときには
表面積＝$10^{-4}\times10^{-4}\times6\times(1/(10^{-4})^3)=6\times10^4$ cm^2

図 1.7　微粒子は比表面積が大きいため表面エネルギーが大きくなる

コロイド化学と界面化学は，よくコロイド・界面化学とセットでよばれる。その理由が，表面張力と表面積が重要な役割を果たす学問であるからだと理解していただけたであろう。コロイド化学と界面化学の現象の中で，界面電気現象と摩擦/潤滑（トライボロジー）は，表面張力と表面積で説明できない数少ない例である。

e. 表面張力と界面張力を腹の底から理解しよう！

以上の説明から，コロイド化学と界面化学の理解に，表面張力と界面張力がキーであることが分かるであろう。表面張力と界面張力の概念を腹の底から理解すること，それがコロイド化学と界面化学を理解し活用するための最も大切なポイントである。これらの概念については，次節で詳しく説明されるので，よく学んでほしい。

1.1.3 ぬ れ

表面張力と界面張力が，最も顕わな形で働く現象がぬれである。その意味で，ぬれは界面化学の最も典型的な主題である。事実，1805 年に Thomas Young が，ぬれの現象を表面張力という概念を導入することによって説明したときに，界面化学は始まるのである。このとき提唱された Young の式（後述）は，200 年以上経った今も，ぬれの論文には必ず現れる。200 年以上の寿命をもつ，稀有な研究成果である。

a. 平らな表面のぬれ

ぬれは，化学的因子と表面の微細な構造（凹凸）因子の二つに支配されている。化学的因子は平らな表面上のぬれを決め，構造因子はそのぬれを強調する。

図 1.8 に，液滴が平らな固体表面上に乗っている様子を示す。ぬれの定量的表現である接触角 θ は，固体と液体と気体が接する 3 相線上における液体表面に対する接線と固体表面がなす角で，液体を含む方の角度で定義する。接触角が 90° より小さ

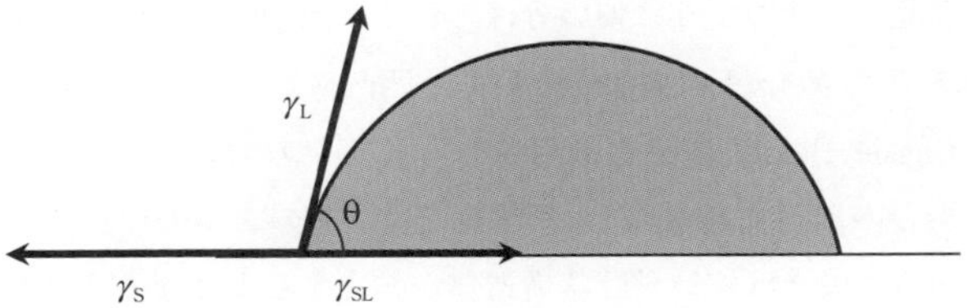

$$\gamma_S = \gamma_{SL} + \gamma_L \cos\theta$$

図 1.8 平らな表面のぬれを決める Young の式
γ_S, γ_L, γ_{SL} は，各々固体，液体の表面張力および固/液の界面張力で，θ は接触角である。

いときに「ぬれる」といい，大きいときに「はじく」という。この接触角は，固体と液体の表面張力および固/液の界面張力の，横方向の釣り合いによって決まる。よく知られているように，この釣り合いを表す式として，次の Young の式が成り立つ[1]。

$$\gamma_S=\gamma_{SL}+\gamma_L\cos\theta \quad \text{または} \quad \cos\theta=\frac{\gamma_S-\gamma_{SL}}{\gamma_L} \tag{1.1}$$

ここで，γ_S, γ_L, γ_{SL} は，各々，固体，液体の表面張力および固/液の界面張力である。固体の表面張力が大きく，固/液の界面張力が小さいと，液滴は γ_S に引っ張られて平らな形（小さな接触角）になる。つまりよくぬれる。きれいなガラスや金属は，その例である。一方，その逆のときは接触角が大きくなり，液体をはじくことになる。例えば，ポリテトラフルオロエチレンのようなフッ素系材料は表面張力が小さく，水との界面張力は大きい。それゆえによく水をはじき，はっ水性材料によくフッ素化合物が使われる。現在知られている限りでは，水との接触角が最も大きな表面は $-CF_3$ 基で完全に被覆されたものであるが，その場合でも接触角は 120° を超えない[2]。したがって，超はっ水表面（通常接触角が 150° 以上のものをいう）を得るためには，化学的因子と同時に，微細な凹凸構造因子の制御が必須である。

b.　凹凸表面のぬれ

蓮や里芋は決してフッ素材料を利用しているわけではないが，その葉の上ではほぼ完全に水をはじく。その原理は，表面の微細な凹凸構造にある。凹凸構造表面のぬれを支配する理論は，現在までに 4 種類が知られている[3]。凹凸表面上でも，固/液界面は完全に接触しているとする Wenzel の理論[4]。この理論では，凹凸構造によって実表面積が増えることが重要である。はっ水性の深い凹構造の底には液体（水）は浸入できず，空気が残るとする Cassie–Baxter の理論[5]。残った空気の表面では水の接触角は 180° であるから，空気相の面積分率が大きいほど大きな接触角が得られる。これら二つの理論は，次のように使い分けられる。比較的凹凸構造が小さく，液体とぬれやすい領域では Wenzel 理論が，そして，凹凸構造が深くなって底までぬれにくい場合には，Cassie–Baxter 理論が適用される[3]。三つめは，表面の凹凸構造がフラクタルである場合の理論である[6]。この理論では，先の二つの理論の前提条件がともに考慮されている。最後は，針(柱)状構造体が林立するような表面におけるピン止め効果が寄与する場合の理論である[7]。これらの理論の詳細を説明する紙数がないのでここでは省略し，文献をあげるに留める。

c.　超はっ水/はつ油材料

超はっ水表面を得るためには，まず，平らな表面上で接触角が90°より大きな材料を用いること（化学的因子）。ついで，その表面に微細な凹凸構造を付与することである（表面構造因子）。前者の条件は，たいていの有機化合物やフッ素系材料がこれを満たす。したがって，後者の凹凸構造のつくり方が超はっ水表面のバラエティーを与えている[8]。① リソグラフィー技術によって，規則的な凹凸構造をつくる方法，② 針(柱)状構造体を表面に林立させる方法，③ 自然界の超はっ水構造をまねて，ミクロとナノの階層構造をつくる方法などが提案されている[8]。以下に，フラクタル構造による超はっ水表面を紹介する[6,9]。

実表面積を増大させて，ぬれを強調するという観点からみれば，フラクタル表面は一つの理想的な表面である。フラクタル構造では，大きな凹凸の中に小さな凹凸があり，小さな凹凸の中にさらに小さな凹凸があり…というように，凹凸構造が入れ子になっており，たいへん大きな表面積を与えるので，もし表面をフラクタル構造にすることができれば，極端にぬれたりはじいたりする性質が期待できるであろう。これを実現したのが，図 1.9である。これは，直径約1 mmの水滴が超はっ水フラクタル表面上に乗っている写真であるが，まるで空中に浮かんだ水滴のようにほとんど真球である。この水滴の接触角は174°であった。ちなみに，この超はっ水表面を与える物質はアルキルケテンダイマーとよばれる一種のワックスで，大変面白いことに，融液から固化させると自発的にフラクタル構造を形成する。そのメカニズムについても研究されている[10]。

同じ原理を使って，超はつ油表面の実現も可能である[11]。もし平らな表面上での油の接触角が90°より大きな材料があれば，その表面をフラクタル構造にすることに

図 1.9　超はっ水フラクタル表面上の水滴（接触角は174°）

図 1.10　超はつ油フラクタル表面上の菜種油（接触角は 150° 以上）

よって超はつ油性にすることができるはずである。現在，最も小さな表面張力を与える化合物（官能基）は $-CF_3$ 基で，その臨界表面張力の値は ～6 mN m^{-1} である。フラクタル表面をこの官能基で覆うことができれば，超はつ油表面の作製が期待できる。その実現が，アルミニウム表面を陽極酸化によってフラクタル構造にし，その表面にフッ化モノアルキルリン酸を吸着させてはつ油処理することによってなされた。このようにして得られた，はつ油表面上の菜種油の液滴を図 1.10 に示す[11]。接触角 150° 以上の美しい球状の油滴が見られる。これくらい大きな接触角の油滴だと，表面に付着することなく，コロコロと転がる。

現在，超はっ水表面や超はつ油表面の研究が，世界中で大変多くなされているが，まだ実用化された例はない。その理由は，性能の耐久性の不足である。耐久性が克服されて，実用化される日が早く来ることが期待される。　［辻井　薫］

1.2　コロイドと界面―界面活性と熱力学

直径約数 μm から数 nm 程度の微細な粒子が媒質中に分散しているものをコロイド分散系とよんでいる。媒質が液体の場合には，気体微粒子が分散した泡，液体微粒子が分散したエマルション，また固体微粒子が分散したサスペンションなどがその例である。これらはそれぞれ液/気，液/液，液/固などの明確で曲率の大きい界面をもっており，熱力学的には安定な系ではない。微粒子は凝集や合一などの過程を経ていずれは巨視的な2相に分離する。一方で長鎖のアルキル硫酸ナトリウムや臭化アルキルトリメチルアンモニウムなどの界面活性剤は，水溶液中の濃度を増加させると，臨界

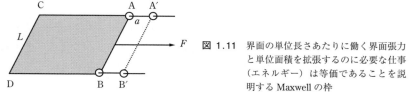

ミセル濃度（CMC：critical micelle concentration）以上の濃度では，球状や棒状さらにはひも状などのコロイド次元の会合体を自発的に形成する。また水-界面活性剤-油からなる系などでは，油の領域と水の領域が界面活性剤の単分子膜で仕切られた双連結構造をした，コロイド次元のマイクロエマルションが自発的に形成される。これらの自発的に形成されるものは，総称して会合コロイド溶液とよばれ，熱力学的に安定な系である。コロイド分散系のように混じり合わない微粒子/媒質間の明確な界面はないが，親水領域と親油領域との間には界面とみなしてもよいような領域があり，そこでは分子やイオンの密度などの物理的性質が急激に変化する。

コロイド系における界面の重要性は，コロイド粒子の界面積/体積の比が非常に大きいことによる。半径 r の球状物体の界面積/体積の比は $3/r$ なので，半径 1 nm の微粒子は半径 1 cm の物体の 100 万倍もの界面積/体積の比をもつことになる。したがって，コロイド分散系や会合コロイド系の性質や構造は関連した界面の性質や構造に大きく依存する。100 年ほど前に Freundlich がコロイド化学の基礎は界面化学であると指摘したのは，まさにこのことであり，界面を特徴づける最も重要な物性は界面張力である。

1.2.1　流体系の界面張力

“界面張力は界面の面積をできるだけ小さくする方向に働く”とか，“水の表面張力は高いがエタノールのそれは低い”など，界面張力の働きや高低について知っていることは多いが，起源についての正確な説明はなかなか難しい。固体面が関与すると説明は一段と難しくなるので，ここではまず流体系の界面のみを考えることにする。

分子 a と分子 b からなる系を考えよう。a-a，b-b，および a-b 間の対ポテンシャルエネルギーを w_{aa}，w_{bb} および w_{ab} とし，交換エネルギーを $\Delta w = w_{ab} - (w_{aa} + w_{bb})/2$ とする。Δw は分子 a と分子 b を混合したさいに 1 個の最近接分子対 a-b をつくるのに必要なエネルギーである。異種分子間よりも同種分子間の引力的相互作用が十分強ければ（溶液の格子モデルでは $\Delta w > 2kT$ 程度以上）であれば，分子 a と分子 b は完全には混合せずに，それぞれを主成分とする A 相および B 相の 2 相に分離する。したがって，二つの相の境界領域では分子間相互作用の弱い分子 a と分子 b が強制的に接触させられ，その結果，系全体の内部エネルギーが上昇していると考えられる。このエネルギーは界面の面積を減少させようとする力として界面で働く。これを界面張力 γ という。これは界面の単位長さに働く張力として定義され，単位として $\mathrm{mN\,m^{-1}}$

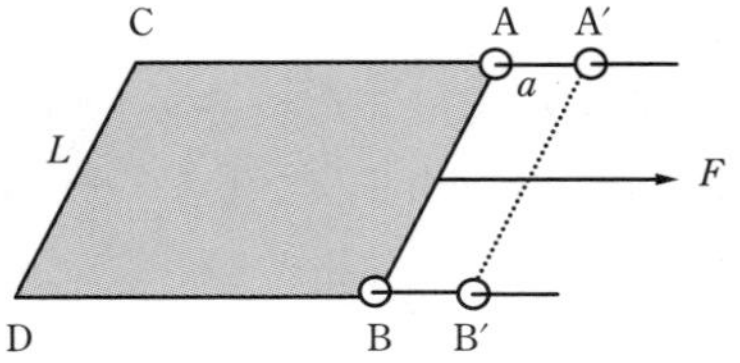

図 1.11　界面の単位長さあたりに働く界面張力と単位面積を拡張するのに必要な仕事（エネルギー）は等価であることを説明する Maxwell の枠

が用いられるが，界面の単位面積あたりのエネルギー mJ m^{-2} と等価である。

この等価性は Maxwell の枠によって示すことができる。図 1.11 に示すように，コの字型の針金の枠をつくり，摩擦なく稼動する長さ L の針金を AB の位置におく。長方形の枠 ABCD に液体膜をはると，膜の表と裏にはそれぞれに空気/液体の表面張力 γ が働くので針金は CD の方向に動く。これを静止させるのに必要な力を F とすると $F=2\gamma L$ であるから，針金に働く片方の表面の単位長さあたりの力 f は

$$f=F/2L=\gamma \qquad (1.2)$$

である。また A′B′ まで距離 a を動かすさいの仕事は $W=Fa=2\gamma La$ なので，単位面積を広げるさいに必要な仕事（エネルギー）w は

$$w=W/2La=\gamma \qquad (1.3)$$

となる。したがって，上に述べた単位長さに働く張力と単位面積あたりのエネルギーの等価性が成り立つ。

界面張力はその起源から明らかなように，液体内部と液体界面での分子間相互作用エネルギーの違いにより表すことができる[1)]。話を簡単にするために，まず成分の液体相と蒸気相が平衡にある場合を考える。液体内部での最近接分子対数を z^{B}，表面でのそれを z^{S} とすると，液体内部と表面での1分子あたりの分子間相互作用エネルギー E^{B} と E^{S} はそれぞれ $E^{\mathrm{B}}=z^{\mathrm{B}}w_{\mathrm{aa}}/2$ と $E^{\mathrm{S}}=z^{\mathrm{S}}w_{\mathrm{aa}}$ となる。したがって，非常に粗い近似ではあるが，表面での1分子あたりの占有面積を a とすると表面張力は

$$\gamma=(E^{\mathrm{S}}-E^{\mathrm{B}})/a=(z^{\mathrm{S}}-z^{\mathrm{B}})w_{\mathrm{aa}}/2a \qquad (1.4)$$

と表すことができる（$z^{\mathrm{S}}-z^{\mathrm{B}}<0$，$w_{\mathrm{aa}}<0$）。内部と表面での最近接分子対の差が大きいほど，また分子間の凝集力が強いほど表面張力は高くなる。成分 a からなる A 相および b からなる B 相が完全に相分離して平衡にあるときにも同様な考察から

$$\gamma=(z^{\mathrm{S}}-z^{\mathrm{B}})w_{\mathrm{aa}}/2a+(z^{\mathrm{S}}-z^{\mathrm{B}})w_{\mathrm{bb}}/2a+(z^{\mathrm{B}}-z^{\mathrm{S}})w_{\mathrm{ab}}/a=(z^{\mathrm{S}}-z^{\mathrm{B}})(-\Delta w)/a \qquad (1.5)$$

を得る。ここでは，“液体中および界面での最近接分子対の数と界面での1分子あたりの占有面積は二つの成分で変わらない”などの近似をしている。右辺第1項と第2

項はa-a，b-b間の結合数が減少することによるエネルギー上昇を，第3項はa-b間の相互作用によるエネルギー低下に対応する。したがって互いに混じりにくい成分ほど Δw は大きくなり，界面張力は上昇する。

表 1.1 に 6 個の炭素をもつ有機化合物の表面張力および水に対する界面張力の例を示す。無極性物質の場合，凝集力の目安の一つである大気圧下での沸点が高いほど空気/水表面張力も高くなる。極性物質では界面領域における分子の配向も重要な因子となる。1-ヘキサノールは炭化水素に近い表面張力を示すことから，炭化水素鎖を空気相に向けていると考えられる。水との界面張力の大小関係は，ペルフルオロヘキサン＞ヘキサン，シクロヘキサン＞ベンゼン，ヘキサン＞ヘキサノールとなり，水との親和性すなわち交換エネルギーが界面張力に大きな影響を及ぼすことがわかる。

表 1.1　表面張力と界面張力の例

	通常沸点[1] ℃	空気/液体 表面張力[2] $mN\,m^{-1}$	水/液体 界面張力[2] $mN\,m^{-1}$
ペルフルオロヘキサン	57	11.4	56.5
ヘキサン	69	17.9	50.4
シクロヘキサン	81	24.7	50.6
ベンゼン	80	28.2	34.1
1-ヘキサノール	158	25.8	6.8
水	100	72.0	—

1)　日本化学会 編，"化学便覧 基礎編 改訂 5 版"，丸善 (2003)，p. I -364.

2)　日本化学会 編，"化学便覧 基礎編 改訂 5 版"，丸善 (2003)，p. II -90.

固/液や固/気界面に働く界面張力も原理的には流体系の界面張力と同じように考えられる。しかしながら固体面では結合が不飽和であること，原子や分子の配列に方向性があるなどのため界面張力の説明はもちろん，その測定も難しい。

1.2.2　界面張力と熱力学量

図 1.12 のように面積 σ の平らな界面を含む 2 相系を考える。系の全体積を V とすると系になされる仕事は，通常の体積仕事に界面の面積を $\mathrm{d}\sigma$ だけ拡張するのに必要な仕事 $\gamma\mathrm{d}\sigma$ を加えて

$$\mathrm{d}w = -p\mathrm{d}V + \gamma\mathrm{d}\sigma \tag{1.6}$$

と書くことができる。したがって，系の内部エネルギー U の変化は

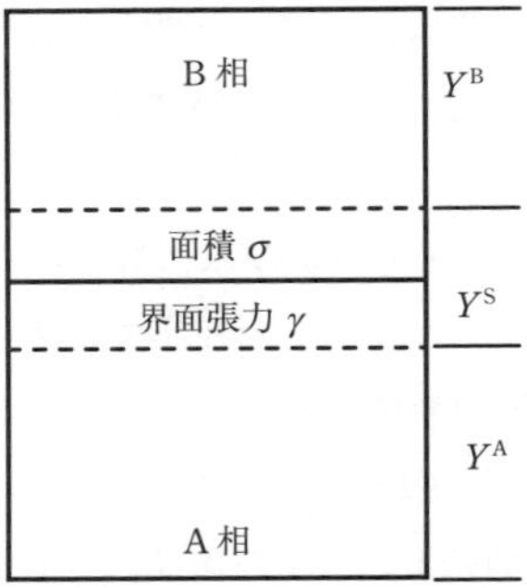

図 1.12　平らな界面を含む2相系

$$dU = TdS - pdV + \gamma d\sigma + \sum_i \mu_i dn_i \tag{1.7}$$

となる。和はすべての成分についてとる。この式から系のヘルムホルツエネルギー F およびギブズエネルギー G は

$$dF = -SdT - pdV + \gamma d\sigma + \sum_i \mu_i dn_i \tag{1.8}$$

$$dG = -SdT + Vdp - \sigma d\gamma + \sum_i \mu_i dn_i \tag{1.9}$$

となる。式（1.8）から

$$\gamma = (\partial F/\partial \sigma)_{T, V, n_i} \tag{1.10}$$

を得る。すなわち界面張力は系の温度，全体積および物質量を一定に保ちながら，界面の単位面積を増加させるのに必要なヘルムホルツエネルギーである。

界面は上下のバルク相が存在しない限り存在しえないので，図 1.12 のように系全体の示量性熱力学量 Y から上下の2相に帰すべき熱力学量である Y^A および Y^B を差し引いた残りの量 Y^S を界面固有の量—これを界面過剰量とよぶ—とするのが一般的である。すなわち

$$Y^S = Y - Y^A - Y^B \tag{1.11}$$

これを用いると式（1.8）と（1.9）からそれぞれ

$$dF^S = -S^S dT - pdV^S + \gamma d\sigma + \sum_i \mu_i dn_i^S \tag{1.12}$$

$$dG^S = -S^S dT - V^S dp - \sigma d\gamma + \sum_i \mu_i dn_i^S \tag{1.13}$$

となる。すなわち界面張力は

$$\gamma = (\partial F^S/\partial \sigma)_{T, V^S, n_i^S} \tag{1.14}$$

のように，界面過剰量でも定義される。さらに式（1.13）から $G^S = \sum_i \mu_i dn_i^S$ である

ことを利用すると，温度，圧力，および成分の化学ポテンシャルの関数として界面張力は

$$d\gamma = -s^{S}dT + v^{S}dp - \sum_{i} \Gamma_i^{S} d\mu_i \quad (1.15)$$

となる。ここで

$$s^{S} = S^{S}/\sigma,\ \ v^{S} = V^{S}/\sigma,\ \ \Gamma_i^{S} = n_i^{S}/\sigma \quad (1.16)$$

であり，それぞれ単位面積あたりの界面過剰量である。

1.2.3　界面活性と界面吸着

相Aあるいは相Bに溶質を加え，界面張力を溶質濃度を変えて測定すると，その結果は図 1.13 に示すような三つのタイプに大別される。図（a）では濃度増加により界面張力は上昇する。多くの無機塩がこの部類である。図（b）では界面張力が低下する。図（c）では希薄な溶液でも界面張力が大きく低下し，ある濃度以上ではほぼ一定となる。図（b）は比較的短鎖の両親媒性物質が示す挙動，図（c）はミセルやベシクルなどの分子集合体を溶液中で形成するいわゆる界面活性剤が示す挙動である。図 (c) で界面張力がほぼ一定になり始める濃度を臨界ミセル濃度 (CMC) という。

式（1.15）を利用して界面過剰量を計算することを考えてみよう[2)]。A相およびB相の主成分aおよびbと，溶質が一つ（第1成分とする）の場合には，式（1.15）は

$$d\gamma = -s^{S}dT + v^{S}dp - \Gamma_a^{S}d\mu_a - \Gamma_b^{S}d\mu_b - \Gamma_1^{S}d\mu_1 \quad (1.17)$$

となる。界面過剰量を定義したさいに Y^{A} および Y^{B} を定義する境界線（図 1.12 の点線）を明確に決めていなかったため，3成分2相系に許される自由度3よりも2個多い5個の変数の関数として式（1.17）は表されている。A相およびB相中で成立している Gibbs-Duhem の式を利用して μ_a および μ_b を消去して整理すると，界面過

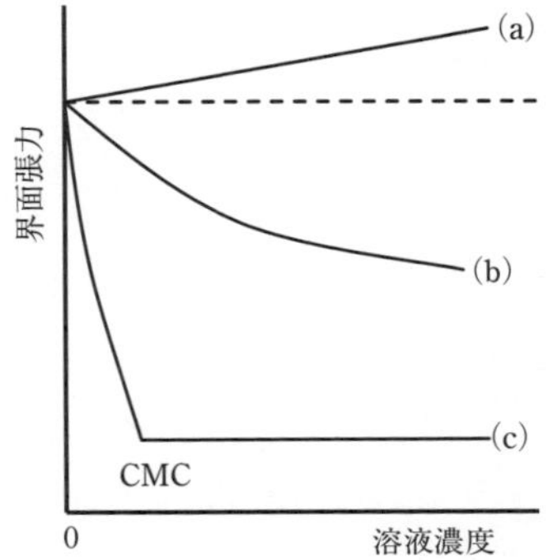

図 1.13　界面張力の濃度依存性の例（模式図）
(a)　多くの無機塩など
(b)　エタノールなどの両親媒性物質
(c)　界面活性剤

剰濃度を計算する式として，

$$\Gamma_1^{\mathrm{H}} = -(\partial\gamma/\partial\mu_1)_{T,p} = -(\partial\gamma/\partial \ln c_1)_{T,p}/RT \tag{1.18}$$

が得られる。すなわち，通常の実験のように，大気圧下で温度を一定にして，界面張力の濃度依存性を解析すれば，溶質の界面過剰量が計算できる。ここで溶液は理想溶液であると仮定した。

式（1.17）は溶質が非イオン性の場合に適用される。溶質が $X_xY_y \rightarrow xX^{v_x} + yY^{v_y}$ 型のイオン性の場合には，式（1.18）は次の式（1.19）となる。

$$\Gamma_1^{\mathrm{H}} = -(\partial\gamma/\partial \ln c_1)_{T,p}/(x+y)RT \tag{1.19}$$

式（1.18）あるいは式（1.19）によれば，図 1.13 のタイプ（a）では $\Gamma_1^{\mathrm{H}}<0$，（b）では $\Gamma_1^{\mathrm{H}}>0$，（c）では CMC まで $\Gamma_1^{\mathrm{H}}>0$，それ以上の濃度で $\Gamma_1^{\mathrm{H}}\approx 0$ となる。ただし，図（c）で CMC 以上で $\Gamma_1^{\mathrm{H}}\approx 0$ となるのは，実際に界面活性剤が吸着していないのではなく，CMC 以上では式（1.18）あるいは式（1.19）が適用できないということである。

このようにして，両親媒性物質は界面に吸着して界面張力を低下させ，結果として系の内部エネルギーを低下させる働きをすることがわかる。

1.2.4　平らな界面と曲がった界面

水滴表面やガラス容器の壁にできた水表面のメニスカス，また上に述べたコロイド粒子と周囲の媒体の界面など，界面は曲がっている場合が多い。平らな界面の場合，2 相の圧力は等しいので $p^{\mathrm{A}}=p^{\mathrm{B}}\equiv p$ として上に述べた式は導かれている。では曲がった界面の場合にはどのような関係になるかを，1 成分系の曲面—たとえば水蒸気中の液滴を例にとり，曲面は球面であるとして導いてみよう。図 1.14 のように，内部相

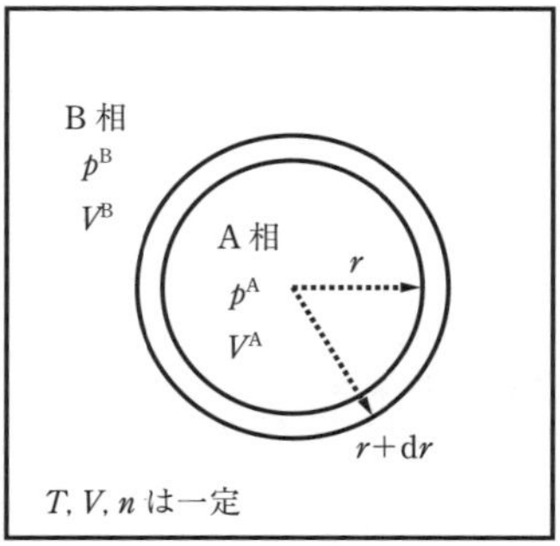

図 1.14　球面状界面をもつ系の Young–Laplace の関係式の導出

をA，外部相をBとすると，式（1.8）は

$$dF = -SdT - p^{A}dV^{A} - p^{B}dV^{B} + \gamma d\sigma + \mu dn \quad (1.20)$$

となる。系の温度，全体積，成分の物質量が一定の場合の平衡条件は $dF=0$ であること，またこのさいには $dV^{A}=-dV^{B}=4\pi r^{2}dr$ および $d\sigma=8\pi r dr$ の関係があることを利用すると，式（1.20）から次の式（1.21）が得られる。

$$p^{A} - p^{B} = 2\gamma / r \quad (1.21)$$

ここで，γ は半径に依存しないと仮定している（実際に水の表面張力は半径が10 nm程度の球面でも3% 程度しか変化しない）。曲面が球面でない場合にも，曲面の主曲率半径（最大と最小の曲率を与える半径）を r_1 と r_2 すると，一般的に

$$p^{A} - p^{B} = \gamma (1/r_1 + 1/r_2) \quad (1.22)$$

であることが示される。式（1.21）および式（1.22）はYoung-Laplaceの関係式とよばれている。曲率半径が無限大，すなわち平界面では $p^{A}=p^{B}$ であることがこの関係式からも明らかである。式（1.21）から球面の内部や外部の相の状態にかかわらず，つねに内部の圧力は外部よりも高いことがわかる。しかも界面張力が高いほど，また曲率が大きい（曲率半径が小さい）ほど，内部と外部の圧力差は大きくなる。

曲がった界面が関与する例をいくつか示そう。代表例は毛管現象である。清浄なガラスの毛管を水中に立てると，空気/ガラスよりも水/ガラス界面張力が低いので，空気/ガラス界面の面積が小さくなるように水はガラス管壁をぬらして壁面を上昇する。しかしある高さ h まで登ると重力に逆らってそれ以上登ることはできなくなりメニスカスが静止する。図 1.15のように半径 r の球面状メニスカスが接触角 θ で半径 R のガラス管壁と接触しているとしよう。高さ h での液体相Bの圧力は $p^{B}=p-\rho^{B}gh$，空気相Aの圧力は $p^{A}=p-\rho^{A}gh$ であるので，圧力差 $p^{A}-p^{B}=\Delta\rho gh$ が生じている。ここで，$\Delta\rho=\rho^{B}-\rho^{A}$ とした。一方でYoung-Laplaceの式から圧力差は $p^{A}-p^{B}=2\gamma/r$ であり，毛管の半径と接触角を用いると $p^{A}-p^{B}=2\gamma\cos\theta/R$ である。したがって，圧

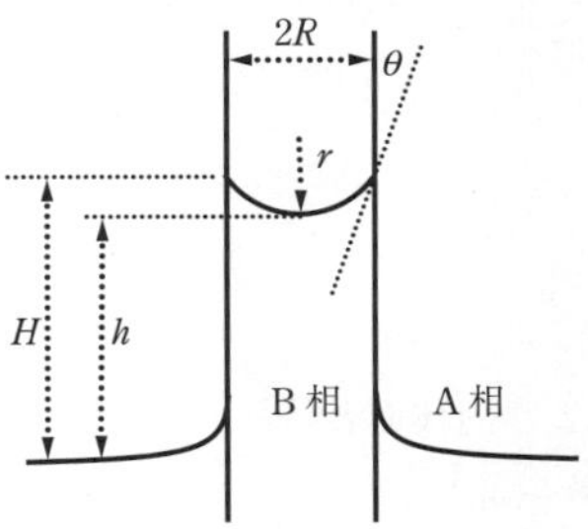

図 1.15　毛管上昇と界面張力の関係

力差を表す二つの式の右辺が等しいとおき整理すると，毛管上昇 h を表す式

$$h=(2\cos\theta/\Delta\rho g)\,\gamma/R \tag{1.23}$$

が得られる。すなわち毛管上昇は毛管の半径が小さいほど，また表面張力が高いほど大きくなる。また同じ液体で同じ半径の毛管の場合，その液体が管壁をよくぬらす（θ が小さくなる）ほど毛管上昇が大きくなることもわかる。以上の導出では高さ h よりも上にある液体の重力は無視した。

もう一つの重要な例は Ostwald 熟成といわれる現象である。溶質成分1のみからなる球形微粒子（S相）が溶質のモル分率が x である飽和溶液（L相）と平衡にあるとき，それぞれの相での成分1の化学ポテンシャルは

$$\mathrm{d}\mu_1{}^{\mathrm{S}}=-s_1{}^{\mathrm{S}}\mathrm{d}T+v_1{}^{\mathrm{S}}\mathrm{d}p^{\mathrm{S}} \tag{1.24}$$

および

$$\mathrm{d}\mu_1{}^{\mathrm{L}}=-s_1{}^{\mathrm{L}}\mathrm{d}T+v_1{}^{\mathrm{L}}\mathrm{d}p^{\mathrm{L}}+(RT/x)\,\mathrm{d}x \tag{1.25}$$

である。微粒子/溶液界面の界面張力を γ とすると式（1.21）より

$$\mathrm{d}p^{\mathrm{S}}-\mathrm{d}p^{\mathrm{L}}=\mathrm{d}\,(2\gamma/r) \tag{1.26}$$

なので，半径 r_1 および r_2 の微粒子と平衡にあるときの飽和溶解度 x_{r_1} および x_{r_2} は

$$\ln\,(x_{r_1}/x_{r_2})=(2\gamma v_1{}^{\mathrm{S}}/RT)\,(1/r_2-1/r_1) \tag{1.27}$$

の関係にある。すなわち半径の異なる微粒子が混在した場合，粒子径の小さい粒子はますます小さくなり，粒子径の大きい粒子はますます大きくなる。

ほかにも，Young-Laplace の式より，液滴の蒸気圧は平らな界面の蒸気圧よりも高く，その半径が小さいほどより高くなる。また，気泡の内圧は平らな界面の蒸気圧よりも低いなどが導かれる。これらは，“半径の小さい液滴を消費して半径の大きい液滴はますます大きくなる”等温蒸留といわれる現象，“圧力一定下での過冷却や過熱による突沸また温度一定下での過圧縮や過飽和”などのよく知られた準安定状態の出現につながることがわかる。毛管現象，Ostwald 熟成，等温蒸留，準安定状態の出現などはいずれも，曲がった界面の内部と外部では圧力が異なり，その差は界面張力により決まる，という界面現象の結果である。

1.2.5　平衡界面張力の測定法[3)]

種々の界面張力測定法が開発されているが，よく利用されている手法の多くは，① 上で述べた毛管上昇のように固体面のぬれにより固体面と接触しているある量の液体を界面張力が支えているという力のバランスを利用する，② 毛管先端にできた液滴

の形状が Young–Laplace の式に従うことを利用する，のどちらかに基づいている。式 (1.22) と主曲率半径の定義を用いると，水平面より上部で液体が毛管と接している高さ H までの毛管内の液体の気体相中での重量は

$$W = 2\Delta\rho g \int_{r=0}^{r=R} rH\mathrm{d}r = 2\pi R\gamma\cos\theta \qquad (1.28)$$

となることが示される。r はメニスカスの半径である。この式から，毛管内の重量 W の液体を円周 $2\pi R$ にわたる表面張力の垂直成分 $\gamma\cos\theta$ が支えていると考えることができる。すなわち，①の方法も基本的には Young–Laplace の式に基づいている。図 1.16 に代表的な測定法を示す。

a.　力のバランスを利用する方法

(i)　毛管上昇法（図 1.15）　メニスカスが球面で接触角 θ がゼロの場合には

$$W = \Delta\rho g\pi R^2 h(1 + R/3h) \qquad (1.29)$$

なので，界面張力は

$$\gamma = (\Delta\rho gRh/2)(1 + R/3h) \qquad (1.30)$$

となる。式 (1.23) で $\theta = 0$ とおけば，$R/3h$ のかかる項が h から H にある液体の量を補正していることに気づく。また半径が十分小さければ（通常 0.5 mm 程度以下），式 (1.23) でよい。この方法はぬれがよくない場合や吸着に時間がかかる溶液の界面張力測定には不向きである。

(ii)　滴重法あるいは滴容法　図 1.16 の懸滴法に描かれているように垂直な管から液滴をつるし，液滴の体積をさらに大きくすると，やがては図 1.16 の滴重（容）法に描かれているように落下する。落下する液滴の重量を W とすると，これを周囲

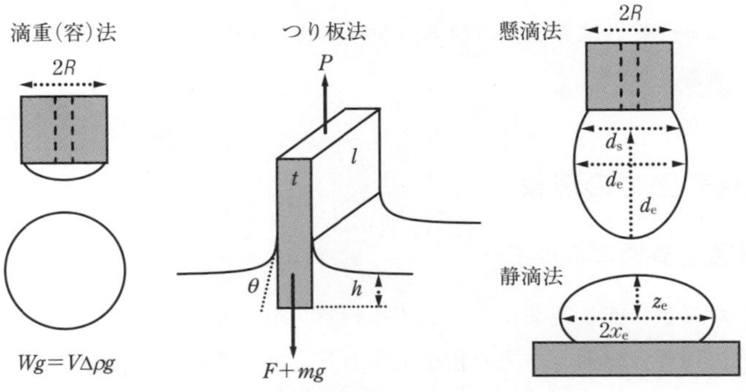

図 1.16　平衡界面張力測定法の例

$2\pi R$に働く表面張力が支えるので

$$2\pi R\gamma = Wg = V\Delta\rho g \tag{1.31}$$

すなわち1滴のWあるいはVから界面張力を計算できる。しかし正確な測定には管先端のぬれやそこに残る液体量などに関する補正因子を入れて計算する必要がある。

（iii）　つり板法　白金板などを被測定溶液中につるして，その板にかかる張力を測定する。図 1.16のような状況でつり板にかかる力は$F=2(l+t)\gamma\cos\theta\pm lth\Delta\rho g$である。またてんびんではかる張力を$P$とすると$P=F+mg$の関係があるので，この二つの関係式により

$$\gamma = [P - mg - (\pm lth\Delta\rho g)]/2(l+t)\cos\theta \tag{1.32}$$

が得られる。

b.　界面の形状を計測する方法

（i）　懸滴法および静滴法　図 1.16のように，管からつり下げられている液滴（懸滴）の赤道面の直径d_eと液滴頂点からd_eの距離の直径d_sを用いて計算する方法や，固体面上におかれた液滴（静滴）の赤道面の半径x_eと赤道面の高さz_eを用いて計算する方法などがある。また形状を直接計測し，Young-Laplaceの式にフィッティングするパラメーターとして界面張力を求める方法などもある。画像解析の機器と手法の進歩により形状を直接測定する方法が主流となってきた。懸滴法や静滴法は界面を破壊せずに界面張力を測定するので，平衡に長い時間を要する系や，また平衡値測定だけでなく動的界面張力の測定にも用いられている。

以上のような測定法のほかにも，遠心力場での液滴の形状から界面張力を測定するスピニングドロップ法や界面張力波による光散乱の解析から界面張力を測定する方法などがある。前者はマイクロエマルション系や臨界点近傍など非常に低い界面張力測定に適しており，後者は界面張力値のほかに界面の粘弾性に関する情報が得られるなどの利点がある。　［荒殿　誠］

1.3　固体表面での現象

1.3.1　表面と表面エネルギー

われわれが対象とする空間は，注目する物質（系）とその周囲（外界）からなり，系と外界との境界は界面（一方の相が気体もしくは真空のとき表面）で区切られる。界面をはさんで二つの相が共存するとき，一般に2相の構造やエネルギー準位が界面

で整合しないので，エネルギーが最も低くなるように界面近傍の二つの相は変化し，それぞれバルクとは異なる状態になる。真空中で物質を半分に切ると，切り口（表面）以外には何も起こらない。しかし，結合すべき相手を失った界面には結合する能力（ダングリングボンド）が生まれており，反応性が高いといった表現で界面のエネルギーの高さが理解される。実は，界面では“何も起こらない”どころか，片側を失った傷を癒すために，電子の移動，原子の移動，結合の組換え，吸着などのあらゆる可能なプロセスが起こり，表面エネルギーを下げる。表面エネルギーが低くなった界面でも別の環境におかれ，条件が変われば吸着や反応を伴って再び安定化する。

固体を細かくするとき，表面にエネルギーが蓄積される過程をみてみよう[1)]。簡単のために，断面積 A の直方体を真空中で二つに分割し，無限の距離まで引き離す過程を考える。引き離すには，二つの物体間に働いている引力に抗して仕事をしなければならない。無限の彼方まで引き離す間に仕事として注入されたエネルギー W はポテンシャルエネルギーを増加させ，内部エネルギーとして物体に蓄えられる。固体（バルク）の内部に蓄えられているエネルギー（格子エネルギー）は構造由来の物質固有の値をもつはずなので，この引き離す過程ではバルクのエネルギーは変化しない。したがって，表面を二つつくって，この表面を無限に離す過程で注入されたエネルギーはすべて表面に蓄えられているはずである。この蓄えられたエネルギー ΔG は表面過剰エネルギーとよぶべき量で，$\Delta G=W=2\gamma A$ である。すなわち，表面エネルギーの増大は生成した表面の面積 $2A$ に比例する。比例定数 γ は単位面積あたりの表面エネルギーで，表面張力（界面張力）とよばれる。

仕事はすべて内部エネルギーとして蓄えられるわけではない。もし，この過程が一定温度 T で行われるならば，表面エネルギーは実は表面自由エネルギーである。仕事として注入されたエネルギーは内部エネルギー ΔU として蓄えられるが，その過程で温度を一定に保つために，外界との間で熱をやりとりする。熱力学第一法則（$\Delta U=W+Q$）から，仕事は内部エネルギーと熱に費やされる。また，熱力学第二法則によると，熱は可逆過程ではエントロピー変化 ΔS と温度で決まり，$Q=T\Delta S$ である。したがって，$W=\Delta U-T\Delta S$ となり，表面は体積をもたないので，右辺はギブズエネルギー変化 ΔG に等しい。このように，この過程で注入された仕事はギブズエネルギーとして表面に蓄えられる。注入された仕事の一部は役に立たないエントロピーのエネルギーとして費やされ，役に立つエネルギーは，表面自由エネルギー（$\mathrm{J\,m^{-2}}$）としての ΔG である。

バルクの点欠陥，線欠陥，面欠陥は表面にも現れる。これらは表面のエネルギー状態に関わっており，表面の安定性や活性（吸着活性や反応活性）を支配し，表面に複雑で豊かな機能をもたらす。平坦部分をテラス，層の高さの違いで生まれる切り口をステップ，ステップが表面に沿ってずれてできた面をキンクとよぶ(図 1.17)。ステップとキンクは本来あるべき原子がない欠陥で界面エネルギーをもち，テラス，ステップ，キンクの順にエネルギーが高い（活性が高い）。また，原子が抜けた穴や原子が付け加わった吸着原子も欠陥として存在する。原子が面積の広いテラスに衝突して，ある確率（付着確率）で吸着原子となり，テラスを表面拡散して欠陥に捕らえられ，結晶に組み込まれる。このとき，エネルギー的にはキンクに組み込まれやすいが，ステップのほうがキンクよりも広いので，まずステップに捕らえられ，次にステップに沿って拡散しキンクに至る。吸着原子の代わりに分子やイオンであれば，（固体触媒）反応過程となる。

表面は種々の表面官能基をもち得る。有機物質の表面には基本的に有機分子の官能基と同じものが存在する。合成高分子物質ならば，モノマーの官能基が表面に現れる。活性炭やフミン酸（植物の腐敗物）のように，賦活や腐食を受けた物質の表面にはカルボキシ基，フェノール性ヒドロキシ基，ラクトン基，カルボニル基のような酸性基，ヒドロキシ基のような中性基，アミノ基のような塩基性基が存在する。無機酸化物や金属の表面も空気中の水分や酸素によって生じたヒドロキシ基で覆われ，有機物の官能基と同様に，たとえばエーテル反応やエステル化反応の反応基として利用される。

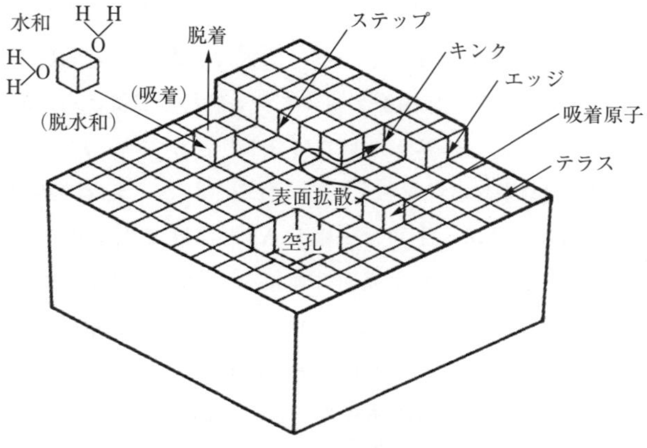

図 1.17 固体表面の構造

表面官能基は表面に電荷をもたらす。バルク構造，表面反応（選択的溶出・錯形成）や吸着も表面電荷の原因となる。バルク固体がイオン性結晶であれば，分割によって表面に電荷（表面電場）を生じ，その電荷は現れた面の面指数に応じて異なる。球状のコロイドでは，表面の位置によって異なる電荷をもち，また，粘土のように層の表裏で組成が異なると，表面と裏面，端面でそれぞれ異なる電荷をもつことがある。

酸化物，あるいは金属の表面 OH 基は両性なので，SOH と表すと，溶液中では

$$SOH_2^+ \rightleftharpoons SOH + H^+$$

$$K_{a1} = \{SOH\}[H^+]_s / \{SOH_2^+\} \tag{1.33}$$

$$SOH \rightleftharpoons SO^- + H^+$$

$$K_{a2} = \{SO^-\}[H^+]_s / \{SOH\} \tag{1.34}$$

ここで，$[\ \ ]_s$ は表面での濃度（$mol\,L^{-1}$），$\{\ \ \}$ は活量を表す。K_{ai} を表面酸性度という。

表面電荷密度 σ_0($C\,cm^{-2}$) は H^+ と OH^- の表面濃度を Γ_H と Γ_{OH} とすると，

$$\sigma_0 = F(\Gamma_H - \Gamma_{OH}) \tag{1.35}$$

となる。表面電荷密度がゼロ（$\sigma_0=0$），すなわち $\Gamma_H = \Gamma_{OH}$ のとき，等電点（$pH_{pzc} = -\log[H]$：等電点を与える pH）といい，

$$pH_{pzc} = (pK_{a1} + pK_{a2})/2 \tag{1.36}$$

で与えられる。ここで $pK_{ai} = -\log K_{ai}$ である。

1.3.2 吸　着

a. 吸着ポテンシャル

無極性分子は表面からポテンシャルを感じている。このポテンシャルエネルギーの起源は分子と固体中のすべての原子との間に働く相互作用である。通常，Lennard-Jones ポテンシャルの総和として見積られるので，分子は Lennard-Jones ポテンシャルと同形のポテンシャル曲線の極小位置で表面に吸着する。この意味で，このポテンシャルを吸着ポテンシャルとよぶ。表面の周りには表面からの距離に依存して等吸着ポテンシャル面が等高線のように広がっている。実際には分子の極性や磁性，表面電場などに基づく相互作用ポテンシャルが加わるが，分子は，分子のもつエネルギーの値と一致する吸着ポテンシャル面に吸着し，あまったエネルギーで等吸着ポテンシャル面上を運動する。分子のもつエネルギーは，気体では $RT\ln p_0/p$（p：圧力，p_0：飽和蒸気圧），溶液では $RT\ln c_0/c$（c：濃度，c_0：溶解度）で与えられるので，吸着量は

圧力や濃度とともに増加する。

b.　物理吸着と化学吸着

吸着媒（固体など）への吸着質（分子など）の吸着は，ファンデルワールス力やクーロン力（静電気力）による物理吸着と，もっと強い相互作用による化学吸着に大別される。いずれの吸着においても，表面や細孔への吸着により分子は低次元運動に制限されるので，エントロピーは低下（$\Delta S<0$）する。また，固体-分子，分子-分子間に相互作用が生じるので，一般に，吸着は発熱過程（$\Delta H<0$）である。したがって，温度を下げると吸着量は増える。吸着が起こるためには吸着のギブズエネルギー変化 $\Delta G=\Delta H-T\Delta S$ が負（$\Delta G<0$）でなければならないので，$\Delta S<0$ ならば $\Delta H<0$，すなわち，$\Delta H<T\Delta S<0$ でなければならない。しかし，溶液からの吸着のように，脱水和などエントロピーが増加する過程があると吸熱吸着も起こり得る。気体（蒸気）の物理吸着熱の値はその気体の凝縮熱（液化熱）に近い。たとえば，77 K での窒素の鉄への物理吸着熱は $-10\ \mathrm{kJ\ mol^{-1}}$ 程度で，液化熱は $-5.7\ \mathrm{kJ\ mol^{-1}}$ である。しかし，温度が上がり窒素の臨界温度を超えると，高圧にしても凝縮しない超臨界気体になり，きわめて吸着しにくくなる。窒素の鉄への化学吸着熱は $-150\ \mathrm{kJ\ mol^{-1}}$ で，きわめて大きい。

物理吸着過程と化学吸着過程を固体/分子相互作用のポテンシャルエネルギー変化からみてみよう（図 1.18）[2]。ポテンシャル曲線 $P(X_2)$ は分子 X_2 と固体 M との間の相互作用ポテンシャルを距離の関数として表したものである。物理吸着ではこのポテ

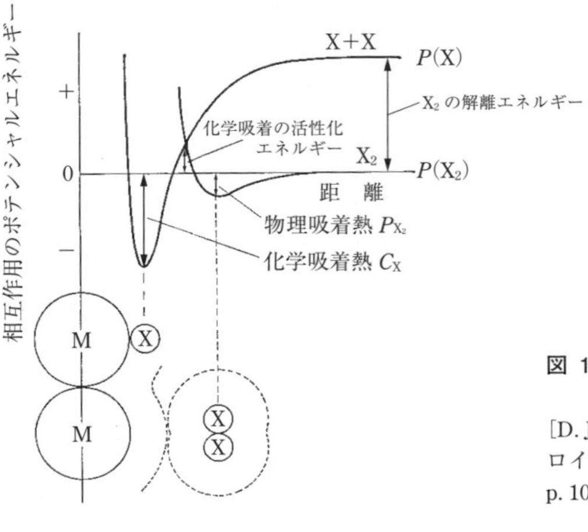

図 1.18　物理吸着と化学吸着に対するポテンシャルエネルギー曲線
［D. J. Shaw 著，北原文雄，青木幸一郎 共訳，"コロイドと界面の化学 第3版"，廣川書店（1996），p. 104］

ンシャル曲線の極小の位置で固体表面の原子とファンデルワールス相互作用で接するように吸着する。化学吸着ではさらに固体に近づいて吸着する。この図にはX_2が解離して原子Xとして吸着する場合も示している。ポテンシャル曲線$P(X)$はXとMとの相互作用に対するもので，分子のときと同じように，Xはさらに深い極小で，より近くに，より安定に化学吸着することになる。この図のポテンシャルのゼロ点は分子のもつポテンシャルエネルギー（分子と固体の距離が無限大のときのエネルギー）をゼロとしているので，原子のもつポテンシャルエネルギー（MとXの距離が無限大でもつXのエネルギー）はX_2分子の解離エネルギーの分だけ大きい。分子X_2はポテンシャル曲線$P(X_2)$に沿って固体表面に近づき，その極小の位置P_{X_2}で物理吸着する。そのX_2がエネルギーを何らかの過程で得ると，ポテンシャル曲線$P(X_2)$を駆け上がってポテンシャル曲線$P(X)$に乗り移り，さらに表面に近づいて最終的に化学吸着エネルギーに相当する深いポテンシャル極小値の位置C_Xで解離吸着（化学吸着）する。ポテンシャル曲線$P(X_2)$と$P(X)$の交点におけるポテンシャルは化学吸着の活性化エネルギーに相当し，このエネルギーを得た分子X_2は解離し，その後のふるまいはポテンシャル曲線$P(X)$に支配される。このように，物理吸着の吸着エネルギーは小さく，活性化エネルギーも必要ないので速い過程であり，化学吸着は吸着エネルギーが大きいが，活性化エネルギーが必要なため遅い。

化学吸着は，固体表面の吸着サイトでしか起こらないので，単分子層吸着する。一方，物理吸着では吸着サイトはなく，主にファンデルワールス相互作用によって非特異的に多分子層吸着する。吸着平衡では吸着相にある分子種iの化学ポテンシャルと気相（あるいは液相）中の分子種iの化学ポテンシャルとが等しいとき，吸着量（吸着質mg/(g吸着媒)）が決まる。圧力pが上がるとともに，吸着相は単分子層から多分子層に，飽和蒸気圧に近づくにつれてさらに厚くなっていき，やがて凝縮（液化）が起こる。吸収は吸着質を物質内部に吸着あるいは内包する現象をいい，吸着と区別しにくい場合も多い。したがって，物質が吸着質を取り入れる現象一般を収着と総称することもある。

c. 気 相 吸 着

（i） 吸着等温線　吸着は吸着質と吸着媒および吸着質間の相互作用の強さと吸着媒の構造（表面積や細孔の大きさdと容積）に依存する。細孔はミクロ孔（$d \leq 2.0$ nm），メソ孔（2.0 nm$< d \leq 50$ nm）およびマクロ孔（$d \geq 50$ nm）に分類される。温度一定で，吸着平衡に達したときの圧力（平衡圧力）の関数として吸着量を描いた

図を吸着等温線とよぶ。気体/固体系の物理吸着に対して，IUPAC（国際純正・応用化学連合）は吸着等温線をⅠ～Ⅵ型の6種に，2015年にはさらにⅠ型とⅣ型をaとbに分類するように推奨している（図 1.9）[3]。

吸着媒がミクロ孔（～1 nm）を有し，外表面が小さいときⅠ型を示す。飽和吸着量はミクロ孔の容積によって決まる。吸着媒-吸着質相互作用がミクロ孔内で増強されるために非常に低い相対圧（p/p_0）で吸着量が急激に増加するミクロ孔充填が引き起こされる。ミクロ孔の大きさが1 nm 程度のときⅠa型を，細孔径に分布（<2.5 nm）があるときⅠb型を示す。Ⅱ型は細孔をもたないか，マクロ孔をもつ吸着媒で起こる。中程度の圧力範囲で直線部が表れ，その開始圧力をB点とよび，単分子層の完成点の目安とされる。曲率が大きくてB点がはっきりしないときは多分子層吸着が単分子吸着に加えて起こっていることを示唆する。しかし，$p/p_0=1$ でも吸着量は有限である。Ⅲ型は吸着媒-分子相互作用が小さい場合にみられ，外表面やマクロ孔の吸着サイトにクラスターを形成して吸着し，単分子層吸着は起こらない。Ⅳ型はメソ孔物質でみられる等温線で，メソ孔壁にⅡ型と同様に多層吸着し，次いでメソ孔に飽和蒸気圧よりも低い圧力（$p/p_0<1$）で毛管凝縮して液体様の相を形成する。高相対圧側で吸着量が一定の平坦部をもつのが特徴である。毛管凝縮にヒステリシスを伴う場合をⅣa型，可逆性がある場合をⅣb型とする。前者は～4 nm 以上のメソ孔で，後者は円すいや閉じた円柱形のメソ孔で観測される。Ⅴ型は低圧側でⅢ型に酷似しており，

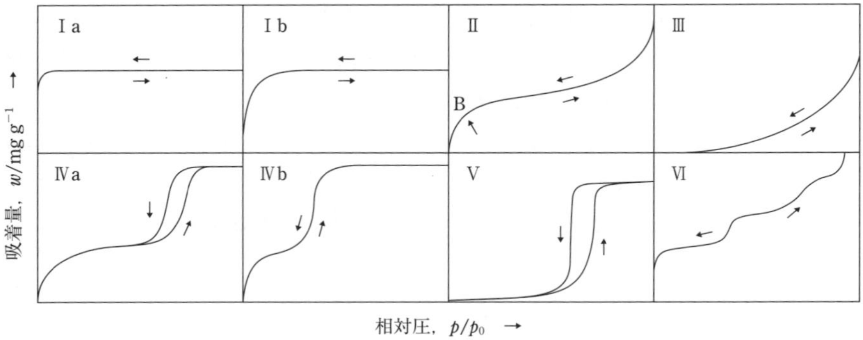

図 1.19　吸着等温線の分類

IUPACの分類法が2015年に改訂され，それまでのⅠ～Ⅵ型に対して，Ⅰ型とⅣ型にa，bの2タイプが追加された。

［M. Thommes, K. Kaneko, A. V. Neimark, J. P. Olivier, F. Rodriguez-Reinoso, J. Rouquerol, K. S. W. Sing, *Pure Appl. Chem.*, **87**, 1051–1069 (2015)］

高圧側で細孔（メソ孔や水吸着に対する疎水性ミクロ孔）への毛管凝縮による吸着量の増加がみられる。非常に均一で，平坦な表面をもつ非孔性物質への層状吸着が起こるとき，Ⅵ型のステップ状吸着等温線が得られる。ステップの高さは各層の容量を表し，ステップの鋭さは温度などに依存する。

実測される吸着等温線は，固体の表面積，細孔の大きさや形，表面の性質（吸着層のぬれ性），表面吸着サイトの種類や数によって種々のタイプの組合せからなる。したがって，実測等温線から固体の表面や細孔についてのさまざまな情報が得られるが，吸着媒や吸着質に対するほかの方法による情報がないと，解釈を誤る危険をはらむ。

（ii） 表面吸着の理論と二次元の状態方程式　化学吸着に対する Langmuir 吸着等温式は吸着の考え方の基本となる。吸着速度 v_{ad} は，気体分子が固体表面に衝突する頻度（圧力 p すなわち分子数に比例），吸着媒の空いた吸着サイトの数 N_{e}，吸着サイトにたどり着いた分子のうち吸着する頻度 $\exp(-E_{\mathrm{ad}}/RT)$（$E_{\mathrm{ad}}$：吸着の活性化エネルギー）に比例する（比例定数 k_{ad}）。脱着速度 v_{de} は，吸着している分子の数 N（吸着量）と吸着サイトから脱着する頻度 $\exp(-E_{\mathrm{de}}/RT)$（$E_{\mathrm{de}}$:脱着の活性化エネルギー）に比例する（比例定数 k_{de}）。吸着平衡では $v_{\mathrm{ad}}=v_{\mathrm{de}}$ だから，

$$k_{\mathrm{ad}}pN_{\mathrm{e}}\exp(-E_{\mathrm{ad}}/RT)=k_{\mathrm{de}}N\exp(-E_{\mathrm{de}}/RT) \tag{1.37}$$

吸着熱を $\Delta H=E_{\mathrm{ad}}-E_{\mathrm{de}}$（$<0$）とすると，

$$p=(k_{\mathrm{de}}/k_{\mathrm{ad}})\{\exp(\Delta H/RT)\}(N/N_{\mathrm{e}}) \tag{1.38}$$

ΔH が吸着量に依存しないとすれば，a を定数（吸着の平衡定数に相当）とすると，

$$a\equiv(k_{\mathrm{ad}}/k_{\mathrm{de}})\exp(-\Delta H/RT) \tag{1.39}$$

また，全吸着サイトを N_{s} とすると，$N/N_{\mathrm{e}}=N/(N_{\mathrm{s}}-N)=(N/N_{\mathrm{s}})/(1-N/N_{\mathrm{s}})$ だから，これらを式（1.38）に代入して，

$$ap=(N/N_{\mathrm{s}})/(1-N/N_{\mathrm{s}}) \tag{1.40}$$

吸着媒 1 g のもつ全吸着サイトに吸着し得る吸着質の質量を単分子容量（飽和吸着量）V_{m} とし，吸着媒 1 g に吸着した吸着量を V とすると，$(N/N_{\mathrm{s}})/(1-N/N_{\mathrm{s}})=(V/V_{\mathrm{m}})/(1-V/V_{\mathrm{m}})$ となり，式（1.40）から，Langmuir 吸着等温式（1.41）が得られる。式（1.41）の吸着量 V は圧力に依存して変化し，等温線の形はⅠ型に似る。N/N_{s} や V/V_{m} は表面被覆率 θ である。

$$V=V_{\mathrm{m}}ap/(1+ap) \tag{1.41}$$

式（1.41）を

$$p/V=p/V_{\mathrm{m}}+1/aV_{\mathrm{m}} \tag{1.42}$$

のように変形して，p/V を p に対して図示（Langmuir プロット）し，直線部分の切片と傾きから a と V_{m} を簡便に求めることができる。

Langmuir 吸着等温線は圧力（濃度）が比較的小さいときに吸着量が飽和するが，圧力や濃度とともに徐々に吸着量が上昇し，吸着量が飽和しない吸着等温線が得られる場合が多い。吸着サイトや吸着質が何種類か混合した系では，それぞれに対する式（1.41）を総和して，そのような等温線を再現することができる。あるいは，吸着熱が表面被覆率に指数関数的に依存するとして，Freundlich の吸着等温式でも再現できる。一般には，そのような飽和しない吸着等温線が実験的に得られた場合には，次の Freundlich 吸着等温式でフィッティングし，解析される。

$$V = k_{\mathrm{F}} p^{1/n} \qquad (1.43)$$

ここで，k_{F} と n は定数である。両辺の対数をとると直線となる。

$$\log V = \log k_{\mathrm{F}} + (1/n) \log p \qquad (1.44)$$

式（1.43）で $n=1$ とすると吸着量が圧力に比例する Henry 式となる。

$$V = k_{\mathrm{H}} p \qquad (1.45)$$

いずれの吸着等温線も低圧では Henry 式に従っており，これは理想吸着に相当する。

物理吸着である多分子層吸着に対する吸着等温線のうち II 型と III 型は Langmuir の吸着等温線を導いた考えを，2 層目以降の各吸着層に対しても適用すると得られる。この場合，特定の吸着サイトはないが，単分子容量を吸着サイト数とする。ただし，2 層目以降の吸着エネルギーは液化熱に等しいとし，同じ層内での分子間相互作用は考えない。i 分子層まで吸着するなら，相対圧 p/p_0 を x とおいて，吸着等温式は

$$V = \{V_{\mathrm{m}} cx/(1-x)\}\{1-(i+1)x^{i}+ix^{i+1}\}/\{1+(c-1)x-cx^{i+1}\} \qquad (1.46)$$

となる。ここで，次式 c は，ΔH_{L} を液化熱，ΔH を固体への吸着熱とすれば

$$c \approx \exp\{(\Delta H_{\mathrm{L}} - \Delta H)/RT\} \qquad (1.47)$$

である。$i=1$ として $c \gg 1$，$x \gg 1$ とすると Langmuir 式となり，$i=\infty$ とすると有用な Brunauer-Emmett-Teller 式（BET 式）

$$V = \{V_{\mathrm{m}} cx/(1-x)\}/\{1+(c-1)x\} \qquad (1.48)$$

が得られる。固体/分子相互作用が小さいとき c が小さいので III 型となり，固体/分子相互作用が大きいとき II 型となる。通常，窒素の吸着等温線を 77 K（液体窒素温度）での吸着実験によって求め，式（1.48）を

$$x/V(1-x) = 1/cV_{\mathrm{m}} + (c-1)x/cV_{\mathrm{m}} \qquad (1.49)$$

のように変形し，式（1.49）の左辺と x（$=0.05$～0.3）との直線プロット（BET プロッ

ト）によってV_{m}とcが決定される。V_{m}からは，窒素分子の断面積を仮定して吸着媒の比表面積（$\mathrm{m^2\,g^{-1}}$）が得られる。また，IV型であれば，Kelvin式によって平均細孔径が見積もられる。一般に，II型とIV型は区別しにくく，I型でもメソ細孔が存在するとII型に似てくるので，細孔径分布を計算するための種々の方法が提案されている。

吸着の熱力学基本式はGibbsの式（1.2節）である。吸着の状態方程式と組み合わせて吸着等温式を導き，見通しをよくしよう[4]。固体と気体からなる2成分系のGibbsの吸着等温式

$$-\mathrm{d}\gamma=\Gamma_2\mathrm{d}\mu_2 \tag{1.50}$$

に，表面圧$\pi=\gamma_0-\gamma$と気体の化学ポテンシャル$\mu_2=\mu_2^{\circ}+RT\ln p$を代入すると，

$$\mathrm{d}\pi=RT\Gamma_2\mathrm{d}\ln p \tag{1.51}$$

となる。気体の密度が低いので，表面過剰量$\Gamma_2/\mathrm{mol\,m^{-2}}$は吸着量とみなせる。吸着分子の占有面積を$\sigma$とすると，$N_{\mathrm{A}}$をアボガドロ定数として，$N_{\mathrm{A}}\Gamma_2=\sigma^{-1}$，$R=N_{\mathrm{A}}k$（$k$：ボルツマン定数）だから，式（1.51）は

$$\sigma\mathrm{d}\pi/kT=\mathrm{d}\ln p \tag{1.52}$$

となる。吸着膜が二次元の理想気体の状態方程式に従って運動しているとすると，

$$\pi\sigma=kT \tag{1.53}$$

であるから，$\mathrm{d}\pi=-(kT/\sigma^2)\,\mathrm{d}\sigma$として式（1.52）に代入して積分すると，Henry吸着式（1.45）が得られる。一方，吸着分子の占有面積を考慮して，式（1.53）の代わりに

$$\pi(\sigma-\sigma_0)=kT \tag{1.54}$$

を用いて同様に計算すると，

$$\{\theta/(1-\theta)\}\exp\{\theta/(1-\theta)\}=a'p \tag{1.55}$$

となり，θが小さいとき指数項は1に近づくから，Langmuirの吸着式（1.40）を与える。表面圧に分子間引力（内部圧）を考慮すると，表面での気液相転移や臨界現象を再現する吸着等温線（IV型に相当）が得られる。この実測例を図 1.20に示す。

（iii）　細孔への吸着　活性炭やシリカゲルように固体には細孔がある。直径が2 nm以下の細孔をミクロ細孔，2～50 nmの細孔をメソ細孔，50 nm以上の細孔をマクロ細孔という。ミクロ細孔に入った分子は周囲の細孔壁からの吸着ポテンシャルの作用が重なり合って，表面吸着で感じるポテンシャルよりも大きいので，きわめて低圧でも強く吸着（ミクロ細孔フィリング（充填））する。向かい合う細孔表面の原子

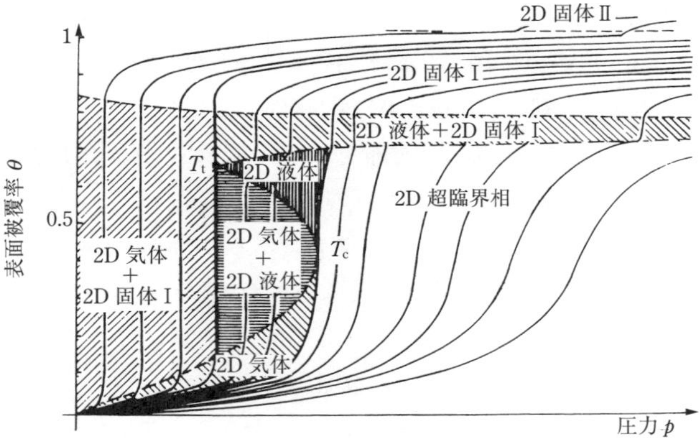

図 1.20　グラファイト（001）表面上の Xe，Kr，CH_4，NO の吸着等温線の概略図

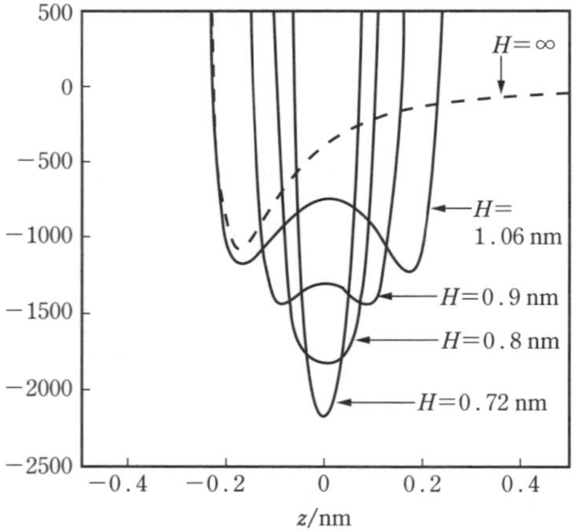

図 1.21　異なる大きさのグラファイトスリット細孔と N_2 の相互作用ポテンシャル
［日本化学会 編，“コロイド科学 I．基礎および分散・吸着”，東京化学同人（1995），p. 325］

間距離が H の平行平板に囲まれたスリット状細孔中の内表面から距離 z にある一つの分子が受ける吸着ポテンシャルを図 1.21 に示す[5)]。細孔が小さくなると，二つの壁から受けるポテンシャルが重畳してポテンシャルが深くなっていく。分子はポテンシャルの極小位置に吸着するから，1 nm のミクロ細孔中では壁に沿って二分子層吸着しやすいが，0.7 nm のミクロ細孔では中央付近に強く吸着する。

ミクロ細孔の大きさを見積もる方法の一つに t プロットがある。相対圧で決まる吸着層の厚さ t の 2 倍がミクロ細孔径に等しくなると細孔が満たされ，吸着量の増加が鈍るので，各相対圧での t を横軸に，実測吸着量を縦軸にとって相関をとると直線の傾きが変わる。この点の t の値の 2 倍をミクロ細孔の大きさとする。t の値は無孔性の固体への吸着等温線で決めておく。

メソ細孔中ではポテンシャルの重畳効果は無視されるが，飽和蒸気圧に達しなくても毛管凝縮（液化）が起こるので吸着量が急増する。生じた液体はメニスカスを形成し，曲がった界面に対する Kelvin 式（1.56）に従って，細孔半径 r で決まる相対圧 $p/p_0(<1)$ で，曲率半径が $-r$ のメニスカスをもつ液体（表面張力 γ，モル体積 v）と蒸気が共存する。

$$\ln(p/p_0) = -2\gamma v \cos\theta / rRT \qquad (1.56)$$

接触角 θ でぬれる細孔中の液体の凹型界面の中心は蒸気側にあるので，曲率半径は負である。通常凝縮液体が完全に壁をぬらすとして $\theta=0$ とする。このとき，細孔径 r は曲率半径と一致するので，毛管凝縮が起こる，すなわち吸着量が急増する相対圧 p/p_0 がわかればメソ細孔の大きさが推定できる。実際には，いろいろな大きさの細孔が分布するので吸着量は滑らかに変化し，等温線の各相対圧での吸着量変化率と吸着層厚さとから，種々の解析法によって細孔径分布が見積られる。

d. 液相吸着

溶液からの吸着では溶媒自身が吸着し，また，表面の荷電が変化して複雑である。希薄溶液では基本的に気体吸着と同様の吸着等温式が適用されるが，それでも液相吸着特有の多くの等温線に分類されている。液相吸着量は Langmuir 吸着等温式で記述できる場合も多いが，一般的には Freundlich 吸着等温式のほうが適応範囲が広い。

イオン吸着は表面の荷電に支配され，錯化や電気二重層への固定による。すなわち酸化物や金属表面の表面 OH 基へは金属イオンや陰イオンの錯化が起こり，通常の錯形成反応と同様に，錯化の安定度定数で記述される。また，イオン交換による吸着が起こる。イオン交換樹脂に代表されるが，粘土や土壌で重要である。これらの飽和吸着量はイオン交換容量とよばれる。

濃厚溶液では溶媒も吸着質とみなされるので多成分系として扱わなければならず，表面過剰量の考えが重要となる。高分子吸着は吸着点を多数もち，屈曲性もあるので特別な取り扱いが必要である。　［尾関 寿美男］

1.4 界面電気現象

本節では，拡散電気二重層，電気泳動およびコロイド粒子間の静電相互作用の理論について述べる。

1.4.1 界面電気現象の主役—イオンの熱運動と拡散電気二重層

電解質溶液中に分散したコロイド粒子（微粒子）の表面は多くの場合元々表面に存在する解離基や溶液から吸着したイオンによって帯電している。したがって，粒子表面の電荷（表面電荷とよび，その密度を σ と表す）と反対符号の電解質イオン（対イオン）が表面近くに集まってきて，表面電荷を完全に中和してしまいそうだが，実はそうはならない。電解質イオンの熱運動のために，中和は不完全になり，表面付近に広がったイオンの雲が形成される。これを拡散電気二重層という（図 1.22)。表面電荷と対イオンは電気二重層をつくるが，対イオン側が熱運動のため拡散しているので，こうよばれる。

電解質イオンの拡散の度合いを示す量が拡散電気二重層の厚さで，$1/\kappa$ で表される。この厚さは，表面電荷と対イオンの間の引力が，それをかき乱そうとする熱運動と釣り合う距離である。κ は Debye–Hückel のパラメーターとよばれ，価数 z の対称型電解質の場合，次のように与えられる。

$$\kappa = (2z^2e^2n/\varepsilon_r\varepsilon_o kT)^{1/2} \tag{1.57}$$

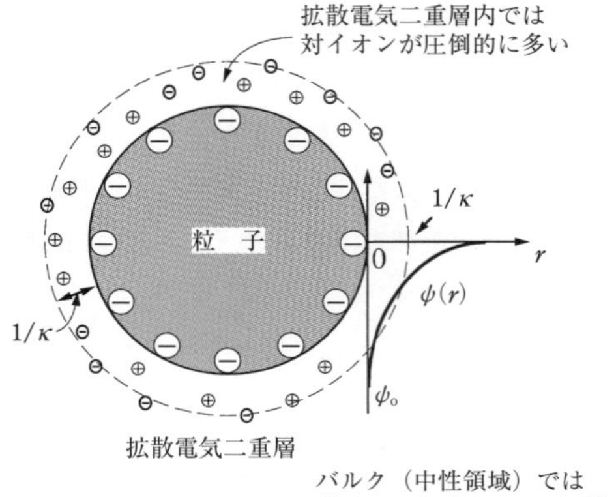

図 1.22 粒子は裸で存在するのではなくイオン雲の衣（拡散電気二重層）を着ている

ここで，k はボルツマン定数，ε_o は真空の誘電率，ε_r は溶液の比誘電率，T は絶対温度，e は単位電荷である。この式で，n はバルク相における電解質の数密度で単位は m^{-3} である。室温で 1 価の電解質溶液中では，濃度 0.1 mol L^{-1} で $1/\kappa \approx 1$ nm，0.001 mol L^{-1} で $1/\kappa \approx 10$ nm である。式 (1.57) より温度 T が上がれば熱運動が活発になって拡散電気二重層は厚くなり，一方，電解質の濃度 n あるいは価数 z が増すと遮蔽が強くなるから拡散電気二重層は薄くなることが分かる。拡散電気二重層内には遮蔽漏れの電場がにじみ出ている。その電位分布は，図 1.22 に示したように，表面電位 ψ_o からバルクの値ゼロまで近似的に指数関数的に減衰する。表面からの距離 r が $1/\kappa$ 程度になると，表面電位の $1/e$（約 1/3）に減衰する。このように，帯電したコロイド粒子は決して，自分だけで存在するのではなく，まわりに拡散電気二重層というイオンの雲を衣のように着ていることになる。しかも，この着物の厚さは，電解質濃度や温度によって大きく変わる（図 1.23）。

平板状の表面について表面電位 ψ_o と表面電荷密度 σ の関係を求めよう。電荷 σ のために表面には $E=\sigma/\varepsilon_r\varepsilon_o$ なる電場ができている。表面から電気二重層の厚さ $1/\kappa$ 程度離れると表面電荷の影響が消える。バルク電位をゼロと定めると，バルクに対する表面の電位 ψ_o は，電場 E に距離 $1/\kappa$ をかけた量，すなわち，$\psi_o=E\times(1/\kappa)$ で与えられるから

$$\psi_o=\sigma/\varepsilon_r\varepsilon_o\kappa \tag{1.58}$$

が得られる。これが，求める表面電位 ψ_o と表面電荷密度 σ の関係である。式 (1.58) は，線形近似に基づく近似式で，電位がせいぜい 50 mV までしか使えない。高い電位の場合や，曲率のある表面の場合は数表や便利な近似式が提出されている[1,2]。

［大島 広行］

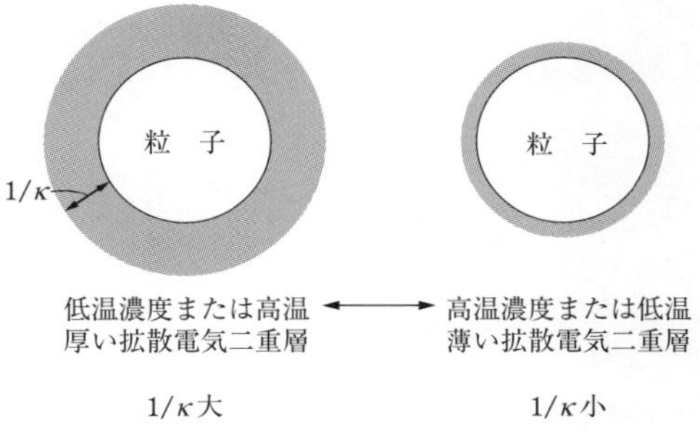

図 1.23　拡散電気二重層の厚さ $1/\kappa$ は電解質濃度や温度によって変化する

1.4.2　微粒子表面の電位の見積り—電気泳動測定

電解質溶液中に帯電したコロイド粒子を分散させる。この系に外部から電場をかけると，粒子は電場から力を受け，粒子の電荷の符号に応じて，陽極か陰極に向かって動きだす。しかし，同時に液体から粘性抵抗を受ける。やがて，これら二つの力は釣り合い，粒子は等速で動くようになる。これが，電気泳動である（図 1.24）。

あまり大きな電場をかけない限り，泳動速度 U は外部電場 E に比例するので，泳動速度を電場で割った量，つまり，単位電場あたりの泳動速度を扱うのが便利である。これを電気泳動移動度とよび，μ と表す。液体の中を粒子が動いているとき，粒子から液体の流れを見ると，表面に接した液体は止って見えるはずである。この液体が止まって見えるところ（粒子自身と同じ速度になるところ）をすべり面という。厳密には，すべり面は粒子表面に一致せず，粒子表面に吸着した液体分子の層の分だけ外側にあるはずだが，近似的に粒子表面をすべり面とみなすことも多い。ゼータ電位（ζ と表す）は，このすべり面の電位として定義される。したがって，粒子表面をすべり面とみなせるならば，ゼータ電位は粒子の表面電位 ψ_0 を表すことになる。以下では，この違いを無視し，粒子表面をすべり面と考え，ゼータ電位と表面電位を同一視する。

電気泳動移動度を求めるには，粒子に働く力の釣り合いを考えればよい（図 1.25）。粒子の表面には，電気力と液体の粘性抵抗に由来する摩擦力の二つの力が働く。電気力は（電気量）×（外部電場）$=\sigma E$ になる。一方，摩擦力は，（液体の粘性率）×（速度勾配）で与えられる。液体の速度は粒子表面で U で，そこから拡散電気二重層の厚さ $1/\kappa$ 程度離れると 0 になるから，速度勾配の大きさは $U/(1/\kappa)=\kappa U$ である。したがって，摩擦力は，これに液体の粘性率 η をかけて $\eta\kappa U$ と表される。これら二つの

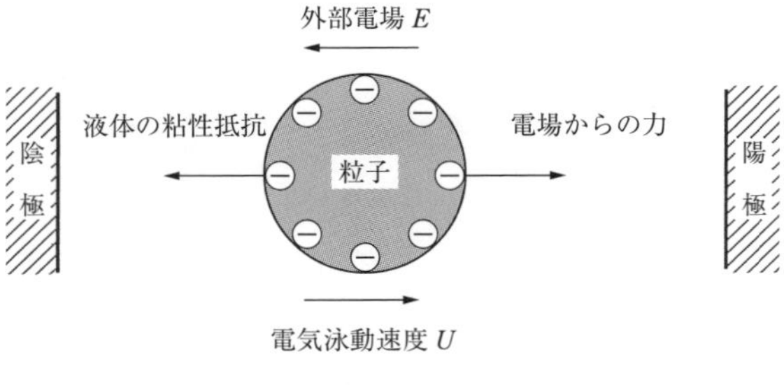

泳動度 $\mu=U/E$

図 1.24　電気泳動の仕組み

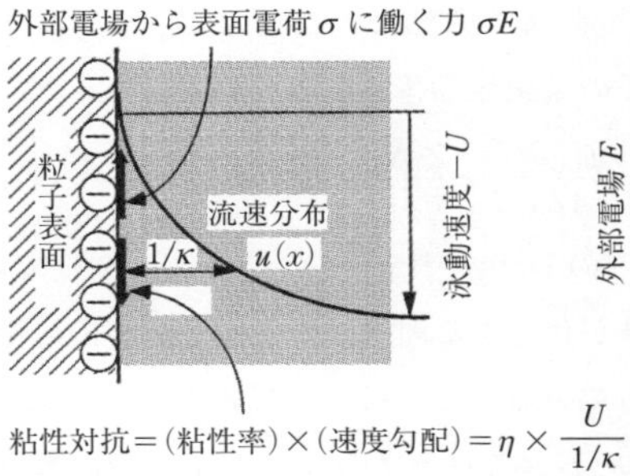

図 1.25 電気力と粘性抵抗の釣り合い

力の釣り合いの式に，さらに式（1.57）を代入すると，次の Smoluchowski の式が得られる。

$$\mu = \varepsilon_r \varepsilon_o \zeta / \eta \tag{1.59}$$

ここで，表面電位 ψ_0 をゼータ電位 ζ で置き換えてある。なお，この式を導くさいに，ψ_0 と σ を結び付ける式として近似式（1.58）を用いているが，厳密解を用いた場合でも同じ結果になる。ただし，式（1.59）は粒子の大きさが電気二重層の厚さ $1/\kappa$ に比べ十分大きいときに適用できる。半径 a の球状粒子で，κa の値が任意の場合，ゼータ電位が低ければ Henry の式が使える。この式をさらに簡単化した次式も提出されている[1,2]。

$$\mu = \frac{2\varepsilon_r \varepsilon_o \zeta}{3\eta}\left[1 + \frac{1}{2\left(1 + \dfrac{2.5}{\kappa a\{1 + 2\exp(-\kappa a)\}}\right)^3}\right] \tag{1.60}$$

κa が任意でゼータ電位も任意の大きさの場合は，O'Brien-White の数値計算プログラムや Ohshima-Healy-White の近似式がある[1,2]。

図 1.26 に示したような，表面に帯電高分子がひげのように生えた粒子（柔らかい粒子）の電気泳動の場合，この高分子層（表面電荷層とよぶ）の内部における液体の

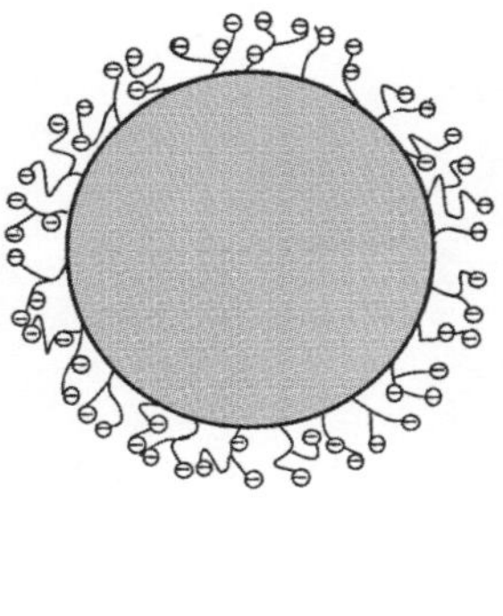

図 1.26 表面に高分子鎖の層をもつ“柔らかい”粒子

流れと電位分布を知る必要がある。表面電荷層の内部に，価数 Z，数密度 N で固定解離基が分布している場合，柔らかい粒子の電気泳動移動度の近似式は

$$\mu=\frac{\varepsilon_r\varepsilon_o}{\eta}\frac{\psi_o/\kappa_m+\psi_{DON}/\lambda}{1/\kappa_m+1/\lambda}+\frac{ZeN}{\eta\lambda^2} \tag{1.61}$$

で与えられる[1~3]。ただし，κ_m は表面層内の Debye-Hückel のパラメーターである。ψ_{DON} は Donnan 電位である。Donnan 電位が登場する理由は，表面電荷層の奥深い部分の電位は Donnan 電位にほぼ等しくなっていることに対応している（図 1.27）。また，ψ_o は表面電荷層の先端部分の電位である（これを柔らかい粒子の表面電位とよぶ）。λ は液体の流れが表面層から受ける抵抗に関係している。その逆数 $1/\lambda$ がゼロになるとき（抵抗が無限大のとき）式（1.60）は固体粒子に対する Smoluchowski の式（1.59）に帰着するので，$1/\lambda$ は柔らかさを表すパラメーターと考えられる。また，柔らかい粒子の電気泳動移動度は，すべり面の位置に依存しない。これは，その面での電位，すなわち，ゼータ電位の概念そのものが，柔らかい粒子では失われることを意味する。

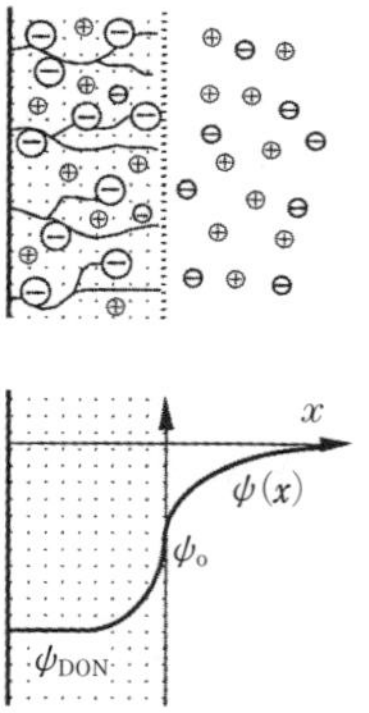

図 1.27　表面電荷層の奥は Donnan 電位になっている

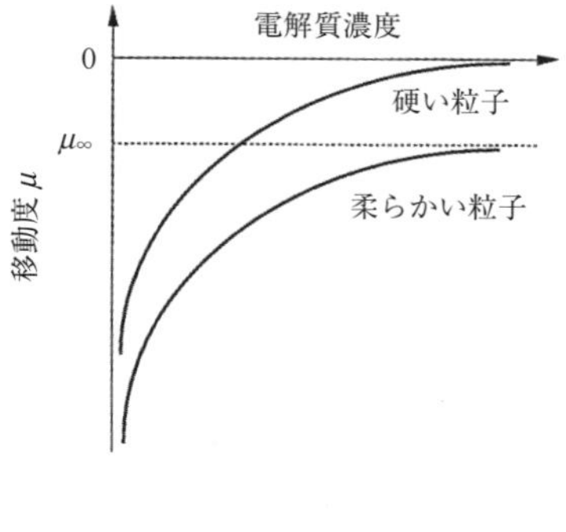

図 1.28　柔らかい粒子は高塩濃度でも泳動する

式（1.61）が式（1.59）と最も大きく異なる点は，第2項の存在である。このために，電解質濃度がかなり高い極限を考えると，

$$\mu \to \mu_\infty \equiv zeN/\eta\lambda^2 \tag{1.62}$$

のように第2項が残る。つまり，固体粒子なら遮蔽効果で ζ または ψ_0 がゼロになり泳動できないような高塩濃度でも柔らかい粒子は泳動することになる（図 1.28）。

［大島 広行］

1.4.3　微粒子間にはどのような力が働くか

微粒子（コロイド粒子）間に働く主要な力は，ファンデルワールス引力と，粒子の表面電荷に起因する静電斥力である。引力が大きければ粒子は凝集し，斥力が大きければ粒子は分散したまま安定である。これらの2種類の力の大小でコロイド分散系の安定性を議論する理論が DLVO（Derjaguin-Landau-Verwey-Overbeek）理論である。

まず，1個の粒子に働く力を考えよう[2,4,5]。粒子には，水圧が働くが，さらに対イオンから2種類の力が働く（図 1.29）。まず，第一に，粒子周囲に対イオンが集中しているので，過剰の浸透圧が働いている。さらに，粒子の電荷に引かれて対イオンが集まるということは，いいかえると，粒子の電荷が対イオンに外向きに引かれていることを意味する。これが，2番目の力である Maxwell の張力である。

二つのコロイド粒子が接近すると，二つの粒子にはさまれた領域の対イオン濃度が増大し，粒子間に大きな斥力が働くことになる。これが，コロイド粒子間の静電斥力である（図 1.30）。この力の本質はイオンの熱運動である。実際，絶対零度においてイオンの熱運動が消滅した状況を想定すると，この力も存在しなくなる。

静電相互作用の計算のさいには，次のような基本的な近似をする。電解質イオンのす早い動きに比べて，コロイド粒子ははるかに動きが遅いので，とりあえず粒子を固定するという近似である。これを断熱近似という。表面間距離が H の二つの球（半

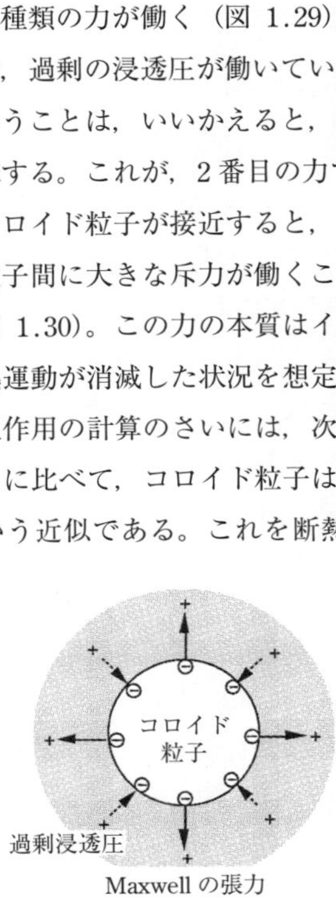

図 1.29　対イオンから働く2種類の力

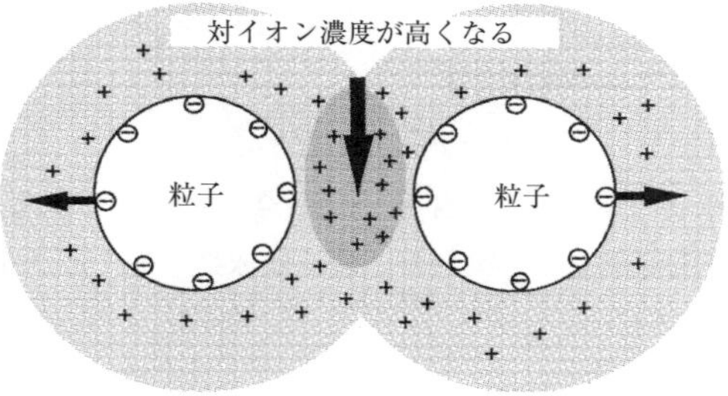

図 1.30　対イオン濃度の上昇が二つの粒子間の斥力をもたらす

径 a）の静電相互作用の表現については，電位の低い場合について，厳密解が得られている[2)]。しかし通常は，Derjaguin の近似で十分である。これは，球面を輪切りにして平板の相互作用の和で近似するものだが，結果だけ述べると，平板間相互作用を距離で積分して（κ で割ることと同じ），さらに πa をかければよい。その結果，2 球の静電相互作用のエネルギー $V_{\mathrm{R}}(H)$ は次のようになる[2,4,5)]。

$$V_{\mathrm{R}}(H)=\frac{64\pi ankT\gamma^2}{\kappa^2}\exp(-\kappa H) \tag{1.63}$$

ここで，γ は $\gamma=\tanh(ze\psi_{\mathrm{o}}/4kT)$ で与えられる。式（1.62）からわかるように，相互作用エネルギーは nkT に比例している。これは，この相互作用が本質的に電解質イオンの浸透圧によるものであることを示している。さらに因子 $\exp(-\kappa H)$ は，相互作用がそれぞれの粒子の拡散電気二重層の重なりによって生じ，H が $1/\kappa$ より十分大きくなると消えることを反映している。

一方，コロイド粒子間には静電反発相互作用のほかに，ファンデルワールス相互作用が働く。1 対の分子間に働くファンデルワールス力は弱い短距離力であるが，加算性がよく成り立つため，莫大な数の分子からなるコロイド粒子間の間には大きなファンデルワールス力が働くことになる。半径 a の 2 個の等価な球状粒子間のファンデルワールス相互作用のエネルギー $V_{\mathrm{A}}(H)$ は

$$V_{\mathrm{A}}(H)=-\frac{Aa}{12H} \tag{1.64}$$

で与えられる[4,5)]。ここで，A は Hamaker 定数とよばれ，相互作用の大きさを表す量である。通常の典型的なコロイド粒子では $A\approx10^{-19}$ J，細胞やリポソーム，ラテックスでは $A\approx10^{-21}$ J である。全相互作用エネルギー $V_{\mathrm{t}}(H)$ は $V_{\mathrm{R}}(H)$ と $V_{\mathrm{A}}(H)$ の和で

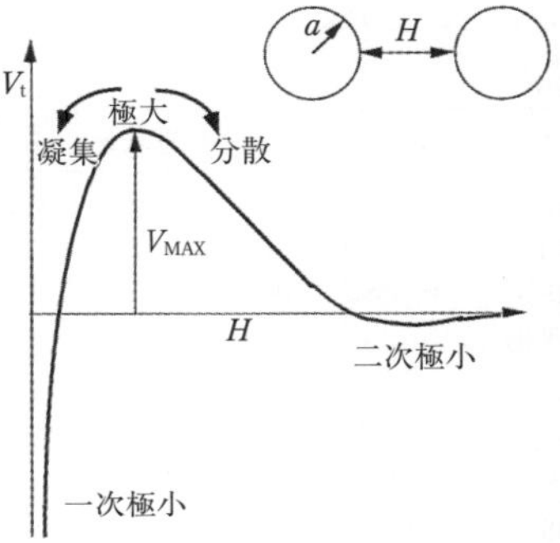

図 1.31 山の高さが kT より十分高いと粒子は分散する

与えられる[5)]。

コロイド分散系の安定性は，$V_t(H)$ を用いて議論できる。典型的な場合のポテンシャル曲線を図 1.31 に示した。こうしてとりあえず固定し粒子間の相互作用のポテンシャル曲線が得られたのち，粒子自身の熱運動を考慮するというのが DLVO の基本的立場である。図 1.31 にはポテンシャルの極大 V_{MAX} があるが，この山を越えて一次極小に至る確率は，$\exp(-V_{MAX}/kT)$ に比例する。たとえば，V_{MAX} が熱エネルギー kT の 10 倍あると，$\exp(-10k\mathrm{T}/kT)=\exp(-10)\approx 5\times 10^{-5}$ となり，ほとんど凝集しない。ポテンシャルの山の高さは，塩濃度に強く依存する。塩濃度を上げていくと，山がだんだん低くなり，ついに，凝集するようになる（図 1.32）。

コロイド分散系の凝集が起こる塩濃度は臨界凝集濃度とよばれる。DLVO 理論の登場以前から，粒子の表面電位が高い場合，臨界凝集濃度が対イオンの価数の 6 乗に反比例することが知られていた（Schulze-Hardy の経験則）。すなわち，対イオンの価数が 1 価，2 価，3 価，4 価の場合，それぞれの場合の臨界凝集濃度の比は $1:1/2^6:$

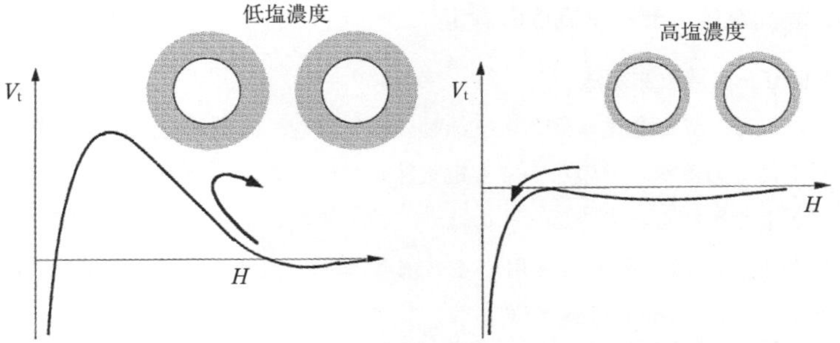

図 1.32 塩濃度が高くなると，ポテンシャルの山が低くなり凝集するようになる

表 1.2　分散系の臨界凝集濃度（mmol L^{-1}）と対イオンの価数 z

負に帯電した粒子の場合

z	As_2S_3	比	Au	比	AgI	比	理論値
1	55	1.00	24	1.00	142	1.00	1.00
2	0.69	0.013	0.38	0.016	2.43	0.017	0.016
3	0.091	0.0017	0.006	0.0003	0.068	0.0005	0.0013
4	0.090	0.0017	0.0009	0.00004	0.013	0.0001	0.00024

正に帯電した粒子の場合

z	Fe_2O_3	比	Al_2O_3	比	理論値
1	11.8	1.00	52	1.00	1.00
2	0.21	0.018	0.63	0.012	0.016
3			0.080	0.0015	0.0013
4			0.053	0.0010	0.00024

［J. Th. G. Overbeek（H.R.Kruyt, ed.），“Colloid Science Vol. 1. Irreversible Systems”, Elsevier（1952）Chap.VIII, Table 2（p. 308）, Table 4（p. 309）］

$1/3^6$：$1/4^6$＝1：0.016：0.0013：0.00024 になる。種々の分散系の臨界凝集濃度に対して，多数の実験値の平均値が Overbeek によって報告されている（表 1.2）。実際に臨界凝集濃度が対イオンの価数の 6 乗にほぼ反比例することがわかる。

一方，DLVO 理論によれば，臨界凝集濃度 C は粒子間に働く全相互作用に対するポテンシャル曲線 $V_t(H)$ の山の高さがちょうどゼロになる塩濃度として定義される。したがって，C の値は連立方程式 $V_t(H)=0$ および $dV_t(H)\,dH=0$ を解いて得られる。その結果，粒子の表面電位が高い場合，$C \propto 1/z^6$ が実際に導かれる。こうして，DLVO 理論が分散系の安定性を予測する理論として妥当であることが示された。

［大島　広行］

1.4.4　表面電位・ゼータ電位の測定

a.　各種ゼータ電位測定法

ゼータ電位は，界面動電現象（電気泳動，電気浸透，流動電位，沈降電位）から求められる電位であるが，そのなかでも電気泳動の原理を用いた方法（主に電気泳動光散乱法）がよく用いられている。そのほか，粒子濃度が 1〜50% 体積濃度の濃厚系のゼータ電位測定には，超音波を用いる方法[6)]（コロイド振動電位法および ESA 法：electrokinetic sonic amplitude）がある。

b.　電気泳動光散乱法

電気泳動光散乱法は，光や音波が運動している物体にあたり，散乱あるいは反射するとその周波数が物体の速度に比例して変化するという“ドップラー効果”を利用した測定方法である。電気泳動している粒子にレーザーを照射すると粒子からの散乱光は，ドップラー効果により周波数がシフトする。このシフト量は粒子の泳動速度に比例することから，このシフト量を測定することにより粒子の泳動速度が分かる。このシフト量を求めるために，図 1.33 の光学系に示すように入射光（参照光）と散乱光を混合させるヘテロダイン法[7]を利用する。この手法では，泳動粒子からのドップラーシフトしている散乱光と泳動していない粒子に相当する参照光を同時に観測していることになる。つまり異なる周波数の光を混合したときに干渉により生じるビートを散乱強度の変化（ゆらぎ）として測定する。そして，光子相関法により，散乱強度の自己相関関数として表す。このとき，観測する粒子はブラウン運動しているために，この自己相関関数は減衰するコサイン波となり，その周波数がドップラーシフト量に相当する。得られた自己相関関数を FFT 解析することで，周波数成分の分布が求められ，さらには泳動速度の分布が求められる。

屈折率 n の溶媒に分散したコロイド粒子に，波長 λ のレーザー光を照射し，散乱角度 θ で検出する場合の泳動速度 V とドップラーシフト量 $\Delta\nu$ の関係は次式で表される。

$$\Delta\nu = 2Vn \times \sin(\theta/2)/\lambda \qquad (1.65)$$

ここで，n は溶媒の屈折率，θ は検出角度である。

ここで得られた泳動速度 V と電場 E から電気泳動移動度 μ が求められ，Smolu-

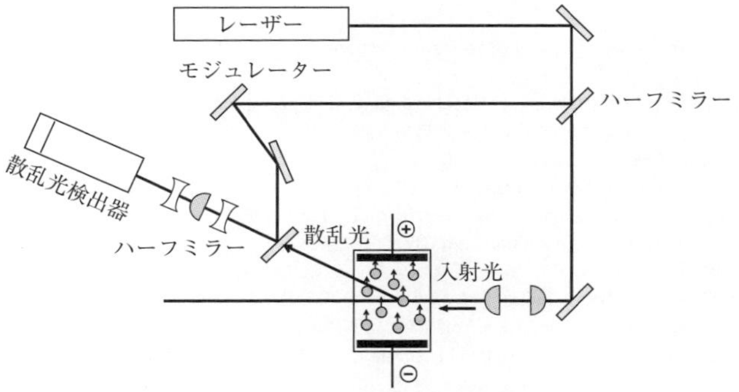

図 1.33　電気泳動光散乱法装置の光学系

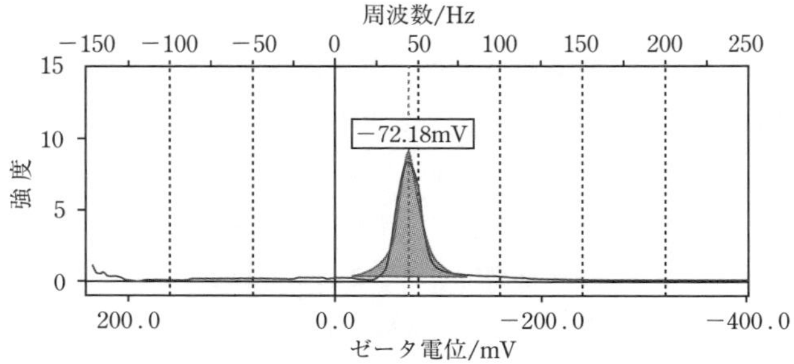

図 1.34　電気泳動光散乱法で求めたポリスチレンラテックス（粒径 262 nm，濃度 0.001 wt%）のゼータ電位

chowski の式などによってゼータ電位に換算する。

$$\mu = V/E \tag{1.66}$$

図 1.34 にポリスチレンラテックス（粒径 262 nm，濃度 0.001 wt%）の電気泳動光散乱法で測定したゼータ電位を示す。電場をかけたときとかけないときのシフト量の差がドップラーシフト量に相当する。

この方法では，沈降するような大粒子の測定は不可能であるが，周波数解析を行うので，電荷の異なった試料が混合しているときは，複数のピークが得られる。また，光散乱測定を行っているので，微粒子（5 nm ぐらい）のゼータ電位測定が可能となる。したがって，ミセルや生体試料などの測定にも利用される。　　　　[中村　彰一]

参 考 文 献

1.1 節

1）A. W. Adamson, A. P. Gast, "Physical Chemistry of Surfaces", 6 th Ed., John Wiley & Sons, Inc., New York (1997), p. 353.
2）T. Nishino, M. Meguro, K. Nakamae, M. Matsushita, Y. Ueda, *Langmuir*, **15**, 4321 (1999).
3）辻井　薫，"超撥水と超親水—その仕組みと応用"，米田出版（2009），第 4 章.
4）R.W. Wenzel, *Ind. Eng. Chem.*, **28**, 988 (1936).
5）A. B. D. Cassie, S. Baxter, *Trans. Faraday Soc.*, **40**, 546 (1944).
6）T. Onda, S. Shibuichi, N. Satoh, K. Tsujii, *Langmuir*, **12**, 2125 (1996).
7）K. Kurogi, H. Yan, K. Tsujii, *Colloids Surf. A*, **317**, 592 (2008).
8）文献 3）の第 6 章.
9）S. Shibuichi, T.Onda, N. Satoh, K. Tsujii, *J. Phys. Chem.*, **100**, 19512 (1996).
10）T. Minami, H. Mayama, S. Nakamura, S. Yokojima, J.-W. Shen, K. Tsujii, *Soft Matter*, **4**, 140-144 (2008).
11）K. Tsujii, T. Yamamoto, T. Onda, S. Shibuichi, *Angew. Chem. Int. Ed.*, **36**, 1011 (1997).

1.2 節

1）井上晴夫ら 編，近澤正敏，田嶋和夫，"基礎化学コース　界面化学"，丸善（2001），p. 19.

2) 日本化学会 編, “コロイド科学 II. 会合コロイドと薄膜”, 東京化学同人 (1995), p. 10.
3) 日本化学会 編, “コロイド科学 IV. コロイド科学実験法”, 東京化学同人 (1996), p. 131.

1.3 節

1) D. H. Everett 著, 関 集三 監訳, “コロイド科学の基礎”, 化学同人 (1992), p. 18.
2) D. J. Shaw 著, 北原文雄, 青木幸一郎 共訳, “コロイドと界面の化学 第 3 版”, 廣川書店 (1996), p. 104.
3) M. Thommes, K. Kaneko, A. V. Neimark, J. P. Olivier, F. Rodriguez-Reinoso, J. Rouquerol, K. S. W. Sing, *Pure Appl. Chem.*, **87**, 1051–1069 (2015).
4) P. C. Hiemenz, R. Rajagopalan, “Principles of Colloid and Surface Chemistry”, CRC Press (1997), p. 413.
5) 日本化学会 編, “コロイド科学 I. 基礎および分散・吸着”, 東京化学同人 (1995), p. 325.

1.4 節

1) 北原文雄, 古沢邦夫, 尾崎正孝, 大島広行, “ゼータ電位—微粒子界面の物理化学”, サイエンティスト社 (1995), 第 1 章.
2) H. Ohshima, “Theory of Colloid and Interfacial Electric Phenomena”, Elsevier/Academic Press (2006).
3) 大島広行, 日本物理学会誌, **50**, 79 (1995).
4) 日本化学会 編, “コロイド科学 I. 基礎および分散・吸着”, 東京化学同人 (1995), 第 4 章.
5) J. N. Israelachvili 著, 近藤 保, 大島広行 訳, “分子間力と表面力 第 2 版”, 朝倉書店 (1996).
6) 北原文雄, 古澤邦夫, 尾崎正孝, 大島広行, “ゼータ電位—微粒子界面の物理化学”, サイエンティスト社 (1995), p. 82.
7) K. Oka, W. Otani, K. Kameyama, M. Kidai, T. Takagi, *Appl. Theor. Electrophor.*, **1**, 273 (1990).

2

界面活性剤—構造，物性，機能

2.1　界面活性剤の構造と機能

2.1.1　界面活性剤の構造[1〜8)]

二つの相が接している系に，ある物質を加えたとき界面の性質が変化する場合（とくに界面張力が著しく減少する場合），この物質は界面活性であるという。界面活性は物質が界面に吸着されることに起因し，界面現象の調節に用いられるものを界面活性剤という。界面活性剤は界面に吸着され，界面エネルギーを変化させる性質をもつ。界面エネルギーは新しい界面をつくり出すのに必要な最小仕事量であるから，界面活性剤は界面を広げるのに必要な仕事量を変える物質とも定義できる。界面活性剤が少量でこのような性質を示す理由は，界面を構成している性質の異なった二つの相に対しそれぞれなじみのよい部分構造をもつためである。すなわち，界面活性剤は分子中に親媒性基（溶媒になじみやすい部分）と疎媒性基（溶媒になじみにくい部分）をともに有する物質であり，溶媒が水の場合それぞれを親水基および疎水基と称する。疎水基は油になじみやすいとの意味から親油基ともいう。また，界面活性剤はその溶解性から水溶性界面活性剤と油溶性界面活性剤に大別できるが，一般に用いられる界面活性剤は大部分水溶性である。水溶性界面活性剤は親水基の種類によってイオン性と非イオン性（ノニオン）に大別され，前者はさらにアニオン，カチオン，および両性に分類される。

表 2.1 に代表的な界面活性剤の疎水基と親水基を示した。疎水基は多くの場合長鎖のアルキル基であるが，さらに疎水性の強いシリコーンやフッ素置換アルキル基も近年疎水基として用いられている。これら疎水基には直鎖状のもの，分岐鎖状のもの，複数の疎水基をもつものなどがある。これら疎水基と親水基を組み合わせることにより，目的に応じた多様な機能の界面活性剤が合成され実用化されている。

界面活性剤の特性は基本要素である親水基と疎水基に由来し，それぞれの構造とバ

表 2.1　代表的な界面活性剤の親油基および親水基団と対イオン

親　油　基	親　水　基	対　イ　オ　ン
直鎖アルキル	**イオン性**	アルカリ金属
n-$C_{8\sim18}H_{17\sim37}$-	アニオン性	
	脂肪酸(解離)　$-COO^-$	アルカリ土類金属
分岐鎖アルキル	硫酸エステル　$-OSO_3^-$	
i-$C_{8\sim18}H_{17\sim37}$-	スルホン酸　$-SO_3^-$	アンモニウム
	スルホコハク酸エステル	
多鎖型(硬化ひまし油など)	$-O_2CCH(CH_2COO^-)SO_3^-$	ハロゲン
	リン酸エステル　$-OPO_3^-$	
アルキルベンゼン	メチルタウリン	酢　酸
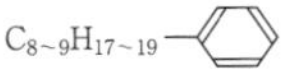	$-CON(CH_3)C_2H_4SO_3^-$	
	イセチオン酸　$-COOC_2H_4SO_3^-$	メチル(エチル)硫酸
アルキルナフタレン		
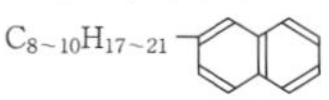	カチオン性	短鎖のイオン性界面活性剤
	第一級アミノ　$-NH_2 \cdot HCl$	
	第四級アンモニウム	
ポリオキシプロピレン	$-R_4N^+$ ($R=CH_3$, C_2H_5,	
$HO[CH(CH_3)CH_2O]_n$-	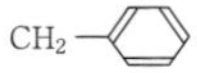 など)	
	ピリジニウム	
ペルフルオロアルキル	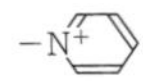	
$C_{4\sim9}F_{9\sim19}$-		
	イミダゾリニウム	
ポリシロキサン	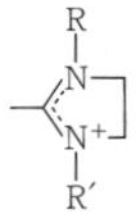 $R=CH_3$,　C_2H_5 $R'=C_2H_4OH$, $C_2H_4NH_2$	
H-$[OSi(CH_3)_2]n$-O-		
	両イオン性	
	カルボキシベタイン	
	$-NR_2CH_2COO^-$	
	($R=CH_3$, C_2H_5, C_2H_4OH など)	
	スルホベタイン	
	$-N(CH_3)_2C_3H_6SO_3^-$	
	ヒドロキシスルホベタイン	
	$-N(CH_3)_2CH_2CH(OH)CH_2SO_3^-$	
	イミダゾリニウムベタイン	
	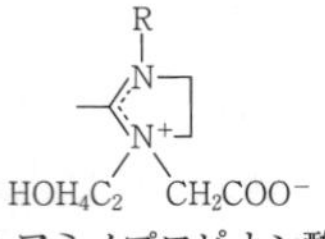	
	β-アミノプロピオン酸(β-アラニネート)	
	$-NHC_2H_4COO^-$	

表 2.1　(つづき)

親　油　基	親　水　基	対 イ オ ン
	非イオン性 ポリオキシエチレン $-O(C_2H_4O)_n-H$ アミンオキシド　$-N(CH_3)_2 \rightarrow O$ 糖(ショ糖，ソルビタン，ソルビトール)エステル グルコシド，ポリグリセン 脂肪酸(非解離)　$-COOH$ 第一級アルコール　$-CH_2OH$ 第二級アルコール　$-CRHOH$ 第三級アルコール　$-CR_2OH$ エーテル　$-O-$	

ランスによって応用上重要な界面活性剤としての特性が決まる。この親水性と疎水性のバランスを示性値として表したのが HLB（hydrophile-lipophile balance）であり，とくに乳化において界面活性剤の特性の指標として活用されている。［坂本 一民］

2.1.2　ミセル形成と界面活性[1～8]

接触させる，混ぜる，ぬらす，溶かす，泡立てる，その他物質を扱うどのような操作においても界面の関与しないものはない。そのさい界面の性質をいかに制御するかによって，仕事の効率や操作後の物質の状態が大きな影響を受ける。界面活性剤の基本挙動は界面に吸着しその性質を変化させることと，界面への吸着が飽和したのち，バルク中で種々の自己組織体を生成することにある。このような基本的作用によって界面活性剤は洗浄剤，乳化剤，可溶化剤，分散剤などとして，生活に関連するさまざまな場面で直接あるいは間接的に重要な役割を果たしている。

界面活性剤を水に溶かすと図 2.1 に示すように，低濃度では水溶液の表面張力が濃度とともに低下し，ある濃度を超えるとほぼ一定となる。これは，界面活性剤が水への溶解とあわせて気/液界面に吸着するためで，純水の表面張力（25℃ で $72.6\ \mathrm{mN\ m^{-1}}$）は界面活性剤の配向によって徐々に低下する（ヘキサデカンの表面張力は 25℃ で $27.1\ \mathrm{mN\ m^{-1}}$）。さらに濃度を上げると界面への吸着が飽和して，ある濃度から表面張力はほぼ一定の値となる。この濃度が臨界ミセル濃度（CMC：critical micelle concentration）で，バルク中で界面活性剤が会合した自己組織体の一種であるミセルが生成する。またこの濃度付近で泡立ちや，浸透性など応用上重要な

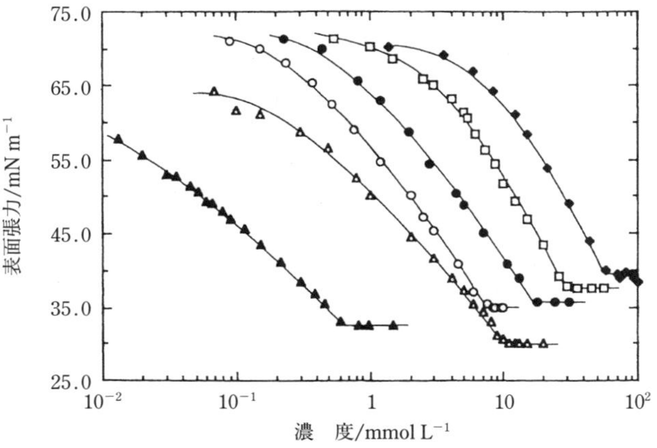

◆：デシルトリメチルアンモニウムブロミド，□：デシル硫酸ナトリウム，●*N, N'*-ジメチルデシルフェロセニウムアンモニウムジブロミド，○：*N, N'*-デシルジメチルフェロセニルメチルアンモニウムブロミド，△：*N*-デシル-*β*-アラニネート，▲：ヘキサエチレングリコールデシルエーテル

図 2.1　親水基の異なる直鎖デシル基 C_{10} の界面活性剤水溶液の表面張力濃度曲線（30°C）
［K. Tajima, *et al., Coll. Surf. A, Physicochem. Eng. Aspects*, **94**, 243（1995）］

種々の界面活性剤の特性が現れる。経験的に CMC と界面活性剤の構造には式（2.1）の関係があることが知られており，ミセル形成の熱力学的パラメーターとの関係についての理論的解析も行われている。

$$\log[\mathrm{CMC}] = A - BN \qquad (2.1)$$

ここで，N は疎水基の炭素数，A は所定の温度での極性基に対する定数，B は界面活性剤に固有の定数で疎水基炭素原子あたりの CMC の変化への寄与度を表し，イオン性界面活性剤の場合室温で約 0.3（=log2），非イオンおよび両性の場合は約 0.5 とミセル表面における電荷による反発がないぶん，疎水基あたりの CMC 変化が大きい。上述のように界面活性剤の特性は CMC 以上のミセル溶解状態で発揮されるので，その有用性はいかに広範囲の組成領域でミセル溶液として存在できるかにかかっている。したがって，CMC が低いことは少量の界面活性剤で期待の効果を発揮できることと対応する。　　［坂本 一民］

2.1.3　分子構造と液晶形成[1～8)]

界面活性剤の水への溶解挙動すなわち組成と温度の関係は，図 2.2 に示すようにある特定の温度と濃度の点に達すると急激な溶解度の上昇を示す。これはその温度・

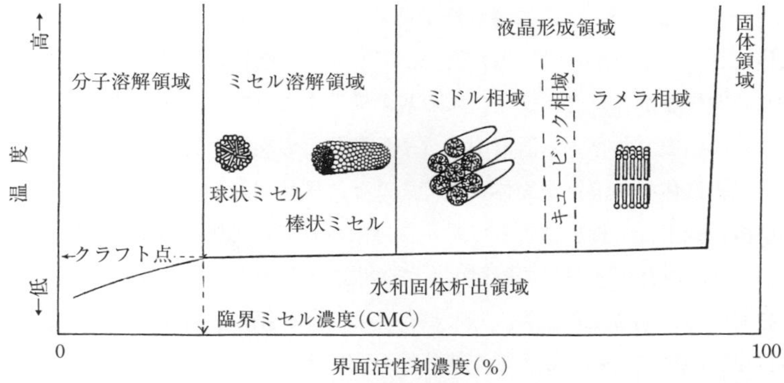

図 2.2　イオン性界面活性剤-水 2 成分系に形成される種々の分子集合相（概念図）

濃度においてミセルを形成するためで，この点をクラフト点，その温度をクラフト温度とよぶ。クラフト温度は濃度によらずほぼ一定，いい換えればクラフト点以上の温度で溶解度曲線はほとんど濃度に依存しない。さらに，界面活性剤はクラフト点以上の温度・濃度でミセルを形成し，均一な 1 液相となる。一方，クラフト点以上でのミセル溶液と分子分散溶液との境界すなわち CMC 曲線も温度によらずほぼ一定であり，ミセルは温度，濃度によらずほぼ一定濃度の分子分散溶液と共存している。したがって，クラフト点は分子分散溶液と，ミセル溶液および水和固体の 3 相の臨界点（三重点）であり，CMC 以上の濃度ではクラフト温度において溶媒和した水和固体状界面活性剤領域（W＋S）とミセル溶液（W_m）との相転移が起こる。クラフト点は界面活性剤の分子構造や溶解性に影響を及ぼす対イオン濃度などと密接に関係し，疎水基の鎖長の増加およびイオン性界面活性剤の場合，対イオン濃度の増加により上昇する。すなわち，クラフト点は水和固体の融点であり疎水基間の配向のしやすさと相互作用の強さに依存する。

ミセル溶液のように，溶質の分子溶解度がきわめて低く，互いの相互作用によって会合体を生成するような現象を自己組織化（selforganization）といい，このような溶液を自己組織化溶液（selforganized solution）という。溶質が自己組織化する一般的必要条件としては，① 溶媒との親和性が低く互いに凝集しやすい疎媒基（水の場合疎水基）をもつこと，② 溶媒となじむ親媒基（水の場合親水基）をもつこと，③ 個々の分子が運動性を維持できる液体ないし液晶状態にあることがあげられる。①，②は安定な組織構造を形成するための条件である。一般に自己組織化する溶質の分子分散濃度はきわめて低いが，たんに溶解性が低いだけでは固体の析出，2液相への分離ないし気体としての溶液からの放出に終わってしまう。③はより厳密には系全体としてある観測時間のなかで自己組織化による規則構造をもっているが，個々の分子レベルではかなりの頻度で共存する溶液中の分子分散体との交換が行われていることを意味する。自己組織体中の溶質が固体状態であると，固体（純粋な溶質）の融点以下で活動度が急激に低下し，析出によって系から排除されて自己組織構造が維持できない。

さらに自己組織体は④番目の特徴として溶媒を大量あるいは無限に膨潤・溶解できる性質を有する。③の柔らかさ，しなやかさと，④の系の組成変化に対する柔軟性が多くの自己組織体にみられる多様な機能性の源である。

自己組織体の規則構造は，系が存在する空間に占める自己組織体と分子分散溶液の割合および自己組織体を構成する両親媒性物質の分子構造によって決まり，与えられた条件の中で面積が最小になる幾何学的構造をとる。界面活性剤の分子構造と自己組織体の集合構造を関連付ける有用な指針に臨界充塡パラメーター（CPP：critical packing parameter）がある。CPPはミセルおよび液晶などの自己組織体中での疎水基の占有容積 V_L，自己組織体中の疎水基の長さ l，および疎水基と親水基との界面における有効断面積 a_s から式（2.2）で求められ，a_s はGibbsの吸着等温式に基づき表面張力の濃度曲線から分子占有面積として算出される。

$$\mathrm{CPP} = V_L/(la_s) \qquad (2.2)$$

CPPは自己組織体の曲率を表すパラメーターでありCPP＞1は水側に凸，CPP＜1は凹であることを示す。表2.2に示すように，ミセル溶液（W_m）では通常まず球状ミセル（CPPは0〜1/3）が形成される。その後，界面活性剤濃度の増加に応じてCPPが低下し（1/3〜1/2）棒状やひも状に成長し，この会合数増大とミセル構造変化は主に粘度増加として認められる。さらに界面活性剤濃度が増加するとバルク水相の減少により自己組織体であるミセルが分散した状態から，自己組織体が水相を取り込んだリオトロピック液晶を生成する。このさい，CPPの変化に応じて典型的には，不連続型キュービック（I_1），ヘキサゴナル（H_1），両連続型キュービック（V_1），ラメラ（L_α）を経て，親水基が内部を向く逆構造の両連続型逆キュービック（V_2），逆ヘキサゴナル（H_2），不連続型キュービック（I_2）と変化する。ポリオキシエチレン（EO）系非イオン界面活性剤の場合，曲率変化は分子の親水性-疎水性バランス（HLB）と密接に関連しており，親水基（EO鎖）の変化によりCPPを連続的に変えられるので，濃度上昇によってこのような組織構造変化がみられることが多い。　　［坂本 一民］

表 2.2　界面活性剤分子の平均的（動的）充塡形状とそれらがつくる分子集合体の形態

界面活性剤	臨界充塡パラメーター v/a_0l_c	臨界充塡形	形成される構造
大きな頭部をもつ単鎖脂質界面活性剤： 低塩濃度における SDS*1 	＜1/3	円すい 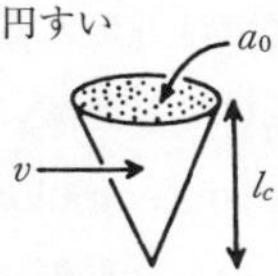	球状ミセル 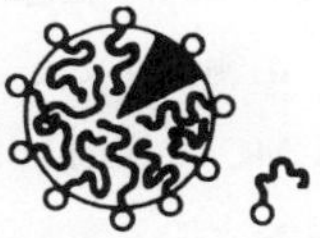
小さな頭部をもつ単鎖界面活性剤： 高塩濃度中の SDS および CTAB*2，非イオン脂質界面活性剤 	1/3～1/2	切頭円すい 	円筒状ミセル 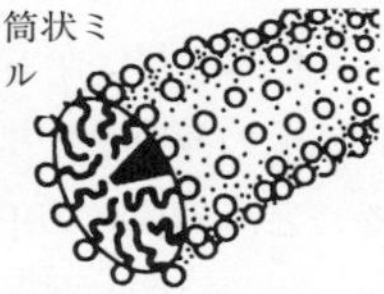
大きな頭部をもつ二本鎖界面活性剤，液体状鎖界面活性剤： ホスファチジルコリン（レシチン） ホスファチジルセリン ホスファチジルグリセリド ホスファチジルイノシトール ホスファチジン酸 スフィンゴミエリン，DGDG*3 ジヘキサデシルリン酸 ジアルキルジメチルアンモニウム塩 	1/2～1	切頭円すい 	屈曲性 2 分子層，ベシクル 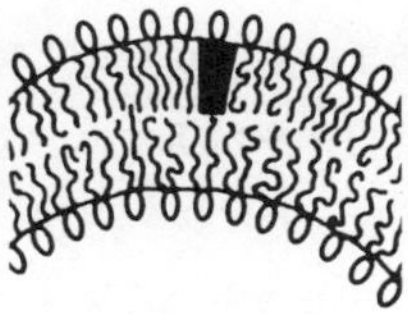
小さな頭部をもつ二本鎖界面活性剤， 高塩濃度中のアニオン性界面活性剤， 飽和凍結鎖界面活性剤： ホスファチジルエタノールアミン ホスファチジルセリン＋Ca^{2+} 	～1	円筒 	平面状 2 分子層 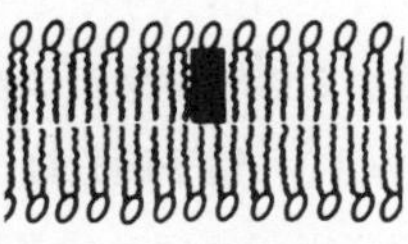
小さな頭部面積をもつ二本鎖界面活性剤，非イオン性界面活性剤， ポリ（シス）不飽和鎖，高温： 不飽和ホスファチジルエタノールアミン カルジオピン＋Ca^{2+} ホスファチジン酸＋Ca^{2+} コレステロール，MGDG*4 	＞1	逆転した 切頭円すい または くさび 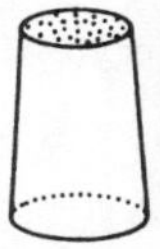	逆ミセル 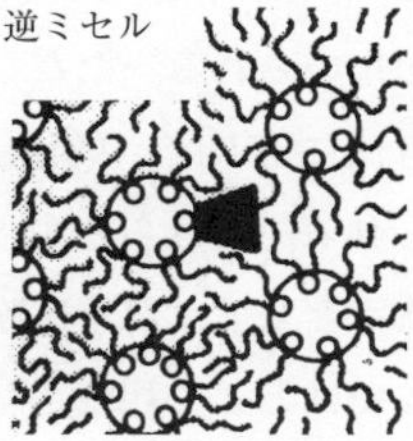

＊1　SDS：硫酸ドデシルナトリウム
＊2　CTAB：セチルトリメチルアンモニウムブロミド
＊3　DGDG：ジガラクトシルジグリセリド，ジグルコシルジグリセリド
＊4　MGDD：モノガラクトシルジグリセリド，モノグルコシルジグリセリド
［J. N. Israelachvili 著，近藤　保，大島広行　訳，“分子間力と表面力”，マグロウヒル出版（1991），p. 256 一部追加］

2.1.4 ミセルの基礎物性測定法[9〜11]

a. 臨界ミセル濃度（CMC）

表面張力，浸透圧，光散乱強度，濁度，密度，溶解熱，導電率，拡散係数といった多くの物性がミセル形成により急激に変化するので，これらの濃度依存性の測定によりCMC（critical micelle concentration）を決定することができる。またNMR，ESR，蛍光などの分光学的測定や，色素のミセルへの可溶化もよく用いられる。

一般にCMCが低い場合は感度の点でこれらの測定が困難になるが，表面張力の場合はその減少量が増すので有用である。ただし吸着平衡に達するまでの時間が長くなること，不溶性の不純物による影響が大きくなることに留意する必要がある。

一方CMCが高い場合，測定は容易になるが，高すぎると物理量の変化が緩慢になるため，CMCの値もあいまいになる。しかしそのような場合はCMCとミセル形成ギブズエネルギーとの関係も複雑になるので，CMCの値を厳密に決定すること自体あまり意味がないといえる。むしろ会合平衡を考慮してそれぞれの物理量の濃度依存性自体を解析すべきであろう。

b. サイズ・形状

ミセルを構成する界面活性剤分子は一定の配向秩序を保って溶媒との間にある種の“界面”を形成するため，平均的には一定の“形状”をもつと考えてよい。ただしモノマーの出入りやミセル内の界面活性剤の運動により，サイズや形状はつねに揺らいでいることを念頭におく必要がある。

（i） 電子顕微鏡　球状ミセルやひも状ミセルの直径は通常数nm程度であるので，実空間での観測には透過電子顕微鏡（TEM：transmission electron microscope）が用いられる。ただし，溶液状態を直接見ることができないので，観測用試料の作成方法に応じて，染色法，凍結割断法（freeze-fracture TEM），cryo-TEMなどが用いられる。これらの中でcryo-TEMは溶液状態を最も忠実に凍結するとされているが，難点として試料を薄膜にするさいに受けるずり流動の影響や，三次元物体を面に投影した像として観察される点がある。最近，種々の方向から観測した画像をもとに三次元像を再構成する三次元トモグラフィーとよばれる手法が開発されており，これを用いることにより後者の問題は解決される。

（ii） 散乱法　光，X線，中性子線などの散乱が通常用いられ，いずれも波の干渉を用いる点で共通している。形状を知るためには，① ミセル内の各点からの散乱波が有効に干渉すること，② 異なるミセルからの散乱波の干渉の寄与を分離できること，が必要条件である。①の条件は，試料中の波長 λ と散乱角 2θ を用いて定義される散乱ベクトルの絶対値 q （$\equiv 4\pi\sin(\theta/\lambda)$）とミセルサイズの関係で決まる。ミセルの最も短い部分の長さ（たとえば，棒状ミセルの直径）を d，最も長い部分の長さを L とすると，これらを決定するためには q の範囲がおおよそ $1/L<q<2\pi/d$ （$d/2\pi<q^{-1}<L$）になるように波長と散乱角を選ぶ必要がある。表 2.3 に，通常の装置がカバーする q^{-1} の範囲を示す。②の条件を満たすためには，ミセル間相互作用が無視できるような低濃度で測定を行うか，相互作用項を考慮した散乱強度の理論式を用いた解析を行う必要がある。

表 2.3 各散乱法が通常の装置でカバーする q^{-1} の範囲

	λ/nm	2θ/°	q^{-1}/nm
光散乱	400～500	20～150	30～200
中性子小角散乱	0.5～1.2	0.5～20	0.2～20
X 線小角散乱	0.15(Cu K_α 線)	0.2～7	0.2～7

（iii） 拡散係数　希薄領域におけるミセルの自己拡散係数は粘性抵抗に依存し，粘性抵抗はミセルのサイズ・形状と溶媒の粘性率に依存するので，形状を規定すれば自己拡散係数からサイズを見積もることができる。拡散係数の測定には動的光散乱や磁場勾配 NMR がよく用いられるが，前者により測定されるのは相互拡散係数であり，これは自己拡散係数に比べてミセル間相互作用の影響を大きく受ける。一方前者は z 平均（会合数の二乗の重みをつけた平均）の拡散係数を与えるのに対して，後者は重量平均の拡散係数を与えるので，モノマーの拡散係数の寄与の分離がより重要となる。

c. 会　合　数

ミセルのサイズと形状が分かれば会合数を見積もることは比較的容易であるので，ここでは会合数を直接与える方法を取り上げる。

（i） 散乱法（$q\to 0$ の散乱強度）　散乱法において，$q\to 0$ に（実際には $\theta\to 0$）に外挿した散乱強度は濃度揺らぎの二乗平均値により決まるので，これより重量平均の会合数を求めることができる。表 2.3 からわかるように，光散乱に対応する q は X 線や中性子の小角散乱より小さいので，$q\to 0$ への外挿には光散乱が適している。ただしサイズ・形状の場合と同様に，ミセル間相互作用の影響を分離する必要がある。

（ii） 浸透圧・蒸気圧　浸透圧や蒸気圧は溶媒の活量に依存するので，これらの測定により数平均会合数を求めることができる。ミセル間相互作用の影響については（i）と同様である。測定量が会合数の逆数に比例するため，会合数が大きいほど測定精度は悪くなる。

（iii）　時間分解蛍光スペクトル　　ミセルに蛍光プローブを可溶化し，消光剤存在下で蛍光の減衰曲線を解析することにより，ミセルの個数を求めることができ，モノマー濃度が分かれば会合数が分かる。この方法はミセル間相互作用の影響を直接受けないという利点があるが，会合数が数百を超える場合は正しい会合数を与えない。

［加藤　直］

2.2　自己組織化と相図

2.2.1　水/界面活性剤系の相挙動と分子集合体構造

界面活性剤は主に水溶液中で種々の分子集合体を形成するため，界面活性剤溶液系は複雑な相挙動を示す場合が多い。図 2.3 に水/界面活性剤系の模式的な相平衡図を示す。多くのイオン性界面活性剤や一部の非イオン性界面活性剤系では，低温において界面活性剤の溶解度は非常に低く，すぐに水和固体として析出する。また，水和固体の融解温度以上では CMC 以上の界面活性剤濃度で疎水基（親油基）を内側に向けた球状のミセルを形成する。CMC 曲線と水和固体の溶解度曲線が交わる温度をクラフト点とよび，この温度以上では界面活性剤の溶解度は急激に増し，表面張力低下能や可溶化能といった界面活性剤としての機能が発揮される。クラフト点は疎水鎖長増加，また，イオン性界面活性剤に対しては対イオンの濃度増加により高くなる。

非イオン性界面活性剤は温度上昇により親水基が脱水和するため，高温部で界面活

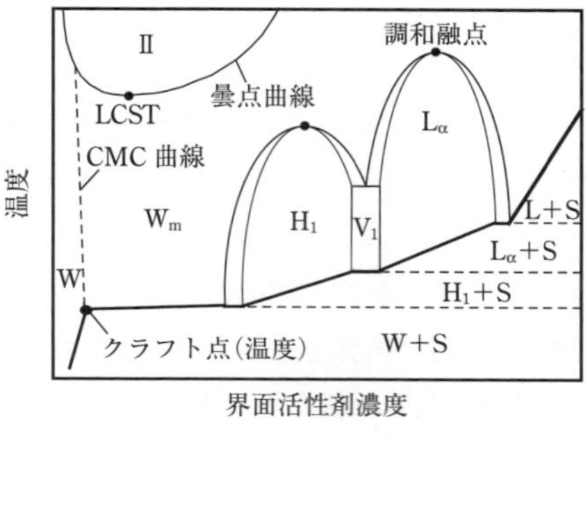

図 2.3　水/界面活性剤系の模式的な相図
W，W_m，H_1，V_1，L_α，S は水相，ミセル水溶液相，ヘキサゴナル液晶相，両連続型キュービック相，ラメラ液晶相，固相を表す，Ⅱは二つの等方性の溶液相が共存する領域を表す。

性剤希薄相と濃厚相に相分離する曇点現象が観察される。曇点曲線は下部臨界溶解温度（LCST：lower critical solution temperature）をもつ溶解度曲線になる。界面活性剤濃度が増すと，ミセルが配向し，ヘキサゴナル液晶（H_1）やラメラ液晶（L_α）などのリオトロピック液晶が形成される。液晶相は温度上昇により融解し，二相平衡領域をへて等方性のミセル溶液相になる。

系の独立変数の数である自由度 f は以下のように表される。

$$f = c - p + 2 \tag{2.3}$$

ここで，c は成分数，p は共存する相の数である。一定圧力の下，2 成分系での自由度は $3-p$ であり，最大三相平衡まで観察される。

リオトロピック液晶の構造は図 2.4 に示すように界面活性剤濃度によって変化するが，より影響が大きいのは界面活性剤の親水性-親油性バランス（HLB：hydrophile-lipophile balance）である。界面活性剤の HLB の程度を数値化したものが HLB 値（N_{HLB}）であり，非イオン性界面活性剤については以下のようにして求めることができる。

$$N_{\mathrm{HLB}} = W_{\mathrm{H}}/W_{\mathrm{S}} \times 20 \tag{2.4}$$

ここで，W_{H}，W_{S} はそれぞれ親水基，界面活性剤分子全体の重量（分子量）である。図 2.4 はポリオキシエチレンオレイルエーテル水溶液系において界面活性剤濃度とポリオキシエチレン鎖長を変数にとった相図である[1]。縦軸にはオキシエチレン基の数と $V_{\mathrm{H}}/V_{\mathrm{S}}$ をとってある。V_{H}，V_{S} はそれぞれ界面活性剤親水基の体積，界面活性剤の体積である。すなわち，図 2.4 の縦軸は親水基と親油基の密度差を無視すれば

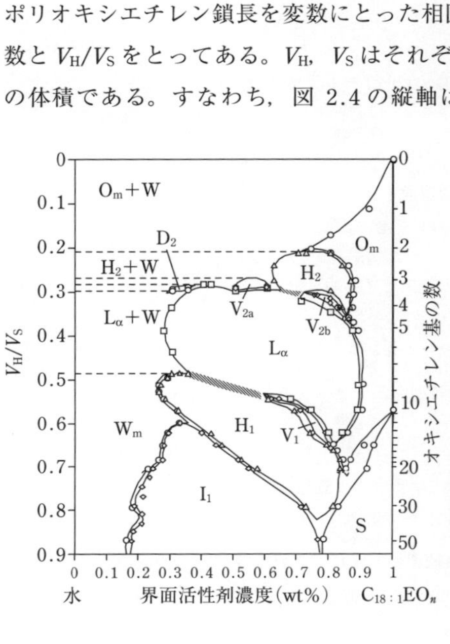

図 2.4　水/ポリオキシエチレンオレイルエーテル（$C_{18:1}EO_n$）系の 25℃ における相図

界面活性剤濃度とオキシエチレン基の数および $V_{\mathrm{H}}/V_{\mathrm{S}}$（$V_{\mathrm{H}}$，$V_{\mathrm{S}}$ はそれぞれ界面活性剤親水基の体積，界面活性剤の体積）を変数にとってある。

［H. Kunieda, K. Shigeta, K. Ozawa, M. Suzuki, *J. Phys. Chem. B*, **101**, 7952 (1997)］

HLB 値を 20 で割ったものである。したがって，下部が親水性，上部が親油性になる。親水性から親油性に変化するとき，リオトロピック液晶は球状ミセルが立方晶に詰まった不連続型キュービック相（I_1），長い棒状ミセルが六方晶に充填したヘキサゴナル液晶（H_1），2 分子膜が層状構造を示すラメラ液晶（L_α）と変化し，さらに，親水基が内側を向いた長い棒状ミセルが六方晶に充填した逆ヘキサゴナル液晶（H_2）と変化している。

図 2.5 は主なリオトロピック液晶の構造を模式的に表したものである。親水基を外側に向けた界面活性剤膜の曲率を“正の曲率”，親水基を内側に向けたものを“負の曲率”と定義すると，界面活性剤の親水性が強いときに形成される構造は正の曲率をもち，その大きさは親水性が強いほど大きい。すなわち，図 2.4 においてポリオキシエチレン鎖長が短くなる，または，HLB 値が小さくなる過程における液晶構造の変化は界面活性剤膜の曲率が正の曲率から負の曲率へ変化することを意味している。ここで H_2 相は他の液晶相に比べてその領域は狭く，また，図 2.5 に示した不連

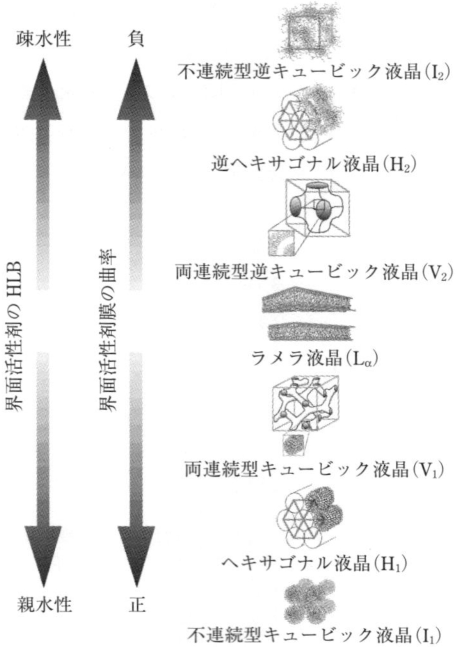

図 2.5　主なリオトロピック液晶の構造

続型逆キュービック相（I_2）は観測されない。負の曲率を得るためにはHLB値の低い界面活性剤が必要であるが，ポリオキシエチレンオレイルエーテルのような界面活性剤ではポリオキシエチレン鎖長を極端に短くする必要がある。そうすると界面活性剤の両親媒性が低下し，会合傾向が弱くなるため，逆型の液晶が形成されにくくなるのである。その証拠に，ポリオキシエチレンドデシルエーテル系[2]における図 2.4と同様の相図中ではH_2相も観測されないが，逆に，オレイル鎖より十分に長鎖のポリジメチルシロキサン鎖を有するシリコーン型界面活性剤[3,4]やポリオキシエチレン-ポリオキシブチレン共重合体[5]などの高分子界面活性剤系，2本の疎水基を有する糖脂質[6]やリン脂質[7]系においてはI_2相が観測される。分子集合体の形態は疎水基の体積v_Lおよび有効鎖長l，分子集合体の疎水基部の界面の有効断面積a_Sを用いた臨界充填パラメーター$v_L/(a_S l)$で決まる[8]。a_Sは親水基間の反発と疎水部界面に働く界面張力のバランスにより決まり，界面活性剤の親水性が強いほど，$v_L/(a_S l)$は小さくなる。幾何学的な関係から，その値が1/3のとき球状，1/2のときは円筒状，1のときは層状の会合体が形成される。しかし，臨界充填パラメーターでは疎水鎖部分の相互作用を無視しているために逆型の会合体についてはあいまいにしか記述できない。実際は界面活性剤膜の曲率は親水基間の相互作用，疎水基間の相互作用，および界面張力の3者によって決定されるため，HLB値またはV_H/V_Sにより分子集合体構造を記述するほうがよいといえる。

2.2.2　水/界面活性剤/油系の相挙動

水/界面活性剤/油3成分系の相図は通常，一定温度，圧力のもとでそれぞれの成分を頂点にとった三角相図で表す。図 2.6(a)～(e) は界面活性剤の系に対するHLBが親水性から親油性へ移行するときの典型的な相挙動を模式的に表したものである。実際の系では界面活性剤高濃度側に各種液晶形成が観測され，相挙動はより複雑であるが，ここではそれを省略している。界面活性剤高濃度側のIと示している領域は1液相領域で，マイクロエマルション形成領域を意味する。界面活性剤の親水性が強いとき（図 2.6(a)），水にミセル溶解し油が可溶化される。油の量が多いと可溶化されない油が分離して二相平衡（W_m+O）になる。W_mはミセル水溶液またはo/w（水中油滴分散）型マイクロエマルション相で，Oは油相を表す。一方，界面活性剤の親油性が強いとき（図 2.6(e)），界面活性剤は油により多く溶解し，二相領域（O_m+W）が形成される。O_mは逆ミセル油溶液またはw/o（油中水滴分散）型マイクロエマルショ

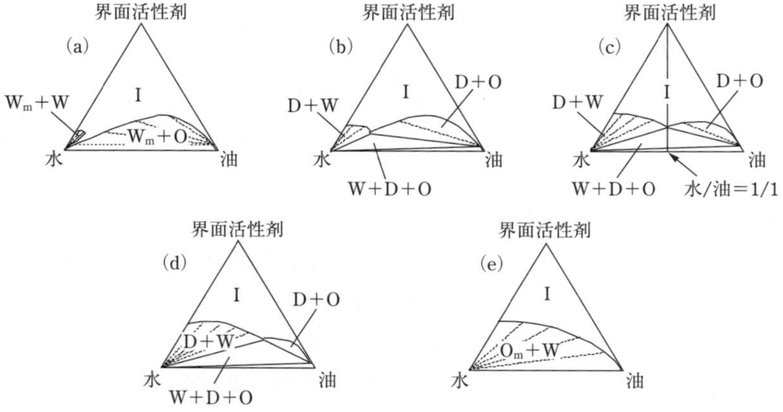

図 2.6　水/界面活性剤/油系の典型的な相挙動

ン相，W は水相を表す。界面活性剤の HLB が釣り合っている条件の近傍（図 2.6(b)～(d)）では界面活性剤は水，油の両方に溶けにくくなり，両連続型マイクロエマルション（D）を形成し，界面活性剤濃度が低いときは水相，油相と三相平衡状態（W＋D＋O）になる。三相平衡状態のとき，多くの油は水より密度が低いため，最下相が W 相となり，O 相は最上相となる。

W＋D＋O 領域は相図中で三角形の領域で表され，三角形の辺はそれが属する二相領域中の連結線になっている。相律から自由度は 0 であり，温度一定のもとでは三相三角形は不変である。

ポリオキシエチレン型界面活性剤は低温では親水性で，温度上昇につれてポリオキシエチレン鎖が脱水和するため親油性に変化する特徴をもつ。そのため，図 2.6(a)～(e) のような相挙動の変化が水/界面活性剤/油の 3 成分系で温度変化させることで観察できる。

2.2.3　液晶相の決定法

液晶は特徴的な光学的性質・粘弾性の性質をもつため，サンプルの外観からある程度液晶の種類を判断することができる。ミセル溶液やキュービック相は光学的に等方的であり，複屈折性は示さず，光を強く散乱することもないので透明である。これに対してラメラ液晶やヘキサゴナル液晶は光学的に異方性であり，複屈折性を示す。そのため，偏光方向が直行するように配置した 2 枚の偏光板の間にサンプルをおいて，透過光を観察すると前者のサンプルは真っ暗であるが，後者のサンプルは光って見える。粘性率は一般的にラメラ液晶＜ヘキサゴナル液晶＜キュービック相の順に高くなる。また，液晶の構造は界面活性剤の濃度に強く依存する。界面活性剤の濃度増加に伴う分子集合体の形態変化は，ミセル溶液→キュービック相→ヘキサゴナル相→ラメラ相の順である。しかし実際にはすべての相が出現するわけではなく，このうちどの相が現れるかは界面活性剤の種類によってまちまちである[9)]。このように液晶相はサンプルの光学的特性，粘性率や状態図中の他の相との位置関係によってある程度区別することができるが，より精密に構造を同定するには以下に示す偏光顕微鏡と小角X線散乱測定が用いられる。

a.　偏光顕微鏡

（i）　装　置　　基本的には通常の透過型光学顕微鏡にポーラライザー（P）とアナライザー（A）とよばれる偏光板を装着したものである。PとAの偏光振動方向を直行させた場合を直行ニコルといい，この状態で液晶を観察する。また光路に複屈折性プリズムであるWollastonプリズムやNomarskiプリズムを入れて屈折率の差を高コントラストで検出する偏光型微分干渉顕微鏡もあり，液晶や結晶の観察以外にもエマルションやベシクル（リポソーム）の観察にも適している。

（ii）　液晶の型の同定　　主に偏光顕微鏡を用いて区別するのはラメラ液晶とヘキサゴナル液晶である。見分け型は直行ニコル下での観察による光学組織で見分ける。ラメラ液晶，ヘキサゴナル液晶に特徴的なパターンを図 2.7に示す。図(a)はオイリーストリーク（oily streaks），図(b)はマルタの十字（Maltese cross）とよばれている。しかし，配向の弱い系や界面活性剤濃度が低くなると光学組織からでは区別できないケースも出てくる。またヘキサゴナル液晶と逆ヘキサゴナル液晶は光学組織に違いは

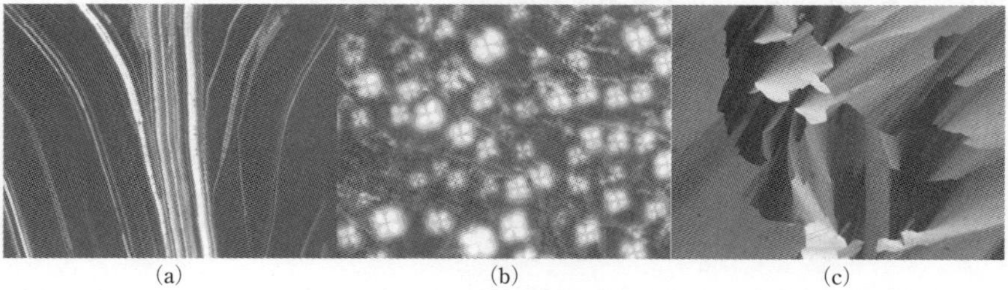

(a)　(b)　(c)

図 2.7　ラメラ液晶（oily streaks）(a)，ラメラ液晶（Maltese cross）(b)，ヘキサゴナル液晶の偏光顕微鏡観察像（c）

ない。そのような場合は相平衡図上の位置や小角X線散乱スペクトルなどからの情報を併用する必要がある。また光学組織が見にくいサンプルの場合はしばらく熟成させると見やすくなる場合がある[10,11]。

b. SAXS

小角X線散乱（SAXS：small-angle X-ray scattering）は媒体（溶媒，空気など）と電子密度の異なる数nmから数十nm程度の大きさの構造を非破壊で調べる実験手法である。“小角”とは散乱X線の散乱角度の小さい領域（通常5°以下程度）のことである。液晶や生体試料の高次構造（長周期構造）の解析やミセル，マイクロエマルション，溶液中の高分子，サスペンション中の微粒子，固体中の微細孔などのサイズ（分布），形状，表面状態の解析などに用いることができる。

（i） 装　置　装置は大きく分けてX線源，光学系，試料部，検出器，データ取得解析部からなっている。X線源は封入管式（安価，長寿命，低出力）および回転対陰極型（高価，低寿命，高出力）のものが主流で，銅から発生する Cu K_α 線（波長 λ 0.1542 nm）を用いることが多い。余分なバックグラウンド散乱の除去や安全性の面から発生したX線を線状あるいは帯状に絞り込む必要がある。このために用いる光学系には大別して，ピンホールコリメーション，スリットコリメーションとよばれる方式があるが，前者はX線強度の損失が大きいため，液晶相のキャラクタリゼーションには後者を用いることが多い。検出器は比例計数管やシンチレーションカウンター，イメージングプレート，CCDなどの電気的な計数装置を用いる。

（ii） 得られる情報　試料にX線が照射されたときに，電子密度の異なる領域があるとX線は散乱される。ラメラ液晶，(逆)ヘキサゴナル液晶，(逆)キュービック液晶などの散乱面からの散乱X線の散乱角 θ が Bragg の条件式（$2d\sin\theta=n\lambda$）にあてはまるとき，干渉現象のために強められ，散乱強度のピークとしてスペクトル上に現れる。散乱角度 θ は用いるX線源の波長によって変わるので物理的一般性をもたせるためには散乱ベクトルの大きさ q（$=4\pi\sin\theta/\lambda$）を用いる必要がある。この場合には，Bragg の条件式は $d=2\pi n/q$ である。ラメラ液晶は一次元方向に規則構造をもつので（n 0 0）面からの散乱ピークが現れる。ヘキサゴナル液晶は二次元，三次元方向に規則構造をもつのでより多くのピークが現れる。ただし，消滅則でピークの出ない面もある。これらのピーク比をまとめたのが表 2.4 である。ピーク比から液晶の構造を決定することができるが実際に液晶を測定すると多くて三次，四次あたりまでで，配向状態の悪い液晶であると一次ピークのみしか得られないことなどがある。

表 2.4　各液晶の SAXS ピークから得られる面間隔比

液晶の種類		面間隔
ラメラ液晶	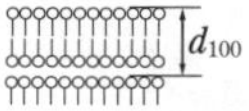	$d_{100} : d_{200} : d_{300} : \cdots\cdots = 1 : \frac{1}{2} : \frac{1}{3} : \cdots\cdots$
ヘキサゴナル液晶	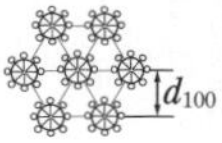	$d_{100} : d_{110} : d_{200} : \cdots\cdots = 1 : \frac{1}{\sqrt{3}} : \frac{1}{2} : \cdots\cdots$

ラメラ液晶やヘキサゴナル液晶の同定にはそれでも十分であるが，キュービック液晶の詳細な構造決定は多数のピークを得る必要があるのでサンプルを長期間熟成させたり，測定時間を長くとる必要がある。

面間隔が測定でき，液晶構造が同定できればそれぞれの構造をモデル化することによって液晶を構成する分子膜の厚さ，シリンダーミセル，球状ミセルなどのミセル間距離，界面活性剤分子の界面における分子占有面積などの微細構造のパラメーターを算出することができる[12]。ただし，この解析において界面活性剤分子の密度が必要となるので別に測定する必要がある。　［荒牧 賢治］

2.3 洗　浄　剤

2.3.1 洗浄の対象と界面化学の機能

洗浄は材料表面に付着した汚れを，物理的あるいは化学的手段により除去し，表面を清浄にすることである。洗浄において考慮すべき因子を図 2.8 の概念図にまとめるが，材料の性質，材料表面の性質，汚れの性質，洗浄環境など多岐にわたる。さまざまな発生源から由来する汚染物質は，自然環境などの外力が負荷となり，変性や複合化が起こりながら材料表面に付着する。また，内部構造が表面物性に影響するため，繊維では膨潤が起こるなど材料内部の性質変化も洗浄に関与する。一方，硬表面は，水などの浸入がなく，表面のぬれ性や極性が大きく影響するため，塗膜などの表面処理層の性質が洗浄性に影響する。汚れ除去レベルが高くなるにつれ，材料表面の性状の理解がより重要となる。

実際の汚れは，構成する対象物質が複合化しているとともに，環境により固体，半固体，液体の状態をとるため複雑である。人体由来と環境由来に大別され，前者は表皮組織の代謝物である角質（ケラチン主体）や皮脂（脂質主体）が主体であり，さら

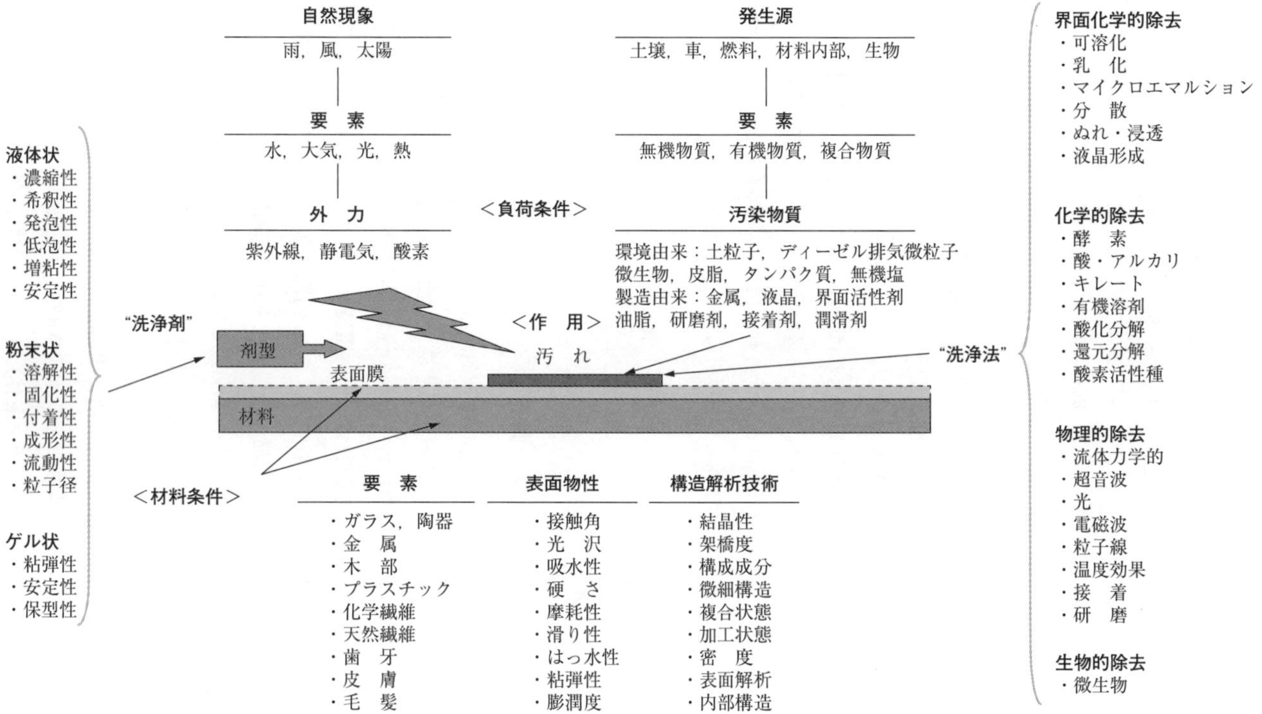

図 2.8　汚れ因子と洗浄技術の概念図

に食品，日用品，化粧品などの付着汚れもある。後者は日常の食生活などで付着するものや，大気中に浮遊しているほこりなどがある。2 μm 以上の疎大粒子群は土壌成分が，それ以下の微小粒子群ではディーゼル自動車由来の排気微粒子が主体となる大気浮遊粒子状物質からなっている[1]。

一般的な油性汚れは，界面活性剤のぬれ，乳化・可溶化，分散などの界面化学的機能を利用し除去する。界面活性剤の構造特性をいかし，汚れとの分子間相互作用力を高めることで，複合化した汚れを除去するものである。表 2.5 に汚れの種類に応じた洗浄剤に求められる機能と，それを満たす洗浄成分を，界面化学理論との結び付きとともにまとめた[2]。洗浄の対象や付着形態にあわせ，界面活性剤以外にも，キレート剤，無機剤，高分子，酵素，漂白剤などの成分が選ばれる。家庭用，業務用，工業用という使用形態の違いによって多くの種類に分類される。これら種々の成分の配合を考えるさいには，環境への負荷や分解性など，環境および人体への安全性を十分に配慮する社会責任が強く求められてきている[3]。

一方，求める表面の清浄レベルによっても選ぶべき除去手段が変わる。極度に微細

表 2.5　洗浄の対象，機能，成分，界面化学理論の関連

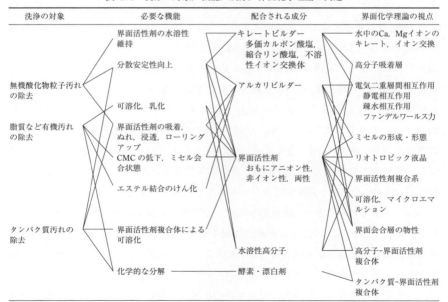

洗浄の対象	必要な機能	配合される成分	界面化学理論の視点
	界面活性剤の水溶性維持	キレートビルダー 多価カルボン酸塩，縮合リン酸塩，不溶性イオン交換体	水中のCa，Mgイオンのキレート，イオン交換
	分散安定性向上		高分子吸着層
無機酸化物粒子汚れの除去		アルカリビルダー	電気二重層間相互作用 静電相互作用 疎水相互作用 ファンデルワールス力
	可溶化，乳化		
脂質など有機汚れの除去	界面活性剤の吸着，ぬれ，浸透，ローリングアップ		ミセルの形成・形態
	CMC の低下，ミセル会合状態	界面活性剤 おもにアニオン性，非イオン性，両性	リオトロピック液晶
	エステル結合のけん化		界面活性剤複合系
			可溶化，マイクロエマルション
タンパク質汚れの除去	界面活性剤複合体による可溶化		界面会合層の物性
		水溶性高分子	高分子-界面活性剤複合体
	化学的な分解	酵素・漂白剤	タンパク質-界面活性剤複合体

化した汚れは，大きな表面自由エネルギーをもつため付着力が強まる。このような汚れは，界面活性剤による除去が困難なため，漂白剤などに代表される酸化・還元剤を用いた化学反応を伴う洗浄剤が処方される。とくに，半導体などの精密洗浄分野では，きわめて高い表面清浄度が求められ，界面活性剤自身も汚れ物質となってしまう。その場合，強酸・強塩基，過酸化水素，フッ化水素，キレート剤などを適宜組み合わせた洗浄システムの設計が基本となる。　［田村 隆光］

2.3.2　洗浄のメカニズム

洗浄のメカニズムは，実際の洗浄過程を考えると，平衡論だけでなく速度論的解釈も加わり非常に複雑である。粒子汚れと油性汚れについては単純化した条件での考察や理論付けがなされ，油性汚れについては，洗浄過程で界面活性剤とでつくる液晶などの中間相の状態解析からも詳しく検討されてきた。

a.　洗浄現象からみた汚れの除去

（i）　粒子汚れの除去　粒子汚れの洗浄は，コロイド粒子の分散系の安定化理論（DLVO 理論）から解釈されている。無機や有機固体粒子の分散過程を，粒子間および粒子–基質固体間の静電反発力とロンドン–ファンデルワールス引力との和であるポテンシャルエネルギーで表現したものである。図 2.9 に示すように，凝集力に基づく引力 V_A は近距離になると急に増大する。一方，同符号の粒子間または粒子–基質間の静電反発力 V_R は V_A よりも遠距離から働くため，V_R+V_A のポテンシャル曲線には山ができる。粒子が脱離するには $V_{MAX}+V_{MIN}$ の障壁を超える必要がある。一方，一旦脱離した粒子の再付着は V_{MAX} を超えて接近する結果起こるので，洗浄過程を進めるには $V_{MAX}+V_{MIN}$ を低くしながら V_{MAX} を高くすることが必要である。V_A は粒子と基質によって決まる値であり，V_R のみが可変である。繊維や粒子の表面は一般に負の電荷を帯び，pH の上昇とともにその電位は上昇するので，洗浄系をアルカリに保つビルダーや，吸着によって負電荷の量を増すアニオン性界面活性剤，V_R を低下させる Ca や Mg イオンを封鎖するキレート剤などの機能は重要である。

（ii）　油性汚れの除去　油性汚れの除去を現象から捉えると，可溶化，乳化，ローリングアップとなる。可溶化は界面活性剤ミセル内部に汚れを取り込む作用であり，油溶性色素の溶解現象から裏付けられている。実際の洗浄は，汚れの量に対しミセル量が少ない場合が多く，一部が可溶化されていると考えられている。ローリングアップは，表面上の油性汚れの薄膜が界面活性剤水溶液の強いぬれ性により接触面積が減

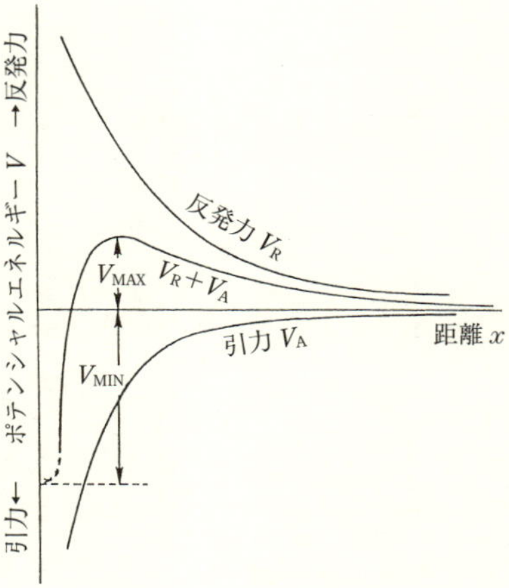

図 2.9　固体粒子-基質間の距離と相互作用力の関係

少し，完全に球状に巻き上げられ離脱する現象である。固体上においた油滴の三つの界面接触線の接点での張力バランスで説明され，Young の式（2.5）で示される接線方向の界面エネルギーのバランスが，界面活性剤により変化することから油相の接触角 θ の増加が起きるものである。

$$\gamma_{sw}=\gamma_{so}+\gamma_{ow}\cdot\cos\theta \tag{2.5}$$

ここで，γ_{sw}，γ_{so}，γ_{ow} は固相/水相，固相/油相，油相/水相の界面張力，θ は接触角を示す。接触角が 180° に至らぬまでも，90° 以上であれば完全なローリングアップが起こり得る。

一方，乳化は界面活性剤が油性汚れに吸着することにより，γ_{ow} が低下することにより基材表面から油滴となって離脱する現象である。油相/水相界面に働くメカニズムなので，ローリングアップとは理論的に異なるが，両者が同時に起こる場合がきわめて多いと考えられる。いずれの機構が主体となるかは，固体表面の親水性，油汚れの極性および洗浄条件の組合せで決まる。

このような二つの洗浄機構の寄与は，典型的な界面活性剤を用いて，油相/水相/繊維の界面物性（γ_{ow}，接触角 θ）と種々の油性汚れの除去率との関係から明らかにされている[4)]。たとえば，図 2.10 左で，ポリエステルに対するヘキサデカンの洗浄挙動を，ドデシル硫酸ナトリウム（SDS）およびポリオキシエチレンドデシルエーテル（$C_{12}E_n$）の混合系で調べると，$C_{12}E_3$ の混合比率を高めるにつれ，接触角の低下が起こる一方，油/水界面張力の極小を示す低下が見られている。これら界面張力値を

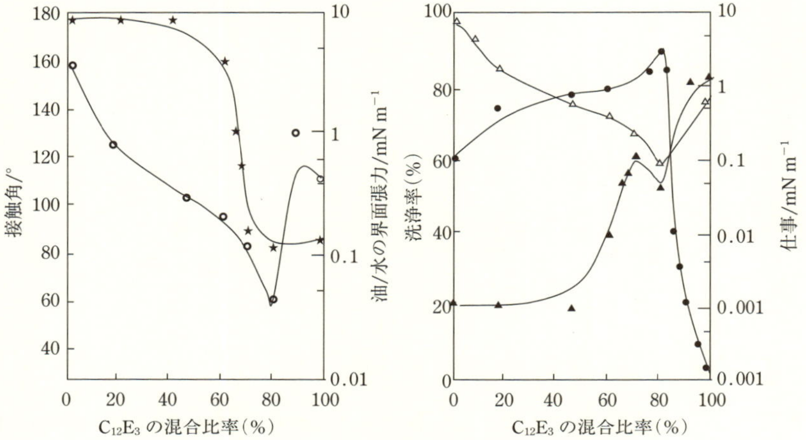

図 2.10　SDS/$C_{12}E_3$ 混合系の洗浄挙動

○：界面張力，★：接触角，△：凝集仕事，▲：付着仕事，●：洗浄率

［L. Thompson, *J. Coll. Interf. Sci.*, **163**, 61 (1994)］

以下の式を用いて付着仕事 W_a と凝集仕事 W_c が算出された。すなわち，

$$W_a = \gamma_{ow}(1+\cos\theta) \tag{2.6}$$

$$W_c = 2\gamma_{ow} \tag{2.7}$$

の値を，洗浄率とともに図 2.10 右で示すと，$C_{12}E_3$ の混合比率の低い領域では W_a が W_c に比べ非常に小さく，それが高い領域では W_c が低くなり逆転が起きている。W_a が基質に対する油の親和性を示すことからローリングアップ効率を反映し，W_c が油滴の断片化の傾向を示すことから乳化効率を反映する。したがって，洗浄機構が非イオン性界面活性剤を添加するにつれて，洗浄メカニズムの主体がローリングアップから乳化へと連続的に変化をすることが示唆される。

b.　洗浄過程での中間相の形成

油性汚れと界面活性剤水溶液との接触界面では，界面活性剤濃度が高まりさまざまな中間相が形成される。前項の洗浄メカニズムとも密接にかかわっているが，種々の分子集合構造をもつ洗浄液を，油汚れと直接接触させて研究されてきた。

典型的な非イオン界面活性剤の場合，等方性のミセル相（L_1 相）は液晶相が出現する濃度範囲と，曇点（C_p）を境に水相との相分離が起こる温度範囲で存在する。同じ L_1 相でも温度上昇とともにミセルの大きさは拡大し，C_p 以上で白濁する状態においては，100 nm にも及ぶ巨大会合体ともなる。洗浄効果との対比を考えると，C_p 以

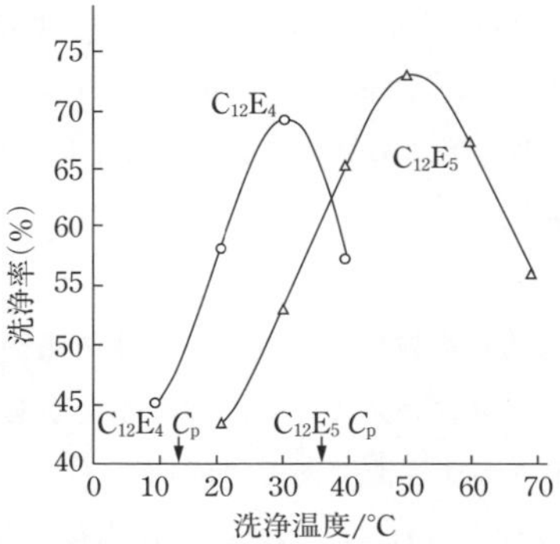

図 2.11 $C_{12}E_n$ の洗浄力の温度依存性
[K. H. Raney, W. L. Benson, C. A. Miller, *J. Coll. Interf. Sci.*, **117**, 282 (1987)]

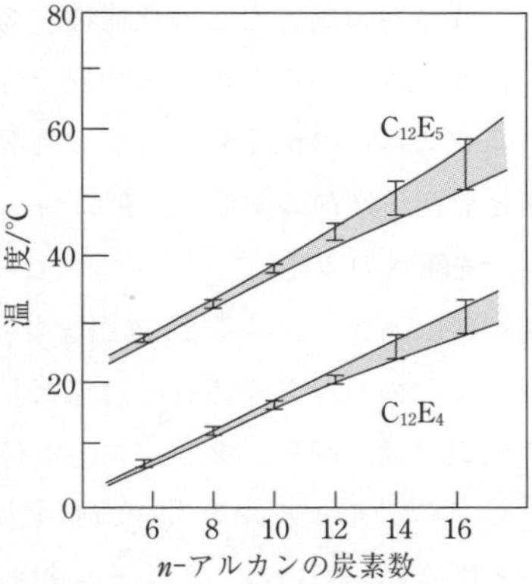

図 2.12 $C_{12}E_n$ の三相分離温度領域
[M. Kahlweit, R. Strey, P. Firman, *J. Phys. Chem.*, **90**, 671 (1986)]

下の L_1 相内における，温度上昇に伴う直線的な洗浄性の上昇は，可溶化による洗浄が主体であると考えられる。

一方 C_p 以上で界面活性剤会合体は疎水性となり，油性汚れの表面に水/界面活性剤/油からなる中間相が形成される。この相を経由して油性汚れの連続的な除去が起こるため，C_p 付近に洗浄力の極大が現れる。たとえば，図 2.11 のように，ヘキサデカンの温度に対する洗浄率は，$C_{12}E_4$，$C_{12}E_5$ でそれぞれ 30℃，50℃ 付近で極大を示す[5)]。これら最適洗浄温度は C_p よりも高いが，洗浄液相と油相との間につくる両連続型マイクロエマルション（BME：bicontinuous microemulsion）が形成される。BME は水と油の両相に対する界面張力が著しく低下した条件で形成されるため，汚れの水中への分散がすみやかに起こると考えられている。これは図 2.12 に示すように，油/水＝1/1 で界面活性剤濃度を変えて出現する三相温度領域と最適洗浄温度とが一致することから裏づけられている[6)]。　[田村 隆光]

2.3.3 皮膚と洗浄

a. 理想的な洗顔料

洗顔の目的は，余分な皮脂，皮脂酸化分解物，汗，代謝産物，角層の屑片，空気中のほこり，微生物，化粧品などの汚れを除去し，皮膚を清潔にすることで，健康で，美しい肌を保つことである。洗顔料に対する考慮すべき点は，① 泡立ち，泡切れのよさ，洗浄力の高さなどの機能性，② 使用後のつっぱり，刺激を感じない，肌あれを引き起こさないなどの皮膚の安全性，③ 効果的または簡便な使用法の3点があげられる。これらの洗顔料に関する要素はおのおの密接に関係しており，以下にこの3要素と界面活性剤の関係と役割について述べる。

b.　洗顔料の機能

洗顔料は大きく分けると，皮脂などのライトな汚れを対象としている水性洗顔料と，メークなどのハードな汚れを対象としているクレンジングまたは油性洗顔料がある。水性洗顔料は，固形，クリーム，液体タイプの三つが主流である。固形タイプには，C9～C17のアルキル鎖をもつ脂肪酸塩が高濃度配合されているため，使用後は非常にさっぱりとしている。クリームタイプは，固形タイプと比較して高級脂肪酸塩が少なく，代わりに保湿剤が多くなっている。液体タイプは，もともと頭髪，ボディー用であったが，使用性，機能性，剤型的嗜好性の多様化により，洗顔料にも活用されるようになり，弱酸性からアルカリ性のタイプまである。

皮膚洗浄は，皮膚に付着している汚れをぬれ，分散，乳化，可溶化などの界面現象により除去することであり，一般的に洗浄性いわゆる洗浄効率 S は，洗浄剤濃度 C，機械力 F，温度 T の指数関数として式（2.8）のように表すことができる[7]。

$$S=K(CFT)^n \tag{2.8}$$

ここで，n，K は定数である。つまり洗浄効率は，洗浄剤濃度や機械力，温度に大きく依存している。しかし極端な機械力や温度条件を望めない皮膚洗浄では，界面活性剤の濃度，また界面活性剤の性質が大きく影響してくるため，界面活性剤の選択が重要となる。

c.　洗顔料の安全性

洗顔料には機能性だけでなく，同時に高い安全性も求められる。近年，敏感肌の人の増加により，洗顔により肌の水分量が減少し肌が乾燥することや[8]，洗顔後につっぱり感を感じる人は少なくないことがあげられる。これは界面活性剤による過度の脱脂に伴う角層細胞間脂質の減少や，皮膚吸着が大きく関係している。さらに，一過性のチクチクやヒリヒリなどの痛みを伴うスティンギングがある。スティンギング誘発物質としては，パラベン，有機酸，香料成分，そして脂肪酸塩が知られ，脂肪酸塩の中ではラウリン酸カリウムが最もスティンギングが強いと報告されている[9]。その解決策としては，界面活性剤を効果的に活用することで，細胞間脂質の流出，界面活性剤の皮膚吸着を抑制する方法が最適と考えられる。以下その代表的な方法を述べる。

（ⅰ） 選択洗浄性　選択洗浄とは，肌あれなどを防ぐための重要な因子である角層細胞由来の脂質（コレステロール，コレステロールエステル）は皮膚に残存させ，皮脂腺由来の脂質（スクアレン）を汚れとともに十分に洗浄することである。洗顔料にもっとも多く配合されている脂肪酸塩を用いて選択洗浄性に着目した検討を行う方法があげられる[10]。

モデル皮膚として用いた乾燥豚皮に皮脂モデルを塗布し，洗浄により皮脂を除去した後に残存していた皮脂組成を調べた結果，水のみの洗浄では，親水性の高いコレステロールが除去され，その比率が減少した（図 2.13）。一方，ラウリン酸塩（C12K），パルミチン酸塩（C16K），ステアリン酸塩（C18K）は，スクアレンが除去され，コレステロール，コレステロールエステルの比率が高くなり，選択洗浄性を示した。

洗浄により皮膚に残存吸着した脂肪酸量は，ラウリン酸塩，ミリスチン酸塩（C14K）は皮膚吸着量が多く，また洗浄時間とともに増加する（図 2.14）。一方パルミチン酸塩，ステアリン酸塩は皮膚吸着量が少なく，かつ洗浄時間が増加しても吸着量に変化がみられない特性をもっている。

（ⅱ） 脂肪酸塩の皮膚への吸着抑制　脂肪酸塩を選択することで，安全性を向上することは可能であるが，泡立ちの点でラウリン酸カリウムが処方上必須の場合には利用できない。そこでラウリン酸カリウムの皮膚吸着を抑制する方法として，非イオ

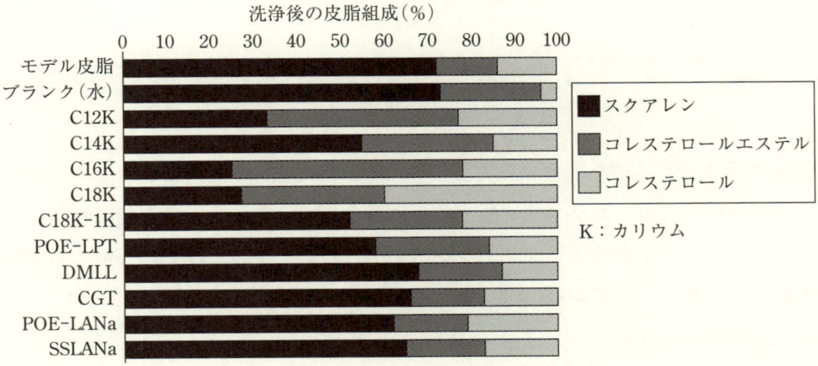

POE-LPT：ポリオキシエチレン(2)ラウリルエーテルリン酸トリエタノールアミン塩
DMLL：*N*, *N*-ジメチル-*N*-ラウロイル-D, L-リジン
CGT：*N*-ヤシ油脂肪酸-L-グルタミン酸トリエタノールアミン塩
POE-LANa：ポリオキシエチレン(2)ラウリルエーテル酢酸ナトリウム塩
SSLNa：スルホコハク酸ラウリル二ナトリウム塩

図 2.13　洗浄後に豚皮中に残存したモデル皮脂（30 min）

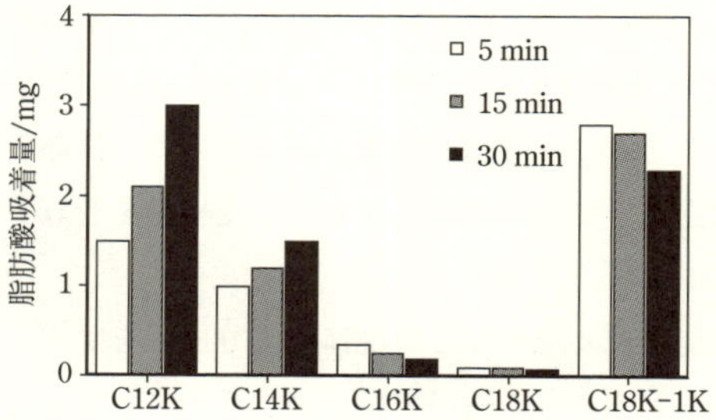

図 2.14　洗浄により残存吸着した脂肪酸量

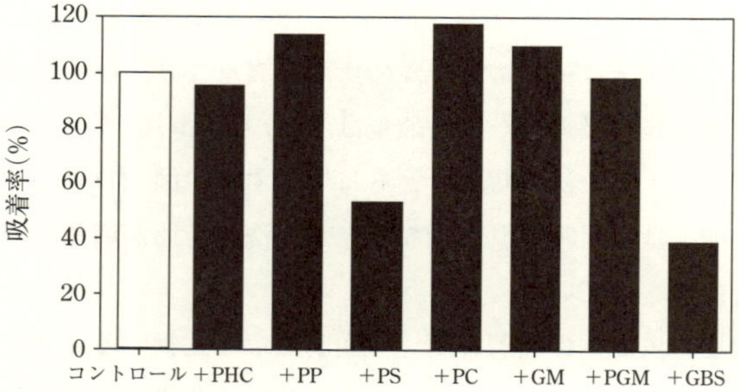

PHC：ポリオキシエチレン(100)硬化ひまし油
PP：ポリオキシエチレン(25)フィトスタノール
PS：モノステアリン酸ポリオキシエチレン(20)ソルビタン
PC：ポリオキシエチレン(150)セチルエーテル
GM：モノステアリン酸グリセロール
PGM：モノステアリン酸ポリオキシエチレン(45)グリコール
GBS：ポリグリセリル(13)ポリオキシブチレン(14)ステアリルエーテル

図 2.15　非イオン性界面活性剤によるラウリン酸カリウムのケラチンパウダーへの吸着抑制（*in vitro*）

ン性界面活性剤や油剤を配合する方法がある[11]。図 2.15 に洗浄により皮膚（ケラチンパウダー）に吸着したラウリン酸カリウム量を示す。非イオン性界面活性剤の中では，ポリグリセリルポリオキシブチレンステアリルエーテル（GBS）が最も吸着抑制効果が高い特性をもっている。

d.　洗顔料の使用法

化粧品は洗顔方法により，その機能性や安全性が大きく変化することは知られている。その中で，水の役割は大変大きく，たとえば，すすぎ水中のカルシウムイオン濃度が増加するに伴い，脂肪酸塩の皮膚吸着量が増大することが報告されている[12]。日本の水道水は軟水であるため，それほど問題視する必要はないが，温泉水やヨーロッ

パの水道水に対しては，この点を考慮する必要があり，すすぎを十分に行うことが大切である。［酒井 裕二］

2.3.4 マイクロエマルション型洗浄剤

洗浄剤はその構成成分により，アルカリけん化型，界面活性剤型，溶剤型の３種に分類することができる。アルカリけん化型は洗浄力が低いが，非危険物であり，食器，食品容器の洗浄などに使用されている。界面活性剤型は界面活性剤の乳化，分散作用により洗浄を行う。起泡性が課題となる場合があるが，非危険物，低毒性，洗い流しが容易などの特徴を有し，広く工業用途，パーソナルケア用に使用されている。溶剤型は汚れを溶剤（油，揮発性溶剤など）中に溶解して除去する。揮発性溶剤を用いた場合には，きわめて高洗浄力であるものの環境毒性，引火性などの課題があり限られた用途のみに使用される。また，油を用いた場合には，洗い流し性に課題が存在する。

マイクロエマルション型洗浄剤は界面活性剤の乳化，分散作用および油の溶解作用の両方をあわせもつことから，界面活性剤型と溶剤型の中間的な性質と位置付けられる[13,14]。油を洗浄剤中に配合する場合，最も単純な方法として非平衡状態の乳化系とすることが考えられる。しかし，乳化系における油は，界面化学的にみれば会合体から分離した過剰な溶媒相にすぎず，油をそのまま洗浄に用いる場合と比較しても大きな性能の向上は期待できない。すなわち水を用いた洗い流しが容易ではなく，残留分に伴う課題点（再汚染，使用感触）が解消できない。一方，油をマイクロエマルション中に，平衡的に可溶化した場合は，会合体のもつ特性が洗浄性能に大きな効果を与えるため興味深い。マイクロエマルションの中でも，両連続型マイクロエマルションは興味深い研究対象である。両連続型マイクロエマルションは屈折率の異なる水と油を相当量含んでいながら完全に透明で低粘性率の溶液である。水と油の間にo/w, w/oといった内と外の関係がなく，両方が連続な構造を有し，油水間の界面張力が極小値，可溶化能が極大値をとる。この性質を洗浄剤として活用すれば，油性の汚れを溶解して落とし，水を加えると容易に洗い流すことができる[15]。

たとえば，皮膚に付着したメーキャップを洗浄するメーク落としの場合，汚れの構成をみると，シリコーン油，ワックス，疎水化（シリコーン処理）粉末などから構成され，化粧崩れやカップへの二次付着防止などの目的で高分子シリコーンが配合されることも多い。これらから，マイクロエマルションに調製すべき油はシリコーン油であることがわかる。

図 2.16にはポリオキシエチレン(8)イソステアリン酸グリセリル/15% エタノール水溶液/環状シリコーン油/セチルイソオクタノエート系の相平衡図を示す[15]。水頂点から油頂点に向けて三日月型の領域（D）中で生成するのが両連続型マイクロエマルションである。高分子シリコーンを含むメーキャップに対する洗浄力は，最も洗浄力が高いとされる油を用いた溶剤型（オイルタイプ）に近いレベルである。さらに，さっぱり感と関連の深い皮膚上の油残存量については，油を含まず最もさっぱりしている界面活性剤型のローションタイプと同程度であることが明らかになっている。これは両連続型マイクロエマルションの性質によるものである。すなわちメーキャップとなじませ時には，油のチャネルをメーキャップと接触させ，油と同様に溶解して落とす。次に，洗い流されるときには，水のチャネルを洗い流しの水と接触させ水溶性成分と同様に容易に除去されるためである。

マイクロエマルション型洗浄剤の考え方を一歩進めた洗浄剤も開発されている[16]。洗い流しに水を用いることを利用し，洗浄剤自体の組成は油と界面活性剤の混合物，すなわち溶剤型のオイルタイプとしておき，水が加わることで両連続型マイクロエマルションに相転移するよう，界面活性剤/油性成分/水溶性成分の擬似三成分系を最適化しておく（図 2.17）。これにより，メーキャップとのなじませ時にはきわめて高洗浄力でありながら，洗い流し時には非常に容易に除去できるという，いままでにない機能を付与することが可能となっている。　　［渡辺 啓］

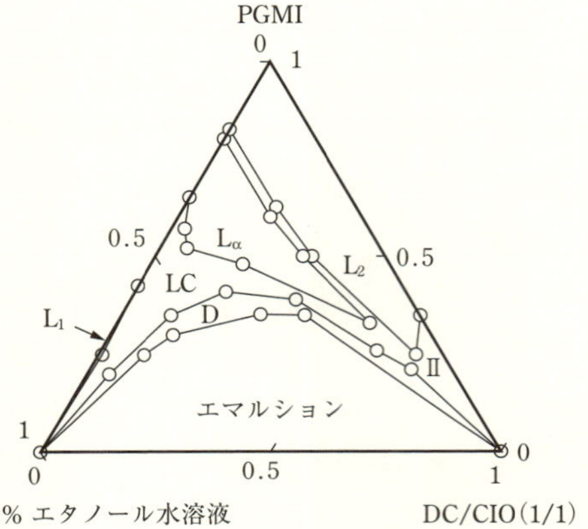

図 2.16　ポリオキシエチレン(8)イソステアリン酸グリセリル（PGMI)/15% エタノール水溶液/環状シリコーン油（DC)/セチルイソオクタノエート（CIO）系の25℃における相平衡図

図中の領域Dが両続型マイクロエマルションが生成する領域である。

［K. Watanabe, A. Noda, M. Masuda, K. Nakamura, *J. Oleo Sci.*, **53**, 547 (2004)］

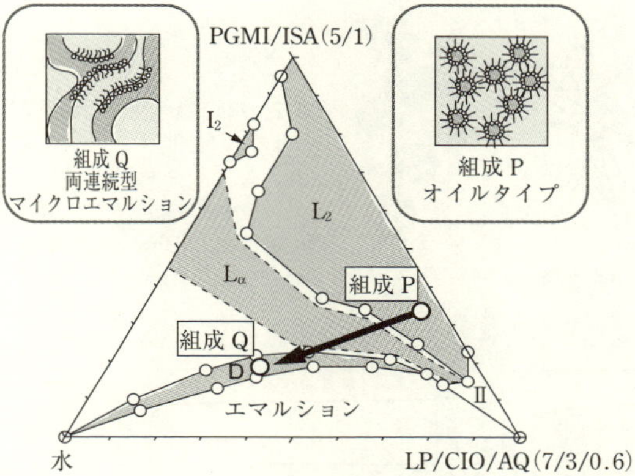

図 2.17 ポリオキシエチレン(8)イソステアリン酸グリセリル（PGMI）/イソステアリルアルコール（ISA）/流動パラフィン（LP）/セチルイソオクタノエート（CIO）/ポリオキシエチレン-ポリオキシプロピレンランダム共重合体（AQ）系の25℃における相平衡図

組成Pにおいては，逆ミセル油溶液が生成しており，溶剤型のオイルタイプと同様の組成となっている。水を加えて組成Qに至ると，両連続型マイクロエマルションとなるため容易に洗い流すことができる。

2.3.5 高分子/界面活性剤複合体

高分子/界面活性剤複合体が利用されている代表例として，シャンプーのコンディショニング機能をあげることができる。今日のシャンプーにはカチオン性高分子が配合され，洗浄基材であるアニオン性界面活性剤との複合体のコアセルベーションを利用して，① 洗髪時のきしみやもつれの防止，② ダメージ部分の補修，③ シリコーンなどの付着を促進する。

a. シャンプーにおける高分子/界面活性剤複合体のコアセルベーション

カチオン高分子とアニオン性界面活性剤からなる複合体は，両者の電荷が中和される組成領域でコアセルベートするが，シャンプーのように過剰なアニオン性界面活性剤が共存すると，ミセルを結合した複合体となって再溶解する[17]（図 2.18）。この可溶化状態の複合体（(図(c)）は，洗髪・すすぎ過程の希釈によって，コアセルベートする複合体（図(b)）の組成に移行して毛髪に付着する。コアセルベートした複合体

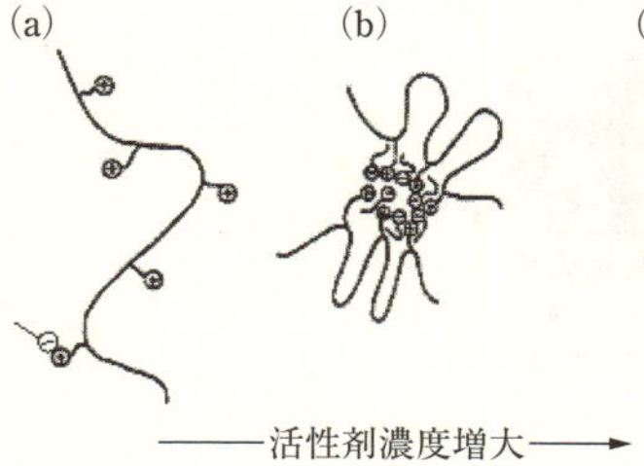

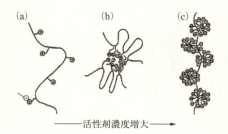

図 2.18　高分子/界面活性剤複合体の溶存状態の変化
(a)　モノマー結合領域　(b)　電荷中和領域
(c)　ミセルを結合した可溶化領域
[K. Ohbu, 0. Hiraishi, I. Kashiwa, *J. Am. Oil Chem. Soc.*, **59**, 108 (1982)]

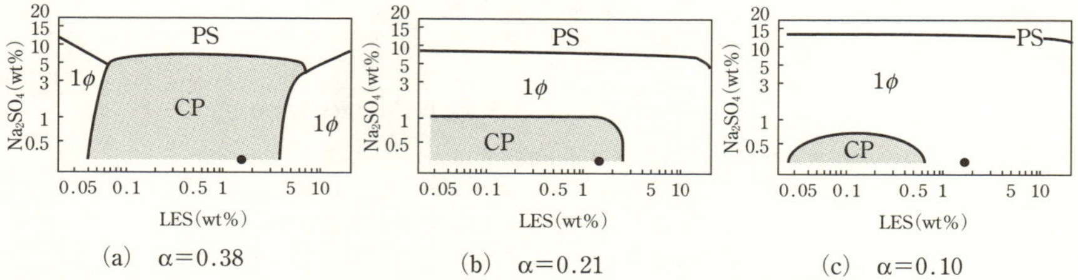

図 2.19　カチオン化セルロース（CC）/ポリオキシエチレンアルキル硫酸塩（LES）/Na_2SO_4 系の部分相図（CC 濃度 0.1%）
●：CC 1%，LES 15%，塩 3% からなるモデルシャンプーの 10 倍希釈組成，1φ：均一溶解領域，CP：複合体析出領域，PS：相分離領域，α：カチオン化度

が析出する領域（CP）は，① 高分子のカチオン電荷密度や分子量，② ミセルのアニオン電荷量，③ 共存塩によって変化する[18]。モデルシャンプーの希釈組成（図 2.19 の部分相図の●印）が析出領域にないカチオン化度 $\alpha=0.1$ のモデルシャンプー系では，複合体の付着は起こらない。

複合体は水で希釈されると高分子に結合したミセルの数を減少させ，空座となった高分子側の電荷バランスを保つために，高分子内，高分子間でミセルを共有し架橋する。溶存する複合体が析出する前に架橋する様子は複合体溶液の光散乱量測定から追跡でき，析出した複合体を CO_2 の超臨界点で乾燥すれば SEM による構造観察も可能である。

b.　複合体の毛髪への付着と風合い

毛髪に付着した複合体の量やレオロジー特性がシャンプー洗髪時のすすぎの感触を左右する。高分子の分子量が大きく，またカチオン電荷が低いと，複合体の付着量が増して重たい感触となるので[19]，高分子の電荷や配合量，界面活性剤の種類などで調節する[20]。カチオン化セルロースでは滑らかなすすぎ感触が得られるが，多糖骨格の分子構造をグアーガムやローストビーンガム，デキストランなどに変えると，しっとり感やさらさら感なども実現できる[21]。洗髪後に乾燥した複合体皮膜の物性が毛髪の表面摩擦や曲げ特性に影響し，シリコーンやコンディショナーらの風合いに加味される。

シリコーンはつやや風合いの向上に欠かせない基材である。シリコーンエマルションをシャンプーに配合した場合，複合体とともにコアセルベートして毛髪に付着する。シリコーンの付着量は複合体の付着量とともに増加し，コアセルベートする希釈倍率や複合体構造にも関連する[22]。仕上がりの毛髪風合いに対するシリコーンの寄与は大きく，近年では，シリコーンの付着性に優れた複合体を形成する合成系のカチオン高分子[23]や両性高分子が開発されている[24]。［三宅 深雪］

2.3.6 電子材料の精密洗浄

a. 極微小汚染の精密洗浄

マイクロメートルやナノメートルの領域で回路を形成する，半導体，ディスプレイ，ハードディスクなどの電子部品の製造プロセスはまさに“汚染との戦い”である。先端半導体デバイスでは 50 nm 以下の配線パターンで回路が刻まれ，ナノ粒子や分子・原子オーダーの極微小汚染が問題となる。デバイスの全製造工程は 1000 工程以上に及び，その内の約 25%，実に 250 工程以上が洗浄である。本項では半導体デバイス洗浄を例に，極微小汚染洗浄の原理と考え方について解説する。

b. 極微小汚染洗浄の原理と汚染再付着防止の重要性

極微小汚染はその形態から主としてパーティクル（微粒子），金属，有機物に分類される。その洗浄に必要な機能は，① 汚染の脱離機能，② 汚染の再付着防止機能，③ 下地膜のエッチング機能の三つに集約される（図 2.20）[25,26]。高清浄な基板表面を再現性よく得るためには，とくに液中汚染の再付着防止機能が重要である。

不溶性や難溶性のパーティクル汚染を例にとれば，機能 1 には超音波，ブラシ，ジェット洗浄などの物理作用，機能 2 にはアルカリや界面活性剤によるパーティクル/基板表面間の静電的反発作用，機能 3 には薬液による基板表面のエッチング作用が利用されている。

可溶性の金属汚染の場合，汚染の脱離（機能 1）は，金属汚染を酸や酸化剤で化学的に溶解することによって行われる。有機汚染の場合も同様に溶解作用によって脱離される。

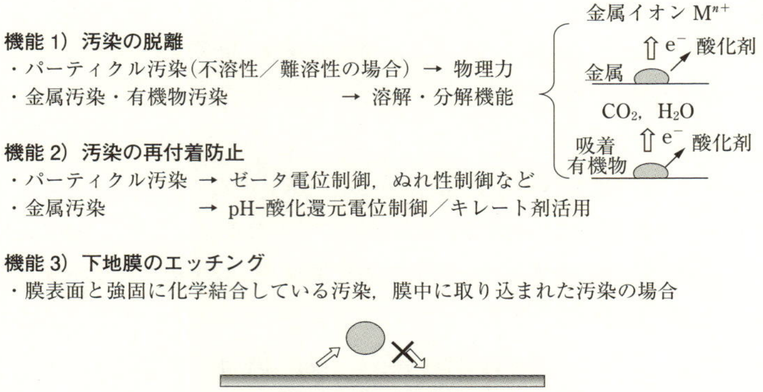

機能 1）汚染の脱離
・パーティクル汚染(不溶性／難溶性の場合）→ 物理力
・金属汚染・有機物汚染 → 溶解・分解機能
金属イオン M^{n+}
e^- 酸化剤
金属
CO_2，H_2O
吸着有機物
e^- 酸化剤
機能 2）汚染の再付着防止
・パーティクル汚染 → ゼータ電位制御，ぬれ性制御など
・金属汚染 → pH-酸化還元電位制御／キレート剤活用
機能 3）下地膜のエッチング
・膜表面と強固に化学結合している汚染，膜中に取り込まれた汚染の場合

図 2.20　極微小汚染の洗浄に必要な機能
［森永　均，応用物理，**69**(5)，568（2000)］

c.　界面活性剤・キレート剤の活用による電子部品洗浄の高性能化[26〜29)]

汚染脱離に必要な物理/化学的作用は，半導体洗浄に不可欠なものとして多用され続けてきたが，近年のデバイスパターン微細化や新材料（Cu配線など）導入によって，その使用には制限が必要となっている。物理作用による極微細パターンの倒壊，化学作用による部材の過剰エッチング，ラフネス増大，新材料の腐食などのダメージのためである[26,27)]。

物理/化学作用低減下で，高清浄な表面を達成するためには，表面からほんのわずかに引き離された微小汚染を確実に捕らえる，高度な再付着防止技術を有した洗浄が必須となる。パーティクル汚染の再付着にはゼータ電位が寄与しており，その制御のために，従来の半導体洗浄[25,26)]（RCA洗浄など。RCAは開発元の米国の企業名）ではpH制御，すなわち，酸・アルカリの活用のみを行ってきた。アルカリ性の洗浄液中では，さまざまな部材の表面がともに負に帯電するために，基板とパーティクル間で反発力が生じ，パーティクルの再付着が防止できる。

半導体洗浄に界面活性剤やキレート剤などの微量添加剤を用いようとすると，“残留，泡立ち”や“限られた汚染種にしか効果を示さない”，などの問題点があり，導入が阻まれてきた。近年，半導体デバイス洗浄に適した活性剤・キレート剤技術の研究開発が進められ，先端半導体デバイスプロセスへの導入が進んでいる[27〜29)]。

先端半導体デバイスでは新材料の導入により，CuやCo，Ni，Hfなどがシリコン表面にクロスコンタミネーションする可能性が増大しているが，キレート剤の活用に

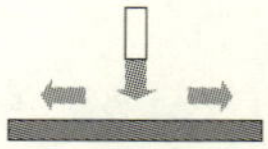

洗浄方法：枚葉スピン洗浄，室温，60 s，超音波：1 MHz 10 W(spot)
基板：熱酸化膜つきシリコンウェーハ(5000 Å SiO_2)
前処理：SPM(10 min)→DHF(0.5%，室温，5 min)→APM(1/2/40，室温，10 min)→汚染
汚染：指紋汚染(基板上の 3 ヵ所)

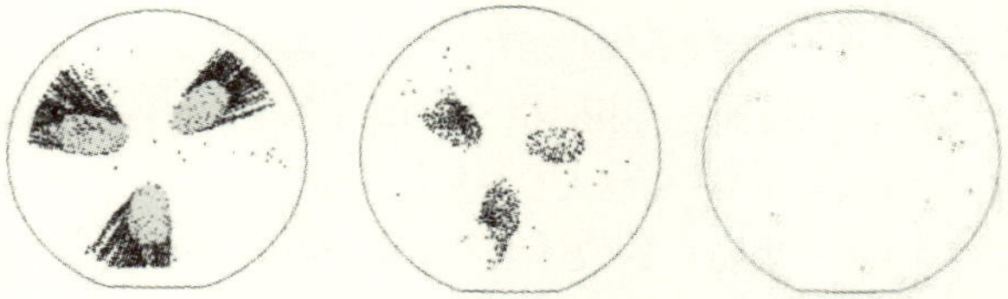

図 2.21 枚葉スピン洗浄（超音波併用）によるパーティクル除去における汚染再付着防止の重要性
超純水ではパーティクル再付着防止能がないために，脱離したパーティクルが下流側で再付着する。ゼータ電位による反発作用が大きいアルカリ液ではそれが防止でき，界面活性剤を添加したアルカリ液ではさらにその効果が大きくなる。
［森永　均，“エレクトロニクス洗浄技術”，技術情報協会（2007）pp. 30，195］

よりその防止は可能となっている[26〜29]。界面活性剤は，極微小パーティクルの再付着防止に効果を発揮する。つねに基板表面に新液を供給できる，枚葉スピン洗浄においても，液の下流側で汚染再付着は起こり得るが，界面活性剤の活用によって，その抑制は可能となる（図 2.21）。ウェーハ上に形成される，種々の新材料表面間のゼータ電位差に由来する，パーティクル再付着問題にも界面活性剤の活用は有効である[26〜29]。

界面活性剤を活用した汚染の効率的な除去は，ダメージ低減のみならず，洗浄の短時間化にも有効であり，今後の精密電子部品洗浄に不可欠な技術として，さらなる発展が期待される。 ［森永 均］

2.4 乳化・分散機能

2.4.1 乳化と HLB の概念

水溶性成分や油溶性成分，また粉末など，互いに溶解しない物質の一方が微細な粒子として他方に分散した系を分散系といい，化粧品，食品，医薬品など幅広い産業分野で活用されている。分散系のうち，互いに混ざり合わない二つの液体の一方がもう一方の液体に微細な粒子として分散した系を乳化(エマルション)という。エマルションには，大きく分けて水中に油滴が分散した水中油滴分散型エマルション（o/w：oil in water）と油中に水滴分散滴が分散した油中水滴分散型エマルション（w/o：water in oil）があり，目的に応じて使い分けられる。互いに混ざり合わない二つの液体の界面には界面自由エネルギー（界面張力）が存在する。エマルションを生成するためには，界面張力にさからって界面を拡張するためのエネルギーが必要である。また，エマルションは界面自由エネルギーが増大した熱力学的に不安定な系である。すなわち，エマルションには，「上手く生成すること」と「安定に保つ」という二つの課題がある。

エマルションの生成には界面活性剤が重要な役割を果たしている。界面活性剤が油/水界面に吸着すると界面張力が低下し，容易に分散するようになる。また，吸着膜はエマルションの凝集や合一を防ぐ働きを担っている。界面活性剤を界面に効率よく吸着させるには界面活性剤の親水性-親油性が適度にバランスしていることが重要である。この親水性-親油性バランスはHLB（hydrophile-lipophile balance）とよばれている。

基本的な乳化系である水/界面活性剤/油の3成分系の相図を用いて乳化型や界面活性剤のHLBの関係を理解することができる。図 2.22は水/ペンタエチレングリコールモノドデシルエーテル/*n*-テトラデカン系の相図である[1]。ポリオキシエチレン型界面活性剤の親水基であるポリオキシエチレンは温度上昇に伴い脱水和し親水性が低

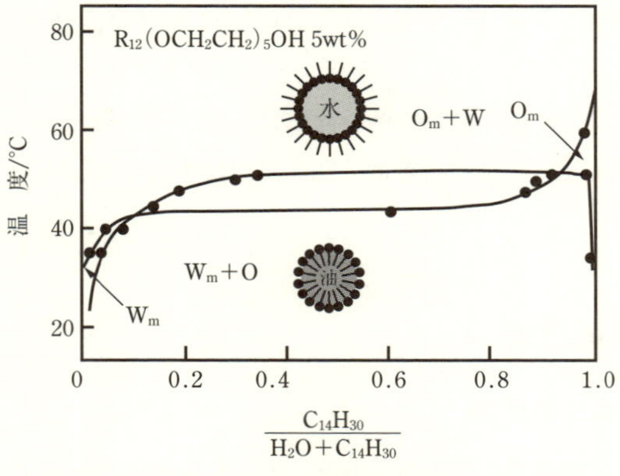

図 2.22　水/非イオン性界面活性剤/油系の相図
［H. Kunieda, K. Shinoda, J. Dispers, *Sci. Tecnol.*, **3**, 233 (1982)］

下するため, 低温では親水性, 高温では親油性と連続的に HLB が変化する。たとえば, 油の重量分率が 0.5 で低温では界面が水に対して凸の o/w 型エマルションが生成する。温度の上昇とともに水との親和性が低下し界面は平らになっていき, 界面活性剤相（界面活性剤に油と水が可溶化）（D）と過剰の水相, 油相からなる三相領域（D+W+O）を経て界面が水に対して凹の w/o 型エマルションへ変化する。o/w 型エマルションから w/o 型エマルションに転相する温度は界面活性剤の親水性と親油性がちょうど釣り合う温度（HLB 温度）であり, PIT（phase inversion temperature）ともよばれる。界面活性剤の親水性が強いと PIT は高くなる。PIT は油の種類, 界面活性剤の温度と濃度, 油相・水相への種々の添加物などによって変化する。したがって, PIT の測定から界面活性剤の HLB を変化させる条件を知ることができる。

PIT や HLB 温度は厳密に HLB を規定しているが, 条件によって値が変化し界面活性剤に特定の値を与えることはできない。Griffin は膨大な乳化実験を行い, その実験結果（乳化型と安定性）から種々の界面活性剤の HLB を数値化した。HLB 値は非イオン性界面活性剤, とりわけポリオキシエチレン系の界面活性剤が基準になっている。

これらの界面活性剤について HLB 値は,

$$\text{HLB 値} = (E+P)/5 \tag{2.9}$$

と表される。ここで, E と P はそれぞれポリオキシエチレン部, 多価アルコール部の界面活性剤分子中に占める wt% である。

また, Davies は界面活性剤分子を単位の官能基に分け, 固有の値（基数）を定め（表 2.6）, 次式のように合計する求め方を考案した。

表 2.6 基 数

基	基数	基	基数
親水基		親油基	
$-SO_3Na$	38.7	$-CH_2-$	−0.475
−COOK	21.1	$-CH_3$	
−COONa	19.1	=CH−	
N（第四級アミン）	9.4		
エステル（ソルビタン環）	6.8		
エステル（遊離）	2.4	誘導基	
−COOH	2.1	$-(CH_2-CH_2-O)-$	+0.33
−OH（遊離）	1.9	$-(CH_2-CH(CH_3)-O)-$	−0.15
−O−	1.3		
−OH（ソルビタン環）	0.5		

表 2.7　HLB 値と界面活性剤の機能

HLB	主な用途	HLB	主な用途
1.5～3	消泡剤	8～18	o/w 乳化剤
4～6	w/o 乳化剤	13～15	洗浄剤
7～9	湿潤剤	15～18	加溶化剤

表 2.8　所要 HLB 値

o/w 乳化

油	所要 HLB
オレイン酸	17
カルナウバろう	15
トルエン	15
ベンゼン	15
オレイルアルコール	14
トリクロロフルオロエタン（フロン 113）	14
ひまし油	14
パルミチン酸イソプロピル	12
ミリスチン酸イソプロピル	12
無水ラノリン	12
ステアリン酸ブチル	11
ミネラル油（パラフィン系）	10
ジメチルシリコーン	9
セレシン	8
とうもろこし油	8
大豆油	6

w/o 乳化

油	所要 HLB
ステアリルアルコール	7
ガソリン	7
ケロシン	6
ミネラル油	6

$$\text{HLB 値} = \sum(\text{親水基の基数}) + \sum(\text{親油基の基数}) + 7 \qquad (2.10)$$

HLB 値は加成性が成り立ち，混合された界面活性剤の HLB 値はそれぞれの界面活性剤の重量分率と HLB 値との積の和として求めることができる。HLB 値は表 2.7 に示すように界面活性剤の物性をおおむね知る上では有効であり，さらに乳化剤を選択する指針を与えてくれる。ある油と水を乳化するために必要とされる界面活性剤の HLB 値をその油の所要 HLB といい，乳化剤の選択の目安として用いられている（表 2.8）。

［岡本　亨］

2.4.2　乳化の評価方法

エマルションの生成や安定性は，油相および水相の種類と比率，乳化剤の種類や量，乳化方法（各成分の添加方法，乳化温度，かくはん条件）などさまざまな影響を受ける。ここでは，エマルションの乳化型，乳化粒子径および分布の評価方法について述べる。

o/w 型と w/o 型ではその物性・機能がまったく異なるため，どちらの乳化型が生成しているかを調べる必要がある。乳化型の判別方法としては，エマルションの連続相に溶解する色素を添加すると乳化物全体が着色することを利用した方法や，エマルションの連続相と同一の液体に希釈すると容易に混ざり合うことを利用した方法がある。また，エマルションの導電率や屈折率は連続相の性質が反映されることから，乳化型を判定することができる。

エマルションの粒子径はその物性に大きな影響を与える。粒子径が数 μm 程度のエマルションは乳白色の外観を示すが，粒子を微細化していくと青白色から半透明～透明に変化する。粒子径やその分布を比較することで，乳化剤の乳化力や調製プロセスの効率を評価することもできる。

粒子径の測定には顕微鏡などを用いて直接粒子を観察する方法と光学的な性質を利用して間接的に評価する方法がある。直接粒子を観察する方法には光学顕微鏡や電子顕微鏡が用いられる。1 μm 程度までのエマルションには光学顕微鏡による観察が有効である。それより小さなエマルションには電子顕微鏡が用いられる。最近は試料を液体窒素で凍結した後割断し，割断面のレプリカを透過電子顕微鏡で観察する凍結割断法（freeze-fracture 法）が広く用いられている。一方，間接的に粒子径を評価する方法には，光学特性を利用する方法が用いられている。レーザー回折散乱法は，エマルションにレーザー光を照射し，粒子からの散乱光強度の角度依存性から粒度分布を測定する手法である。粒子径がサブミクロンの場合は動的光散乱法が有効である。これは粒子のブラウン運動による散乱光の揺らぎを測定することでブラウン運動を求め粒子径分布を解析する手法である。 ［岡本 亨］

2.4.3 乳化のメカニズム

a. エマルションの生成

エマルションは“互いに溶解しない液体の一方が他の一方に微細な液滴として分散したもの”であり，二つの液相に分離した状態に比べて界面の面積は著しく大きくなっている。界面には界面自由エネルギーが存在するので，エマルションは界面エネルギーが増大した熱力学的に不安定な系である。このため界面活性剤分子は油/水界面に吸着・配向して界面エネルギー（界面張力）を低下させ，微粒子の生成を容易にする。このときかくはんのような機械的エネルギーの負荷も必要である。界面張力が著しく低下するような条件では，とくに機械的エネルギーを加えることなく熱拡散などにより自然にエマルションが生成することもあり，自然乳化あるいは自己乳化とよばれる。

エマルションの調製には“分散法”と“凝集法”がある。分散法は塊状態にある液相に外部から機械エネルギーを負荷して微粒子にしていく方法で，凝集法は均一な一液相状態にある系の環境を温度変化や組成変化などにより変化させ，相分離させて二相系のエマルションにする方法である。工業的なエマルションの調製法としては分散法が一般的であるが，凝集法もナノオーダーの微細なエマルションの調製に用いられている。

b.　エマルションの状態と安定性

エマルションの形態を決める最大の因子は，界面活性剤の溶存状態である。“界面活性剤が溶解しやすい相が連続相になる”というBancroftの経験則が古くから知られていたが，その後，界面活性剤の油/水への分配と乳化型との関係が詳細に研究され，“エマルションが生成するときにミセルが形成されている相が連続相になる”ことが明らかとなった[2)]。

エマルションの崩壊現象として凝集，合一，クリーミングがある。凝集は粒子間に働くロンドン-ファンデルワールス引力により生じる。粒子どうしが接触したときに界面膜強度が弱いと，合一してより大きな粒子となる。合一が進むとエマルションは水と油の二相に分離する。合一が生じなくとも，連続相と分散相の比重差により乳化粒子が浮上あるいは沈降して濃縮された乳化層が分離することがある。これをクリーミングという。凝集を防ぐ方法としては，イオン性界面活性剤を用いて粒子表面に電荷を付与し静電反発力をもたせること，およびポリオキシエチレン型界面活性剤のような高分子鎖をもつ界面活性剤を用いて，鎖の重なりに基づく浸透圧効果とエントロピー効果により反発力を与える方法がある。クリーミングを防ぐにはStokesの法則に基づく粒子の沈降（浮上）速度に関わる因子を考慮する。すなわち粒子径を小さくする，内相外相の密度差を小さくする，連続相の粘性率を高めることとなる。合一を防ぐには分散粒子の界面膜強度を強くすることが必要となる。o/w型エマルションではヘキサデカノールやオクタデカノールのような高級アルコールがco-surfactant（乳化助剤）として用いられ，安定化に寄与している。図 2.23に示すように，高級アルコールは界面活性剤とともに乳化粒子の周囲や連続相に液晶やゲル相などの構造体を形成して合一やクリーミングを防止する。凝集，合一，クリーミングとは異なる不安定化

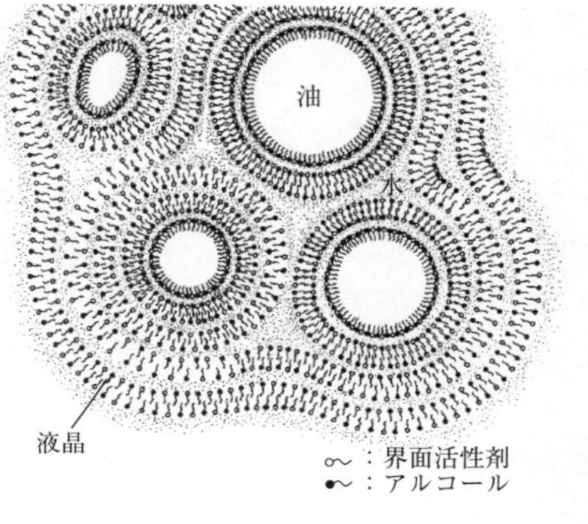

図 2.23 液晶相により安定化されたエマルション
［鈴木敏幸，塘 久夫，石田篤郎，日化，**1983**, 337］

の要因として，分子拡散に基づく不安定化がある。これは小さな粒子の成分が連続相へ溶解し，拡散により大きな粒子へ取り込まれ大粒子化が進むもので，Ostwald ライプニング（熟成）とよばれる。これを抑制するには連続相へ溶解度の低い成分を分散相へ加えることが効果的である。［鈴木 敏幸］

2.4.4 乳化過程と相図の利用

エマルションは界面エネルギーが増大した熱力学的に不安定な系（非平衡系）であるため，同じ組成であっても調製法によりその状態は大きく異なる。乳化の妥当性や機構の解析には状態図（相図）が利用されている[3]。図 2.24 は二つの異なる乳化方

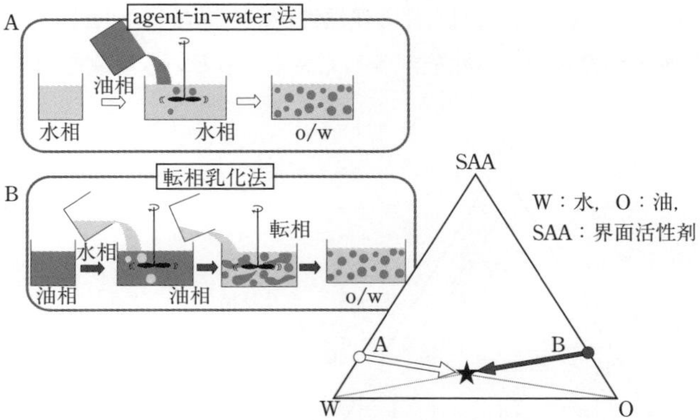

図 2.24 異なる乳化方法の模式図と乳化課程における組成変化
［鈴木敏幸，化学と生物，**46**，53（2008）］

法を模式図と各成分の組成を示す三角図上で示したものである。A は agent-in-water 法とよばれるもので，界面活性剤を水相中に添加しておき，そこに油相を加える。B は転相乳化法とよばれるもので，界面活性剤を油相中に溶解・分散させ，そこに水相を添加し o/w 型エマルションを得る。乳化の途中で連続相が油から水へと変化(転相)するので転相乳化法とよばれる。どちらも最終的には同一組成のエマルションとなるが，一般に転相乳化法を用いたほうが微細なエマルションが得られる。乳化の進行につれ変化する系の組成は矢印で示され，A，B の方法は，それぞれ異なった道筋をたどって星印（★）のエマルション組成へ至る。A と B がどのような状態の系を通過するかということがエマルションの状態に影響を及ぼす。各成分の組成に対応する相図を作成し，それをエマルション生成過程でたどる道筋と重ね合わせることにより良好なエマルションを調製するヒントが得られる。図 2.25 は o/w 型エマルションを生成する界面活性剤を用いたときの，水/油/界面活性剤相図と良好なエマルションが得られる乳化経路を矢印で示した。乳化は点 P から始まり，水の添加に伴い組成は水頂点へと変化し，可溶化相，液晶相（LC）を通過したのち，o/w 型エマルションとなる。途中で液晶や界面活性剤相（D 相）のような分子の無限会合体領域を通過すると，油/水界面張力は非常に小さくなるため，同じかくはん力であっても微粒子が生成する。

近年，界面活性剤-多価アルコール-水系で液晶や D 相をあらかじめ調製し，第1ステップでそこに油相を分散させて O/LC や O/D エマルションを生成させ，第2ステップで水を添加して微細なエマルションを生成させる液晶乳化や D 相乳化法が開発されている（図 2.26）。また親水性と親油性がバランスした HLB 温度近傍において非イオン性界面活性剤の可溶化能が著しく高くなるという現象を利用し，HLB 温

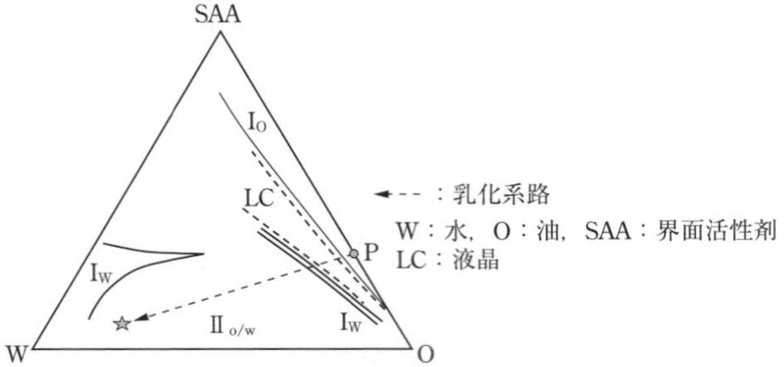

図 2.25　相図上に示した乳化系路（乳化過程における組成変化）

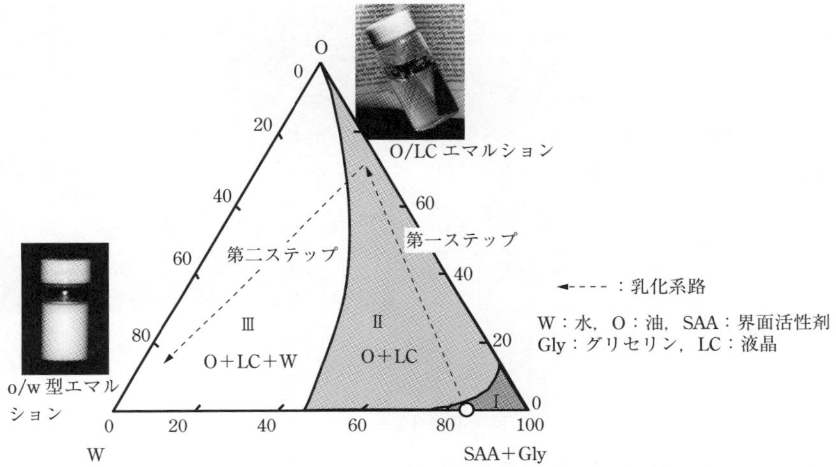

図 2.26　モノヘキシルデシルリン酸アルギニン-グリセリン-水系の液晶を用いたエマルションの生成

［鈴木敏幸，化学と生物，**46**，53（2008）］

度近傍でマイクロエマルションを生成させたのち，それを冷却してナノサイズの微細なエマルションを調製する乳化法も開発されている。これらの乳化技術に共通するのは，乳化粒子の生成過程で界面活性剤分子の会合数を高め油/水界面張力を低下させるとともに，界面活性剤分子を効率よく界面に配向させることである[4]。

［鈴木　敏幸］

2.4.5　三 相 乳 化

界面活性剤による油脂の乳化は理論的および実用的観点から十分な発展をしている。しかし，近年材料化学の進歩により界面活性剤では乳化しにくい油剤や解決しにくい現象があり，新しい乳化法の要望が多く出されている。ここでは，界面活性剤の代わりに親水性のソフトナノ粒子による新規な乳化技術について記述する。

a.　三相乳化の原理

非イオン性界面活性剤で安定化したエマルションについて，合一と分散の現象を油滴の粒子間距離によるポテンシャルエネルギーから解析した報告がある[5]。この研究に基づき，親水性の柔らかいナノ粒子は油滴表面に付着固定されることが示唆された。すなわち，ナノ粒子と油滴間の作用全ポテンシャル V_T は式（2.11）のように，

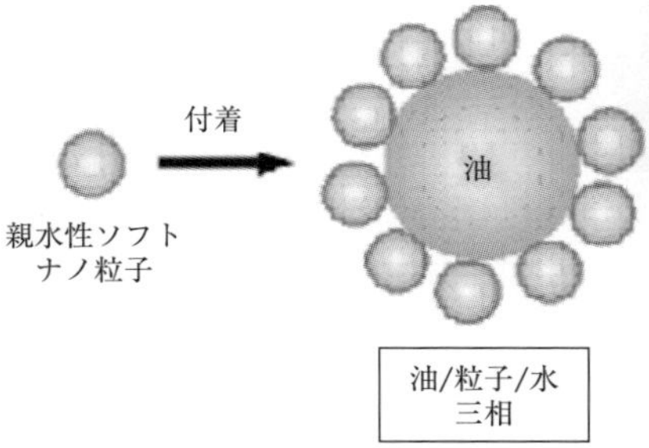

図 2.27　三相乳化の模式図

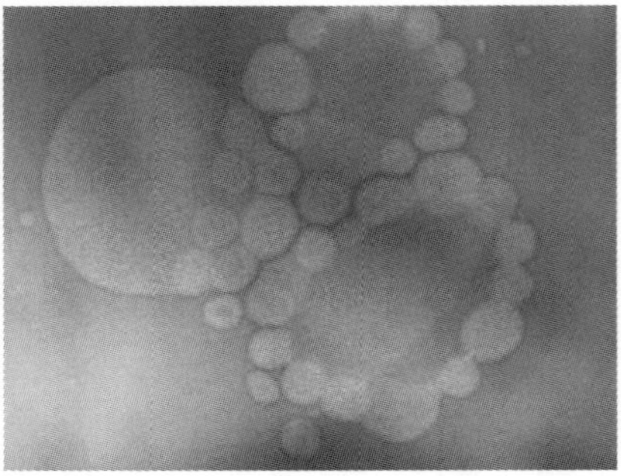

図 2.28　三相乳化粒子の TEM 像

$$V_T = V_R + V_A + V_S \qquad (2.11)$$

拡散電気二重層（V_R）と構造（V_S）による斥力ポテンシャルとファンデルワールス力（V_A）の引力ポテンシャルに依存する。V_A 項が（$V_R + V_S$）項より大きく，そのうえ，ナノ粒子の親水性部位が適度に保持されていると，図 2.27 のようにナノ粒子は油滴表面に付着固定されると推定される。この構造は水相，油相，粒子相の三相からなり，図 2.28 に透過電子顕微鏡（TEM）像を示す。油滴が全表面を親水性ナノ粒子で被覆されることにより水中で安定に分散するようになる。

従来の乳化現象は界面活性剤分子と油剤との二次元共溶相（吸着単分子膜の形成による分子間相互作用）の形成に基づく化学的作用である。安定な乳化系の調製には，たとえば，HLB などを尺度にして適切な界面活性剤を選択する。一方，三相乳化法による乳化は，粒子サイズが約 8～300 nm くらいであれば，乳化粒子と油滴表面との物理的作用によって油滴表面に付着固定し，油滴を安定化する。ナノ粒子の付着によって，油脂とナノ粒子間で発現する新規な界面過剰エネルギーに基づく油脂の融点降下現象が起きている[6)]。

b.　特　徴

三相乳化法は o/w および w/o 型エマルションを形成することができ，外相が水相の場合，通常の界面活性剤型エマルションでは不安定化するような乳化条件でも，図 2.29 に示すように安定に存在できる。添加塩は油/水界面張力を増大させ，ナノ粒子の付着固定性を促進させるので，三相マルションは界面活性剤の場合と逆に安定化されると考えられる。

図 2.30 は三相乳化に使用可能な柔らかいナノ粒子の一例を示す。水中で球状にな

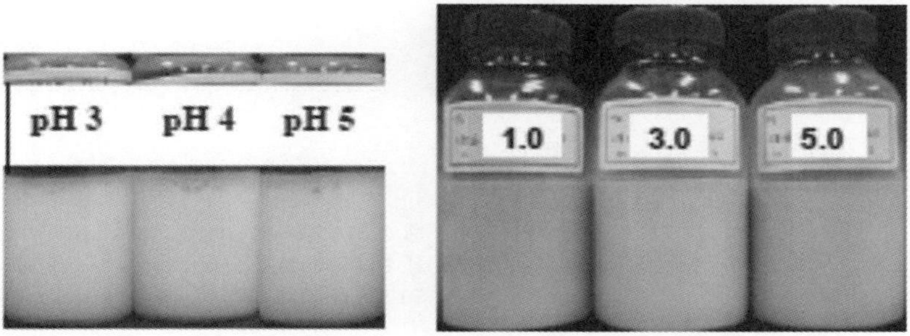

(a)　　(b)

図 2.29　pH（a）や添加塩（NaCl wt%）（b）の影響

- ナノ粒子
  - 自己組織体（ベシクル，ラメラ型）
    - 天然物分子
    - 合成・天然物化学修飾分子
  - 重縮高分子
    - 天然高分子（糖ポリマーなど）
    - 合成高分子（ポリオール型・共重合体）

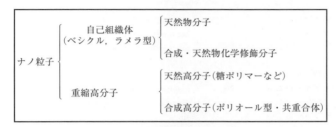

図 2.30　三相乳化に用いたナノ粒子

るタンパク質や線状合成高分子でも一時的に油剤（流動パラフィン）を乳化・分散することができるが，疎水界面で粒子変形が起こり，経時安定性が保持されない。さらにエマルション形成はシリコーン油や植物油・鉱油などの天然油をも安定に乳化することができる[7]。　［田嶋　和夫］

2.4.6　固体微粒子乳化

a.　Pickering エマルション

固体粒子が界面活性剤と同じ役割を果たしてエマルションを形成することが 1900 年初頭に明らかにされ，その後 Pickering エマルションと命名された[8]。このときの固体粒子の水または油への親和性（ぬれやすさ）が乳化タイプ（w/o 型，o/w 型）を左右し，界面活性剤の HLB に相当している。この機構については固体粒子の水-油界面における接触角に関連づけた解釈がなされている（図 2.31）[9]。

エマルション形成のためには，固体粒子は界面に吸着しなくてはならず，界面を構成する両液体と適度な親和性を有していることが必要となる。固体粒子は界面活性剤

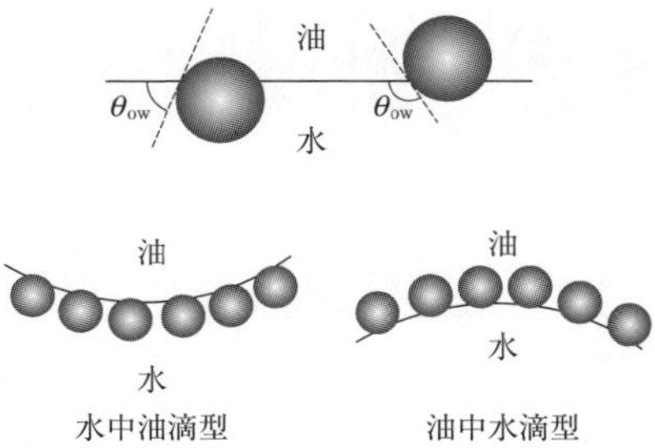

図 2.31　粒子のぬれ性とエマルションの型
[J. H.Schulman, J. Leja, *Trans. Faraday Soc.*, 50, 598 (1954)]

表 2.9　固体粒子による乳化

固　体　粒　子		乳化タイプ
酸化アルミナ	alumina	w/o
ベントナイト	bentonite	o/w
マグネシウムシリケート	magnesium silicate	o/w
脂　肪	fat crystals	w/o
酸化マグネシウム	magnesium oxide	w/o
マグネシウムトリシリケート	magnesium trisilicate	w/o
二酸化チタン	titanium dioxide（coated）	o/w，w/o
シリカ	silica	o/w
酸化スズ	tin oxide	o/w

のような両親媒的構造をもっていないため，溶媒とのぬれ性による吸着エネルギーのみが乳化を生じる要因となり，これは式（2.12）で表される[10]。これから算出される固体粒子の吸着エネルギーは界面活性剤の吸着エネルギーに比べ非常に高いことから，一度界面に吸着した粒子が脱着できないことが，エマルションの安定化と関わっている。

$$\Delta G=\gamma_{ow}\pi r^2(1-|\cos\theta|)^2 \qquad (2.12)$$

ここで，ΔG は吸着エネルギー，γ_{ow} は油/水界面張力，r は粒子半径，θ は接触角を示す。

乳化に用いられる固体粒子には，金属酸化物，シリカ粒子，水酸化物，粘土鉱物などの無機微粒子がよく知られている（表 2.9）。最近では，合成有機高分子微粒子を用いた Pickering エマルションも検討されている。有機高分子微粒子では表面修飾が容易なため，表面性質を利用して物理刺激（温度，光，電場，磁場など）や化学刺激（pH，イオン濃度，溶媒変化）による安定性制御が可能な Pickering エマルションが調製できる[11]。

b. 化粧品への応用

界面活性剤を用いて低粘度で安定なw/o型エマルションを得ることは，通常難しい。そこへシリコーンで疎水化表面処理した粉体を適当量添加すると，シリコーン油を主基剤とする安定なw/o型エマルションを得ることができる[12]。化粧料に適用した場合，シリコーン油が肌上に均一に広がり，べとつきのないなめらかな感触を示し，清涼感や化粧くずれしにくいなどの性能が発現されることから，夏用の液状ファンデーションとして利用されている。

一方，フッ素処理を行ったシリコーン樹脂粉体で乳化を行うと，フッ素油中シリコーン油型乳化化粧料が得られる。この化粧料ははっ水はつ油性のフッ素油を含むことで，汗や皮脂による化粧崩れが起きにくく，化粧効果が持続するため，アイシャドー，ファンデーション，化粧下地として応用可能である[13]。

酸化チタンや酸化亜鉛は紫外線防御粉体として知られ，乳化型化粧料に分散させて広く利用されている。これらの粉体表面の一部を疎水化処理すると，安定なPickeringエマルションを形成させることができる[14]。しかも，紫外線防御粉体が乳化物中に分散した場合よりも，Pickeringエマルションとして存在した方が，高い紫外線防御効果を発揮される特徴も明らかにされている。

最後に，Pickeringエマルションを利用した化粧料は，界面活性剤フリー，または少量の界面活性剤で乳化が行われていることから，安全性が高く使用時の感触に優れた特徴も有している。今後，さまざまな固体微粒子の開発により，Pickeringエマルションの化粧品への活用が大いに期待されている。　［岩井 秀隆］

2.4.7　マイクロチャネル乳化[15〜21]

微細加工技術により作製したマイクロチャネル（MC）基板を使用して，従来法では困難であった単分散エマルションを作製することができる。MCの構造としては，平板型MCと貫通孔型MCの2種類がある。平板型はチャネルの出入口にスロット状のテラスを有する多数の並列MCから構成され，出入口の外側にはチャネル深さに対して十分深い井戸部がある。貫通孔型MC基板は，基板に多数の貫通孔が形成されており，さらに断面形状が長方形の対称型と，マイクロスロットと円状細孔が連結された非対称貫通孔型の構造がある。分散相がチャネルを通過して連続相中に押し出されることにより液滴が作製され，液滴は連続相の流れにより回収される。

平板型MCで数μm〜数百μmの大きさの単分散エマルションを作製できるが，面積あたりのチャネル数が限られているため，生産性が低い。生産性の向上のために長方形状の貫通型 MC が開発されたが，短辺 10 μm，長辺 35 μm のチャネルを用いると，大きさ 35 μm の単分散液滴が，有効チャネル面積 1 cm^2 で，時間あたり 10 g 製造できる。この長方形状 MC は植物油など高粘性の分散相に適しており，ヘキサンなど低粘性の油相の処理は困難である。そこでシリコン基板に細孔とスロットが基板内部でつながった非対称貫通型 MC が新たに開発された。図 2.32 に非対称貫通型 MC の構造を示す。図 2.32(a) のように細孔側から植物油を送入してスロットから流出させることにより，変動係数が 2～5% の単分散液滴が効率的に製造できる。図 2.33 に乳化剤としてウシ血清アルブミンを用いた液滴の顕微鏡写真を示すが，MC 乳化は従来の機械的かくはんに比べて優れた単分散性を示すことがわかる。

MC 乳化ではチャネル出口に設けたテラスなどのスロット構造が単分散液滴の作製に重要であり，テラスがない平板型 MC では液滴は多分散化する。これは，分散相が細孔を通過してスロット部で円盤状に広がり，連続相中に押し出されるさいに分散

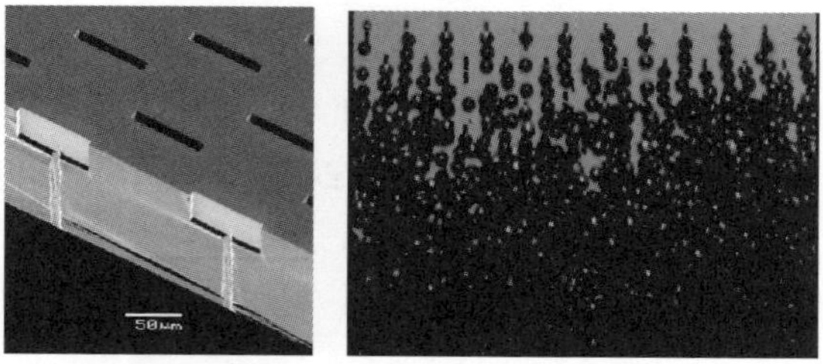

(a)　　(b)

図 2.32　非対称貫通型マイクロチャネルアレイ (a) と作製される液滴の様子 (b)

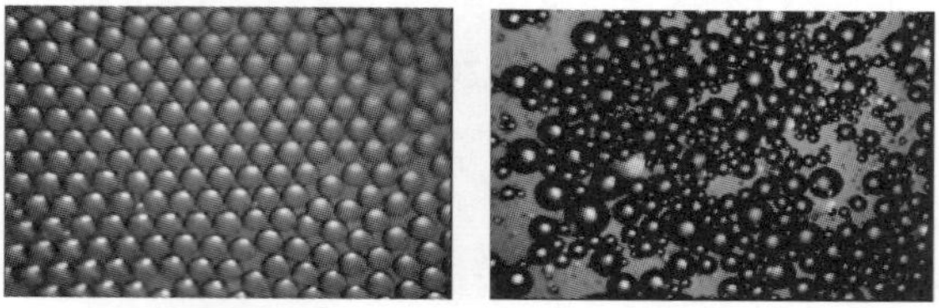

(a)　　(b)

図 2.33　MC 乳化により作製されたエマルション液滴 (a)，従来の機械的乳化により作製されたエマルション液滴 (b)

相がせん断され，自発的液滴化が進行するためと解釈できる。MC 乳化には断面形状が重要であり，たとえば対称貫通型 MC 乳化では，長方形の長短辺比は 3 以上である必要がある。

エマルション液滴の大きさは MC の構造やサイズに依存する。平板型 MC ではチャネル深さ，対称貫通型では長方形の短辺の長さ，非対称貫通型ではスロットの幅にもっとも大きく依存し，液滴径はそれぞれの大きさの 3〜5 倍である。さらに液滴径は分散相と連続相の粘性率比に依存する。また分散相供給速度の増大に伴い，均一な液滴が生成する領域と，連続流出領域がある。

水中油滴エマルションの作製には，シリコン基板のプラズマ酸化処理が有効であり，シランカップリング法で疎水化したシリコン基板を用いることで，油中水滴エマルションの作製が可能である。シリコン製 MC のほかに，低コストや耐久性や操作性の向上を目指して他の材質を用いた検討も進められている。たとえば疎水性の貫通型アクリル基板が開発され，シリコン基板と匹敵する高い微細加工精度を有する貫通型 MC の製作と単分散油中水滴エマルションの作製が報告されている。

［中嶋　光敏］

2.5　食品の乳化・分散機能

2.5.1　食品に利用される界面活性剤

食品は水・油脂・炭水化物・ミネラルや空気の混合系である。これらの成分の中で，炭水化物やタンパク質は親水性部分をもつので，水に溶解あるいは分散するが，脂質は親水性部分をもたないので単独では水と混ざらない。

食品にとって脂質が水の中に“乳化”という形で分散することは，食べたときの“クリーミー感”“こく”という形でヒトにとって食品が“美味しい”と感じられるための重要な要素となる。したがって，食品ではその賞味期限内において油脂が水の中に分散している状態（o/w 型エマルション），あるいはその逆の状態（w/o 型エマルション）を維持するための技術とその理論が非常に重要となる。

天然に存在する乳化状態は，リン脂質とタンパク質の共存によって安定化されているものが多い。リン脂質は天然の低分子乳化剤として，タンパク質は高分子の乳化安定化剤として機能している。天然に存在する乳化状態の代表例として牛乳があげられる。牛乳は，母乳から分泌された時点で油滴（脂肪球）が水に分散している天然の

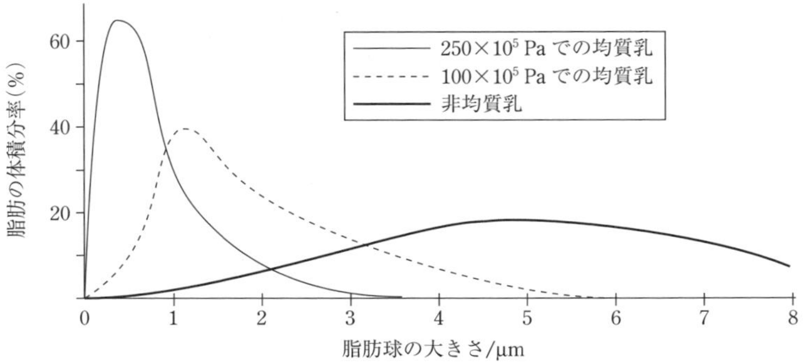

図 2.34　均質処理を行ったさいの牛乳の脂肪球径変化

o/w 型エマルションであり，幼児に栄養を運ぶ役割を担っている。このため，乳中には脂質のほかにも各種乳タンパク質や乳糖などが含まれ栄養成分に富んでいる。図 2.34 に牛乳中に存在する脂肪球の大きさの分布を示す。一般的に，分泌直後の乳中に含まれる脂肪球の大きさは 0.1〜20 μm と幅広い分布をもっており，さらに脂肪球の 90% 以上が 1〜8 μm の大きさとなっている[1]。脂肪球の中心にはトリグリセリドを中心とした中性脂質が入っており，その外側を覆うようにリン脂質や糖脂質などの低分子の極性脂質が配向して，上述の乳化剤の役割を果たしている。さらにその外側に極性脂質と相互作用しながらキサンチンオキシダーゼ（分子量 155 kDa）やブチロフィリン（分子量 67 kDa）などの乳タンパク質が存在する。図 2.35 には，分泌直後の生乳を電子顕微鏡で観察した写真を示す[2]。表面にはタンパク質で覆われた皮膜(D)が存在することがみてとれる。なお，上述の通り，分泌直後の生乳では脂肪球の大きさが比較的大きいので，クリーミングによる相分離を防ぐため，市販するさいには均

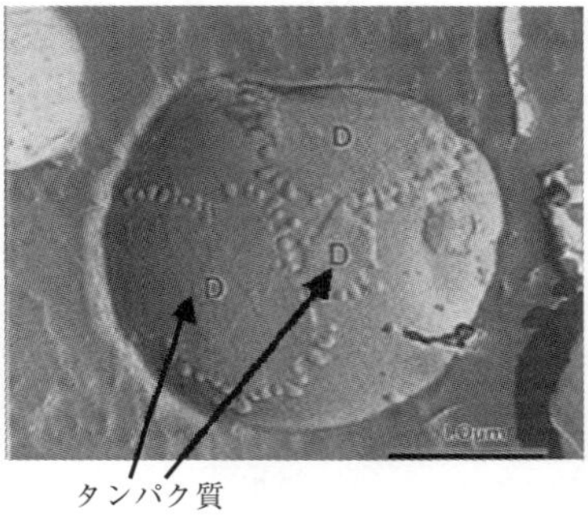

図 2.35　分泌直後の生乳中に分散する脂肪球表面
[W. Buchheim, P. Dejmek, "Food Emulsions", S. E. Friberg, K. Larsson ed., Marcel Dekker (1997), p. 235]

一処理によって脂肪球の大きさを0.5〜1.2 μm 程度に微細化する（図 2.34）。そのさいに，生乳中に分散していた脂肪球は一度再構成され，外側にカゼインタンパク質などが吸着して脂肪球の分散を安定化している[2)]。

以上のように，天然の形態に近い状態ではリン脂質やカゼインなどの乳化安定化効果は比較的高いものであるが，植物性クリームなどに代表される加工食品中では，必ずしも安定とはいえない。

そこで，加工食品の乳化安定化においては，過酷な製造工程・流通条件などに耐え得る安定な乳化剤が必要となる。現在，日本で使用が許可されている食品用乳化剤としては合成乳化剤と天然由来乳化剤がある。合成乳化剤は脂肪酸と多価アルコールが結合したエステル化合物であり，多価アルコールとしてはポリプロピレングリコール，グリセリン，ソルビトール，ショ糖が認められている。なお，グリセリン脂肪酸エステルとしては，モノ・ジグリセリドなど8品目が認められている。一方の天然由来乳化剤としては，レシチン，サポニン，ステロール類が認められている。［三浦　晋］

2.5.2　乳化食品の製造法

前述のように，“牛乳”は人類に対して非常に広範囲の栄養素を提供してくれており，大昔から人類が食品として利用してきた。もちろん，飲用としても利用してきたわけであるが，水の中に各種栄養成分が分散している牛乳の状態では，低温での保存を行わないとすぐに脂質の劣化や，微生物の繁殖などによって摂取することができなくなってしまう欠点があることは古くから知られている。このため，人類はこの牛乳の栄養成分を長期にわたって保存することを可能とするために，さまざまな工夫を加えてきた。これらの工夫によって牛乳はバターとなり，チーズとなり，また発酵乳となって長期間の保存が可能な食品となっている。

乳化食品の製造法の代表例としてバター製造があげられる。バター製造法の簡単な流れを図 2.36 に示す。搾乳された生乳は殺菌されたのちに，連続式の遠心分離機によってクリームと脱脂乳に分けられる。ここでいうクリームとは，o/w 型エマルションとなっており，脂質の含有率は約 40% である。得られたクリームは低温で半日以上保持されることで，油滴中の油脂結晶の成長を促進する（エイジング）。この後に，クリームはバターチャーンあるいは連続式バター製造機中でせん断力を与えられることによって，脂肪球どうしの衝突が起こり，転相を経て油の中に水滴が分散している w/o 型エマルションであるバターができる。バターは油の中に水滴が分散している構

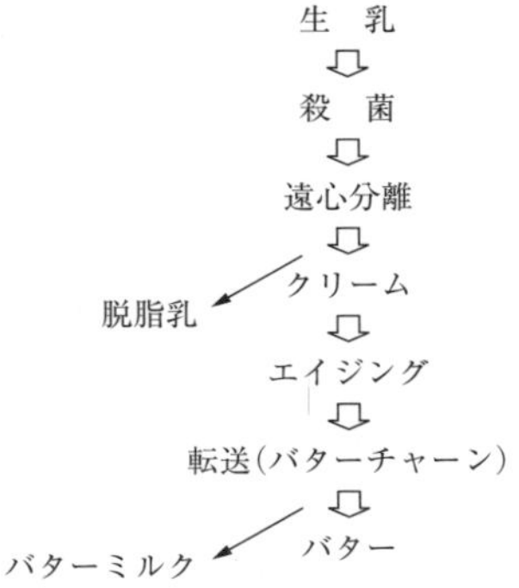

図 2.36　バターの製造工程

造であることから，微生物的な劣化が起きにくく，低温で保存しておけば長期にわたって品質が劣化しない保存食となる。このように，クリームの転相によって得られるバターは“無塩バター”とよばれ，菓子などの原料として使用される。また，転相後に塩が加えられたものは，パンなどに塗って食される“有塩バター”とよばれている。欧米ではクリームのエイジング中に乳酸菌を添加することで乳酸菌発酵を起こさせたものを転相して製造する“発酵バター”が多くみられる。発酵バターは通常のバターと比較して発酵によって生じる香気成分（アルカン，アルデヒド類など）を多く含むことで独特の風味を有する。　［三浦　晋］

2.5.3　乳化食品の安定性評価法

乳化食品は熱力学的に不安定であるため，時間の経過とともに分散質の凝集や合一が進行する。ただし，保存条件，殺菌条件，乳化方法などによって安定性が左右されるため，品質保証期限内でいかに安定な乳化状態を維持できるかが重要である。

乳化食品の安定性を評価する方法として，目視観察（浮上した油滴層の厚さ，再分散性，乳化破壊によるオイルオフや沈殿の有無など）や粒子径分布が測定されている。しかし，目視観察は測定者により判断基準が異なる場合や，連続的に評価できないなどのデメリットがあるため，これを補う方法として，乳化食品が充塡されたサンプル瓶に，設定した時間間隔で近赤外光を照射し，後方散乱光の変化率から油滴の浮上や凝集速度を求めることができる装置や，超音波をサンプルに照射してその音速変化から同様な変化を評価できる装置が用いられている（図 2.37）。

一方，粒子径分布の測定には，光学顕微鏡による直接的，あるいはレーザー回折法，

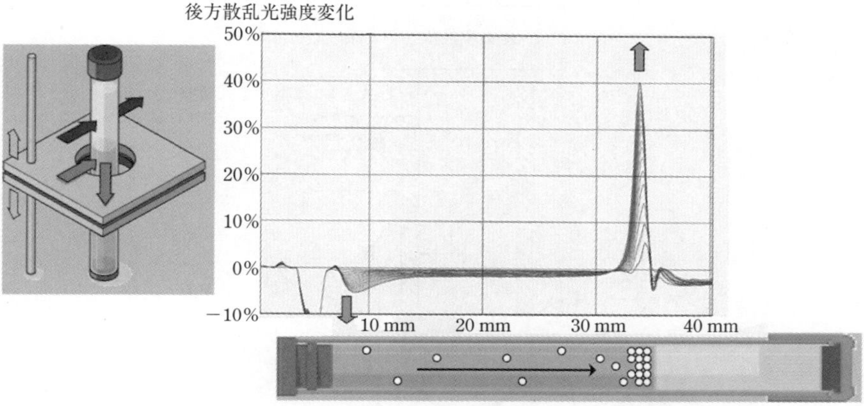

図 2.37　近赤外光照射によるエマルション安定性評価

動的光散乱法，コールターカウンター法などによる間接的な測定法があるが，これらはサンプルを希釈するため，正確な分散状態を評価しているか疑問である。そこで，レーザードップラー法や超音波減衰法を利用し，濃厚液の状態で測定する方法もある。

安定性評価の他の方法としては，粘弾性測定によるレオロジー特性評価や誘電率測定による o/w 型から w/o 型への転相評価などがある。また，経時的に官能評価を実施して，製品の食感やテクスチャーを判定することも重要な評価方法である。

経時的な目視観察や粒子径分布測定といった評価方法は簡便であるが，サンプル間の差が明確になるまでには一般的に長期の保存期間が必要である。近年ではそれを短縮するため，加熱虐待（高温，低温，温度サイクル処理）保存や遠心分離などによる加速試験が行われているが，実際の商品流通条件とは必ずしもリンクしないという問題点もあることから，慎重な評価設計が必要である。

一方，ミクロレベルで乳化食品の安定性を評価することも重要である。タンパク質や乳化剤により形成される界面膜の粘弾性はエマルション粒子の合一や破壊に関係するため，界面レオロジーの制御は安定化に対して効果的である。界面粘度測定や，油滴間や気体間に形成される水層フィルムの動的な強度測定（図 2.38）などは有効である[3]。また，エマルション粒子間の相互作用を評価するために，乳化食品にレーザーを照射して回折パターンを解析し，自由エネルギーを算出する方法もある[4]。さらに，油滴を構成するトリグリセリドの結晶化，結晶成長も乳化食品の安定性に影響することから，SAXS（small angle X-ray scattering，小角 X 線散乱）や WAXD（wide angle

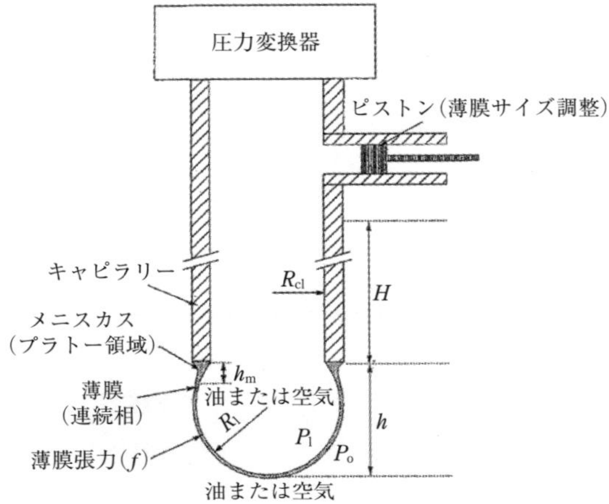

図 2.38　キャピラリー先端で形成される液体薄膜研究の原理
[Y. H. Kim, K. Koczo, D. T. Wasan, *J. Coll. Interf. Sci.*, **187**, 32 (1997)]

X-ray diffraction，広角X線回折)，DSC（differential scanning calormetry，示差走査熱量分析）測定による評価も行われている。　　　　　　　　　　　　[小川 晃弘]

2.5.4　乳化剤の安定化メカニズム

多くの乳化食品において乳化の主体はタンパク質であり，乳化剤はタンパク質の効果をサポートする目的で用いられている。乳化剤は低分子の界面活性剤であるため，タンパク質よりも拡散速度が速い。このため，系内に十分な濃度で存在すると，加工時の均質化処理などによって新しく生じた界面に吸着して粒子径の小さな安定なエマルションを形成する。また，乳化食品を保存中にタンパク質が脱離した液/液界面や気/液界面へ速やかに吸着し，界面膜を修復する。この場合には界面において濃度勾配が生じるために，界面上に存在する界面活性剤分子が濃度勾配を解消しようとして激しく側方拡散するが，これをMarangoni効果とよぶ[5)]。

界面への吸着で，界面活性剤はタンパク質と競争関係にあり，非イオン性とイオン性界面活性剤ではタンパク質への作用も異なる。モノグリセリドやポリグリセリン脂肪酸エステルなどの非イオン性界面活性剤はタンパク質のネットワークの隙間に吸着するのに対し，レシチンや一部の有機酸モノグリセリドなどのイオン性界面活性剤はタンパク質に直接作用し，複合体を形成する（図 2.39)。イオン性界面活性剤の添加により安定性は向上することから，界面での複合体形成は有効である。添加量が多す

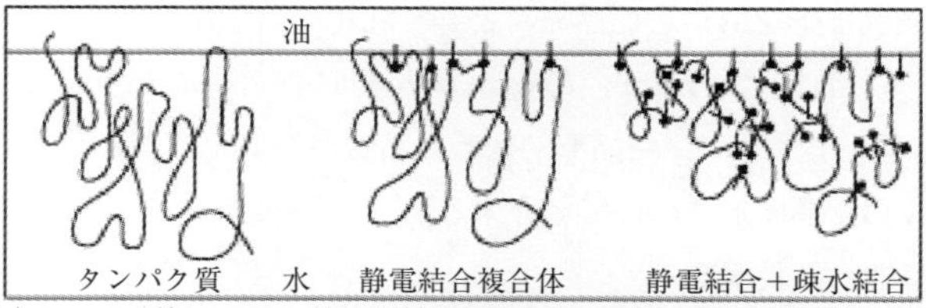

(a)タンパク質/アニオン性界面活性剤複合体の形成と油/水界面への吸着

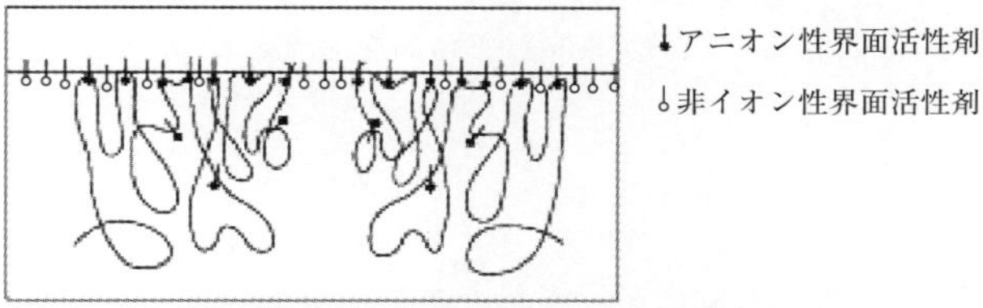

(b)アニオン性界面活性剤が静電結合したタンパク質と非イオン性界面活性剤の界面吸着

図 2.39　β-カゼインと界面活性剤の複合体およびその界面吸着想定図

ぎると複合体が界面から脱着するため，適切な添加濃度を設定する必要がある。

さらに，乳化安定性を向上させるために，複数の界面活性剤を組み合わせて使用することが多い。これは，界面張力をより低下させ，強固な界面膜を形成させるためである。異種の組合せだけではなく，同種であっても HLB，脂肪酸鎖長，エステル化度の違う分子を組み合わせて使用することで，単一の界面活性剤とは異なる物性をもたせることができる。実際に水相に高 HLB と低 HLB の界面活性剤を添加して調製した o/w 型の乳化食品では，高 HLB の界面活性剤を単独添加したものと比較して，油滴間に形成される水膜が安定であり，長期保存での粒子径分布の変化が抑制される。また，低 HLB の界面活性剤を油脂に添加し，水相に高 HLB の界面活性剤を加えて調製した乳化食品では，油脂結晶の油滴外成長が抑制され，油滴の凝集や合一が制御される[6)]。一方，ホイップクリームなどの乳化食品では，乳化安定化とホイップ時の解乳化という相反する特性が要求されるため，適した界面活性剤の組合せが用いられている。　　　　　　　　　　　　　　　　　　　　　　　　　　　　　［小川 晃弘］

2.5.5　乳化脂質の結晶多形と安定性[7)]

脂質は長い炭化水素鎖をもつことから，分子の軸方向より横方向の分子間力が強く，自然界にアモルファス固体脂が存在しないほど層状（ラメラ）に配列しやすい。したがって，脂質の結晶多形には炭化水素鎖の横方向の並び方が大きく関与し，鎖長が異なっても同じ結晶多形をもつ。商品原料として乳化に関与する脂質の多くはトリアシルグリセロール（TG）であるが，o/w か w/o を問わず，エマルションを構成するTGが経時的に結晶化したり，結晶形が変わり品質が低下することがしばしば起こる。この項ではTGの結晶多形について紹介する。

a.　副格子構造と鎖長構造

結晶中でTG分子はグリセロール基についている三つの脂肪酸鎖が図 2.40(a) のように配置する*。これらの分子が集まって結晶を形成するが，TGには α，β'，β の

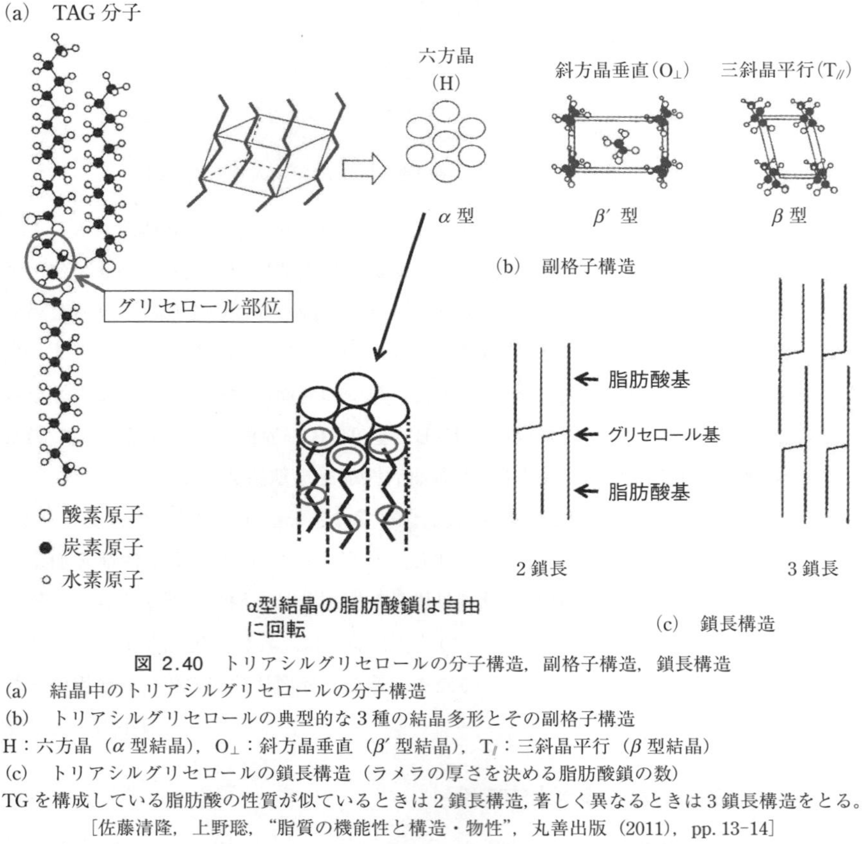

図 2.40　トリアシルグリセロールの分子構造，副格子構造，鎖長構造
(a)　結晶中のトリアシルグリセロールの分子構造
(b)　トリアシルグリセロールの典型的な3種の結晶多形とその副格子構造
H：六方晶（α 型結晶），$O_\perp$：斜方晶垂直（β' 型結晶），$T_{/\!/}$：三斜晶平行（β 型結晶）
(c)　トリアシルグリセロールの鎖長構造（ラメラの厚さを決める脂肪酸鎖の数）
TGを構成している脂肪酸の性質が似ているときは2鎖長構造，著しく異なるときは3鎖長構造をとる。
［佐藤清隆，上野聡，“脂質の機能性と構造・物性”，丸善出版（2011），pp. 13-14］

---

*　図 2.40(a) は「三叉路」として単純化されているが，グリセロールのコンホメーションの違いで「椅子型」と「音叉型」がある。

三つの結晶多形があり，これらを同定するとき同図に示す副格子構造（b）と鎖長構造（c）の二つの指標が必要である。

副格子構造は鎖状分子の充塡様式を表し，分子鎖に垂直な断面における炭化水素鎖の最小の繰り返し単位 CH_2-CH_2 の配列様式を表す。六方晶型 H（ヘキサゴナル）副格子では脂肪酸鎖は秩序性をもたず，固体中でもかなり自由に回転し，ラメラ面に垂直に配向しているので，断面が円形の鉛筆を束ねたような六方晶しかとれない。この多形を α 型という。斜方晶垂直型副格子 $O_\perp$，すなわち，オールトランス構造の脂肪酸鎖が斜方晶の四つの角と中心に位置する副格子（脂肪酸鎖の平面は互いに直行している）をもつ多形を β' 型という。三斜晶平行型副格子 $T_{/\!/}$（平行に向き合った脂肪酸鎖が三斜晶の四つの角に位置している）をもつ多形が β 型である。アイスクリームの気泡のまわりの粒子状の油脂結晶は α 型で，マーガリンやショートニングは β' 型，チョコレートは β 型であり，用途に応じてある特定の多形が利用されている。

鎖長構造とは結晶中の単位ラメラを構成するのに要する脂肪酸鎖の数をいう。油脂中の脂肪酸の性質が互いに似ているときは 2 鎖長構造，著しく性質が異なる（例えば飽和脂肪酸と不飽和脂肪酸）ときは 3 鎖長構造が現れる。その他，4 鎖長や 6 鎖長構造もまれに現れる。

b.　トリアシルグリセロールの多形転移

TG の三つの多形と融液のギブズエネルギーの温度依存性曲線を図 2.41 に模式的に示す。同じ温度で比較すると $\alpha>\beta'>\beta$ の順にエネルギーは低くなる。三つの多形の曲線は融液曲線と交差し，交差点がそれぞれの多形の融点である。多形曲線は互いに交差せず，温度が変わっても熱力学的安定性に逆転がない。したがって，TG の多

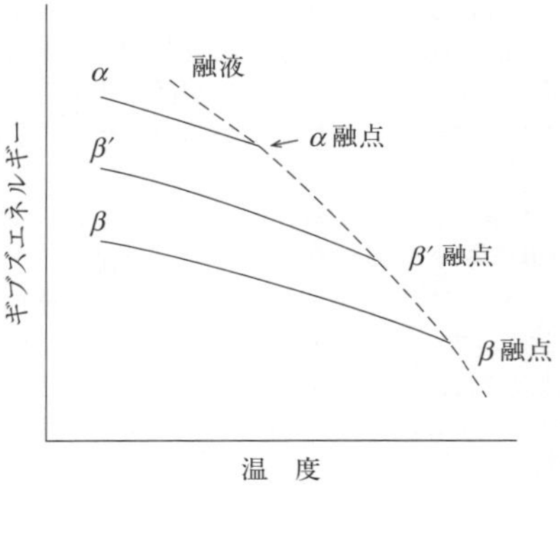

図 2.41　トリアシルグリセロールの α，β'，β 型結晶（実線），および融液（破線）のギブズエネルギーの温度依存性曲線

形転移は準安定な α から β'，さらに安定な β まで非可逆的に起こる。これらの単変形的（monotropic）転移は油脂結晶技術であるテンパリング操作*と密接な関係がある。さらに，多形転移には一定温度で保持された準安定結晶中の分子の再配列でより安定な多形に移行する「固相転移」と，温度上昇で熔けた低融点の準安定多形の融液中に高い融点をもつより安定な多形が発生する「融液媒介転移」がある。

c.　Ostwald の段階則

図 2.41 から単純に判断すると，「β 型結晶の融点以上におかれた融液を冷却すれば β の融点で最も安定な β 型結晶が現れる」と予想される。しかし，きわめてゆっくりなら別だが，通常の冷却では不安定な α 型結晶を生じやすい。これは不安定な準安定多形ほど結晶化速度が大きいからである。これが Ostwald の段階則である。すなわち，融液から結晶ができるとき，結晶成長の核（胚）の発生とその成長が必須である。結晶のエネルギーは融液より低く，結晶生成は系を安定にする。一方，結晶生成で融液との間に界面を生じ，その界面張力が系のエネルギーを増大させ，不安定にする。両者を合わせると融液から結晶が成長するときのエネルギー障壁

$$\Delta G^*\left(=\frac{16\pi\gamma^3}{3\Delta\mu^2}\right)$$

が導かれる。ΔG^* が高いほど結晶成長は遅い。ΔG^* に対し，$\Delta\mu$（結晶と融液間の単位体積あたりのギブズエネルギー差）は2乗，γ（界面張力）は3乗で効き，界面張力の効果が大きい。準安定な α 体の炭化水素鎖は固体中でも動きまわり液体状態に近いので，結晶と融液間の界面張力は小さく，エネルギー障壁は低い。一方，高密度

---

*　チョコレートを例にとると，ココアバターにはⅠ型（低融点）からⅥ型（高融点）までの6種類の結晶多形があり，それぞれの多形で融点と硬さが異なる。Ⅵ型が安定形であるが，ふつうに食べているチョコレートは体温よりわずかに低い温度で融ける準安定形のⅤ型である。Ⅴ型結晶を得るために，融液を単純にⅤ型の融点以下で保持してもⅤ型に固まる時間はきわめて長く，結晶も巨大化しやすい。結晶が巨大化すると舌触りが損なわれる。そこで，最も効果的にココアバターをⅤ型に結晶化させる方法がテンパリング法である。これは融解したチョコレートをⅣ型の融点以下に冷却し，一旦Ⅴ型よりも不安定なⅣ型結晶を析出（後述の Ostwald 段偕則）させたのち，少し昇温することでⅣ型結晶を融かし，その融液をⅤ型の融点以下の温度で保持（テンパリング温度）すると，Ⅳ型の融液中にⅤ型の種結晶が析出する（融液媒介転移）。適量のⅤ型の種結晶があれば，その後の冷却で，ココアバター全体が一気にⅤ型に結晶化し，巨大化も起こさない。すなわち，融液に目的とする準安定形の種結晶を適量入れ，その融点よりも少し低い一定温度で保持すると，安定形ではなく，最適なサイズに成長した目的の準安定形結晶が得られる。

で炭化水素鎖が動かず安定なβ結晶と融液間の界面張力は大きく，高いエネルギー障壁となる。すなわち，脂質融液を急冷すればエネルギー障壁が低いα型を生じやすい。また，ΔG^*を与える結晶核の半径を臨界半径r^*というが，核の半径rがr^*より小さいときは核ができても消滅する。一方，$r>r^*$のときは，核は結晶に大きく成長する。すなわち，結晶の成長には臨界半径以上の大きさの核（胚）の発生や種結晶の添加が必要である。たとえば，融液の温度が融点より下がり過冷却状態になっても，あるいは溶液からの溶媒の蒸発で溶解度をはるかに超えて過飽和になっても結晶がなかなか析出しないことが多いが，容器の側面を擦ったり，種結晶の添加で結晶が急に析出し，成長することはよく知られている。 ［岩橋 槇夫］

2.5.6 エマルション中の油脂の結晶成長によるエマルションの破壊とその防御（テンプレート法）

a. エマルション中の油脂の結晶化

エマルション中の油脂の結晶化は，食品にとってきわめて重要である。エマルションは，熱力学的に不安定な系であり，時間経過とともにクリーミング・凝集・合一過程を経て最終的に油相と水相に相分離（乳化破壊）される。この乳化破壊を引き起こす要因には，① 連続相の粘度，② 温度，③ 分散相と連続相の比重差，④ 分散相粒子どうしの反発力，⑤ 分散相の大きさ（粒径），⑥ 分散相の粒径分布，⑦ 界面活性剤の種類などとともに，⑧ 油相の結晶化があげられる[8]。このうち，油相（油脂）の結晶化は，ミルク・マヨネーズ・クリーム・マーガリン・バター，およびこれらを含む数多くの液体ならびに固体脂食品の安定性にとって重要である[9]。

エマルション中の油脂結晶化は，乳化破壊の要因の一つとなっており，好ましくない印象がある一方，「解乳化」のように積極的にエマルション中の油脂結晶化を利用している場合もある。その代表例が，アイスクリーム製造におけるエマルション中の解乳化である。アイスクリーム製造においては，エマルション作製後，温度を氷点下5℃程度まで低下させ，解乳化を行う。すなわち，わざとエマルション中の油滴を壊し，連続相である水中に液油や固体脂をばらまく。液油は，そのままでは不安定なのですぐに乳タンパク質に取り囲まれ脂肪球となる。この後，脂肪球や温度低下により生じた油脂結晶は，引きつづくかくはん操作にて生じる気泡の周囲を取り囲み，脂肪球どうしや油脂結晶どうしが互いにネットワークで結ばれ気泡を安定化する[10]（図2.42）。

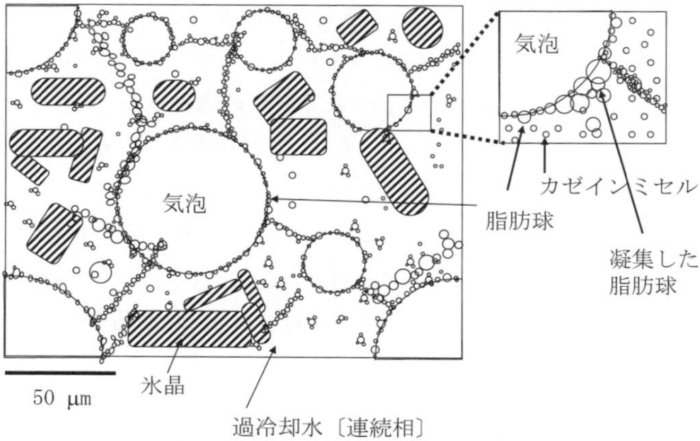

図 2.42　アイスクリームの微細ネットワークモデル
〔T. Katsuragi, N. Kaneko, K. Sato, *Coll. Surf. B*, **20**, 229-237 (2001)〕

一般に o/w エマルション系では，バルク系に比べて油脂の結晶化温度が低下する。これは，① 核形成に必要な不純物（原材料に混ざっていたごみなど）が多数の油滴に分散してしまうこと，さらに，② 細かい油滴にすることで核形成に必要な油脂分子数を確保しにくくなる，ことで生じる[11]。これらの理由により核形成を生じにくくなる油滴が増え，全体としては結晶化が遅れてしまう。o/w エマルション系には，きわめて大きな油/水界面が存在するため，バルク系に比べて複雑な結晶化過程が存在すると考えられている。結晶化を整理すると以下の4種に分けられる[12]。まず，上記の通り，油滴内に不純物が存在しない場合に引き起こされる均一核形成（図 2.43(a)），次に油滴内部に不純物が存在する場合は不純物により結晶核形成が引き起こされる体積不均一核形成（図 2.43(b)），油/水界面に吸着した不純物により結晶核形成が引き起こされる界面不均一核形成（図 2.43(c)），さらに結晶化した油滴と過冷却状態にある油滴が衝突することにより過冷却油滴に結晶核形成が生じる油滴間不均一核形成（図 2.43(d)）である。このうち，界面不均一核形成に関しては，不純物に界面活性剤を用いてさまざまな研究が行われている[12,13]。このさい，結晶化に対する界面活性剤の効果を考えるとき，極性頭部の種類・脂肪酸鎖の種類・HLB 値・過冷却状態における溶解度・界面活性剤と油脂の脂肪酸鎖の類似性・濃度・冷却速度および油脂の多形なども影響する[13]。

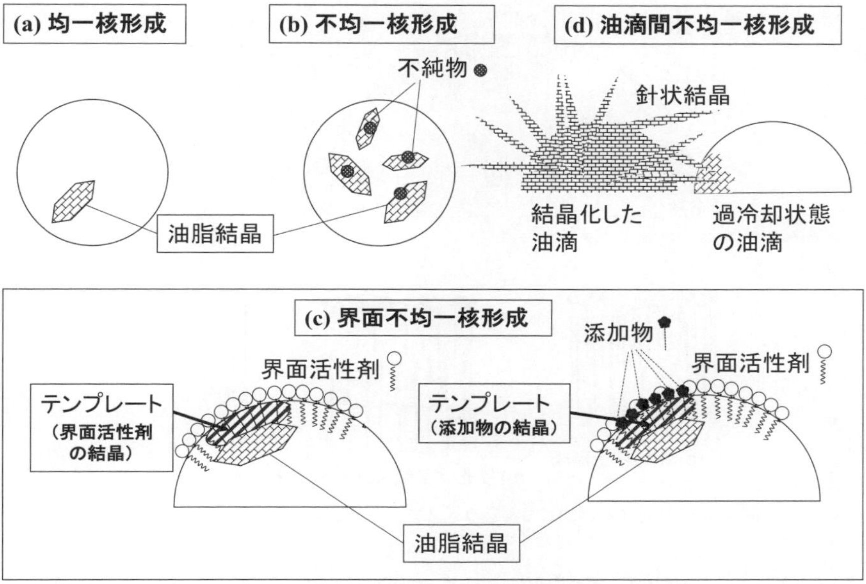

図 2.43　o/w エマルション中の油相の結晶化

b.　界面不均一核形成と界面鋳型効果（テンプレート効果）

o/w エマルションにおける油/水界面において，油と水を隔てる界面活性剤の疎水基部分が油相中の油脂の構造と類似する場合，油相が結晶化するさいにこの疎水基部分が油脂の結晶核形成を誘発する[14)]。界面不均一核形成が生じない場合には，油/水界面における界面張力の影響や系内の不純物の減少により核形成に必要なエネルギーがバルクに比べて上昇するために，エマルション中での結晶核形成の速度はバルクよりも低下することが知られている。しかしながら，図 2.43(c) のように，エマルション界面に結晶化する物質の類似した構造をもった分子が存在する場合に，核形成のエネルギー障壁が大きく減少するために，核形成速度が増加することが期待できる[15)]。

これまでに，*n*-アルカン，パーム油，パーム核油を用いた o/w エマルションに，「添加剤」として高融点の親油性界面活性剤を添加し，エマルション中での油脂の界面不均一結晶化について研究が行われてきた[16〜19)]。その結果，いずれの場合も高融点の疎水性界面活性剤の添加によって油相の結晶核形成が促進されることが見出された。これらの現象は，界面に配向した添加物によって形成される鋳型（テンプレート）効果に起因すると考えられる。すなわち，まず，鋳型となる界面活性剤や添加剤（高融

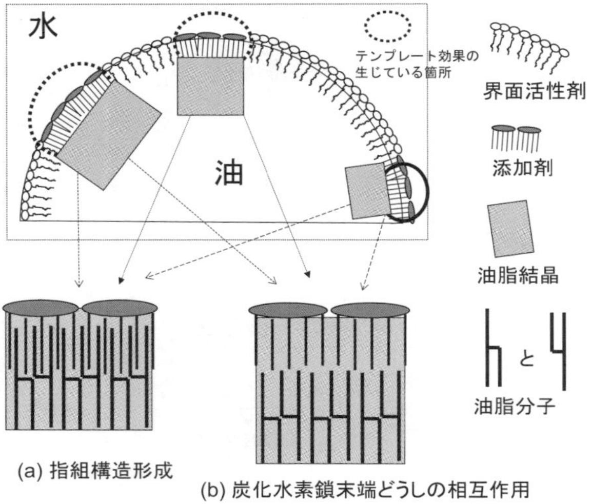

図 2.44　添加剤を添加した場合のテンプレート効果のモデルの二つの可能性

点の疎水性界面活性剤）が温度低下とともに油相に先立って結晶化し，鋳型と油相の疎水性の脂肪酸鎖どうしの相互作用により，油相が鋳型分子の存在する位置で油脂分子中の脂肪酸鎖が規則正しく配列する（秩序化する）ことにより結晶化が促進される（図 2.44)。この場合，鋳型分子と油脂分子との脂肪酸鎖の相互作用について，指組構造形成（図 2.44(a)）と，脂肪酸鎖のメチル末端基どうしによる相互作用（図 2.44(b)）の以上2種類が考えられ，相互作用の強さから指組構造形成（図 2.44(a)）の方が妥当であると考察できるが，それを支持する強力な根拠は現状では得られていない。以上のような，テンプレート効果による乳化安定化の例として，食用油脂として様々な食品に用いられるパーム油中融点分別油脂（PMF：palm mid fraction）を用いた o/w エマルションがあげられる。PMF を油相として用いた o/w エマルション中に添加剤として高融点のショ糖脂肪酸エステルを添加することで，低温での乳化安定性が向上することが見出された。この安定性の向上についても鋳型効果によるものではないかと考えられる[20]。このような界面活性剤によるエマルション界面の不均一結晶化は，エマルションの乳化不安定化現象の抑制や，ナノ粒子の機能性向上においても重要な役割を果たすと考えられている[21]。

c.　テンプレート効果による乳化破壊の防御

テンプレート効果を誘起する条件として以下の2点があげられる。

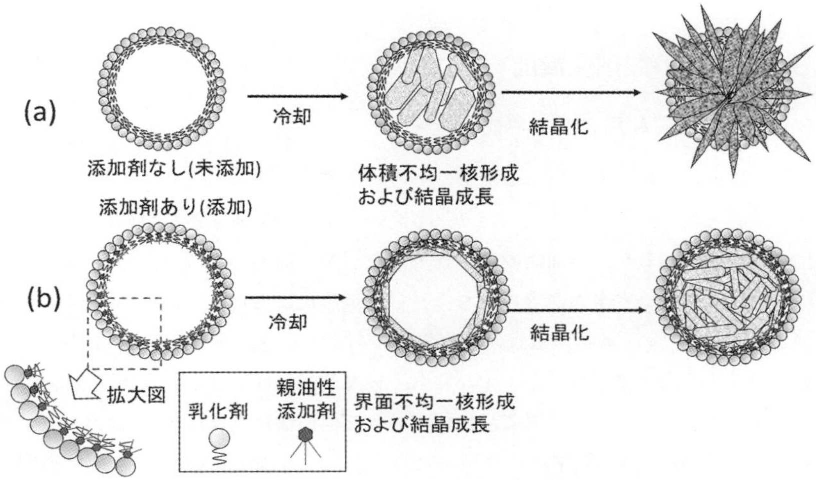

図 2.45　油脂結晶化による o/w エマルションの乳化破壊および防御機構
(a)　添加剤未添加で生じる乳化破壊
(b)　添加剤添加おけるテンプレート効果による乳化破壊の防御

(1)　界面活性剤および添加剤は，油相に先立ち結晶化を生じる高融点であること。
(2)　界面活性剤および添加剤中の脂肪酸鎖と油相中の脂肪酸鎖は飽和脂肪酸であり，かつ炭素数が類似していること（鎖長がほぼ同じであること）。

図 2.45 にテンプレート効果による o/w エマルションの乳化破壊防御のメカニズムを示す。界面活性剤の他に親油性の添加剤を加えた場合（図 2.45(b)），添加剤の脂肪酸鎖と油相の油脂分子中の脂肪酸鎖とが，結晶化に至る相互作用により，添加剤が鋳型となり，鋳型の上で油脂結晶化が生じる。条件によっては，鋳型上に生じた油脂結晶が界面を覆う油脂結晶となり得る。油滴内部で油脂結晶化が生じた場合(図 2.45(a))，この油脂結晶は成長し，本来であれば，界面膜を突き破り水相中に突出することになる。ところが，テンプレート効果により界面膜を覆った油脂結晶が防御壁となり，油滴内部で生じた油脂結晶が界面膜を突き破るのを防ぐ。この事象は，鋳型効果が生じればどんな場合にも生じるとは限らないが，場合によってはテンプレート効果による乳化破壊の防御となり得る。

［上野　聡］

2.6　医薬品の製剤化機能

2.6.1　医薬品に利用される界面活性剤

医薬品は直接人体に投与されるため，その効果はもちろんのこと，きわめて高い安全性が求められる。再現性に優れた効果と高い安全性を達成するためには，薬物は製剤化する必要があるが，界面活性剤は代表的な製剤添加剤の一つである。製剤添加剤には薬物以上に高い安全性が求められ，さらに製品化にあたってはその証拠資料の提出が必要となるため，通常は過去に使用実績のある添加剤が，実績のある投与経路で，実績使用量範囲内で使用される。すなわち，新規添加剤はよほどの有用性が見出されない限り採用されないため，医薬品に使用される界面活性剤は限定されている。

表 2.10 に，医薬品の製剤化に使用される代表的な界面活性剤の一覧を，その処方例とともに示す。界面活性剤はさまざまな名目で処方されるが，そのほとんどは界面の安定化効果を期待している。少量の添加でも固形製剤のぬれ性や崩壊性を改善できることがあり，さらに可溶化や乳化にも用いられる。これら以外にも，ポリエチレングリコール脂肪酸エステルとグリセリン脂肪酸エステルの混合物である Gelucire（ゲルシア）や，ビタミン E コハク酸塩をポリエチレングリコール鎖で修飾した TPGS（トコフェロールポリエチレングリコールサクシネート）など，安全性，可溶化効果ともに高く，創薬段階で重宝される界面活性剤も存在する。

製剤には複数の添加剤が用いられるが，界面活性剤は他成分との相互作用が比較的強い。例えば高分子化合物との相互作用は複雑であり，おのおのに期待されている機能を損なってしまう可能性もある。薬物の可溶化目的に添加される他成分と相互作用する事例も多いが，その詳細は後述する。

2.6.2　投与経路別利用法

a.　経 口 製 剤

経口投与は最も簡便な薬物投与法であり，医薬品開発は経口投与を想定して行われることが多い。口から摂取した医薬品が薬効を発現するためには，胃や腸の中で一度溶解してから，消化管膜を透過して血中に吸収されなければならない。しかし薬物の中には難水溶性のものが少なからず存在し，そのような薬物には製剤技術による対処が必要となる。薬物に要求される溶解度は活性などに依存するが，最高投与量と溶解

表 2.10　医薬品添加剤として使用される代表的な界面活性剤の用途および処方例

ポリオキシエチレンソルビタン脂肪酸エステル（Tween，ポリソルベート）
用途：安定化剤，可塑剤，滑沢剤，可溶化剤，結合剤，懸濁化剤，コーティング剤，湿潤剤，消泡剤，乳化剤，粘着剤，粘稠剤，分散剤，崩壊剤，溶解剤　など 使用経路：経口投与，静脈内注射，筋肉内注射，皮下注射，皮内注射，一般外用剤，直腸膣尿道適用，眼科用剤，耳鼻科用剤　など 処方例（経口剤）：タケプロンカプセル・OD 錠（武田），リピトール錠（アステラス，ファイザー），ケフレックスシロップ用細粒（塩野義），パキシル錠（グラクソスミスクライン），クラリシッド錠（アボット） 処方例（注射剤）：アリナミン注射液（武田），ベプシド注（ブリストルマイヤーズスクイブ），タキソテール注（サノフィアベンティス）
ポリオキシエチレン硬化ひまし油（HCO，クレモフォール）
用途：安定化剤，可溶化剤，懸濁化剤，コーティング剤，乳化剤，分散剤，崩壊剤，溶解剤　など 使用経路：経口投与，静脈内注射，筋肉内注射，皮下注射，脊椎腔内注射，一般外用剤，舌下適用，直腸膣尿道適用，眼科用剤　など 処方例（経口剤）：インフリー S カプセル（エーザイ），ケイツーシロップ（エーザイ），ケタスカプセル（杏林），ネオーラルカプセル・内用液（ノバルティス），カレトラリキッド（アボット），ノービアソフトカプセル・リキッド（アボット） 処方例（注射剤）：プログラフ注射液（アステラス），チョコラ（エーザイ），サンディミュン注射液（ノバルティス），タキソール注射液（ブリストルマイヤーズスクイブ）
ドデシル(ラウリル)硫酸ナトリウム（SDS，SLS）
用途：安定化剤，滑沢剤，可溶化剤，結合剤，光沢化剤，湿潤剤，乳化剤，分散剤，崩壊剤，発泡剤など 使用経路：経口投与，一般外用剤，直腸膣尿道適用　など 処方例（経口剤）：プログラフカプセル（アステラス），インフリーカプセル（エーザイ），ザジテンカプセル（ノバルティス），イレッサ錠（アストラゼネカ），オメプラール錠（アストラゼネカ）
ソルビタン脂肪酸エステル（Span）
用途:安定化剤，可溶化剤，結合剤，懸濁化剤，コーティング剤，消泡剤，乳化剤，分散剤，崩壊剤，溶解剤　など 使用経路：経口投与，静脈内注射，一般外用剤，直腸膣尿道適用　など 処方例（経口剤）：ミオカマイシンドライシロップ（明治製菓），カレトラ錠（アボット），エリスロシン錠（アボット）
グリセリン脂肪酸エステル
用途:安定化剤，可塑剤，滑沢剤，結合剤，懸濁化剤，光沢化剤，コーティング剤，軟化剤，乳化剤，分散剤，崩壊剤　など 使用経路：経口投与，一般外用剤，舌下適用，直腸膣尿道適用　など 処方例（経口剤）：アリナミン F 糖衣錠（武田），グラケーカプセル（エーザイ），ネオーラルカプセル・内用液（ノバルティス）
ショ糖脂肪酸エステル
用途：安定化剤，滑沢剤，可溶化剤，結合剤，懸濁化剤，コーティング剤，湿潤剤，消泡剤，乳化剤，分散剤，崩壊剤，防湿剤　など 使用経路：経口投与，一般外用剤　など 処方例（経口剤）：クラビット細粒（第一三共），アスベリンシロップ（田辺三菱），トミロン細粒小児用（大正富山）

度の比（dose to solubility ratio，D/S 比）が一つの指標となる。この値は摂取した薬物を溶解するために必要な水の量を表す。D/S 比がその 4～5 倍以内であれば製剤努力で克服できる範囲とされ，それ以上になると開発上のリスクが大きいと考えられている。しかし実際は，これは少し厳しすぎる指標とされており，D/S 比が非常に大きい場合でも吸収性に問題がない事例も珍しくない。

難水溶性化合物に対する代表的な対処法として，粉砕による微細化をあげることができる[1)]。微細化は表面積を増大させるため，溶解性が向上する。溶解度は粒子径が小さくなることによって高くなるが，その粒子径依存性は次の Ostwald-Freundlich の式で表すことができる[2,3)]。

$$C(r) = C(\infty)\exp\left(\frac{2\pi M}{r\rho RT}\right) \tag{2.13}$$

ここで，$C(r)$ と $C(\infty)$ は粒径 r および無限大サイズの粒子に対応する溶解度であり，γ，M，ρ は粒子表面における界面張力，溶質の分子量，粒子密度，R と T は気体定数および絶対温度である。ただし通常の粉砕操作による微細化はせいぜい数 μm 程度までであり，この程度の微細化では粒子径変化による溶解度上昇より表面積変化による溶解速度上昇の寄与が圧倒的に大きい。また，医薬品の粉砕粒子は決して球形ではないため，表面曲率が上がっているわけではなく，上式がそのまま通用するかどうかは疑問である。さらには，微細化による表面エネルギーの上昇は凝集性を高めるため，たんに機械的に粉砕するだけでは，むしろ溶出速度が低下する例もある。これを防ぐためには，界面活性剤や高分子化合物を添加した“混合粉砕”が行われる。近年の微細化技術では 100 nm オーダーの微粒子も作成が可能であるが，この場合も分散媒に界面活性剤を添加するなどして，凝集を防ぐ工夫が行われる。

溶解状態での投与は，溶解性が問題となる薬物に対するきわめて単純な対処法である[3)]。油などに薬物を溶解してカプセルに充填しただけの製剤は，液体充填カプセルとよばれる。さらに，これに界面活性剤を添加すれば，消化管内における油/水界面積の広がりを助けることによって，より確実な吸収を期待することができる。そのような製剤は自己乳化型製剤（図 2.46）とよばれ，シクロスポリン製剤がもっとも代表的な例である。シクロスポリンは臓器移植などに用いられる免疫抑制剤であり，その効き目が強すぎても弱すぎても大きな問題を生じる。消化管内で自発的にマイクロエマルションを形成するように設計された本製剤は，従来製剤と比較して，血中薬物濃度の高い再現性と投与量の低下を同時に達成した画期的製剤となった[4)]。

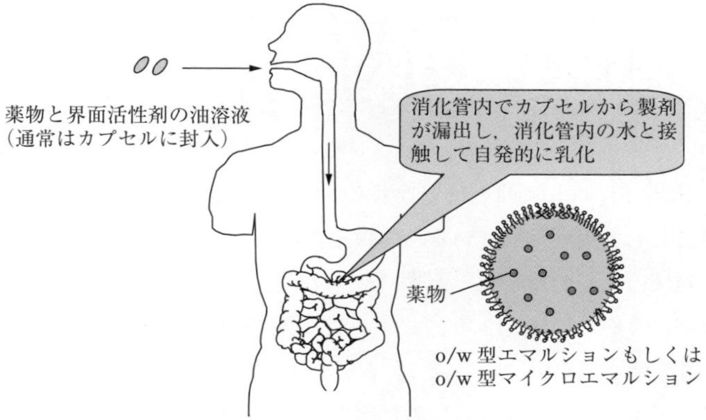

図 2.46　自己乳化型製剤

一般的に製剤中の薬物は結晶状態にあるが，溶解性に優れる非晶質状態が採用されることがある[3)]。これは非晶質の方が結晶と比較してエネルギー状態が高いためである。

非晶質製剤の機能をさらに高める目的で，界面活性剤が添加されることがある。経口投与される非晶質製剤は通常，水溶性高分子と難水溶性薬物からなるが，これらの混合性をよくするために界面活性剤は有効である。さらに溶解時に形成される過飽和状態の維持に，界面活性剤が有用なことがある。

一般に界面活性剤は薬物の溶解過程を助ける添加剤であるが，小腸粘膜と直接相互作用して吸収促進剤として機能する場合もある[5)]。ただし極端にいえば，これは粘膜に損傷を与えて薬物を透過させる手法であるため，その処方にさいしては効果と腸管膜に与える悪影響のバランスを考慮する必要がある。また界面活性剤の多くは，P-gp（P-糖タンパク質）のようなトランスポーターを阻害することが知られている[6)]。P-gp は一度消化管膜を通過した薬物を，再び腸管内に戻してしまうトランスポーターであるため，この働きを阻害すれば吸収率は向上することになる。さらに CYP3A4 に代表される腸管内の代謝酵素も，多くの界面活性剤が阻害する。これによって薬物の代謝が妨げられれば，薬物の吸収率は向上する。

b. 注　射　剤

静脈内注射のように直接血管内に薬物を送り込む場合には，原則として薬物は完全に溶解していなければならない。さらに投与後の液性変化による析出にも留意する必要がある。したがって，難水溶性薬物を注射剤化する場合には，界面活性剤で可溶化や析出速度の制御を行うことがある。ただし界面活性剤が薬物の受容体と相互作用し，薬効に影響を与える可能性も示唆されている。さらには，溶血やアナフィラキシーショックなどの重篤な副作用の原因になりやすいため，その処方は慎重に行わなければならない。

リン脂質は生体に対して比較的安全性の高い添加剤であり，エマルションやリポソームの原料として用いられている。薬物をコロイドキャリヤーに内包することにより，毒性の軽減，薬効の持続化，薬物のターゲティングなどを期待することができるが，その詳細については4.5.2項および4.5.3項に紹介されている。

c. 外　用　剤

外用剤の中で最も一般的なものは軟膏剤であるが，その基剤はワセリン軟膏に代表される油脂性基剤，基剤が乳化されている乳剤性基剤，およびポリエチレングリコールを基剤とする水溶性基剤の三つに大きく分けることができる。これらは，それぞれの長所・短所に応じて使い分けられるが，基剤の乳化や薬物の可溶化などで界面活性剤が利用される。また界面活性剤は薬物の吸収促進を目的として処方することもあり，さらにはリポソームを利用して皮膚上の滞留性や膜透過性を高めた製剤なども開発されている。

d. 点　眼　剤

点眼剤には，無菌性を確保するため塩化ベンザルコニウムなどの界面活性剤が防腐剤として含有されていることが多い。また点眼剤は薬物の利用効率が低く，通常は投与量の5% も利用されないため，増粘性高分子で眼球表面上における製剤滞留性を改善したり，さらには環境応答性のゲル化剤を処方して眼球表面上で製剤をゲル化させる技術も広く用いられている。水溶性の低い薬物を利用する場合には，コロイドキャリヤーに可溶化することもある。

2.6.3　難水溶性薬物の可溶化

界面活性剤より形成されるミセルは内部に疎水性領域を有しているため，難水溶性薬物を取り込むことができる。一般に界面活性剤濃度 C_s と薬物の溶解度 S の間には，次式が成立する。

$$S=\xi(C_s-C_{CMC})+S_w \tag{2.14}$$

ここで，C_{CMC} は臨界ミセル濃度，S_w は界面活性剤が存在しないときの溶解度である。ξ は界面活性剤の可溶化容量であり，この値が大きいほど可溶化効果は高い。ただし，

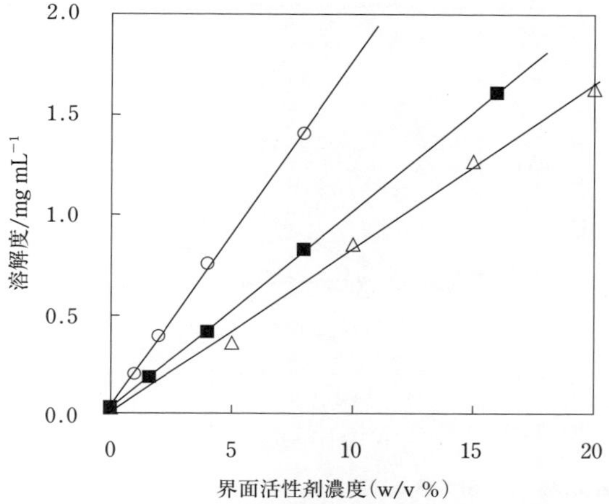

図 2.47　各界面活性剤水溶液へのフェニトインの溶解度
界面活性剤：SDS（○），Gelucire 44/14（△），TPGS（■）

界面活性剤添加による，薬物のバルク相における溶解度変化や，界面活性剤濃度変化に伴うミセルの形状変化は考慮していない。この式は薬物の溶解度がミセルの個数と線形関係にあることを示している。図 2.47 に，各界面活性剤水溶液に対するフェニトインの溶解度を示す。この図から，いずれの界面活性剤についても，溶解度に線形性が認められることがわかる。

ただし界面活性剤の処方量には制約があり，その範囲内の界面活性剤量で難水溶性薬物を完全に可溶化することは通常困難である。したがって，他の可溶化技術との併用が検討されることが多いが，界面活性剤はさまざまな成分と強い相互作用をもつ。たとえば，同じく薬物の可溶化目的に用いられるシクロデキストリンと併用すると，薬物と界面活性剤がシクロデキストリンとの複合体形成において競合することがある。有機溶媒との併用は実用化されている製剤にもいくつか見受けられるが[7]，有機溶媒はミセル物性に影響を与えるため，やはり高い効果が発揮できないことがある。たとえば，エチレングリコールを SDS 水溶液に添加すると[8]，20% の添加で臨界ミセル濃度は 1.07 倍となる。つまり SDS 分子の単量体としての溶解度が上がる。このとき会合数も 62 から 46 まで低下し，半径は 17.3 Å から 15.7 Å まで小さくなる。このようなミセルの性状変化は，界面活性剤・有機溶媒共存系で一般的にみられる現象であるが，ミセルの薬物可溶化能の低下を引き起こすことが多い。図 2.48 は 2% SDS 水溶液に有機溶媒を添加したときの，フェニトインの溶解度変化である[9]。SDS

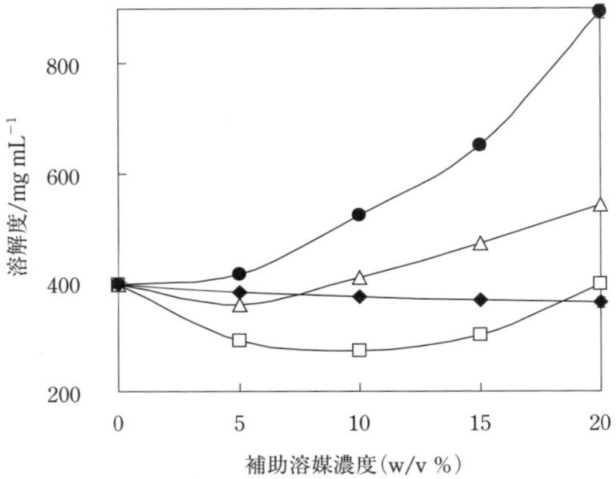

図 2.48　2% SDS含有補助溶媒水溶液へのフェニトインの溶解度
補助溶媒：ジメチルアセトアミド（●），エタノール（□），ポリエチレングリコール400（△），グリセリン（◆）
[K. Kawakami, N. Oda, K. Miyoshi, T. Funaki. Y. Ida, *Eur. J. Pharm. Sci.*, **28**, 7 (2006)]

濃度は一定であるが，ジメチルアセトアミド以外の溶媒においては，5% の添加では無添加時よりも溶解度が低い。さらにエタノールを添加した場合には，それ以上の添加量でも顕著な溶解度低下を引き起こす。これらの有機溶媒は，界面活性剤が存在しない場合は，その添加によって溶解度を上昇させる。しかし界面活性剤と有機溶媒を比較した場合，添加量あたりの難水溶性薬物可溶化能は，界面活性剤の方がはるかに高い。したがって，その可溶化能が有機溶媒によって低下するため，有機溶媒による薬物可溶化効果まで打ち消されてしまい，溶液全体としても溶解度が低下してしまうと解釈することができる。市販されている医薬品においても，複数の可溶化成分の添加は珍しくないが[7]，その処方決定においては可溶化成分どうしの相互作用を慎重に検討する必要がある。

[川上 亘作]

参 考 文 献

2.1 節

1)　日本化学会 編，“第6版 化学便覧　応用化学編”，丸善（2003）.
2)　日本化学会 編，“現代界面コロイド化学の基礎”，丸善（1997）.
3)　M. J. Rosen, “Surfactants and Interfacial Phenomena, 2nd ed.”, John Wiley & Sons (1980)；坪根和幸，坂本一

民 監訳，“界面活性剤と界面現象”，フレグランスジャーナル社（1995）.
4）日本油化学会 編，“界面と界面活性剤—基礎から応用まで—”，日本油化学会（2005）.
5）國枝博信，坂本一民 監修，“界面活性剤・両親媒性高分子の最新機能”，シーエムシー出版（2005）.
6）J. N. Israelachvili 著，近藤保，大島広行 訳，“分子間力と表面力”，マグロウヒル出版（1991），p. 256.
7）K. Holmberg, D. O. Shah, M. J. Schwuger, ed., “Handbook of Applied Surface and Colloid Chemistry”, John Wiley & Sons (2002)；辻井　薫，高木俊夫，前田　悠 監訳，“応用界面・コロイド化学ハンドブック”，エヌ・ティー・エス（2006）.
8）篠田耕三，“溶液と溶解度　第 3 版”，丸善（1991）.
9）日本油化学会 編，“油化学評価・試験法　第二版”，日本油化学会（2016），第 2 章.
10）日本化学会 編，“コロイド科学 II. 会合コロイドと薄膜”，東京化学同人（1995），第 4 章.
11）日本化学会 編，“コロイド科学 IV. コロイド科学実験法”，東京化学同人（1995），第 12 章.

2.2 節

1）H. Kunieda, K. Shigeta, K. Ozawa, M. Suzuki, *J. Phys. Chem. B*, **101**, 7952 (1997).
2）K. L. Huang, K. Shigeta, H. Kunieda, *Prog. Coll. Polym. Sci.*, **110**, 171 (1998).
3）H. Kunieda, Md. H. Uddin, M. Horii, H. Furukawa, A. Harashima, *J. Phys. Chem. B*, **105**, 5419 (2001).
4）Md. H. Uddin, C. Rodriguez, K. Watanabe, A. Lopez-Quintela, T. Kato, H. Furukawa, A. Harashima, H. Kunieda, *Langmuir*, **17**, 5169 (2001).
5）P. Alexandridis, U. Olsson, B. Lindman, *Langmuir*, **12**, 1419 (1996).
6）H. Minamikawa, M. Hato, *Langmuir*, **14**, 4503 (1998).
7）J. M. Seddon, *Biochemistry*, **29**, 7997 (1990).
8）J. N. Israelachvili 著，近藤保，大島広行 訳，“分子間力と表面力 第 2 版”，朝倉書店（1996），p. 359.
9）日本油化学会 編，“界面と界面活性剤－基礎から応用まで－”，日本油化学会（2005），3 章.
10）N. H. Hartshome, “The Microscopy of Liquid Crystals”, Microscopy Publications (1974).
11）日本化学会 編，“コロイド科学 IV. コロイド実験法”，東京化学同人（1996），1 章.
12）H. Kunieda, *et al.*, *J. Phys. Chem. B*, **101**, 7952 (1997).

2.3 節

1）田村隆光，*J. Soc. Cosmet. Chem. Jpn.*, **33**, 99 (1999).
2）日本化学会 編，“第 2 版 現代界面コロイド化学の基礎”，丸善（2002），p. 59.
3）日本油化学会 編，“界面活性剤評価・試験法”，日本油化学会（2002），第 5 章.
4）L. Thompson, *J. Coll. Interf. Sci.*, **163**, 61 (1994).
5）K. H. Raney, W. L. Benson, C. A. Miller, *J. Coll. Interf. Sci.*, **117**, 282 (1987).
6）M. Kahlweit, R. Strey, P. Firman, *J. Phys. Chem.*, **90**, 671 (1986).
7）北原文雄，古澤邦夫，“分散乳化系の化学”，工学図書（1979），p. 281.
8）梶原　泰，*Fragrance J.*, **22** (8), 35 (1994).
9）奥村秀信，日皮協ジャーナル，**39**，78（1998）.
10）F. Hashimoto, *J. Soc. Cosmet. Chem. Jpn.*, **23**, 126 (1989).
11）北島　岳，ASCS 韓国大会講演要旨集，42（1995）.
12）N. Fujiwara, *J. Soc. Cosmet. Chem. Jpn.*, **26**, 107 (1992).
13）M. Kahlweit, R. Strey (H. L. Rosano, M. Clause, eds.), “Microemulsion Systems”, Dekker (1987), p. 12.
14）M. Fujitsu, T. Tamura, *J. Jpn. Oil Chem. Soc.*, **43**, 131 (1994).
15）K. Watanabe, A. Noda, M. Masuda, K. Nakamura, *J. Oleo Sci.*, **53**, 547 (2004).
16）K. Watanabe, A. Matsuo, H. Inoue, K. Adachi, T. Yanagida, A. Noda, Proceedings of the 24th IFSCC Congress; Osaka (2006).
17）K.Ohbu, O. Hiraishi, I. Kashiwa, *J. Am. Oil Chem. Soc.*, **59**, 108 (1982).
18）M. Miyake, Y. Kakizawa, *Coll. Polym. Sci.*, **280**, 18 (2002).
19）J. V. Gruber, F. M. Winnik, A. Lapierre, *et al.*, *J. Cosmet. Sci.*, **52**, 119 (2001).
20）福地義彦，田村宇平，*Fragrance J.*, **17**, 30 (1989).
21）橋本克夫，仲間康成，*Fragrance J.*, **31**, 29 (2003).
22）J. V. Gruber, B. R. Lamnoureux, N. Joshi, L. Moral, *J. Cosmet. Sci.*, **52**, 131 (2001).
23）興田祥也ら，特願 2006-524130.
24）E. Leroy, *Cosm. Toilet*, **123**, 53 (2008).
25）森永　均，応用物理，**69** (5), 568 (2000).
26）森永　均，応用物理，**70** (9), 1067 (2001).

27) H. Morinaga, A. Itou, H. Mochiduki, M. Ikemoto, Electrochemical Society Proceedings Series PV. 2003-26, (2004), p. 370.
28) H. Morinaga, Cleaning and Planarization for Semiconductor Device Manufacturing, Proceedings of Semicon Korea 2007 SEMI Technology Symposium S4,5,6, Seoul (2007), p. 143.
29) 森永　均，“エレクトロニクス洗浄技術”，技術情報協会（2007），pp. 30，195.

2.4 節

1) H. Kunieda, K. Shinoda, *J. Disp. Sci. Technol.*, **3**, 233 (1982).
2) 春沢文規，田中宗男，表面，**20**(3)，165（1982).
3) 鈴木敏幸 編，“エマルションの新しい高安定化手法”，技術情報協会（2004).
4) T. Suzuki, H. Iwai, *IFSCC Magazine*, **9**, 183 (2006).
5) K. Tajima, *et. al., Coll. Polym. Sci.*, **270**, 759 (1992).
6) Y. Imai, K. Tajima, *Coll. Surf. A*, **276**, 134 (2006).
7) 特許 3855203 号・特許 3858230 号・PCT/JP2005/005795.
8) S. U. Pickering, *J. Chem. Soc.*, **91**, 2001 (1907).
9) J. H. Schulman, J. Leja, *Trans. Faraday Soc.*, **50**, 598 (1954).
10) S. Levine, *et at., Coll. Surf.*, **38**, 325 (1989).
11) 藤井秀司，日本接着学会誌，**43**，64（2007).
12) 特開昭 63-250311.
13) 特開 2003-81756.
14) DE19842787.
15) T. Kawakatsu, Y. Kikuchi, M. Nakajima, *JAOCS*, **74**, 317 (1997).
16) S. Sugiura, M. Nakajima, S. Iwamoto, M. Seki, *Langmuir*, **17**, 5562 (2001).
17) S. Sugiura, M. Nakajima, N. Kumazawa, S. Iwamoto, M. Seki, *J. Phys. Chem. B*, **106**, 9405 (2002).
18) I. Kobayashi, M. Nakajima, K. Chun, Y. Kikuchi, H. Fujita, *AIChE J.*, **48**, 1639 (2002).
19) I. Kobayashi, S. Mukataka, M. Nakajima, *Langmuir*, **20**, 9868 (2004).
20) I. Kobayashi, S. Mukataka M. Nakajima, *Langmuir*, **21**, 7629 (2005).
21) I. Kobayashi, K. Uemura, M. Nakajima, *Langmuir*, **22**, 10893 (2006).

2.5 節

1) G. Bylund, “Dairy Processing Handbook”, Tetra Pak Processing Systems (1995), p. 119.
2) W. Buchheim, P. Dejmek, “Food Emulsions”, S. E. Friberg, K. Larsson ed., Marcel Dekker (1997), p. 235.
3) Y. H. Kim, K. Koczo, D. T. Wasan, *J. Coll. Interf. Sci.*, **187**, 29 (1997).
4) Y. Kong, A. Nikolov, D. T. Wasan, A. Ogawa, *J. Disp. Sci. Tech.*, **27**, 579 (2006).
5) P. Walstra, *Chem. Eng. Sci.*, **48**, 333 (1993).
6) S. Arima, T. Ueji, S. Ueno, A. Ogawa, K. Sato, *Coll. Surf. B*, **55**, 98 (2007).
7) 佐藤清隆，上野聡，“脂質の機能性と構造・物性－分子からマスカラ・チョコレートまで”，丸善出版（2011），pp. 13-14.
8) 佐藤清隆，上野聡，“脂質の機能性と構造・物性－分子からマスカラ・チョコレートまで”，丸善出版（2011），p. 175.
9) 上野聡，本同宏成，佐藤清隆（松村康生，松宮健太郎，小川晃弘 監修），“食品の界面制御技術と応用－開発現場と研究最前線を繋ぐ”，シーエムシー出版（2011），pp. 90-104.
10) 小久保貞之（村勢則郎，佐藤清隆 編），“食品とガラス化・結晶化技術”，サイエンスフォーラム（2000），pp. 108-114.
11) 佐藤清隆，上野聡（村勢則郎 編），“食品の高機能粉末・カプセル化技術”，サイエンスフォーラム（2003），pp. 128-141.
12) 佐藤清隆，上野聡，“脂質の機能性と構造・物性－分子からマスカラ・チョコレートまで”，丸善出版（2011），pp. 177-182.
13) K. Shimamura, S. Ueno, Y. Miyamoto, K. Sato, *Cryst. Growth Des.*, **13**, 4746-4754 (2013).
14) M. J. W. Povey (N. Garti, K. Sato, ed.), “Crystallization Processes in Fats and Lipid systems”, Marcel Dekker, New York (2001), pp. 251-288.
15) D. J. McClements, S. R. Dungan, J. B. German, C. Simoneau, J. E. Kinsella, *J. Food Sci.*, **58**, 1148-1151 (1993).
16) N. Kaneko, T. Horie, S. Ueno, J. Yano, T. Katsuragi, K. Sato, *J. Crystal Growth*, **197**, 263-270 (1999).
17) T. Katsuragi, N. Kaneko, K. Sato, *Coll. Surf. B*, **20**, 229-237 (2001).
18) Y. Hodate, S. Ueno, J. Yano, T. Katsuragi, Y. Tezuka, T. Tagawa, N. Yoshimoto, K. Sato, *Colloid. Surf. A*, **128**,

217-224 (1997).
19) T. Awad, K. Sato, *Coll. Surf. B*, **25**, 45-53 (2002).
20) S. Arima, T. Ueji, S. Ueno, A. Ogawa, K. Sato, *Coll. Surf. B*, **55**, 98-106 (2007).
21) 佐藤清隆，上野聡，有馬哲史，榊大武（中島光利，杉山滋 監修），"フードナノテクノロジー"，シーエムシー出版 (2009)，pp. 183-194.

2.6 節

1) B. E. R. Rabinow, *Nat. Rev. Drug Discovery*, **3**, 785 (2004).
2) D. J. W. Grant, H. G. Brittain, Solubility of pharmaceutical solids. In: H. G. Brittain ed., Physical characterization of pharmaceutical solids.: Marcel Dekker (1995), p. 321.
3) K. Kawakami, *Adv. Drug Delivery Rev.*, **64**, 480 (2012).
4) P. Erkko, H. Granlund, M. Nuutinen, S. Reitamo, *Brit. J. Dermatol.*, **136**, 82 (1997).
5) S. Muranishi, *Crit. Rev. Ther. Drug Carrier Syst.*, **7**, 1 (1990).
6) P. P. Constantinides, K. M. Wasan, *J. Pharm. Sci.*, **96**, 235 (2007).
7) R. G. Strickley, *Pharm. Res.*, **21**, 201 (2004).
8) K. Gracie, D. Tuener, R. Palepu, *Can. J. Chem.*, **74**, 1616 (1996).
9) K. Kawakami, N. Oda, K. Miyoshi, T. Funaki. Y. Ida, *Eur. J. Pharm. Sci.*, **28**, 7 (2006).

3

ゲル—材料，性質，機能

18 世紀のヨーロッパではすでに，弾性があり半固体の物質であるゼラチンがゲル (gel) として認識され，食品などに利用されていた。ゲルの状態はきわめて安定であり，コロイド界面化学の現象を表すときに，欠くことのできない形態である。ゲル材料としての特徴は，液体の吸収・保持機能があること，固体と液体の中間の力学強度を有すること，網目による物質分離機能や保持機能と徐放機能である。さらには近年，新しい架橋構造がみつかるとともに，運動・刺激による応答などの新しい機能特性が明らかになってきた。本章では，ゲルの基本的性質と分類を述べ，機能化が見出されてきたゲル材料のさまざまな応用例について論じる。　　　　　　　　［三輪　哲也］

3.1　ゲルとは

3.1.1　分類と調製[1～3]

ゲルは，分子や粒子がネットワークを形成し，三次元の網目間に流体を含んだ状態および材料であり，固体と液体の中間的な性質を示すことから，基礎と応用の両面できわめて重要である。具体的には，コンニャクやゼリーなどの食品，高吸水性樹脂などの生活用品，ソフトコンタクトレンズなどの医療材料などが身近の代表的な例としてよく知られている。また生体の中にも，眼球や関節，粘膜など数多くのゲルがみられ，生体機能の中で重要な役割を果たしている。ゲルは，その構成成分，すなわち網目鎖や架橋様式，あるいは流体の種類などによって，表 3.1 のように分類される。この中で，とくに架橋様式に注目した分類について以下に詳しく述べる。

高吸水性樹脂などに代表される化学ゲルは，高分子合成が盛んになった 20 世紀後半になって急速に発展したゲルであり，高分子間を共有結合で直接架橋することでネットワークを形成している。化学ゲルでは，温度やイオン環境などの外的条件の変化に対して一般に膨潤・収縮挙動がみられるが，ネットワーク構造そのものは安定で

表 3.1　ゲルの分類

ゲル	網目鎖	化学成分	有機系	有機ゲル
			無機系	無機ゲル
		原料	天　然	天然ゲル
			合　成	合成ゲル
	架橋点	化学架橋(共有結合)		化学ゲル
		物理架橋(水素結合，疎水性相互作用，微結晶，絡み合いなど)		物理ゲル
		幾何学的な架橋(ロタキサン，カテナンなど)		トポロジカルゲル
	流　体	水		ヒドロゲル
		有機溶剤		オルガノゲル（またはオイルゲル）
		気　体		キセロゲル

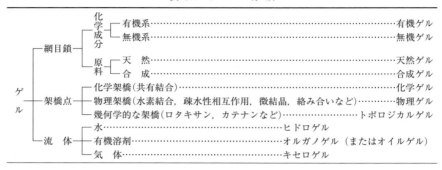

あり，ゲル状態が維持される。これに対して物理ゲルは，生体組織などのように自然界によくみられるゲルであり，高分子間に働く水素結合や疎水性相互作用など非共有性の物理的引力相互作用によって架橋点を形成している。一般に非共有結合は共有結合よりも弱いため，物理ゲルでは，外的条件の変化によって比較的容易に架橋点の形成・崩壊が起こる。その結果，多くの物理ゲルが化学ゲルとは異なり，液体であるゾルと流動性のないゲルの間でゾル-ゲル転移とよばれる可逆的な転移現象を示すことになる。

最近，化学ゲルや物理ゲルとは異なり，分子の幾何学的構造を利用した架橋様式が登場し，トポロジカルゲルとよばれている。トポロジカルゲルでは，架橋点の形成や崩壊は起こらないが，架橋点が高分子鎖に沿って移動できるという自由度があるため，物性が従来の化学ゲルや物理ゲルとは大きく異なっている。このように，架橋様式はゲルの本質でもあり，ゲルの物性を大きく左右する。

架橋点の形成手法の違いによって，多種多様なゲルが調製できる。表 3.2 に，化学ゲルと物理ゲルの代表的な調製法とその調製例を具体的に示した。化学ゲルの調製法は，重合と同時に架橋する場合と高分子鎖を後架橋する場合に大別できる。まず重合と同時に架橋する場合の典型例であるポリアクリルアミドゲルについて述べる。

アクリルアミド(AAm)の水溶液に過酸化物のようなラジカル開始剤を添加すると，アクリルアミドの二重結合が反応して直鎖状の高分子が重合される。これに，さらに二つの二重結合をもつ N,N'-メチレンビスアクリルアミドを少量添加して重合反応を行うと，それぞれの二重結合がアクリルアミドと反応することにより，直鎖状分子が橋かけされたいわゆる架橋構造が形成される（図 3.1）。このように，多官能性の

表 3.2　ゲルの調製法

種類		一般的調製手法	調　製　例
化学ゲル	重合と同時に架橋	ラジカル重合 光重合 放射線重合 プラズマ(開始)重合 イオン重合	ビニル化合物とジビニル化合物（アクリルアミド/N,N'-メチレンビスアクリルアミド，アクリル酸/ジビニル化合物，スチレン/ジビニルベンゼンなど)
	高分子鎖の後架橋	ラジカル反応 イオン反応 光反応 プラズマ反応 放射線照射	ポリビニルアルコール—スチルピリジニウム，N,N'-α-置換ビニルポリマー，ポリエチレン，ポリメチルビニルエーテル，ポリビニルアルコールなど)
		ほかの高分子反応	ポリビニルアルコール/ジアルデヒド化合物，N-メチロール化合物/ジカルボン酸，DNA/エポキシ化合物など
物理ゲル	重合と同時に架橋	副反応を伴わない重合	知られていない
	高分子鎖の後架橋	凍結解凍，冷却	ポリビニルアルコール，カラギナン，寒天，ゼラチンなど
		昇　温	メチルセルロース，ポリ N-イソプロピルアクリルアミド
		金属イオンの添加	ポリビニルアルコール/Cu^{2+}，アクリル酸/Fe^{3+} または Ca^{2+}，アルギン酸/Ca^{2+}，多糖類/ホウ酸
		高分子溶液の混合	ポリメタクリル酸/ポリエチレングリコール，ポリメタクリル酸ナトリウム/ポリビニルベンジルトリメチルアンモニウムクロリド
		その他（pH 調整，低分子の添加など)	ペクチン酸

[萩野一善，長田義仁，伏見隆夫，山内愛造，“ゲル—ソフトマテリアルの基礎と応用—”，産業図書 (1991)，p. 46]

化合物を添加して重合を行うことにより，容易に化学ゲルが合成できる。通常の高分子合成の場合と同様に，重合の方法には，光重合，放射線重合，プラズマ重合，イオン重合などさまざまな手法が適用できる。

一方，高分子鎖を後架橋する場合については，たとえば，ポリビニルアルコールのような側鎖に官能基をもつ高分子に，ジビニルスルホンなどの多官能性の分子を添加すると，側鎖の官能基と反応して容易に共有結合の橋かけ構造が形成される。この場合にも，光反応や放射線照射などさまざまな架橋法が提案されている。

次に，物理ゲルの調製法について述べる。非共有性の物理的相互作用には，さまざ

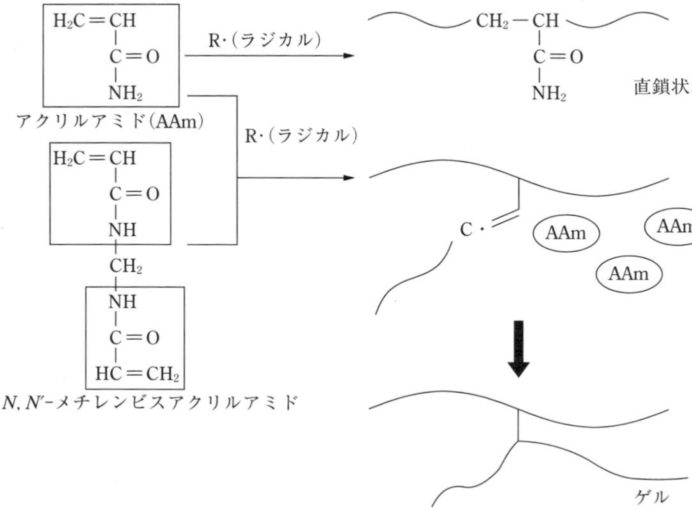

図 3.1　アクリルアミドの重合とゲル化の機構

まな種類がある。たとえば，水素結合や高分子の結晶性を利用して物理ゲルを調製する場合には，高分子溶液を冷却するだけで簡単にゲルができる。高温でエントロピーが，低温でエネルギー（エンタルピー）が系で支配的になるため，冷却によって分子間の引力相互作用が顕著に働き自発的に架橋点を形成する。分子間で水素結合を形成するポリビニルアルコールが典型的な例であり，架橋剤を添加しなくても凍結・解凍を繰り返すだけで，力学特性に優れた物理ゲルが得られる。一方，エントロピーに由来する疎水性相互作用の場合，高温で顕著に働くため，ポリ*N*-イソプロピルアクリルアミドなどの高分子水溶液は，高温で疎水性相互作用により物理ゲルを形成する。このゾル-ゲル転移は33℃付近で急激にしかも可逆的に起こるため，基礎と応用の両面から盛んに研究されている。

このほかにも，金属イオンを用いた配位結合やイオン性相互作用，あるいは二重らせん構造によって架橋点を形成することも可能である。たとえば，ポリビニルアルコール水溶液にホウ砂を添加したスライム，豆乳ににがりとよばれる金属イオンを添加した豆腐など，数多くの物理ゲルが知られている。また，カラギナン水溶液を冷却すると，高分子の一部がほかの高分子と二重らせんの架橋点を形成し，物理ゲルができる。一般に物理ゲルは化学ゲルより簡便に調製可能であるが，架橋点の結合力が比較的に弱いため，ゲルの安定性はよくない場合が多い。

最後に，トポロジカルゲルとして代表的な環動ゲルの調製法を簡単に紹介する。ポリエチレングリコールと環状分子である α-シクロデキストリンを水溶液中で混合すると，高分子が多数の環状分子を貫いて，ネックレス状の分子集合体であるポリロタキサンが自己組織的に形成される。環状分子が抜けないように両末端を大きな分子で塞ぎ，次にポリロタキサン溶液に多官能性の架橋剤を添加すると，ポリエチレングリコールには官能性の側鎖がないので，環状分子だけが架橋して8の字状の架橋点が形成される。架橋点は，共有結合により形成されているため化学ゲルと同様に安定であり，しかも化学ゲルとは異なり高分子に沿って自由に動くことができる（滑車効果）。その結果，力学特性が通常の化学ゲルとは大きく異なる。　［伊藤 耕三］

3.1.2 基本構造と性質[1~3)]

ゲルの構造と性質は，架橋様式すなわち架橋点の構造や分布によって大きな違いがみられる。架橋が共有結合のみの化学ゲルの場合には，架橋点の分布が複雑な不均一構造を示すことが知られている。これは，架橋点が高分子鎖に固定されているために，ゲルを構成する高分子鎖の相対的な位置が変化できないことによる。その結果，化学ゲル中では，架橋点の不均一分布や高分子網目の不均一空間分布が永久に解消できずに固定される。また，架橋点の近傍などでは局所的な分子の運動性がおさえられるため，高分子や溶媒分子の運動性にも不均一性がつねにみられる。これらの不均一性は，X線や中性子線の入射による異常散乱（小角側での散乱強度の立ち上がり），弾性率や膨潤・収縮挙動の異常性，動的光散乱，スペックルパターン（ぎらぎらと動きながら輝くランダムな斑点模様）などの測定により観測することが可能である。とくにヒドロゲルの場合には，溶媒である水の構造も盛んに研究されている。NMRや熱物性などの測定結果から，ヒドロゲル中には運動性の高い順に自由水，凍結水，不凍水の3種類が存在することが明らかになっており，生体機能との関連などから興味をもたれている。

化学ゲルの特徴的な性質の一つが膨潤・収縮挙動である。とくに，化学ゲルを構成する高分子が電解質であるイオン性化学ゲルは，pHや温度，溶媒の種類，あるいはイオン環境の変化によって体積が不連続に千倍以上も変化する体積相転移現象を示す。このような莫大かつ可逆的な体積変化はほかの材料ではみられないことから，薬物送達（ドラッグデリバリー）システムやアクチュエーターなどへの応用が検討されている。イオン性化学ゲルの膨潤・収縮挙動は，① 架橋された高分子網目の弾性力，

② 高分子と溶媒の混合による自由エネルギーの変化，③ 低分子イオンによる浸透圧の三つの力のバランスによって決まる。とくに，高分子網目上の電荷密度が増加して③の影響が顕著になると，膨潤・収縮挙動が不連続になり，体積相転移が観測される。また，ゲルが体積変化するのに要する時間 T は，ゲルの特徴的な長さ L に対して $T \sim L^2/D$ のような式で関係づけられることが知られている。ここで，D はゲル網目のコレクティブな拡散定数とよばれており，ゲルの高分子網目の弾性率 K と，網目と溶媒との間の摩擦係数 f の比 $D=K/f$ として定義される。すなわち，ゲルの体積変化時間はゲルのサイズの二乗に比例する。したがって，体積変化を速くするためには，サイズを小さくすることが一番効果的である。このことが，サイズの小さいミクロゲルが注目される一つの理由になっている。

化学ゲルの新しい展開として，異なった種類の独立なネットワークが互いに共有結合せずに入り組んで絡み合った相互浸潤網目ゲルが報告されている。とくに，ポリアクリルアミドのような柔らかい高分子鎖からなるネットワークとポリ(2-アクリルアミド-2-メチルプロパンスルホン酸）のような比較的剛直な高分子鎖からなるネットワークを組み合わせたダブルネットワークゲルは，水分含有率90％で20 MPaというきわめて高い破壊圧縮強度を示す。このように，特異な構造をもつゲルでは，従来の常識を超える物性も実現可能である。

物理ゲルは，共有結合以外の多種多様な相互作用を用いて架橋構造を形成しているため，その構造や性質もきわめて多岐にわたる。基本的には化学ゲルと同様に不均一な架橋点分布を示すことが多いが，最近，高分子鎖のミクロ相分離現象を利用して規則的な周期構造を示す物理ゲルが報告され注目されている。また，コロイド粒子が規則的に配列することを利用し，これをテンプレートとして構造色を示す物理ゲルも合成されている。温度によるゲルの体積変化に伴い，ゲルの色がさまざまに変化するので興味深い。このような規則構造を示す物理ゲルは，化粧品分野などでの応用が期待されている。

物理ゲルの物性としては，ゾル-ゲル転移が最も重要である。転移を起こす刺激は，物理ゲルの架橋の原因となっている相互作用によって異なり，たとえば，疎水性相互作用や水素結合では温度，イオン性相互作用ではpHやイオンの添加が一般的である。同じ温度刺激の場合でも，低温でゲル化する寒天やポリビニルアルコール水溶液のような上限臨界溶液温度型の物理ゲルと，ポリ *N*-イソアクリルアミド水溶液のように高温でゲル化する下限臨界溶液温度型の物理ゲルが存在する。また，特異な構造を示す温度応答性物理ゲルの中には，温度上昇によりゾルからゲルに変化し，さらに温度を上げるとまたゾル状態に戻る複雑なリエントラント型のゾル-ゲル転移を示すものも報告されている。

ゾル-ゲル転移を引き起こすもう一つの重要な刺激は応力場である。応力を刺激とするゾル-ゲル転移としては，応力を加えることでゲルからゾルに変化するチキソトロピーや，ゾルからゲルに変化するダイラタンシーが有名である。チキソトロピーは，架橋の相互作用が弱い物理ゲルに広くみられる現象であり，塗料やグリース，化粧品などで盛んに利用されている。ずり応力で架橋点が簡単に壊れてしまい，一度壊れると再生するのに時間がかかるために起こる。一方のダイラタンシーは，海の砂や水溶き片栗粉などでみられる。圧力やずり応力を加えることで，ゾル状態であった粒子と溶媒の構造や配置が変化してゲル化が起こる。

最後に，架橋点が自由に動く環動ゲルの物性について簡単に触れる。架橋点が固定されている化学ゲルの応力伸長特性は，架橋ゴムと同様にS字形になることが知られている。ゴム風船を膨らませると，最初は圧力を強く感じるが，少し膨らんだところで弱くなるのはこのためである。ところが環動ゲルは，架橋点が自由に動くために，血管や皮膚などの生体組織と同様にJ字形の応力伸長特性を示す。これは，伸長の初期には架橋点が動いてしまうことで，応力がほとんど生じないためである。以上のように，ゲルの架橋構造と物性の間にはきわめて密接な関連がある。　[伊藤 耕三]

3.1.3　分子会合性ゲル

a.　熱可逆的物理ゲル

溶質を溶媒に加熱溶解させた後，室温に放冷すると結晶化でなく物理ゲルを形成する場合がある。このときの溶媒をゲル化する溶質がゲル化剤である。ゲル化剤によるゲル化は水素結合やファンデルワールス力，π-π 相互作用，静電相互作用などの弱い非共有結合を介して三次元網目構造が形成されて惹起されるので，加熱すると非共有結合は切れて溶液に戻る。すなわち，ゲル化剤のつくる分子会合性ゲルは加熱・冷却によりゾル-ゲル相転移を示す熱可逆的物理ゲルである。低分子化合物によるゲル化は図 3.2 に示すように結晶化と類似した現象である。結晶を溶媒中で加熱すると溶けて均一溶液となり，これを冷やすと溶解度の差に応じて結晶化する（図 3.2の左半分）。ゲル化する場合は均一溶液を冷却すると系全体が擬固体化（ゲル化）し，ゲル化したゲルを加熱すると均一溶液に戻る（図 3.2の右半分）。すなわち，結晶化

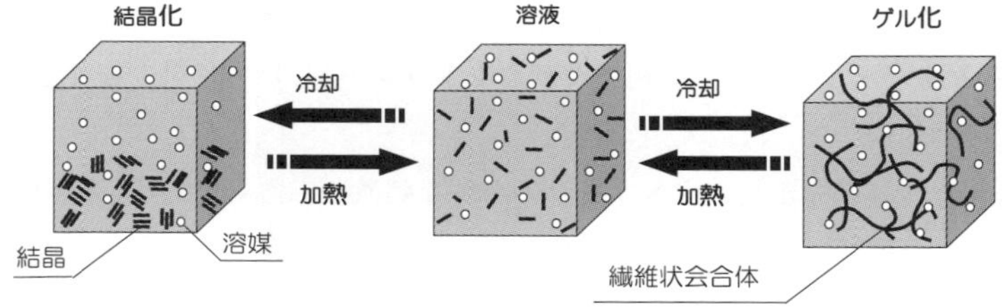

図 3.2　低分子化合物による結晶化とゲル化の比較図

は分子が凝集して三次元的に秩序配列するために起こり，ゲル化は二次元的な配列で繊維状の会合体が形成されるために引き起こされる。結晶化とゲル化の共通点は，原動力がともに水素結合やファンデルワールス力，π-π 相互作用などの非共有結合的相互作用に由来することである。低分子ゲル化剤の特徴をあげると次のようになる。① 加熱時に容易に溶け，放冷時にすばやくゲル化する，② 普通は 50 g L^{-1} 以下の比較的少量の添加でゲル化する，③ ゲル化の駆動力は非共有結合的相互作用であり，形成されたゲルは熱可逆的なゾル・ゲル相転移を示す。　［英　謙二］

b.　オイルゲル

すでに利用されているオイルゲル化剤を図 3.3 に示す。例えば，12-ヒドロキシステアリン酸（**1**）は食用油を固める性質があり，廃油処理剤として使われている。1,3;2,4-ジベンジリデン-D-ソルビトール（**2**）や *N*-ラウロイル-L-グルタミン酸-α，γ-ビス-*n*-ブチルアミド（**3**）は化粧品の原料として使われている。芳香環を含む尿素

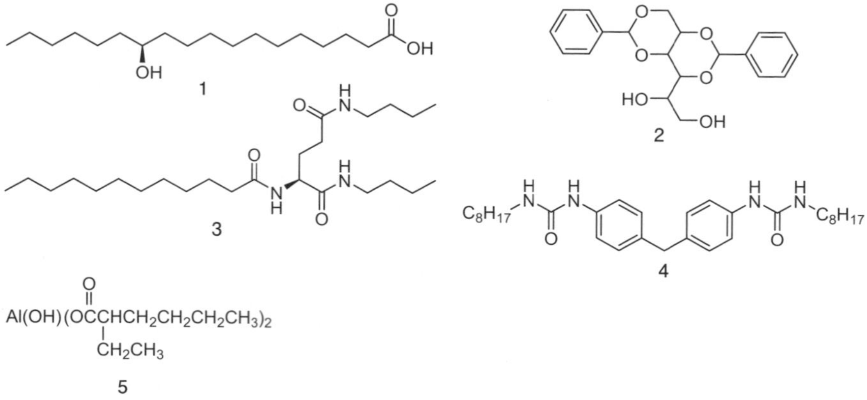

図 3.3　利用されているオイルゲル化剤の例

化合物（4）は合成油グリースの原料である。また，ゲル化ではないが鉱物油に対して増粘化を引き起こす化合物として 2-エチルヘキサン酸アルミニウム（5）が知られており，インキの分野で増粘剤として広く使われている。

オイルゲル化剤のゲル化の機構は次のように考えられる。まず，非共有結合により分子会合体を形成し，それが巨大会合体へと成長する。次に巨大会合体が束になって網目状に絡まり，相互に運動を妨げ合って流動性を失い，その中に溶媒を抱き込んでゲル化が起こる。実際，ゲル中の分子会合体は顕微鏡で観察可能である。走査型電子顕微鏡や透過型電子顕微鏡による観察では溶媒を除去した後のキセロゲルを観察するので，溶媒を含んだままの生のゲルの分子会合体を観察できない。しかし，蛍光性のあるゲル化剤なら蛍光顕微鏡を使えば，溶媒を含んだままでゲルの網目構造を観察できる。図 3.4 はキノリンを含む蛍光性 L-イソロイシン誘導体（6）のエタノールゲルの蛍光顕微鏡写真である。白く輝いているところが巨大会合体を形成している（6）のキノリンセグメントからの蛍光発光であり，背景の暗いところは取り込まれた溶媒のエタノールが存在する部分である。幅が約 1 μm で長さが数十 μm の複雑に絡み合った巨大会合体であることが分かる。このようなマイクロメートルサイズの巨大会合体の形成がゲル化剤による物理ゲル化の直接の原因である。

上述のようにゲル化は結晶化と類似した現象であり，準安定状態のゲルを形成するゲル化剤の分子設計には未だ確固とした指針がなく，その発見は偶然によっているのが現状である。しかし，ゲル化剤が見つかればその類縁体にはゲル化能がみられることが多く，すなわち偶然見つかったゲル化剤の主要部位をゲル化駆動部位と捉え，様々なゲル化剤を開発できる。図 3.5 には L-イソロイシンを含むゲル化剤（7）とそれから派生させた官能基含有ゲル化剤の構造を示してある。ゲル化剤（7）は L-イソロイ

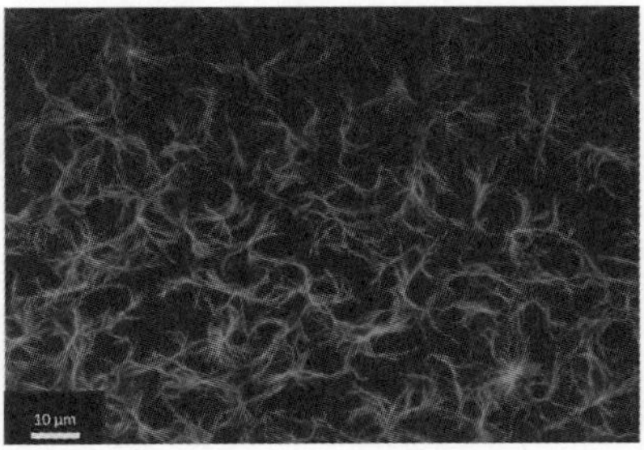

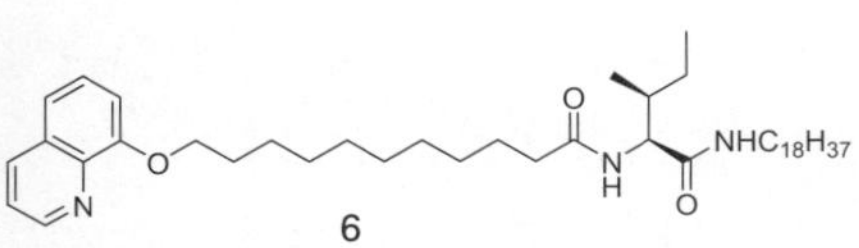

6

図 3.4　蛍光性 L-イソロイシン誘導体（6）のエタノールゲルの蛍光顕微鏡写真（励起波長 358 nm）

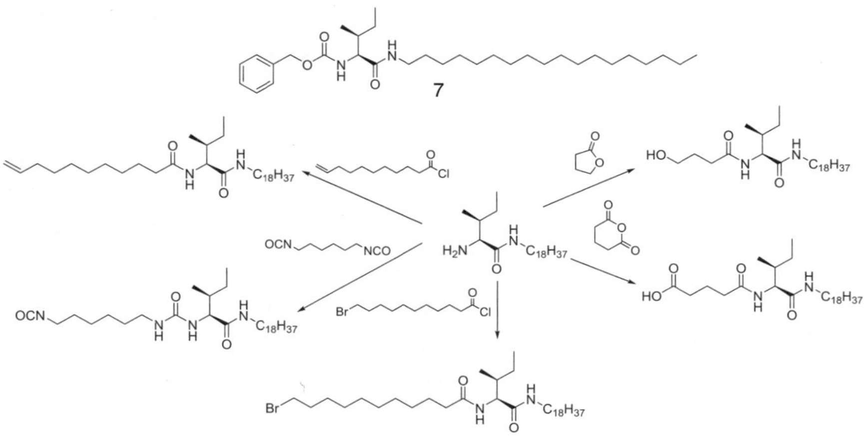

図 3.5　ゲル化駆動セグメントからの新規ゲル化剤の派生例

シンのN末端をベンジロキシカルボニル基で保護し，C末端には*n*-オクタデシルアミドのセグメントを含んでいる。N末端とC末端をこの構造で固定すると，L-イソロイシンの代わりにL-バリンでもゲル化能力は変わらない。L-イソロイシン残基，L-バリン残基やアミド結合，ウレタン結合などの水素結合部位，C末端の長鎖アルキル基の存在が重要であり，構造の一部にヒドロキシ基や，カルボキシ基，Br，オレフィン部位，イソシアナート基などを導入してもゲル化能は残る。これらの官能基を含むゲル化剤から様々なゲル化剤の合成が可能であり，ゲル化駆動部位の知見は重要である。

［英　謙二］

c.　ファットゲル

油性の液体を含有するゲルをオルガノゲル（あるいはオイルゲル，リポゲル，オレオゲル）という。ゲル化剤の全体に対する濃度は10%が目安とされているが，ゲル化剤の濃度が高すぎると，形成するゲルが硬すぎて実用的価値を失う場合がある。例えば，食品用のゲルではテクスチャーが悪くなり，食感や展延性が損なわれ，化粧品用のゲルでは展延性が損なわれる。したがって，機能性の高いゲルの場合は，数%以下の濃度でゲルを形成するゲル化剤が求められている。ゲルは小さい応力下では弾性を示し，大きな応力下では流動性を示すので，ゲルにおいては保形性やテクスチャーが重要な機能性となる。

オルガノゲルは，水の移行を油膜で防除するための防水薄膜，離型油，半固体油脂，トッピングやフィリング用の保形性脂質素材，液状ショートニング，香り成分の徐放剤，さらにはホイップオイル用の気泡性素材として注目を集めている。食品分野では，トランス脂肪酸や飽和脂肪酸を低減させるというニーズに応えるべく，半固体油脂のテクスチャーの発現のためにオルガノゲルが注目を集めている[4,5]。

オルガノゲル化剤には，脂質や乳化剤などの低分子ゲル化剤と，ポリビニルアルコール合成高分子などの高分子系ゲル化剤がある。低分子系ゲル化剤が液体油を包含するネットワークには，固体粒子ネットワークと分子集合体ネットワークがあるが（図3.6），ここでは前者をファットゲルとよぶことにする。

ファットゲルは，結晶粒子の接触による強固なつながりでできている（図 3.6(a)）。粒子の形状は球状ではなく，板状あるいは針状の場合にネットワークを形成しやすい。その形態となるには，ラメラ面内の結晶成長速度がラメラ面に垂直な方向より大きいという条件が必要で，そのためには，ゲル化剤の脂肪酸分子は長いほど有利である。なぜならば，鎖状分子が長くなるほど，分子軸に平行な方向（ラメラ面に垂直な方向）と垂直な方向（ラメラ面内の方向）の間の結晶成長速度の差が大きくなるからである。

分子集合体ネットワークは，液体中の自己凝集力で形成したゲル化剤のラメラ組織や繊維組織が絡み合ってつくられる。液体油中に形成する分子集合体は，ゲル化剤の極性基どうしの水素結合で自己組織化するが，極性基の間に水や極性溶媒を内包する

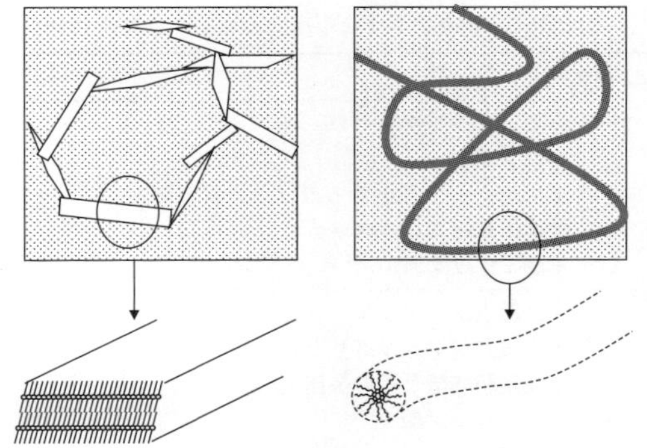

(a)　固体粒子ネットワーク　　(b)　分子集合体ネットワーク

図 3.6　オルガノゲル中のゲル化剤のネットワーク

場合もある。図 3.6(b) には柱状の逆ミセル繊維を示す。

これまでの研究で，ファットゲルの形成機構は，高温の溶解状態からの冷却によってゲル化剤が結晶化し，結晶粒子間の接触点でネットワークが形成されると考えられている。もし結晶化後の熟成中に接触点で再結晶化すれば，比較的強固な固体粒子ネットワークとなる。再結晶化しない場合でも，薄い油膜を隔てた結晶粒子間のファンデルワールス引力でネットワークができる。ファットゲルに求められる基本的な物性は，以下のように整理される[6]。

① 高温ではゲル化剤は液油に溶解したゾル状態となるが，低温で相分離してゲルとなるために，液油へのゲル化剤の溶解度を低下させることが必要である。

② ネットワークを形成する分子間力には，ファンデルワールス結合と水素結合がある。

③ ゲル特有の動的粘弾性を示す。

④ 高温のゾル状態から低温のゲル状態を形成するには脂質の結晶化を伴うので，過冷却による熱履歴が生まれる。また，固体粒子のネットワークの形成に熟成や結晶多形転移を必要とする場合は，冷却後にゲル形成のための熱処理（テンパリング）が必要となる。

⑤ ゲルは準安定状態であるので，温度上昇と時間経過によりゲル化剤のネットワークが崩壊して，バルクの液体とゲル化剤に分離する。したがって，ネットワークの崩壊を熱力学的，および速度論的に防止する仕組みが必要である。熱

表 3.3　オルガノゲルを形成する脂質系のゲル化剤

ゲル形成のネットワーク	ゲル化剤
分子集合体ネットワーク	モノアシルグリセロール リン脂質 ステロールと γ-オリザノール混合物 エチルセルロース シェラック
固体粒子ネットワーク	高融点トリアシルグリセロール 高融点ジアシルグリセロール 長鎖脂肪酸とその金属塩 ジカルボン酸 ヒドロキシステアリン酸 植物ワックス（米ぬか，ひまわり，カルナウバ，キャンデリラなど） 高級アルコールと長鎖脂肪酸の混合物

的な安定性はゲル化剤の融点の上昇により向上するが，時間経過に対する安定性は，固体粒子の粗大化の防止により向上する。

表 3.3 に，オルガノゲルを形成する代表的な脂質系のゲル化剤を示す。

［佐藤 清隆］

3.1.4 ミクロゲル

ミクロゲル（ゲル微粒子）は，溶媒により膨潤した架橋高分子から構成され，大きさが数十 nm〜数 μm 程度であるため，“ゲル”と“コロイド”の両性質を兼ね備える。膨潤する溶媒の種類により，ヒドロゲル，オルガノゲル，イオンゲルなどに分類されることもあるが，多くの場合はヒドロゲルを指す。ミクロゲルは多量の溶媒から構成され，微粒子表面だけでなく，微粒子内部の構造設計が重要となる。多くの場合，外部環境の変化により，体積や表面電荷特性などの物理化学的性質を制御することが可能である。このとき，サイズが極小なミクロゲルは環境変化に対してきわめて俊敏に応答することができる。以上のように，ミクロゲルはバルクゲルとは一線を画す性質を有する。

ミクロゲルの合成は，トップダウン法・ボトムアップ法いずれにおいても多岐に渡る方法が報告されている。いずれも，モノマーあるいはポリマーからミクロゲルを合成できる。本項では，刺激応答性ミクロゲルのサイズ制御に優れた沈殿重合法について概説する。本重合法は，モノマーは溶媒に溶解するが，ポリマーに成長すると不溶となる反応系に適用できる。具体例をあげよう。*N*-イソプロピルアクリルアミドは水に溶解するが，ラジカル重合を介して高分子量体に成長すると，水に不溶となり析出してくる。重合初期において，この析出した高分子鎖が界面活性剤の吸着や重合開始剤由来の電荷により安定化して，粒子核数が決定される場合，粒子核に対して，重合の進行とともに析出してくる脱水和状態の高分子鎖が各粒子核に等分配されるように吸着すると，粒子径が整うと考えられている。この重合機構は，その他の LCST（lower critical solution temperature）型相分離挙動を示すポリアクリルアミド誘導体ミクロゲルを作製するさいにも適用可能である。

沈殿重合時には，微粒子を構成する高分子鎖は脱溶媒状態にある。重合終了後に精製を行い，良溶媒中に再分散して溶媒で膨潤させると，静電気的な反発力の他，表面の高分子鎖どうしが立体的に斥力として働き，分散安定な状態となる。したがって，固体状の微粒子と比較し，ミクロゲルは高い塩濃度の溶媒中においても安定に分散し，凍結乾燥を行った後に，再び良溶媒中に分散させることが可能となる。

近年注目を浴びるミクロゲルの特徴は，柔らかさである。ポリスチレンなどの固体状微粒子は，高密度の高分子鎖から構成されているため硬い。一方，体積の大部分を溶媒が占めるミクロゲルは柔らかく，球体から大きく変形することができる。大きく変形するミクロゲルは，液滴の蒸発時に，気/水界面に迅速に吸着することが可能である[7]。アクリルアミド誘導体は，親水性モノマーに対して疎水基が導入されているため，モノマー/ポリマーいずれの状態においても界面活性を有する。したがって，それらから構成されるミクロゲルも同様に界面に積極的に吸着し，界面を安定化しようと作用する。適切な粒子濃度に調製したミクロゲル分散液を基板上に滴下すると，ただちにミクロゲルが気/水界面に局在化し，大変形して吸着する（図 3.7）。時間の経過に従い，気/水界面で互いに接触したゲル微粒子どうしが収縮し，規則配列構造を形成していく。最終的に，気/水界面に形成されたミクロゲルの配列体は，溶媒の蒸発とともに基板上に移される。こうした現象は，柔らかいミクロゲルだからこそ生じるもので，固体状やエラストマー状微粒子では生じない。また，ミクロゲルの吸着は気/水界面に限定した話ではなく，水/油界面に対しても適用できる。ミクロゲルにより安定化されたエマルションは，迅速な環境応答を示し，可逆的に形成・崩壊する。

近年は，ミクロゲルの機能化に対する要求も高い。ミクロゲルに対して異種材料を複合化すると，異種素材の欠点を補ったうえで，上述したミクロゲルの特性を付与できる。この複合化のさいに，得られるナノ構造を制御することが，高機能発現の鍵となる。複合化は，金属から固体状ポリマーに至るまで，幅広い材料が適用可能である[8]。特筆すべき機能の発現例を紹介する。血液適合性素材として有名なエラストマー状

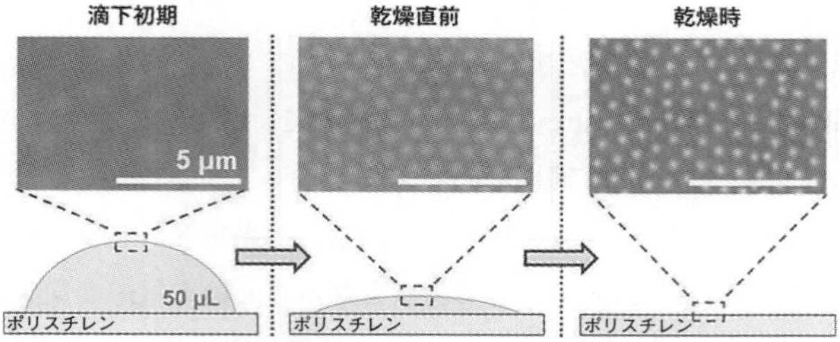

図 3.7　液滴の乾燥に伴うミクロゲルの気/水界面での吸着挙動
［K. Horigome, D. Suzuki, *Langmuir*, **28**, 12962 (2012)］

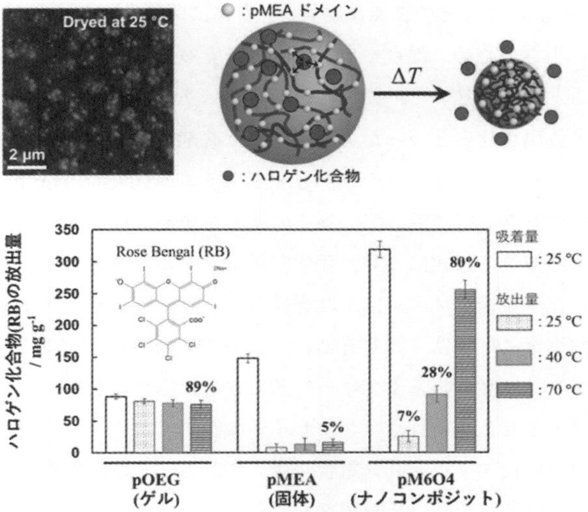

図 3.8　ナノコンポジットミクロゲルの温度応答に伴うターゲット分子の放出挙動
［T. Kureha, D. Suzuki, *Langmuir*, **34**, 837 (2018)］

poly(2-methoxyethyl acrylate)（pMEA）微粒子は，ハロゲン化合物を選択的に吸着することが可能[9]であるが，一度吸着するとターゲット分子を脱着することは困難であった。poly(oligo ethylene glycol methacrylate)（pOEG）からなるミクロゲルに対しpMEAをナノコンポジット化すると，pMEA成分がナノサイズ化することに伴い，単位体積あたりのハロゲン化合物の吸着面積が劇的に増大するだけでなく，ミクロゲルの環境応答に伴う脱水和により，pMEA上に選択吸着したターゲット分子を完全に脱着することが可能となった（図 3.8）[9]。ミクロゲルの高いコロイド安定性を活用した体内や汚染水などでのハロゲン化合物の高選択的な吸着/放出の制御への展開が期待される。紙面の都合上割愛したが，その他のミクロゲルの最近の動向は総説を参照していただきたい[10]。　　　［鈴木 大介，西澤 佑一朗］

3.1.5 ナノゲル

ナノゲルとは，内部に高分子が架橋された三次元網目構造を有する，粒径がナノメートルスケールのヒドロゲル微粒子である。従来の高分子ナノ粒子が，内部に高分子が密に詰まった構造であるのに対して，ナノゲルでは，内部に多くの空隙を有しており，タンパク質，DNA/RNAなどの様々な物質を，安定に閉じ込めることができる。また，大きさが非常に小さいため，温度やpHなどの環境の変化に対する応答速度が，マクロゲルと比べると非常に速い[11)]。これらの特性は，薬剤などを内包させ，外部刺激に素早く応答して放出させるといった，制御された薬剤放出を行ううえで非常に有効であり，近年ナノゲルは，ドラッグデリバリーシステム（DDS：drug delivery system）やバイオイメージング分野において，多くの関心を集めている。

ナノゲルはその架橋の様式により，化学架橋ナノゲルと物理架橋ナノゲルの2種類に分けられる。化学架橋ナノゲルは，共有結合により架橋されたゲルである。それに対して，物理架橋ナノゲルは，非共有結合によって架橋されたゲルである。典型的な化学架橋ナノゲルは，ビニル基やチオール基などの反応性基をもつ高分子鎖を，希薄条件下で架橋反応させ重合を行う。ゲルサイズの制御に，ナノ・マイクロスケールのエマルションを用いたエマルション重合が用いられる。また，凝集剤によって高分子鎖を凝集させて化学架橋を行い，凝集剤を取り除くといった手法も用いられる。物理架橋ナノゲルでは，静電相互作用，ファンデルワールス力，疎水相互作用，水素結合，立体斥力といった非共有結合を用いて架橋する[12)]。また，両親媒性高分子鎖の自己組織化により会合体を形成した後，化学架橋を行うことで，サイズが制御された化学架橋ナノゲルを得る手法もある[13)]。

物理架橋ナノゲルでは，架橋を引き起こす非共有結合的な相互作用が，外部刺激によって容易に変化することから，刺激応答性ナノゲルの調製が可能である。またこれまでに，刺激応答性の分子を高分子鎖に導入することにより，様々な刺激応答性ナノゲルが開発されている。例えば，温度応答性の*N*-イソプロピルアクリルアミド（NIPAm：*N*-isopropylacrylamide）を用いて，温度に応答して可逆的な体積変化を示すナノゲルが報告されている。温度の他にも，光，pH，酸化還元反応に応答するナノゲルが報告されており，これらの刺激応答性は，取り込まれた物質の徐放を開始するスイッチとして利用できる。

ナノゲル中には空隙が多く存在するため，内部に物質を取り込むことができる。単純にゲル網目により物理的に閉じ込められるだけでなく，静電相互作用や疎水相互作用といった非共有結合的な力や，ゲルを構成する高分子鎖と共有結合させることで，物質を安定に閉じ込めることができる。逆に内部に取り込んだ物質を放出させるためには，ゲル網目を大きくする他，外部環境を変えることで物理架橋を弱める，高分子鎖の分解によりゲルを崩壊させる，高分子鎖と内包物の結合を切断するといった手段が用いられる。これらの性質から，ナノゲルをDDSキャリヤーとして応用する例は多い。例えば，疎水化多糖を用いて自己組織化された物理架橋ナノゲルは外部環境に応答してタンパク質を出し入れできる人工分子シャペロン機能を有し，ワクチンキャリヤーとして，臨床治験も行われている（図 3.9）[12]。さらにDDSキャリヤーとしての応用の観点から，ナノゲルに標的指向性を付与する研究も多く行われている。標的指向性を付与する手法は，腫瘍組織では血管透過性が高く微粒子が流出しやすいこと（EPR効果：enhanced permeability and retention）を利用したキャリヤーの蓄積を狙い，ゲルサイズを制御するといった受動的な手法と，目的細胞表面の物質と特異的に結合するリガンドをナノゲルに組み込むといった能動的な手法がある。また表面にポリエチレングリコール鎖をグラフトすることで，生体物質との相互作用を減らし，滞留性を向上させるといった研究も行われている。

DDSキャリヤー以外の用途に，刺激応答性ナノゲルの応用を試みた研究も行われている。例えば，温度応答性のNIPAmと，HCO_3^-イオンと結合するアミノ基を有する温度応答性ナノゲルを用いることで，温度変化に応じてCO_2の吸収，放出を繰り返し行うことのできるナノゲルが報告されている[14]。これは，温度に伴う体積変化により，アミノ基の周囲の親疎水性が変化し，アミノ基の解離定数が変化することを利用している。また同じくNIPAmと，水分子が存在すると量子収率が減少する蛍光標識色素（DBD：*N*, *N*-dimethylaminosulfonyl benzoxadiazole）を組み込んだ温度応答性ナノゲルを用いて，通常の手法では測定することのできない細胞内部の温度を，0.5 Kの分解能で測定できるナノゲル温度センサーが報告されている[15]。

このようにナノゲルは，用いる高分子鎖や，導入する官能基などを変えることにより，その性質を変化させることが可能な機能性微粒子であり，様々な用途への応用が

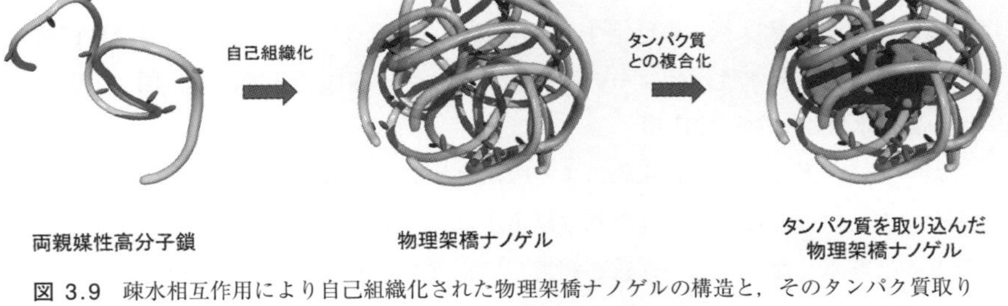

図 3.9　疎水相互作用により自己組織化された物理架橋ナノゲルの構造と，そのタンパク質取り込み機能

考えられる。また近年，ナノゲルを集積し，新たな機能や構造を有するメソ-マクロスケールの材料を調製する研究が行われており[16~19]，新たな研究の展開が期待される。　　［向井 貞厚，秋吉 一成］

3.2　材料と応用

3.2.1　高吸水性ポリマー

a.　高吸水性ポリマーの性質

長い分子鎖の水溶性ポリマーの分子間をわずかに架橋すると自重の数百倍もの水を吸収する高分子（高吸水性ポリマー）をつくることができる。高吸水性ポリマーはP. J. Floryにより導かれたゲルの膨潤の式に従って，吸水すると考えられている[1]。

$$Q^{5/3}=[(i/2v_{\mathrm{u}}S^{*1/2})^2+(1/2-\chi_1)/v_1](\nu/V_0) \tag{3.1}$$

ここで，i/v_{u}は網目に固定された荷電濃度，S^*は外部溶液の電解質のイオン強度，$(1/2-\chi_1)/v_1$は網目と水の親和力，ν/V_0は網目の架橋密度である。式の右辺の$i/(2v_{\mathrm{u}}S^{*1/2})$はゲル内外の対イオンの濃度差による浸透圧，$(1/2-\chi_1)/v_1$は水との親和性，$(\nu/V_0)$はゴム弾性を表す。式（3.1）によれば，イオン性基の導入量を高める，ゲルの親水性を高める，あるいは架橋密度を低くすることによって吸水量を増大できる。

構成ポリマーとして，ポリビニルアルコール，ポリアクリルアミド，ポリアクリル酸ナトリウム，ポリスチレンスルホン酸ナトリウムなどが用いられるが，これらのうち，低コストで高吸水量が得られるポリアクリル酸系架橋体が広く使用されている。

アクリル酸系高吸水性ポリマーの吸水量はイオン交換水中で自重の数百倍にも達するが，塩水溶液中では塩濃度の増加とともに減少する。ゲル外部のイオン濃度が高まるにつれて，対イオンの浸透圧が低下するためである。多価金属イオンを加えると，塩架橋が生じ吸水量はさらに低下する。一般に，生理食塩水（0.9% 水溶液）に対するアクリル酸系高吸水性ポリマーの飽和吸水量は20～60 $\mathrm{g\,g^{-1}}$である（図 3.10）。

b.　高吸水性ポリマーの応用

スポンジに代表される毛管現象による吸水と比べ，高吸水性ポリマーの吸水速度は劣るものの，いったん吸水された水は浸透圧によって保持されているため，加圧してもほとんど離水しない。この性質を利用して止水材，農業用保水材のほか，紙おむつや生理用品用に広く高吸水性ポリマーが使用されている。紙おむつが尿を吸収する様

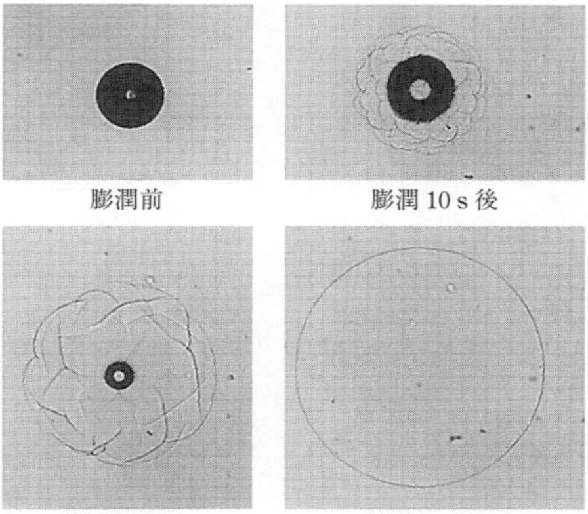

図 3.10 生理食塩水中における高吸水性ポリマーの膨潤挙動（顕微鏡観察）

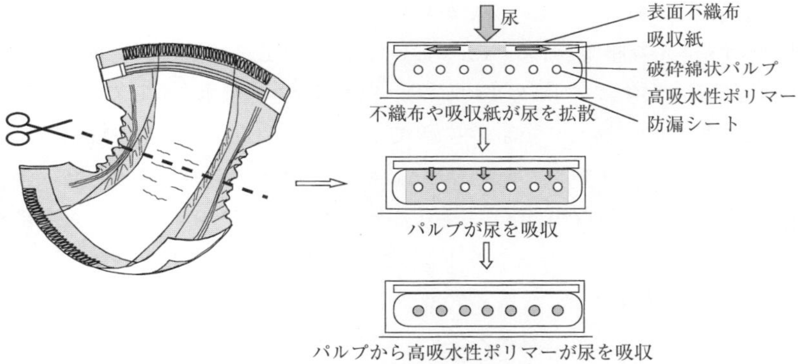

図 3.11 紙おむつの全体図と尿吸収の仕組み

子を図 3.11 に示す。高吸水性ポリマーの特徴を利用し，表面はいつもサラッとした，加圧しても漏れない，長時間着用可能な紙おむつの実用化が可能となった。

紙おむつ用高吸水性ポリマーには多量の尿を吸収することと，パルプに吸われた尿を素早く吸収することが求められる。とくに最近では，パルプの使用量を少なくすることにより紙おむつの薄型化が追求されている。そのため，従来より高吸水量で吸水速度の速い吸水性ポリマーが要求される。架橋密度を下げることにより吸水量は上がるが，下げすぎるとゲル強度が弱くなり，かえって吸水量が低下することが知られている。吸水速度は水との接触面積（比表面積）に比例して増加すると考えられている。しかし，接触面積を増大させる目的で粒子径を小さくしすぎると，吸水時に継粉（ままこ）状態になり，かえって速度が低下する。継粉状態を回避するためには，表面を多孔にして，一定の粒径を保ったまま表面積を増大させるなどの工夫をする必要がある。そのほか，架橋の密度勾配付与や他の物質との複合化などによって，ゲル強度を低下させず，吸水量と吸水速度を高めたポリマーも開発されている。［網屋 毅之］

3.2.2　コンタクトレンズ

コンタクトレンズ（CL）の歴史は古く，その原理は，レオナルド・ダ・ビンチの原理図が最初と考えられ，CL 材料の歴史については多数の報告がある。1960 年には，2-ヒドロキシエチルメタクリレート（HEMA）を原料とする軟質ゲルからなる含水コンタクトレンズ（SCL）が発表され，この SCL は 1970 年初頭には世界各国で販売が開始され，現在でも販売されている[2,3]。

健全な角膜の維持には酸素の供給が不可欠であり，CL 材料の酸素透過性がその安全性を示す基本的な指標となる。CL においては，酸素透過係数を Dk，酸素透過率を Dk/t として表す[4]（t はレンズの平均厚み）。SCL はゲル中の水を介して酸素を角膜に供給することができ，含水率を高めることでその供給量は向上する。HEMA に対して，イオン性モノマーのメタクリル酸（MAA）を 1 mol% 程度添加すると，高い含水率のゲルを低コストで得られ，いまでも広く使用されている[5,6]。また，新たな親水性モノマーとして，*N*-ビニルピロリドン（NVP）や *N, N*-ジメチルアクリルアミド（DMAA）なども利用され，含水率 70% 以上の SCL が開発されている。水の含水率の向上によって Dk をさらに高めることは限界がある（図 3.12）。高い含水率でレンズ強度を保つためにはマクロモノマーを利用した網状構造が絡み合った相互侵入網目（IPN：interpenetrating polymer network）構造の導入が必要であった。現在ではシリコーン成分を含むシリコーンヒドロゲルの開発により，含水率に依存しない Dk が達成された[6]。しかし，シリコーンヒドロゲル表面ではシリコーン特有の表面特性である表面のべたつきが現れるため，表面処理が施されている場合が多い。

CL 材料には安全性や透明性，熱や薬品への耐久性と形状安定性などの多機能が要求される。また，医療機器である CL への生物学的安全性試験は，レンズポリマーのみならずモノマーや添加剤にまで訴求され，モノマー純度やポリマー中の残留モノマーの管理は重要な課題である。近年はディスポーザブルレンズの普及に伴い一部の SCL 材料では安定性や機械的特性についてのコンセプトが変化してきている。

［中田 和彦］

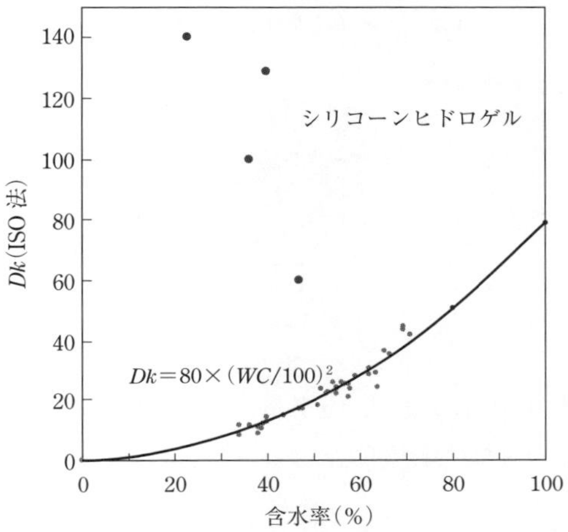

図 3.12 コンタクトレンズの含水率（*WC*）と *Dk* の関係

3.2.3 ゲルろ過

ゲルは構成している高分子の網目の大きさを利用して分子や粒子を分離する，いわゆる分子ふるいを行うことができる。この方法はゲルろ過法あるいはゲル浸透クロマトグラフィーとよばれ，高分子の分子量や分子量分布の決定，およびタンパク質や核酸など天然高分子の分離・精製などに広く利用されている。水系ではデキストリンやアガロース，ポリアクリルアミドの架橋体，非水系ではポリスチレン系架橋体がゲルろ過用ゲルとしてよく利用されている。分子や粒子が分離される様子は次のように理解されている。溶離液で膨潤させたゲル粒子を充塡したカラムに高分子溶液を導入すると，網目より大きいサイズの分子（粒子）はゲルの内部に進入できず，ゲル粒子の外液を通ってカラムの出口に到達する。一方，網目より小さいサイズの分子（粒子）はゲル内部まで進入でき，その分だけ長い行程を経て出口に到達する。すなわち，大きい分子（粒子）ほど行程は短くなり，早く出口から排出される（図 3.13）。

ゲルろ過では高分子鎖は溶離液中の広がりによって分離されるのであって，直接絶対分子量の決定に結びつくわけではない。事前に分子量が既知のポリマーでゲルろ過を行い，溶媒溶出液量とそれに対応した分子量との関係を調べておけば，類似のポリマーなら広がりと分子量の関係は同じとみなし，ゲルろ過法でおおよその分子量を決定できる。一方，分離されたポリマーの絶対分子量と分子量分布を直接求める技術と

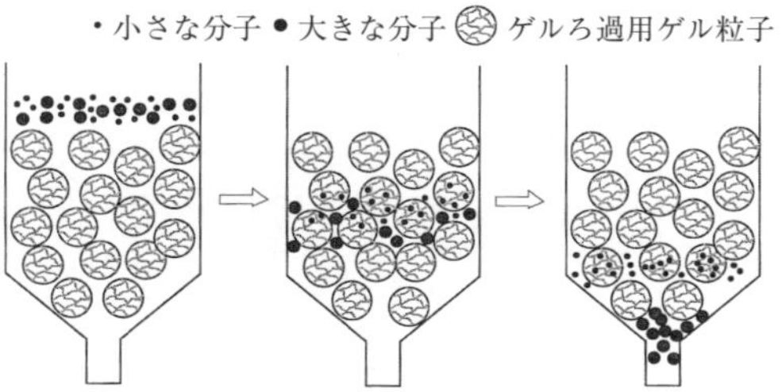

図 3.13　ゲルろ過法による粒子が分離される様子

して，ゲルろ過装置の出口に光散乱測定装置を設け，ゲルろ過につづいて光散乱測定を直接行うなど，複合的な計測が可能となっている。　［網屋 毅之］

3.2.4　ゲルアクチュエーター[7〜10)]

高分子アクチュエーターの一種であるゲルアクチュエーターは，架橋点を介して網目状につながった高分子鎖に溶媒を含有し，含有した溶媒を出し入れすることによって体積変化を起こす（図 3.14）。ゲルの膨潤度は，ゲルを構成する高分子鎖と溶媒との相互作用に起因する平衡状態によって決定される。例えば刺激応答性ゲルアクチュエーターは，外部刺激によってゲルの膨潤状態が変化するため，その駆動を外部刺激である温度や光，電場，pH などでコントロールすることができる。ゲルアクチュエーターの特徴は，ギヤやモーターから構成される機械式のアクチュエーターと比べて，軽量で成形加工性が優れ，ほとんど発熱なく，ほぼ無音で駆動することがあげられる。またゲルアクチュエーターは柔軟性が高いため，生命体のような柔らかい動きを機械式のアクチュエーターに比べてより簡便に実現することができる。さらにゲルアクチュエーターは，筋肉同様にスケール普遍性を有しているため，ゲルを小さくしても駆動することができるため，μ-TAS（micro-total analysis system）やラボオンチップなどの微細な空間でポンプやバルブの動力源として活用することができる。

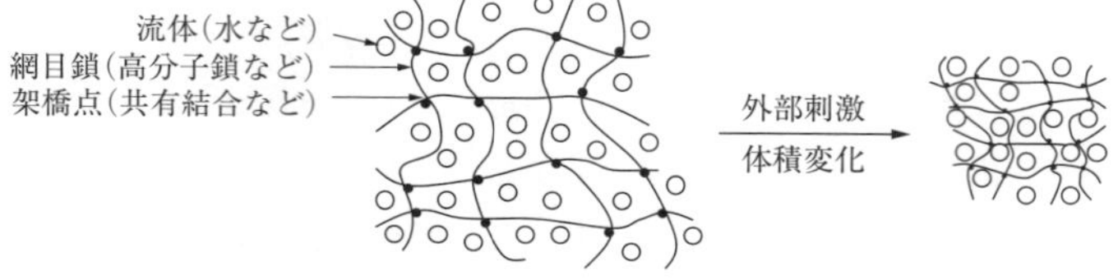

図 3.14　外部刺激によるゲルの体積変化

表 3.4 ゲルアクチュエーターの一例

研究代表者	ゲルの特徴	発表誌と年代
Katchalsky ら	メカノケミカルシステム	*Nature*, 1950 年
長田ら	高分子間コンプレックス	*Macromol. Chem.*, 1975 年
田中ら	ヒドロゲルの温度相転移	*Phys. Rev. Lett.*, 1978 年
長田ら	ヒドロゲルの電気収縮	*Nature*, 1992 年
小黒ら	イオン伝導アクチュエーター	*J. Membrane Soc.*, 1992 年
Inganas ら	導電性高分子の電気収縮	*Synthe. Met.*, 1993 年
吉田ら	自励振動型ゲル	*J. Am. Chem. Soc.*, 1996 年
Baughman ら	カーボンナノチューブゲル	*Science*, 1999 年
伊藤ら	環動ゲル	*Adv. Mater.*, 2001 年
原口ら	ナノコンポジットゲル	*Adv. Mater.*, 2002 年
池田ら	液晶エラストマーゲル	*Nature*, 2003 年
グンら	ダブルネットワークゲル	*Adv. Mater.*, 2003 年
福島ら	バッキーゲルアクチュエーター	*Angew. Chem., Int. Ed.*, 2005 年
酒井ら	テトラペグゲル	*Macromolecules*, 2008 年
原ら	強酸を必要としない新規自励振動ゲル	*J. Phys. Chem. B*, 2014 年
相田ら	直動式ゲルアクチュエーター	*Nature*, 2015 年
原田ら	分子のすべりを駆動原理としたゲルアクチュエーター	*Nature Chemistry*, 2016 年

これまで，外部刺激に応答して膨潤収縮する刺激応答型のゲルアクチュエーターは，基礎的な研究から応用研究まで幅広く行われてきた（表 3.4）。外部の温度に応答して膨潤状態を変化させるポリ（*N*-イソプロピルアクリルアミド）（PNIPAAm）ゲルは，故田中豊一らによって一次相転移である体積相転移現象が発見されて以来，数多くの研究が活発に行われてきた。これまで PNIPAAm ゲルアクチュエーターは，ポンプやバルブなどのマイクロ流体素子，薬物放出デバイスなど，様々な応用展開が行われている。

温度応答性を有するゲルアクチュエーター以外では，電気的な外部刺激に応答して駆動するゲルアクチュエーターの研究も活発に行われてきた。電場応答型の高分子アクチュエーターとして特に研究が活発に行われているものに，IPMC（ionic polymer metal composite）がある。IPMC はイオン交換樹脂に電極として白金めっきをすることで作成可能なアクチュエーターである。また，導電性高分子（ポリピロール）から構成される電気的な外部刺激によって駆動制御が可能なアクチュエーターからなる，マイクロロボットアームが作製されている。このようなマイクロロボットアームは水中で動作可能であるため，微細な空間で細胞操作やその特性解析に応用されることが期待されている。このような電気駆動型のアクチュエーターを微細な空間で使用する場合，配線が必要不可欠になるが，その配線作業は非常に煩雑なものとなる。そのため，微細な空間における配線設計の必要性がないアクチュエーターの開発が望まれていた。その解決策の一つとして，光によって駆動可能な液相エラストマーから構成されるアクチュエーターが開発されている。

また，生命体同様に化学的なエネルギーを直接的に力学的なエネルギーに変換して駆動させることができる，自励振動ゲルが開発されている。エネルギー源である化学反応として，振動反応であるBelouzov-Zhabotinsky（BZ）反応やpH振動反応が用いられている。特にBZ反応をエネルギー源とする自励振動ゲルは，BZ反応の振動安定性から外部制御装置に頼らず，またバッテリーなどの外部電源を必要としないで長時間ゲルアクチュエーターを駆動させることができる。このような特徴を活かして，マイクロ流路内で駆動する自励振動ゲルポンプとして応用されている。

ゲルアクチュエーターを実用化するためには，ゲルの強度や耐久性，適用される空間に適した駆動制御のしやすさなどが重要となってくる。近年，ゲルの強度を上げる技術や，直動式のゲルアクチュエーター，筋肉同様にすべりを駆動原理とするものなど，多様なものが開発されており，今後のさらなる発展に期待したい。［原　雄介］

a.　温度・化学応答

外界の変化（溶媒組成，pH，温度など）は高分子ゲルを可逆的，あるいは，不可逆的に体積変化させる[11)]。ここでは，温度・化学応答による研究内容について紹介する。

温度変化に応答する代表的な高分子ゲルは，PNIPAAmゲルである。相転移温度（32℃付近）以下では，アミド結合部位に強い水和が起こり，高分子が引き伸ばされてゲルの膨潤が起こる。相転移温度以上では，脱水和が生じて，疎水性相互作用により，ゲルが収縮する。

化学応答高分子ゲルの代表としては，pH変化によって応答するポリ(アクリル酸)(PAA）ゲル，あるいはそのポリ(ビニルアルコール）との共重合体（PVA-PAA）ゲルがある。pH変化に対して，カルボン酸の解離状態が変化し，酸側で収縮，アルカリ側で膨潤する。

これらの，ゲルを用いてアクチュエーターに利用する研究は，センシング，プロセッシング，アクチュエーションの機能を材料自身であわせもつ，“インテリジェント（スマート）材料”[11)]としての目的をもつ。また，その結果，システムが簡略化できるため，マイクロアクチュエーターとしての研究が進められている。これは，高分子ゲルの体積変化時間が，その特徴的サイズの二乗に比例することから，高分子ゲルを用いたアクチュエーターが，マイクロアクチュエーターに有利であるという理由もある。以下に，マイクロアクチュエーターとしてのいくつかの応用研究について紹介する。

(i)　マイクロ流体制御[12)]　シリコーンやガラスで作製したマイクロ流路を用い，分析を行う手法は，ラボオンチップとよばれ，医療，環境分析などで大きな期待がよせられている。マイクロ流路の流れを制御するバルブ，ポンプを，温度，pH などに応答する高分子ゲルで形成する（図 3.15）ことにより，たとえば，無配線で，溶液の温度，pH 変化により，流れを制御することが可能となる。

(ii)　マイクロ温度・化学センサー[13)]　温度，あるいは pH などの変化による高分子ゲルの伸縮を，トランスデューサーにより電気信号に変換する（図 3.16）。

(iii)　マイクロレンズ駆動[14)]　水/油界面のメニスカスによるレンズを温度変化による高分子ゲルの膨潤・収縮で変化させる（図 3.17）。　［安積 欣志］

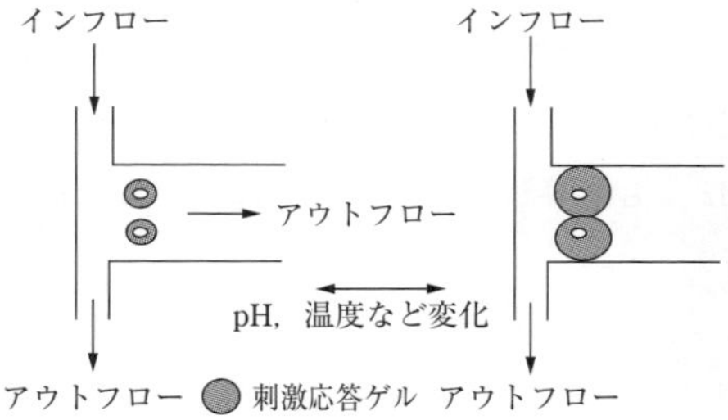

図 3.15　刺激応答高分子ゲルを用いたマイクロバルブ模式図
［D. J. Beebe, J. S. Moore, J. M. Baure, Q. Yu, R. H. Liu, C. Devadoss, B.-H. Jo, *Nature*, **404**, 588 (2000) をもとに作成］

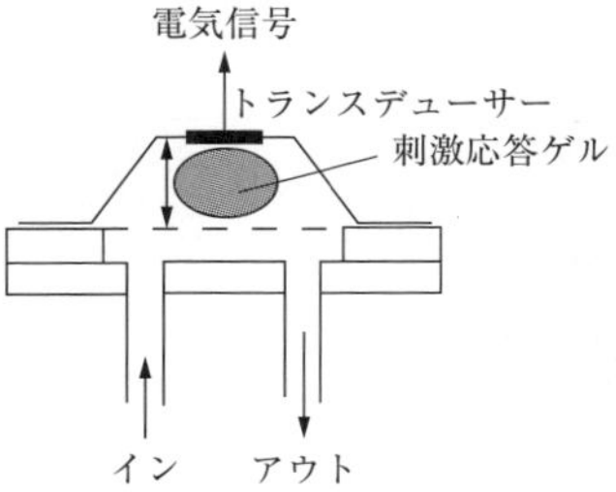

図 3.16　刺激応答高分子ゲルを用いたセンサー模式図
［G. Gerlach, M. Guenther, J. Sorber, G. Suchaneck, K.-F. Arndt, A. Richter, *Sens. Actuat. B*, **111-112**, 555 (2005) をもとに作成］

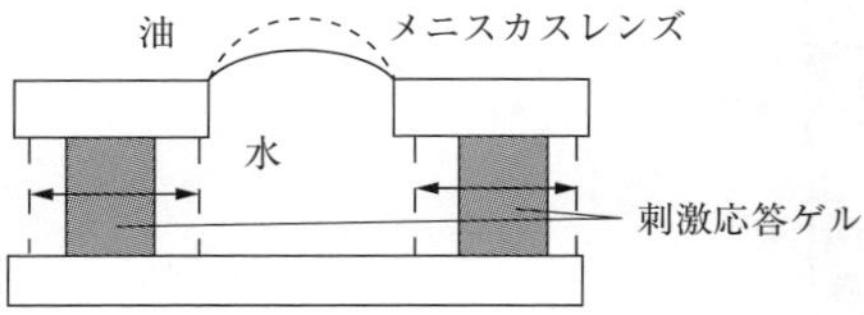

図 3.17　刺激応答高分子ゲルを用いたマイクロレンズ駆動模式図
［L. Dong, A. K. Agarwal, D. J. Beebe, H. Jiang, *Nature*, **442**, 551 (2006) をもとに作成］

b. 電気応答

制御性に優れた電気刺激を用いてゲルの形状や大きさを変化させることができれば，軽量でフレキシブルなソフトアクチュエーターや人工筋肉への応用が可能である[15)]。電気駆動型高分子（EAP：electroactive polymer）を用いたゲルアクチュエーターは，電流駆動型（イオン伝導性高分子，導電性高分子）と電場駆動型（誘電性高分子）に大別される。代表的なイオン伝導性高分子であるフッ素系高分子電解質膜（Nafion® や Flemion® など）の表面を金または白金で化学めっきしたIPMCは，含水状態で0.5～3Vの低電圧印加により膜中の対イオンが水を伴ってカソード側に移動することで膨潤し，アノード側に屈曲する（図 3.18）[16)]。小型化・微細化の利点をいかしたカメラのオートフォーカス機構やマイクロ能動カテーテルへの応用が期待されている。一方，不揮発性のイオン液体を溶媒に用いることで，空気中で長時間安定にアクチュエーターを駆動させることができる。イオン液体に膨潤したフッ素系高分子ゲルを，イオン液体とカーボンナノチューブからなる“バッキーゲル”電極で挟むことにより，三層構造を有するアクチュエーターが作製されている[17)]。電圧印加によりイオン液体がゲル中で移動し，カソードが膨張，アノードが収縮することでアノード側に屈曲する。アクチュエーターは30Hzでも応答し，8000回以上動作することが確認されている。

また，ポリピロール，ポリチオフェン，ポリアニリンに代表される導電性高分子は主鎖にπ共役系をもち，容易に酸化・還元され可逆的な体積変化を示すことから，EAPアクチュエーターとして検討されている。導電性高分子の電解伸縮機構は，①

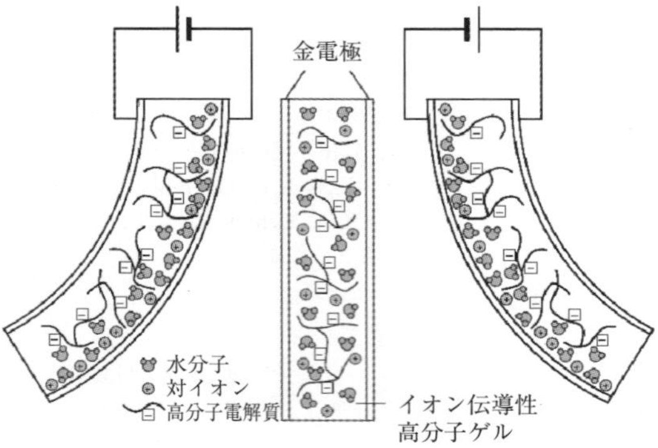

図 3.18　イオン伝導性高分子ゲルアクチュエーターの動作原理
［小黒啓介，川見洋二，竹中啓恭，*J. Micromachine Soc.*, **5**, 27 (1992)］

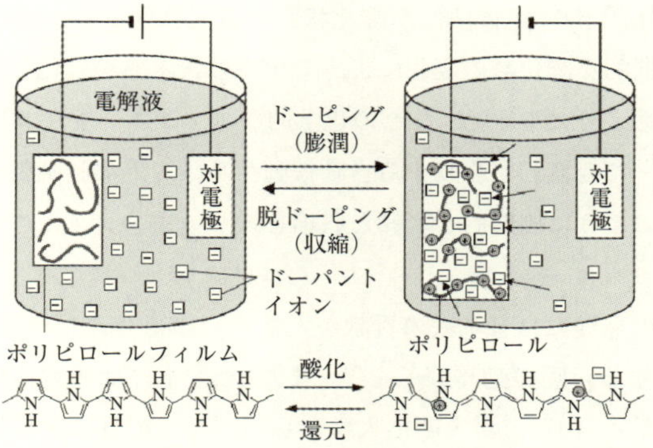

図 3.19 ポリピロールフィルムの電解伸縮

溶媒和したドーパントイオンの高分子網目への挿入，② 電子状態の変化による高分子鎖の構造変化, ③ 分子鎖内または分子鎖間の静電反発と考えられている(図 3.19)。電解重合により作製したポリピロールフィルムに関して，12.4% の伸縮率と 22 MPa の発生応力が報告されており[18]，ダイアフラムポンプやタッチパネルへの応用が検討されている。さらに，水蒸気[19] や酸化還元性気体，固体高分子電解質，イオン液体と組み合わせることで，空気中で駆動させることも可能である。

一方，電場駆動型アクチュエーターは電流をほとんど流さないため，電気化学的な消耗や熱による劣化がほとんどなく，優れた耐久性が期待できる。ジメチルスルホキシドに膨潤したポリビニルアルコールゲルに 250 V mm^{-1} の電圧を印加すると，電流はほとんど流れずに 0.1 s で 8% 収縮する[20]。この現象を用いたゲルの屈曲運動も観察されており，① ゲル内の溶媒流動，② 電場と直交方向へのゲルの伸長，③ 非対称な溶媒分布とゲルの電場による柔軟化に基づくと考えられ，“電荷注入・溶媒けん引型”駆動とよばれている。そのほか，ジオクチルフタレートのような可塑剤により柔軟化したポリ塩化ビニルに高電圧を印加することで，アメーバー様のクリープ変形も観察されている。 ［奥崎 秀典］

c. 自立駆動系[21〜30]

自励振動ゲルアクチュエーターは，化学振動反応で知られている Belouzov–Zhabotinsky（BZ）反応の金属触媒（$Ru(bpy)_3$ など）を，ゲルを構成する高分子鎖に共重合している。そのため BZ 反応場にゲルを置くと，高分子鎖に共重合された金属触媒が周期的に酸化状態と還元状態に変化する。例えば $Ru(bpy)_3$ 錯体が共重合された自励振動ゲルは，Ru(bpy)$_3$錯体部位が酸化状態と還元状態で親水性が異なるため，金属錯体部位の周期的な酸化数の変化によってゲルの含水率が変化して周期的な体積変化を起こす。このようにBZ反応などの化学的なエネルギーをゲル内部で直接的に力学的なエネルギーに変換して駆動する自励振動ゲルは，外部制御装置と電源を必要とせず，心筋細胞のように周期的な膨潤と収縮を繰り返すアクチュエーターとして応用可能である。

自励振動ゲルの発展には日本人の貢献が大きく，1982年に信州大学の石渡らがBZ反応を駆動源とする自励振動高分子を[21]，また1996年には産業技術総合研究所の吉田（現・東京大学）・山口（現・明治大学）らがゲルの網目に金属錯体部位を共重合させた自励振動ゲルを開発し[22]，化学振動反応のエネルギーをゲルの内部で力学的なエネルギーに変換することに成功した。このような化学的なエネルギーを変換するプロセスには水のような溶媒が必要不可欠であり，ゲルは内部に溶媒を含有しているため生体に近いプロセスをアクチュエーター内部に内包することができる点で優れている。開発当初の自励振動ゲルは駆動変位が小さく駆動周波数が低いことがアクチュエーター応用のネックとなっていたが，その後にゲルの組成や合成方法が改良され，大きな駆動変位や高い駆動周波数を得られるようになっている。改良された自励振動ゲルをアクチュエーターに応用することで，自励歩行ゲルロボットや水面を滑走するゲルロボット，マイクロ流路内で駆動する自励振動ゲルポンプなどへと発展している。また近年では，BZ反応に必要不可欠な強酸を必要としない自励振動ゲルや，金属錯体部位に安価なFe錯体を採用した自励振動ゲルが開発されるなど，実用化に向けた取り組みも進んでいる。現在は，自励振動ゲルアクチュエーターの発生力測定や，化学反応がどのくらいの効率で力学的なエネルギーに変換されているかなどの基礎研究も進んでおり，今後の進展が大いに期待できる。　［原　雄介］

3.2.5　外部刺激に応答する界面活性剤

界面活性剤は，ミセル・ベシクル・ひも状ミセルなど種々の形態の分子集合体を溶液中で形成する。これらの分子集合体の形成は，可溶化・洗浄・乳化などの界面活性剤の機能発現と大きくかかわっている。また，界面活性剤溶液に対して，光・電気・熱などの刺激を外部から加えて，分子集合体の物性，さらにはその形成と崩壊を制御することができれば，集合体内部に保持した薬剤・香料の放出速度の制御など，付加価値の高い応用が期待される。ミセルやひも状ミセル・ベシクルなどの分子集合体の形成と崩壊を，光[31,32]や電気[33,34]，熱[35]などの刺激より可逆的に制御する一連の研究がある。本項では，高粘性を溶液に付与するひも状ミセルの形成・崩壊を利用した，外部刺激による溶液粘性のスイッチングについて解説する。

a. 界面活性剤水溶液による粘性制御のコンセプト

溶液の粘性を外部刺激により制御することは応用面からも興味深く，たとえば可溶化された香料の放出速度制御，印刷インクの乾燥速度制御やにじみ抑制などへの応用も期待できる。古くから，無極性の油中に金属酸化物微粒子などを分散させた“電気粘性流体”[36]が，電場の印加により粘性を可逆的に制御できる系として検討されている。一方筆者らは,界面活性剤による高粘性ひも状ミセル水溶液の形成を“オン-オフ”することにより，簡便かつダイナミックな粘性の制御を試みている。

界面活性剤が水溶液中でどのような形態の分子集合体を形成するかは，その幾何学的形状ならびに親水性/疎水性のバランスに依存する。一鎖型界面活性剤の多くは，親水基の断面積が疎水基のそれよりも大きい円すい状の形状を有するため，その配列により形成される分子集合体の曲率は大きくなり，水溶液中では球形のミセルを形成する。また，二鎖型の界面活性剤や，カチオン/アニオン性一鎖型界面活性剤混合系では，疎水基の体積が相対的に大きくなるため，臨界充塡パラメーター[37]が大きくなり，ベシクル，ラメラ液晶などの分子集合体が形成するようになる。一方，これらのカチオン界面活性剤に対して,サリチル酸イオンなどの有機アニオンを添加すると,臨界充塡パラメーターは，ミセル，ベシクルの場合の中間となり，このときひも状ミセルが形成する。ひも状ミセルが形成するとその三次元的な絡み合いにより溶液の粘性が著しく増大する。そこで，ひも状ミセル溶液に対して光・電気・温度などに応答する刺激応答性分子を添加し，その形成を外部刺激によりスイッチングできれば粘性のダイナミックな制御が可能となる（図 3.20）。

b. 電気化学反応による溶液粘性の制御

フェロセン修飾界面活性剤は，その酸化・還元により荷電状態が変化し，その結果分子の親水性/疎水性バランスが大きく変化する。そこで，フェロセン修飾カチオン性界面活性剤（FTMA（図 3.21(a))/NaSal（サリチル酸ナトリウム）混合水溶液中でのひも状ミセル形成を電気化学反応により制御することにより，粘性の電気化学的制御が可能となる[34]。

図 3.21(b) には，50 mmol L^{-1} FTMA 溶液に対してサリチル酸ナトリウムを 50 mmol L^{-1} 添加したときの様子を示している。溶液は高粘性（ゼロシア粘性率

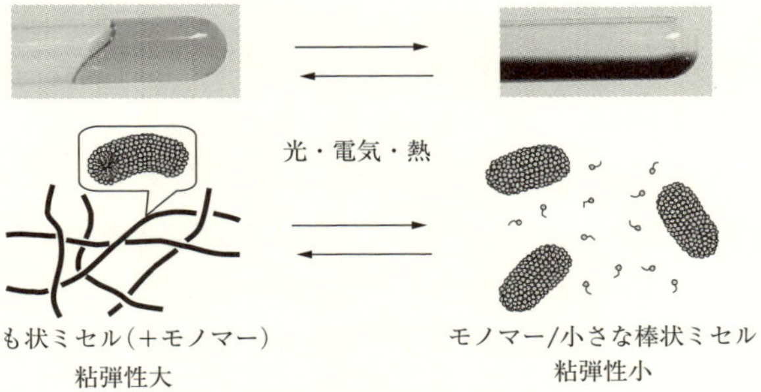

図 3.20　ひも状ミセルの形成制御を利用した溶液粘性制御のコンセプト

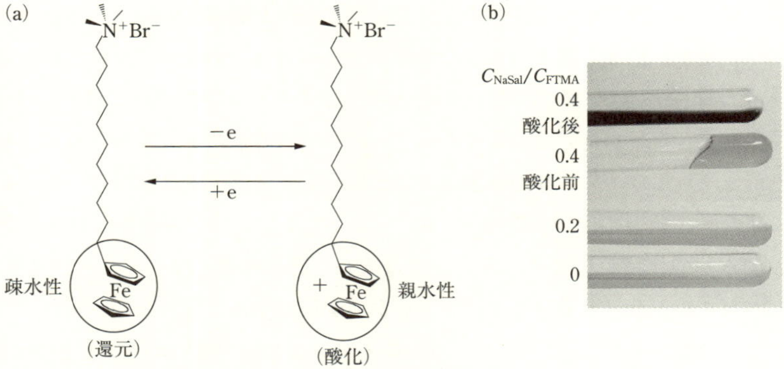

図 3.21　電気応答性界面活性剤（FTMA）の分子構造（a），50 mmol L^{-1} FTMA 水溶液に NaSal を添加したときの粘性変化ならびに電解酸化の影響（b）

15 Pa s）であり，透過電子顕微鏡写真からもひも状ミセルの形成が確認される。次に，この溶液を白金電極上で定電位酸化したのちの溶液では，色が濃青色に変化するとともに，粘性が著しく減少していることがわかる。電解後の溶液の粘性率は 2.5×10^{-3} Pa sとなり，純水の値とほぼ同じとなった。以上のことからFTMA/NaSal系にて溶液の粘性を電気化学的にスイッチングできることがわかった。観測された粘性の変化は，FTMAが酸化により二親水基型の構造となり，親水性が強くなるために，ひも状ミセル形成に適さない構造になるためだと考えられる。以上のように，電気化学反応を利用した新しい概念の電気粘性流体をつくり出すことができた。

c.　光化学反応による溶液粘性の制御

外部刺激として光を用いることができれば，系に第三成分を加える必要もなく，幅広い分野への応用が期待できる。そこで，本項では，光応答性界面活性剤を用いた溶液粘性の光制御に関する研究事例を紹介する。

（i） アゾベンゼン修飾界面活性剤を用いた光粘性制御　セチルトリメチルアンモニウムブロミド（CTAB）などの第四級アンモニウム塩型界面活性剤の水溶液に対してNaSalなどの有機塩を添加した系は，ひも状ミセルを形成する代表的な系として多くの報告がある[38]。そこで，この系でのひも状ミセル形成をアゾベンゼン修飾カチオン性界面活性剤（AZTMA）（図 3.22(a)）のトランス/シス光異性化反応で制御することにより溶液粘性の光制御が可能となる[39]。

CTAB（50 mmol L^{-1}）/NaSal（50 mmol L^{-1}）からなる高粘性ひも状ミセル水溶液に対してトランス体のAZTMAを添加したさいのゼロシア粘性率の変化を図 3.22(b)に示す。AZTMAがトランス体（光照射前）の場合は，その添加とともにゼロシア粘性率が増大していることがうかがえる。この高粘性溶液に対して，紫外光を照射してAZTMAをシス体に異性化させると，粘性率は著しく減少する。さらに，この溶液に可視光を照射してトランス体を再形成させると粘性率は再びもとの値まで戻ったことから，本系において溶液粘性を可逆的に光制御できることがわかる。最適AZTMA濃

(a)

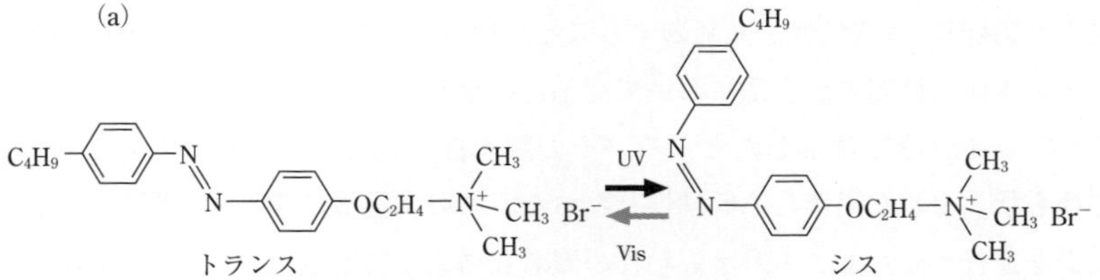

4-ブチルアゾベンゼン-4′-(オキシエチル)トリメチルアンモニウムブロミド(AZTMA)

(b)

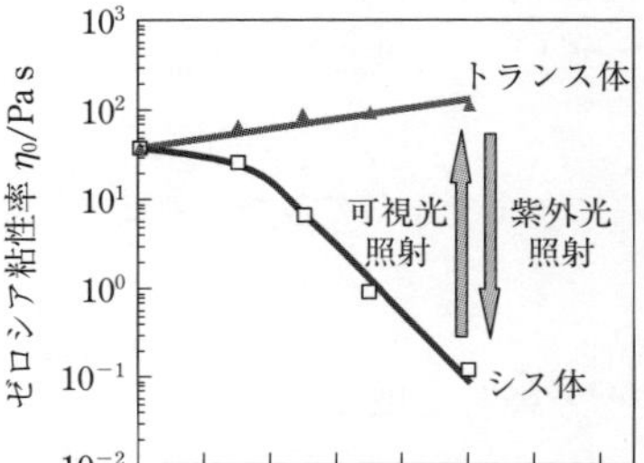

図 3.22　光応答性界面活性剤（AZTMA）の分子構造（a），CTAB/NaSal混合水溶液の粘性率に及ぼすAZTMAの添加効果と光照射の影響（b）

度（10 mmol L^{-1}）では光異性化による粘性率変化は約1000倍にも達し，粘性変化の繰り返し性も良好であった。光照射前後のひも状ミセルの直接観察をcryo-透過電子顕微鏡観察により試みたところ，UV光照射前のAZTMA添加系水溶液では，直径5〜6 nm，長さがμmオーダーのひも状ミセルが観察されたが，光照射後にはひも状ミセルの長さの減少が観察されたことから，光照射後ではミセルどうしの絡み合いの程度が減少することにより粘弾性が減少することが明らかとなった。トランス体のAZTMAは，直線的な分子構造を有しているためひも状ミセルの形成を促進するのに対して，シス体は，その折れ曲がりによりバルキーな構造となるため，CTAB/NaSal系の相状態に大きな影響を及ぼすものと考えられる。

（ii）　光開裂型界面活性剤を用いた光粘性制御　　筆者らは最近，桂皮酸誘導体にポリオキシエチレン鎖を導入した新規光開裂型界面活性剤C4-C-N-PEG9を開発した（図 3.23(a)）[40]。この界面活性剤は，光開裂反応により界面活性を失うとともに，香料としても用いられるクマリン誘導体とエチレングリコールを生成することを特徴としている。

そこで，ひも状ミセル溶液の形成を，光開裂界面活性剤C4-C-N-PEG9の光開裂反応により制御し，溶液粘性を光制御することが検討された。まず既報[41]を参考にして，非イオン界面活性剤の混合系において高粘性のひも状ミセル溶液を形成させた。これにC4-C-N-PEG9を添加したところ，その親水性の強さ（親水基の大きさ）に起因してひも状ミセルが崩壊し，低粘性となった。この水溶液に紫外光を照射して，光開裂反応を進行させたところ，溶液粘性の顕著な増大が観察され，ゼロシア粘性率は光照射前の200倍の値となった（図 3.24）。C4-C-N-PEG9の光開裂反応の進行により，分解生成物がミセル内からバルク溶液へと移行するために，再びひも状ミセルが形成し粘性が増大したものと考えられる。このように，光開裂性界面活性剤を利用した粘性の光制御が可能となった[42]。

（iii）　有機溶媒中での光粘性制御　　これまで述べてきた，刺激応答性界面活性剤

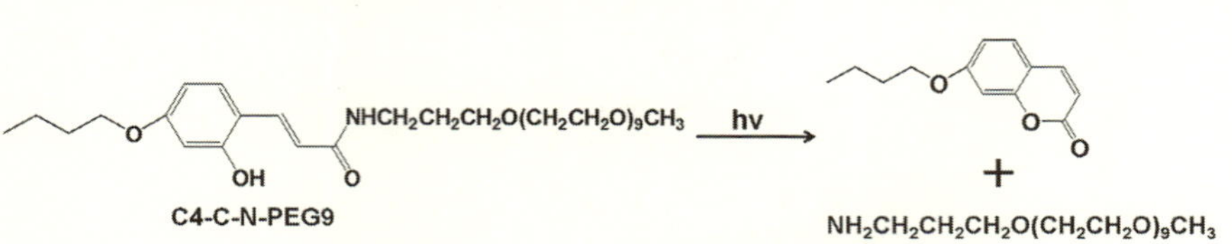

(a)

図 3.23　光開裂性界面活性剤C4-C-N-PEG9の光開裂反応

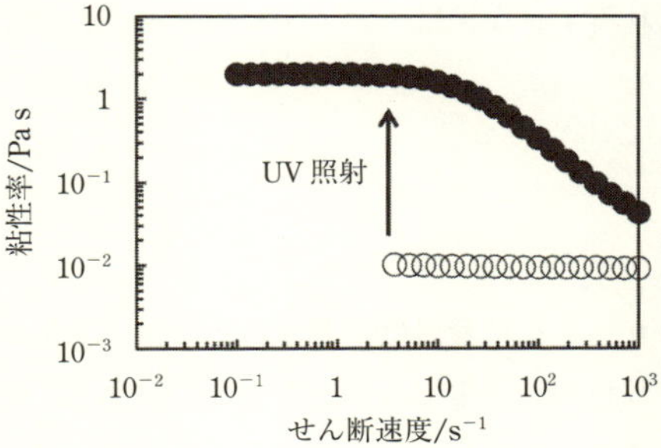

図 3.24　光開裂性界面活性剤 C4-C-N-PEG9 を添加したひも状ミセルに紫外光照射を行ったときのゼロシア粘性率の変化

を用いた溶液粘性のスイッチングに関する検討事例はいずれも水溶液系でのものであったが，有機溶媒中での制御が可能となれば，油性インクへの適用など，さらに応用分野の拡大が期待できる。そこで，“逆ひも状ミセル”を利用した有機溶媒中での光粘性制御についての検討が行われた。不飽和結合を有するリン脂質である POPC（1-palmitoyl-2-oleo phosphotidylcholine または DOPC（L-α-dioleophosphotidylcholine）は，少量の水を加えた無極性溶媒中で高粘性の逆ひも状ミセルを形成する[43]。そこで，逆ひも状ミセル溶液に対して光スイッチング分子として，*trans*-桂皮酸（CA）を加え，レオロジー特性に及ぼす光異性化反応の影響について検討した。その結果，紫外光照射に伴う *cis*-CA の生成によって粘性が顕著に減少することがわかった[44]。種々の桂皮酸誘導体について同様の検討を行ったところ，逆ひも状ミセルの形成は，桂皮酸の芳香環に導入された OH 基の置換部位に大きく影響することも明らかとなった。

さらに，光スイッチング分子としてアゾベンゼン誘導体を添加した系においては，有機溶媒中での粘性の可逆的制御が可能となった（図 3.25）。

本項では，疎水基にアゾベンゼンやフェロセンを修飾した界面活性剤や，新規に開発した光開裂性界面活性剤をスイッチング分子として用いた溶液粘性の光・電気による制御について紹介してきた。得られた結果は，集合体に内包させた香料・薬物のコントロールリリースや，インクの乾燥速度制御などへの応用の可能性を秘めている。実用化に向けては，応答の高速化が重要であり，スイッチング分子の on-off により

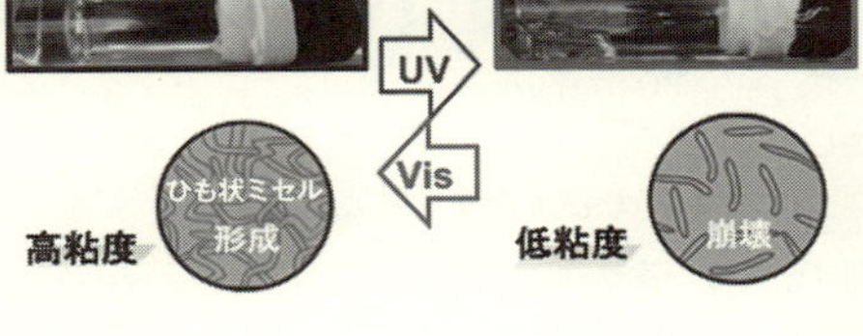

図 3.25　アゾベンゼン誘導体を添加した逆ひも状ミセルを利用した有機溶媒（ドデカン）の粘性の光制御

誘起される分子集合体の構造変化が増幅されるような機構の導入が有効であると考えられる。　　　　［酒井 秀樹］

3.2.6　食品ゲル，化粧品ゲル

a.　食品ゲル：多糖類

食品はさまざまな成分から構成されており，とくに食感は重要である。加工食品の食感を構築，改良するために，増粘剤，ゲル化剤，安定剤（増粘安定剤）がある。増粘安定剤のほとんどは，自然界から抽出，精製して得られる多糖類である。日本でなじみ深い多糖類は寒天である。寒天はところてんの原料として日本文化の中で育ってきた。ところてんは平安時代に中国から遣唐使が製法を持ち帰ったといわれている。寒天はテングサやオゴノリといった紅藻類から抽出できる。多糖類は海藻だけでなく，われわれの身近なところに多く存在している（表 3.5）。

これら多糖類は食品の組織を構成したり，食感を改良したり，安定性を向上させたりするために幅広い分野で使用されている。食品が“おいしい”とか“まずい”という総合評価には，食感の三要素である“色，味，匂い”の他に，その食品の形態を含めた，食感（テクスチャー）など，物理的な要因も大きく関わっている。そこで，代表的な食品をゲル化させるために利用されているゲル化剤について記載する。

（i）寒　天　寒天の原藻は紅藻類に属するテングサ科とオゴノリ科に属している。寒天中の多糖類はアガロースとアガロペクチンから構成されており，アガロースはゲル化する能力が高く，アガロペクチンはマイナスの電荷が強くゲルを形成しないという特徴をもっている（図 3.26）。

寒天は，おおむね中性の多糖類であり，各種カチオン類の影響をほとんど受けず，硬くて脆い食感のゲルを形成する。そのため，高塩濃度でもゲルを形成することができる。寒天は，高糖度でもゲル化できるために，古くからようかんなどに頻繁に使用されている。また，寒天はタンパク質との反応性がほとんどないことも特徴であり，

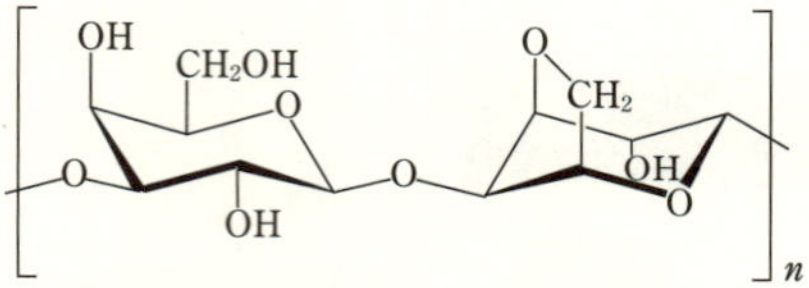

D-ガラクトース　　　3, 6-アンヒドロ-L-ガラクトース

図 3.26　アガロースの一次構造

表 3.5　既存添加物名簿収載品目（増粘安定剤）　2017 年 12 月現在

樹液に存在する増粘安定剤					
△	モモ樹脂 (Peach gum)*	△	エレミ樹脂 (Elemi resin)	◎	アラビアガム (Gum arabic)
○	カラヤガム (Karaya gum)	○	トラガントガム (Tragacanth gum)	○	アラビノガラクタン (Arabino galactan)
○	ガティガム (Gum ghatti)				
豆類などの種子に存在する増粘安定剤					
△	アマシードガム (Linseed gum)	△	グァーガム酵素分解物 (Enzymatically hydrolyzed guar gum)	◎	タマリンド種子ガム (Tamarind seed gum)
○	カシアガム (Cassia gum)	◎	サイリウムシードガム (Psyllium seed gum)	◎	タラガム (Tara gum)
◎	カロブビーンガム ＝ローカストビーンガム (Carob bean gum)	△	サバクヨモギシードガム (Artemisia seed gum)	◎	グァーガム (Guar gum)
海藻中に存在する増粘安定剤					
◎	アルギン酸 (Alginic acid)	△	フクロノリ抽出物 (Fukuronori extract)	△	ファーセレラン (Furcelluran)
◎	カラギナン (Carrageenan)				
果実類，葉，地下茎などに存在する増粘安剤					
◎	ペクチン (Pectin)	△	トロロアオイ (Tororoaoi)		
微生物由来の増粘安定剤					
△	アウレオバシジウム培養液 (Aureobasidium cultured solution)	◎	キサンタンガム (Xanthan gum)	◎	プルラン (Pullulan)
○	アグロバクテリウムスクシノグリカン (Agrobacterium succinoglycan)	◎	ジェランガム (Gellan gum)	△	マクロホモプシスガム (Macrophomopsis gum)
○	納豆菌ガム (Bacillus natto gum)	△	ラムザンガム (Rhamsan gum)	○	ウェランガム (Welan gum)
○	デキストラン (Dextran)	△	レバン (Levan)	○	カードラン (Curdlan)

表 3.5　（つづき）

その他増粘安定剤					
△	酵母細胞壁 (Yeast cell membrane)	○	キチン (Chitin)	○	微小繊維状セルロース (Microfibrillated cellulose)
○	キトサン (Chitosan)	△	グルコサミン (Glucosamine)		
一般飲食物添加物					
◎	寒天 (Agar)	◎	大豆多糖類 (Soy bean polysaccharides)	○	ナタデココ(発酵セルロース) (Fermentation derived cellulose)
△	オクラ抽出物 (Okura extract)	◎	コンニャクイモ抽出物 (Konjac extract)	◎	ゼラチン (Gelatin)

◎：頻繁に使用されている多糖類
○：使用されている多糖類
△：あまり一般的ではない多糖類

ハードヨーグルトのゲル化剤としても頻繁に使用されている。

（ii）　カラギナン　　カラギナンは寒天と同様に紅藻類に属する多糖類である。しかし，カラギナンは寒天よりも多くの硫酸基を含有しており，その硫酸基の結合様式などで大きく κ，ι，λ に大別される[45]。一般的には，*Eucheuma cottonii* から κ タイプを，*Eucheuma spinosum* から ι タイプを，*Gigartina* 属から λ タイプを製造する（図 3.27）。

ゲル化剤として使用されるカラギナンは，κ タイプであり，硬くて脆いゲルを形成する。ι タイプは弾力のある柔らかいゲルを形成するが，ゲル化させるには，多くの添加量が必要となるために，ゲル化目的よりも，少量の使用量にて，保水剤や食感調整剤として使用される場合が多い。また，λ タイプはゲル化しないので，コク味つけの増粘剤としての利用が主体である。κ-カラギナンをゲル化させるには，硫酸基由来のマイナス電荷を中和もしくはイオン架橋することで二重らせんどうしを会合させる必要がある。そのため，ゲル化にはカチオン類の添加が必要である。

κ-カラギナン単体によるゲルは硬くて脆い食感を呈し，離水も多いのが特徴である。この κ-カラギナンにローカストビーンガムやグルコマンナンを添加することで，弾力があり離水の少ないゲルを形成することが可能である。もっともゲル強度が高くなる比率は，一般に κ-カラギナン：ローカストビーンガム（6：4）付近である[46]。

世界中でデザートゼリーやミルクプリンなどのゲル化剤としてカラギナンは頻繁に

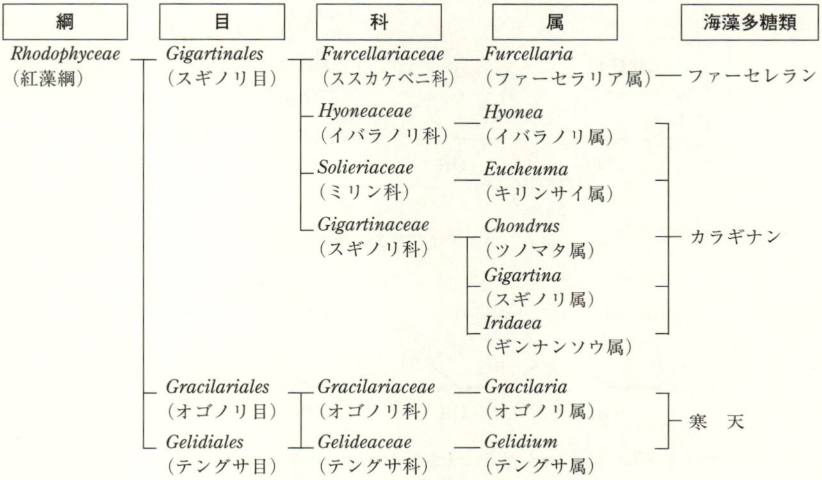

図 3.27　紅藻類から生産されるおもな多糖類

使用されている。κ-カラギナンは，ハムやソーセージの結着性向上，食感改良，離水防止などに欠かせない素材であり，大量に使用されている。カラギナンには，ゲル化剤以外にも各種安定剤としての用途があり，冷菓，飲料，惣菜などさまざまな食品に用いられている。

（iii）ジェランガム　　ジェランガムは *Sphingomonas elodea* という微生物が産出する多糖類で，菌株の培養，多糖類の分離，精製，乾燥，粉砕という工程で製造される。菌株の培養方法や培地成分（炭素源や窒素源など），pH，かくはん条件，通気条件などを適正化しないと目的の多糖類を効率よく製造することができない。

ジェランガムは直鎖状のヘテロ多糖類で，グルコース，グルクロン酸，グルコース，ラムノースの 4 糖の繰返し単位から構成されており，グルクロン酸が存在することで，マイナス電荷を有するカルボキシ基を有している[47,48]。微生物発酵により産出された直後のジェランガム（ネイティブ型ジェランガム）からアシル基（アセチル基とグリセリル基）を除去したものが，脱アシル型ジェランガムである（図 3.28）[49,50]。

脱アシル型ジェランガムで形成されたゲルは，非常に良好な透明性と耐酸性，耐熱性を示す。また，とくに耐熱性を必要とする場合は，2 価カチオンの添加が有効である。

脱アシル型ジェランガムは，耐熱性，耐酸性，透明性，フレーバーリリース性などの優れた特性を有しているため，デザートゼリー，ジャム様食品，フィリングなどさ

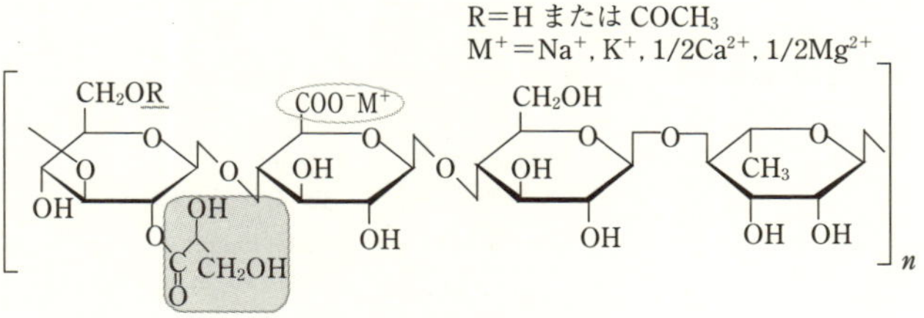

(a)　ネイティブ型ジェランガム

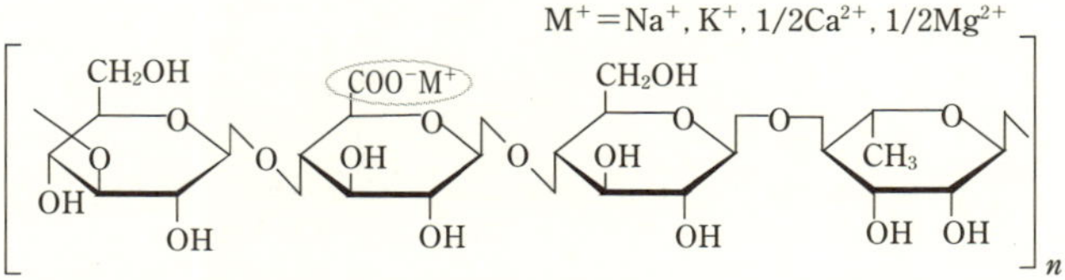

→3)-β-D-Glcp-(1→4)-β-D-GlcpA-(1→4)-β-D-Glcp-(1→4)-α-L-Rhap-(1→

(b)　脱アシル型ジェランガム

図 3.28　ジェランガムの化学構造

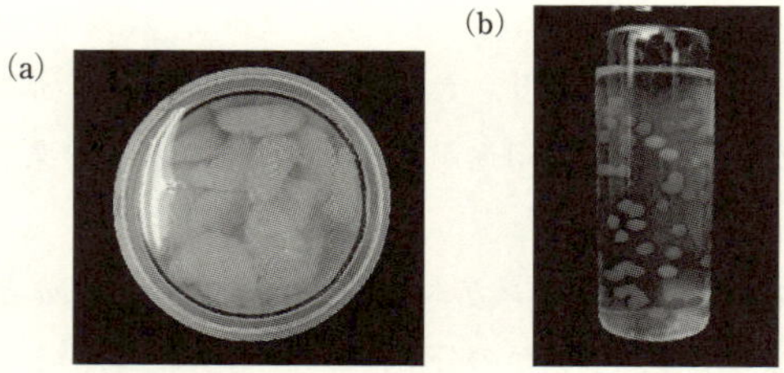

図 3.29　透明性，良好なフレーバーリリース，耐酸・耐熱性付与（a）と，ジェランガムのマイクロゲルを応用した飲料（b）

まざまな食品のゲル化剤として利用されている。とくに脱アシル型ジェランガムは，寒天の1/3～1/4の濃度で同程度のゲル強度が得られるため，口溶けがよくフレーバーリリースの良好なゲルとなることも大きな特徴である（図 3.29(a)）。

なかでも特長的なのが，脱アシル型ジェランガムのマイクロゲルを飲料やドレッシングに用いる応用である。見た目は液体と変わらないが，実際には微細なゲルの集合体であるため，ゲルどうしの間隙に固形分を分散させることができる。たとえば，飲料中の果肉の分散などに利用でき，その食感は水のように粘りがなく，色も透明であるので大変有益である。また脱アシル型ジェランガムは，ゲルの融解温度が高いことから，これらの系において殺菌処理しても，マイクロゲルが融解することなく，マイクロゲル中に分散している不溶性固形分が沈殿または浮上することを抑止できる（図3.29(b)）。

ネイティブ型ジェランガムは，離水がほとんどなく，餅に似た非常に弾力のある柔らかい食感のゲルを形成することができる。そのため，ネイティブ型ジェランガムを用いてつくった桜餅風デザートは，デンプンを使用した一般的な桜餅と同等の食感となる。しかし，ネイティブ型ジェランガムでつくった桜餅風デザートは，デンプン類を使用する必要がないため，老化の心配がまったくないのが特徴で，非常に有益な素材であると考えられる。

また，脱アシル型ジェランガムと，ネイティブ型ジェランガムを併用することで，幅広い食感と特性を食品へ付与することができる。たとえば，シロップ漬けの葛きり風デザートは，細く麺状にカットしたゼリーの強度が強く切れにくいこと，シロップ内で殺菌してもゲルが融解しないことが必要である。すなわち，必要な特性は，弾力性と耐熱性である。弾力性に富むネイティブ型ジェランガムと，耐熱性に優れる脱アシル型ジェランガムを併用することにより，シロップ漬けの状態で殺菌を行っても融解することのない，透明な葛きり風ゼリーをつくることができる（図 3.30）。

（iv） 多糖類の溶解方法と注意点　多糖類の機能を十分に発揮させるためには，多糖類を水などの溶媒へ溶解（水和させ，分子状に分散）させなければならない。そのためにはいくつかの注意点がある。

まず，多糖類を溶解させるためには適切な溶解温度を設定する必要がある。多糖類は，冷水に溶解できるものから，加熱しなければならないもの，ほかの素材添加が必要なものまでさまざま存在する。たとえば，寒天やジェランガムは加熱しないと溶解することができない。また，適切な温度に溶媒（水）を設定しても多糖類を添加するさいに，いわゆる(継粉)ダマが生じてしまえば，ダマの内部の多糖類は水和できなくなってしまう。このダマの発生現象は，多糖類の固まりが溶媒に添加されたさいに，

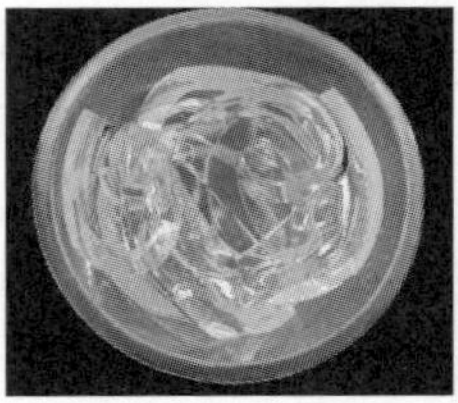

図 3.30 ジェランガムを利用したイミテーション葛きり

多糖類粉末の表面部分のみ急激に水和され，内部にまで溶媒（水）が浸透できず，内部の多糖類が溶解できないことに起因する。これを回避するには，多糖類どうしが接近した状態で添加されることを防止すればよい。一つの方法としては，溶解のためのかくはん速度を十分に速くすることである。また，多糖類の水和が困難な高糖度液やアルコール溶液，多糖類以外の粉末（一般的には砂糖やデキストリン）などに，あらかじめ均一に混合分散しておき，多糖類どうしがくっつかない状態で添加することでダマの発生を防止する方法もある。

また，多糖類は，溶媒の種類によって，溶解させられない場合がある。たとえば，高糖度，低pH，高塩（Na，K，Caなど）濃度，高濃度のアルコール含有水溶液などには多糖類を溶解させることが困難である。そのため，多糖類を完全に水に溶解したのちに，塩類の添加やpH調整をする必要がある。また，異なる多糖類どうしを併用する場合にも注意が必要である。たとえば，キトサン（塩基性多糖類）とカラギナンなど（酸性多糖類）は，互いに反応するために併用することができない。また，タンパク質にカラギナンやキサンタンガムなどの酸性多糖類を併用して，pHを下げて，タンパク質の電荷がプラスにシフトした場合には凝集が発生してしまう。

食品はさまざまな成分によって構築されているため，目的とする食感，成分（タンパク質，カチオン類，pHなど）を十分に考慮したゲル化剤の選択が必要になる。とくに，紹介したゲル化剤を単品で利用することは非常に少なく，さまざまな多糖類を併用することで目的とする食感や物性，安定性を創造する必要がある。多種多様なニーズに応えるためにも，多糖類の配合が非常に大きなポイントである。［大本 俊郎］

b.　食品ゲル：タンパク質[51～54]

タンパク質は約20種類のアミノ酸からなる高分子化合物であり，3大栄養素の一つとして日常的に多くの食品から摂取されている。食品タンパク質はゲル形成性，乳化性，保水性など種々の機能をもち，栄養素としての働きに加え，食感を調節するテクスチャー・モディファイヤーとしても実際の食品製造・加工・調理に広く利用されている。食品タンパク質は分子の形状から繊維状タンパク質と球状タンパク質に大別される。ここでは前者としてゼラチンを，後者として卵白タンパク質とダイズタンパク質を取りあげる。

（i）　ゼラチン　　動物の骨皮中に含まれるコラーゲンは難溶性の物質であり，約10万の分子量をもつポリペプチド鎖が左巻きのヘリックス構造をとり，これが3本集合して右巻きのらせん構造を形成している（図 3.31）。このコラーゲンを酸やアル

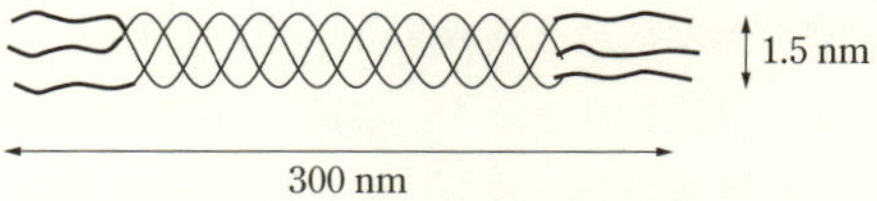

図 3.31　コラーゲン分子

カリで前処理したのち，加熱すると，三本鎖構造が壊れ，ランダムな3本の分子に分かれる。そのさい部分的な加水分解により低分子化および分子サイズの不均一性が生じる。このようにして熱変性し，可溶化されたコラーゲンを“ゼラチン”とよぶ。ゼラチンのアミノ酸組成はコラーゲンとほぼ同じであり，グリシン，イミノ酸（プロリン，オキシプロリン）がそれぞれ全体の3分の1，9分の1と特異的に多い。

ゼラチンの最大の特徴は，常温に近い温度で可逆的にゾル-ゲル変化を起こすことである（図 3.32）。ゼラチン分子は40℃付近の溶液中でランダムコイル構造をとっているが，この溶液を冷却するともとのコラーゲン様の三本鎖のらせん構造をとり，それらが凝集してネットワークを形成しゲル化に至る。このゲルは加熱によりゾル溶液に戻る。ゼラチンゲルの剛性率（ゼリー強度）やゲル化の速度・温度は分子量などゼラチン分子による要因に加えて，ゼラチン種（処理法によるタイプ），溶液濃度などに依存する。とくに，ゼリー強度は，日本工業規格“にかわおよびゼラチン”（JIS K 6503）に定められ，ゼラチンのグレードを決定する指標として用いられている。

（ii）卵白タンパク質とダイズタンパク質　卵白タンパク質は10種類以上のタンパク質からなる混合物である。卵白の主要成分はオボアルブミン（54%），オボトランスフェリン（12〜13%）で，ゲル物性はオボアルブミンに支配されると考えられている。卵白のオボアルブミンは熱変性によって球状分子の表面状態が変化し，数珠

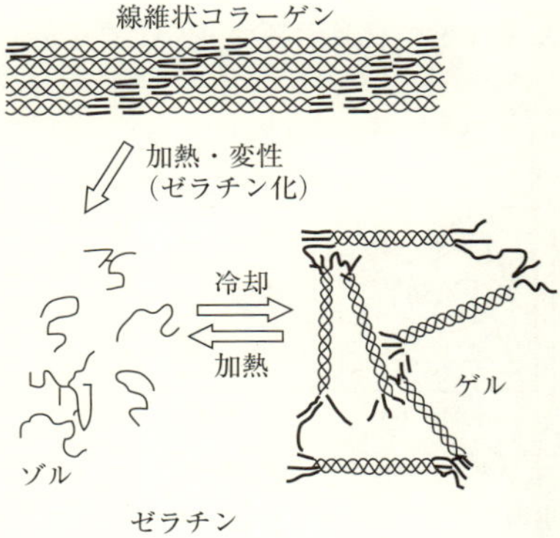

図 3.32　ゼラチンのゾル-ゲル変化

玉のように変性分子が連なった構造を形成する。そしてそのサイズが小さい場合は可溶性の会合体（ゾル）となり流動性を示す。温度・時間や溶媒条件によってこの構造体が大きくなると，互いに絡み合い三次元の網目構造を形成し，これがゲル構造となる。一般に，タンパク質濃度が高く，pH が等電点に近づき塩濃度が上昇すると，三次元網目構造は緻密になり，強固な透明ゲルが形成される。pH がさらに変化してほぼ等電点付近に達すると，可溶性の会合体は凝集し沈殿となる。透明ゲルと沈殿形成の間では，可溶性会合体の間に凝集体が混在した白濁ゲルが得られる（図 3.33）。

ダイズタンパク質はグロブリンとよばれる複合タンパク質である。主成分の β-コングリシニンとグリシニンがあわせて 70～80% を占め，これらがダイズタンパク質のゲル物性に反映していると考えられている。脱脂ダイズ粉，濃縮タンパク質，分離タンパク質などのダイズタンパク質製品はそのゲル化機能をいかして畜肉・魚肉製品へ添加される。また，豆腐は豆乳に凝固剤を加え酸性域で加熱し固めて（ゲル化）つくられる。

［小川 悦代］

c. 化粧品ゲル

化粧品は嗜好品であり，使用する消費者によって求められる機能や使い心地は多岐にわたる。その要望・期待に応えるため，化粧品の剤型やテクスチャー，レオロジー特性も多様であり，なかには液体を固めたゲルを活用したものも多い。化粧品に用いられるゲルは，水を固めたヒドロゲルと油剤を固めたオルガノゲルに大別される。

（i） ヒドロゲル　ヒドロゲルは，水のひんやり感やみずみずしさに，なめらかさやリッチなコク，ぷるぷる感などの感触，さらには肌への密着性や皮膜特性を付与する。これを o/w エマルションの連続相に用いれば，クリーミングや合一を抑制して安定性が向上する。ゲル化剤としては，寒天やキサンタンガムといった天然物のほか，ポリビニルアルコールやポリアクリル酸などの合成ポリマーも広く用いられてい

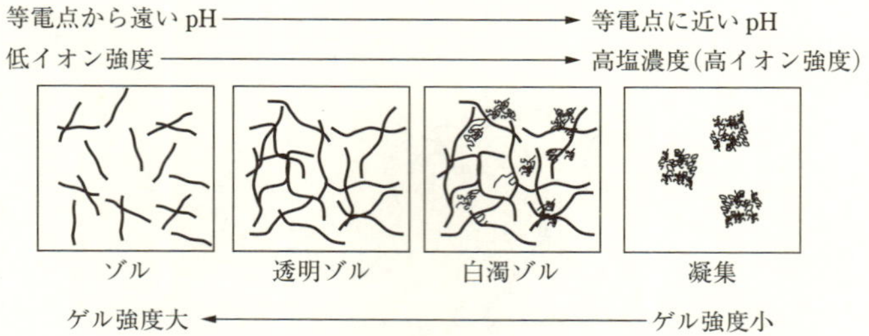

図 3.33　加熱による卵白アルブミンのゲル形成

る。さらに近年では，多糖類やアクリル酸系ポリマーを疎水変性することで会合性を付与したものや架橋型のポリマーが開発されている。これらは架橋・会合を介した三次元ネットワークにより，高弾性だけでなく，多様なレオロジー特性を発現させることができる。

また，寒天や合成ポリマーの微小なゲル粒子で水を増粘する技術も開発されている[55,56]。ポリマーの絡み合いや架橋・会合によるゲルとは異なり，ぬるつきやべたつき，糸ひきを発現しにくく，さっぱり感やみずみずしさに富むのが特徴である。

（ii）　オルガノゲル　　オルガノゲルは，耐水性や保湿効果，つやが求められる油性ファンデーションや口紅，リップグロスなどに多用されている。ゲル化剤としては，金属せっけんやデキストリン脂肪酸エステル，有機変性粘土鉱物などがあり，これらは主に透明性が求められる化粧品に用いられる。一方で口紅は，室温で固体であるワックスを油剤に加熱溶融させたのち冷却し，結晶を再析出させて油剤を固化する。幅広い極性の油剤を型抜きが可能なほど硬く固化できるが，唇にあてて滑らせれば表面のみが崩れて液状に変化するのが特徴的である。冷却によって再析出したワックス結晶は接合してカードハウス様のネットワーク構造を形成し，油剤はその空隙に保持される（図 3.34）。ゲルの硬さは，結晶析出量のほか，結晶の硬さ，接合点の数，接合の強さが支配因子となる。例えば，直鎖型のパラフィンワックスは硬い結晶からなるカードハウス構造を形成して硬いゲルをつくるが，分岐型は結晶が柔らかく接合も弱いため油剤を保持しにくい。ただし両者を適当な比率で混合すると，分岐型が直鎖型の結晶成長を抑制することでカードハウス構造が緻密化，すなわち接合点が増え，直鎖型を単独で用いた場合よりも著しく硬いゲルが得られる[57]（図 3.35）。

このオルガノゲルの融液に水相を乳化すれば，コンパクトやスティック形態の w/o

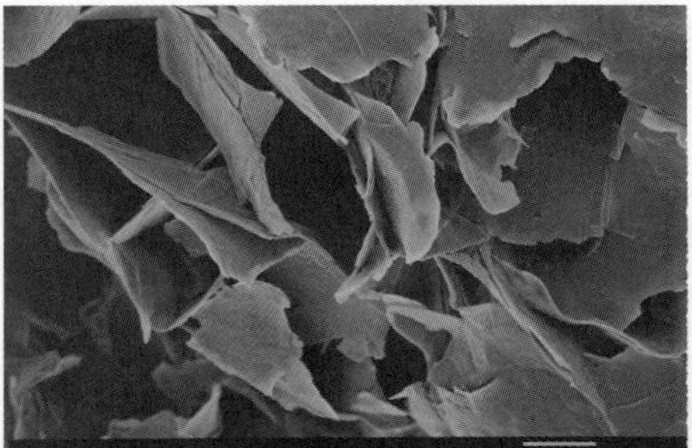

図 3.34　ワックスによるオルガノゲルの SEM 像（油剤は溶剤抽出により除去）
［鈴木敏幸，“エマルションの科学と実用乳化系の特性コントロール技術”，情報機構 (2015)，p. 16］

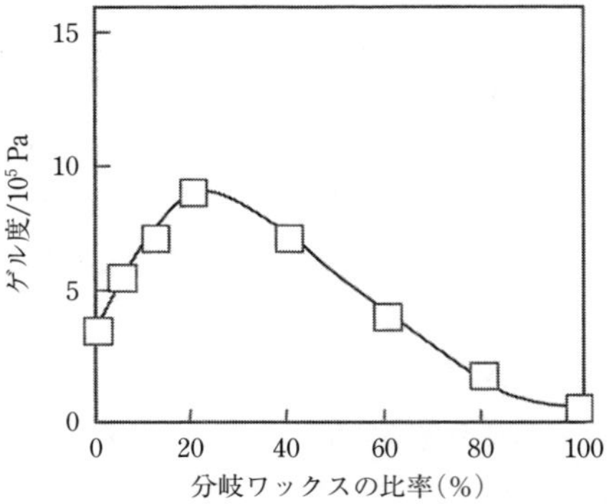

図 3.35　直鎖型/分岐型パラフィンワックス併用系のゲル硬度
［鈴木敏幸，“エマルションの科学と実用乳化系の特性コントロール技術”，情報機構（2015），p. 19］

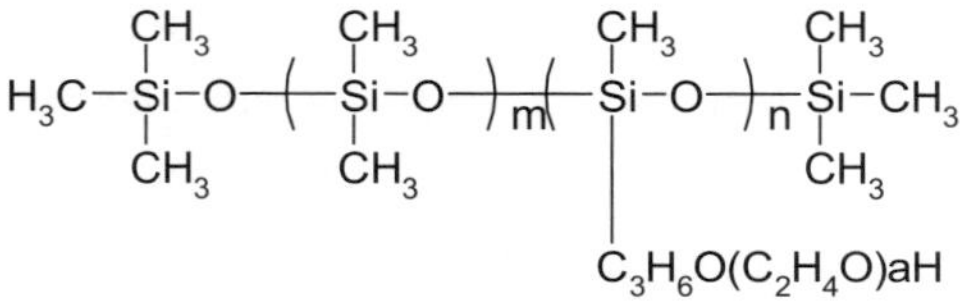

図 3.36　EOSの構造
［柴田雅史，雀地桃子，廼島和彦，吉野浩二，細川均，鈴木敏幸，日本化粧品技術者会誌，**37**，101（2003）］

乳化化粧品が得られる。また，フッ素油を乳化すれば，ゲル化手段が乏しいフッ素油を安定に保持した油性固型化粧品が得られる。塗布後はフッ素油が表面を覆うため，油に強く，色移りしにくいメイクアップ化粧品をつくることができる[58,59]。

ここで，特にメイクアップ化粧品は塗布直後の美しい仕上がりの持続性が求められる。持続には塗膜がある程度硬いほうが有利であるが，塗布時の心地よさ，仕上げやすさは損なわれる。これらを両立する手段として，エチレンオキシドを側鎖にもつ両親媒性シリコーンポリマー（EOS）を配合した口紅が開発されている（図 3.36）。EOSは吐息などに含まれる水分を吸収して徐々にゲル化し，塗膜を増粘させる。EOSのゲルは顔料との親和性が高いため，塗布後しばらくするとティーカップなどに口紅の色が移りにくくなり，脂っぽい食事をした後も唇に色を残すことができる[60]（図 3.37，図 3.38）。　　［依田 恵子］

d.　パック類

パックは一定時間肌に塗布しその後除去して使用する化粧料に与えられた総称である。パックはきわめて古くから用いられてきた化粧品であり，その形態は多種多様で，

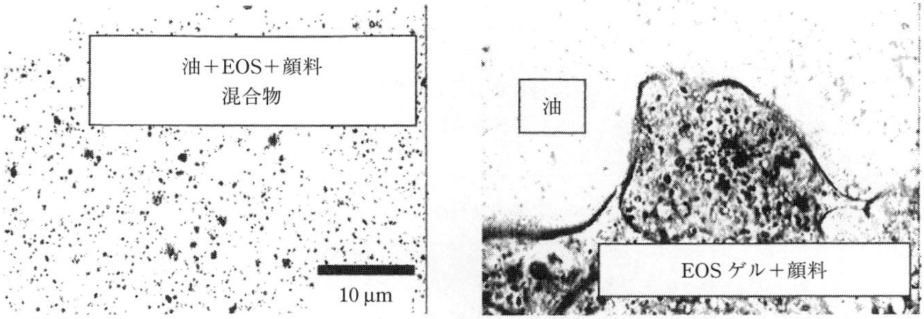

（a）　初期　　（b）　50°C，90％ RH に 10 分静置後

図 3.37　水分による EOS のゲル化
［柴田雅史，雀地桃子，廼島和彦，吉野浩二，細川均，鈴木敏幸，日本化粧品技術者会誌，**37**，105（2003）］

（a）　通常の口紅　　（b）　EOS ゲルを含む口紅

図 3.38　EOS のゲル化によるカップへの耐色移り性の比較
［柴田雅史，雀地桃子，廼島和彦，吉野浩二，細川均，鈴木敏幸，日本化粧品技術者会誌，**37**，107（2003）］

粉末を練った泥状のものや流動性のあるゼリー状[61]のもの，不織布に化粧料を含浸させたものなどがある。期待される機能は余分な皮脂や毛穴のつまり（角栓）など肌上の汚れの除去，肌への水分・油分の補給，閉塞による水分の保持，有効成分の経皮吸収促進，皮膚の血行促進，リラックス効果など多岐にわたっている。ここでは，ゲルに着目してピールオフタイプ，拭き取りまたは洗い流しタイプ，貼布タイプの3タイプのパックについて述べる。なお，表 3.6 に各種パック類の使用方法と効果をまとめた。

（i）　ピールオフタイプ　　肌に塗布後 10〜30 分間の水分蒸散（乾燥）により皮膜を形成させ剝がし取るタイプのパックである。皮膜形成剤としてポリビニルアルコールが汎用されており，その分子量で皮膜の厚さ，強度，粘性（塗布のしやすさ）をコントロールする。ポリビニルアルコールは酢酸ビニルを重合して得られるポリ酢酸ビニルをけん化することによって得られる。パックに使用されるものはけん化率

表 3.6　各種パック類の使用方法と効果

タイプ	使用方法	効　果
ピールオフタイプ	塗布乾燥後皮膜を形成させて剝離する	保湿，柔軟，清浄
拭き取りまたは洗い流しタイプ	塗布後，一定時間経過後に拭き取りまたは水で洗い流す	保湿，柔軟
貼付タイプ	貼り付け，一定期間経過後に剝がす	保湿，柔軟，有効成分の経皮吸収促進

90% 程度のものであり，けん化率がそれ以上では化粧料の保証温度領域でゲル化を起こし，使用性が著しく低下する。その他の皮膜形成剤としては，ポリビニルピロリドン，カルボキシメチルセルロースなどがあげられる[62]。ピールオフパックではその機能を向上させる目的で多価アルコール，油分や粉体を配合することが多い。多価アルコールとしては 1,3-ブタンジオールやグリセリンがあげられ，皮膜への柔軟性付与，肌への保湿効果のために用いられる。油分としては，流動パラフィン，ホホバ油があげられ，肌へエモリエント効果や柔軟効果を付与する。粉体としては酸化チタンがあげられ，外観の白さ（不透明）演出や皮膜の硬さ調整，乾燥速度の改善に用いられる。

（ii）拭き取りまたは洗い流しタイプ　肌上に一定の厚みで塗布し数分間放置した後除去するタイプのパックである。製剤形態としてゲル状とクリーム状のものがある。ゲル状のパックは透明あるいは半透明の外観で，ピールオフタイプに比べると皮膜剤量が少ないため拭き取りあるいは洗い流しの使用方法となる。ゲル化剤としては多種多様な水溶性高分子が用いられており，カルボキシビニルポリマー，ヒドロキシメチルセルロース，キサンタンガム，カラギナンなどがあげられる。これらの成分を組み合わせて使用性や保湿柔軟効果をコントロールする。また，アミノ酸，ヒアルロン酸などを配合して保湿効果を高めることができる。一方，クリーム状パックでは α-ゲルに油分を分散させたものがある。α-ゲルは界面活性剤と高級アルコール，水から形成される構造体で，構成分子がヘキサゴナル状に配列したラメラ構造をとっている[63]。図 3.39 に典型的な α-ゲルの cryo-SEM 像を示す。この α-ゲルという構造体は，パック以外にも乳液や美容液など化粧品製剤に幅広く用いられている。クリーム状パックでは水性の保湿成分のほか，油分を配合することが可能で肌への柔軟効果を付与できる。

（iii）貼布タイプ　含水ゲルを用いた貼布タイプのパックは，1990 年代後半か

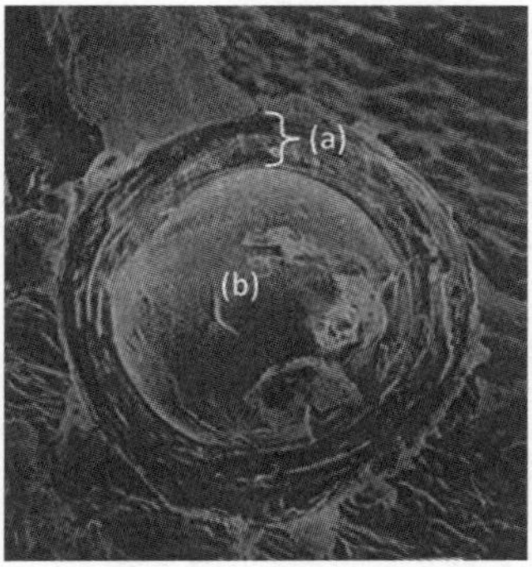

図 3.39 界面活性剤/セトステアリルアルコール/水から形成される α-ゲル（a）に流動パラフィン（b）を分散させた系の cryo-SEM 像
［福島正二，吉田広一，山口道弘，薬学雑誌，**104**(9)，987（1984)］

ら 2000 年前半に多数の商品が上市された。もともと含水ゲルは，医薬品分野で消炎・鎮痛の目的で使用されるハップ剤の基材として開発されてきた。含水ゲルの主成分は水分を保持できる水溶性高分子で，ポリアクリル酸系が最も汎用されている。直鎖型や分岐型，分子量，中和度などの組み合わせにより，保型性，柔軟性，密着性をコントロールする[64)]。その他にも保型性を向上させるために寒天やゼラチンなどの水溶性高分子，グリセリンに代表される多価アルコールを組み合わせる[65)]。また，最近では SIS/SEBS（styrene-isoprene-styrene / styrene-ethylene-butylene-styrene）系粘着基剤に油分を含有させたパックが開発されている[66)]。このようなパックは，含水ゲルタイプとは異なり親油性薬剤の高濃度溶解が可能で，優れた皮膚浸透効果が確認されている。

［紺野 義一］

3.2.7 電池用ゲル電解質

ここでは最近注目されている電池に用いられるゲル系ポリマー電解質について紹介する。図 3.40 に，この系に用いられるポリマーの主骨格を示す。ゲル電解質は，ここで示したポリマーに支持電解質液を含浸し保持したもので，イオン伝導性は液体系と同程度である[67)]。液漏れが少なく，各電極との接触性が増すうえに，形状に対する自由度が大きくなる。

アルカリ水溶液を電解液としたニッケル-カドミウム電池あるいはニッケル-水素電池などの二次電池，あるいはリチウム塩を含んだカーボネート系有機溶媒を電解液としたリチウムイオン二次電池に関するゲル電解質は，モバイル用機器からハイブリッド自動車用電源としての電池への用途が広がっている。ハイブリッド自動車用の電池

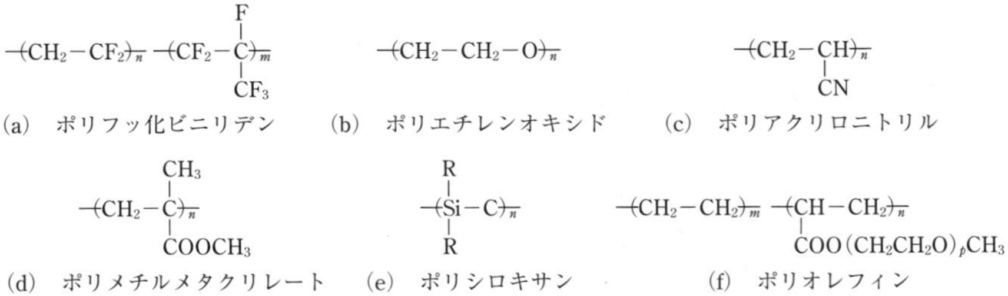

$$-(CH_2-CF_2)_{\overline{n}}\ -(CF_2-\underset{\underset{CF_3}{|}}{\overset{\overset{F}{|}}{C}})_{\overline{m}} \qquad -(CH_2-CH_2-O)_{\overline{n}} \qquad -(CH_2-\underset{\underset{CN}{|}}{CH})_{\overline{n}}$$

(a)　ポリフッ化ビニリデン　　　(b)　ポリエチレンオキシド　　(c)　ポリアクリロニトリル

$$-(CH_2-\underset{\underset{COOCH_3}{|}}{\overset{\overset{CH_3}{|}}{C}})_{\overline{n}} \qquad -(\underset{\underset{C}{|}}{\overset{\overset{R}{|}}{Si}}-C)_{\overline{n}} \qquad -(CH_2-CH_2)_{\overline{m}}\ -(CH-CH_2)_{\overline{n}}$$
$$COO(CH_2CH_2O)_pCH_3$$

(d)　ポリメチルメタクリレート　　(e)　ポリシロキサン　　　(f)　ポリオレフィン

図 3.40　ゲル電解質を構成する代表的な高分子材料

では，漏液や凍結防止，安全性の確保，小型化や薄膜化の観点から固体電解質の進展が期待されている。基本的な物性であるイオン伝導性が十分高いものが開発されつつあるが汎用に至っていない。そのため，電解液を大量に含有したポリマーであるゲル電解質が注目され，用途が拡大している。ここでは，アルカリ電池用の水溶液系及びリチウムイオン電池用のカーボネート系のゲル電解質について紹介する。

　ゲル系ポリマー電解質は，重量比で80〜95% の電解液（1〜2 mol L^{-1} の支持塩を含む）と5〜20% のポリマーから構成されており，ポリマーが，化学結合，水素結合，静電的相互作用，親・疎溶媒相互作用，また結晶化や分子の絡み合いなどにより三次元的な網目構造を有し，かつ主骨格および側鎖分子の周りに溶媒分子をユニットあたり数個から数十個保持した膨潤体となっている。イオンは液を介して移動し，ポリマー自体はゲル全体の機械的補強体または保液体の役割を担っている。したがって，ゲル系電解質のイオン伝導率は液体のそれに近く，完全固体系と比べ格段に高い。ゲル系電解質は，ポリマーを電解液で可塑化したものとみなすことができる。ポリマー鎖が分子状態で均一に液相に分布した系から，分子が凝集して多孔体を形成したものまである。

a.　水溶液ゲル

　ポリエチレンオキシド（PEO）に水酸化カリウム水溶液を含有させたポリマー電解質はニッケル-水素電池に適用が行われ，−20〜40℃ の広い温度で 500 回以上の繰り返し特性が報告された[68〜72]。その特性は，7.3 mol L^{-1} KOH 水溶液の電解質を用いた電池の特性と変わらない。ここ 10 年間に数多くのポリマーが開発対象となってきている。PEO の共重合体，ポリビニルアルコール（PVA），ポリアクリル酸（PAA）およびその架橋体が高濃度の KOH 水溶液を含浸し，ゲル化するので電解質として使用できる。常温でのイオン導電率は 0.5 S cm^{-1} を超え，とくに電池作製上重要な陰イ

オンである OH^- の輸率は，高分子によりゲル化されてもあまり変化しない。ニッケル-亜鉛電池へ適用した例では，ポリマー電解質では，Zn のデンドライト形成をおさえる効果が顕著になり，放電のサイクル特性が溶液系と比べ著しく向上する。また，電気二重層コンデンサーに適用した場合，高分子ゲルを用いた場合，充電したのちの開回路状態での容量維持性の指標である自己放電を著しくおさえることができる。

b. カーボネートを含有するゲル

リチウムイオン電池においては，リチウム金属とイオンとの標準電極電位の−3.0 V（標準水素電極対極として）を有効に利用するため，電解質塩を含有する非水溶媒電解液にカーボネート系溶媒が使用されている[73]。物理架橋ゲル電解質であるフッ化ビニリデン-ヘキサフルオロプロピレン共重合体（PVDF-HFP）の多孔性電解質，さらには化学架橋ゲル電解質であるポリエチレンオキシド（PEO）系電解質を用いた製品が発売されている。

電解液に用いられる溶媒は，① 低い融点と高い沸点および低い蒸気圧のもの，② 高い誘電率と低い粘性率のもの，③ 広い電位窓，すなわち耐酸化性と耐還元性に優れたものを選ぶ必要がある。炭酸エステル（カーボネート）が電解液としてよく用いられているが，プロピレンカーボネート（PC）やエチレンカーボネート（EC）のような環状エステルは高い誘電率をもち粘性が高い。これに対し，ジメチルカーボネート（DMC）などの鎖状エステルでは誘電率は低いが溶媒粘性率も低くなる。したがって，DMC などに EC などを混合して用いられている。

電解液では，それを構成する電解質塩の耐酸化性および耐還元性も考慮に入れる必要がある。カーボネート類では，耐酸化性の順序はほぼ次のようになる。

$$LiPF_6 > LiBF_4 > LiN(C_2F_5SO_2)_2 > LiN(CF_3SO_2)_2 > LiCF_3SO_3 > LiClO_4$$

ゲル系ポリマー電解質には，① 高いイオン伝導性，② 強い機械的強度，③ 長期的な化学的安定性，④ 耐熱安定性，⑤ 難燃性，⑥ 広い電位窓の特性が求められている。図 3.40 に示した以外の材料に関する研究も活発である。たとえば，それぞれの役割をもった 3 種類のモノマーから形成された架橋構造ネットワークゲルの報告もある。1 番目のモノマーでは立体綱目構造を形成し機械的強度を高める。2 番目は強い極性基を有するものであり，これらの官能基で電解質のイオン伝導度を高める。3 番目のモノマーはポリマーに流動性をもたせイオンの動きをよくし，さらに形成されたポリマーに可塑性をもたせるというものである。3 種類のモノマーの混合比を変えることによってさまざまな特性のゲルが得られる。

ナノ超微粒子を添加し，ゲル電解質の動粘性を変える研究なども行われている。さらに高性能のゲル電解質が出現するに違いない。　［小山　昇］

参考文献

3.1 節

1) 長田義仁ら 編，“ゲルハンドブック”，エヌ・ティー・エス（2003）．
2) 高分子学会 編，“高分子先端材料 One Point 2. 高分子ゲル”，共立出版（2004）．
3) 荻野一善，長田義仁，伏見隆夫，山内愛造，“ゲル—ソフトマテリアルの基礎と応用”，産業図書（1991）．
4) N. Garti, A. G. Marangoni, ed., “Edible Oleogels: Structure and Health Implications”, AOCS Press (2011).
5) A. R. Patel, K. Dewettinck, *Food Funct.*, **7**, 20 (2016).
6) 佐藤清隆，上野聡，“脂質の機能性と構造・物性—分子からマスカラ・チョコレートまで”，丸善出版（2011），p. 147.
7) K. Horigome, D. Suzuki, *Langmuir*, **28**, 12962 (2012).
8) T. Watanabe, C. Kobayashi, C. Song, K. Murata, T. Kureha, D. Suzuki, *Langmuir*, **32**, 12760 (2016).
9) T. Kureha, D. Suzuki, *Langmuir*, **34**, 837 (2018).
10) D. Suzuki, K. Horigome, T. Kureha, S. Matsui, T. Watanabe, *Polym. J.*, **49**, 695-702 (2017).
11) A. V. Kabanov, S. V. Vinogradov, *Angew. Chem. Int. Edit.*, **48**(30), 5418-5429 (2009).
12) Y. Sasaki, K. Akiyoshi, *Chem. Lett.*, **41**(3), 202-208 (2012).
13) J. H. Ryu, R. T. Chacko, S. Jiwpanich, S. Bickerton, R. P. Babu, S. Thayumanavan, *J. Am. Chem. Soc.*, **132**(48), 17227-17235 (2010).
14) Y. Hoshino, K. Imamura, M. C. Yue, G. Inoue, Y. Miura, *J. Am. Chem. Soc.*, **134**(44), 18177-18180 (2012).
15) S. Uchiyama, C. Gota, *Rev. Anal. Chem.*, **36**(1), (2017).
16) Y. Hashimoto, S. Mukai, S. Sawada, Y. Sasaki, K. Akiyoshi, *Biomaterials*, **37**, 107-115 (2015).
17) Y. Tahara, S. Mukai, S. Sawada, Y. Sasaki, K. Akiyoshi, *Adv. Mater.*, **27**(34), 5080-+ (2015).
18) A. Shimoda, Y. Chen, K. Akiyoshi, *RSC Adv.*, **6**(47), 40811-40817 (2016).
19) Y. Hashimoto, S. Mukai, S. Sawada, Y. Sasaki, *ACS Biomater. Sci. Eng.*, **2**(3), 375-384 (2016).

3.2 節

1) P. J. Flory, “Principle of Polymer Chemistry”, Cornell University Press (1953)；岡 小天，金丸 競 訳，“高分子化学（下）”，丸善（1956），p. 533.
2) 水谷 豊，“コンタクトレンズの臨床と理論”，医学書院（1966）．
3) 中田和彦，マテリアルステージ，**4**，73（2004）．
4) JIS T 0701-2005（コンタクトレンズに関する用語）．
5) 阿部正彦，村勢則郎，鈴木敏幸 編，“ゲルテクノロジー”，サイエンスフォーラム（1997），p. 303.
6) 中田和彦，膜，**29**，285（2004）．
7) T. Tanaka, *Sci. Am.*, **244**, 110 (1981).
8) K. Oguro, Y. Kawami, H. Takenaka, *Bull. Gov. Ind. Res. Inst. Osaka 43*, **21** (1992).
9) E. W. H. Jager, E. Smela, O. Inganäs, *Science*, **290**, 1540 (2000).
10) E. W. H. Jager, O. Inganäs, I. Lundström, *Science*, **288**, 2335 (2000).
11) 高分子学会 編，“高分子先端材料 One Point 2. 高分子ゲル”，共立出版（2004）．
12) D. J. Beebe, J. S. Moore, J. M. Baure, Q. Yu, R. H. Liu, C. Devadoss, B.-H. Jo, *Nature*, **404**, 588 (2000).
13) G. Gerlach, M. Guenther, J. Sorber, G. Suchaneck, K.-F. Arndt, A. Richter, *Sens. Actuat. B*, **111**, 555 (2005).
14) L. Dong, A. K. Agarwal, D. J. Beebe, H. Jiang, *Nature*, **442**, 551 (2006).
15) 長田義仁，金藤敬一，龔剣萍 編，“ソフトアクチュエータ開発の最前線”，エヌ・ティー・エス（2004）．
16) 小黒啓介，川見洋二，竹中啓恭，*J. Micromachine Soc.*, **5**, 27 (1992).
17) T. Fukushima, K. Asaka, A. Kosaka, T. Aida, *Angew. Chem. Int. Ed.*, **44**, 2410 (2005).
18) S. Hara, T. Zama, S. Sewa, W. Takashima, K. Kaneto, *Chem. Lett.*, **32**, 576 (2003).
19) H. Okuzaki, K. Funasaka, *Macromolecules*, **33**, 8307 (2000).
20) T. Hirai, H. Nemoto, M. Hirai, S. Hayashi, *J. Appl. Polym. Sci.*, **53**, 79 (1994).

21) T. Ishiwatari, M. Kawaguchi, M. Mitsuishi, *J. Polym. Sci. A: Polym. Chem.*, **22**, 2699 (1984).
22) R. Yoshida, T. Takahashi, T. Yamaguchi, H. Ichijo, *J. Am. Chem. Soc.*, **118**, 5134 (1996).
23) S. Maeda, Y. Hara, R. Yoshida, S. Hashimoto, *Angew. Chem. Int. Ed.*, **120**, 6792 (2008).
24) S. Maeda, Y. Hara, T. Sakai, R. Yoshida, S. Hashimoto, *Adv. Mater.*, **19**, 3480 (2007).
25) Y. Hara, M. Saiki, T. Suzuki, K. Kikuchi, *Chem. Lett.*, **43**, 938 (2014).
26) Y. Hara, Y. Yamaguchi, H. Mayama, *J. Phys. Chem. B*, **118**, 634 (2014).
27) S. Nakamaru, S. Maeda, Y. Hara, S. Hashimoto, *J. Phys. Chem. B*, **113**, 4609 (2009).
28) Y. Hara, K. Fujimoto, H. Mayama, *J. Phys. Chem. B*, **118**, 608 (2014).
29) Y. Hara, H. Mayama, Y. Yamaguchi, K. Fujimoto, *Chem. Lett.*, **43**, 673 (2014).
30) Y. Hara, H. Mayama, K. Morishima, *J. Phys. Chem. B*, **118**, 2576 (2014).
31) T. Kunitake, Y. Okahata, S. Yasunami, *J. Am. Chem. Soc.*, **104**, 1069 (1982).
32) Y. Orihara, A. Matsumura, Y. Saito, N. Ogawa, T. Saji, A. Yamaguchi, H. Sakai, M. Abe, *Langmuir*, **17**, 6072 (2001).
33) Y. Kakizawa, H. Sakai, A. Yamaguchi, Y. Kondo, N. Yoshino, M. Abe, *Langmuir*, **17**, 8044 (2001).
34) K. Tsuchiya, Y. Orihara, Y. Kondo, N. Yoshino, H. Sakai, M. Abe, *J. Am. Chem. Soc.*, **126**, 12282 (2004).
35) M. Abe, K. Tobita, H. Sakai, Y. Kondo, N. Yoshino, T. Watanabe, N. Momozawa, K. Nishiyama, *Langmuir*, **13**, 29 (1997).
36) D. L. Hartsock, R. F. Novak, G. J. Chaundy, *J. Rheol.*, **35**, 1305 (1993).
37) J. N. Israelachivili, "Intermolecular and Surface Forces", Academic Press, London (1985).
38) T. Shikata, S. J. Dahman, D. S. Pearson, *Langmuir*, **10**, 3470 (1994).
39) H. Sakai, Y, Orihara, H. Kodashima, A. Matsumura, T. Ohkubo, K. Tsuchiya, M. Abe, *J. Am. Chem. Soc.*, **127**, 13454 (2004).
40) H. Sakai, S. Aikawa, W. Matsuda, T. Ohmori, Y. Fukukita, Y. Tezuka, A. Matsumura, K. Torigoe, K. Arimitsu, K. Sakamoto, K. Sakai, M. Abe, *J. Coll. Int. Sci.*, **376**, 160 (2012).
41) N. Naito, D. P. Acharya, K. Tanimura, H. Kunieda, *J. Oleo Sci.*, **53**, 599 (2004).
42) S. Aikawa, R. G. Shrestha, T. Ohmori, Y. Fukukita, Y. Tezuka, T. Endo, K. Torigoe, K. Tsuchiya, K. Sakamoto, K. Sakai, M. Abe, H. Sakai, *Langmuir*, **29**, 5668 (2013).
43) M. Imai, K. Hashizaki, H. Taguchi, Y. Saito, S. Motohashi, *J. Coll. Int. Sci.*, **403**, 77 (2013).
44) R. G. Shrestha, N. Agari, K. Tsuchiya, K. Sakamoto, K. Sakai, M. Abe, H. Sakai, *Coll. Polym. Sci.*, **292**, 1599 (2014).
45) E. Percival, *J. Sci. Food Agric.*, **23**, 933 (1972).
46) M. E. Zabik, P. J. Aldrich, *J. Food Sci.*, **33**, 371 (1968).
47) G. R. Sandeson (P. Harris, eds.), "Gellan Gum: FOOD GELS", Elsevier Applied Science (1990), p. 201.
48) W. Gibson, "Gellan Gum: Thickening and Gellang Agents for Food", A. Imeson, eds., p. 227, Blackie Academic & Professional. (1992)
49) R. Chandrasekaran, V. G. Thailambal, *Carbohydr. Polym.*, **12**, 431 (1990).
50) R. Chandrasekaran, A. Radha, V. G. Thailambal, *Carbohydr. Res.*, **224**, 1 (1992).
51) 宮本武明，赤池敏弘，西成勝好 編，"天然・生体高分子材料の新展開"，シーエムシー出版（2003），p. 3，1章，2章，7章.
52) 西成勝好，矢野俊正 編，"食品ハイドロコロイドの科学"，朝倉書店（1990），16章.
53) 西成勝好 監修，"食品ハイドロコロイドの開発と応用"，シーエムシー出版（2007），4章.
54) 西成勝好，大越ひろ，神山かおる，山本 隆 編，"食感創造ハンドブック"，サイエンスフォーラム（2005），p. 373.
55) I. Kaneda, A. Sogabe, H. Nakajima, *J. Coll. Interf. Sci.*, **275**, 450 (2004).
56) I. Kaneda, A. Sogabe, H. Nakajima, *J. Soc. Cosmet. Chem. Jpn.*, **39**(4), 282 (2005).
57) 柴田雅史，今井健雄，伊藤康志，中村元一，中村浩一，細川均，*J. Jpn. Soc. Colour Mat.*, **76**, 380 (2003).
58) 依田恵子，柴田雅史，*J. Jpn. Soc. Colour Mat.*, **81**, 150 (2008).
59) 依田恵子，柴田雅史，*J. Jpn. Soc. Colour Mat.*, **81**, 193 (2008).
60) 柴田雅史，雀地桃子，廼島和彦，吉野浩二，細川均，鈴木敏幸，日本化粧品技術者会誌，**37**，100（2003）.
61) 日本化粧品技術者会 編，"最新化粧品科学"，薬事日報社（1988），p. 56.
62) 岩田宏，"化粧品開発者のための処方の基礎と実践"，シーエムシー出版（2011）.
63) 鈴木敏幸，"エマルションの科学と実用乳化系の特性コントロール技術"，情報機構（2015），p. 133.
64) 石田耕一，*Fragrance J.*, **27**(2), 97 (1999).

65)　桃山ゆう，石畠さおり，*Fragrance J.*, **35**(6), 95 (2007).
66)　権英淑，吉岡高嗣，*Fragrance J.*, **35**(6), 103 (2007).
67)　日本化学会 編，"季刊化学総説 49. 新型電池の材料化学"，学会出版センター (2001)，p. 118.
68)　N. Vassal, E. Salmon, J. F. Fauvarque, *J. Electrochem. Soc.*, **146**, 20 (1999).
69)　N. Vassal, E. Salmon, J. F. Fauvarque, *Electrochim. Acta*, **45**, 1527 (2000).
70)　C. Iwakura, K. Ikoma, S. Nohara, N. Furukawa, H. Inoue, *J. Electrochem. Soc.*, **150**, A1623 (2003).
71)　H. Wada, S. Nohara, N. Furukawa, H. Inoue, N. Sugoh, H. Iwasaki, M. Morita, C. Iwakura, *Electrochim. Acta*, **49**, 4871 (2004).
72)　K. Fukami, S. Nakanishi, T. Tada, H. Yamasaki, S. Sakai, S. Fukushima, Y. Nakato, *J. Electrochem. Soc.*, **152**, C493 (2004).
73)　K. Xu, *Chem. Rev.*, **104**, 4303 (2004).

4

微粒子・分散――材料化と機能

4.1　微粒子の化学

ナノテクノロジー材料の一つとして重要な位置を占める微粒子は，固体物質を細分化した状態であり，その大きさによって用途や性質が大きく異なる。図 4.1 に粒子の大きさと実用粉体材料の例，粉体や粒子が関与する現象を示す。ここで粉体とは一般的に粒子の集合体を表し，また粒子は大きさによってよび方が異なるが明確な分類はなされていない。粉体粒子の大きさは数 cm～数 nm の広い範囲にわたって存在し，

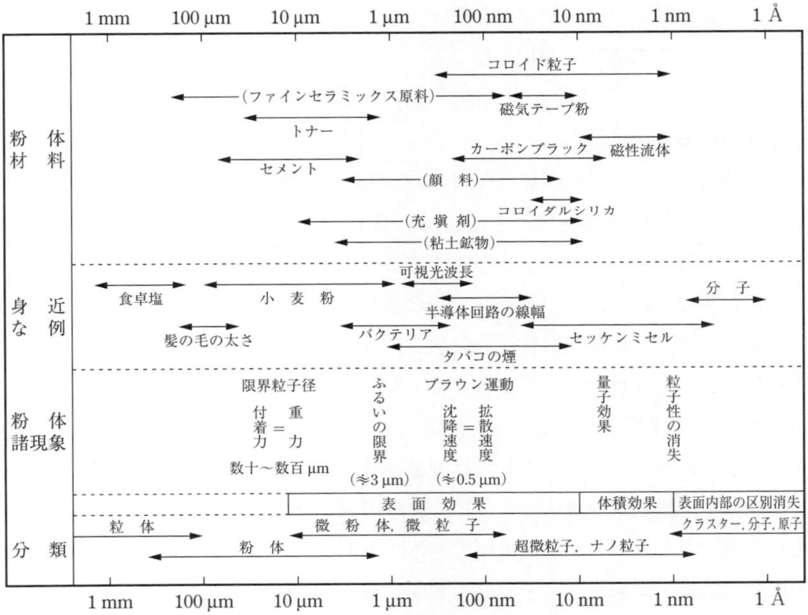

図 4.1　粒子の大きさと各種粉体現象

その大きさの差異は10^7にも及んでいる。後述するように粉体粒子の性質はその大きさに強く依存し，望まれる大きさや性質は粒子の種類によって異なる。粒子サイズを小さくしたときに粒子の性質が変化する主要因は，粒子の表面に存在する原子あるいはイオンの割合が，粒子を構成する全原子あるいは全イオンに比べて無視できなくなる，すなわち表面を構成する原子あるいはイオンが支配的になることにある。したがって，微粒子の化学は微粒子の表面・界面の化学といえよう。微粒子は固体状態だけでなく，液体状態（マイクロエマルションなど）や気体状態（ナノバブル）でも存在するが，ここでは固体微粒子に焦点を絞って概説する。

4.1.1　粉体のメリット・デメリットと使用状態

固体状物質を細かくして粉体として利用するのは，各種製品の製造過程において，材料の処理や取扱いなどの単位操作面で有用か，もしくは最終製品の性能や機能において，特定の目的が効果的に達成されるためである。したがって，固体物質の粉粒体化は一種の機能化でもある。一方，固体の粉粒体化は付着・凝集性を増加させ，その取扱いや処理は困難になると同時に，各種の単位操作（粉砕，分級，混合，造粒，輸送など）においてトラブルが発生しやすくなる。また，反応性や吸着性の増大による汚染や変質，また飛散性の増加も起こる。これらの各種トラブルは粒子サイズが小さくなるほど顕著になる。表 4.1 に固体を微粒化することのメリット，デメリットをそれぞれあげる。

粉体の使用形態として，主に，① 粉体そのままの形態で使用する場合，② 他の媒体中に分散して使用する場合，③ 粒子どうしを結合した圧粉体や焼結体として使用する場合，に分けることができる。①の例として小麦粉や顔料，洗剤，トナー，医薬散剤などがあげられる。この場合，粒子どうしの凝集や固結によるトラブルが問題となる。②の例として粒子を液体中に分散させる塗料や顔料，固体中に粒子を充填材として分散させた複合材料，テープやディスク上に粒子を固定化する磁性材料，化粧品の口紅などをあげることができる。さらに高粘性率の媒体中に粒子を分散させるクリームや歯磨剤などもある。これらは分散させる媒体との混合あるいは混練によって粒子が媒体中に均質に分散するように，粒子表面と分散媒との組合せに左右される界面相互作用（なじみ）の制御が重要である。③の例として主に圧縮により粒子どうしを物理的に結合・成形する医・農薬の錠剤，飼料，電極材料などの圧粉体，また粒子どうしを焼結によってより強固に結合させた焼結体として各種のファインセラミック

表 4.1 固体を粉粒体にすることのメリット，デメリット

性質		メリットの内容	デメリットの内容
物理的特性	力学的	流動性の発現（輸送，供給，貯蔵，排出が容易，定量化が可能），分級・混合・混練が可能，成形・加工性の向上，充填補強効果（ナノコンポジット），研磨・潤滑機能向上	付着・凝集・固結による品質低下，閉塞・バルキング現象，偏析，偏流，飛散，食込み，摩耗
	電磁気的	保磁力の増大（磁気記録材料），帯電（トナー，静電塗装）	磁性の消失（超常磁性），帯電による付着・凝集
	光学的	隠蔽力や着色の向上（散乱・吸収・透過・回折のコントロール），表面プラズモン共鳴による発色（貴金属ナノ粒子）	透過性減少，反射の増大
	熱的	断熱，融点降下（焼結性向上）	融着，粒成長
	その他	選鉱（分離分別）	
化学的特性	反応性	触媒作用，固相反応の促進，焼結性の向上	酸化，変質，粉じん爆発
	吸着性	分離，濃縮，除去，浮遊選鉱	汚染
	その他	溶解性，抽出性の制御・向上	吸湿，溶解，固結
生化学的特性	溶解性 生体親和性	薬剤の吸入，体内溶解・吸収の制御（マイクロカプセルなど），薬物送達システム，薬物の経皮吸収	吸湿，溶解，固結，変質

ス材料（誘電体，絶縁体，半導体，磁性体，生体材料など），碍子（がいし），陶磁器，粉末冶金でつくられる金属製品などがあげられる。これらの粒子どうしの結合による成形性，あるいは充填性を向上させるためにバインダーの添加や粒度分布の調整が必要となることがある。

4.1.2 微粒子表面の特徴

固体は，原子，イオン，分子がそれぞれに特有な結合，たとえば共有結合，金属結合，イオン結合，ファンデルワールス結合によって形成された集合体と考えられる。いま，微粒子として図 4.2 のように原子が 6 配位からなる結晶でそれぞれ六つの結合を有するモデルを仮定する。このような微粒子の表面を新しく作製するためには，連続した結合を切断する必要があり，この切断によって生じた新しい二つの表面には，切断に要した仕事量が蓄積されることになる。この仕事量は表面自由エネルギーとよばれ，粒子の溶解，核成長，ぬれ，接着，焼結などの界面現象に関連する重要な表面

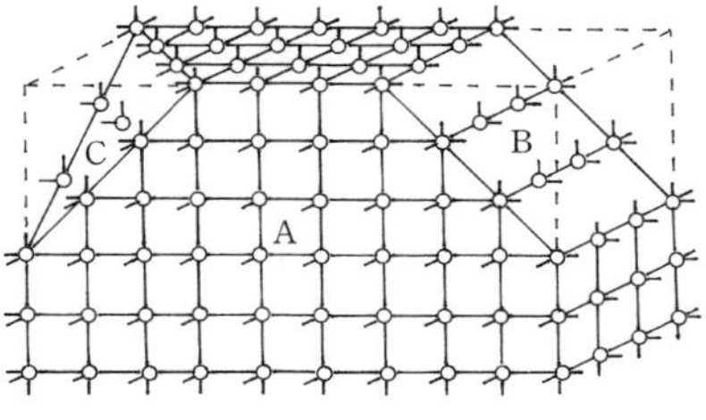

A : (100), B : (011), C : (111)

図 4.2　結晶面の違いによる結合の不飽和度

物性パラメーターである。

表面自由エネルギーの大小は，その定義から予想されるように単位面積あたりの原子密度，原子 1 個が有する不飽和結合（ダングリングボンド）の数，結合一つあたりの結合エネルギーの大小に依存する。すなわち，図 4.2 の A，B，C 面において，原子 1 個あたりの結合の不飽和度（切断された結合の数）はそれぞれの面で 1：2：3 であり，表面の原子密度の比は $1:1/\sqrt{2}:1/\sqrt{3}$ となる。したがって，A，B，C 面における単位面積あたりの表面自由エネルギーの比は $1:\sqrt{2}:\sqrt{3}$ となる。このような結晶面における表面エネルギーの差異は固体に特徴的であり，表面の物理的・化学的特性に大きく影響する。たとえば，A，B，C 面における結晶成長では，析出原子はそれぞれの面で 1，2，3 本の結合を形成するので，原子の析出速さは，C 面が最も速く，ついで B，A の順になる。その結果，成長した結晶は安定な A 面で覆われることになる。その他，吸着性，触媒活性やへき開性も結晶面によって異なることになる。

固体結晶の表面にある原子，イオン，分子は，固体内部に存在するそれらに比較して，化学結合による作用力のバランスが崩れているため，表面の安定化のためのいわゆる表面緩和が起こる。例えば，イオン結晶であるハロゲン化アルカリの表面近傍のイオンが，表面から第 5 層まで正規の格子位置から変動することが起こっている。また，単結晶シリコンの真空中におけるへき開では，最表面のシリコン原子がその位置を変えて新たな結合を形成する二次元再配列が起こっている。また，固体表面では各種結合の連続性が切断され化学的に活性な状態であるため，大気中では水蒸気，酸素，二酸化炭素などの吸着によって理想表面とは異なる組成・構造に変化する場合がある。これらは化学的緩和とよばれ，たとえば，アルカリ土類金属酸化物表面への二酸化炭素吸着による炭酸塩層の生成，金属酸化物表面への水蒸気吸着による表面ヒドロキシ基の生成，窒化物への酸素吸着による表面酸化物層の生成などがあげられる。

4.1.3 微粒化による物性変化

固体を微粒化すると単位重量あたりの表面積や表面自由エネルギーが増加する。表4.2に固体を微粒化したときの表面積や表面自由エネルギーに密接に関係する結合の不飽和数の増大を示す。粒子径が10 nm以下になると，表面の過剰エネルギーは粒子全体の結合エネルギーの数%以上となり，微粒子を構成する全原子数に対する表面に存在する原子の割合が飛躍的に増加する。これに伴い粒子の電磁気的性質，化学的性質，熱的性質，光学的性質などに特異的な変化が現れる。表面エネルギーの増加は，融点の低下，焼結性の増大を引き起こす。金属微粒子の融点降下度が粒子径に依存することは古くから知られており[1]，例えば，粒子径2 nmの金ナノ粒子の融点は，バルクの融点が1337 Kであるのに対し，500～600 Kまで降下する。また粒子径約20 nmのニッケル微粒子については，バルク粒子の焼結開始温度が700℃以上であるのに対し，200℃で焼結が開始する[2]。同様にファインセラミックスの焼結開始温度は粒子径に依存し，低温焼結のためには粒子径の小さな粒子が求められる[3]。一方光の反射・散乱の大きさは粒子のサイズと光の波長の比に依存し，光散乱が最大となる粒子径は光の波長の1/2前後であることが示されている[4]。光散乱力は白色塗料，白色顔料の隠蔽力を決定する主要要因である。貴金属である金と銀は10 nm程度のナノ粒子となると，表面プラズモン共鳴に基づくそれぞれ赤色，黄色の発色を呈し，色材への応用が期待される[5,6]。きわめて化学的安定性が高いとされてきた金は，ナノ粒子にすることで触媒活性が発揮される[7]。

ここにあげた例は微粒化による粒子物性変化の一例にすぎず，数多くのさまざまな物性変化が報告されている。これらの物性変化を精確に把握することが，微粒子を機

表 4.2 粉体の微粒化による表面状態の変化

一辺の長さ/nm	一辺の原子数	比表面積 $\frac{\text{m}^2\ \text{g}^{-1}}{}$	表面原子数	全原子数	表面原子の割合(%)	結合の不飽和数	全結合数	$\frac{\text{不飽和数}}{\text{全結合数}}$(%)
0.2	2	3×10^4	8	8	100	24	24	100
0.4	4	1.5×10^4	56	64	87.5	96	288	33.3
1	10	6×10^3	488	1000	48.8	600	5400	11.1
10	10^2	6×10^2	6×10^4	10^6	5.9	6×10^4	9.4×10^5	6.38
100	10^3	60	6×10^6	10^9	0.6	6×10^6	9.94×10^8	0.603
1 (μm)	10^4	6	6×10^8	10^{12}	0.06	6×10^8	9.99×10^{11}	6×10^{-2}
10	10^5	0.6	6×10^{10}	10^{15}	0.006	6×10^{10}	10^{15}	6×10^{-3}

注） 簡便のため原子の直径を0.1 nm，密度を$1\ \text{g cm}^{-3}$として計算。

能材料として応用するために重要である。

4.1.4 粉体状態を規定する因子

粒子が集合すると集合体すなわち粉体としての性質が重要となってくる。粉体の静的・動的性質を特徴づけている基本的な因子として，① 粒子径分布，② 粒子間相互作用，③ 粒子の充塡構造・接触状態，④ 粒子表面の性質，の四つが重要な因子として一般に指摘されている。これらの因子は，互いに密接に関連しあって，粉体特有の現象を左右している。

図 4.3 に粒子径と粒子間付着力の関係の概略を示す。いま，粒子を球形と仮定すると付着力として考えられるファンデルワールス力，液体架橋力，静電気引力は，粒子径の 1～2 乗に比例する。一方，粉体に加えられる力として重力を考えると，その力は粒子径の 3 乗に比例する。したがって，粉体に働く力すなわち付着力や重力と粒子径の関係を対数軸で表すと，それぞれ直線で示される。直線の交点を A とすると，A 点で示される粒子径 D_c 以上の大きさの粒子では，付着力よりも重力のほうが大きく，粉体の物性は重力支配となる。一方，D_c 以下の粒子では，付着力は重力よりも大きく付着力支配の領域となる。D_c を境にして粉体物性が大きく変化することから，D_c を限界粒子径とよぶ。

図 4.4 に限界粒子径が粉体の充塡性に密接に関係している例を示す。粉体を構成している粒子の大きさが限界粒子径以上の場合，粒子径の増大につれて付着力は見掛け上無視できるようになり，粒子は重力のみの力で充塡することになる。一方，粒子の大きさが限界粒子径以下の場合，粒子径の減少につれて重力は見掛け上無視できるようになり，粒子は最初に接触した箇所で付着固定されて充塡していくので，接触点

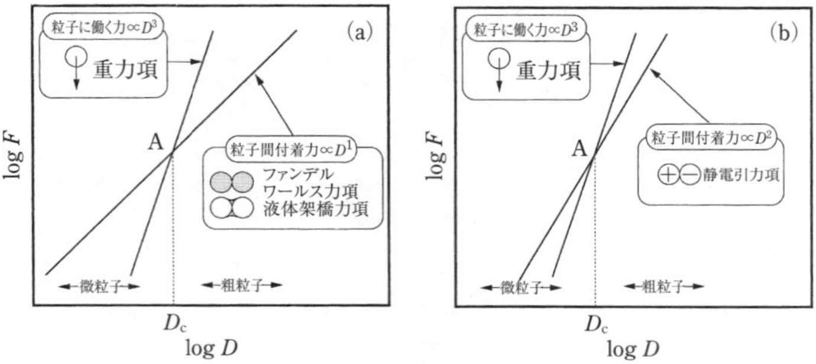

図 4.3　粒子に働く力（重力）と粒子間付着力に与える粒子径の影響

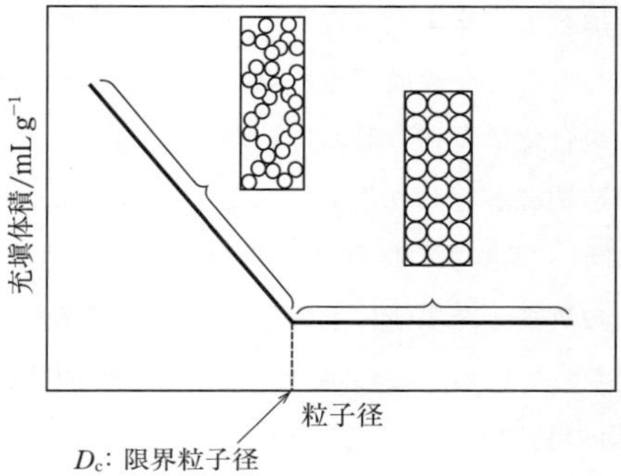

図 4.4 粉体の充填性に与える粒子径の影響と充填モデル

数の少ない空隙の多い構造，すなわちかさ高い構造となる。限界粒子径の大きさは粉体粒子の密度や表面の化学的性質あるいは，温度や湿度などの環境により異なるが，一般に数十 μm～数 mm の範囲にある。

4.1.5 今後の微粒子の動向

微粒子は，幅広い産業分野でさまざまな種類（無機粒子，金属粒子，ポリマー粒子）が広範囲にわたる大きさで使用されており，それぞれの分野において微粒子に求められている課題は多岐にわたる。表 4.3 に微粒子に求められている主な技術的課題と応用分野について示す。現在さまざまな化学的・物理的方法により広範囲の大きさの微粒子が作製可能となっている[8~10]が，微粒子を工業的に大量生産する手法や均一な粒子径をもつ粒子の作製法の開発が求められている。前述したように微粒化に伴い粒

表 4.3 微粒子の技術的課題とその応用分野

技術課題	開発・改良すべき技術	応用分野
微粒化	大量生産，粒子径の均一化，分離・分級	電子磁気デバイス，電池材料，センサー，バイオメディカル
分散化	界面活性剤・高分子分散剤，帯電制御，表面修飾，機械的分散	無機有機ナノコンポジット，電子回路印刷，薬物送達システム
多機能化 複合化	形状制御，表面改質，コーティング，コアシェル粒子，中空粒子	薬物送達システム，マイクロカプセル，トナー
集積化	基板への粒子配列，粉体成形（加圧・押し出し・射出・鋳込み成形）	フォトニクス結晶，記録デバイス，太陽電池，ファインセラミックス
環境保全 安全性	リスク評価法，粒子捕集，粒子排出制御	環境問題（ディーゼル排気粒子，アレルゲン粒子，半導体製造など），健康問題

子間相互作用が無視できなくなり，粒子は凝集するようになり，分散は困難となってくる。粒子を種々の媒体に高度に分散させることが達成できれば，その用途は大きく広がると期待される。粒子の多機能化，複合化は現在も盛んに行われているが，さらに分子レベル，原子レベルでの精密な構造制御が行われるようになるであろう。とくに微粒子では粒子表面・界面の構造制御が，微粒子の機能化・複合化に有効である。また，規則構造を保って微粒子を基板上の決まった場所に配列させる技術が光学材料や記録デバイスなどへの応用として注目されている。この場合，集積方法の開発が重要であるが微粒子の分散，粒子間相互作用の制御も重要なキーポイントとなる。一方，ナノサイズの粒子が注目されるようになって，その安全性の問題が取り上げられるようになった。今後ナノ粒子のリスク評価法の確立が望まれる。また，ディーゼル排気粒子などの大気浮遊粒子状物質や花粉に代表されるアレルゲン粒子などは，微粒子が関与する解決すべき環境問題の代表としてあげられる。

これらの技術課題を解決するためには微粒子の表面・界面に関する新しい評価法の開発が必要であろう。これまで多くの微粒子表面・界面評価法が開発されてきたが，これらの評価法が現在の材料開発の要求に十分応えられないケースが見受けられる。“粉は魔物”といわれるように微粒子は扱いにくい材料の一つであるが，今後微粒子のための表面・界面評価法をさらに充実させる必要があると思われる。［武井　孝］

4.2　無機微粒子[1〜4)]

ナノからマイクロサイズの無機微粒子は，いろいろな産業において広く利用されている。また今後，新しい機能をもった微粒子の合成と応用が期待できる。無機微粒子の合成には，大別すると気相，液相および固相反応を用いた方法がある。これらの方法には，それぞれ特徴があり，合成する粒子によって使い分ける必要がある。このうち汎用性の高い方法は液相反応法で，高温高圧を必要としない調製法として用いられる。したがって，本節では，液相反応による無機微粒子の生成メカニズムとそのキャラクタリゼーションの要点を述べる。

4.2.1　微粒子の生成

いろいろな溶液から粒子が生成する過程は，複雑でまだよくわかっていないが，現在妥当と思われている生成過程を述べる。無機微粒子は無機イオン溶液から生成する

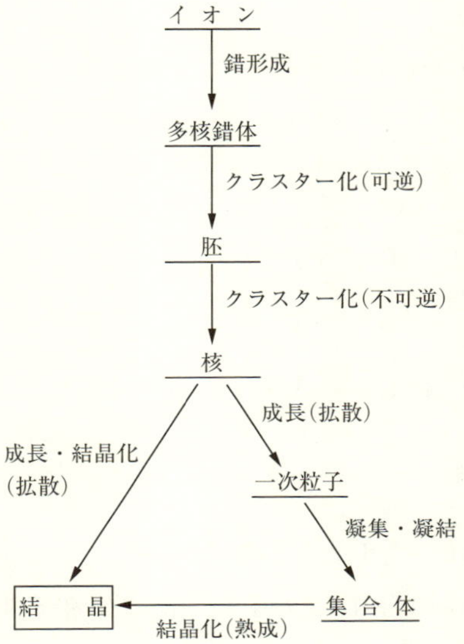

図 4.5 金属イオン溶液からの微粒子生成過程

ので，図 4.5のような生成過程が考えられる。その詳細を以下で説明する。

a. 核 生 成

溶液から微粒子が生成するためには，溶質の濃度が溶解度以上になっていること，つまり過飽和状態が必要である。まず，溶液中で溶質イオン濃度のゆらぎが起こり，溶質イオン濃度が部分的に高くなって，イオンが接近して結合し集合体が形成される。錯イオンをつくる金属イオンの水溶液では，図 4.6のような錯イオンの重合により多核錯体ができる，この重合反応は，温度，濃度，イオンの種類などいろいろな条件の影響を受ける。また，この多核錯体にイオンがさらに重合するか，多核錯体どうしが集まってさらに大きな粒子なる。この過程は可逆的である。しかし，ある大きさ以上になった粒子は，再び小さくなることなく成長する。このような大きさの粒子が“核”とよばれる。また，核より小さく可逆的に生成・消滅を繰り返す粒子を“胚”とよぶ。

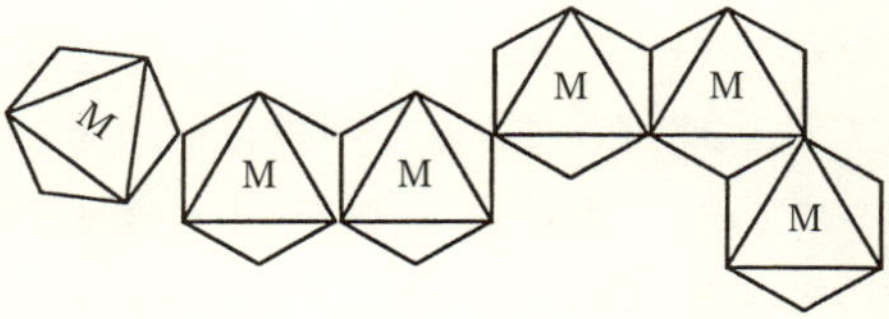

Mは金属イオンで，正八面体の角にはO，OHおよびアニオンがある。MはOまたはOHを介して結合している。

図 4.6 金属イオン多核錯体イオンの重合

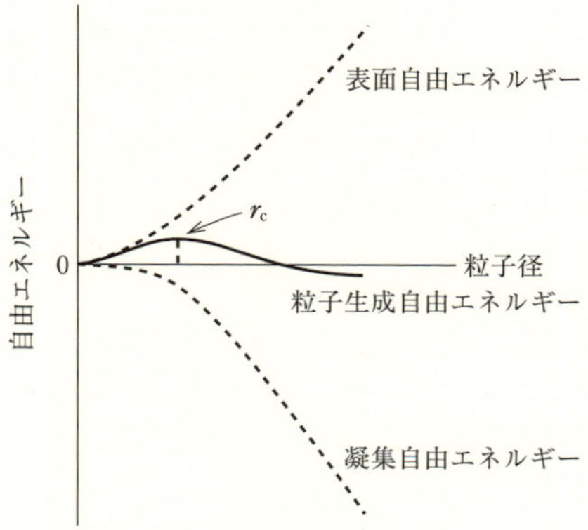

図 4.7　粒子生成自由エネルギー

核となる粒子の最小の大きさは，凝集に必要な自由エネルギーと生成した表面自由エネルギーのバランスによって決まる。これらの自由エネルギーの和が粒子生成自由エネルギーで，粒子の大きさとの関係は過飽和度が一定のとき，図 4.7 のようになる。粒子生成自由エネルギーが極大を示す粒子の大きさが核となる最小の大きさ（r_c は臨界粒径）である。r_c は過飽和度に依存し，過飽和度が大きくなると小さくなり，核ができやすくなる。

b.　粒 子 成 長

核が生成されると，その表面に溶質が拡散して吸着し大きな粒子になる。これは溶質濃度が溶解度に達するまでつづく。図 4.8 は，粒子が生成するときの溶質濃度 C_s の時間変化である。C_s はいろいろな方法で増加させることができる。たとえば，加熱加水分解，均一沈殿剤の使用，金属錯体の分解，相転移，酸化還元などがある。図 4.8 に示したように，C_s が時間とともに上昇し溶解度を超えて過飽和になり，その過飽和度が核形成に必要な値すなわち核形成最小濃度に達すると核が形成される。その核の成長に溶質が使われるため C_s の増加が抑えられる。そして，C_s が核成長に必要な濃度以下になると，核生成が起こらなくなり，C_s が溶解度になるまでに生成した核の成長のみがつづく。

核が成長して大きな粒子になるには，二つのルートがある。図 4.5 に示したように，溶質が溶液中から核表面へ拡散し結合して大きな粒子ができる。単結晶が成長する場合がこれにあたる。一方，核がある大きさまで成長した粒子（一次粒子）が集まって集合体ができ，さらに集合体内でイオンの組み換えが起こり結晶化する。前者のルー

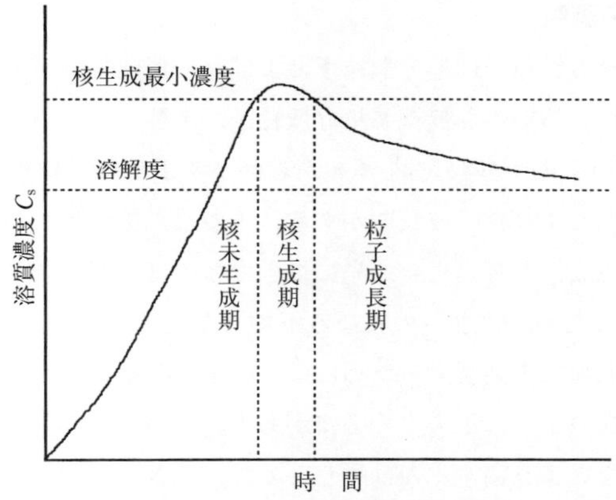

図 4.8 粒子生成における溶質濃度の時間変化

トでは単結晶粒子が，後者では多結晶体粒子ができやすい。 ［石川 達雄］

4.2.2 微粒子の形態制御

溶液から調製した微粒子の形や大きさは，同じ物質の粒子であっても，調製条件によって異なることが多く，形や大きさの違う粒子の混合物が得られるのがふつうである。これは，条件を同じにしたつもりでも，実際にはそのようになっていないからである。粒子形態を支配する因子は多数あり，これらをすべて制御することは大変困難である。しかし，微粒子を扱う科学や技術において粒子形態に関わる問題は多く，粒子形態を均一にし，それらを制御することはきわめて重要である。例えば，粒子形態の制御は，固体物性やコロイド科学の基礎的研究に有用であるばかりでなく，触媒，顔料，セラミックス，電子・磁性材料などの性能向上と新しい機能性材料の開発においてもキーポイントとなるであろう。

a. 粒子形態に影響する因子

図 4.5 からわかるように，溶液から粒子が生成する過程は複雑で，それぞれのステップに影響する因子がある。また，物質が違うとこれらの因子が異なってくる。したがって，それらのすべての因子を把握し制御することは事実上不可能であるため，実際には影響の大きな条件をみつけて，それを制御する。温度，濃度，陰イオン種，pH などがとくに重要である。

b.　単分散粒子の調製

同じ大きさと形をもつ粒子は単分散粒子とよばれ，形態制御が十分に行われたときに得られる。すでにいろいろな無機系単分散粒子が調製されているが，それらの生成機構は明らかでないものが多い。図 4.8 からわかるように，粒子生成過程には，核未生成期，核生成期および粒子成長期がある。一般に，後者の二つが分離されていない。このため，核生成期が長い場合，先にできた核のほうが後でできた核に比べて大きな粒子に成長するため，大きさの異なる不均一な粒子（多分散粒子）が得られる。したがって，単分散粒子を調製するためには，核生成期を短くするか，核生成期に粒子成長を起こさせないように工夫する必要がある。しかし，核生成期間中に粒子成長をまったく起こらないようにするのは難しいので，できるだけ核生成を速め，粒子生成を遅くする。このようにして大きさのそろった粒子が得られるが，これらの単分散粒子が凝集して大きさの不均一な二次粒子が生成することもしばしばある。

以上のような観点から，具体的には次のような方策がとられ，単分散粒子の調製が行われる。

（i）　核生成速度の制御　　核生成を速めるには，溶質濃度を上げるか粒子生成反応を速めることが必要である。これには加熱や均一沈殿剤を用いるなどの方法がとられる。表 4.4 にいろいろな均一沈殿剤と生成する粒子の種類を示す[4)]。このように，沈殿剤を変えることによって，いろいろな物質の粒子を合成することができる。これらのうちで最もよく使われる尿素はおよそ 90℃ 以上の加熱で次のように分解する。

$$H_2NCONH_2+3\,H_2O \longrightarrow 2\,NH_4^{+}+2\,OH^{-}+CO_2 \quad (酸性下)$$

$$H_2NCONH_2+2\,OH^{-} \longrightarrow CO_3^{2-}+2\,NH_3 \quad (塩基性下)$$

分解により，酸性下では pH が上昇し，塩基性下では pH が低下する。尿素濃度や温度を変えることにより，pH の変化速度を調整し，核形成速度を制御することができる。上の反応式からかわるように，酸性下での生成粒子は水酸化物で NH_4^{+} を含むことがある。塩基性下では塩基性炭酸塩粒子が得られる。

表 4.4　均一沈殿剤と生成粒子の種類

均一沈殿剤	生成粒子	均一沈殿剤	生成粒子
尿素・ホルムアミド	炭酸塩・水酸化物	硫酸ジエチル	硫酸塩
リン酸トリメチル	リン酸塩	チオ尿素・チオアセトアミド	硫化物
シュウ酸ジメチル	シュウ酸塩	セレン尿素	セレン化物

［永長久彦，“溶液を反応場とする無機合成”，培風館（2000）］

(ii) 粒子成長速度の制御 生成した核が成長する速度は溶質の濃度と拡散速度に依存するので，成長速度を制御するには，過飽和度，温度，溶質供給速度などを制御する必要がある。これらを低くすることにより，粒子成長を遅くすることができる。粒子成長は溶質が粒子表面に吸着して起こるので，吸着を妨害すると成長速度が遅くなる。金属イオンと錯体を形成するアミン，カルボン酸，吸着しやすい界面活性剤などを添加すると粒子成長が遅くなる。しかし，このような添加剤を用いた場合，生成した粒子内にこれらが残存し，純粋な粒子が得られないことがある。

(iii) 粒子の凝集防止 生成した単分散粒子の凝集を防ぎ多分散粒子にならないようにするには，低粒子濃度，かくはん，分散剤の添加，等電点から離れたpHでの合成などを行う。

(i)～(iii) で述べたような核生成，粒子成長および粒子凝集を制御する方法は，一つの粒子生成過程だけに働くわけではないので，目的とする過程のみを制御するには，調製の途中でこれらを行うことも必要になる。

これらの他に，種粒子の表面に溶質を段階的に積層し，粒径分布の変動係数が1桁の単分散性が非常に高い SiO_2 ならびに TiO_2 の球状粒子が調製されている[5)]。

c. 相転移による粒子の調製

直接合成することが困難な粒子は，一旦他の結晶構造の粒子を調製し，それを相転移させて調製することができる。相転移は気相中で行うことが多い。その一例として，オキシ水酸化鉄粒子から鉄粒子を得る方法について述べる。Fe^{3+} イオンを含む溶液にアルカリを加えて生成した無定形 $Fe(OH)_3$ を pH 12 以上で熟成すると，針状の α-FeOOH 粒子が生成する。これを 200℃ 以上で処理すると α-Fe_2O_3 粒子が得られ，還元すると Fe_3O_4 粒子が得られる。さらに酸化すると γ-Fe_2O_3 が，還元すると Fe 粒子が生成する。これらの粒子は，脱水，酸化，還元を繰り返しているにもかかわらず，相転移前の形態をほとんど保持している。したがって，出発粒子の形態を制御しておけば，それに近い形態をもつ目的物質の粒子を得ることができる。しかし，多くの場合粒子は多孔体になる。溶液内での相転移も粒子の合成に使えるが，粒子の溶解，析出を伴うときは，粒子形態が大きく変化するので，形態制御は困難である。

d. 粒子の表面被覆

粒子表面の高機能化，触媒の担持，粒子の化学的安定化などの目的で，粒子表面を他の物質で被覆することが広く行われている。表面を有機化合物で被覆するには，シランカップリング剤などいろいろな表面処理剤が使われる。無機化合物で被覆する場合は，無機イオン溶液中に粒子を分散させ，無機化合物を粒子表面に析出させる。表面析出は表面での核生成と粒子成長によって起こるので，すでに述べた粒子の形態制御と同じ方法で被覆制御ができる。また，表面析出は粒子表面の結晶構造，表面電荷，表面官能基の種類などにも依存する。2種類の無機イオンを混合した溶液から被覆粒子を調製することもできるが，両物質間で固溶体をつくらず，核生成期がずれる必要があり，適用できる物質が限られる。　［石川 達雄］

4.2.3　微粒子の組成および構造

形態制御して合成した粒子の化学組成と構造を調べて，どのような粒子が得られたかを十分調べる必要がある。粒子全体の組成分析は通常の方法で行えるが，粒子の構造を調べるには微粒子特有の手段を用いる。微粒子では，粒子表面の構造と性質が重要になる。粒子形態は電子顕微鏡で観察するので，真空排気および電子ビームの影響を考慮しなければいけない。

a.　微粒子の組成

微粒子からなる粉体は大きい比表面積を示すので，表面への他の物質の吸着，表面反応および表面欠陥や表面官能基の生成などが起こりやすく，粒子の組成は表面と内部で異なってくる。このため，粒子全体の組成だけでなく，表面組成も決定することが必要である。とくに粒子の表面機能を利用する場合は表面組成を知ることが不可欠である。最近では，いろいろな表面分析法が開発されており，微粒子ではXPS（X-ray photoelectron spectroscopy），EPMA（electron probe micro analyzer）などがよく使われるが，定量性にやや問題がある。

b.　微粒子の構造

（i）　結晶構造　　微粒子の構造は粒子の生成過程に依存する。4.2.1項で述べたように，粒子成長過程には，粒子表面に溶質が析出する場合と，一定の大きさの一次粒子ができ，それらが凝集して大きな粒子ができる場合がある。一般には，前者では単結晶粒子が，後者では多結晶体粒子ができやすい。生成した粒子が，単結晶体か多結晶体であるかを判定するには，X線回折と制限視野電子回折が有効である。X線回折からScherrerの式を用いて結晶子の大きさを求め，電子顕微鏡などによって求めた粒子の大きさと比較し，結晶子の大きさが粒子の大きさに近ければ単結晶体，小さければ多結晶体であることがわかる。しかし，この方法が適用できる結晶子の大きさは，およそ5～100 nmであり，格子不整を起こしているときは，正確な結晶子の大きさは求まらない。電子回折では，単結晶粒子はスポット状の回折パターンを示し，多結晶粒子はリング状のパターンを示すので，区別は比較的簡単である。しかし，電子ビームを絞るため加熱による構造変化に注意しなければならない。また，電子線が透過しにくい粒子は不適当である。

（ii）**細孔構造**[6]　粒子成長の過程が一次粒子の凝集を伴う場合には，一次粒子間の隙間が細孔となり，生成した粒子は多孔体になる。これらの細孔にはいろいろな大きさと形がある。孔径が 50 nm 以上の細孔をマクロ細孔，2〜50 nm をメソ細孔，2 nm 以下をミクロ細孔とよんで区別している。微粒子の細孔構造を調べるには，気体吸着（主として窒素吸着）法が最もよく用いられる。吸着または脱着等温線から，細孔径分布曲線を求めて，細孔の大きさを知ることができる。しかし，粒子が集合している場合は，それらの粒子間の隙間も細孔として働くため，粒子内の細孔と区別できない。また，細孔径分布曲線では求められない小さな細孔がある。これらは，ウルトラミクロ細孔とよばれ，吸着分子の大きさに近い孔径をもつ。ゼオライトの細孔がその例である。このような細孔をもつ粒子は，吸着させる分子の大きさによる選択吸着性を示すので，いろいろな大きさの分子の吸着等温線を測定することにより，細孔の大きさを見積もることができる。このほか，吸着等温線から比表面積を求め，粒子の大きさから幾何学的に計算した比表面積と比較することにより，多孔性か非多孔性かを知ることができる。粒子の細孔構造は微粒子の機能，例えば吸着性，触媒活性などに深く関係するばかりでなく，微粒子の生成機構の解明にも役立つ。

［石川 達雄］

4.2.4　微粒子の調製法

前項までは主に，液相での核生成および粒子成長を介した液相からの無機微粒子の生成について記述した。無機微粒子の合成は，液相法のみならず，気相法および固相法によっても可能である。本項では，各相からの無機微粒子の調製法につき，その特長について記載するとともに具体的な例を紹介する。無機微粒子合成における気相法とは，気相において化学反応を伴いつつ無機固相を得る気相化学成長法（CVD 法：chemical vapor deposition 法）と物理的衝撃を加えることで原料をはじき飛ばし，目的とする無機固相を堆積させる気相物理成長法（PVD 法：physical vapor deposition 法）に分類される。CVD 法では用いる熱源により，火炎法，プラズマ法，レーザー法，電気炉加熱法などがある[7]。

a. 気　相　法

具体的な例として，プラズマCVD法によるダイアモンドナノ粒子の合成があげられる[8,9]。この方法では，数%のメタンを含む水素をプラズマ雰囲気にさらすことで合成を行う。しかしながら現状では，プラズマ温度や効率などおいて，問題点も指摘されている[10]。一方，PVD法の代表的なものとしてはスパッタ法があげられる。この手法は，アルゴンプラズマ雰囲気下において，ターゲットと呼ばれる原料固体基板から目的とする基板へ無機固相を堆積させる手法である。液晶ディスプレイなどに広く用いられるインジウムスズ透明電極の作製法として広く用いられる手法である。この他，抵抗加熱法，高周波誘導加熱法，プラズマ加熱法，電子ビーム加熱法，レーザー加熱法などがある。CVD法およびPVD法は，いずれも，気相で生じた微粒子の凝集を抑制する機構を備えないことから，生じた粒子は容易に凝集するため，一次粒子分散した状態で無機微粒子を得ることは困難である。そのため，従来は，目的とした基板上へ無機固体を薄膜として緻密に堆積させる手段として主に用いられてきた。これに対して近年では，イオン液体やポリオールの不揮発性に着目し，真空下において，これらを塗布した基板上に無機微粒子を堆積させることにより，粒子どうしの凝集を抑制しつつ一次粒子分散した無機微粒子を得る手法が開発されている（図 4.9[11,12]）。

b. 液　相　法

液相において無機微粒子を合成する手法は，一般的に液相法と呼ばれる。この手法は，溶液法と融液法に大別される。溶液法は，溶液に沈殿剤や水を添加して化学反応

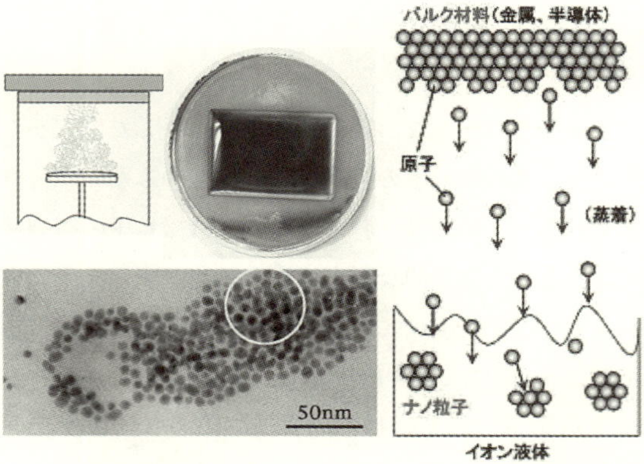

図 4.9　イオン液体への金属のスパッタリングによるナノ粒子合成
［© 大阪大学大学院工学研究科桑畑研究室］

を生じさせ，生じた物質の核生成および成長により無機微粒子を得る手法である。溶媒としてトルエンやアルコールなどの有機溶媒を用い，耐圧容器中で溶媒の沸点以上に加熱することにより無機微粒子を得る手法をソルボサーマル法とよぶ。一方，溶媒として水を用い，100℃以上に加熱することで無機微粒子を得る手法を水熱法とよぶ。前項に示したとおり，均一核生成および成長を介した単分散無機微粒子の合成では，均一な水溶性前駆体をあらかじめ調製することが重要である。水溶性金属錯体を用いることにより，これまでに様々な単分散金属酸化物微粒子の合成法が示されている[13]. 水は，耐圧容器中で400℃以上に加熱すると超臨界状態となる。超臨界状態では様々な物質が相溶することを活用すれば，ナノサイズの有機修飾無機微粒子を得ることも可能である。近年では，このような超臨界水熱合成法により，流通式の連続プロセスでの有機修飾無機ナノ粒子合成が行われている[14]。エチレングリコールなどのポリオールは，比較的沸点が高く，加熱することで還元性を示す。この特性を活用し，例えば，硝酸銀のエチレングリコール溶液を加熱することで，銀ナノ粒子を得ることができる。このような手法をポリオール法とよぶ。この際，ポリビニルピロリドンなどの添加剤を加えることで，得られる銀ナノ粒子の形態を立方体へと制御することも可能である[15]。この他，金属塩などを$NaBH_4$やクエン酸などで還元させて合成する液相還元法，金属アルコキシドを加水分解し，金属酸化物粒子を得るアルコキシド法，逆ミセルやマイクロエマルションなどのミクロな反応場を利用する逆ミセル法，被覆分子存在下・高沸点溶媒中で熱分解反応させることにより粒子を得る錯体熱分解法などがある。錯体熱分解法は，ホットソープ法などとも呼ばれ，図 4.10 に示すとおり，貴金属，金属酸化物，硫化物，フッ化物など，サイズ・形状が均一な様々なナノサイズの無機微粒子の合成に適用されている[16~18]。具体例としては，沸点 293℃で還流しているオクチルエーテル中において，オレイン酸やオレイルアミンなどの界面活性剤存在下，原料となる金属錯体を一気に加えることで無機ナノ粒子を合成する手法があげられる。この際，金属錯体は急速に熱分解されることで粒子の前駆体濃度が一気に臨界過飽和度を超えるため，急速かつ大量の核が生成する。このような系では，核生成期が短くなるのみならず，核生成に多くの粒子前駆体が消費されるため，成長期間の差異が小さくなり，得られる粒子が単分散化する。錯体熱分解法により得られる粒子はいずれもその表面がオレイン酸などの界面活性剤により修飾されていることから，有機溶媒への均一分散が可能である。この特性とナノ粒子の透明性を合わせて用いることで，シクロヘキサンなどの非極性溶媒へ，透明性を保ちつつ無機粒子に由来

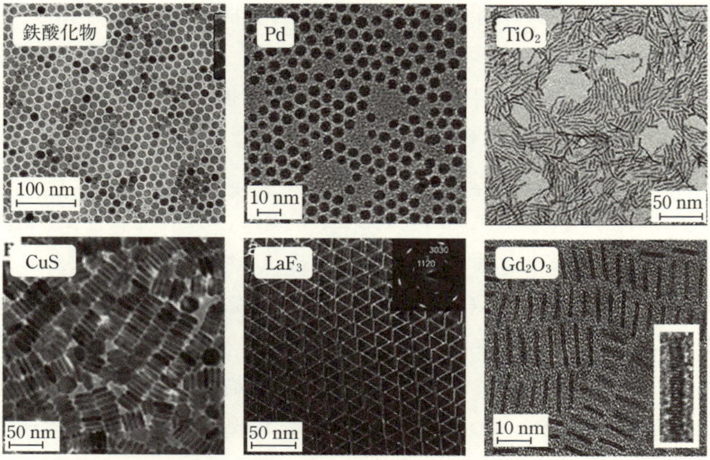

図 4.10　錯体熱分解法により合成した金属，酸化物，硫化物，フッ化物ナノ粒子の例

した着色を行える[19)]。

融液法は，金属物質が溶けている融液を噴霧して液滴とし，微粒子を製造させる手法で，噴霧熱分解法，溶媒蒸発法，溶射噴霧法，プラズマジェット法などがあげられる。特に噴霧熱分解法はスプレー熱分解法ともよばれ，目的の金属塩溶液を高温雰囲気に噴射し，即座に熱分解することで酸化物ナノ粒子を得る方法である。噴霧法としては，加圧式，超音波法，振動法，回転ディスク法，静電法がある。

c. 固　相　法

無機微粒子合成における固相法とは，原料を混合・焼結などにより得たバルク固体や大きな粒子に機械的なエネルギーを加えて粉砕することで微粒子を合成する手法を指す。水や有機溶媒を用いない乾式プロセスであり，製造コストが低いことから，無機微粒子を粉体として製造する手法として工業的には最も広く用いられている。一方で，粒子形状を制御する機構を備えないことから，得られる粒子はいずれも不定形である。一般に，粉砕により得られる粒子のサイズは，小さいものでもサブミクロン程度である。さらに低粒径化するためには，粉砕時に用いるビーズの粒径を小さくすることが必要になる。例えば，ビーズ径 0.03 mm のジルコニアビーズを用いて酸化亜鉛の粉砕を行うことにより，平均粒径 15 nm のナノサイズの粒子を得ることができる。粉砕により蓄積した機械的エネルギーを化学反応に用いて機能性粉体を得るメカノケミカル法[20)] なども固相法の一つであり，粉体への異種元素のドーピングによる高機

能化などが検討されている。　［蟹江　澄志］

4.3　有機微粒子

4.3.1　有機ナノ結晶

a.　は じ め に

有機化合物によるナノメートルオーダーの結晶（有機ナノ結晶）の作製法として，まず蒸発法が提唱されたが[1,2]，蒸発法は加熱を伴うため熱に不安定な有機化合物への適用が困難である。その後，広範な有機化合物をナノ結晶化するための手法として，“再沈法”[3] が提案され，様々な有機ナノ結晶が作製された。

b.　有機ナノ結晶の作製法“再沈法”

図 4.11 は，再沈法の概念図である。対象化合物を良溶媒に溶解させた後，マイクロシリンジなどを用いて，その溶液をよくかくはんした貧溶媒に一気に注入する。水に不溶な有機化合物のナノ結晶化を試みる場合，貧溶媒としては主に蒸留水が使用され，良溶媒としては，アセトン，アルコール系溶媒などの水に溶解する有機溶媒が用いられる。これまでに再沈法によりナノ結晶化が達成された有機化合物としては，様々な π 共役系化合物の他，高分子系や薬効化合物などと多岐にわたり，濃度や温度などの実験条件を最適化することにより，最小サイズが 10 nm 以下の有機ナノ結晶を作製できる[4]。

c.　有機ナノ結晶の生成過程の解析

再沈法による有機ナノ結晶の生成過程は，試料溶液と貧溶媒の混合と有機ナノ結晶

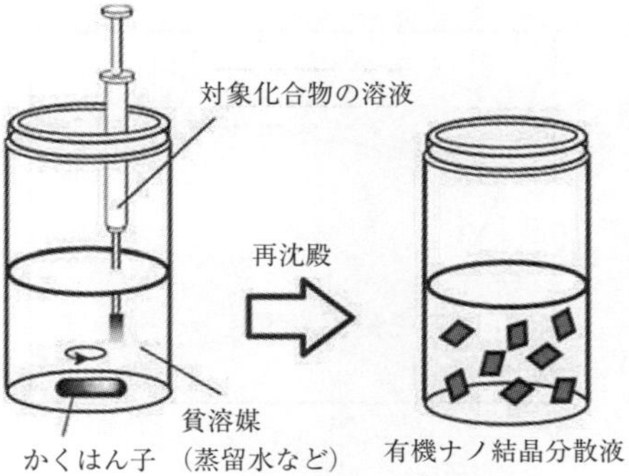

図 4.11　再沈法の模式図

の生成が並行して進行すると考えられ，ストップトフローシステムを用いたモデル化が検討されている。図 4.12 はペリレンの有機ナノ結晶の生成過程の時間分解吸収スペクトルである[5]。混合直後には 434 nm に吸収極大をもつペリレン分子由来の吸収帯が観測されるが，その後，380 nm と 448 nm に等吸収点を示しつつ，時間経過に伴いペリレン分子の吸収減少が確認された。同時に，453 nm にペリレンナノ結晶由来の吸収ピークが増大した。

ペリレン分子がナノ結晶に変化していく過程をそれぞれ 434 nm と 453 nm における吸収強度の時間変化としてまとめた結果が図 4.13 である。分子の吸収の減衰に対応して，ナノ結晶の吸収が増大しており，時定数はどちらも 86 s^{-1} と見積もられ，有機ナノ結晶の生成速度と同等であった。図 4.13 において，結晶生成は混合後約

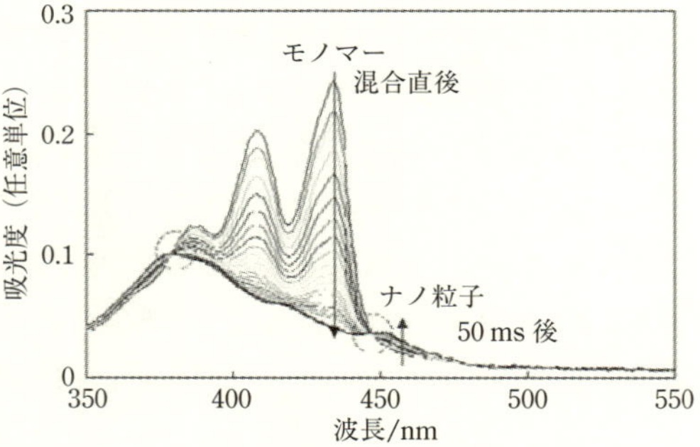

図 4.12　ペリレンナノ結晶の生成過程の時間分解吸収スペクトル
〔J. Mori, Y. Miyashita, D. Oliveria, H. Kasai, H. Oikawa, H. Nakanishi, *J. Cryst. Growth*, **311**, 553（2009）〕

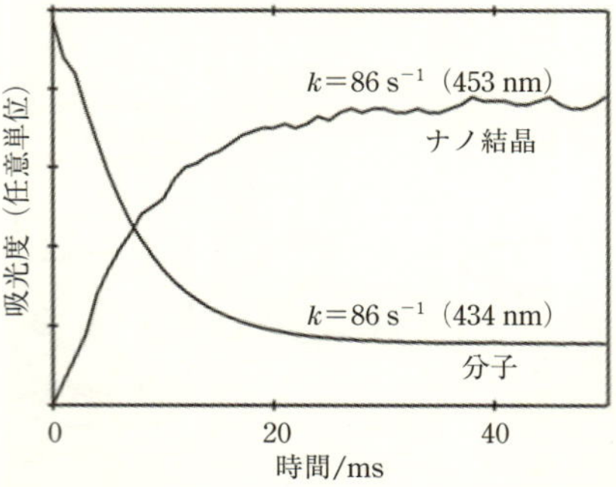

図 4.13　ペリレンナノ粒子生成過程の過渡応答

表 4.5　ペリレンナノ結晶の生成速度とサイズの関係

速度/s^{-1}	粒子サイズ/nm	SEM 像	速度/s^{-1}	粒子サイズ/nm	SEM 像
9	200	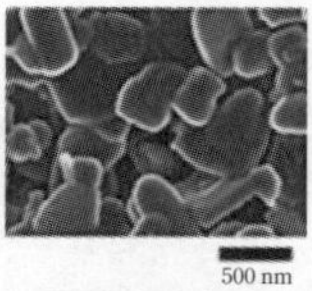	66	120	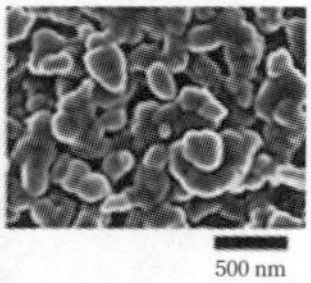
31	200	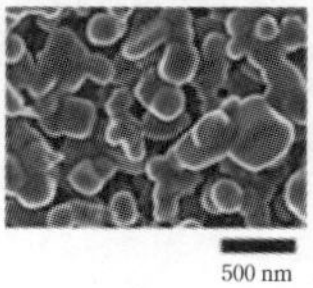	86	80	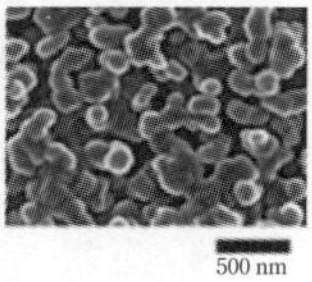

30 ms でほぼ完了しているが，実験条件を変えると，有機ナノ結晶の生成速度は変化する。この事象は，古典核生成理論に基づいて解釈できる。試料濃度が増加し，系の過飽和度が増加すると，ナノ結晶の生成速度は増大する傾向が観測された。

表 4.5 は，ナノ結晶化速度と作製されたペリレンナノ結晶のサイズを示している。ナノ結晶化速度が上昇すると粒子サイズは微細化しサイズ制御にはナノ結晶化速度や過飽和度の制御が大変有効であることが分かる。すなわち，過飽和度が高い場合，核発生頻度が高くなり，多数の核が発生するため，分子の消費が速やかに起こり，生成する有機ナノ結晶のサイズが小さくなる。

d.　再沈法によるナノ純薬の作製

近年，医薬品の半数以上が難水溶性薬物となっている。難水溶性薬物の溶解性を改善する手法として，薬物単体のみから構成されるナノ粒子“ナノ純薬”の作製が検討されている。抗がん活性化合物である SN-38 は非常に高い活性を有するが，難水溶性であるため SN-38 の水溶性のプロドラッグである塩酸イリノテカンが実際のがん治療に使用されている。SN-38 に再沈法を適用したところ SN-38 のナノファイバーが得られ，ナノ純薬は得られなかった（図 4.14)。この結果は，SN-38 の二つのヒドロキシ基の存在から水への親和性が認められ，結晶化速度の低下を招いたためと理解できる。一方，水溶性をさらに低下させるために合成された SN-38 の二量体の場合は，再沈法により分散液が得られ，SEM 観察の結果，粒径約 50 nm のナノ粒子が生成している。

図 4.15 は作製された SN-38 二量体のナノ純薬の細胞毒性をヒト肝がん由来の

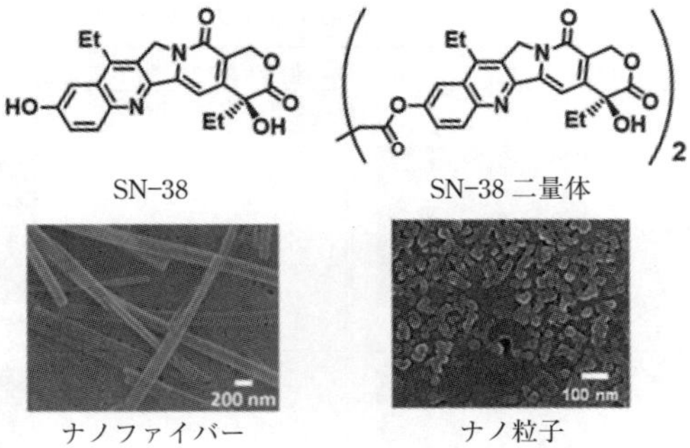

図 4.14　SN-38，SN-38 二量体の構造式とナノ純薬の SEM 像

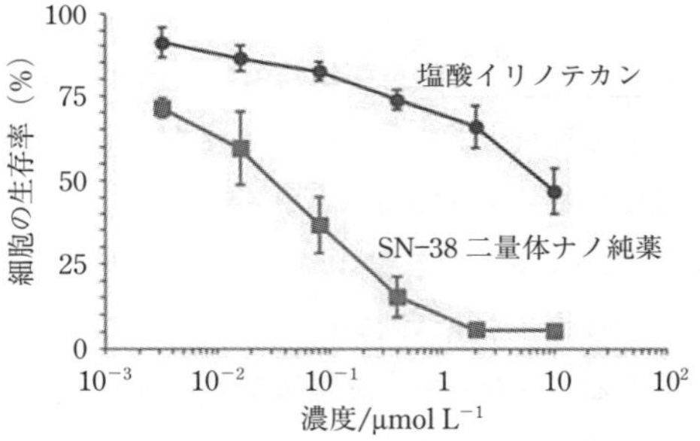

図 4.15　SN-38 二量体ナノ純薬，塩酸イリノテカンの HepG2 に対する細胞毒性
［H. Kasai, T. Murakami, Y. Ikuta, Y. Koseki, K. Baba, H. Oikawa, H. Nakanishi, M. Okada, M. Shoji, M. Ueda, H. Imahori, M. Hashida, *Angew. Chem. Int. Ed.*, **51**, 10315 (2012)］

HepG2 を用いて評価した結果である。塩酸イリノテカンと比較して SN-38 二量体ナノ純薬は非常に高い活性を示した[6]。活性本体はどちらも SN-38 であることから，活性の差はナノ粒子化することにより細胞透過性が向上したためと考えられる。また，抗がん活性化合物であるポドフィロトキシンに関しても同様に二量体とすることで再沈法によりナノ粒子が得られており，この手法の汎用性が確認されている[7]。

以上のように，抗がん活性化合物の水溶性を低下させることで再沈法によりナノ純薬の作製が可能となり，薬効を改善できることが明らかとなった。今後，動物実験による薬理効果の検証が待たれるとともに，ナノ点眼薬[8] やナノ塗布薬などの様々な疾患を対象とした応用展開が期待される。　　　　［笠井 均，小関 良卓］

4.3.2　高分子微粒子

a.　は じ め に

高分子微粒子は，媒体に分散したコロイドとして得られ，媒体の蒸発とともに融着・

成膜させる塗料や接着剤などの応用が多くなされている。さらに様々な官能基の導入など表面特性を制御しやすいことなどから，マイクロカプセル，固定化担体や光散乱材料などの用途に幅広い分野で応用されている。単純な真球状粒子だけでなく，表面や内部モルフォロジー制御など，機能を付与するための合成技術も発展している。高分子微粒子の合成法は，ブレークダウン（あらかじめ合成した高分子を微粒子化する方法）とボトムアップ（モノマーを重合して微粒子化する重合法）に分類することができる。

b. 析　出　法

あらかじめ合成した高分子を微粒子化する方法として，高分子のバルク体を粉砕する方法があるが，粒径/分布やモルフォロジーの制御が困難であるため，高分子を溶媒に溶解させ，そこから析出させることにより高分子微粒子を得る方法がよく用いられる。ポリエステルやポリアミドなどの逐次重合ポリマーは，後述する不均一重合法に適応するのがむずかしいことが多く，析出法が主に用いられる。

（i）液中乾燥法　ポリマーを良溶媒に溶解して媒体中に分散させたのち，懸濁滴から良溶媒を除くことにより固化・微粒子化させるものである。膜乳化やマイクロ流路などを利用するなど，懸濁条件により単分散な粒子の作製も可能である。また，w/o/w の懸濁液を利用することによりマイクロカプセルの調製も可能である。

（ii）相分離法　ポリマー溶液に対して（溶液に混合する）貧溶媒を徐々に混合することにより高分子を析出させる。乳化剤を添加するか，ポリマー自体にカルボキシ基などを導入することにより微粒子化できる。また高分子溶液に貧溶媒を添加したのち，徐々に良溶媒のみ蒸発させることによっても同様に微粒子化することができる(SORP 法：self-organized precipitation, 自己組織化析出法)(図 4.16)。この際，ブロックポリマーを使用するとタマネギ状やラメラ状など特異なモルフォロジーをもつ高分子微粒子が作製できることも報告されている[9]。

（iii）その他　原理的には上記の方法と同様であるが，ポリマー溶液を噴霧乾燥する方法，臨界共溶温度や pH 変化を利用する方法，また架橋反応や静電相互作用により高分子を析出させ粒子化する方法など，ポリマーの性質や用途に合わせて工夫された手法が多く存在する。

c. 重　合　法

高分子微粒子の多くは系中でモノマーを重合して微粒子化する重合法で合成されており，ビニルモノマーのラジカル重合による方法が一般的である。様々な重合法があ

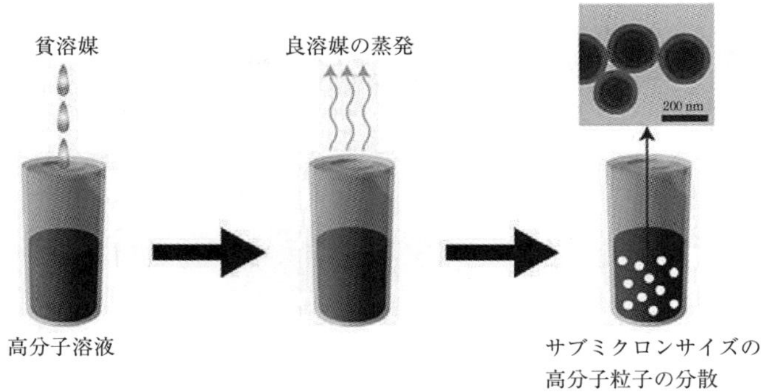

図 4.16　SORP法のスキーム
[H. Yabu, *Polym. J.*, **45**, 261 (2013)]

り[10]，モノマーの性質や目標粒子径の違いにより使い分けられている。

（i）懸濁重合　開始剤を溶解した媒体（主に水）に難溶モノマーを分散させ，分散安定剤として少量の水溶性ポリマー（ポリビニルアルコールなど）を加えてかくはんしながら懸濁液（モノマー滴）を作製し，重合を行う方法である。重合はモノマー滴内で進行し，均一系である塊状重合と同様の重合挙動を示す。懸濁滴の大きさに依存して数十 10 μm〜数 mm の粒子が得られ，粒径分布は広くなる。

（ii）乳化重合　乳化剤と開始剤を溶解させた水相と，モノマーの油相からなる重合法であり，懸濁重合と同様，モノマー滴が水相に分散している。しかし重合の場所は，モノマー相ではない。水相には乳化剤から形成されるミセルが多数存在し，その中にはモノマーが取り込まれている。開始剤が水相で分解しラジカルを発生させると，それはモノマー滴より圧倒的に多量に存在するため，ミセル中に飛び込み，重合が始まり成長粒子が形成される（図 4.17）。モノマーはモノマー滴から平衡反応により補給され，ラジカルの進入により停止，成長が繰り返され，数百ほどの高分子鎖の集合体，大きさとしては数十〜数百 nm の粒子が得られる。重合速度は他の重合法に比較して非常に速く，高分子量のポリマーが得られるのが特徴である。

（iii）ミニエマルション重合　乳化重合とほぼ同じ組成で，モノマー滴を超音波ホモジナイザーや高圧ホモジナイザーでさらに数百 nm まで小さくすると，増加したモノマー滴表面に乳化剤が吸着することでミセルが形成されなくなる。水相で発生したラジカルはモノマー滴に飛び込み（油溶性開始剤も使用可），モノマー滴中で重合が進行する。理想的にはモノマー滴がそのままポリマー粒子になる。粒子は乳化重合

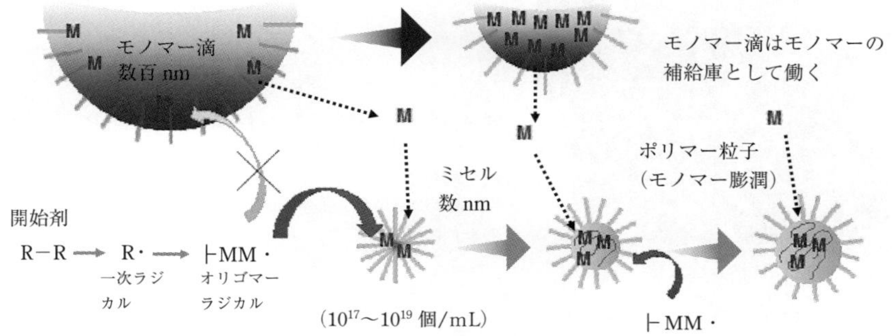

図 4.17　乳化重合の重合メカニズム

と同様なものが得られるが，モノマー滴が小さくなるため Ostwald 熟成が無視できず，それを抑制するためにヘキサデカンなどハイドロホーブを添加する必要がある。乳化重合できない水にまったく溶解しないモノマーについても，粒子合成が可能となる。

（iv）　無乳化剤乳化重合（ソープフリー乳化重合）　　モノマー/開始剤/水から構成される乳化剤不在の乳化重合である。水相にわずかに溶けているモノマーが重合により成長し，臨界鎖長になると析出して，他の析出物と合一して安定核を形成する。安定化は開始剤末端のイオン基のみで行われるため，高固形分化は困難であるが，乳化剤などの不純物がないため得られたポリマーの耐水性がよく，表面がクリーンであることから生医学分野にも応用されている。粒子径は数百 nm のものが得られ，粒径分布のそろった単分散性粒子が得られるのも特徴である。

（v）　分散重合　　分散重合は，他の不均一重合法と違い，重合前はモノマー，開始剤，分散安定剤がすべて媒体に溶解した均一溶液である。ただモノマーは溶解するがポリマーは溶解しない溶媒（アルコールなど）を選択することにより，生成したポリマーは析出し，分散安定剤の作用により安定核が形成されて粒子成長する。数 μm の粒子が得られ，この方法も単分散となる（図 4.18）。

（vi）　マイクロエマルション重合　　自然乳化状態から重合を始める方法であり，最適な系では全体が透明な状態で重合が進行し，10〜30 nm 程度の粒子合成が可能である。ミセル数が生成粒子やラジカルの数よりはるかに多いため，ラジカルは確率的にすべて別々のミセルに進入する。すなわち二つめのラジカルは進入しないため停止反応が起こらず非常に高分子量のポリマーが得られる。しかし多量の乳化剤（モノマーの等量以上）が必要なため，応用は限定的である。

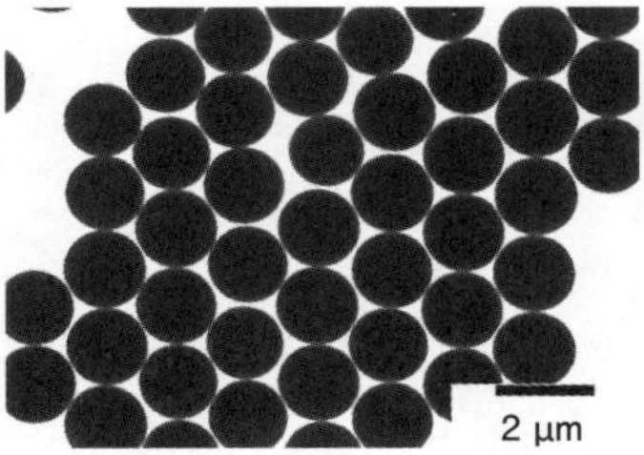

図 4.18　分散重合により得られたポリスチレン粒子の透過型電子顕微鏡写真
数平均粒子径 1.71 µm
(重量平均粒子径)/(数平均粒子径) 1.001
変動係数 2.2%

d. おわりに

基本的な合成法について簡単に解説したが，さらに機能を付与する場合，共重合を行ったり複合粒子にする必要もある。一般的に複合化は，シード粒子存在下で別種のモノマーを重合する「シード重合法」により得られる。異種高分子はほとんど混ざり合うことがないため粒子内で相分離し，コアシェル構造や海島構造など，異相構造を形成する[11)]。さらに熱力学的に非平衡な状態で形成された粒子は，真球状でない，いわゆる異形粒子として得られることもある。　［南　秀人］

4.4　微粒子の特殊な機能と性状

4.4.1　磁性微粒子

鉄やコバルト，マグネタイト（Fe_3O_4），マグヘマイト（γ-Fe_2O_3）などは強磁性体とよばれ，磁石に吸いつく特性をもつ。この強磁性体を細かくしたものが磁性微粒子である。ここでは，磁性微粒子の応用について紹介する。

一般的に，数 µm サイズの大きい強磁性体は，結晶中に磁区とよばれるスピンが平行の領域を数多くもつ多磁区構造体である。それぞれの磁区は互いにスピンの効果を打ち消し合うように存在しているため，強磁性体全体のエネルギーは低下している。そのため，サイズの大きい強磁性体全体では，永久磁石のような磁場は発生していない。外部から磁場をかけ，結晶中の磁区の多くが磁場に沿って向きがそろったときに，強磁性体全体が磁場をもつようになる。一方，強磁性体のサイズを小さくしていくと，結晶中の磁区の数が徐々に減り，最終的には一つの磁区（単磁区）をもつようになる。したがって，結晶中のスピンがすべて平行であるため，サイズの小さい強磁性体の保磁力は，サイズの大きいものと比べて飛躍的に増加する。つまり，永久磁石に似た挙動を示すようになる。

サイズを小さくすることによる保磁力増加の特性を利用して，磁性微粒子はパソコンのハードディスクやカード類の磁気テープなどの磁気記録材料として用いられる。記録密度を高めるためには，単位面積あたりの磁性微粒子の個数を増やす必要がある。ただし強磁性体のサイズをきわめて小さくすると，保磁力はゼロになってしまう。これは，微粒子のサイズが小さくなると，スピンの向きをそろえようとする異方性エネルギーが低下するため，熱かく乱によりスピンの向きがバラバラになるからである。

医療やバイオ分野においても，磁性微粒子の利用が注目されている。とくに臨床検査において，生体微量成分である腫瘍マーカー（タンパク質や抗原など）の分離・回収および高感度分析に，多磁区構造の磁性微粒子が利用される。この場合は，溶液中に分散された磁性微粒子が，磁場で簡単に吸引捕集できる点が利用される。また磁性微粒子をポリマーで覆うことにより，微粒子表面に種々の官能基を導入できるため，その表面に酵素や抗体などの化学種を，親疎水性および静電的相互作用などに基づいて吸着させたり，化学結合を介して固定化したりすることが可能である。したがって，タンパク質や抗原などの目的成分と特異的に結合できる抗体を表面に導入した磁性微粒子を，血液や尿などの検体に添加することにより，検体中から，目的成分の分離・回収・洗浄の操作を簡便にすることができる。また，ここで得られた微粒子を，標識抗体を含む溶液でさらに処理すれば，磁性微粒子表面に抗体-目的成分-標識抗体のサンドイッチ状の結合体を形成させることができる。標識抗体の標識物質には酵素が広く用いられており，酵素の触媒反応に基づく発色または発光性の生成物の強度から，目的成分の定量評価が可能になる（酵素免疫分析法）（図 4.19）。酵素以外に，標識物質にルテニウム錯体も用いられている。ルテニウム錯体は，トリプロピルアミン（TPA）とともに電気化学的に酸化されると，それぞれ酸化されたルテニウム錯体とTPAとの間での電子移動反応の結果，発光を生じる。電極の裏側に磁石を設置することで，電極表面に磁性微粒子を容易に高密度で捕集でき，その後，TPA存在下で電極に電位を印加することにより，ルテニウム錯体の発光が得られる[1)]。発光計測終

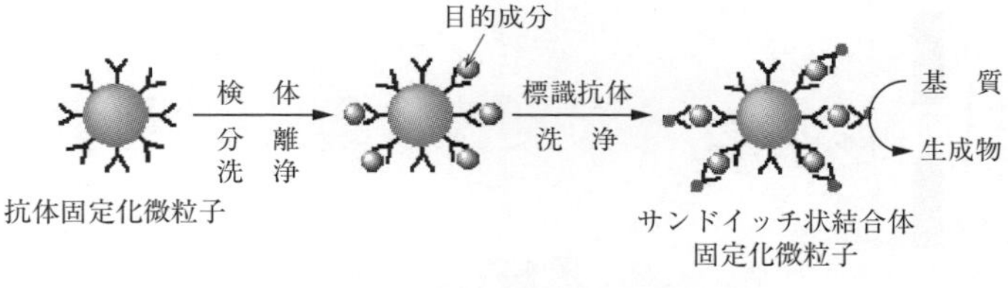

図 4.19　磁性微粒子を用いた免疫分析法

了後，磁石を電極の裏側から取り除けば，磁性微粒子を電極表面から除去できるため，電極を繰り返し利用できる利点がある。なお，この電気化学的手法に基づく発光免疫分析法は，応答が酵素活性に依存する酵素免疫分析法と比べて，再現性の高い分析法として注目されている。

磁気分離や高感度免疫分析への応用以外に，単磁区構造の磁性微粒子のバイオへの応用も検討されている[2,3]。高い保磁力をもつ単磁区構造の磁性微粒子は，交番磁界を印加すると，ヒステリシス損に伴って発熱する。この現象を利用して，がん細胞などの腫瘍を42.5℃以上に加熱して死滅させる温熱療法への応用が期待されている。また，薬物送達システムへの応用も考えられている。たとえば，磁性微粒子と薬物を内包した熱感応性相転移ゲル微粒子を患部に導入し，交番磁界による磁性微粒子の発熱でゲル微粒子を収縮させれば，薬物放出が期待される。ただし，これらの実現にはさまざまな課題も存在する。たとえば，磁性微粒子を腫瘍や患部に特異的に送達する必要がある。血流に乗って運ばれる磁性微粒子は血管内皮を通過でき，その後，磁性微粒子は腫瘍や患部のみに留まらなければならない。また，使用済みの微粒子は，体内から速やかに排泄されなければならない。　［小森 喜久夫］

4.4.2 量子ドット

量子ドットとは，サイズを10 nm以下に縮小した粒子状のもので，粒子を構成する原子数を1000個未満にした材料である。粒子サイズをナノ領域にすることにより，バルク結晶状態ではみられない特異な物性が現れる。その代表は，電子や励起子がナノ空間に閉じ込められることによって起こる量子閉じ込め効果である[4]。図4.20は，バルク結晶と量子ドットにおける電子のエネルギー準位の変化を示している。バルク結晶でのエネルギー準位はバンド構造とよばれるエネルギー状態を形成するのに対して，量子ドットでのエネルギー準位は構成原子数の減少に伴い離散的な状態に変化する。そのため，伝導帯と価電子帯のバンド端は構成原子数の減少に依存して広がって

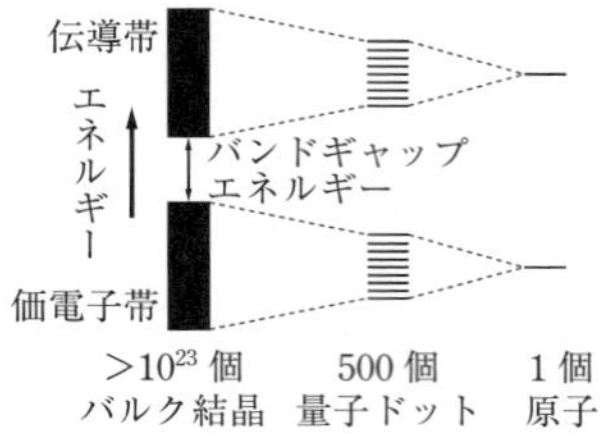

図 4.20　バルク結晶と量子ドットにおける電子のエネルギー準位の変位

いき，実効的なバンドギャップエネルギーの増大を発生させる。この現象以外にも，サイズが 10 nm 以下になると，電界効果による電子伝導の増進[5)]，表面効果による化学活性の増大[6)] など多様な効果が出現するようになる。このような量子ドット特有の現象は，エレクトロルミネセンス型ディスプレイ，電子放出型ディスプレイ，太陽電池，生体内観察プローブ，薬物送達システムなど幅広い分野への応用が期待されている。

量子ドットの製造には，サイズの大きな粒子を粉砕していくブレークダウン法（固相法）と原子・分子を融合していくビルドアップ法（液相法，気相法）のいずれかの手法が用いられる。これらの方法は，構成材料，大きさ，保持状態（溶液内分散状態，単一粒子状態，薄膜内分散状態など），収率など量子ドットの使用目的によって使い分けられる。

ところで，これまでに製造されている量子ドットには，資源面，環境面，生体の安全面などで問題を抱えるものが多い。そのような観点からは，シリコン量子ドットに対する期待が大きい[7)]。この材料は，これまでの半導体産業を支えてきた基盤材料であるシリコンのみで構成されている。そのため，シリコン量子ドットを従来のシリコンテクノロジーと組み合わせることで，新規のデバイス創製が可能となるかもしれない。図 4.21 は，シリコン量子ドット発光スペクトルの粒子サイズ依存性である。シリコン量子ドットの場合，2 種，3 種の元素で構成された化合物半導体量子ドットと同様，粒子サイズを 1.9 nm から 3.3 nm まで変化させることで，可視領域において青色から赤色までの発光色を自由自在に制御することができる[8)]。その可視発光は光

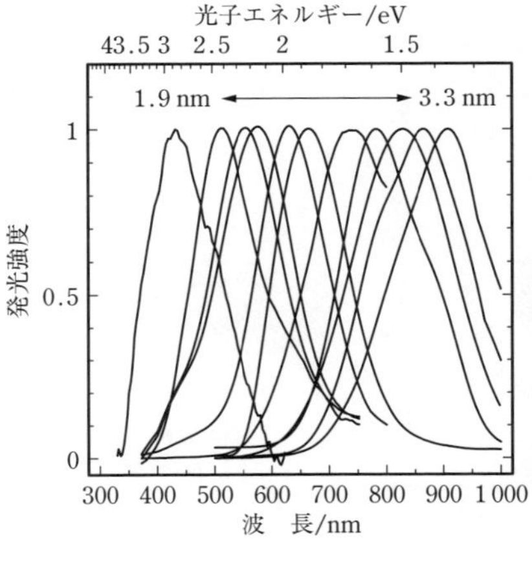

図 4.21　単一粒子状態のシリコン量子ドットにおける発光スペクトルの粒子サイズ依存性

励起法や直流電圧印加法により得られ，発光安定性も年単位で，大気，真空，溶液，細胞，生体などの保存環境にまったく依存しないため，真贋識別用デバイスやエレクトロルミネセンスデバイスなどの工業用途[9]から，生体内観察プローブなどの医療用途[10]まで幅広い分野で利用できる可能性を秘めている。　　　　［佐藤 慶介］

4.4.3　ハイブリッド微粒子

無機のコアをもつ微粒子を主に液相法で調製した場合には，多くの場合，そのまわりを有機物が囲んだ構造のものが得られる（図 4.22）。つまり，有機無機ハイブリッドの一つである。たとえば，クエン酸還元で塩化金(III)酸から調製できる水分散性金ナノ粒子は[11]，バイオセンシングのための材料や電子顕微鏡用染色材料として広く利用されるが，クエン酸イオンがその表面に吸着して電荷反発が生じ水中に安定に分散している。ポリビニルピロリドンに代表される高分子の共存下で金属イオンを還元すると，高分子に包埋された金属ナノ粒子ができる。この高分子保護金属ナノ粒子は，高効率の均一系触媒として利用される[12]。さらに，ポリビニルピロリドンの存在下，2種類の金属塩を同時に還元すると，多くの場合，コアシェル構造をもったハイブリッド合金ナノ粒子ができる。この合金構造は，それぞれの金属イオンの酸化還元電位とポリマーと金属との相互作用力の差によって決定される。また，同じポリビニルピロリドンの存在下での銀イオンの還元では銀ナノ粒子ではなくナノロッドが形成されることが多い。これは銀の特定の結晶面にポリビニルピロリドンが吸着しやすいため，構造が制御されるからである[13]。これらは，原子配列や立体構造が制御された有機無機のハイブリッド微粒子ということができる（図 4.23）。

こうした微粒子の機能を積極的に利用するために，さまざまな有機物とのハイブリッド化が行われる。最も簡単でポピュラーなものは自己組織化単分子膜（SAM：

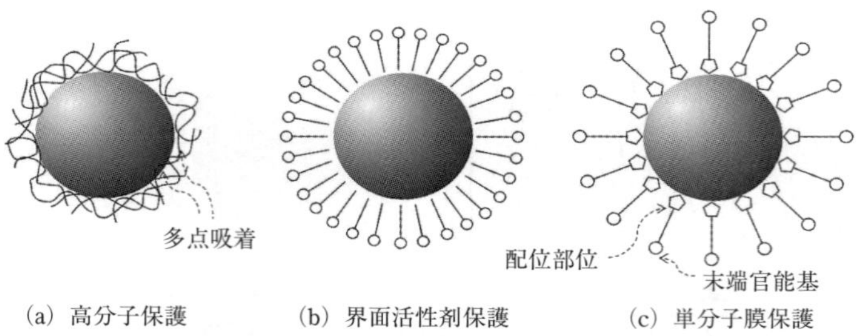

図 4.22　有機物で覆われた無機ナノ粒子の構造例

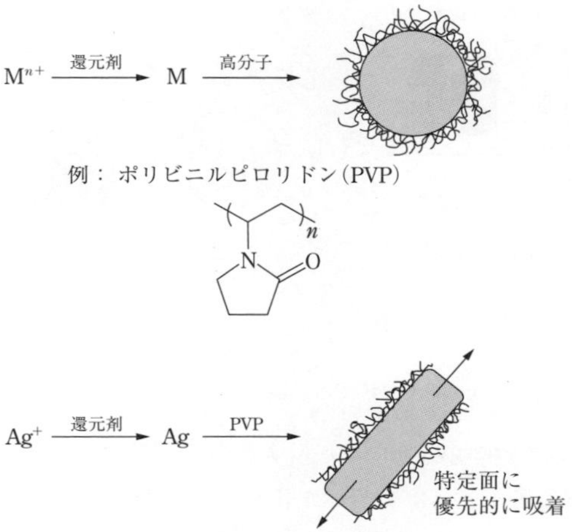

図 4.23　高分子に保護されたナノ粒子・ナノロッド

self-assembled monolayer）形成物質の一つであるチオール分子やシランカップリング剤分子によるナノ粒子のハイブリッド・機能化であろう。チオールがバルク金属の表面に，シランカップリング剤が金属酸化物の表面に単分子膜を形成することはよく知られている。このことは微粒子になっても同様であって，これらの分子は微粒子の表面に均一に SAM を形成する[14)]。このとき，これらの分子の逆末端の官能基の性質を簡単に微粒子に付与することができる（図 4.22(c)）。この単分子膜を用いた微粒子のハイブリッド化手法は，多くの化学者を微粒子・ナノ粒子の世界に引き込んだ。たとえば，末端に生体親和性の高い PEG（ポリエチレングリコール）をもったチオールやシランカプリング剤，ポリアミンで微粒子をコートすると，得られた微粒子の非特異吸着が大きく抑制され，微粒子自体の生体親和性は大きく向上し，新しいナノ診断・治療を目指したバイオナノ粒子として機能し始める。例えば，表層に糖を導入した PEG 化金ナノ粒子は，生理条件での高い分散性を維持しながら，レクチンを容易に認識する（図 4.24）。この手法は，金のみならず，蛍光量子ドットなどへの展開も可能である。さらに，遺伝子デリバリーなどへの展開も期待されている[15)]。SPR（surface prasmon resonance）吸収を示す金ハイブリッド微粒子の場合，金ナノ粒子では 520 nm の可視光域の光を吸収するが，ナノロッドにすることで，近赤外の光を吸収できるため[16)]，水分子による吸収と重ならず，生体応用に都合がよい。

量子ドットをコアとするハイブリッド微粒子は，蛍光共鳴エネルギー移動（FRET：

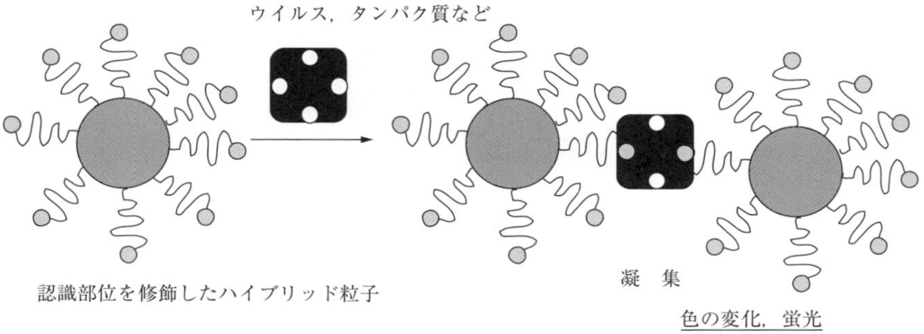

図 4.24　PEG 化粒子による認識

fluorescence resonance energy transfer）によるさまざまなバイオセンサーへの応用も盛んに行われている。量子ドットでラベル化した，siRNA のターゲット遺伝子（mRNA）を蛍光色素でラベルすることで，FRET を起こすことも可能である[17]。さらに，単分子膜で覆われたナノ粒子は原子の数を決めてつくることが可能となった。金であれば 25 個というような特定の魔法数という数の原子から構成される粒子が安定に存在し，興味深い特性を示す（図 4.25）[18]。

こうした原子数の決定された粒子の単結晶構造解析も行われ，分子と同じ取り扱いをされるようになっている。最近では第四級アンモニウム末端をもったチオールで保護されたカチオン性の Au_{25} 粒子も得られている[19]。一方で，還元法を用いなくとも，難揮発性液体へのスパッタリングによって金属粒子を合成することが可能である。このとき，この液体の中にメルカプト分子を混在させておくと，単分子膜で保護された非常に微細な金属微粒子を得ることができる[20,21]。金属でありながら蛍光発光するものも得られ，新しい微粒子の分野を広げている[20〜22]。

磁性ハイブリッド微粒子のバイオ応用も広く展開されている。とくに診断材料とし

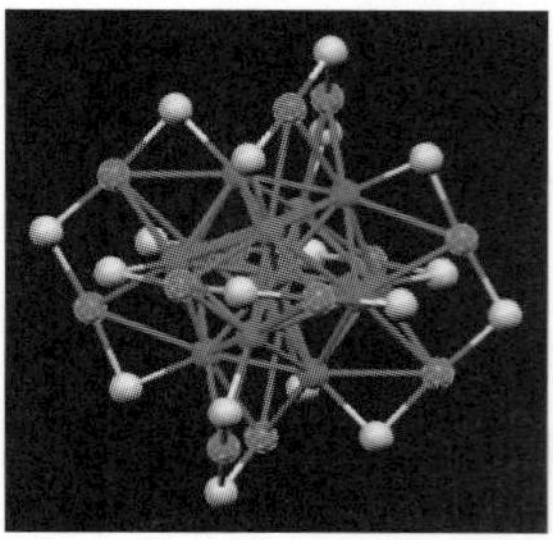

図 4.25　チオール 18 分子で保護された Au_{25} 量体金クラスターの結晶構造解析結果の図
［M. Zhu, C. A. Aikens, F. J. Hollander, G. C. Schatz, R. Jin, *J. Am. Chem. Soc.*, **130**, 5883（2008）］

て，磁気分離が可能な磁性粒子は非常に有効である。磁性粒子の表面保護剤の逆末端にアミノ基やカルボキシ基をもたせると，抗体などを合成化学的に結合させることができ，磁気粒子表面に呈示することができる。例えば，アミノ基はマレイミド基に変換したあと，チオール基との反応を利用して固定する。カルボキシ基末端には，抗体や酵素の第一級アミノ基とアミノカプリング反応で固定化し，機能性ハイブリッド微粒子に変換することができる。こうして得た磁気ハイブリッド微粒子は，低濃度物質，希少物質の磁石を用いた分離に貢献する重要な微粒子である。

液晶分子をナノ粒子表面にコートしてハイブリッド化すると，同じ液晶分子の中に均一に分散させることができる。こうした液晶ハイブリッドナノ粒子を含む液晶ディスプレイ（LCD：liquid crystal display）は，周波数変調応答を示すようになる。通常ネマティック液晶は，100 Hz ぐらいの交流によって駆動する。そのとき電圧の周波数と明るさには相関がないが，液晶ハイブリッドナノ粒子の添加により，印加電圧の周波数に明るさが依存するようになる[23)]。

高分子とのハイブリッドでの機能化例として図 4.26 に湿式法で調製した銅微粒子の例を示す。高分子の存在下，銅イオンを還元して銅微粒子を合成すると高分子は微粒子の表面をコートする。ゼラチンを用いた場合には，銅微粒子表面にあるゼラチンナノレイヤーが銅微粒子の表面酸化を抑制できる[24)]。これは，表面に吸着している有機物の存在により，コアの無機物を構成する元素の特性も変えられる例ととらえることもできる。この銅微粒子の場合は，さらに適切な分散剤で濃厚分散液として，塗布・焼結によって配線や電極，接着材料として利用できる（図 4.27）[25)]。また，この微粒子に低温焼結性を付与することも可能である。低温焼結の場合には，高分子を CO_2 にまで酸化することができず皮膜の中や表面に残してしまうが，微粒子どうしの接点が一度できると徐々に金属どうしが直接つながるネッキングが進み，導電性皮膜

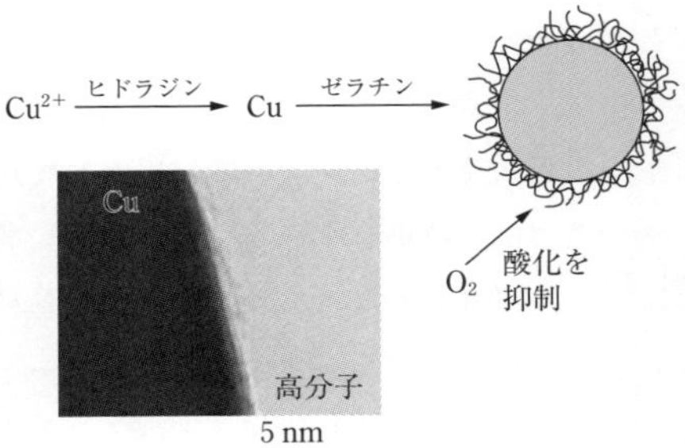

図 4.26　ゼラチン保護銅ナノ粒子の合成スキーム

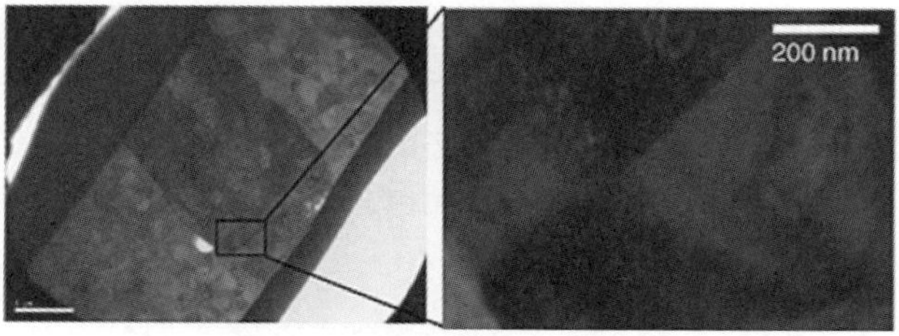

図 4.27　銅微粒子の焼結によって作成した積層セラミックスコンデンサーの内部電極の断面 TEM 像
[T. Yonezawa, S. Takeoka, H. Kishi, K. Ida, M. Tomonari, *Nanotechnology*, 19, 145706 (2008)]

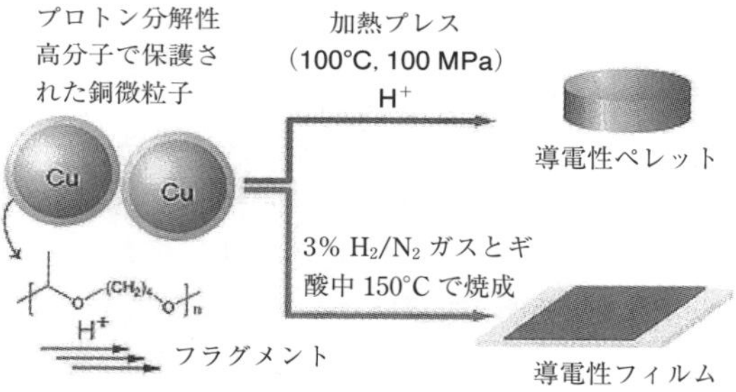

図 4.28　プロトン分解性高分子に保護された銅微粒子の焼成スキーム
[M. Matsubara, T. Yonezawa, T. Minoshima, H. Tsukamoto, Y. Yong, Y. Ishida, M. T. Nguyen, H. Tanaka, K. Okamoto, T. Osaka, *RSC Adv.*, 5, 102904 (2015)]

を得ることができる。また，ゼラチンに代えて，酸分解性高分子を保護剤として銅微粒子を合成した場合には，得られた銅微粒子の分散液・ペーストに有機酸を混合させておくことで，安定に分散させることができながら，塗布・乾燥後に非常に低温での焼結によって導電性の高い皮膜を得ることが可能である。(図 4.28)[26]

微粒子の粒子径をシングルナノレベルに小さくすると，融点が下がる効果を利用して焼結温度を低下させることができる。金，銀ナノ粒子インクを導電材料として用いる場合には有効な方法である。一方で，銅の場合は，粒子を小さくすると非常に酸化しやすくなるため，有機物・無機物でのコートが不可欠となる。さらに，同じ体積の皮膜をつくるときの粒子の表面積が大きくなるため，主に絶縁体であるそのコート膜の成分の存在量が非常に大きな問題となり，期待するほど焼結温度を下げることができない場合が多い。しかし，この場合においても，適切な還元性媒体を用いることで制御可能であることが期待できる。 ［米澤 徹］

4.4.4 生体への影響

微粒子・ナノ粒子の生体への影響については，ナノ材料特有の危険性に対する指摘もあるが，まだまだ議論の余地も大きい。しかしながら，多くの規制・法律は化学物質を名称・組成でのみ管理していて，大きさや形状についてはほとんど考慮されていない。今後，微粒子材料・ナノ材料を広く産業利用するためには，こうした大きさ・形状による影響の違いの検証を，専門家が率先して行わなくてはならない。

生体への影響については，物質自体の毒性と，形状，大きさ，表面状態に由来する毒性の両者について検証しなくてはならない。物質自体の毒性については，すでにさまざまな検証があるので割愛するが，たとえば，国際がん研究機関の議論などを参考にすることも重要であるし，各化学薬品については，MSDS（material safety data sheet，化学物質等安全データシート）を熟読してから作業することも重要である。

生体影響の評価のためには，ADME 情報をはっきりさせる必要がある。つまり，吸収（A），分布（D），代謝（M），排泄（E）についての情報である。体内動態の検証には，どの段階で暴露（投与）するか，どれだけ暴露するか，どこに暴露するか，いくら暴露するかによって体内動態に違いが生じる可能性がある。最も重要なのは吸収（A）で，外部からの直接的な吸収は，経皮，吸入，経口ルートに大別できる。また体内への直接投与としては，腹腔内投与や気管内投与，さらには血管への直接投与などが考えられる。その中でも吸入暴露方法については，十分に検討され，開発されなくてはならない。とくに，針状・ワイヤー状の物質については，アスベストからの連想によって吸入暴露時の知見が強く求められている。しかし気相微粒子は十分に分散させることが困難であり，これが暴露評価の大きな障害となっている。

さらに，これら微粒子の体内動態についての検討では，体外で存在する粒子と体内で存在する粒子の状態が必ずしも同じでない場合や，平均値では同じ粒子でもその表面に存在する官能基や微細な形状の違いで動態が変化してしまう可能性もあり，検証には困難をきわめる。粒子単体の形状や組成，構造を知ることは電子顕微鏡によって可能であるが，局所的な領域の観察のみになるので，粒子径や形状の分布などマクロな情報を得るには，ほかの計測法の相補的な利用が必要である。さらには，反復投与による吸収性の変化，皮膚・皮下への沈着，リンパ・血液を介する移動と臓器への蓄積，慢性影響など，今後時間をかけて明らかにしなければならない課題も多い。こうした微粒子やナノ材料の生体影響評価法については，ISO TC 229（ナノマテリアル）などの場で国際標準化に向けて検討されている。［米澤　徹］

4.5　薬剤微粒子

4.5.1　高分子ミセル

異種高分子鎖の末端どうしを共有結合で連結したブロック共重合体の多くは，界面活性剤やリン脂質と同様に多様な分子集合体を形成するが，ここでは薬物送達システム（DDS：drug delivery system）に用いられる高分子ミセルについて紹介する。親水性A連鎖と，疎水性B連鎖からなるAB型ジブロック共重合体を水中に溶解させると，ある臨界濃度以上でB連鎖を内核としA連鎖が周りを覆うコア-シェル型の高分子ミセルが形成される（図 4.29）[1]。B連鎖に化学結合を介して薬物を結合させるか，ミセル形成時に疎水性薬物を共存させると，薬物が内核に取り込まれた球形の高分子ミセルが得られ，その粒径は主に各々の連鎖の重合度に依存する。

DDSは，体内において薬物の分布を制御することによって副作用を抑制し，優れた薬効を実現する技術である。例えば，静脈投与によって全身の血管系に高分子ミセルを循環させる場合には，シェルを構成する親水性A連鎖として，生体高分子や細胞との非特異的な相互作用を防ぐ性質をもつ高分子を用いる必要がある。このような高分子としてはポリエチレングリコール（PEG）が汎用されている。また，高分子ミセルの粒径分布も重要な物性値となる。粒径2～3 nm以下の粒子は腎排泄されやすく，200 nmから数μmの粒子は肝臓のクッパー細胞をはじめとする細網内皮系に貪食され，さらに大きな粒径の粒子は肺の毛細血管に塞栓を生起させるなどの問題があり，

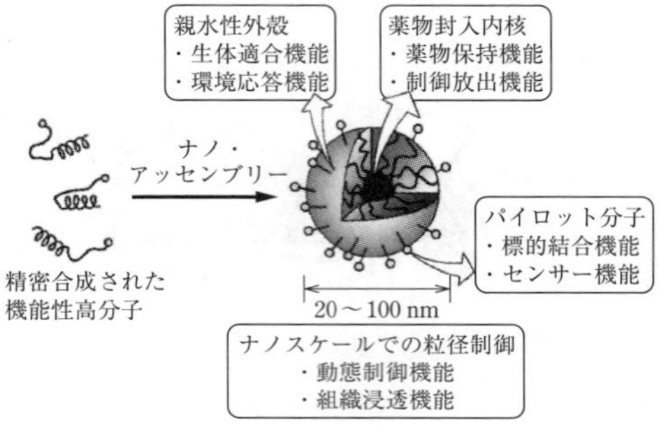

図 4.29　高分子ナノテクノロジーに基づく超機能化高分子ミセルの創製
［A. Harada, K. Kataoka, *Science*, **283**, 65 (1999)］

DDSに適する粒径は10〜100 nmといわれている。このことからDDSに用いる高分子ミセルには比較的狭い粒径分布が要求され，高分子ミセルを形成するブロック共重合体は各ブロックの分子量や分子量分布の精密制御が可能な重合法で合成される必要がある。

以下，臨床試験が実施されている制がん剤内包高分子ミセルを紹介する。PEGと疎水基として4-フェニル-1-ブタノールを導入したポリアスパラギン酸を連結したブロック共重合体を水中で自己集合させるさいに，疎水性制がん剤のパクリタキセルを共存させると，粒径85 nmのパクリタキセル内包高分子ミセル（NK105）が得られる。ポリアスパラギン酸の側鎖に修飾した4-フェニル-1-ブタノールは，高分子ミセルのコアを疎水性相互作用で安定化し，コア内にパクリタキセルを物理的に取り込む働きをする。NK105はフリーのパクリタキセルと比べて著しく長い血中滞留性を示し，腫瘍への積算集積量は25倍も高い[2)]。これには，固形がん組織と正常組織の血管構造の違いが関係している。正常組織の毛細血管は内皮細胞が密に並んだ血管壁を有するためナノ粒子は透過できないが，がん組織の毛細血管は内皮細胞の間に100 nm程度の隙間が形成されており，ナノ粒子が集積しやすい。このように固形がんに対してナノ粒子が集積しやすい性質は，enhanced permeability and retention（EPR）効果として知られる[3)]。NK105は第二相臨床試験で胃がん患者に対する有効性と神経毒性の低減が認められ[4)]，2018年現在は，進行再発乳がんに対する第二相臨床試験が進められている。

一方で，高分子ミセルがエンドサイトーシスでがん細胞に取り込まれることを利用して，がん細胞に取り込まれた後に薬物を放出する機能を高分子ミセルに付加する試みも行われている。疎水性制がん剤のエピルビシンとブロック共重合体の結合に酸性条件下で開裂するヒドラゾンを導入し，それを水中で自己集合させることで得られる粒径60 nmの高分子ミセル（NC-6300）は，エンドサイトーシスでがん細胞に取り込まれた後，pH 4.5〜5.5の弱酸性条件となっているリソソーム内や後期エンドソーム内でヒドラゾンが加水分解を受け，エピルビシンが放出されるという特徴がある[5,6)]。NC-6300はエピルビシンが有する心毒性を低減しながら肝細胞がんや乳がんに対して有効性が認められ[6,7)]，現在は，米国でオーファンドラッグ（希少疾病用医薬品）の指定を受け，第一相臨床試験が進められている。

また，PEGとポリグルタミン酸を連結したブロック共重合体と白金制がん剤のシスプラチンの配位結合を駆動力にして形成する粒径30 nmの高分子ミセル（NC-

6004）は，コアを構成するポリグルタミン酸が α ヘリックス構造を形成し，それが束になって集合することで構造が安定化されており，その高次構造が血中滞留性と腫瘍への積算集積量の向上に重要な役割を果たしている[8)]。シスプラチンの代わりに白金制がん剤のダハプラチンを用いることで得られる粒径 30 nm の高分子ミセル（NC-4016）は，調製時にポリグルタミン酸を添加することで粒径を 100 nm まで精密に制御することができるが，薬物透過性の低い膵がんやリンパ節転移がんに対する集積性を高めるためには，その粒径を 50 nm 以下に制御する必要があると実証されている[9)]。また，NC-4016 は細胞核近傍の後期エンドソーム内の弱酸性条件下でダハプラチンの放出が加速されるため，細胞核に直接ダハプラチンを送り込むことができる。そのため，細胞質に存在するチオール系解毒分子による不活性化を回避することができ，薬剤耐性がんに対して優れた有効性を示す[10)]。NC-6004 と NC-4016 は，現在，膵がんや大腸がんをはじめとする様々な固形がんに対してそれぞれ第三相臨床試験と第一相臨床試験が実施されている。

他にも，高分子ミセルの表面にリガンド分子を結合させることで血管内皮細胞にトランスサイトーシスを誘導させ，物質透過性が厳しく制限されている脳内や脳腫瘍内に薬物を送達できることが示されており[11,12)]，体内のあらゆる標的部位に薬物を届けることのできる高分子ミセル型 DDS の実現が確実に近づいている。

［持田　祐希，山崎　裕一，片岡　一則］

4.5.2　脂質分散体

薬物担体に利用されている代表的な脂質分散体として，リポソームとリピッドマイクロスフェアがある。リポソームは脂質二分子膜からなる閉鎖小胞であり，二分子膜の内外とも水相である。リピッドマイクロスフェアは大豆油，リン脂質および水からなる o/w 型エマルションであり，内部は油相である。さまざまな薬物を前者は二分子膜内あるいは内水相中に，後者は油相中に含有することが可能であり，薬物を目的の場所に目的の量を送達する DDS としての応用研究が盛んに行われている。

a.　リポソーム

薬物担体としてのリポソームの特長として，① 薬物の物性や分子量を問わずさまざまな薬物を包含させることができる，② 投与ルートや投与方法の選択肢が広い，③ 脂質成分の選択により膜物性を調整できる，④ メンブランフィルターや高圧乳化機などを用いることにより微細化が比較的容易，⑤ 抗原，抗体，糖などによる表面修飾が可能，⑥ 主に生体膜由来の脂質よりなるため生体適合性が高いと考えられる，などがあげられる。リポソームを血管内に投与した場合，生体内で異物として認識され細網内皮系（RES：reticuloendothelial system）組織である肝臓や脾臓のマクロファージに取り込まれる性質があるが，RES以外の組織や細胞にリポソームを送達する場合には，相転移温度の高い脂質でリポソーム膜を強固にしたり，粒径を100 nm程度に小さくしたりすることによって対処できる。さらに，ポリエチレングリコール（PEG）鎖が結合した脂質でリポソーム膜を被覆することにより，RESへの取り込みが回避され，血中滞留性が向上する[13)]。これは補体系タンパク質の吸着が抑制されるためと考えられている。固形腫瘍では新生血管が盛んにつくられ，血管透過性が通常の血管より3〜10倍程度亢進していることから，高分子物質やリポソームなどの脂質分散体が血管より漏出しやすく，かつリンパ系が未発達なために漏出した物質がリンパ系より回収されず長時間に渡り滞留するため，腫瘍組織ではこれらの物質が選択的に蓄積する（EPR効果，4.5.1項参照）。このような薬物の選択的集積は，受動的ターゲティングとよばれる。抗がん剤であるドキソルビシン（DXR）を含有したPEG修飾リポソームでは，投与72時間後のカポジ肉腫中のDXR濃度は，無修飾リポソームに比べ約5倍高い[14)]。一方で，心筋へのDXRの集積が少なくなることから，心毒性が軽減される。図 4.30 に，DXR単独とPEG修飾リポソームのヒトでの血中濃度を示す[15)]。DXRはほぼ100% リポソーム内に封入されており，血中での安定性は良好である。しかしその一方で，固形腫瘍内でDXRを放出しにくい点が懸念されており，温度感受性などを付与して標的部位で薬物を放出しやすくなるリポソームも

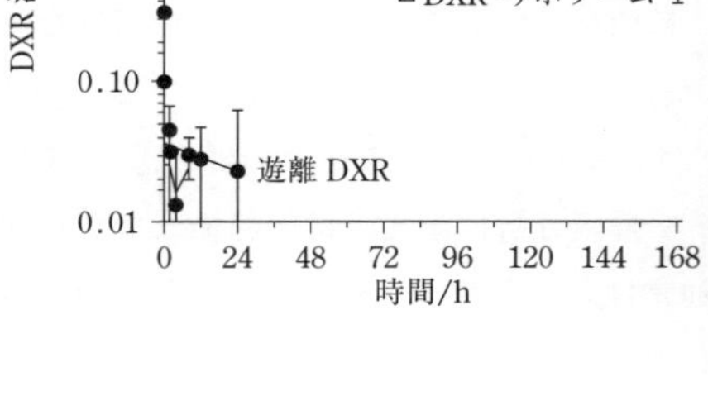

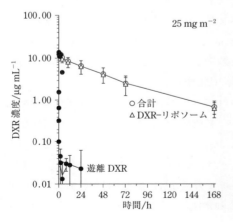

図 4.30　患者におけるドキソルビシン（DXR）の血漿中濃度（リポソーム：n=8，ドキソルビシン単独：n=3）
[A. Gabizon, R. Catane, B. Uziely, B. Kaufman, T. Safra, R. Cohen, F. Martin, A. Huang, Y. Barenholz, *Cancer Res.*, **54**, 987 (1994)]

検討されている[16]。リポソームを利用した能動的ターゲティングの例としては，モノクローナル抗体と PEG 脂質で表面修飾したイムノリポソームをあげることができる[17]。抗真菌剤であるアムホテリシン B を含有したリポソームも，薬効を維持しつつ，腎障害，発熱や悪寒などの副作用を軽減させる目的で開発され，さらに有用性の高い薬剤として実用化された。また超音波造影ガスを封入したバブルリポソームを用いた，薬物，タンパク質や遺伝子の送達も研究されている。これは，超音波を照射することで封入されている気泡の圧壊により生じるジェット流を利用して，これらの物質を細胞内に導入する DDS である[18]。この他，外用剤や吸入剤などでの研究も進んでいる。

b.　リピッドマイクロスフェア

リピッドマイクロスフェアは当初は栄養補給などの目的で静脈内注射されていたが，薬剤微粒子として注目され，プロスタグランジン E1 を封入したリポ PGE1 やデキサメサゾンパルミテートを封入したリポステロイドなどが実用化されている。がん組織と同様炎症部位でも血管透過性が亢進しており，慢性関節リウマチ患者の炎症部位や慢性閉塞性動脈硬化症患者の動脈硬化部に集積することが観察されている[19]。リピッドマイクロスフェアもリポソームと同様，静脈注射後は RES に捕捉されることから，さらにサイズを 25〜55 nm に小さくしたリピッドナノスフェアや，大豆油の代わりに常温で固体のトリグリセリドを用いたソリッドナノスフェアなどの研究も行われている[20]。　　　　　　　　　　　　　　　　　　　　　　　　　　　［山内 仁史］

4.5.3　遺伝子・核酸デリバリーシステム

21 世紀に入り創薬の分野では，従来の低分子医薬からバイオ医薬（抗体医薬など）へ，そして核酸医薬・遺伝子治療へとパラダイムシフトが起きている。2018 年に全身投与型脂質ナノ粒子による siRNA（small interfering RNA）医薬パティシラン® が FDA によって承認されると，核酸ナノ医薬時代の幕開けとなるであろう。

a.　多機能性エンベロープ型ナノ構造体（MEND）

核酸（siRNA など）や遺伝子（pDNA（プラスミド DNA））による次世代医療を実現するとき，DDS の役割は非常に大きい。核酸や遺伝子のように負電荷を帯びた高分子を標的細胞の作用部位（細胞質，核，ミトコンドリアなど）まで送達するためには，体内動態と細胞内動態を制御することが不可欠となる。なぜならば，① 循環血液中では血流中のストレス（shear stress）や酵素分解に耐え，標的組織まで到達すること，② 標的細胞を選択的に認識し，通常はエンドサイトーシスにより細胞内へ

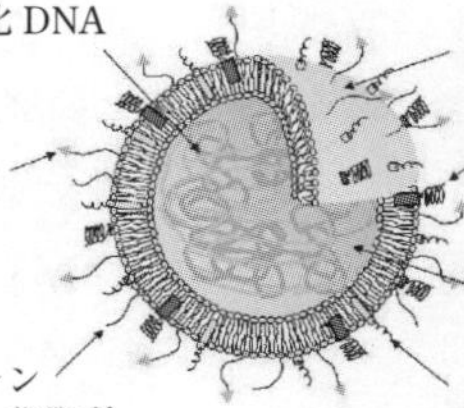

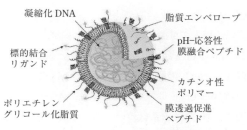

図 4.31　多機能性エンベロープ型ナノ構造体（MEND）

内在化されることが必要となる。さらに，③ エンドソームから脱出して，細胞質，核，ミトコンドリアなどの作用部位へ到達する[21]，という長く険しい道を踏破しなければならない。このような数々のバリアーを突破するためのシステムとして様々なDDSが開発されてきた。本項では，多機能性エンベロープ型ナノ構造体（MEND：multifunctional envelope-type nano device，図 4.31）を中心に細胞内動態と体内動態の観点から解説する。

b.　細胞内動態制御法

標的細胞で選択的に侵入するためには，受容体介在性エンドサイトーシスを利用する。内因性のコレステロールもLDL（low density lipoprotein）など直径約20 nmのナノ粒子でLDL-受容体を介して細胞内へ取り込まれている。ウイルスの細胞内侵入経路も多くがこの経路を利用して内在化する。エンドソームの規定路はライソゾームとの融合で，分解経路へと通じている。ウイルスは分解を回避するためにエンドソームの酸性化を利用して膜融合や膜破壊によってエンドソームを脱出することができる[22]。いかに効率よくエンドソームを脱出することができるかが，DDSの性能を決める重要な要因となる。

（i）　核輸送　　pDNAにより抗原やタンパク質を発現させるためには，核内へ送達しなければならない。細胞質と核内とは核膜孔（NPC：nuclear pore complex）を介して物質輸送が行われているが，NPCの孔径は最大40 nm程度と推定されている。巨大なpDNA分子を核内へ送達するには，NPCを通過させるか，核膜を膜融合で突破するか，いずれにしてもハードルは高い。細胞透過性ペプチドであるオクタアルギニン（R8）やpH-応答性ペプチドKALAなどを検討した結果，KALA-MENDにpDNAを搭載することで樹状細胞に遺伝子導入，MHC class-Iを介した抗原提示，細胞障害性T細胞の活性化，抗腫瘍効果の誘導が可能となった[23]。

（ii）ミトコンドリア　ミトコンドリア（Mt）も核と同様にゲノムを有し，pDNA送達による遺伝子導入が可能である。Mt膜との融合性を検討した結果，スフィンゴミエリン/DOPE/R8の組み合わせが高い融合性を示し，ミトコンドリア標的型ナノデバイス（MITO-Porter）の開発が始まった。mtCOX-IIに対するアンチセンスオリゴを搭載したMITO-Porterは，Mtの mRNA，タンパク質を有意に減少させ，膜電位も減少させた[24)]。Mtの翻訳系は核のものとは異なり，これまでマーカー遺伝子がないためにデリバリー研究が遅れていた。近年，Mt用のマーカー遺伝子を作成したので，今後の発展が期待される。

c. 受動的ターゲティング（passive targeting）から能動的ターゲティング（active targeting）へ

（i）肝　臓　肝臓へのsiRNA送達においては，パティシラン®の基盤技術であるpH-応答性カチオニック脂質（DLin-MC3-DMA）の開発が世界をリードしている。血液中（pH＝7.4）では中性，エンドソーム内（pH＝5〜6）ではプロトン化して強力なエンドソーム脱出能を発揮することができる。従来のカチオン性ナノ粒子をはるかに凌ぐ高活性が実証され，臨床へと展開されている。独自に開発したYSK脂質は，MC3と同等もしくはそれを凌駕する高性能を達成している[25)]。肝実質細胞への取込機構は，LDL-受容体を介したエンドサイトーシスで，血中に存在しているアポEがナノ粒子表面に結合することにより高効率な移行が可能となっている。

（ii）が　ん　がん組織へのナノ粒子の送達は，EPR効果（enhanced permeability and retention effect）を介した送達が主流であったが，2016年にドキシール®のメタ解析から，ヒトにおいては実験動物のようにEPR効果が機能していない可能性が示唆された[26)]。今後は，リガンドを介した能動的ターゲティングによる送達が発展すると期待される。サイクリックRGDをリガンドとするcRGD-MENDは，がんの血管を標的化可能で，VEGFRIIをノックダウンすることによりがん微小環境をリモデリングし，ドキシール®の効果を促進している[27)]。

（iii）脂　肪　脂肪の血管に発現しているプロヒビチンを標的とするペプチドリガンド（KGGRAKD）で表面修飾したPTNP（prohibitin targeted nano particle）は脂肪血管を選択的に標的化し，脂肪血管をアポトーシスすることで顕著な抗肥満効果を誘導することが可能である[27)]。

（iv）肺　GALAはpH-応答性膜融合ペプチドとして細胞内動態制御に活用されてきたが，近年，肺の血管内皮細胞を認識する強力なリガンドであることが発見された。siRNAを搭載したGALA-MENDは肺血管内皮細胞の遺伝子発現を抑制することで，抗腫瘍効果を誘導することが示されている[28]。

（v） 脳　血液-脳関門（BBB）はDDSにおいて最も難しい組織であり，BBBをトランスサイトーシスにより透過して脳内の神経細胞に遺伝子導入する技術の開発はPardridgeの研究に始まり，現在まで種々の検討が行われている。BBBやBBTB（血液-脳腫瘍関門：blood brain tumor barrier）をトランスサイトーシスで透過可能なDDSが開発されれば，アルツハイマー病，パーキンソン病，脳腫瘍，脳梗塞などのアンメットメディカルニーズ（有効な治療法のない疾患に対する医療ニーズ）に対応可能となり，ナノ医療により新たなパラダイムシフトが生じると期待される。

［原島 秀吉］

4.5.4 マイクロスフェア・ナノスフェア

医薬分野において，マイクロスフェア・ナノスフェアという用語は，主にDDSの用途に用いられる薬物を含有した微粒子性運搬体を指すときに用いられる。両者は大きさによって区別され，通常，マイクロスフェアは直径1〜2000 μm程度の微粒子を指すが，医薬品の顆粒剤に含まれるような直径がミリメートルサイズの粒子はマイクロスフェアと区別されることがある。ナノスフェアはμm以下のサイズのコロイド次元の微粒子を指す。マイクロスフェア・ナノスフェアの基剤としては，無機化合物，脂質などを用いることもあるが，主に天然あるいは合成高分子が用いられる。生体分解性高分子のポリ乳酸およびその誘導体，腸溶性などの機能性を付与したセルロース誘導体，ポリアクリレート・ポリメタクリレート誘導体などの製剤添加物が汎用されている。図 4.32に示すように，これらの基剤に薬物を分散・内包させ，微粒子とするが，薬物を内包するリザーバータイプの微粒子をマイクロカプセル・ナノカプセルと区別してよぶこともある。

マイクロスフェア化の目的は，内容物を外部環境から保護すること，および内容物

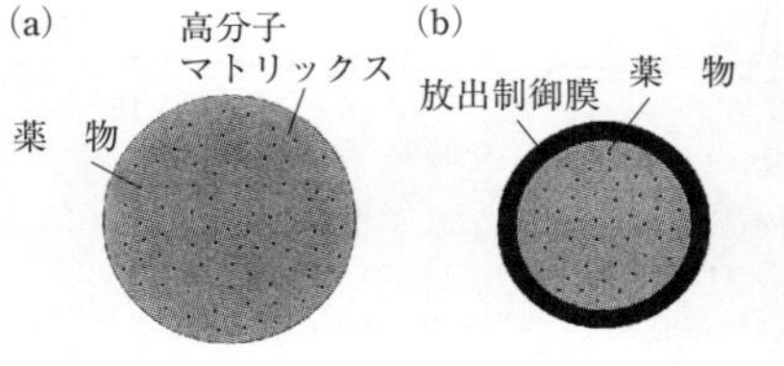

図 4.32 マイクロスフェア・ナノスフェアの形態
(a) マトリックスタイプ
(b) リザーバータイプ
［橋田充 編，“図解夢の薬剤DDS”，薬業時報社(1991)，p. 9］

を外部環境へ放出する速度を調節することである[29]。内容物を外部環境から保護することから，内容物，つまり内包した薬物の安定性を改善することができる。また，外部環境から保護することは内容物の外部環境への放出を抑制することと同義である。その結果，外膜の物性に依存した粉末特性の改善，苦みや臭いのマスキング，消化管壁への刺激性の低減などが達成される。さらに，内容物を外部環境へ放出する速度を調節することにより，DDS の一つである放出制御型製剤の設計が可能となる。DDS は，おもにコントロールリリース（放出制御），ターゲティング（標的指向化）および吸収改善に分類されるが[30]，マイクロスフェアは放出制御型製剤を調製する代表的な手法である。なかでも，図 4.33 に示すリュープリン（黄体形成ホルモン放出ホルモン LH-RH 誘導体の酢酸リュープロレリンをポリ乳酸-グリコール酸共重合体 PLGA からなるマイクロスフェアに封入した製剤）の成功は薬剤学の歴史の中の重要なイベントである[31]。リュープロレリンはテストステロン産生能を著しく低下させるものの，血中半減期が短く，頻回投与が必要であった。PLGA を用いてリュープロレリンをマイクロスフェア化し，PLGA の生体内分解速度に依存した速度でリュープロレリンを徐々に放出させることにより，投与回数を劇的に減らすことに成功した。リュープリンは前立腺がんなどの治療に用いられており，現在では 1 回の皮下注射で 6 ヵ月にわたってリュープロレリンを放出する製剤も開発され，患者の QOL は格段に向上した。

ナノスフェアの場合，マイクロスフェアに比べて表面積が大きいことから，内容物の外部環境からの保護および内容物の外部環境への放出速度の制御の観点に立った利点を得ることは相対的に難しい。したがって，ナノスフェアは，放出制御よりもター

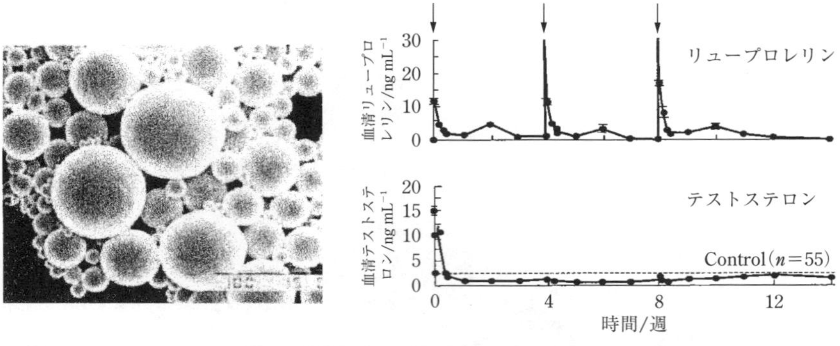

図 4.33　リュープリンの電子顕微鏡写真および本剤を 1 ヵ月ごとに皮下投与したときの血中リュープロレリン濃度と血中テストステロン濃度

［林正弘，川島嘉明，乾賢一 編，“最新薬剤学 第 9 版”，廣川書店（2006），p. 348］

ゲティングを目的とした研究が主に行われている。高分子ミセルや脂質分散体同様，血中滞留性を改善したナノスフェアに抗がん剤を保持させ，EPR 効果（4.5.1 項参照）を利用してがん部位にナノスフェアを集積させる試みや，消化管粘膜と相互作用するナノスフェアに薬物を保持させ，薬物を粘膜近傍にデリバリーすることにより，薬物の経口吸収性を改善する試みなどが行われている[32]。　[佐久間 信至]

4.5.5 吸入用微粒子製剤

吸入剤は，喘息などの肺や気管支で生じる疾患に対し，医薬品のエアロゾルを吸入することによって，直接患部に薬物を送達する剤形である。さらに近年は，インスリンのように全身作用を期待した医薬品の投与経路としても注目を集めている。この理由として，肺は表面積が 50～140 m^2 と小腸（200 m^2）に匹敵するほど広く，酵素活性が消化管に比べて低い，さらには吸収障壁となる上皮細胞も，0.1 μm と消化管（約 40 μm）に比べて薄いといった特徴を有していることがあげられる。

吸入した医薬品粒子の気管支や肺における沈着には，粒子の空気中での慣性力，すなわち吸入した気流の速度と粒子の空気力学的粒子径が影響する。空気力学的粒子径には，幾何学的粒子径はもちろん，粒子形状や粒子の密度が関係している（空気力学的粒子径＝幾何学的粒子径×(粒子密度/粒子形状係数)$^{1/2}$）。この空気力学的粒子径が 0.5～6 μm の粒子で，気管支や肺胞での薬剤の沈着が高くなり，とくに 0.5～3 μm の粒子径が肺胞内への最大分布を示すとされている。ペプチド性医薬品など，全身循環を狙った医薬品の製剤を開発する場合は，肺胞へ効率よく沈着する製剤設計が必要となる。しかし，このサイズの粒子は付着凝集性が強く，効率よく気中分散・吸入させることが難しい。

そのような問題を解決する製剤技術の例として，以下吸入用コンポジットシステムを紹介する[33]。たとえば，生分解性高分子であるポリ乳酸・グリコール酸（PLGA）からなる μm 以下のサイズの粒子にインスリンなどの医薬品を封入し，この粒子をマンニトールとともに噴霧乾燥することで，数 μm のコンポジット粒子が得られる（図 4.34）。この粒子は，吸入前は流動性に優れた粉体で，吸入後は容易に造粒粒子が解砕され，数 μm のコンポジット粒子が気中に分散し，肺に沈着する。肺に沈着したコンポジット粒子は，沈着部位にてマンニトールが溶解することで，PLGA 粒子が肺の組織液中に再懸濁し，その機能を発揮する。

図 4.35 はインスリンを内封した PLGA 粒子とマンニトールからなるコンポジット

(a)　　　　　　　　　　　　　　(b)

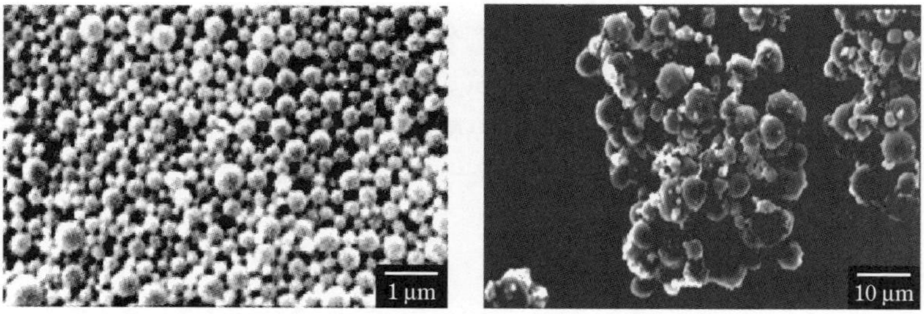

図 4.34　PLGA 粒子（a）と PLGA-マンニトールコンポジット粒子（b）

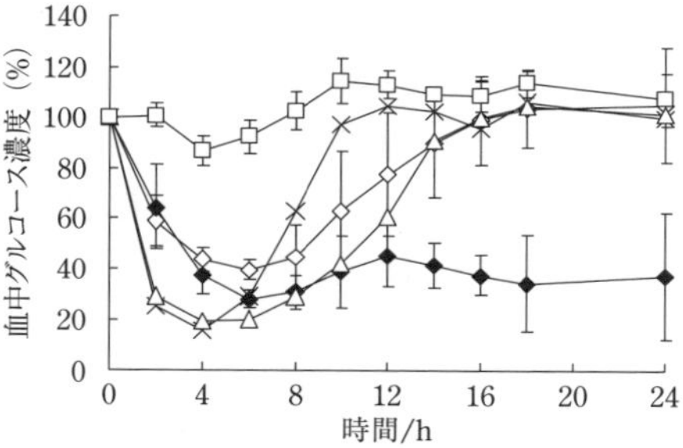

□　生理食塩水（対照，n=4），
×　インスリン溶液（皮下注射）(0.3 units/rat，n=1)，
△　インスリン溶液（経肺投与）(1.0 units/rat，n=1)，
◇　PLGA 粒子を含むコンポジット粒子(1.0 units/rat, n=4)，
◆　キトサン修飾した PLGA 粒子を含むコンポジット粒子 (1.0 units/rat，n=4)

図 4.35　糖尿病ラットにインスリン製剤を経肺投与後の血中グルコース濃度推移

粒子を，糖尿病を惹起させたラットに経肺投与したときの血中グルコース濃度推移である。インスリン溶液を経肺投与することでも，大きく血中グルコース濃度が低下する。PLGA 粒子のコンポジット粒子では，インスリン溶液に比べ，作用が減弱している。これは，PLGA 粒子にインスリンを封入することにより，その徐放性によってインスリンの血中への移行が遅くなるとともに，粒子が異物として認識され肺から排出されたものと考えられる。この粒子表面を，生体付着性をもつキトサンで修飾してコンポジット化した製剤を投与すると，粒子が肺内に長時間滞留し，インスリンが持続的に血中に移行するため，長時間血中グルコース濃度を抑制させることができる。

DDS を目的とした微粒子・ナノ粒子の開発は全世界で活発に行われており，今回紹介した吸入用微粒子製剤はそのような粒子を肺や気管支に容易に送達させ得るものである。これにより，慢性疾患や難治性肺疾患などに苦しむ患者の治療が進むものと期待している。 ［山本 浩充，川島 嘉明］

4.6 分散系の応用

4.6.1 塗 料

塗料は樹脂，顔料，溶媒，添加剤から構成される。自動車や鋼材のように塗布した後の塗膜形成で硬化反応を伴う場合と，建築物塗装などのように乾燥だけで硬化反応を伴わない場合がある。

樹脂にはさまざまな高分子化合物が用いられるが，硬化反応を伴う系では分子量は低くポリマーというよりオリゴマーといわれる領域である。硬化を伴わない場合にはポリマーの絡み合いによって塗膜としての性能を維持するために比較的高分子量のポリマーが利用される。塗料は耐候性が必要であるために染料は利用されず，顔料が利用される。顔料には無機顔料と有機顔料があるが，着色顔料は耐候性，発色性，環境の問題から有機顔料が多く利用されるようになった。

従来は，塗料では有機溶剤を溶媒に使用し，塗装作業性を制御するために蒸発速度や相溶性を調整し，添加剤や体質顔料とよばれる着色力が小さく粘性に影響を与える材料を用いて設計されてきた。しかし環境問題により有機溶剤の利用が急速に減少し，多くの塗料が水性塗料や粉体塗料に転換されている。水性塗料は水溶性樹脂，分散液，エマルションなどの固/液分散系である。粉体塗料は固/気分散系であり，界面状態が粉体搬送性や膜形成に大きな影響を与える。膜形成時においても環境問題から焼きつけ温度の低温化，焼きつけ回数の減少，焼きつけ方法の変更など環境に優しい塗装方法，焼きつけ方法への転換が進んでいる。

塗料は有機，無機複合の分散系を用いて，μm オーダー膜厚の薄膜塗膜を自由界面で形成する技術である。ロールコーターのように大量な表面を高速に薄膜形成する技術はほかに類をみない。溶剤型塗料ではレオロジー制御技術で塗装や硬化過程を制御できたが，水性塗料ではレオロジー制御と界面化学的制御が同等に影響する。塗装現象の解析のためには，変形速度に関係する動的表面張力の研究が必要である。写真フィルムの塗装シミュレーションでは，流れる液膜の中に円柱の棒を入れたときに起こる液分離の角度から求められた動的表面張力が用いられるが，動的表面張力はせん断応

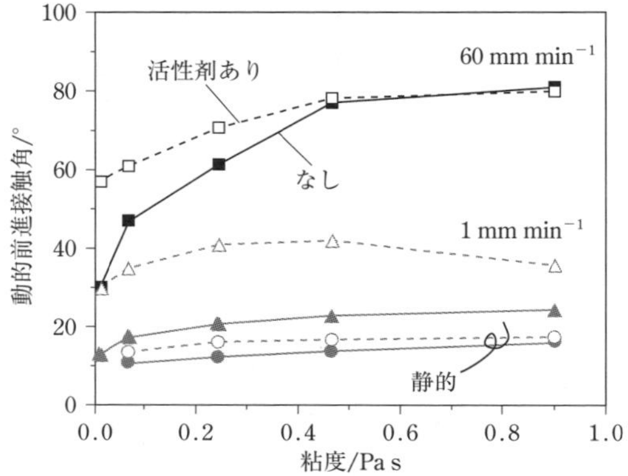

図 4.36　接触角と粘度および浸漬スピードの関係
［上田隆宣，"レオロジーなんかこわくない"，サイエンスアンドテクノロジー（2006）］

力と同等のオーダーで，せん断速度に依存する。

図 4.36 は Wihelmy 法で移動速度を変化させて測定できる装置でグリセリン粘度の水準をとり，界面活性剤の有無の試料を測定した結果である[1]。縦軸は荷重変化解析から得られる前進接触角で，横軸は試料粘度（粘性率）である。移動速度 1 mm min^{-1} では粘性率によらず界面活性剤効果が現れており，移動速度 60 mm min^{-1} では高粘度域で界面活性剤効果がなくなっている。これはロールコーター塗装実験で静的表面張力では大きな変化がなくても比較的遅い速度の塗装では界面活性剤効果があり，高速塗装では高粘度になると界面活性剤効果がないという事実とよく一致している。また，塗装機技術者が高速高粘度での塗装では液物性に勝てるような大きな力が必要であるという話ともよく一致する。界面化学として動的表面張力の測定方法，解析方法，物理的な意味を明確にすることは，水性塗料開発に必須となっている。

［上田 隆宣］

4.6.2　インクジェット

インクジェットは，時系列で吐出した微小液滴を空中飛行により対象物に付着させるイメージング技術である。デジタル情報を担った機能性液滴が固体表面上に描画され，浸透，乾燥などの過程を経て定着されるものであり，目的とする機能を発現させるための材料がインクである。インクは基本的には機能性微粒子が液体中に分散した不均一流体であるが，最近の高解像度化と高速化に対応するため，インクにはいくつか重要な性質が要求される。その一つはレオロジー的性質である。一般に，液体中におかれた微粒子は凝集体を形成する。しかし，画像形成において高解像度を達成するためには，単独粒子として存在するのが理想であり，インクには高い分散性が求められる。粒子が凝集すると系の粘性率は劇的に増大する。インクジェットにおいて高い吐出性を実現するためには，インクは低粘性率であることが望ましく，この点からも粒子には凝集が起こらないことが求められる。粒子が凝集した効果が最も大きく現れる物理量は粘性率であることから，インクの性能評価においてしばしば粘性率が使われている。しかし，インクはノズル中で瞬間的な高圧を受け流動して吐出したのち，自由表面で分裂して液滴となる。静止状態から分裂するまできわめて複雑で高速な振動流動を受けるので，液滴形成過程を予測するためには粘弾性液体としての解析が必要である。

インクが完全分散した微粒子とニュートン流体とでモデル化されるのであれば，あまり粒子濃度が高くない系においては弾性が観測されるとは考えにくい。しかし，実在のインクでは粒子は凝集しており，またその凝集を制御するための界面活性剤や固体表面への粒子の付着性を付与するための高分子などが添加されている。高分子は溶液中ではコイル状の形態をとっているが，外部から高速でひずみを受け形状が変わるとそのエネルギー増加に起因して弾性が発現する。凝集体も変形性をもち，その中には分散媒が内包されているので，高周波数で弾性が現れる。図 4.37 は，2 種類のインクについて毛管型レオメーターにより測定した動的粘弾性である。二つのインクに

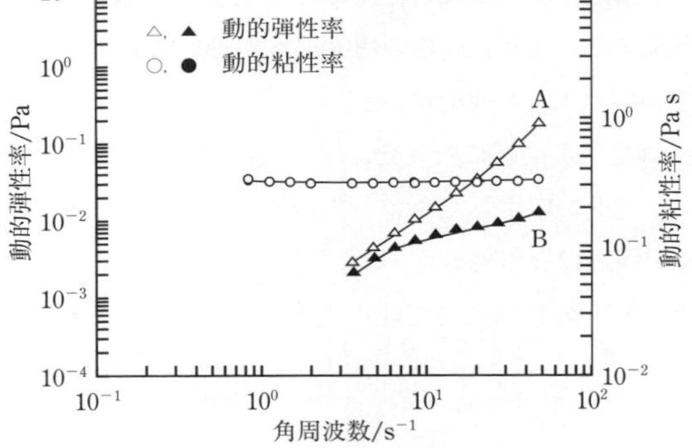

図 4.37 インクの動的粘弾性

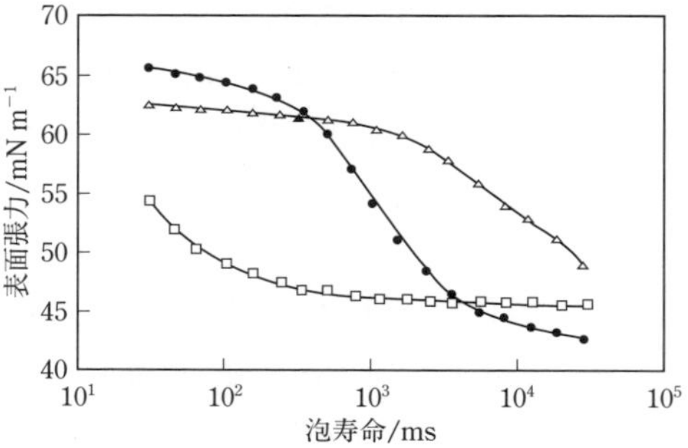

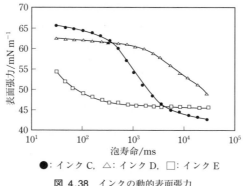

図 4.38　インクの動的表面張力

おいて動的粘性率曲線は重なっており差はないが，高周波数においてはインク A の方が高い動的弾性率を示している。粘性液体の場合は，応力が加わっているときだけ流動が起こり，除去されるとその瞬間に流動が停止するが，弾性的性質をもつインクにおいては，応力を除去したのち，逆方向への流動が起こる。つまり，弾性は液滴の吐出を阻害するように作用すると考えられる。印刷実験でも，インク B において良好な吐出性が認められている。

もう一つは界面化学的性質である。液滴を吐出させるためには新しい表面が形成されることが不可欠である。インクには界面活性剤が添加されており，新表面形成においてはその拡散が関係するので，動的表面張力の把握が重要になる。図 4.38 は，最大泡圧法により 3 種類のインクについて動的表面張力を測定した結果である。最大泡圧法では液体中に浸した毛管内に気体を送って気泡を発生させ，そのときの圧力変化から動的表面張力を決定する。横軸の泡寿命とは毛管の先端で泡が離脱するまでの時間であり，この時間が長いほど表面積の増大速度が遅いことになる。泡寿命が 10^4 ms 以上の長時間ではいずれも 43〜48 mN m^{-1} の表面張力となり，大きな差は認められない。しかし，液滴発生が高速になると，インク C と D では，その値が急激に大きくなる。インクジェットに応用したさい，この二つのインクにおいては吐出速度を上げると液滴の生成が困難になる恐れがある。実際のプリンターでの評価で，高速での動的表面張力が低いインク E において吐出性が最もよいことが確認されている。

［大坪　泰文］

4.6.3 ファンデーション

a. 化粧品における顔料の使用[2)]

分散系を応用した化粧料として，ファンデーション，口紅，マスカラ，マニキュアなどの仕上げ化粧料がある。また化粧品に使用される粉体には，無機顔料と有機顔料がある。有機顔料は口紅，マニキュアなどのポイントメイクアップ化粧料へ主に使用される。無機顔料はファンデーションなどの仕上げ化粧料に主に使用される。無機顔料は仕上がり，使用感の調節に使用される体質顔料，色の調節に使用する着色顔料（白色顔料を含む），パール剤とよばれる真珠光沢顔料に分類される。本項ではファンデーションを例に，着色顔料の分散性制御について説明を行う。

b. ファンデーションの種類と特長

ファンデーションは肌色を整え皮膚の欠点を隠す，日焼けを防ぐなどの目的で使われる仕上げ化粧品である。ファンデーションは，顔料を基剤のなかに分散してつくられるので，使用する基剤の種類によってその性質，形状，使い方，使用感などが異なる。ファンデーションを顔料を分散する基剤によって分類すると，表 4.6 のようになる。

大きくは粉体の配合量により，粉量の多い（90% くらい）粉体系と少ない（20% 以下）液状系（水，油，乳化系）に分類できる。液状系は連続相が水であるか，油であるかにより分類できる。水が連続相である系（水系，o/w 型）はさっぱりした使用

表 4.6　ファンデーションの分類

			伸びのよさ	肌へのなじみ	しっとり感	さっぱり感	カバー力	化粧くずれ
水　系		水白粉 懸濁型	○	△	×	◎	○	△
油　系		ケーキ状 スティック状懸濁型	△	○	◎	△	◎	○
乳化系	o/w 型	乳液状，クリーム状	○	○	○	◎	△	△
	w/o 型	クリーム状	△	◎	◎	△	△	◎
粉体系		パウダーファンデーション ケーキファンデーション	△	△	△	○	○	○

感であるが，汗などで化粧崩れを起こしてしまう。一方，油が連続相である系（油系，w/o 型）は，使用感はやや重いが，化粧崩れを起こしにくい。

c.　ファンデーションにおける分散制御技術

以下，液状ファンデーション（油が連続相である系）における着色顔料の分散性制御技術について説明する。ファンデーションに使用する着色顔料は，肌色にするために酸化チタン，酸化鉄が主に使用され，系中で一次粒子の粒子径である μm 以下の大きさまで分散させることが発色性向上のために必要である。また，紫外線防御のためには微粒子の酸化チタン，酸化亜鉛などを使用し，nm スケールの大きさまで分散させることが必要である。触媒活性低減，化粧持続性付与，油中での分散性向上のために，無機顔料をシリカ-アルミナ被覆，シリコーンなどの表面処理，はっ水性処理を施し使用することが多い。以下に分散性向上の技術について紹介する。

（i）　化学蒸着法（CVD 法）を用いた超薄膜コーティング[3]　　従来のシリコーンによる表面処理は乾燥後の粉体の凝集が避けられなかったが，本法では顔料表面の触媒活性点を利用し，Si-H 基をもった環状シリコーンが架橋し網目状ポリマーが生成する。この処理はさらにさまざまな機能性基を導入できる。この処理により，ファンデーションの油相中に良好に顔料が分散できるようになった。

（ii）　シリコーンポリマーを用いた紫外線防御無機粉体の油剤への分散化技術[4]

オキサゾリン変性シリコーンポリマーをエタノールに分散させ，酸化チタン/シリカ/酸化亜鉛複合粒子水分散液に添加したのちにシリコーンを加え，水/エタノールを留去することによって紫外線防御無機粉体高分散シリコーンを得る。通常のかくはん分散で調製したものと比較して，紫外線防御効果が向上する。この分散液はサンスクリーン製剤に応用すると紫外線防御性能が向上し，さらに高い透明感が得られる。

（iii）　両末端シリコーン変性ポリオキシエチレン型分散剤による分散化技術[5]

上記分散剤を用いて微粒子酸化チタン，微粒子酸化亜鉛をシリコーン油中に安定に分散することが可能になり，粉末感の少ない滑らかな使用感が得られる。サンスクリーン製剤に使用すると耐水性，透明性，紫外線防御性能も向上する。　［福田 啓一］

4.6.4　光触媒コーティング

a.　原　理

現在工業的に利用されている光触媒は，主に酸化チタンである。酸化チタンは半導体であり，およそ 3～3.2 eV 付近のバンドギャップを有する。これは 360～380 nm の

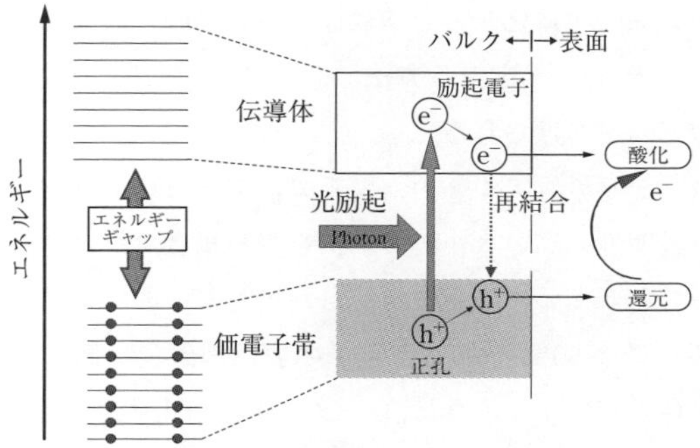

図 4.39 半導体光触媒の原理

波長の紫外線に相当し，これより短い波長の紫外線照射によって，価電子帯の電子が励起して電子正孔対を生成する。半導体の光励起によって生成した電子正孔対は，多くは再結合してしまう。しかし光触媒の場合は，この電子正孔対が光触媒表面に到達して，そこに吸着している物質と反応する。励起電子は還元反応に寄与し，正孔は酸化反応に寄与することで，さまざまな活性種が生成する（図 4.39）。このとき生成する活性種（ヒドロキシラジカル，スーパーオキシド，過酸化水素など）の酸化力は強力で[6]，光の量が十分であれば，完全酸化が期待できるのが酸化チタン光触媒反応の特長である。ただし純粋な酸化チタンは紫外線が反応に必須で，太陽光や室内環境の可視光は反応に寄与しない。そのため，古くから可視光に反応する光触媒の開発が進められてきた。たとえば酸化チタン以外のバンドギャップが狭い半導体を利用するか，酸化チタンのバンドギャップ中に位置する準位を何らかの方法で形成することなどが試みられてきた。なかでも，窒素など陰イオンをドープしたものや，酸化タングステンをベースにした光触媒が有望視されている[7]。

光触媒をコーティングとして利用した場合，光照射により水接触角が著しく低下するが，これは酸化チタン最表面の構造変化のためと考えられている。水接触角が0°というレベルに達した表面では，水滴が形成されず曇りが発生しにくい。さらに親水性かつ疎油的な表面を設計することで，油性汚染物のセルフクリーニング性が発現できる[8]。

b. 材料とプロセス

現在利用されている光触媒コーティングの製造プロセスとしては，① 無機バインダーと混合してスプレーなどによって塗布し硬化させる方法，② チタンアルコキシドのような酸化チタン前駆体化合物を基板に塗布したのちに加熱などを行って結晶化した酸化チタンコーティングを得る方法，③ スパッタリングやCVDなどによって製造する方法，の三つがあげられる[9]。

バインダーには，シリカ，アルミナ，ジルコニア，セメント化合物などの無機酸化物が用いられる。透明性の高いコーティングを得る場合は，ポリオルガノシロキサンなどが用いられることが多い。酸化チタンとバインダーの比率は用途によって異なるが，酸化チタン添加量が50% を切ると粒子の表面露出量が低くなり，活性が顕著に低下する。超親水性を利用する場合は，いったん親水化したのち光照射が途切れても，親水性を長期間維持できる必要がある。Si化合物の添加は暗所における親水性を維持する効果が認められており（図 4.40），これもSiを含むバインダーがよく用いられる理由である[10]。

アルコキシドなどを利用すると，バインダーを添加しなくても機械的強度や耐摩耗性が高く，かつ活性の高い酸化チタンコーティングを形成できる。最近は熱処理を行う代わりに，常温でのプラズマ処理によって酸化チタンを結晶化させる手法も開発されている[11]。

c. 応　用

光触媒コーティングはセルフクリーニング用途を中心に，建築内外装，道路資材，照明カバーなど広範に用いられている。無機材料への応用だけでなく，ポリマーフィルムやポリカーボネート板への応用なども進んでいる。セルフクリーニングのための親水性の利用だけでなく，最近では着雪防止機能などが期待できるはっ水性コーティ

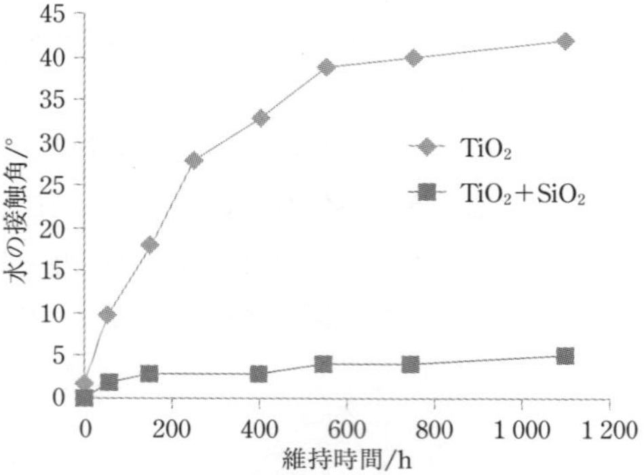

図 4.40　シリカ添加の酸化チタン光励起親水化後の親水維持性への効果

ングへの応用も検討されている[12]。ただし，光触媒コーティング機能は光の照度や波長，そして屋外で超親水性による機能を期待する場合は，降雨の頻度などにも影響されることに注意しなければならず，その利用にさいしては用途や使用環境ごとの機能設計が必要である。

［渡部 俊也］

4.6.5 自動車用コーティング

a. 水ぬれ性を中心とした自動車コーティングの機能設計

自動車に関係するコーティングは，車体用，ガラス用，ミラー用，ホイール用など多種多様である。各々には，外観，強度，耐久性など様々な機能が求められるが，なかでも汚れ防止に関係した水ぬれ性の制御は大きく注目されてきた。元々自動車では，塗膜中への降雨の浸透によって鋼板が劣化するため，油性ワックスなどを塗膜上に定期的に塗布してきた。このため自動車用コーティングとしては，一般には水弾きのよさが重要であると思われている。

しかし実際には，自動車各部位に求められる性能は同じではなく，たとえばはっ水性が高まることでかえって水滴が輪染みとなって残ることで外観を悪くしたり，サイドミラーでは親水性にしたほうが視認性が確保できることがあるなど，使用部位によって必要な機能は異なる。実は水を弾くか弾かないかという性質と，汚れ防止との関係は複雑で，直接の対応はない。ウィンドウシールドなどでは，親水性塗膜は透過像がひずむために向いておらず，はっ水性コーティングが用いられるが，この場合は水を弾くかどうかという静的はっ水性よりも，水が容易に転落するかどうかという動的はっ水性の方が重要である。以下，自動車コーティングに密接な関係のある，はっ水・親水性の設計について述べる（静的なぬれの基礎理論については 1.1.3 項参照）。

b. 動的はっ水性

自動車用コーティングではフッ素系のポリマーを用いることによって 110°を超える高い接触角を実現しているものも多い。さらに超はっ水のコーティングも可能であるが，この場合は表面粗さを獲得するために粒子やフィラーの混合が必要となり，透明性が低下する問題がある。さらにフッ素系ポリマーには，接触角は高くても水滴除去性が必ずしもよくないという問題がある（図 4.41）。水滴が長期間付着して徐々に乾燥すると，かえって水滴の汚れが残りやすいという問題につながる。

実際の材料表面上における水滴の転落しやすさは，静的はっ水性（接触角）と対応関係が認められないことも多い。転落角は水滴に働く重力との釣り合い（図 4.42）

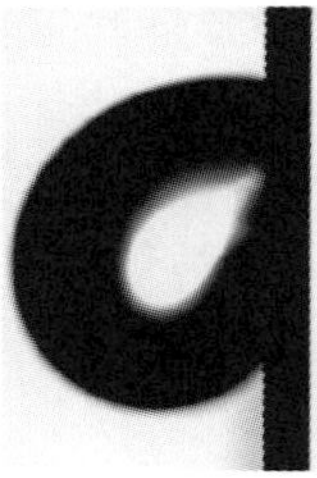

図 4.41　フッ素樹脂上における水滴の堅固な付着

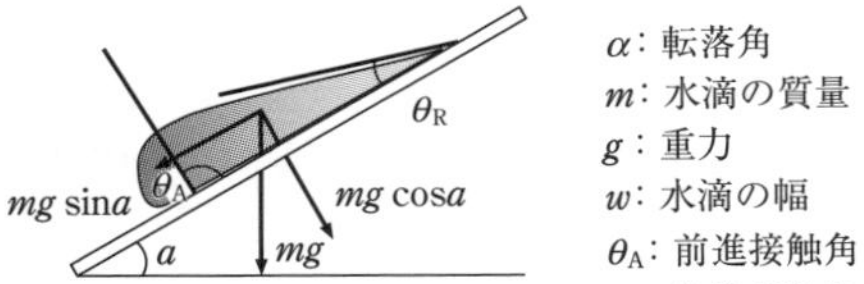

$$\sin\alpha=\frac{w\gamma_L(\cos\theta_R-\cos\theta_A)}{mg}$$

図 4.42　水滴の転落角

で表現されるが，このとき液滴前進面の接触角（前進接触角）と液滴末端の接触角（後退接触角）の差が水滴付着性の原因となる。実用材料では，はっ水性をやや犠牲にして水滴除去性を確保するということも行われる。

しかし表面の nm スケールの平滑性を極力高めた場合の動的ぬれ性は，静的ぬれ性との対応関係が良好であることがわかっている。つまり nm レベルの凹凸がぬれ性に大きな影響を与える[13]。従来のぬれ性理論でいう表面粗さは，μm レベルのスケールの議論であり，水分子のサイズに相当するようなスケールは想定されていなかった。それにもかかわらず，動的はっ水性においてはこのようなスケールの凹凸が大きく影響していることがわかってきた。実用材料では，より平滑性の得られやすい素材を選択することによって，動的はっ水性も優れたコーティングを得ることができる。

c.　自動車用コーティング

自動車ボディーでは元々ワックスが使われるのが通常であったが，ワックスが塗装面に留まる期間はごく短いことから，接着力を増して，より長期に機能を持続するコーティングが用いられるようになってきた。そのためには，フッ素系またはオルガノシロキサン系のポリマーが含まれたコーティングが用いられる。最近光触媒粒子を混入してセルフクリーニング性を付与することを狙った製品も販売されているが，ポリマーの光触媒酸化分解を制御しながら光触媒の性能を発揮するのは容易ではない。

自動車ガラスでは耐久性を増すために反応性の高いフッ素系コーティング剤やガラス面との反応性を増すためシランカップリング剤，ポリシラザンなども用いられる。リアウインドでは車内プライバシー保護のため着色ガラスも利用されている。このさい Cu，Co，Mn などの着色成分を含有したシリカ系のゾルゲル-コーティングが開発されている。一方，ミラーでは親水性コーティングも有効であるため，光触媒超親水性を利用したコーティングも利用されている。　　　　［渡部 俊也，吉田 直哉］

参考文献

4.1 節

1) Ph. Buffat, J-P. Borel, *Phys. Rev. A*, **13**, 2287 (1976).
2) 武田義章，セラミックス，**19**，489 (1984).
3) K. Yokota, Y. Kondo, *J. Ceram. Soc. Jpn.*, **106**, 855 (1998).
4) 福井 寛，鈴木福二，セラミックス，**29**，104 (1994).
5) 石橋秀夫，色材，**79**，251 (2006).
6) 小林敏勝，粉体と工業，**39**，64 (2007).
7) 春田正毅，化学，**63**，62 (2008).
8) 日本セラミックス協会編集委員会講座小委員会 編，"セラミックスの製造プロセス"，日本セラミックス協会 (1984).
9) 日本化学会 編，"コロイド科学 I. 基礎および分散・吸着"，東京化学同人 (1995)，p. 136.
10) 粉体工学会 編，"粉体の生成"，日刊工業新聞社 (2005).

4.2 節

1) 日本化学会 編，"コロイド科学 I. 基礎および分散・吸着"，東京化学同人 (1995).
2) 米澤 徹 編，"ナノ粒子の創製と応用展開"，フロンティア出版 (2007).
3) 柳田博明 編，"微粒子工学大系 1. 基本技術"，フジ・テクノシステム (2001).
4) 永長久彦，"溶液を反応場とする無機合成"，培風館 (2000).
5) 山中淳平，深谷奈央，川中智司，今井宏起，フレグランスジャーナル，No. 3，p. 42 (2015).
6) 近藤精一，石川達雄，安部郁夫，"吸着の科学 第 2 版"，丸善 (2001).
7) 奥山喜久夫，粉砕，**51**，15 (2008).
8) N.-M. Hwang, D.-K. Lee, *J. Phys. D : Appl. Phys.*, **43**, 483001 (2010).
9) J. E. Butler, A. V. Sumant, *Chem. Vapor Depos.*, **14** 145 (2008).
10) H. Yamada, *J. Plasma Fusion Res.*, **90**, 152 (2014).
11) T. Torimoto, K. Okazaki, T. Kiyama, K. Hirahara, N. Tanaka, S. Kuwabata, *Appl. Phys. Lett.*, **89**, 243117 (2006).
12) Y. Ishida, I. Akita, T. Sumi, M. Matsubara, T. Yonezawa, *Sci. Rep.*, **6**, 29928 (2016).
13) T. Sugimoto, *Adv. Coll. Interf. Sci.*, **28**, 65 (1987).
14) 阿尻雅文 監修，"超臨界流体技術とナノテクノロジー開発"，シーエムシー出版 (2010).
15) A. R. Siekkinen, J. M. McLellan, J. Chen, Y. Xia, *Chem. Phys. Lett.*, **432**, 491 (2006).
16) S. Mourdikoudis, L. M. Liz-Marzán, *Chem. Mater.*, **25**, 1465 (2013).
17) L. Wang, L. Xu, H. Kuang, C. Xu, N. A. Kotov, *Acc. Chem. Res.*, **45**, 1916 (2012).
18) Z. Zhuang, Q. Peng, Y. Li, *Chem. Soc. Rev.*, **40**, 5492 (2011).
19) D. Wang, X. Liang, Y. Li, *Chem. Asian. J.*, **1-2**, 91 (2006).
20) 齋藤文良，粉砕，**51**，24 (2008).

4.3 節

1) 豊玉英樹，機能材料，**6**，44 (1987).
2) 八瀬清志，井上貴仁，岡田正和，船田正，平野二郎，表面化学，**8**，434 (1989).
3) H. Kasai, H. S. Nalwa, H.Oikawa, S. Okada, H. Matsuda, N. Minami, A. Kakuta, K. Ono, A. Mukoh, H. Nakanishi, *Jpn. J. Appl. Phys.*, **31**, L1132 (1992).
4) 笠井 均，及川英俊，中西八郎（日本化学会 編），"第 5 版 実験化学講座 28 ナノテクノロジーの化学"，丸善 (2005)，p. 266.
5) J. Mori, Y. Miyashita, D. Oliveria, H. Kasai, H. Oikawa, H. Nakanishi, *J. Cryst. Growth.*, **311**, 553 (2009).
6) H. Kasai, T. Murakami, Y. Ikuta, Y. Koseki, K. Baba, H. Oikawa, H. Nakanishi, M. Okada, M. Shoji, M. Ueda, H. Imahori, M. Hashida, *Angew. Chem. Int. Ed.*, **51**, 10315 (2012).
7) Y. Ikuta, Y. Koseki, T. Onodera, H. Oikawa, H. Kasai, *Chem. Commun.*, **51**, 12835 (2015).
8) Y. Ikuta, S. Aoyagi, Y. Tanaka, K. Sato, S. Inada, Y. Koseki, T. Onodera, H. Oikawa, H. Kasai, *Sci. Reports*, **7**, 44229 (2017).
9) H. Yabu, *Polym. J.*, **45**, 261 (2013).

10)　蒲池幹治，遠藤剛，岡本佳男，福田猛 監修，"ラジカル重合ハンドブック"，エヌ・ティ・エス（2010），p. 357.
11)　S. Onishi, M. Tokuda, T. Suzuki, H. Minami, *Langmuir*, **31**, 674-678 (2015).

4.4 節

1)　K. Komori, K. Takada, O. Hatozaki, N. Oyama, *Langmuir*, **23**, 6446 (2007).
2)　A. Ito, M. Shinkai, H. Honda, T. Kobayashi, *J. Biosci. Bioengineer.*, **100**, 1 (2005).
3)　A. K. Gupta, M. Gupta, *Biomaterials*, **26**, 3995 (2005).
4)　U. Woggon, "Optical Properties of Semiconductor Quantum Dots", Springer-Verlag (1996).
5)　T. Ohta, B. Gelloz, N. Koshida, *J. Vac. Sci. Tech. B*, **26**, 716 (2007).
6)　F. Erogbogbo, K-T. Yong, I. Roy, G. Xu, P. N. Prasad, M. T. Swihart, *ACS NANO*, **2**, 873 (2008).
7)　K. Sato, N. Kishimoto, K. Hirakuri, *J. Appl. Phys.*, **102**, 104305 (2007).
8)　K. Sato, K. Hirakuri, *J. Vac. Sci. Tech. B*, **24**, 604 (2006).
9)　K. Sato, N. Kishimoto, K. Hirakuri, *J. Nanosci. Nanotechnol.*, **8**, 374 (2008).
10)　山本重夫 監修，"量子ドットの生命科学領域への応用"，シーエムシー出版（2007），p. 77.
11)　N. Toshima, T. Yonezawa, *New J. Chem.*, **22**, 1179 (1998).
12)　N. Toshima, Y. Shiraishi, "Encyclopedia of Surface and Colloid Science", 2nd ed., CRC (2006), p. 1135.
13)　Y. Sun, Y. Yin, B. T. Mayers, T. Herricks, Y. Xia, *Chem. Mater.*, **14**, 4736 (2002).
14)　M. Brust, M. Walker, D. Bethell, D. J. Schiffrin, R. Whyman, *J. Chem. Soc., Chem. Commun.*, **1994**, 801.
15)　C.-C. Chen, Y.-P. Lin, C.-W. Wang, H.-C. Tzeng, C.-H. Wu, Y.-C. Chen, C.-P. Chen, L.-C. Chen, Y.-C. Wu, *J. Am. Chem. Soc.*, **128**, 3709 (2006).
16)　Y.-Y. Yu, S.-S. Chang, C.-L. Lee, C. R. C. Wang, *J. Phys. Chem. B*, **101**, 6661 (1997).
17)　R. Bakalova, Z. Zhelev, H. Ohba, Y. Baba, *J. Am. Chem. Soc.*, **127**, 11328 (2005).
18)　M. Zhu, C. A. Aikens, F. J. Hollander, G. C. Schatz, R. Jin, *J. Am. Chem. Soc.*, **130**, 5883 (2008).
19)　Y. Ishida, Y.-L. Huang, T. Yonezawa, K. Narita, *ChemNanoMat*, **3**, 298 (2017).
20)　Y. Shishino, T. Yonezawa, K. Kawai, H. Nishihara, *Chem. Commun.*, **46**, 7211 (2010).
21)　T. Sumi, S. Motono, Y. Ishida, N. Shirahata, T. Yonezawa, *Langmuir*, **31**, 4323 (2015).
22)　R.D.Corpuz, Y.Ishida, M.T.Nguyen, T.Yonezawa, *Langmuir*, **33**, 9144 (2017).
23)　米澤徹 編，"ナノ粒子の創製と応用展開"，フロンティア出版（2008），p. 180.
24)　M. Tomonari, K. Ida, H. Yamashita, T. Yonezawa, *J. Nanosci. Nanotechnol.*, **8**, 2468 (2008).
25)　T. Yonezawa, S. Takeoka, H. Kishi, K. Ida, M. Tomonari, *Nanotechnology*, **19**, 145706 (2008).
26)　M. Matsubara, T. Yonezawa, T. Minoshima, H. Tsukamoto, Y. Yong, Y. Ishida, M. T. Nguyen, H. Tanaka, K. Okamoto, T. Osaka, *RSC Adv.*, **5**, 102904 (2015).

4.5 節

1)　A. Harada, K. Kataoka, *Science*, **283**, 65 (1999).
2)　T. Hamaguchi, Y. Matsumura, M. Suzuki, K. Shimizu, R. Goda, I. Nakamura, I. Nakatomi, M. Yokoyama, K. Kataoka, T. Kakizoe, *Br. J. Cancer*, **92**, 1240 (2005).
3)　Y. Matsumura, H. Maeda, *Cancer Res.*, **46**, 6387 (1986).
4)　K. Kato, K. Chin, T. Yoshikawa, K. Yamaguchi, Y. Tsuji, T. Esaki, K. Sakai, M. Kimura, T. Hamaguchi, Y. Shimada, Y. Matsumura, R. Ikeda, *Invest. New Drugs*, **30**, 1621 (2012).
5)　Y. Bae, S. Fukushima, A. Harada, K. Kataoka, *Angew. Chem., Int. Ed.*, **42**, 4640 (2003).
6)　M. Harada, I. Bobe, H. Saito, N. Shibata, R. Tanaka, T. Hayashi, Y. Kato, *Cancer Sci.*, **102**, 192 (2011).
7)　A. Takahashi, Y. Yamamoto, M. Yasunaga, Y. Koga, J. Kuroda, M. Takigahira, M. Harada, H. Saito, T. Hayashi, Y. Kato, T. Kinoshita, N. Ohkohchi, I. Hyodo, Y. Matsumura, *Cancer Sci.*, **104**, 920 (2013).
8)　Y. Mochida, H. Cabral, Y. Miura, F. Albertini, S. Fukushima, K. Osada, N. Nishiyama, K. Kataoka, *ACS Nano*, **8**, 6724 (2014).
9)　H. Cabral, Y. Matsumoto, K. Mizuno, Q. Chen, M. Murakami, M. Kimura, Y. Terada, M. R. Kano, K. Miyazono, M. Uesaka, N. Nishiyama, K. Kataoka, *Nat. Nanotech.* **6**, 815 (2011).
10)　M. Murakami, H. Cabral, Y. Matsumoto, S. Wu, M. R. Kano, T. Yamori, N. Nishiyama, K. Kataoka, *Sci. Transl. Med.*, **3**, 64ra2 (2011).
11)　Y. Anraku, H. Kawahara, Y. Fukusato, A. Mizoguchi, T. Ishii, K. Nitta, Y. Matsumoto, K. Toh, K. Miyata, S. Uchida, K. Nishina, K. Osada, K. Itaka, N. Nishiyama, H. Mizusawa, T. Yamasoba, T. Yokota, K. Kataoka, *Nat. Commun.*, **8**, 1001 (2017).
12)　Y. Miura, T. Takenaka, K. Toh, S. Wu, H. Nishihara, M. R. Kano, Y. Ino, T. Nomoto, Y. Matsumoto, H. Koyama, H. Cabral, N. Nishiyama, K. Kataoka, *ACS Nano*, **7**, 8583 (2013).

13) A. L.Klibanov, K. Maruyama, V. P. Torchilin, L. Huang, *FEBS Lett.*, **268**, 235 (1990).
14) D. W.Northfelt, F. J.Martin, P. Working, *J. Clin. Pharmacol.*, **36**, 55 (1996).
15) A. Gabizon, R. Catane, B. Uziely, B. Kaufman, T. Safra, R. Cohen, F. Martin, A. Huang, Y. Barenholz, *Cancer Res.*, **54**, 987 (1994).
16) 畝崎 榮, 細田順一, *Drug Del. Sys.*, **14**, 101 (1998).
17) 松村保広, *Drug Del. Sys.*, **16**, 401 (2001).
18) 平田圭一, 鈴木亮, 小田雄介, 宇都口直樹, 丸山一雄, *Drug Del. Sys.*, **25**, 466 (2010).
19) S. Kiyokawa, R. Igarashi, T. Iwayama, S. Haramoto, T. Matsuda, K. Hoshi, Y. Mizushima, *J. Control. Release*, **20**, 37 (1992).
20) 五十嵐理慧, 山口葉子, バイオインダストリー, **22**, 17 (2005).
21) I. A. Khalil, K. Kogure, H. Akita, H. Harashima, *Pharm. Rev.*, **58**(1), 32-45 (2006).
22) A. El-Sayed, S. Futaki, H. Harashima, *AAPS J.*, **11**(1), 13-22 (2009).
23) Y. Yamada, H. Harashima (S. Harpreet, S. Shey-Shing eds.), "Handbook of Experimental Pharmacology 240 Pharmacology of Mitochondria", Springer International Publishing (2017), pp. 457-472.
24) M. Hyodo, Y. Sakurai, H. Akita, H. Harashima, *J. Contr. Release*, **193**, 316-323 (2014).
25) Y. Sato, Y. Sakurai, K. Kajimoto, T. Nakamura, Y. Yamada, H. Akita, H. Harashima, *Macromol. Biosci.*, **17**, 1600179 (2017).
26) G. H. Petersen, *et al.*, *J. Contr. Release*, **232**, 255-264 (2016).
27) Y. Sakurai, K. Kajimoto, H. Harashima, *Biomater. Sci.* **11**, 1253-65 (2015).
28) Y. Hayashi, H. Hatakeyama, K. Kajimoto, M. Hyodo, H. Akita, H. Harashima, *Bioconjug. Chem.* **26**(7), 1266-76 (2015).
29) 橋田充 編, "経口投与製剤の設計と評価", 薬業時報社 (1995), p. 232.
30) 橋田充, 人工臓器, **34**, 195 (2005).
31) 林正弘, 川島嘉明, 乾賢一 編, "最新薬剤学 第9版", 廣川書店 (2006), p. 348.
32) S. Sakuma, M. Hayashi, M. Akashi, *Adv. Drug Deliv. Rev.*, **47**, 21 (2001).
33) H. Yamamoto, W. Hoshina, H. Kurashima, H. Takeuchi, Y. Kawashima, T. Yokoyama, H. Tsujimoto, *Adv. Powder Technol.*, **18**, 215 (2007)

4.6 節

1) 上田隆宣, "レオロジーなんかこわくない" サイエンスアンドテクノロジー (2006).
2) 日本化粧品技術者会 編, "最新化粧品科学", 薬事日報社 (1988), p. 63.
3) A. Nasu, T. Ikeda, H. Fukui, M. Yamaguchi, International Federation Society of Cosmetic Chemists, Preprint 691 (1992).
4) 菅原 智, 猪股幸雄, *Fragrance J.*, **32**, 72 (2004).
5) A. Nasu, Y. Otsubo, *J. Coll. Interf. Sci.*, **310**, 617 (2007).
6) 藤嶋 昭, 渡部俊也, 橋本和仁, "光触媒のしくみ", 日本実業出版社 (2000).
7) 第8回光触媒研究討論会, "光触媒研究の最新動向と将来展望" 要旨集, 光機能材料研究会会報, 26号 (2008).
8) R. Wang, K. Hashimoto, A. Fujishima, M. Chikuni, E. Kojima, A. Kitamura, M. Shimohigoshi, T. Watanabe, *Adv. Mater.*, **10**, 135 (1998).
9) S. Sakka, Ed., "The Kluwer International Series in Engineering & Computer Science. Handbook of Sol-gel Science and Technology: Processing, Characterization and Applications", Kluwer Academic (2005), Chapter 16.
10) M. Machida, K. Norimoto, T. Watanabe, K. Hashimoto, A. Fujishima, *J. Mater. Sci.*, **34**, 2569 (1999).
11) T. Watanabe, Y. Shibayama M. Suzuki, M. Kinbara, N. Yoshida, H. Ohsaki, Proceedings of the 1st International Congress on Ceramics: A Global Roadmap June 25-29, 2006,Toronto, Canada, The American Ceramics Society (2006).
12) 渡部俊也, 吉田直哉, 若村正人, 工業材料, **55**, 52 (2007).
13) N. Yoshida, M. Takeuchi, T. Okura, H. Monma, M. Wakamura, H. Ohsaki, T. Watanabe, *Thin Solid Films*, **502**, 108 (2006).

5

固体界面—デザイン化と機能

5.1　固体表面の化学[1)]

固/気界面および液/固界面に対応する固体側の界面を固体表面とよんでいる。固体表面としては，最外表面原子層から内側へ 4 原子層程度の厚みのある表面層を対象としている。固体表面はあらゆる材料について重要であるが，コロイド・界面化学分野では，表面の役割が大きい超微粒子もしくは多孔性固体がとくに重要である。たとえば, nm オーダーの超微粒子では最外表面層にある原子の割合が 50% 以上にもなる。また，単層カーボンナノチューブあるいはグラフェンでは全炭素原子が表面にある。また，表面の電子状態は固体内部とは異なるために，固体表面特有の物理化学現象を示すことが多い。

5.1.1　固体表面の電子的要因

固体の電子的な表面状態は固体内の結合に大きく依存する。sp^2 炭素-炭素共有結合で六員環ユニットの繰り返しによるグラフェンが重なった構造をもつグラファイトの基底面は，平滑表面の代表であり，走査トンネル顕微鏡の標準表面としても使われている。このグラファイト基底面は π 電子共役系表面の代表であり，高い電子伝導性を示す。この基底面は安定で，空気に曝しても適切な真空加熱処理を施すと，清浄な表面にできる。グラファイト表面とは違い一般の金属表面は酸素，水蒸気あるいは二酸化炭素などの影響を受けやすく，金属表面は金属酸化物，金属水酸化物，あるいは炭酸塩などになっていることが多い。このために，一般の金属表面は“金属”的電子状態ではなく，表面化合物に由来する半導体あるいは絶縁体としての特性をもっている。したがって金属表面そのものの特性と構造を調べるためには，超高真空技術の助けを借りなければならない。金属や半導体では局在的な表面電子準位が重要である。表面準位は結晶内側の結合が切れて, 結合相手のいない結合手（ダングリングボンド）

が表面で形成され，再構成などを生じて表面に局在してできる準位である。半導体表面では，表面準位への電子あるいは正孔の移動によって，n型あるいはp型に対応した表面電気二重層を形成する。TiO_2がよい例であるが，半導体の光触媒作用ではこの表面電気二重層が本質的役割を示す。

金属酸化物半導体では，表面で酸素原子の欠陥を多数生ずるために非化学量論性が無視できずに，酸素欠陥濃度に応じた擬自由電子（あるいは擬自由正孔）の作用を考慮する必要がある。さて，固体は結晶ばかりではなく無定形であることも多い。とくに界面機能に優れたゲル，高分子，ガラスなどは無定形固体であるので，無定形固体の電子構造の知見も必要である。無定形固体バルクの電子構造は結晶のそれに見掛け上似ているが，局在準位が幅広く分布したバンドをもち，エネルギーギャップがない。ただし，電子の移動速度がきわめて小さくなる移動度ギャップを有しているという特徴がある。無定形固体表面では，電子の局在性が一層強められていると考えられる。

5.1.2　規整表面の構造

大気環境中におかれた固体あるいは特定の溶液中で調製された固体表面には，O_2，H_2O，CO_2をはじめとする各種分子やイオンが化学吸着している。そのために10^{-8} Pa程度の超高真空下で単結晶をへき開し，またArイオン衝撃を施して清浄表面を得る。このような超高真空下の単結晶表面では，結合が切れた不安定性を減らすように，バルク結晶構造から推定される理想表面とは異なる独特の構造を形成している。その代表的な表面構造変化には“表面緩和”と“表面再構成”とがある。表面緩和は表面に垂直な面間隔が変化する現象である。金属の場合には，一般に面間隔が収縮する。*bcc*構造のFeの場合，(210)面では表面最外層と第二層間で約20%，第三～四層間でも5%ほど収縮している。表面再構成は，表面で結合相手を失ったダングリングボンドの不安定さを解消するために，表面内で原子が変位してダングリングボンドが対（ダイマー）を形成するような構造変化を起こす。また，清浄表面に原子あるいは分子が化学吸着すると二次元長周期構造（超格子構造という）を形成する。この表面は実験的に再現可能であり，構造的に明確なことが多い。このため清浄表面と化学吸着による超構造表面を規整表面（well-defined surface, 規定表面ともよぶ）という。規整表面は二次元周期構造をもっているので，二次元ブラベ格子を用いて表現できる。図5.1には面心立方格子の（100）表面上に化学吸着により生じた二次元超格子の例を示す。図(a)では下地の理想表面の格子と同じ単純格子，図(b)の超格子の単位胞は下地表

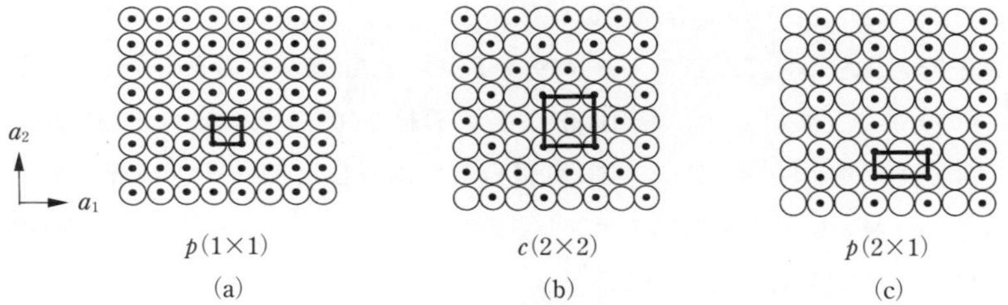

図 5.1 二次元単位胞と超格子構造の例

面の a_1 および a_2 の 2 倍，図(c) の超格子の単位胞は $2a_1$ と a_2 である。これらを Wood 記載法では，$p(1\times1)$，$c(2\times2)$，$p(2\times1)$ のように記す。

5.1.3 実在表面の化学

規整表面と異なり，現実の固体表面は種々の環境によって異なるためにあまりに複雑で，表面状態の記述が困難であるため，現実の表面のモデルとして実在表面を用いる。実在表面とは超高真空よりも真空度の低い 10^{-4} Pa 程度の高真空下での処理によって再現性よく調製できるものである。制御した雰囲気下においた表面が，実在表面モデルになると考えられている。とくに，酸化物およびカーボン類などの実在表面は，構造的にモデル化できる表面として扱って大きな問題は生じない。

実在表面が重要な系には，表面原子の割合が大きい超微粒子と多孔性固体とがある。超微粒子表面には清浄単結晶表面のところで述べたようなテラス，ステップ，点欠陥などが多数存在している。また，その粒子の履歴に応じて，H_2O，CO_2 あるいは O_2 を化学吸着して独特の表面化学構造になっている。シリカ表面には各種の表面ヒドロキシ基が存在し，表面特性を支配している。その例を図 5.2 に示す。これらヒドロキシ基は振動数が異なるので，赤外吸収スペクトルから識別される。また，表面では異種原子を表面に濃縮する偏析が起こる。Ti^{4+} をドープして Fe^{2+} を増やした α-

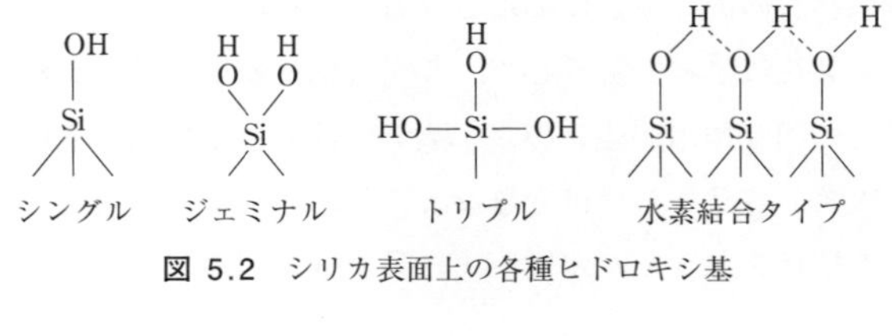

図 5.2 シリカ表面上の各種ヒドロキシ基

Fe_2O_3 では，Fe^{3+}-Fe^{2+} の混合原子価状態が生じて電気伝導度が著しく増大する。X線光電子分光法を用いて，Ti^{4+} ドープの α-Fe_2O_3 を Ar 衝撃して表面からの深さ方向での Ti の分布を見てみると，表面近傍に Ti が濃縮されている。これを偏析現象という。ゾル-ゲル法で Fe と Ti とを均一に混合して調製した Ti ドープ α-Fe_2O_3 では偏析が少ない。身の回りの例にはステンレス鋼がある。ステンレス鋼では不純物の Ni, Cr の偏析が防食性に関係している。

非化学量論性を示す遷移金属酸化物では，表面酸素あるいはヒドロキシ基に NO, SO_2，あるいは CO_2 などが化学吸着すると，固体表面側の酸素欠陥濃度が変化する。たとえば，NO が化学吸着すると，表面酸素 O^{2-}(s) に NO が化学吸着して NO^{2-}(c) を生成し，固体表面に擬表面酸素欠陥が生じる。このために表面導電性が変化する。

ミクロ細孔（細孔径＜2 nm），メソ細孔（2 nm＜細孔径＜50 nm），あるいはマクロ細孔（細孔径＞50 nm）を大量に有する固体を細孔体（あるいは多孔体）とよぶ。とくに，ミクロ細孔体とメソ細孔体は蒸気を多量に物理吸着するために，広く応用されている。最近注目されている規則構造性メソ細孔シリカおよびカーボンナノチューブは，ミクロ細孔とメソ細孔とに及ぶ細孔径を有しているために，5 nm 程度以下の細孔をナノ細孔とよぶと便利である。これらのナノ細孔体は吸着，分離および触媒作用などの優れた分子機能をもっている。したがって，ナノ細孔体への分子吸着の基本の理解が求められる。細孔構造の解析には，電子顕微鏡が有力であるが，平均的な細孔径，細孔容量，比表面積などの細孔構造パラメーターの決定には 77 K での窒素吸着法および 87 K でのアルゴン吸着法が用いられる。ミクロ細孔径は窒素などの小分子サイズの数倍程度のために，ミクロ細孔中では分子と細孔壁との相互作用が著しく大きくなっている。このことは相互作用ポテンシャルプロファイルで理解できる。図 5.3 にカーボンのスリット状ミクロ細孔中の窒素分子と細孔壁との相互作用のプロファイルを示す。これによると，チューブ径が窒素分子の2倍の 0.7 nm 以下であると，相互作用が著しく大きい。そのために 77 K の N_2 分子吸着は $P/P_0=10^{-4}$ 以下の圧力から著しく進行する。一般の蒸気についてもきわめて低い圧力（濃度）から吸着が開始されるので，微量物質の濃縮などに応用される。課題はあるが，この低圧からの吸着等温線を密度汎関数法によって解析して，ミクロ細孔の細孔径分布が求められる。ミクロ細孔は分子との相互作用が強いので，蒸気だけでなく超臨界気体（たとえば室温でのメタン）の吸着，貯蔵あるいは分離などに利用される。メソ細孔では，ミクロ細孔ほど強い相互作用ポテンシャルが働かずに吸着分子間の相互作用によって，メソ細

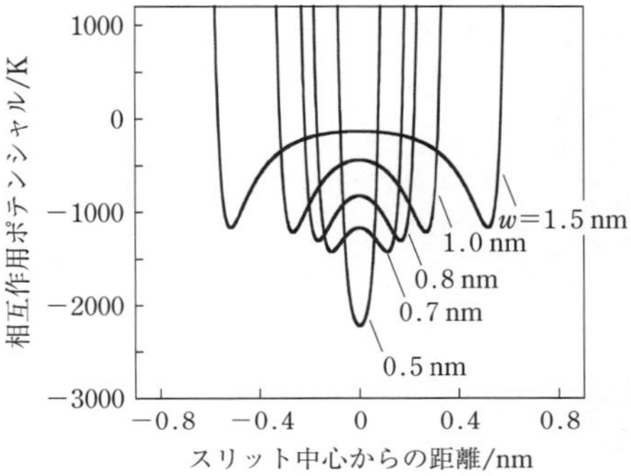

図 5.3　カーボンのスリット状ミクロ細孔中の窒素分子と壁との相互作用

孔中に蒸気が凝縮すると凹面のメニスカスをつくり，飽和蒸気圧が平坦表面のそれより小さくなる。このため，メソ細孔中ではバルク液体の飽和蒸気圧よりも低い圧力で蒸気が凝縮する毛管凝縮が起こる。ただし，5 nm より小さいメソ細孔への吸着は単純な毛管凝縮とはいえない。

毛管凝縮による吸着のときには吸着等温線にヒステリシスを伴うことがある。その吸着ヒステリシスからメソ細孔のおよその幾何学的構造が推察される。また，補正項を必要とするが Kelvin 式を用いて，毛管凝縮による吸着等温線の解析からメソ細孔の細孔径分布を決定できる。ただし，数 nm 以下のメソ細孔の細孔径分布には適用できない。［金子　克美］

5.2　触媒表面のナノファブリケーション

5.2.1　触媒表面の構造と触媒能

触媒として用いられる固体には金属，酸化物，硫化物などがあるが，固体表面で触媒反応が進行するためには，その表面に反応物質が吸着し，吸着分子と表面原子との間や吸着分子どうしで結合の組換えが起こり，系全体としてエネルギー的に好ましい組立てになっている必要がある。こうした表面反応は当然，固体表面の構造や化学的性質に強く影響される。1925 年，H. S. Taylor は固体表面は不均質であり，そのうち限られた部分のみが触媒能を示すと考え，この部分を“活性中心”とよんだ。この考え方は多くの実験的事実から支持されており，固体表面の活性中心（活性点）の具体的内容を知ることが，触媒研究の大きな目標の一つとなっている。

金属単結晶を用いた触媒活性や選択性の研究によって，表面原子の幾何的配列の違

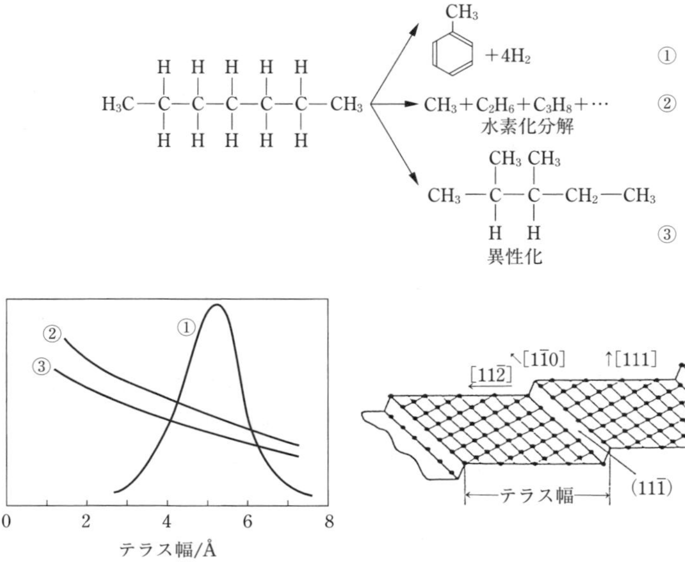

図 5.4　白金結晶面上のステップ幅に対する *n*-ヘプタンの各触媒反応の選択性の関連
TOF：ターンオーバー頻度

いによる活性の差異が明らかにされ，また，結晶面のステップ，キンクや格子欠陥が活性点となることも明らかにされている[1]。Somorjai らは，表面構造がよくわかった白金ステップ表面を用いて，図 5.4 に示すように，*n*-ヘプタンの環化脱水素反応，水素化分解，骨格異性化水素を調べた。水素化分解や炭素骨格の異性化反応はステップ幅が狭い方が活性が高く，ステップ部位が活性点であることが示唆される。一方，環化脱水素反応はステップ幅に強く影響されており，直鎖状ヘプタンが閉環してベンゼン環を形成するには適切な幅のステップ面が必要であることがわかる。

Al_2O_3 や SiO_2 などの担体上に分散された金属微粒子の触媒活性は粒径に著しく依存したりほとんど依存しなかったりする。前者の反応は構造敏感（structure sensitive）反応，後者は構造鈍感（structure insensitive）反応とよばれる。

窒素と水素からアンモニアを合成する反応は Fe 微粒子を触媒とすることはよく知られている。Fe 単結晶を使ったアンモニア合成の研究は数多くあり，単結晶上で得られた活性化エネルギーや速度論的パラメーターは，実際の触媒のそれとよく対応している。アンモニア合成反応は Fe 表面の構造にきわめて敏感で，結晶面の違いにより反応速度が2桁も変化する。図 5.5 にさまざまな Fe 結晶面上でのアンモニア合成

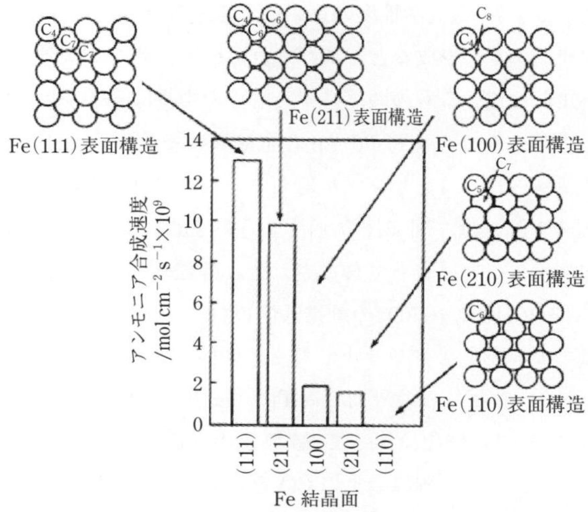

図 5.5 異なる表面構造をもつ Fe 結晶面上でのアンモニア合成速度
反応温度 673 K，圧力 20 atm（$P_{N_2}:P_{H_2}=1:3$）。

速度を示す[2)]。オープンな構造をもつ（111）面や（211）面は活性であるが，最密充塡面である（110）面はほとんど活性がない。しかし，単にオープンな表面がよいかというと，必ずしもそうではない。図 5.5 の表面構造図には配位数が記されているが，配位数の小さい原子が顔を出しているという点では（211）面が最も Fe 原子の配位不飽和度が高いが，活性は（111）面の方が高い。むしろ，1 層目より下に配位数の高い 7 配位の Fe 原子が顔を出していることが重要にみえる。このような構造敏感反応の場合には，触媒活性構造の制御が非常に重要になる。

5.2.2 バイメタル活性構造と触媒能

2 種類以上の金属を合金化あるいは複合化することによって，単一成分の場合に比べて触媒活性が飛躍的に上がる場合がある。工業触媒の開発はこの相乗的な触媒能の発見に強く依存しているといってよい。たとえば，石油改質触媒（Pt-Re，Ru-Cu），アンモニア合成触媒（$Fe-K_2O-Al_2O_3$），メタノール合成触媒（Cu-ZnO），脱硫触媒（Co-Mo-S），酢酸ビニル合成触媒（Pd-Au）などは，いずれも実用化バイメタル触媒である。

バイメタル触媒の高い触媒能の発現の理由として，異種金属のそれぞれの格子定数の違いによる格子ひずみ，電気陰性度の違いによる電荷移動のような電子状態の変化，異種金属のアンサンブルの形成などがあげられる。アンサンブル効果については，現象論的にはよく知られているものの，必ずしもその中身は分子レベルで理解されるに至っていない。近年，シリカ担持Pd-Au合金触媒のモデル表面での触媒活性と構造の相関が詳細に調べられ，アンサンブル効果の一つの本質が明らかにされた[3)]。

用いられたモデル触媒は，図 5.6に示すようにAu(111) およびAu(100) 上にPd原子を蒸着し加熱することによって作成された。酢酸ビニル生成，$CH_3COOH+C_2H_4+0.5\,O_2 \rightarrow CH_3COOCHCH_2+H_2O$，の触媒活性(TOF：turnover frequency，ターンオーバー頻度)をPdの量に対してプロットしたものが図 5.6である。全体の傾向として，Au(111) とAu(100) のどちらの表面でもPdの被覆率の増加に伴って触媒活性が低下していく。Pd被覆率の変化に伴ってPd原子の配置がどのように変化しているかを調べるために，このモデル触媒の上にCOを吸着させてその振動スペクトルを測定してみると，高被覆率の場合は，Pd原子が隣接して存在するときに生じるブリッジサイトや3中心ホローサイトに吸着したCOが観測されるのに対し，低被覆率の場合は，孤立したPd原子に吸着しているCOのみが観測される。この結果は，被覆率が低くなると，構造モデル図 5.6に示されているような孤立したPd原子（モノマー）が主になることを示している。これらのことから，触媒活性に重要なのは金表面に存

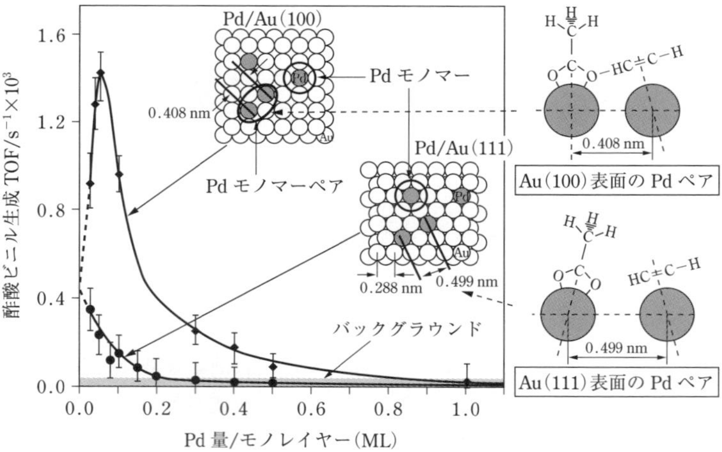

図 5.6　Au(111) およびAu(100) 上にPd原子を蒸着して調製したPd-Auモデル触媒における酢酸ビニル生成速度（TOF）のPd表面被覆率依存性
右図は酢酸とエチレンから酢酸ビニルが生成する反応モデル

在する Pd モノマーと考えられる。さらに重要なのは，Au(111) 上では Pd の被覆率が低くなるとともに単調に活性が増大するのに対し，Au(100) 上では 0.07 ML (monolayer, 単原子層) 付近で急激な活性の増加が見られ極大を示す点である。また，Au(100) 上の方が全体に活性が高い。赤外分光で同位体効果を調べた結果によれば，律速段階は，吸着した酢酸イオンへのエチレンの挿入反応である。このことに基づいて上記の特異な挙動は次のように説明された。

Au(100) で Pd モノマーの割合が最も大きくなるはずの 0.05 ML 以下よりも 0.07 ML で活性が極大をとることから，構造モデル中に示されたようなモノマーのペアが重要ではないかと考えられた。ランダムに分布する Pd モノマーの中で図のようなペアをつくる確率は被覆率の増大に伴って活性曲線と同じような挙動をとるからである。それでは Au(100) と Au(111) の違いは何を意味するのだろうか。Pd 原子ペアの上で酢酸アニオンとエチレンの間で起こるエチレンの挿入反応の前駆状態をみると (図 5.6)，Au(100) と Au(111) では最近接のモノマーペアの距離が異なることがわかる。前者の場合が 0.408 nm，後者の場合が 0.499 nm である。エチレンの二座型酢酸イオンへの挿入反応が起こる場合に最適な Pd モノマー間距離は 0.33 nm になる。この最適距離と比較して，Au(111) 上のモノマーペアの原子間距離は遠すぎて反応に至らないことがわかる。一方，Au(100) 上のモノマーペア上では，エチレンが少し傾けば酢酸イオンにアクセスすることは可能である。Au(100) 上でペアが生じる割合を考慮すると，ペア構造はモノマーに比べて 2 桁活性が高いことが明らかになった。

Pd モノマーのペアは一種のアンサンブルとみなすことができる。Pd と Au は電気陰性度も仕事関数もほとんど同じなので電荷移動はなく，格子定数も近いのでひずみもほとんどない。したがって，Au(100) における活性の増大はアンサンブル効果のみによるものと考えられる[4)]。

5.2.3　表面およびミクロ空間反応場を利用する触媒設計

固体表面やミクロ空間での触媒設計には，触媒をつくる途中の各段階や最終の表面構造と電子状態を分子レベルで制御し，規定する必要がある。そのため，構造の規定された金属錯体などの前駆体が用いられ，選択的に表面と反応させて構造変換することで，特定の活性構造をもった均一な触媒表面の構築が可能となる[4,5)]。表面との化学結合は，単に活性金属種を表面上に固定するだけでなく，その電子状態，化学状態をも変化させるため，表面上に形成された金属構造に応じた反応特性がみられる。

さまざまなNb錯体前駆体を用いてSiO_2表面上にNbモノマーやNbダイマー，Nbモノレイヤーが設計されている（図 5.7）[6]。これは，同じ元素を用いて表面上で異なる活性構造をつくり分けた例である。それぞれの前駆体はまずSiO_2表面上のOH基と反応して固定化され，表面構造変換を経て，目的のモノマー，ダイマー，モノレイヤーが形成される。各表面構造は，XAFS，FT-IR，Raman，ESR，XPS，固体NMR，元素分析などにより解析されている。

分子レベルで作成された表面構造はそれぞれ特有の触媒作用を示す。たとえば，Nbモノマーはエタノールを脱水素してアセトアルデヒドを与え，Nbダイマーはエタノールを分子間脱水してジエチルエーテルに転換し，Nbモノレイヤーは分子内脱水によりエチレンを選択的に生成する。脱水素反応は塩基性触媒により進行し脱水反応は酸性触媒により進行することから，Nbモノマーは塩基性をもち，ダイマーになると酸性に変わることを意味する。理論計算によれば，ダイマー構造を形成する架橋酸素によりNb上の電子密度が減少しルイス酸性が増加したためと理解される。Nb酸化物モノレイヤーとSiO_2表面とは幾何学的にミスマッチとなることから生じる孤立した不飽和Nbサイトが形成されるためと示唆されている。分子レベルで触媒の酸塩基性が制御できることを実証した例である[6]。

三次元細孔構造をもつゼオライトの一つであるHZSM-5は，シリケート骨格の一部のSiがAlに置換されているためBrønsted酸点を有し，規則的な細孔構造をもつ。このHZSM-5に昇華性をもつメチルトリオキソレニウムCH_3ReO_3を化学蒸着法（CVD）で担持すると，メチル基がゼオライト細孔表面のプロトンと選択的に反応して，メタンCH_4を発生して細孔内に固定化される。固定化Re種は，アンモニアNH_3によりN原子内包型Re10核クラスターに転換される（図 5.8）[7,8]。このReクラスターは，分子状酸素を酸化剤としてベンゼンをフェノールに変換する初めての優れた触媒である。フェノールは，毎年9.1百万t以上も生産される主用化学品の一つであるが，工業的にはベンゼンから3段階の合成プロセス（クメン法）を経てつくられる。中間化合物に過酸化物を経由し，硫酸を使用し，エネルギー効率も悪い。固定化Reクラスターは，分子状酸素を用いて1段階でベンゼンからフェノールを直接合成する触媒機能をもち，驚異的なフェノール選択性（94％）を示す[7]。XPS（X-ray photoelectron spectroscopy）およびXAFS（X-ray absorption fine structure）による解析から，ReクラスターはRe^{3+}～Re^{4+}の還元状態にあり，Re—Re結合が0.276 nmに存在するこ

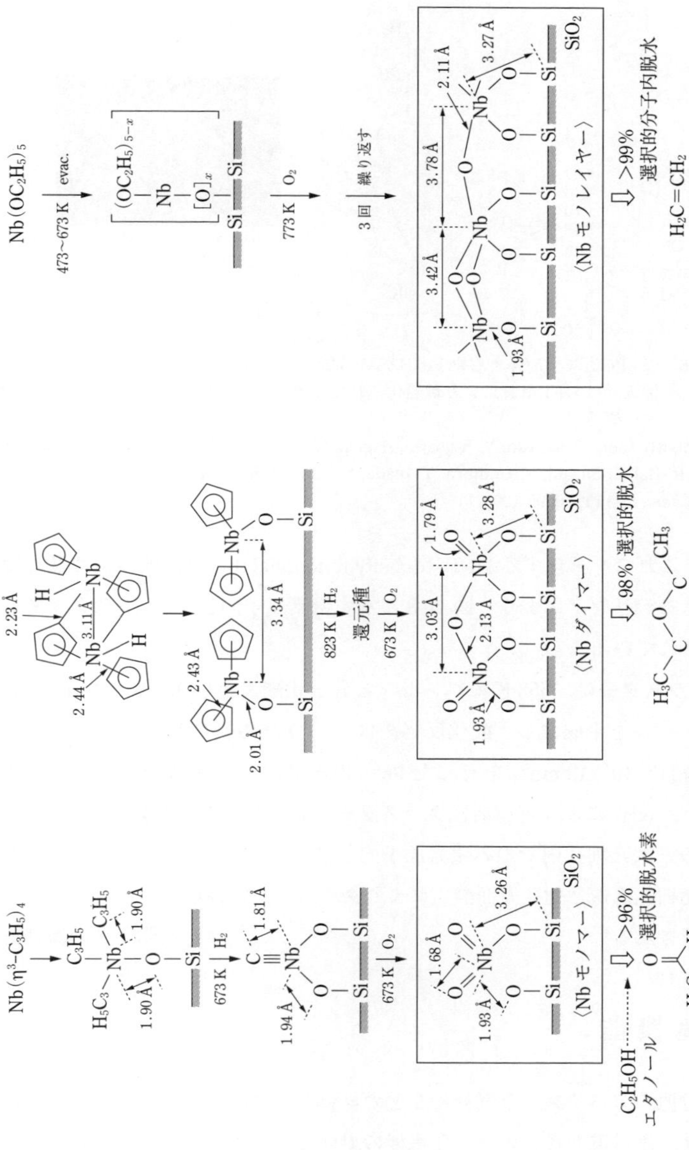

図 5.7 原子を並べてエタノール反応を制御：高選択的ニオブ触媒のつくり分け
[Y. Iwasawa, *Stud. Surf. Sci. Catal.*, 101, 21 (1996)]

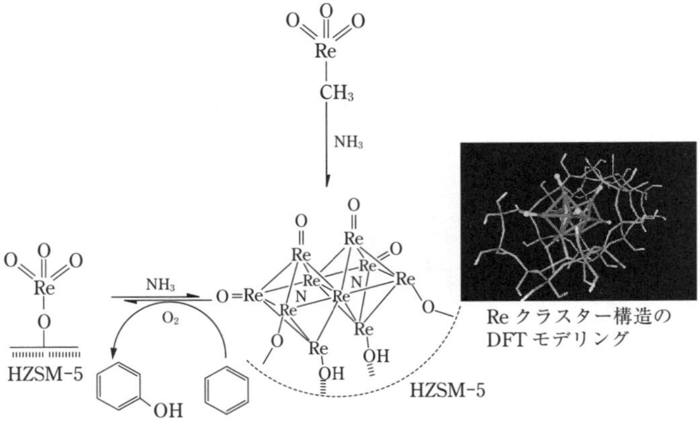

図 5.8　CH_3ReO_3 を前駆体とした Re/HZSM-5 触媒の設計と触媒作用中の構造変化
挿入図は DFT 計算により最適化されたゼオライト細孔内の Re10 核クラスター構造
〔R. Bal, M. Tada, T. Sasaski, Y. Iwasawa, *Angew. Chem., Int. Ed.*, **45**, 448 (2006) ; M. Tada, R. Bal, T. Sasaki, Y. Uemura, Y. Inada, S. Tanaka, M. Nomura, Y. Iwasawa, *J. Phys. Chem. C*, **111**, 10095 (2007)〕

とがわかり，これらを再現する DFT（density functional theory，密度汎関数理論）計算による構造モデリングにより，図 5.8 に示す窒素原子内包型 Re10 核クラスターの構造が提案されている[8]。

この Re クラスターは，553 K でベンゼンと分子状酸素から 9.9% 転化率 94% の選択性でフェノールを生成する。酸化反応後は，三つの Re＝O 結合（0.173 nm）と一つの Re—O 結合（0.213 nm）を有した Re^{7+} のモノマーに構造が変化する。このモノマー構造は，NH_3 により再び活性クラスターへと変換され，触媒サイクルが回る。ゼオライトの三次元細孔内でのみ窒素原子内包型 Re クラスターは生成する。ゼオライトの三次元細孔構造と細孔表面酸点によりクラスター活性構造が形成され，高い触媒活性が実現される[4]。　　　　〔唯 美津木・岩澤 康裕〕

5.3　電 極 機 能

電極は，電池，デバイス，電気分析などの材料として広く用いられてきている。とくに二次電池，燃料電池材料のような電極の界面では，電子移動反応を伴う化学反応があり，この反応の選択性および速さの大きさは，電極の表面構造や電子状態によって大きく影響される。したがって，これらの表面を詳細に理解し，かつそこでの反応を分子レベルで制御することは興味深い。

1970年代に，導電体の表面構造を分子的なレベルで制御するという概念が発芽した。今日，この表面の化学微細構造の合成とその応用は，新しい領域の一つとなった。近未来で，分子サイズのデバイスの登場が期待されている。このさい，種々の機能は導電体基盤上で発現され，その制御には電気，光および化学反応などが巧みに組み合わされ利用されるはずである。

ここでは，まず電極表面を理解するための基礎的概念を紹介したのち，とくに電極表面の分子デザイン化のために第三の物質（薄膜を含む）を直接固定し，電極表面の改質を行う（化学修飾電極とよぶ）研究分野について記述する。この手法により，従来の電極機能に新たな反応性や選択性を付与できるようになり，各種の新しい機能性を発現する界面をつくり出せる。電極表面をシロキサン結合やアミド結合を利用して機能性物質を固定することができる。－SH基をもつ物質を利用する方法もある。－SH基は，Auなどの表面に接触させるだけで安定な共有結合をつくるので，さまざまな機能物質を電極界面に容易に固定するのに用いられる。この場合，固定物質量は単分子レベルであるが，薄膜を用いると積層化ができるので官能基の高密度化や新たな反応場の三次元的使用を可能にし，基質に対する反応の選択性の向上および固定官能基の耐久性を向上させる[1~4]。さらに，修飾される電極基体自身にも単結晶面制御，微粒子化，幾何学的構造制御などがはかられてきている。また，その表面の観察・評価法もSTM（scanning tunneling microscope），AFM（atomic force microscope）のように，界面の原子や分子をありのままの構造で“その場”観察する方法も出現し，界面構造を可視化ができる。また，界面に固定された有機物質の結合エネルギー，原子価の状態，分子の配向もX線を用いた測定法，および赤外線・ラマン測定，蛍光測定などの分光学的測定法で観察できる。［小山 昇］

5.3.1 電極反応

用いられる電極として，Pt，Au，Ni，Alなどの金属，SnO_2，In_2O_3，RuO_2，TiO_2などの金属酸化物，Ge，Si，GaAsなどの半導体およびグラファイト，グラッシーカーボン，ダイヤモンドなどの炭素系材料がある。この電極を溶液に浸すと電極表面と溶液との接触相で界面が形成される。この電極/溶液界面には，電極（金属）側での金属イオンおよび自由電子と溶液側の電解質イオンとにより，いわゆる電気二重層

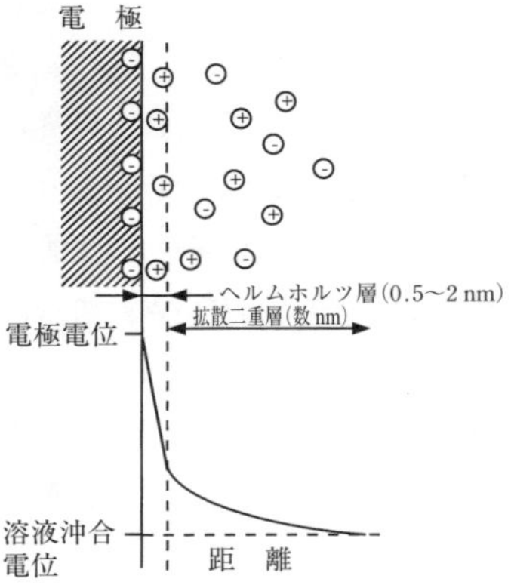

図 5.9　電気二重層モデル

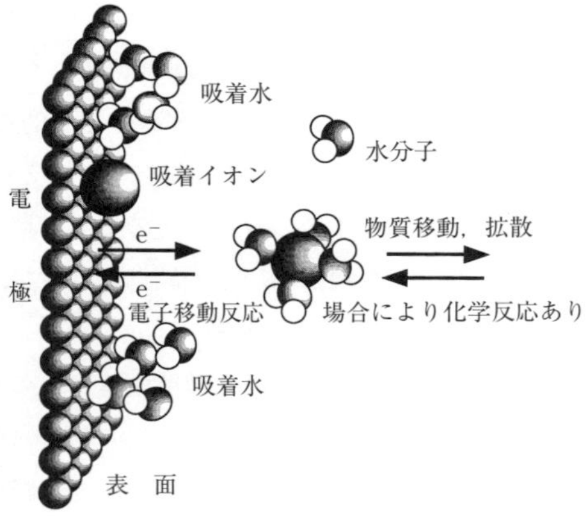

図 5.10　電極/溶液界面反応のモデル

(electrical double layer) が形成される（図 5.9）。電極反応はこの界面を通して電流が流れることによって進行する。したがって，電極反応は不均一反応であり，その主体は溶液と電極相との界面で進行する電荷移動過程である。電極界面は図 5.10 に示すような構造からなり，電極反応には，反応に関与する物質の電極/溶液界面への補給および電極/溶液界面からの除去といった物質移動の過程が含まれている。この物質移動は，濃度勾配による拡散などにより進行し，さらに，電極近傍での化学反応，および反応関与物質の電極表面への吸着・脱着過程や電析過程なども電極反応に含まれている場合がしばしばみられる。これらのすべての過程を含めた電極反応を全電極反応とよぶ。

5.3.2　電極の性質

研究対象となっている電極では，電位印加による電流応答特性から，大きく2種類に大別できる。一つは，理想分極性電極とよばれ，この電極は支持電解質のみを含む溶液に浸し，電位を印加することにより，任意のファラデー電流を得るためにかなりの平衡電位値からの“ずれ”の余分の電位印加（分極とよぶ）を実行しなければならない電極である。この特性を示す電極では，広い電位領域で電極自身は反応不活性であるので，この電極表面は，溶存基質の酸化還元反応に対する電子授受の場を提供することになる。すなわち，電気化学反応のセンシングや燃料電池などのように第三物質の酸化還元に対する反応場となる。リチウム二次電池の正極と負極の集電体も同じ役目である。もう一つの電極は，理想非分極性電極とよばれ，その特徴は電極自身の反応によりかなり大きな電流を取り出しても可逆電位がほとんど変化しないことである。この特性は二次電池活物質材料に求められる。

一般に電極は反応に対する選択性をもっている。たとえば，水溶液中の溶存酸素を還元するとき，白金電極では水までの4電子還元反応を誘起するが，炭素電極では過酸化水素を生成する2電子還元反応を誘起する。しかも，その反応速度は遅いため，かなり負側へ過電圧（数百 mV）を印加しなければならない。こうして，電極に種々の新しい機能や特性を付加するために，電極界面を自由に分子デザインし，炭素電極上でも酸素の4電子還元反応を誘起されるなど，その反応を自由に制御しようとする研究が盛んである。　［小山　昇］

5.3.3　電極表面の分子デザイン

ここでは，表面への官能基の導入方法について（図 5.11）紹介する。

a.　炭素系電極

炭素電極に化学結合により官能基を表面に固定するために，まず酸化・還元処理を行うことにより電極表面に含酸素基（カルボキシ基，カルボニル基，ヒドロキシ基）を導入する方法が一般的に用いられる。次に，—COCl 基や NH_2—R 基を導入後にペプチド結合，エーテル結合，シリルエーテル結合などにより官能基 R を電極表面に固定できる。また，炭素電極は π 電子がリッチな構造であるため，有機物質を不可逆的に化学・物理吸着させやすい。たとえば，ポルフィリン錯体修飾炭素電極やポリ（ビオロゲン）修飾電極の O_2 分子の還元反応に対する触媒作用，NADH（nicotinamide adenine dinucleotide）の酸化反応に対するドーパミン被覆膜の触媒作用，電極修飾に用いた層状粘土鉱物系物質に遷移金属錯体を挿入したとき，キラル電極として有効であること，また H_2O_2 の還元反応に対する触媒作用などを示すことがわかっている。グラファイトは層状化合物であることから，リチウム二次電池用の負極材料として注目されており，この場合負極ではリチウムが挿入・脱離する反応が可逆的に進行している[5)]。電気化学キャパシターでは，その蓄電容量を高めるため表面積を増やす処理が行われている。

b.　金属および金属酸化物電極の化学修飾

—SH 基は Au などの金属表面に接触させるだけで安定な共有結合をつくるので，官能基 R を結合するチオールやジスルフィド化合物を含む溶液に電極を浸すことに

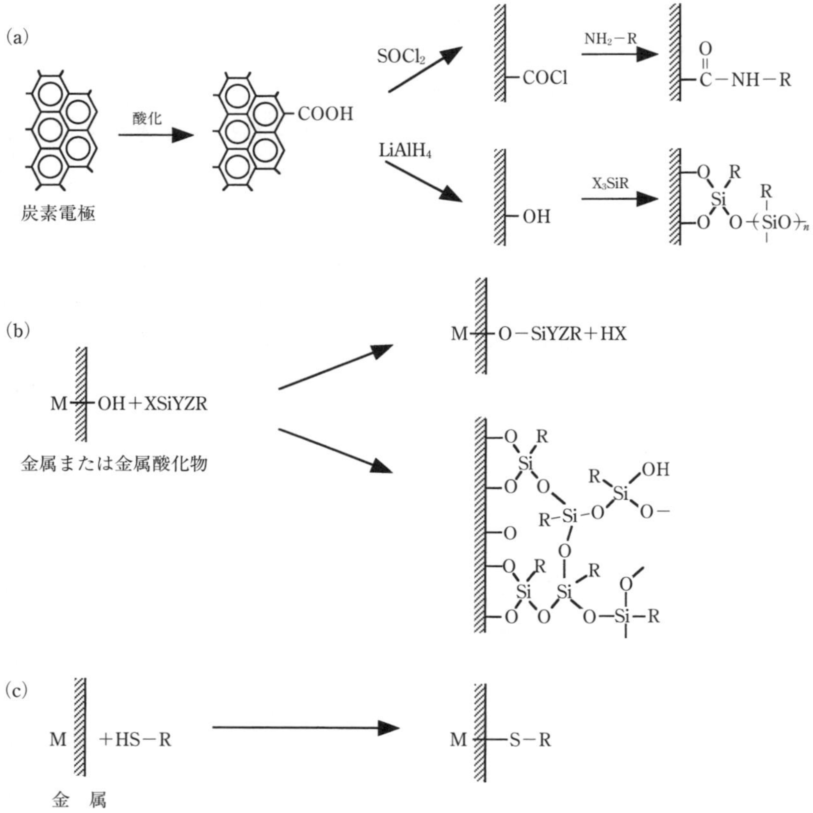

図 5.11　導電体表面への官能基の導入法（R：直鎖状アルキルおよび芳香族系化合物）

より，さまざまな官能基を金属表面に簡単に導入固定することができる。また，金属や金属酸化物電極を化学的前処理によりまずヒドロキシ基を導入し，このヒドロキシ基と有機シラン化合物を反応（図 5.11）させる手法，あるいはエステル結合を介して官能基を導入する方法がよく用いられる。光透過性 SnO_2 や In_2O_3（市販）などのような金属酸化物電極でも，表面をよく洗浄し乾燥した後有機シラン化合物（Si—Cl や Si—OR（R：アルキル基））と反応させて官能基を付加することができる。Langmuir-Blodgett 膜形成など機能物質を不可逆的に化学・物理吸着させる手法もある。

c.　表面上の空間制御

電解重合法による電極表面上への酸化還元活性種有機薄膜の導入，炭素電極への金の微粒子の電解析出，その微粒子表面上に有機物質（例えばビス(4-ビリジル)ジスルフィド（PySSPy））を修飾分子として用いることによる単結晶面の比率制御など，表面上の空間制御が盛んに行われている。たとえば，電解した Au(100) 面では，シトクロム c の良好な酸化還元波が得られるのに対して，PySSPy 修飾 Au(111) 面では，その応答は小さい[6]。さらに，一次元および樹状分子鎖からなる金属錯体分子を電極表面基板上に配列し，その空間で誘起される電子移動反応，および酸化還元の伝導機構の解明も行われている[7]。 ［小山 昇］

5.3.4 薄膜電極の発現機能と応用

電極表面の官能基の固定は，単分子層修飾の場合にその表面濃度は 10^{-10} mol cm^{-2} 以下である。したがって，その電気化学的応答も小さなもので，電極基体が元来もっている応答（バックグラウンド電流）に隠れがちである。しかしながら，高分子薄膜を使用すると，その電流応答も数千倍あるいは数十万倍になる[8]（図 5.12）。電極表面に官能基を直接固定した電極は，電荷の蓄電センター，基質特異性・選択性の反応場，電子移動媒体の場，選択的物質移動の場，光感応の場，濃縮作用の場および反応抑制の場となる。検出素子や変換素子部と電極とを一体化したものとなり，基質の酸化還元反応に対する触媒能や選択性，薄膜の加電圧による色変化，荷電および配向制御，溶存種に対する選択的透過能，薄膜の電気化学的ドーピングによる起電力発生，また光感応性などの各種機能を発現する。

用途のいくつかを例に取り上げて記述する。電極表面に固定した被覆薄膜中に酸化還元活性種を挿入すると，その体積濃度は 0.1～数 mol L^{-1} もの高濃度に達することから，有効活性中心が高密度で固定できるので，触殊反応などへの有効性を著しく高めることができる。たとえば，ジスルフィド化合物の酸化還元反応は室温では非常に

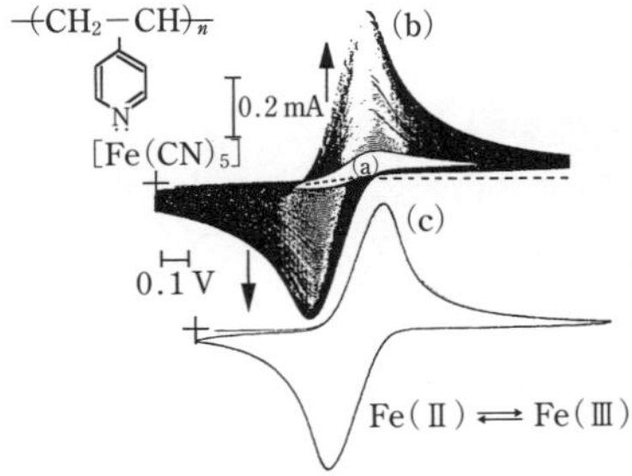

図 5.12 0.5 mmol L^{-1} [Fe(CN)$_5$]$^{2-/3-}$ 錯体を含む水溶液中で，ポリビニルピリジン高分子被覆電極で得られるサイクリックボルタモグラム応答 (a) 未修飾炭素電極 (b) ポリビニルピリジン薄膜電極 (c) (b) の測定後に支持塩のみを含む溶液で得られるもの
［N. Oyama, F. C. Anson, *J. Am. Chem. Soc.*, **101**, 739 (1979)］

遅い。しかし，この反応は導電性ポリマーであるポリアニリン，およびポリチオフェン薄膜電極により酸化還元両方向の反応が促進されることが見出され，その蓄電材料としての可能が提案された[9]。

また，電極表面に酸化還元活性なビニルフェロセンを共重合した*N*-イソプロピルアクリルアミドゲルを修飾することにより，ゲルの体積相転移を電気化学的に制御することが可能な酸化還元ゲルを作製することができる。酵素のグルコースオキシダーゼを固定することにより，酵素センサーを作製することができる[10]。

一般に，上記記載の薄膜は0.1〜1 μmの厚さであるが，市販化のリチウムイオン二次電池用電極活物質層の厚さは50〜100 μmである。ここでは，活物質のほかに電子伝導性を向上させるための炭素粉末，ポリフッ化ビニリデンやCMCを分散増粘剤としたスチレン-ブタジエンコポリマー（SBR）などのバインダーが用いられ集電体箔上に薄膜が形成され機能している。　［小山 昇］

5.3.5　薄膜修飾電極の電荷移動

図 5.13は，被覆膜中に酸化還元活性点を含む電極を基質の電解に使用したときに起こる電解プロセスを一般的様式で示したものである。過程（1）は，電極と膜内化学種との間の電子移動反応（電極反応）である。この標準電極反応速度定数k_s/cm s^{-1}は溶液中の同一化学種のk_sと比べると10^{-1}〜10^{-4}程度の小さな値をもつことが多い。過程（2）は，膜内における電子の輸送過程であり，酸化還元活性種間の自己電子交換反応によって進行する場合と，酸化還元活性種自身の物理的拡散移動で進行する場合とがあるが，両者とも一般にFickの拡散則で取り扱うことができる場合が多い。被覆膜は有限の厚さなので，非定常電解法の理論的取扱いでは，電子輸送過程は時間の経過につれて半無限拡散から有限拡散へと変わることを考慮する必要がある。求められる電子の見掛けの拡散係数D_{app}の値は，一般に10^{-7}〜10^{-12} cm^2 s^{-1}の

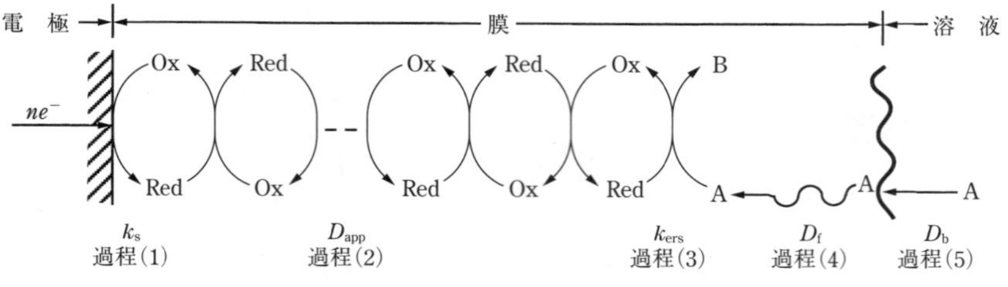

図 5.13　薄膜電極上での電子移動反応の一般的プロセス（五つの過程からなる）

値をもち，溶液中の同一化学種の拡散係数と比べて小さな値をもつ[11,12]。定量的評価には，電気化学的パルス測定法や交流インピーダンス法が有用である。過程（3）は，膜中酸化還元活性種と溶液相基質との間の電子移動反応（k_{ers}）に相当し，基質の電極反応の速度を高めようとする電極触媒反応において重要な過程であり，回転電極を使用した対流ボルタンメトリー測定方法がその定量的評価に有用である。過程(4)は，基質の膜中での物理的拡散過程であり，過程（5）は，基質のバルク溶液中での物理的拡散過程である。全電荷移動反応の反応機構のモデルと定量的な取扱い方については，参考文献[12]を参照されたい。また，ここではリチウム二次電極の電極活物質に使われるような薄膜の固体状態（solid-state）の電荷移動反応については[12]，記述しない。

［小山 昇］

5.3.6 単結晶電極の反応性

単結晶電極の結晶面の原子配列，PZC（potential of zero charge），仕事関数，電流-電位曲線などは面指数によって異なり，その結果触媒作用や吸着作用などの電極反応性も異なる[13〜16]。ここでは，単結晶電極における電極触媒反応，結晶面制御電極触媒のデザイン，多結晶金電極における低面指数面積比評価法について述べ，さまざまな単結晶電極における水素の酸化的脱着-還元的吸着特性，表面酸化膜の生成とその還元特性，PZC，特異的および非特異的吸着現象については，記述しない。

a. 電極触媒作用

燃料電池の触媒開発の観点から単結晶電極での酸素還元反応についての研究が活発に行われている。Pt 単結晶電極における酸素の電極還元反応の反応速度および Tafel 勾配は結晶面に大きく依存することが報告されている[17]。H_2SO_4 水溶液中における酸素還元反応に対する活性は，Pt(111)＜Pt(100)＜Pt(110) であり（図 5.14），Pt(111) 面の低い活性は面心立方体(111)面への HSO_4^- (SO_4^{2-}) の強い吸着による。なお，これらの低指数面すべての酸素還元活性は，H_2SO_4 水溶液中におけるよりも $HClO_4$ 水溶液中においてより高い。ここで，これらの低指数面への HSO_4^- (SO_4^{2-}) の吸着は酸素分子の吸着をブロックし，その結果酸素の還元反応を妨害するが，回転リング・ディスク電極を用いたボルタンメトリー測定において，二電子還元生成物（過酸化水素）の酸化反応によるリング電流がほとんど観察されないことから，HSO_4^- (SO_4^{2-}) の吸着は酸素還元の反応経路には影響しないと考えられている。また，0.05 mol L^{-1} H_2SO_4 中での Pt(111) での Tafel 線は 1 本でその勾配は 120 mV であるが，Pt(110)

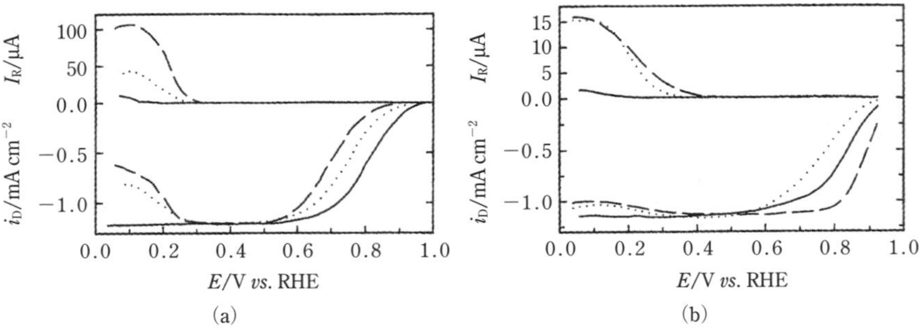

ディスク電極：(— —)Pt(111)，(⋯)Pt(100)，(—)Pt(110)，電位掃引速度：50 mV s^{-1}，リング電極(Pt)電位：1.15 V *vs.* RHE，捕捉率(N)：0.22，電極の回転数：900 rpm

図 5.14　0.05 M H_2SO_4(a) および 0.1 M KOH(b) 中において酸素の還元反応に対して得られる回転リング・ディスクボルタモグラム
［N. M. Markovic, P. N. Ross, Jr., *Surf. Sci. Rep.*, **45**, 117 (2002)］

と Pt(100) では低い過電圧領域と高い過電圧領域で異なる勾配を与え，Tafel 勾配の違いは Pt 単結晶電極上に吸着する酸素種の吸着の電位依存性（Temkin 型吸着から Langmuir 型吸着へ変化）あるいは OH^- の吸着種（OH_{ad}）による被覆率の電位依存性と関係づけて議論されている。

KOH 水溶液中における Pt 単結晶電極の酸素還元活性は，Pt(100)＜Pt(110)＜Pt(111) の順で高くなる。この活性の違いは各結晶面への OH^- イオンの吸着特性の違いを反映しており，最も活性な (111)面が OH_{ad} の被覆率が最も低く，かつ Pt-OH_{ad} の相互作用が最も低い。

さらに Pt 単結晶電極の酸素還元活性は，ハロゲン化物イオンなどの陰イオンの吸着や金属（Cu，Pd など）のアンダーポテンシャルデポジション（UPD）が大きく影響することも明らかにされている[17)]。また，0.5 mol L^{-1} H_2SO_4 中での CO の酸化反応に対する活性は Pt(111)＜Pt(110)≤Pt(100) の順で増加する。Pt 単結晶電極のギ酸やメタノールの酸化に対する触媒活性の結晶面依存性も研究されている[17)]。

b.　結晶面制御に基づくナノ電極触媒のデザイン

アルカリ水溶液中で，多結晶 Au 電極においては Au(111) と Au(110)面および Au(100)面ではそれぞれ酸素の 2 電子および 4 電子還元反応が起こることに着目し，Au(111)面に 4 電子還元触媒能を有する Pt のナノ微粒子を選択的に電析させ，酸素の 4 電子還元触媒能の向上を実現した“tailor-designed” Pt ナノ微粒子修飾 Au 電極が構築されている（図 5.15)。この場合，Au(111)面以外の結晶面にシステインの自己組

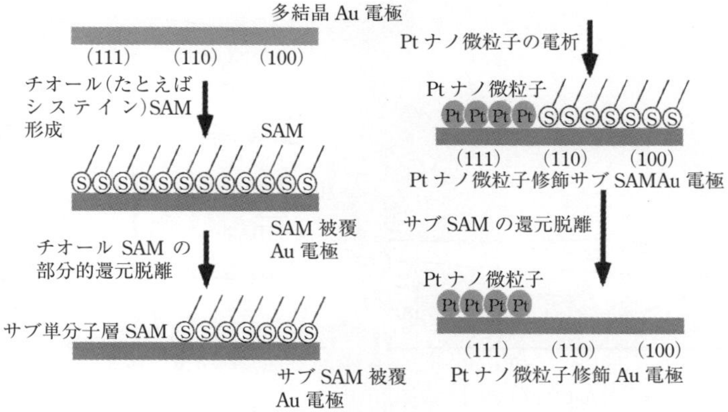

図 5.15 "tailor-designed" Pt ナノ微粒子修飾 Au 電極の構築
[M. I. Awad, M. S. El-Deab, T. Ohsaka, *J. Electrochem. Soc.*, **154**, B810 (2007)]

織化単分子膜（SAM：self-assembled monolayer）を形成し（submonolayer SAM-Au 電極），Pt ナノ微粒子を Au(111) 面にのみ選択的に電析している。Au 電極に直接 Pt を電析した場合（Pt 微粒子のサイズ 50〜100 nm）と比較してより小さいサイズ（約 10 nm）の Pt ナノ微粒子が生成する。Pt 電極および Pt ナノ微粒子電析 Au 電極と比べて，この修飾電極ではアルカリ水溶液中において，酸素の 4 電子還元反応が約 60 mV 正電位で起こり，Pt に優る酸素還元触媒能を有する[18]。

興味深い物理・化学的性質（難燃性，不揮発性，高い極性，高いイオン導電性，広い電位窓など）を有するイオン液体（ionic liquid）中での電解析出法による金属，合金，半導体ナノ構造体の室温での合成が "green electrodeposition" として注目されている[19]。たとえば，1-エチル-3-メチルイミダゾリウムテトラフルオロホウ酸塩（$EMIBF_4$）および 1-ブチル-3-メチルイミダゾリウムテトラフルオロホウ酸塩（$BMIBF_4$）中で，$[AuCl_4]^-$ の 3 電子還元反応による Au への電析による Au ナノ粒子の各単結晶面と $[AuCl_4]^-$ の $[AuCl_2]^-$ への電解還元，さらに $[AuCl_2]^-$ の $[AuCl_4]^-$ と Au への不均化反応で得られる Au ナノ粒子の各単結晶面の表面積比は大きく異なることが見出された。とくに，$BMIBF_4$ 中で後者の方法で得られる Au ナノ粒子の Au(110) 面は 99% であり，ナノ粒子のサイズやモルフォロジーに加えて結晶面の制御の観点から注目される[20]。

c. 多結晶 Au 電極における低面指数面積比の評価法

上述したように，電極触媒活性が結晶面に依存することが明らかになるにつれて，

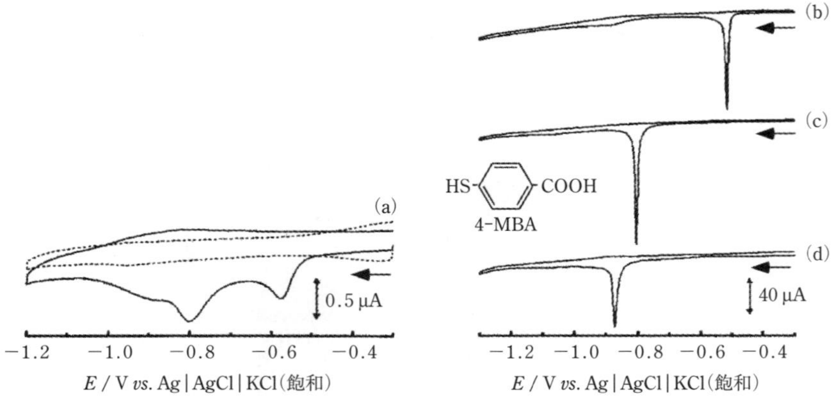

図 5.16　0.5 mol L^{-1} KOH 水溶液中において Au 電極上に形成した 4-メルカプト安息香酸（4-MBA）SAM の還元脱離反応に対して得られたボルタモグラム
Au 電極：(a)　多結晶 Au 電極（電極面積：0.02 cm^2）　(b)　Au(111)単結晶電極（電極面積：0.5 cm^2）　(c)　Au(100) 単結晶電極（電極面積：0.5 cm^2）
(d)　Au(110)単結晶電極（電極面積：0.5 cm^2）
電位掃引速度：50 mV s^{-1}。(a) 中の破線はバックグラウンド電流を示す。
[K. Arihara, T. Ariga, N. Takashima, K. Arihara, T. Okajima, F. Kitamura, K. Tokuda, T. Ohsaka, *Phys. Chem. Chem. Phys.*, **5**, 3758 (2003)]

多結晶触媒電極における各単結晶面の面積評価が触媒活性の定量的評価・解明において必要となってきている。例えば，多結晶 Au 電極にチオール化合物の SAM を形成させ，0.5 mol L^{-1} KOH 水溶液中での還元脱離反応に対するサイクリックボルタモグラムを測定し，Au(111)，Au(110) および Au(100) の面指数の面積比を評価する方法が確立され[21]，さまざまな条件下で作製された金ナノ微粒子触媒の表面評価法として用いられている[20,22]。

図 5.16 は，多結晶 Au 電極および単結晶 Au 電極上に形成した 4-メルカプト安息香酸（4-MBA）SAM の還元脱離反応のボルタモグラムを示す。一般に多結晶 Au 電極で得られるボルタモグラムは複雑な波形を示すが，おおむね三つのピークからなる（図(a)）。これらのピークは各単結晶 Au 電極（Au(111)面, Au(100)面および Au(110)面）で現れる単一の還元脱離ピーク（図(b)～(d)）に対応づけられる。この関係を利用して多結晶 Au 電極表面上に存在する各単結晶面上に形成した SAM の割合を，ボルタモグラムの還元脱離ピークの図積分から電気量の比として半定量的に評価できる。すなわち，この多結晶 Au 電極上の SAM の存在比は，多結晶 Au 電極表面に存在する単結晶面の存在比とみなすことができる。　　[大坂 武男，岡島 武義]

5.3.7 単結晶表面観察[23~25)]

固/液界面で起こるさまざまな現象の解明には，界面構造を原子スケールで観察する技術が必要である。この点において，高真空を必要とする電子顕微鏡よりも，溶液中でその場観察が可能な走査プローブ顕微鏡は有利である。走査プローブ顕微鏡は，トンネル電流をフィードバックとする走査トンネル顕微鏡（STM：scanning tunneling microscope）と，探針と基板間の力をフィードバックとする原子間力顕微鏡（AFM：atomic force microscope）に大別される。導電性基板上の分子膜レベルの薄膜に限定されるが，AFM に比べ STM は原子・分子像レベルの高解像度イメージが比較的容易に得られる。特に単結晶電気化学技術と組み合わせた電気化学 STM 観察は，溶液中の電極表面を原子解像度でその場観察できる手法として大きく発展してきた。

電気化学 STM では参照電極に対して探針側の電位と試料側の電位を個別に制御することで，電気化学反応下の試料電極表面を反応電流の影響を受けずにトンネル電流をモニターし，画像化することができる。探針から溶液へのファラデー電流を押さえるために，最先端部を除いて絶縁材料でコートした探針を用いる。原子スケールでの表面の観察には，極端な高低差のない原子スケールで平坦な試料基板が必要であり，単結晶金属・半導体試料の低指数面などがこれにあたる。高配向性熱分解グラファイト（HOPG：highly oriented pyrolytic graphite）などのへき開性基板を除いて，アニールによって清浄化した金属表面をすみやかに高純度の水や電解質溶液によって覆ってしまうこと（アニール・クエンチ法）で清浄表面を保持する。超高真空中では真空状態にすることで清浄さが維持されるが，溶液中では積極的に水やイオンによって表面を覆い，かつ電位を制御して表面酸化を防ぐ。加えて，超純水，超高純度酸を使用するなど，非常に高い清浄さが要求される[23,24)]。

こうした手法により，Au，Ag，Cu，Pt，Rh，Pd など多くの金属単結晶やシリコンなどの半導体単結晶の低指数面のステップ・テラス構造や表面再配列構造とその原子像を電解質溶液中で観察することができる。清浄表面だけでなく，硫酸イオンやハロゲンなどの強吸着イオンの吸着構造やアンダーポテンシャルデポジション（UPD）を含む電析過程など，さまざまな電気化学反応が，電位に応じたナノ構造の変化として視覚的に明らかにされている[23)]。電気化学 STM を用いた電気化学反応のその場観察は，電極触媒，燃料電池などの先端分野においても有力な武器となっている。

単結晶金属表面に自己組織的に吸着させた分子膜は，電気化学 STM を用いて溶液

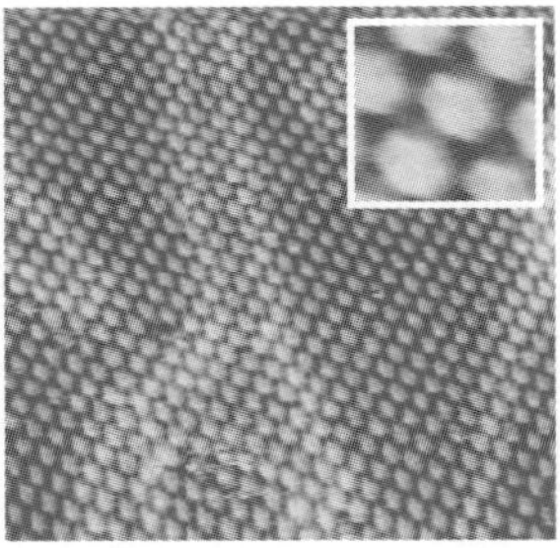

図 5.17　電気化学 STM を用いて過塩素酸溶液中で観察された Au(111) 表面再配列構造上に配列したコロネン分子のエピタキシャル膜

中でサブ分子スケールの高解像度観察が可能であり，目でみる超分子構造として注目されている（図 5.17）。有機分子の STM 観察としては超高真空系やグラファイトへのアルカンのエピタキシャル吸着を利用した非電解質溶液系も知られているが，電気化学 STM を用いた水溶液中での分子膜観察は，多彩な基板選択性や電位制御による吸着（表面濃度）の可逆制御などの点で優れている。

有機分子の吸着構造は，固体表面からのエピタキシャルな相互作用と吸着分子間相互作用との両方の相互作用のバランスで決定される。前者の強い系（エピタキシー）は速度論的制御を強く受けた化学吸着的な非可逆吸着系であるのに対し，後者の寄与の強い系は比較的吸着力が弱い物理吸着的な吸着平衡系（吸着自己組織化）となる。分子間相互作用を主な駆動力とすることで，分子ネットワークや多元系交互分子配列など多彩な分子パターンが自己組織的に構築される。自己組織化，無秩序-秩序または秩序-秩序表面相転移など，動的過程の観察も行われている。このような系は，静的な結晶構造として捉えるよりも，吸着・分配，会合・分散など，コロイド化学に基づく動的平衡構造として捉えるべきものである。水素結合などの非共有結合に基づく二次元分子パターンだけにとどまらず，平衡性の高いカップリング反応を用いた共有結合性二次元分子ネットワーク構造の構築とその電気化学 STM 観察も達成されている[25)]。

本項では電気化学 STM を中心に述べてきた。一方で，AFM による大気中および溶液中での単結晶基板表面の構造観察も精力的に行われている。一般的によく使われている断続接触 AFM では，z 方向の解像度は非常に高いものの，探針先端の曲率半径のサイズに強く左右される xy 方向の解像度は比較的低く，STM のように原子解像度を達成することは困難であったが，測定技術としての AFM はめざましく進歩し続けている。溶液中でビデオレートでの高速なスキャンを可能としたり，STM に匹敵する解像度を有する非接触原子間力顕微鏡（NC-AFM）の開発が進んでいる。これらの装置の普及が，新たな単結晶上の固液界面での現象解明に大きな役割を果たす。

［國武 雅司］

5.4　金属界面の制御

5.4.1　電析と溶解

電気化学における析出と溶解は，それぞれめっきとエッチングという形で，ナノテクノロジーの重要な基礎を担っている。電極表面は単結晶，多結晶を問わず，さまざまな表面欠陥を含んでいるために，電極表面の反応活性は場所によって大きく異なっている。さらに反応による影響を受けて，この活性状態は時間とともに変化していく。微細表面の加工を行う上で，このような電極表面の動的な不均一性を考慮することは大変重要である。ここでは，電極反応に伴って生じるいろいろな物理量の場所と時間の変化を非平衡状態におけるゆらぎとして取り扱う新しい方法について説明する。

a.　電析による表面形成

電析は電気二重層を介した電極反応による結晶成長である。その成長の様子を細かく見てみると，まず電極の表面で核生成が起こり，1 μm 程度の大きさからなる様々な形をした結晶核が形成されるとともに，それらが島状の集団をつくって成長していくことがわかる。電気化学的な結晶成長は，水和した金属イオンが拡散層中を移動し，電気二重層に達してから内部ヘルムホルツ層で脱水還元されて吸着原子となり，さらに電極表面を拡散してキンク，ステップといった表面欠陥に至って，結晶格子に取り込まれていくという複雑な過程からなっている。全体の反応は電気二重層における金属イオンの還元反応と拡散層における物質移動に伴う二つの非平衡ゆらぎが決定する[1]。電気二重層で起こる非平衡ゆらぎは電気的な平衡点から反応方向へ向かう一方向のゆらぎであることから，“非対称性ゆらぎ”とよばれる。一方，拡散層でのゆらぎは平均値のまわりを均等にゆらぐことから“対称性ゆらぎ”とよばれる。そしてまず非対称性ゆらぎが二次元結晶の島状構造を生み出し，その上に対称性ゆらぎが三次元結晶核を形成することになる。

非対称性ゆらぎが不安定化するときの様子を図 5.18 に示す[2]。図 5.18(a) では，外部ヘルムホルツ面（OHP：outer Helmholz plane）でアニオンの強い特異吸着がないという条件における電位分布を示す。電析は還元反応なので，電極電位はマイナス

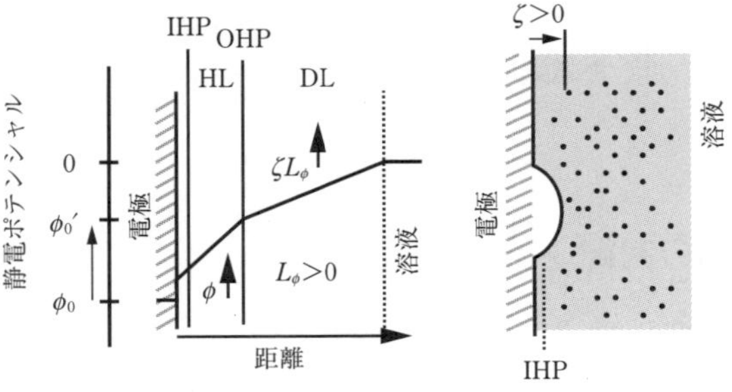

(a)　電気二重層内の電位分布　　　　(b)　二次元核生成

図 5.18　二次元核生成におけるゆらぎの不安定成長
IHP：inner Helmholz plane，HL：Helmholz layer
［M. Asanuma, A. Yamada, R. Aogaki, *Jpn. J. Appl. Phys.*, **44**(7A), 5137 (2005)］

方向に変化する。したがって，拡散二重層（DL：diffuse layer）内の電位勾配 L_ϕ はプラス（>0），反応を律速する二重層過電圧 ϕ はマイナスの値をとる。ここで図 5.18(b) に示すように，二次元（2D）核生成による突出（$\zeta>0$）が生じると，その先端では ζI_ϕ（>0）だけプラスの電位変化が生じる。その結果，二次元核先端では過電圧 ϕ が減少する。これは二次元核先端の反応抵抗がそれだけ減少するということを意味するので，非対称性ゆらぎは自己触媒的に成長するようになり，結果として二次元核生成が進行する。対称性ゆらぎについては，拡散層で生じた三次元（3D）核に対して，物質移動を律速している濃度過電圧が三次元核先端で減少するので，同じように自己触媒的に成長が起こり，結果として三次元核生成が進行する。図 5.19 に，対称性ゆらぎによる三次元結晶形態の計算結果の一例を示す[2)]。

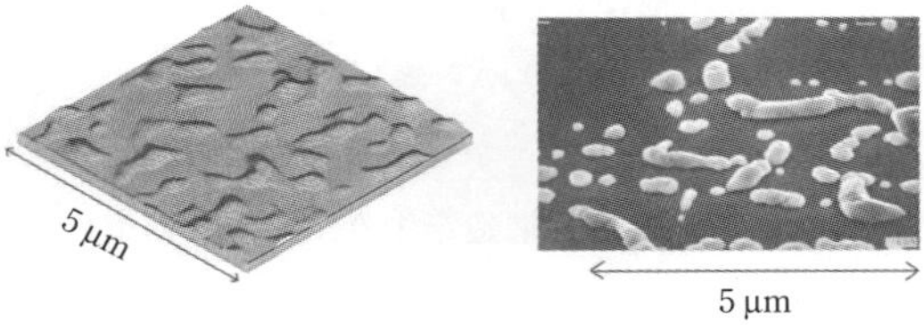

(a)　計算結果　　　　(b)　電子顕微鏡写真

図 5.19　三次元核形態
［M. Asanuma, A. Yamada, R. Aogaki, *Jpn. J. Appl. Phys.*, **44**(7A), 5137 (2005)］

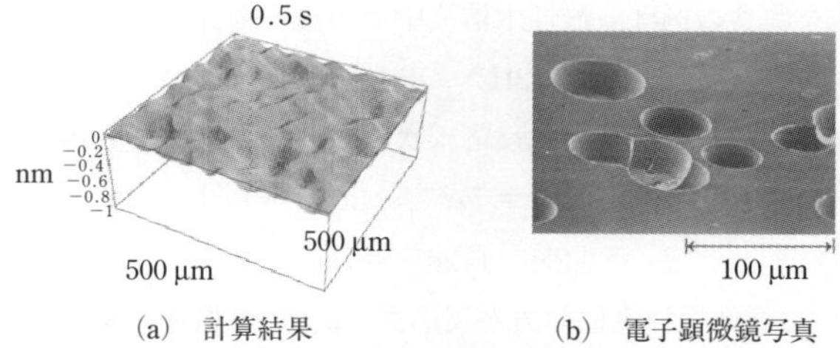

(a)　計算結果　　(b)　電子顕微鏡写真

図 5.20　研磨状態ピット
[M. Asanuma, R. Aogaki, *J. Electroanal. Chem.*, **396**, 241 (1995)]

b.　溶解による表面形成

塩酸による亜鉛の溶解では，見掛け上電解電流は流れないが，実際には亜鉛表面に，亜鉛が溶解する部分と，水素イオンが還元される部分とからなる局部的な電池が形成され，電解電流が流れる。このような反応を利用して金属表面の微細なエッチングが行われるほか，金属に直接電流を流して表面を溶解させるアノード溶解もしばしばエッチングに用いられる。この場合，電析同様，溶解は金属表面の活性状態の変化に応じて進行するために，溶解面はいろいろな形態をとることになる。金属表面の溶解は酸化反応なので，鉄などの金属ではしばしば表面に不動態皮膜が形成され溶解を防ごうとする。しかしながら，塩素イオンがあると不動態皮膜が局部的に破壊されて，局部的な溶解が起こる[3)]。その結果，表面形態には丸いゴルフボールのような凹みをもった研磨状態ピットや，不規則な凹凸からなる活性状態ピットが形成される[4)]。このような場合でも，電析同様の考え方を非平衡ゆらぎに適用することで，さまざまな解析が可能となる。図 5.20 に研磨状態ピットの例を示す[5)]。　［青柿 良一］

5.4.2　腐食と防食

金属がさびる現象である“腐食（コロージョン）”とそれを防ぐ技術“防食”は，資源の有効利用や環境保全の重要性が増している今日，世界的に重要な課題である。腐食は化学的，電気化学的に金属が酸化されて侵食される現象であり，物理的な原因で金属が損耗する場合は，その原因に応じて，エロージョンや擦傷などとよばれる。化学的および物理的侵食が両方起こる場合には，その状況に応じて，エロージョン・コロージョン，腐食摩耗，または擦過腐食などと区別される。また腐食は，水などの溶液中で起こる“湿食”と，高温酸素などの気体によって起こる“乾食”に大別される。

もっとも単純な腐食の例は，酸性水溶液中での鉄の腐食である。全化学反応式は

$$Fe + 2H^{+} = Fe^{2+} + H_2 \qquad (5.1)$$

であるが，実際には，この酸化還元反応は次の二つの半反応に分けられる。

$$Fe = Fe^{2+} + 2e^{-} \qquad (5.2)$$

$$2H^{+} + 2e^{-} = H_2 \qquad (5.3)$$

反応式（5.2）の標準電極電位の方が反応式（5.3）の標準電極電位より負であるため，自発的に両反応が進行する。鉄表面ではこの二つの反応が区別して起こっており，おのおのの反応が起こっている表面部分をそれぞれアノード面，カソード面とよぶ。反応が起こっているときには，鉄表面での両反応の速度が等しくなる電位（腐食電位 E_{cor}）になっており，その電位から強制的に少しずらすと，電位を負にした場合にはカソード電流が，正にした場合にはアノード電流が指数関数的に増大する（Butler-Volmer 式に従う，図 5.21(a)）。この関係を用いると，分極測定による電流の対数と電位の関係を示す Tafel プロットより，両反応の一致する交換電流密度，すなわち腐食速度に対応する腐食電流密度 i_{cor} を求めることができる（図 5.21(b)）。

酸性水溶液中の鉄では，アノード面，カソード面は一定しておらず動き回るため，結果として全面腐食となる。一方中性水溶液中では，腐食源が酸素になりアノード反応，およびカソード反応は以下のようになる。

$$Fe = Fe^{2+} + 2e^{-} \qquad (5.4)$$

$$O_2 + 4H^{+} + 4e^{-} = 4OH^{-} \qquad (5.5)$$

大気下の水溶液中に溶解している酸素は低濃度（$2〜3\times10^{-4}$ mol L^{-1}）であるため，

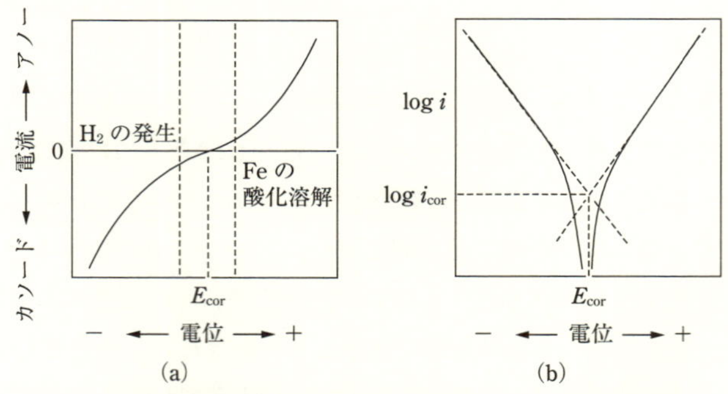

図 5.21　酸性水溶液中における鉄電極の電流-電位曲線（a）およびその Tafel プロット（b）

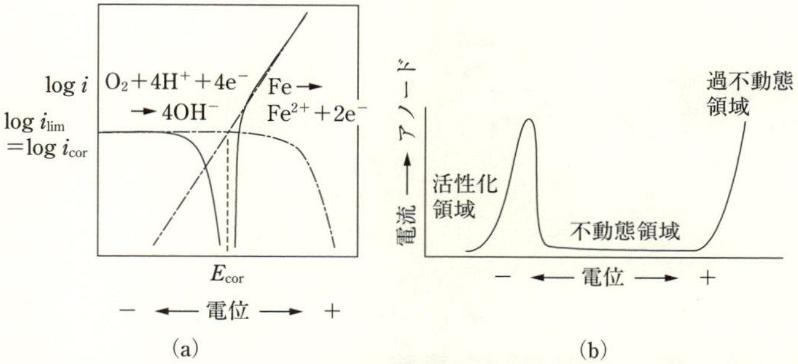

図 5.22 中性水溶液中における鉄電極の Tafel プロット（a）および不動態化する金属のアノード電流電位曲線（b）

腐食反応は酸素の拡散律速となり，腐食速度は酸素の拡散限界電流密度 i_{lim} によって決定される（図 5.22(a)）。鉄表面には水酸化物や酸化物の沈殿（さび）ができる。中性水溶液での腐食を抑えるには，不動態になる領域まで腐食電位を正側に大きく動かすことが有効である。不動態領域では，鉄表面に極薄の緻密な酸化膜（不動態皮膜）が生じ，腐食性物質との接触を防ぐため，腐食が抑えられる（図 5.22(b)）。不動態皮膜を自然に表面につくるステンレス鋼，アルミニウム，チタンなどが耐食性金属として用いられる。この場合，カソード面は不動態皮膜が覆っているところであり，表面の大部分を占める。それに比べてアノード面は皮膜の欠陥部分で，面積は小さくかつ位置的に固定されている。両部分が同じ速度で反応を起こす場合，アノード面は面積あたりの反応速度が速くなり，結果として金属に深い穴があく孔食という形態の腐食が起こる。

腐食を抑えるには，上記の腐食を発生させる因子を抑える様々な方法（防食法）が駆使される。最も身近なものは，塗料を塗り金属表面を直接，腐食性物質に触れさせないようにすることであり，その他には，腐食しにくくする化学物質（腐食抑制剤，インヒビター）[6] を溶液に加えたり腐食性物質を除去したりする環境処理法，強制的に電気を流して，消耗してもよい電気的に陽性な金属（犠牲陽極，亜鉛など）をつないで大事な部品の腐食を防ぐ電気防食法，腐食しにくい材料や構造に変える方法などがある。最近は，適切な構造からなる自己組織化単分子膜（SAM：self-assembled monolayer）に基づく nm レベルの超薄膜を用いて腐食を防止することも可能になっており[7]，電子部品などの精密微細加工表面の防食法として有望である（図 5.23）。

［西原 寛，荒牧 国次］

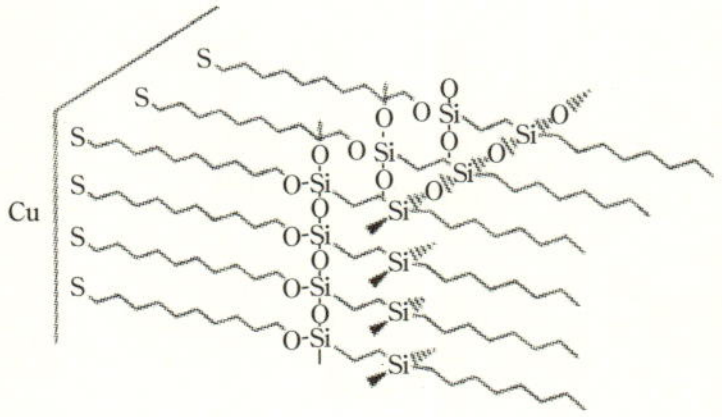

図 5.23　銅の腐食を防止する超薄膜
[M. Itoh, H. Nishihara, K. Aramaki, *J. Electrochem. Soc.*, **142**, 3702 (1995)]

5.5　半導体・電子材料界面の構築

5.5.1　次世代集積回路における材料開発と界面制御

現在，電子デバイス開発は大きな変革点にさしかかっている[1)]。近年，いくつかの課題の中で緊急性が求められていたのが，次世代集積回路ゲートスタック材料，いわゆる高誘電体ゲート酸化膜(high-k 材料[2)]と，メタルゲート材料開発である[3)]。図 5.24 に次世代の電界効果トランジスター（MOSFET：metal oxide semiconductor field effect transisitor）でこれまで検討されてきた材料を示す。現在のハイエンドデバイスのゲートスタック材料は検討されてきた材料の中で high-k 材料としての HfO_2, メタルゲートとして TiN が一般的になっている。将来の集積回路はたとえば Fin 型のように三次元化すると考えられ，現在の材料とは異なった材料とその界面で構成されるかもしれない。そのために新材料開発と界面制御，材料評価の重要性は増している。多様な材料開発を短期間で開発する手法としてハイスループット材料開発手法があ

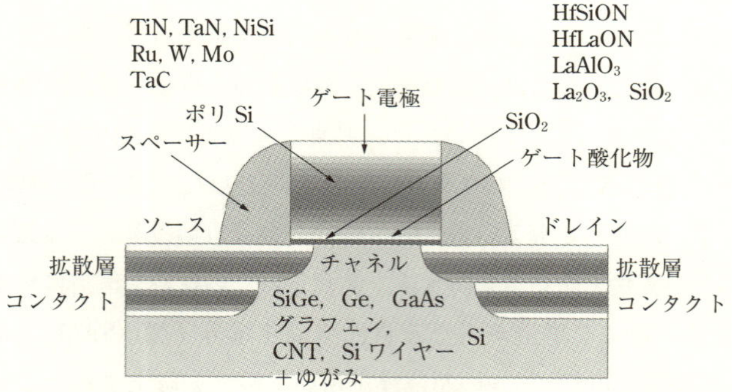

ゲート電極は金属材料となりゲート絶縁膜は非晶質高誘電体材料（high-k）が用いられる．

図 5.24　現在の MOSFET と次世代 MOSFET の材料候補

る[4]。この手法を使って多様な材料の組合せが短時間で合成・評価できるようになった。次世代ゲート酸化膜が絶縁性ゲート酸化物として機能するためにはバンドギャップの大きさは3.5 eV以上は必要である。また，ゲート酸化物をSi上に成長させたとき，Siとの伝導帯，価電子帯とのバンドオフセットも重要である。オフセットが十分でないと，たとえ十分なバンドギャップがあったとしてもゲート絶縁膜として機能しない。Si上に酸化物を成長させた場合，多くの酸化物はSiと反応して界面にSiO_2相あるいはSiとの化合物（silicate）を形成する。SiO_2は比誘電率が低く，膜全体の誘電率の低下をまねく。多くの酸化物はSiと反応し，界面にSiO_2かSiO_2との化合物のケイ酸塩（silicate）を形成する[5]。酸化物を成長させる場合，酸素抜けを抑制するために酸化雰囲気にする必要がある。その酸素分圧で界面構造も変化する。高酸素分圧下で酸化物を成長させた場合，酸化物とSiとの間には厚いSiO_2が形成される。しかし，低酸素分圧下で酸化膜を成長した場合，界面では酸素不足から，酸化物の金属とSiとの反応で金属ケイ化物（silicide）が島状に形成される。これらの界面構造の違いは電気特性に影響を与える。

次世代のMOSFETではゲート電極はTiNだけでなく，金属合金による材料になる可能性もある。金属材料を用いる場合，p型MOSFETのためのメタルゲート材料での仕事関数制御が困難になる現象，いわゆる“フェルミ準位ピニング”が問題になることを忘れてはならない[6]。この問題は現在，解決されているが，high-k膜中の欠陥の種類の同定とその視覚化はフェルミ準位ピニングとも関係する重要な評価項目である。ゲートスタック構造を維持したまま，high-k膜中の欠陥を評価する手段として電子線誘起電流法（EBIC法：electron beam induced current）がある[7]。この原理と観察例を図 5.25に示す。ゲートスタック材料の界面ではフェルミ準位が同じになるように全体の電子構造が構成されるが，その理解の基本は金属/Si界面の理解にある。図 5.26に示すようにフェルミ準位をそろえると，真空レベルが両者の仕事関数差だ

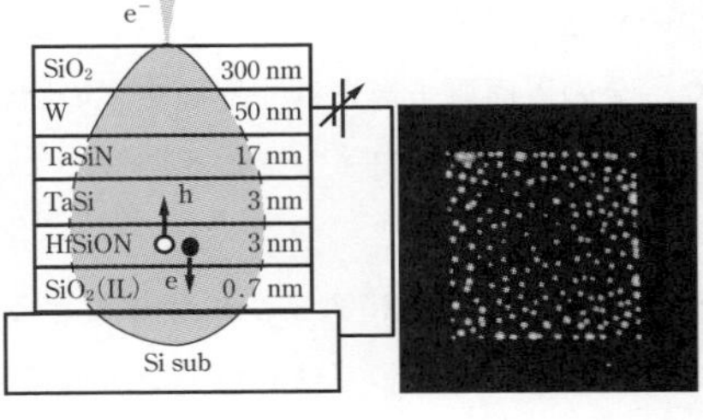

電子線の加速電圧を制御することで深さ方向の欠陥情報を，掃引することで横方向の欠陥の分布を三次元的に調べることができる。白い点がHfSiONゲート酸化膜の欠陥である。

図 5.25　電子線誘起電流法の概念とMOSFET評価への適用と例

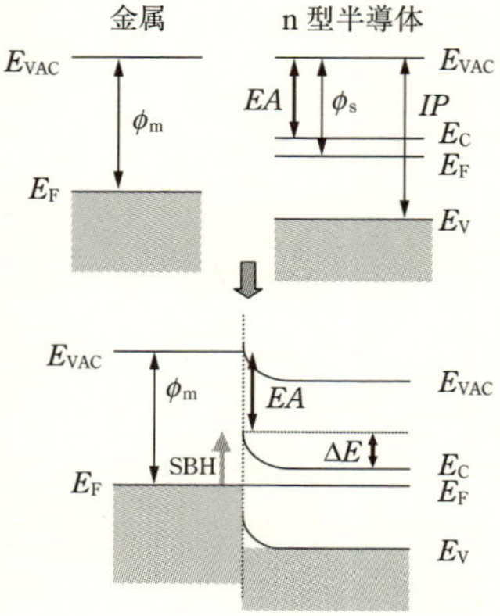

バンド曲がり量　$\Delta E = \phi_m - \phi_s$
ショットキー障壁高さ（SBH：Schottky barrier height）
$= \phi_m - EA$

図 5.26　金属/Si のバンドアライメントの関係
電子の過不足を補うように半導体の界面近傍の電子が再配列する。これによりバンドが曲がる。バンド曲がり量 ΔE は金属の仕事関係 ϕ_m と半導体の仕事関数 ϕE の差である。

けずれる。これにより Si のバンドが曲がる。バンド曲がり量 ΔE は，金属の仕事関数 ϕ_m と半導体の仕事関数 ϕ_s の差である。金属/high-k 界面のショットキー障壁高さは，半導体の伝導体レベル E_C とフェルミ準位 E_F の差（$E_C - E_F$）にバンド曲がり量 $\Delta E = \phi_m - \phi_s$ を足したものである。この原理を利用してゲートスタック全体のバンドアライメントを理解することができる[8]。

ここでは次世代集積回路の界面に焦点をあて，ハイスループット材料開発，膜中の欠陥制御，さらに界面制御に関して紹介した。今後，集積回路の構造は Fin 型 FET や三次元フラッシュメモリに代表されるように構造も複雑化し，材料も多様化する。最近では，HfO_2 が結晶構造を制御することで強誘電体になることが報告され，それをつかった強誘電体トランジスター（FeFET：Ferroelectric Field Effect Transistor）が報告されている[9]。電子構造制御も含めた材料開発と界面制御技術の開発を今後も進めていく必要がある。　　　　　　　　　　［知京 豊裕，吉武 道子，関口 隆史］

5.5.2　ヘテロ界面

ヘテロ界面の構造は，界面を形成する二つの結晶の格子ミスフィットと界面における化学結合状態の影響を大きく受ける。また，その界面原子構造は，界面や膜の物性とも密接に関係している。本項では，ヘテロ界面と格子ミスフィットの相関性および化学結合状態が界面構造に及ぼす影響について述べる。

ヘテロ界面の構造は，図 5.27 に示すような 4 種類の構造に大まかに分類できる。すなわち，両結晶の格子のミスフィットが小さく，界面を介して結晶格子が連続的で

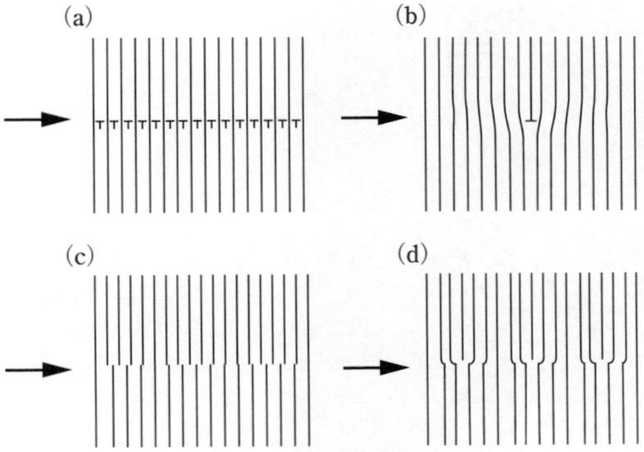

図 5.27 ヘテロ界面構造の分類
(a) 整合界面 (b) 半整合界面 (c) 非整合界面 (d) 擬半整合界面

ある整合界面，界面の格子ミスフィットを転位の導入によって緩和した半整合界面，結晶格子の連続性のない非整合界面，後述する擬半整合界面である。界面がこれらのどの分類に属するかを定性的に議論するには，各単相の格子定数（より詳細には，界面を横切る方向の結晶面間隔）から格子ミスフィットを見積もることにより行う。一般的には，格子ミスフィットが 2～3% 以内であれば整合界面，約 10% 程度かそれを超える場合は非整合界面あるいは擬半整合界面，その間が半整合界面となる傾向にあるとされている[10]。ただし，どの界面構造が実際に形成されるかは界面における弾性ひずみとその化学結合状態を考慮する必要がある[11]。たとえば，基板に形成される薄膜におけるヘテロ界面について考える。小さな格子ミスフィットを有する結晶が基板上に形成される場合，結晶全体が一様にひずむことによって，いわゆる整合界面を形成する（図 5.27(a)）。結晶の厚さが増すに従って，この弾性ひずみが大きくなり，ある臨界厚さ h_c を超えるとき，このひずみを緩和するために，ミスフィット転位が導入され（図 5.27(b)），半整合界面を形成する。このときの h_c は，基板や膜の剛性率，ミスフィットパラメーター，ミスフィット転位の Burgers ベクトルなどによって記述できる[11]。ミスフィット転位の形成機構として，結晶表面における半転位ループの形成とそのすべり運動が知られている。

一方，格子ミスフィットが約 10% 値を超えると，前述した臨界厚さが 1 原子層以下となることによって，非整合界面が形成される。薄膜や複合材料におけるヘテロ界面は多くの場合，その結晶系や格子定数が異なり，しばしば非整合界面が形成される（図 5.27(c)）。図 5.28 は，Cu/Al_2O_3 ヘテロ界面の高分解能電子顕微鏡像（HRTEM 像）

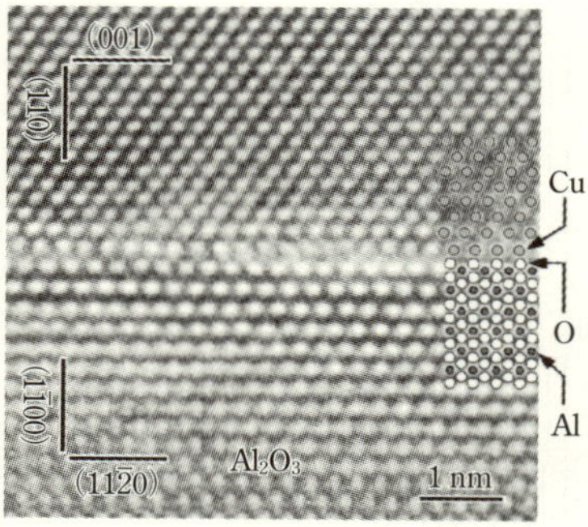

図 5.28　Cu/Al_2O_3 ヘテロ界面の高分解能電子顕微鏡像（挿入図は原子構造モデル）
［T. Sasaki, K. Matsunaga, H. Ohta, H. Hosono, T. Yamamoto, Y. Ikuhara, *Sci. Tech. Adv. Mater.*, **4**, 575 (2003)］

である[12)]。HRTEM 像の電子線入射方向は ［1$\bar{1}$0］Cu//［0001］Al_2O_3 であり，界面において （001）Cu//（11$\bar{2}$0）Al_2O_3 の方位関係が存在することがわかる。本撮影条件における HRTEM 像では Cu および Al カラムが白点として結像されており，界面にミスフィット転位は認められない。この場合，界面における Cu（110）面と Al_2O_3（1$\bar{1}$00）面の格子ミスフィットは約 38% と非常に大きいことから，非整合界面が形成されているといえる。また，HRTEM 像シミュレーションにより酸素終端面の界面が形成されていることが明らかとなっており，HRTEM 像の右側にはその界面原子配列を示している。この系では，界面において Cu 原子と O 原子が結合することにより，安定界面を形成しているものと考えられる。

一方，完全な非整合界面とは，互いに接する原子間にまったく結合がない（虚像力は除く）ということを意味している。もし，界面を挟む異種の原子間で化学結合が生じれば，たとえそれが非常に弱い結合であっても，局在化した結合が生じるはずである。たとえば，一方の結晶のヤング率が相手方の結晶のヤング率よりも大きい場合を仮定してみる。この場合，柔らかい結晶内において界面近傍での原子変位が生じ，整合領域がいわゆる幾何学的ミスフィット転位によって仕切られる構造をとるものと考えられている[11)]（図 5.27(d)）。これが擬半整合界面であるが，幾何学的ミスフィット転位は固有の Burgers ベクトルをもたず，ミスマッチベクトルで記述すべきであって，その意味で本来の転位とは異なる。このような幾何学的ミスフィット転位は，異種原子間の化学結合がもたらす周期的界面欠陥とみなすこともできる。化学結合力が小さければ，非整合界面が形成されるし，化学結合力が非常に大きければ，格子ミスフィットが多少大きくても固有のミスフィット転位を形成することも可能である。このようにヘテロ界面の原子構造を議論する場合は，格子ミスフィットと界面化学結合

力の二つの因子を考慮する必要がある[13]。 ［幾原 雄一］

5.5.3 量子化構造とデバイス

a. 量子化構造とは？

半導体中の電子が三次元のどの方向にも自由に運動できるときには，半導体本来のバルクの性質を示すが，半導体中の電子の動きを二次元平面内に閉じ込めるとバルクとはまったく異なる性質を示す。これは空間的に閉じ込められた電子のエネルギー状態が量子化することによる。電子が二次元平面内に閉じ込められた状態を二次元電子ガス（2DEG）とよぶこともある。電子が閉じ込められた状態をエネルギーで記述するとポテンシャルの井戸に相当するので，この状態を量子井戸構造とよぶこともある。

量子井戸構造をつくるには半導体を他のエネルギーギャップの大きい半導体で挟んでヘテロ接合を形成する方法や，半導体に薄い絶縁膜を介して電界効果により形成する方法がある。前者は江崎玲於奈が1970年頃に提案した半導体超格子の研究以来[14]，分子線エピタキシー（MBE）や有機金属化学気相堆積法（MOCVD）などの原子層レベルで制御する結晶成長技術が開発され，GaAs系化合物半導体を中心に発展してきた。後者は集積回路に用いられる金属・酸化物・半導体構造電界効果トランジスター（MOSFET）におけるSi表面反転層が典型的な例である。いずれの場合も，界面の乱れなどによるキャリヤーの散乱が特性を支配することから界面の原子配列制御が非常に重要である。

b. 量子化構造の種類

二次元電子ガスをさらにもう1方向のキャリヤーの閉じ込めを行うと量子ワイヤーまたは量子細線とよばれる構造ができる。三次元方向すべてに対して量子化を行うと，量子ドットまたは量子箱とよばれる構造ができる。このような量子化構造に対する電子の状態密度関数は図 5.29に示すようになり，電子を特定のエネルギーにそろえることが可能になるため，しきい値の低い単色レーザーや高機能電子素子への応用が期待される[15,16]。

c. 量子化構造の特性長

どこまで寸法を小さくすると量子化構造とよぶことができるのだろうか？ 電子のド・ブロイ波長は量子化構造が出現する寸法の目安を与える。GaAsの場合数十nm，Siの場合10 nm程度である。材料の寸法をド・ブロイ波長より小さくしていくと，離散化したエネルギー準位が出現する。しかし，熱エネルギーによる電子分布の広が

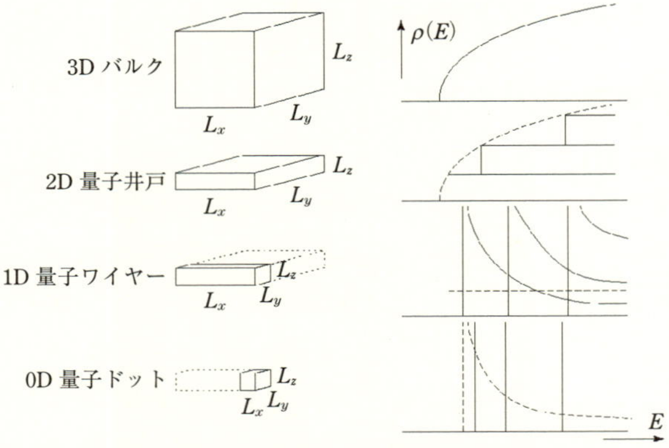

図 5.29　量子化構造の種類と電子状態密度関数
寸法 $L_{x,y,z}$ が電子ド・ブロイ波長より十分に短いとき量子効果が発現する。

りがあるので，室温で明瞭な量子効果を観測するためには，材料の寸法をド・ブロイ波長より十分に小さくする必要がある。

電極間の寸法を非弾性散乱長より小さくすれば，電子の位相は保存され電子の波動性を観測することができる。弾性散乱の平均自由行程より短くすれば無衝突（バリスティック）伝導を観測することができる。

一方，絶縁体や禁制帯幅の広い材料によるポテンシャル障壁によって電子が閉じ込められている場合に，これらの障壁の厚さが 10 nm 以下になると，トンネル効果によって電子はポテンシャル障壁を通過することが可能になる。エサキ（江崎）ダイオードや Josephson 接合によって理解が格段に進んだこのトンネル効果はサイズ効果と並んで重要な量子効果現象である。半導体集積回路の微細スケーリングによりゲート酸化膜の厚さは 2〜3 nm となり，トンネル効果によるリーク電流増大の問題が最大の課題となっている。最先端集積デバイスはトンネル効果を制御する必要がある。

d.　共鳴トンネルデバイス

量子井戸とこれを挟むポテンシャル障壁を組み合わせた構造を用いて共鳴トンネルデバイスを実現できる。量子井戸部分は特定のエネルギーをもつ電子のみを受け入れることができるので，バイアスを加えたときの電流電圧特性は，図 5.30 のようにエネルギー準位がそろったときにだけ電流が流れるようになる。共鳴トンネル構造を用いることにより，特定のエネルギーを有するコヒーレントな電子を用意できることや，

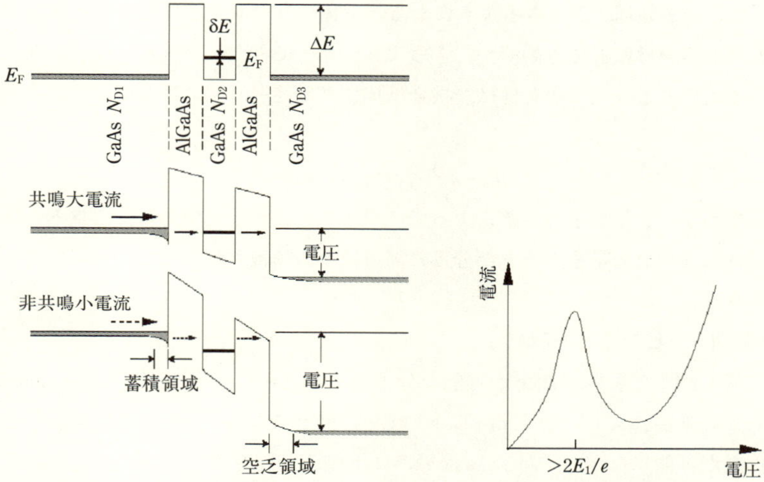

(a)　エネルギーバンドダイヤグラム　　(b)　電流電圧特性

図 5.30　共鳴トンネルデバイス

exclusive-OR 論理ゲート(2 個の入力端子のいずれか一方だけが 1 のとき, 1 を出力し, 両方とも 0 または両方とも 1 のとき，0 を出力する回路）をたった 1 個の素子で実現できる。

e.　単電子デバイス

電流経路の断面寸法を微小化したトンネル接合では静電エネルギーの効果が大きくなり，クーロンブロッケード現象を観測することができる。さらに微小トンネル接合を二重に接続した量子ドット構造を形成すると電子一つ一つの帯電現象に伴うクーロン振動を観測することができる[17)]。

一つの電子がトンネル障壁を通過するさいの静電エネルギーの変化は,

$$E_c = e_2 / 2C \tag{5.6}$$

で与えられる。ここで，e は単位電荷，C は接合容量である。温度 T が

$$T_o = E_c / k_B \tag{5.7}$$

より十分に低くなければ，熱励起による電子のためクーロンブロッケードの観測はできない(k_B はボルツマン定数)。面積が 10 nm×10 nm のトンネル接合を考えてみると, 接合容量は 4×10^{-18} F のオーダーなので，T_o は 500 K 程度となる。クーロンブロッケードなどの単電子トンネル現象は, 以前は数十 mK という極低温が必要であったが,

10 nm 以下の微細加工ができるようになると液体ヘリウムや液体窒素などの入手しやすい寒剤あるいは室温でも観測ができるようになってきた。クーロンブロッケードを観測するためのもう一つの条件は，接合抵抗またはリード線のインピーダンスが量子抵抗

$$R_Q = h / (2e)^2 \sim 6.5\ \mathrm{k\Omega} \tag{5.8}$$

より大きくないと，量子ゆらぎによってぼやけてしまうことである。二重トンネル接合を設ければ中央の量子ドット部分は外部環境から隔絶されるのでリード線の条件は緩和される。

f.　変調ドーピングと HEMT

原子層レベルで膜厚の制御が可能な分子線エピタキシー（MBE：molecular beam epitaxy）の進展により，数十 nm 以下の GaAs 層と AlGaAs 層を交互に積層した超格子の作製が可能になった。AlGaAs 層のみに n 型不純物をドーピングした変調ドープ構造で，GaAs 層中に高い移動度を示す 2DEG（twodimentional electron gas）構造が観測され[17]，1 層ずつの GaAs と n 型 AlGaAs からなる選択ドープ構造においても，ヘテロ界面に高移動度の 2DEG が形成された[18]（図 5.31）。この性質を利用して高電子移動度トランジスター（HEMT：high electron mobility transistor）が開発されている[19]。

電子移動度の大きさを決定する散乱因子は，室温近傍では光学的格子振動であり，

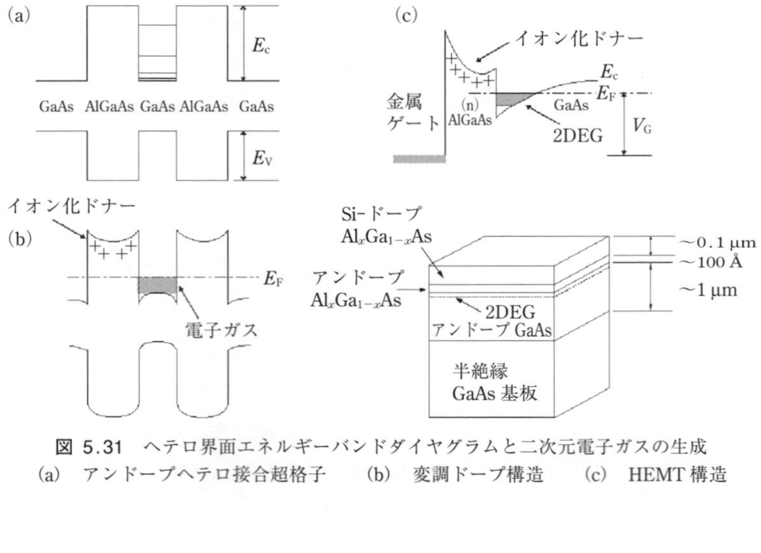

図 5.31　ヘテロ界面エネルギーバンドダイヤグラムと二次元電子ガスの生成
(a)　アンドープヘテロ接合超格子　　(b)　変調ドープ構造　　(c)　HEMT 構造

低温ではイオン化不純物散乱が支配的である。選択ドープ構造では，GaAs 中の 2DEG は不純物散乱の影響を受けないので高移動度を実現できる。n 型 AlGaAs 層と GaAs 層の間にスペーサーとしてアンドープの AlGaAs 層を挿入すると，不純物による散乱の影響を著しく減らすことができ，きわめて高い移動度を実現できる。

[小田　俊理]

5.6　界面制御—各種デバイス

本節では，汎用化されている，あるいは近未来で上市が期待されているエネルギーや環境問題と関わりの深い主なデバイスを取り上げて，その進展のキーテクノロジーとなっている界面制御について解説する。

5.6.1　リチウム二次電池

リチウム二次電池は 1991 年に実用化された電池であり，携帯電話やパソコンなどの移動体用の小型電源として華々しく活躍している。安全性を確保したうえでの高容量化と高出力化が求められている。

この二次電池は，正極が $LiCoO_2$，負極がグラファイトなどの黒鉛材料，電解質に EC（ethylene carbonate）や DEC（diethylene carbonate）などの有機溶媒，支持電解質に $LiPF_6$ などを用いている。両極がともにリチウムイオンのインターカレーション現象を用いた材料を電池に応用した点や，高電位に耐える有機溶媒を電解液に用いた点などの特徴をもつ。リチウム電池の電極反応は電極内部へリチウムのイオン輸送が伴うため，反応に伴う電極の内部構造の変化を明らかにする研究が行われてきた。一方，電極/電解質界面では表面皮膜が生成したのちに充放電反応が安定して進行するため，その皮膜を生成させるための電解液，電解質と添加剤との組合せが重要な技術開発の対象とされてきた。

基本的な電気化学反応は電極/電解質界面で進行する。実用電池に用いる電極材料は粉体であり，その電極/電解質界面は複雑である。さらに，有機溶媒を電解液に用いた高電位系であるため，界面でリチウムの脱挿入反応のほかに，酸化還元に伴う様々な化学種が副反応で生成して析出する。このような界面反応を明らかにするために，電気化学的な測定手法に加えて，分光学的な手法が適用されている。現在研究が大きく進展している分野であるため，最初に界面での電極反応の概略，界面反応を調べる

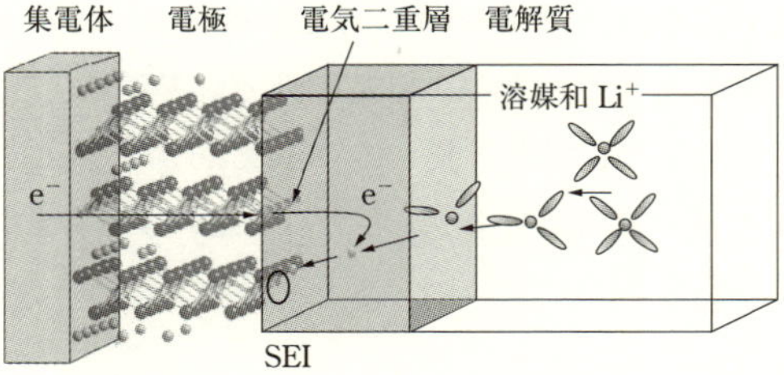

図 5.32　リチウム電池における電極反応の模式図

測定手法や物質例など，比較的評価の確立した事例を示し，実際の電極反応系での代表的な研究例を次に述べる。

a.　リチウム二次電池における電気化学界面

図 5.32 にリチウム電池における電気化学界面の模式図を示す。電気化学界面では電極表面に電気二重層が存在する。リチウム電池の界面も同様で，電気二重層での電気化学反応の詳細を明らかにすることは，充放電反応の高速化を進めるうえで重要である。一方，リチウム電池界面における研究開発の特徴は，① リチウムイオンが電解液から界面での電気化学反応を経て，電極内部まで拡散していくため，電極界面とともにバルク構造に対する考察も必要なこと，② 有機溶媒を用いた電解液系であるため水などの不純物の影響を受けやすく，界面での副反応の生成物が電極特性に大きく影響を与えることなどである。電解質や電解液の分解や，イオン拡散種であるリチウムとの反応によって生成する表面皮膜を，solid electrolyte interphase とよび，通常 SEI と略記している。SEI の概念は，Peled によって有機電解液中でアルカリもしくはアルカリ土類金属上で，このような表面層が存在するとして導入された[1)]。リチウム電池では負極と正極がこの皮膜によって覆われて，電極表面が電解質の成分とさらに反応して崩壊するのを防ぎ，安定した充放電特性を得るのに必要とされている。SEI の分析や生成過程の解明が，長期にわたる電池特性改善の鍵として広く研究されている。以下に，リチウム電池界面を実用界面として捉えたさいの表面反応（i）と，電気化学界面として捉えたさいの取り扱い（ii）をまとめて次に示す。

（i）　実用界面としての取り扱い　　電極界面で起こる界面反応をまとめる。

① 電極材料の表面：電極表面には初期不純物（Li_2CO_3 や LiOH など）が生成する。電極表面では Li と H との交換が起こる場合もあり，表面構造は内部構造とは異なっている。

② 電池作製過程：電池作製過程で電解液と電極との接触により，初期不純物が電解液内に溶解する。この時点で皮膜生成が開始する。

③ 初期充放電過程：初期充放電過程でSEI層が生成する。グラファイト負極の場合はこの皮膜が存在するために安定した充放電が可能になる。正極材料でもこのような皮膜が存在する。

④ 充放電末期：充放電サイクルや保存期間が進むことによって，電極表面に反応生成物が堆積する。最終的には，電池特性の劣化を引き起こす。

（ii） 電気化学界面としての取り扱い　放電に伴って，負極では電極構造中のLiが電解液中にデインターカレートし，正極では電解液中のLi^+が電極構造内にインターカレートする。充電では逆反応が進行する。このさいの電極界面での反応機構はほとんど調べられていない。金属電極での金属の電析過程など，これまでに調べられている電気化学反応と類似の反応が起こると仮定すると，電解液から電極内部へインターカレートする過程では，次の反応が進行する。

① 溶媒和したリチウムイオンが電解液中を電極表面へ拡散する。

② 電極表面にリチウムイオンが吸着する。

③ リチウムに溶媒和した溶媒和イオンが脱離する。

④ 電荷交換反応。

⑤ リチウムイオンが電極内部へインターカレートする。

⑥ リチウムイオンが電極内部を拡散する。

実際の反応は，前項で示したとおりSEIを通じて進行する。このため，リチウムイオンの吸着や脱溶媒和反応，電荷交換反応の詳細が電気化学的な手法により調べられている。　［菅野 了次］

b. 電極界面解析に関する例

（i） 電気化学的手法による界面反応機構の理論的解明　グラファイトへのリチウムインターカレーション機構が，交流インピーダンス法によって調べられている。電解液を変えると，グラファイトにリチウムイオンのみが挿入される場合と，溶媒和したリチウムイオンが挿入される場合がある。その反応の活性化エネルギーは，リチウムイオンのみが挿入される場合の59 kJ mol^{-1}に比べ，溶媒和イオンが挿入される場合は，より小さな25 kJ mol^{-1}を示した（図 5.33）[2]。この違いは脱溶媒和にさいして大きな活性化過程が生じていることを示している。安部らはこの一連の研究によって，リチウム二次電池の電気化学界面における電気化学的挙動を，電気化学の手法から明らかにしようと試みた。内本らは，$LiMn_2O_4$ 正極の非水溶媒中での交流インピーダンス測定より，リチウムイオンの界面での移動と電荷移動過程が重要であることを示した[3)]。いずれの反応過程も溶媒依存性があり，脱溶媒和反応を含む界面での反応が，電池反応にとって高い活性化過程であることを明らかにした。

（ii）　分光学的手法による表面皮膜の検出　Aubach らは $LiNiO_2$ や $LiMn_2O_4$ について様々な支持電解質を用いたさいに，界面でどのような反応生成物が出現するかをフーリエ変換赤外分光法や XPS 測定によって明らかにした[4,5)]。その電気化学反応は，表面での化学反応と密接に関連し，支持電解質が電解液中の水分によって分解して生じる HF，さらには HSO_3CF_3 などが表面層の生成に寄与することを示した。表面層は ROLi，$ROCO_2Li$ などのポリカーボネートや，塩の分解生成物である LiF，最初から表面に存在する Li_2CO_3 などからなる。Li の表面拡散や，電荷交換反応は表面層に大きく依存するため，使用する電解液や支持電解質によって界面反応が左右される。また，Edström らは XPS 測定とアルゴンエッチングを併用して，深さ方向の組成分析で表面層の生成機構を明かにしている[6)]（図 5.33）。

（iii）　電極界面構造の原子レベル解析　電極表面構造の検出手法として，エリプソメトリーや X 線反射率測定が用いられている[7~10)]。単結晶基盤上にエピタキシャル成長させた正極材料の平滑表面を用いると，表面皮膜や表面構造の変化を *in situ* で検出できる。酸化物正極では表面には数 nm の不純物層が析出し，電極を電解液に浸

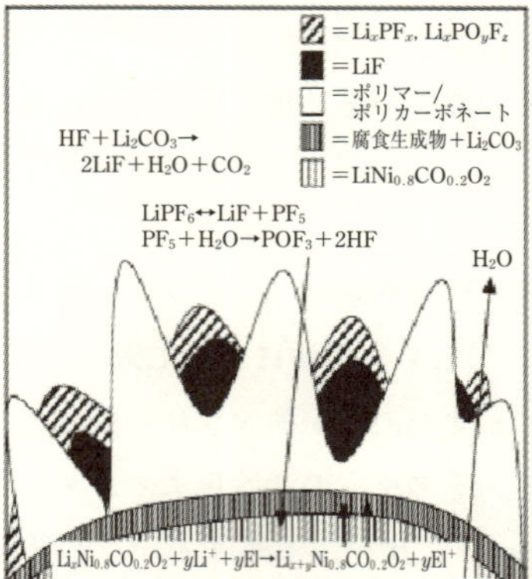

(a)

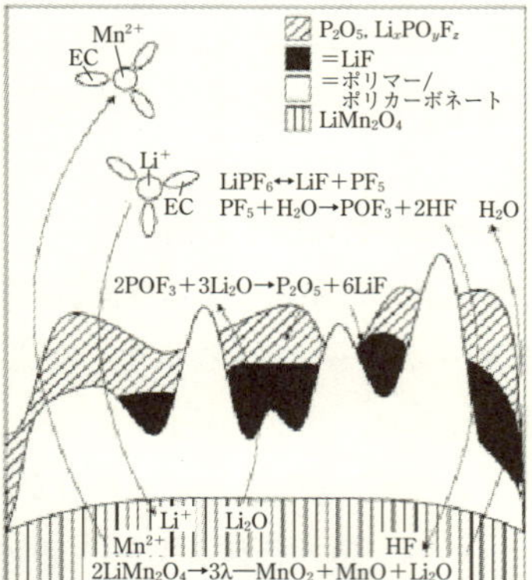

(b)

図 5.33　$LiMn_2O_4$（a）と $LiNi_{0.8}Co_{0.2}O_2$（b）での界面層
［K. Edström, T. Gustafsson, J. O. Thomas, *Electrochim. Acta*, **50**, 400 (2004)］

漬することにより不純物層が溶解するとともにSEIが生成する。その反応の様子は電極の種類や結晶面によって異なることを平山らは明かにしている[8~10]。

リチウム電池開発にとって，界面研究は遅れてきた研究課題である。これまでは，バルクの材料開発に伴い，材料特性の向上が電池特性の向上につながってきた。しかし，バルクの材料設計では扱いきれない課題が明らかになってくるとともに，電気化学界面の重要性が認識されはじめ，界面の現象を系統的に理解しようとする試みがようやく始まってきた。今後の進展が期待される。［菅野 了次］

5.6.2 キャパシター

（i） 背 景 英語でのキャパシター（capacitor）の意味は蓄電素子であり，日本でコンデンサーとよばれてきた素子すべてに相当する。ただし，日本でキャパシターと称する場合は，比較的最近開発された電気二重層キャパシター（EDLC：electric double layer capacitor），酸化還元キャパシター（RC：redox capacitor），ハイブリッドキャパシター（HC：hybrid capacitor），にほぼ限られる。なお，これら3種は電気化学キャパシター（electrochemical capacitor）と称することがある。これらのキャパシターはエネルギーデバイスとしてもっとも認知されているものである。

（ii） EDLCの機構と特徴 電気二重層はSternのモデルで表されるように，電極へのイオンの吸着に基づく“ヘルムホルツ二重層”と，イオン濃度勾配が存在する“拡散二重層”からなる。EDLCは，電気二重層の原理を2枚の対向する電極に直接適用している（図 5.34）。すなわち，充電過程では活性炭などの高表面積を有する電極材料と電解液の界面に電気二重層を形成し，電荷を蓄積する。放電時にはそれを解消することで電荷を放出する。この機構を有するEDLCは，誘電体の分極に基づくコンデンサーで最も高容量である“アルミニウム電解コンデンサー”と比較しても，桁違いに高容量であり，アルミニウム電解コンデンサーがマイクロファラッド（μF）級の容量をもつのに対し，EDLCはファラッド（F）級という大容量をもっている。一方，コンデンサー類が数百Vの作動電圧をもつのに対し，EDLCは数Vである。このような大容量かつ低電圧作動というEDLCの特性は，二次電池の特性と非常に似ている。EDLCがエネルギー貯蔵用のデバイスとして注目される理由はこの点にある。EDLCの蓄電におけるエネルギー密度は大容量とはいえ，リチウムあるいはニッケル水素二次電池よりは劣る。しかしながら二次電池よりも高速に充放電が可能（パルス充放電も可）で，充放電サイクル寿命が長い（数十万回～百万回），という特長

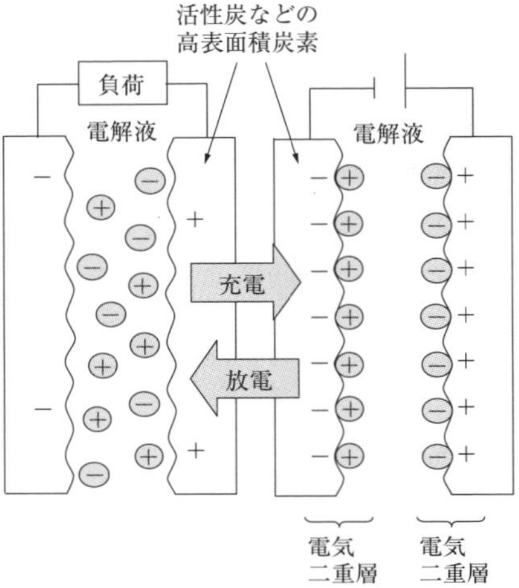

図 5.34　電気二重層キャパシターの構造と動作原理

をもつため，用途によっては二次電池に替わるものになり得る。高速作動かつ長寿命であるのは，イオンの吸脱着のみによって電荷貯蔵を行っているためで，化学反応（酸化還元反応）を利用する二次電池よりも作動の活性化エネルギーが低く，劣化要因となる副反応が非常に少ない[11)]。二次電池と EDLC 特性における決定的な違いは，電荷の出入りに伴う電圧の変化である。原理的に二次電池は充電・放電中における電圧の変化が少ないのに対し，EDLC は電荷量に比例して直線的に電圧が変化する。このため電圧 V とエネルギー E，蓄積電荷 Q との関係は EDLC では，$E=QV/2$ となる。

（iii）　酸化還元キャパシター（RC）　EDLC がファラデー反応（酸化還元反応）を伴わない蓄電機構であるのに対し，RC（redox capacitor）は電池のように酸化還元反応を利用しつつも作動電圧が一定ではなく，電気量に応じて電圧が変化するという EDLC 的な挙動をもつ蓄電デバイスである[12)]。簡潔にいえば，電極の各酸化還元サイトのエネルギーが広く分散しており，その特徴の挙動を示す。材料としては金属酸化物や導電性高分子などが研究されており，二重層型よりも高容量が期待できるものの，さまざまな充放電モードにおけるサイクル寿命や高レート特性の改善など，克服すべき課題が残っている。

（iv）　ハイブリッドキャパシター（HC）　最近は，対向する一対の電極の一方をキャパシター用電極，他方を電池用電極とした HC（hybrid capacitor）が注目されている。電位平坦性のある電極，あるいはない電極を種々組み合わせることでさまざまなバリエーションが考えられるが，よく知られているのは，黒鉛質電極と活性炭電極を併用し，リチウム塩含有有機電解液を用いたものである[13]。このタイプは，とくにリチウムイオンキャパシター（LIC：lithium ion capacitor）とよばれる。電池負極のような黒鉛へのインターカレーション反応を利用すると，高容量と高作動電圧が両立できると考えられ，自動車の駆動用電源などへの応用がある。

［石川　正司，山縣　雅紀］

5.6.3　燃料電池

固体高分子形燃料電池（PEFC：polymer electrolyte fuel cell）は，クリーンかつ高出力密度の燃料電池車（FCV：fuel cell vehicle）用の駆動電源や家庭定置用コジェネシステム（EneFarm），可搬型電源として研究開発が進められている。PEFC の構造を図 5.35 に模式的に示した。プロトン（H^+）のみを透過する高分子電解質膜（PEM：polymer electrolyte membrane）をアノード，カソードガス拡散電極で挟み付けた膜電極接合体（MEA：membrane electrolyte assembly），およびセパレーターが構成単位である。ガス拡散電極には，カーボンペーパーなどの多孔質基材／ガス拡散層／触媒層の 3 層構造が広く採用されている。これらで，最適化された電解質，ガス，電子の各ネットワーク（ENW，GNW，eNW）を形成する。高性能，高耐久性電池を実現するためには，この構成材のミクロ界面・組成の設計，制御が重要であり，また，高性能触媒では合金化や表面組成制御が必須で，それらの実現にはコロイド科学および界面科学が重要な役割を果たす。

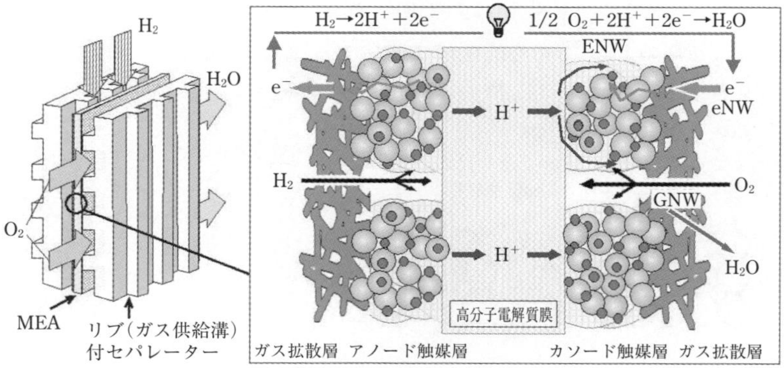

図 5.35　単セルと単セル内部の模式図

a. 電極触媒

アノード，カソード反応を円滑に進めるために，現在は白金系触媒が用いられている。純水素がアノード燃料の場合は，極微量の Pt（<0.1 mg cm^{-2}）でも十分性能が得られる。しかし，メタンなどの改質ガスのように水素燃料中に CO（>10 ppm）が存在，あるいはメタノール燃料など炭素を含んでいて酸化過程で CO などを副生する場合は，これが表面に強く吸着して Pt 触媒は被毒，失活する。そこで，Pt 上に強く吸着している CO の酸化除去に必要な酸素種（水や O 原子など）を吸着する性質を有する Ru などの Pt 族貴金属を Pt と合金化，あるいは Pt 表面に原子状態で析出（アドアトム単原子層合金化）することで，図 5.36 に示す“二元機能触媒機構”により CO 除去をはかり，円滑なメタノールや H_2 の酸化を実現できた[14]。Pt-Ru 触媒は，メタノール燃料電池や EneFarm の燃料極触媒として実用化されている。また，Ni, Co, Fe などの遷移金属と Pt を合金化すると，このアノード反応で顕著な耐 CO 被毒性が得られることを見いだした[15]。これらの遷移卑金属は酸性電解質中に溶出するため脱合金化が起こる。それにもかかわらず，この触媒は耐 CO 被毒性を有した。これは，図 5.36 右に模式的に示すように，耐食性の Pt 原子が表面に残留，再配列して緻密な 2〜3 原子スキン層を形成し，内部卑金属のさらなる溶出を抑止すること，下地合金の電子構造の影響を受けてこのスキン層の CO との結合力が弱まり，水素酸化に対する触媒活性の低下を抑止できることを明らかにした。カーボンブラックに担持したナノサイズ触媒にこのスキン合金触媒の概念を展開することで，高活性，高耐久性を両立させた次世代アノード触媒が実現した[16]。今後広く実用に供されると期待される。

他方，カソードでの酸素還元反応（ORR）速度は前述の H_2 酸化反応と比べ著しく遅く，導入初期の FCV で実用的性能を確保するには 0.5 gPt kW^{-1} 程度を要した。

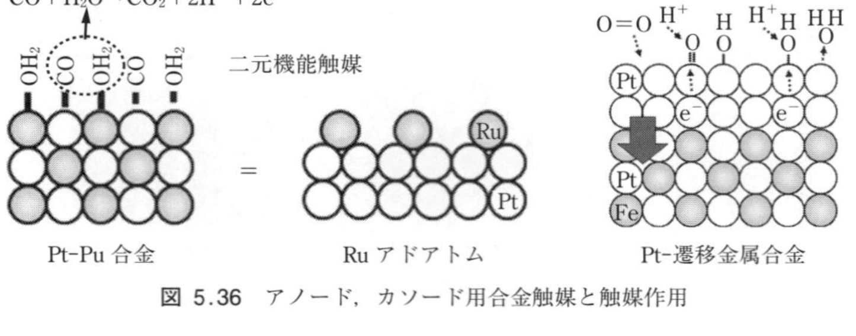

図 5.36　アノード，カソード用合金触媒と触媒作用

FCVの大量普及を展望するとき，コスト，資源の両面から，より高活性・高耐食性の低Pt触媒の開発が必須であるが，そのハードルはきわめて高い。2020年頃にはこのPt使用量の数分の一化を実現することが重要課題とされてきた。重量活性I_g（電流/グラムPt）は，比表面積S_{Pt}と面積比活性I_sの積で示される。したがって，S_{Pt}とI_sの増大が重要となる。前者は粒径に反比例して増大するので，カーボンブラック（CB）担体などにPtをナノ粒子化して担持することが重要である。しかし，粒径が4 nm以下になると，いわゆる"粒子サイズ効果"によってI_sが逆に低下することが多数報告されてきた。これに対し近年，常温から100℃以上の範囲にわたり活性評価できる新たな電気化学計測とNMRによる表面電子構造の解析から，バルクPtから2 nm以下のナノ粒子までI_sはまったく変わらず，ナノ粒子化と高温化により，数倍の触媒高性能化，または使用触媒量の数分の一化がはかれる可能性が示されている[17)]。しかし，実運転条件下では微粒子（<2 nm）は不安定であり，（CBの酸化を伴いつつ）担体表面上を移動，または溶解してCB上，または膜中で再結合・析出して，触媒粒径は5 nm以上に成長し，I_gが低下することが観察されている。この粒子成長は，触媒の合金化，CB担体の黒鉛化，酸化物などの安定担体の使用で，ある程度低減できる可能性が示されてきた。他方，ナノ粒子の形状（正方形）によっては通常より高活性を示すことが報告されている。しかし，作動条件下で次第に安定結晶面を露出した球形に近い粒子（14面体など）となり，これに対応して低活性化状態で安定化してしまうことが分かってきた。

さらなる低白金化手段として，Ptと卑金属との合金化によるI_sの増大が注目される。PtをTi，Cr，Fe，Co，Niなどの卑金属と合金化して高活性化することは，リン酸形燃料電池（PAFC：phosphoric acid fuel cell）の実用化過程で活発に研究された[18)]。これら高分散合金の活性は経時劣化するが，これは，数nm以下の微粒子合金触媒が一旦溶解してPtのみが隣接の大合金粒子表面に再析出して起こること，また合金粒子の固溶合金化で溶解の抑制と活性維持が可能なことが明らかにされた[19)]。PAFCに比べ穏和な条件で運転されるPEFCでは，高活性合金触媒開発の可能性がさらに広がると考えられた。実際，Pt-Fe, Co, Ni合金において，表面近傍の非金属が選択溶出した後，表面に残ったPt原子が再配列して緻密スキン層を形成し，内部合金のさらなる腐食を抑制すること，この表面層は内部の合金電子構造により修飾され，単味白金の数倍のORR活性を示すことが明らかにされた[20)]。また，電気化学・XPS計測結果に基づき，その触媒反応機構も提案されている[21)]。この発見以来，この合金触媒の研究が世界的に活発化し，市販FCVにもすでに導入されている。

しかし，2025年以降の本格普及FCVに求められる燃料電池性能としては，指標として（寿命×Pt使用量/耐久性）が現状のそれの10倍以上であるとされている。Pt使用量の低減目標として，ガソリン車の排ガス処理触媒に現在使われている貴金属量に匹敵する0.05 g kW^{-1} レベルが期待されている。これを実現するには，ナノサイズの粒径，組成の均質な合金触媒を，安定な炭素担体に均一に分散担持し，その表面への2〜3原子Ptスキン層の厳密形成が最重要であることを筆者らは明らかにしてきた[22]。図 5.37の電子顕微鏡写真粒度分布からナノカプセル法で作成した合金触媒は均一粒子サイズ分布を示し，CB上に均一に分布し，また，意図した2原子 Pt_{2Al} 層が形成されていることが分かる。図 5.38には，FCVの実負荷運転を模擬した電位サイクルに伴うカソードPt重量および面積あたりの活性の劣化挙動を市販の単味Pt触媒と併せて比較した例を示す。30000サイクル後のPtスキン触媒の質量活性は，他の2

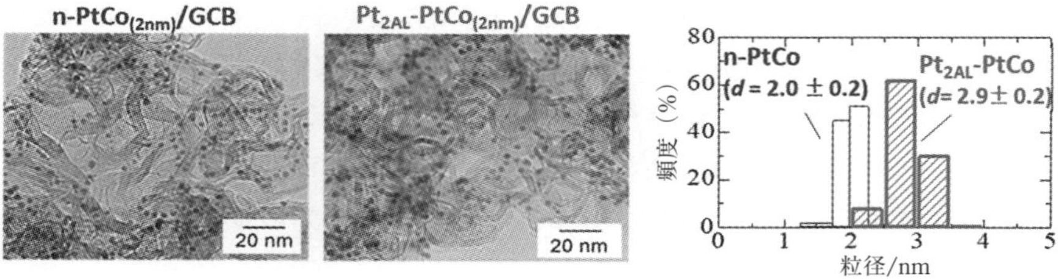

図 5.37　ナノカプセル法により任意の組成，粒形に制御した黒鉛化CBに担持したPtCo合金を作成，その粒子表面に H_2 バブリング法によって，Ptスキン2層を制御被覆

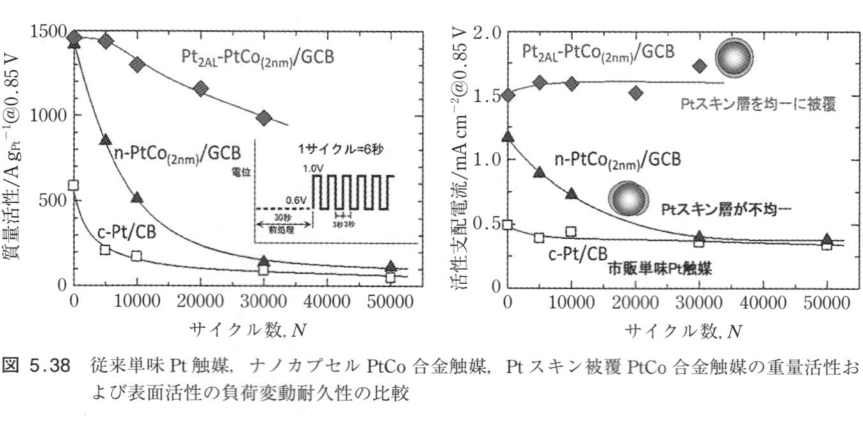

図 5.38　従来単味Pt触媒，ナノカプセルPtCo合金触媒，Ptスキン被覆PtCo合金触媒の重量活性および表面活性の負荷変動耐久性の比較

者がほとんど活性を失っても高活性をなお維持している。また，面積活性がまったく劣化していないことから，スキン層が内部の卑金属 Co の溶出を押さえ，高性能を維持していることが分かる。この触媒が，次世代 FCV に搭載され，その普及に貢献することが期待される。

b. 電　解　質

高プロトン導電性電解質膜として，パーフルオロスルホン酸（PFSA）型電解質が主に使われている。しかし，現状の膜で十分な導電性，電極反応を得るためには，セル運転温度と同程度の露点の加湿が求められる。燃料電池の運転の簡素化，効率アップには，低加湿化（20～30% 相対湿度）と運転温度向上（10～20℃ アップ）がとくに FCV 用途で求められている。PFSA 自体は，化学的に安定と考えられてきたが，とくに低加湿条件下で膜中をクロスオーバーするガスが，それぞれの電極の Pt 触媒上で微量の過酸化水素またはラジカルを発生し，これがフッ素不飽和高分子末端基や SO_3^{-1} 結合部を起点として連鎖的分解を引き起こすことが分かった。ラジカル消去剤として Ce^{3+}/Ce^{4+}，Mn^{2+}/Mn^{3+} を膜中の一部 H^+ と置換することで著しく耐久性が改善され，併せてガラス転移点の向上による高温作動化がもたらされることが明らかにされた[23)]。また，フッ素系延伸膜を補強材として導入し湿度変化に伴う PFSA の過剰な形状変化を巧みに抑える技術が開発されている。現在市販の FCV では，この PFSA 膜が使われている。

他方，膜材料の環境適合性，多様な機能設計の可能性を理由に，炭化水素系（CH 系）の膜材料の研究開発も活潑に行われ，一時はデモ用 FCV に使用評価された[24)]。導電率特性においては，PFSA と同等以上の導電性が報告されてきた。しかし，炭化水素系膜の共通的な特徴として，膨潤／収縮の割合が大きいこと，柔軟性が不足すること，上述のラジカル耐性が著しく低いことなど，克服のハードルが高いと見なされ，近年，関心がやや薄れてきた感があった。しかし，ごく最近，導電性が高く柔軟で，最も克服が困難と考えられてきたラジカル耐性も PFSA を凌駕する図 5.39 に示すポリフェ

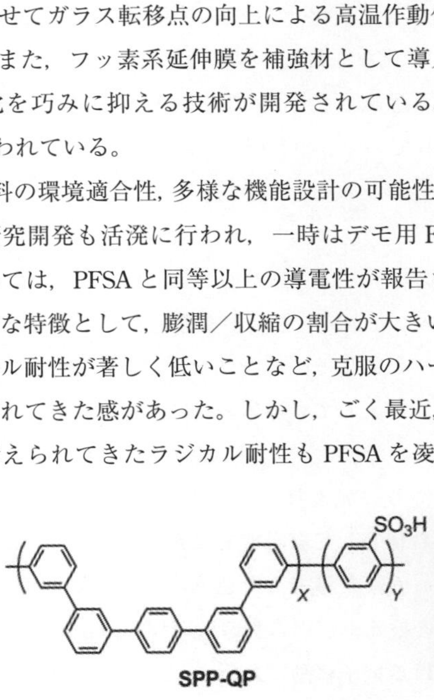

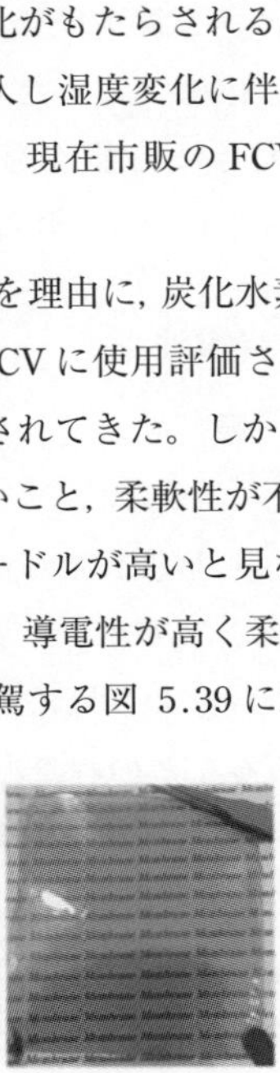

図 5.39　ポリフェニレンベース電解質の分子構造と成膜写真

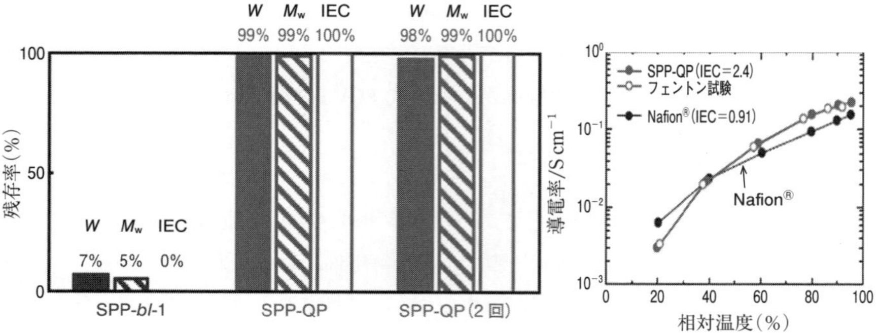

図 5.40　膜のフェントン試験後の重量 W，分子量 M_w，イオン交換容量 IEC の残存率（従来開発品(SPP-bl-1)，新規開発品（SPP-QP)），および導電率[25]

ニレンベースの新規 CF 膜（SPP-QP）が発明された[25]。この膜は，従来開発品と異なり，柔軟で図 5.40 に示すように強い酸化剤処理（フェントン試験）にもかかわらず化学的分解をまったく起こさないことが分かった。それを反映し，同図右に示したように，導電性も試験前後でまったく変化せず，広い湿度範囲で Nafion® 以上の値を維持し，機械的強度もまったく変化なく柔軟性も保たれた。この結果は，改めて CH 系電解質の大きな可能性を再認識させるものであり，今後 CH 膜が次世代型 EneFarm や FCV に取り入れられていくものと期待される。　　　　[渡辺　政廣]

5.6.4　化学光電池

a. 色　素　系

古くは，ローズベンガル[26]やエオシン[27]などの有機色素が用いられていたが，光励起寿命が短く吸収波長帯が狭いためにその性能は十分でなかった。1979 年に Ru ビピリジル錯体は，カルボキシ基を導入して半導体表面に固定された。この錯体は，吸収波長帯は 600 nm の可視光領域まで広く[28]，光励起寿命が長く，電荷移動後の酸化体が安定であるなどの特長もあり，光変換の課題を大きく進展させた。その後，半導体チタニアをナノ粒子の集合体として表面積を大きくし，安定な酸化還元対にヨウ素レドックス種を用い，Ru 系色素を導入した色素増感型太陽電池（DSSC：dye-sensitized solar cell）で 10% の変換効率が得られる，いわゆる Grätzel セル（図 5.41）が作製された[29]。このセルにおける電子移動において，励起された色素からチタニアに電子注入されるさいの電子移動速度定数は 10^{10}～10^{12} s^{-1} であるのに対し，電子注入されたチタニアから色素への電子移動（電子の再結合）速度定数は $10^6\ s^{-1}$ と比較的小さく，また酸化された色素へのヨウ素レドックス種からの電子移動速度定数は $10^8\ s^{-1}$ である。このように副反応が起こりにくい電子移動界面を形成していることが高効率化の要因となり，変換特性を向上させた[30]。つまり，DSSC における半導体と色素，色素と酸化還元対の界面における電気的接合や電子移動定数の最適化が重要な性能向上要因となった。最新の色素に関する研究において，色素間の電子移動を防ぎ，さらにチタニアに注入された電子のヨウ素レドックス種への再結合を抑制する機能をもつ新規な有機色素の開発が行われた[31]。

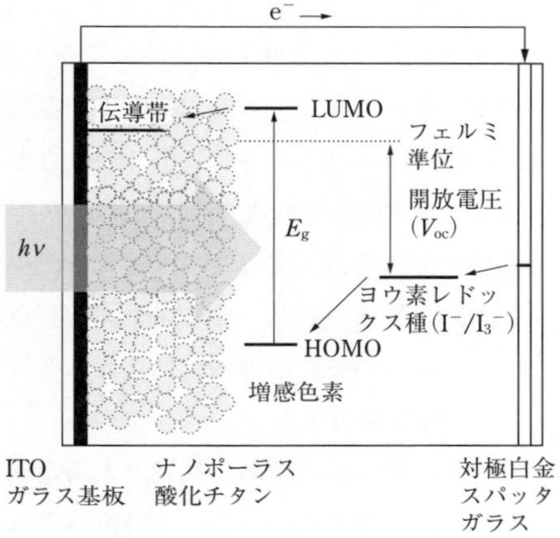

図 5.41　色素増感型太陽電池
［B. O'Regan, M. Grätzle, *Nature*, **353**, 737 (1991)］

図 5.41 は光発電機構と，エネルギーダイヤグラムを示している。アノード電極として TiO_2 のナノ微粒子をペースト状にした塗工液を透明導電性基板上に塗布し，450 ℃ 以上の高温で焼結する。焼結後得られたチタニア膜は粒子間が接合され，また適度な空隙を有するナノ多孔質半導体電極となる。次に作成したアノード電極を増感色素溶液へ浸漬しチタニア表面に色素を定着させる。その後，溶剤などで表面を洗浄することにより，表面積の大きな光電変換基板を得ることができる。得られたアノード基板上にヨウ素レドックス種溶液を含浸させ，対極材として白金などの還元電位の高い材料を用いチタニア電極と接しないようにアノード極と対向させる。アノード極とカソード極間に負荷を掛け回路接合後，チタニア側から光照射させることにより発電セルが動作する。

アノード電極上の色素へ光照射したさい，色素の LUMO 準位へ励起された電子はチタニア伝導帯へ移動する。チタニア中の電子は透明電極を経て外部回路に取り出される。電子放出した色素酸化体はヨウ素メディエーターとしての I^- から電子注入されもとの状態に戻る。電子放出後のヨウ素メディエーターは I^- から I_3^- となり酸化還元対として安定化し，外部回路を経た電子が還元電極としての白金からヨウ素レドックス種へ注入されることにより I^- へと戻る。ここでの電荷寿命の律速段階はヨウ素酸化還元反応であり,光電変換素子として十分に長い電荷寿命が保持されている。このメカニズムからもDSSCはセル内で酸化還元反応を利用する一種の化学電池と考えることもでき，一般に知られている半導体型太陽電池とは発電メカニズムが異なり，自然界における光合成に似ている点も興味深い。

現在ではRu錯体色素のほか，種々の高性能有機系色素の開発，チタニアに代わる半導体光電極開発，電解液の固体化やゲル化，対極材の白金代替材開発，非ヨウ素系レドックス対種の開発，セル封止剤開発など実用化に必要な研究開発が進展しているが，これらはDSSCの専門書に譲ることとする[32]。　［岡本　秀二］

b.　ペロブスカイト

汎用されている「結晶シリコン太陽電池」以来の新型太陽電池としてペロブスカイト型電池が注目されている。この電池構成材料は，炭素などの有機物，鉛などの金属，ヨウ化物や塩化物といったハロゲン化物で構成する“有機無機ハイブリッド型”である。2009年に宮坂らにより[33]，$CH_3NH_3PbX_3$というハライド含有ペロブスカイト半導体結晶の材料を基板にコーティングした薄膜を発電部に使用すると太陽電池として動作することが発表された。使用された材料はシリコン系電池に必要な高温加熱や高真空のプロセスが要らず，基板の上に懸濁溶液を塗布して乾かすだけで作製できることを特徴としている。現在，太陽光の電気エネルギーへの変換効率は汎用シリコン太陽電池で約25%であるが，この電池系の変換効率は最近の5年間で著しく向上して20%になり，次世代太陽電池の開発研究対象として主役になってきている。今後の変換効率の向上のためには,反応メカニズムの基礎概念の解明が必要である。一般に,半導体では光によって，次ページの図 5.42に図解されているような電子と正孔の励起状態が形成される。有機半導体では，この電子と正孔は励起子とよばれる結合状態をとり，この励起子は電気的に中性となるため電場によって動かない。ただし，励起子はドナーやアクセプターにより界面まで拡散移動して，そこで電荷分離を起こすことができる。他方，無機半導体では，光励起によってつくられた電子と正孔との間の相互作用は弱くて,それぞれが独立して自由に物質内を動き回る状態をとる。よって,有機物質と無機物質とのハイブリッド材料であるペロブスカイト半導体が，有機物の性質をもつのか，無機物の性質をもつのかは，光変換効率向上のためにはキーとなる性質であり，これまで多くの研究者の間で議論されてきている。ここでは，ペロブスカイト半導体は，無機半導体のように励起電子と正孔とが自由に振舞っているという報告を紹介しておく[34]。この場合，記載した電子と正孔はそれぞれ負と正の電荷をもつことから，電場の印加により，それぞれを反対方向に移動させることが可能になる。すなわち，ペロブスカイト太陽電池では，光で誘起された電子と正孔はクーロン力で互いに引き合っているが，それらが引き離され，反対電荷の電極に運ばれることで電力を得る反応機構が動作原理になっていると推定される。［小山 昇］

c. 半 導 体

（ｉ） 半導体光触媒における反応機構　半導体上において進行する光触媒反応の概念図を図 5.42 に示す。バンドギャップ以上のエネルギーの光が照射されると，半導体の価電子帯にある電子は光のエネルギーを受け取って伝導帯へ移り，“励起電子”となる。このとき，価電子帯には電子の空き，すなわち“正孔”が生じる。これらの“励起電子”と“正孔”は半導体粒子表面に吸着した物質を，それぞれ還元，酸化して消費され，その結果として光触媒反応が進行する。ただし，電子と正孔が再結合した場合には熱あるいは光が生じて光触媒はもとの状態に戻り，正味の化学反応は起こらない。現在，広く研究が進められている光触媒反応は以下に記すように大きく二つのカテゴリーに分類される。

（ii） 水の光分解　一つの代表的応用例は水の水素と酸素への分解（$H_2O \rightarrow H_2 + 1/2\ O_2$）である。この場合には励起電子によって水が水素へと還元され，正孔によって水が酸素へと酸化される。この反応は，自由エネルギー変化が大きな正の値（$\Delta G_0 = 237\ \mathrm{kJ\ mol^{-1}}$）をとるアップヒル反応であり，光-化学エネルギー変換系といえる。しかし，この反応では自由エネルギー変化が負の“逆反応”（$H_2 + 1/2\ O_2 \rightarrow H_2O$）が進行しやすいため，達成は容易ではない。水分解が起こるためには，用いる半導体の伝導帯下端が水の還元電位（0 V *vs.* NHE）よりも負，価電子帯の上端が水の酸化電位（1.23 V *vs.* NHE）よりも正であることが熱力学的に不可欠であり，なおかつ光照射時に半導体自身が酸化・還元されずに安定でなければならない。バンドギャップの大きな酸化物半導体は上記の必要条件を満たすものが多く，さまざまな複合金属酸化物半導体を用いた水分解が報告されているが，バンドギャップの大きさゆえに紫外光しか用いることができない。太陽光を用いた水素製造を目指す場合には，エネルギー変換効率

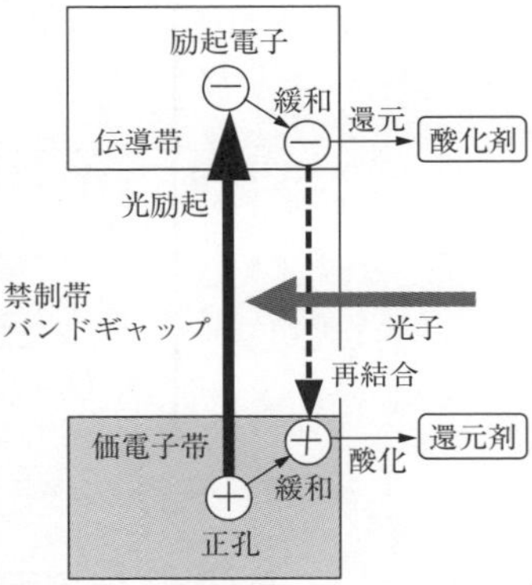

図 5.42 半導体上における光触媒反応

の観点から太陽光スペクトルの大部分を占める可視光の有効利用が必須となる。ところが，可視光を吸収するバンドギャップの小さな金属酸化物半導体は，その価電子帯が酸素の2p軌道から構成されており正の深い位置に固定されてしまうため，伝導帯の下端が水の還元電位よりも正となり，水素生成が起こらない。また酸化物以外では，水の酸化よりも自己酸化分解が進行しやすい。これらの理由のため，可視光水分解は長年困難とされてきたが，近年水素生成用と酸素生成用の2種の異なる半導体光触媒を酸化還元対（レドックス）によって連結した2段階励起型水分解[35]，および価電子帯を制御して可視光吸収と水素生成能を両立させたオキシナイトライド系光触媒による水分解が実証されている[36]（図 5.43）。

（iii）有機物の酸化分解　もう一つの応用例は酸素を用いる有機物の光酸化分解である。ここでは励起電子によって酸素分子が還元され，主に正孔によって有機物の酸化分解が進行するものと理解されている。ほとんどの場合，自由エネルギー変化が負のダウンヒル反応であり，不可逆的な反応となる。この反応については，酸化チタン（TiO_2）がきわめて高い活性を示すことから，すでに実用化が進められている。しかし，TiO_2は紫外光しか吸収できず，屋内のように紫外線強度の弱い環境では効果が小さい。そこで近年，室内の蛍光灯下でも反応する可視光応答型の光触媒材料の開発が盛んに行われている。代表例としては窒素をドープしたTiO_2があげられる[37]。一方，酸化タングステン（WO_3）などの可視光吸収型酸化物は，伝導帯下端がTiO_2

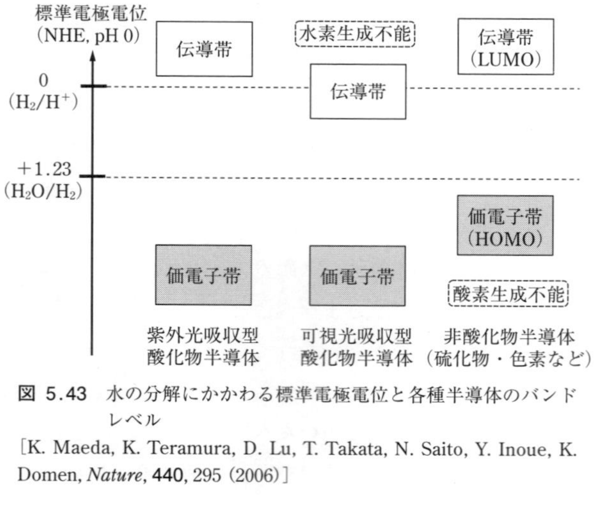

図 5.43　水の分解にかかわる標準電極電位と各種半導体のバンドレベル

［K. Maeda, K. Teramura, D. Lu, T. Takata, N. Saito, Y. Inoue, K. Domen, *Nature*, **440**, 295 (2006)］

に比べて低い（正）のため，励起電子が酸素分子を効率よく還元できず，有機物の酸化分解には不向きと考えられてきた。しかし，最近，WO_3 の表面に白金（Pt）などの助触媒を担持させると励起電子による酸素分子の還元が促進され，結果として有機物の酸化分解が可視光照射下において高効率で進行することが報告され[38]，新たな光触媒系として注目されている。　　　　［阿部 竜，大谷 文章］

5.6.5 有機 EL

有機 EL（electroluminescence）[39,40] とは，有機物に陽極から正孔，陰極から電子を注入し，その再結合により光を放出する現象またはそのような素子のことをいう。近年，液晶やプラズマテレビに置き換わる自発光・省エネルギー型のフラットパネルディスプレイや，白熱球・蛍光灯に置き換わる白色照明用面光源として，多くの注目を集めている。

研究の発端は 1960 年代にさかのぼり，当初はアントラセン単結晶が用いられ非常に高い駆動電圧を要していた[41]。1980 年代後半に入り Kodak 社の C. W. Tang らは，真空蒸着法により 100 nm 程度の非常に薄い有機膜を作成し駆動電圧を大幅に低減，また発光層と陽極の間に正孔輸送機能を有する材料を挿入した 2 層型素子構造の採用により，その発光効率を飛躍的に向上させた（図 5.44(a)）[42]。現在では，さらに電子輸送層を積層した 3 層型，電極界面の改善を狙い電荷注入層を両電極界面に挿入した 5 層型など積層型素子構造が主流になっている（図 5.44(b)）。一方で，高分子材

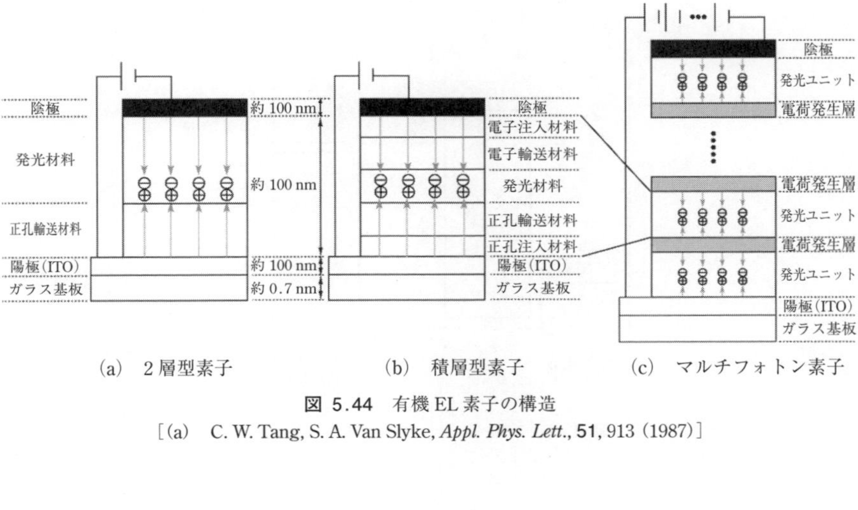

(a) 2 層型素子　(b) 積層型素子　(c) マルチフォトン素子

図 5.44 有機 EL 素子の構造

［(a) C. W. Tang, S. A. Van Slyke, *Appl. Phys. Lett.*, **51**, 913 (1987)］

料などの試料溶液をスピンコートやインクジェット法により塗布する成膜アプローチにおいては，下地に対する溶解性の観点から重ね塗りによる積層型素子の作成は困難であり，水溶性材料の上に非水溶性材料を積層する2層型素子構造が主流となっている。陽極にはおもにITO（indium tin oxide）などの透明電極が用いられ，陰極にはCa, Mg, Al, Mg：Ag合金などが用いられている。素子に順バイアスの電圧を掛けると，陽極から有機分子のHOMO上に正孔が注入され，陰極からLUMO上に電子が注入される。注入された正孔および電子の有機膜中の移動度は非常に重要な指標の一つであり，高移動度材料は電気抵抗の低減つまり駆動電圧の低減につながる。

たとえば代表的な5層型の有機EL素子は，二つの有機/金属界面（正孔注入層/陽極ITO，電子注入層/陰極金属）と四つの有機/有機界面（正孔注入層/正孔輸送層，正孔輸送層/発光層，発光層/電子輸送層，電子輸送層/電子注入層）を有している（図5.45）。有機/金属界面において電極の仕事関数と有機分子のHOMOまたはLUMO準位とのエネルギー差は電荷の注入障壁となるため，一般的に正孔注入・輸送材料は低いイオン化エネルギー，電子注入・輸送材料は高い電子親和力を有する材料が好ましい。また有機/有機界面において正孔輸送材料のLUMOを発光層のLUMOより高く，電子輸送材料のHOMOを発光層のHOMOより低くすることにより，電子および正孔を発光層内に閉じ込め高い再結合確率が期待できる。このような有機EL素子における各界面のエネルギー準位，その接合の詳細はいまだ研究対象であり，光電子分光などによる評価研究が進んでいる[43,44]。また，電極界面では電極金属と有機層分子との化学反応や電極金属原子またはイオンの有機膜中への拡散が伴うため，その界

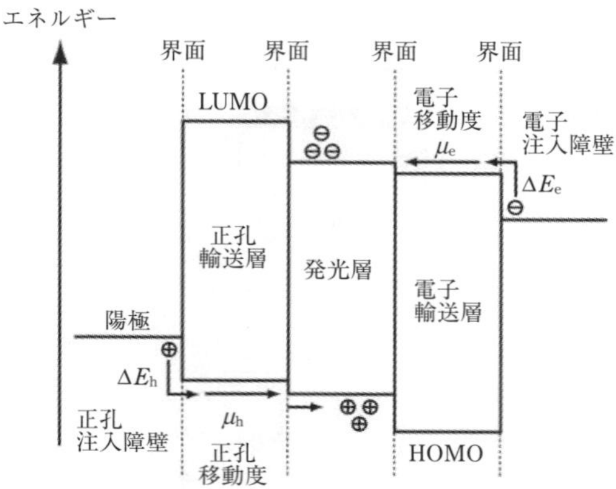

図 5.45　有機EL素子のエネルギー準位図

面は非常に複雑になってくる。有機/有機界面での電荷の蓄積は，中性状態に比べ化学的安定性に乏しいカチオンラジカル種，アニオンラジカル種の蓄積であるため，有機EL素子の寿命特性にも大きく関わってくる。近年，有機/有機界面において異種材料の意図的な混合により界面をなくすことで，素子寿命が大幅に伸びることがわかってきており，長寿命化の手法として期待されている[45,46]。

従来型積層素子（発光ユニット）を電荷発生層を挟んでさらに積層した素子をマルチフォトン素子[45,46]とよぶ（図 5.44(c)）。マルチフォトン素子は，積層段数Nに比例して駆動電圧はN倍になるが，電流密度は$1/N$倍になる。電荷発生層は電界の印加により電子・正孔対を発生し，それぞれが隣接の電子輸送層，正孔輸送層に注入される。したがって，正孔と電子は各発光ユニット内（N段）でそれぞれ再結合し光を放出するため，N段のマルチフォトン素子は1段の従来発光素子に比べて$1/N$の電流密度下で同等の輝度を得られることになる。有機EL素子は電流注入型デバイスであり，その素子寿命は通過電荷量に大きく依存するため，マルチフォトン素子化により同一輝度下における素子寿命を大幅に伸ばすことが可能である。一方で同一の定電流密度下においては，輝度は段数Nに比例して増大し，寿命は段数Nによらず変わらないことが予想されるが，しかし実際には段数が増えるにつれて寿命も伸びることが明らかになってきている。詳細なメカニズムは不明であるが，電極界面が寿命因子に大きく寄与している場合，発光ユニットの積層によりその影響が薄まっていることが考えられている。

マルチフォトン素子では各段の発光材料を自在に変えられるため，赤，青，緑色発光材料を用いた各色発光ユニットを電荷発生層を介し積層させ，発光の白色化が可能であり白色光源用技術としての応用が展開されている。　　［夫 勇進，城戸 淳二］

5.6.6 バイオセンサー

バイオセンサー（biosensor）とは，広義には生体関連物質を検出・定量する分析デバイスのことであり，より一般的には生体における物質認識機能を利用・または模倣した検出・定量デバイスのことである。ここでは後者について述べる。

測定対象を認識する物質認識部（レセプター，receptor）と，認識により起こる変化を電気信号に変換する信号変換部（トランスデューサー，transducer）からなる。物質認識部には生体関連物質を選択的に化学変化させる酵素，特定のタンパク質などと選択的に結合する抗体，におい物質などと相互作用をもつ脂質膜，相補的なDNA

と結合する一本鎖DNAなどが用いられる（図 5.46）。また，それらを包括する細胞，組織，微生物なども使われる。用いる物質認識部によって，酵素センサー，免疫センサー（抗体を使用），遺伝子センサー，細胞センサーなどとよばれる。

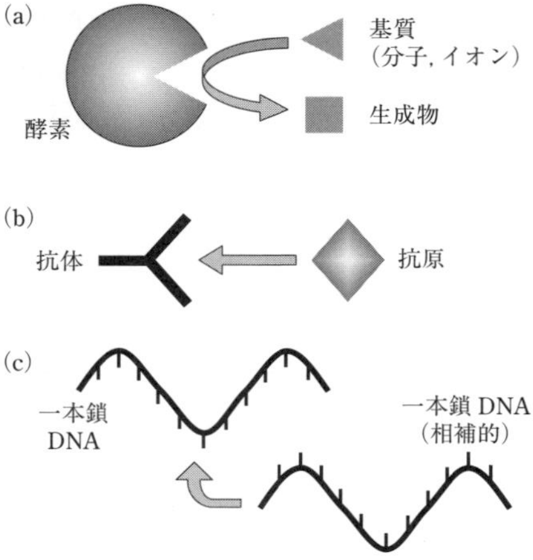

図 5.46　酵素，抗体，DNAによる物質の識別

信号変換部には酸化還元物質を検出する電極，イオンを検出するイオン選択性電極やイオン選択性電界効果トランジスター（ISFET：ion sensitive field effect transistor），pH変化を検出するpH電極，屈折率変化を検出する表面プラズモン共鳴（SPR：surface plasmon resonance）センサー，質量変化や粘性変化を検出する水晶振動子マイクロバランス（QCM：quartz crystal microbalance），光を検出したり色変化の測定に使うフォトダイオード，発熱を測定するサーミスターなどが用いられる。

a. 酵素センサー

最もよく研究されているのは，血糖値の測定などに使われるグルコースセンサーである。基質認識部としては，グルコースを選択的に酸化し，同時に酸素を過酸化水素に還元する酵素グルコースオキシダーゼがよく用いられる。その測定方式を以下にいくつかあげる。酵素は電極などに固定化される場合が多い。

- 反応に伴う酸素の減少を測定する。酸素透過膜を透過した酸素を電極で還元するさいの電流を測定する。
- 反応により生成する過酸化水素を酵素ペルオキシダーゼで水に還元する。酸化されたペルオキシダーゼを電極で還元するさいの電流を測定したり，有機色素で還元するさいの色変化や蛍光変化を測定する。
- 反応に伴うpH変化をpHセンサーで測定する。
- 酵素グルコースオキシダーゼと電極との間を酸化還元高分子（メディエーター）でつなぎ，酵素がグルコースから奪った電子を，高分子を介して電極に渡すさいの電流を測定する。

酵素の種類を変えることで，様々なセンサーを作製することができる。ただし，酵素によって，適切なメディエーターやトランスデューサーを選ぶ必要がある。コレステロール，アルコール，尿酸（痛風の原因物質），アミノ酸（腐敗度の指標にもなる），活性酸素種などを測定できる。また，酵素の基質を加えておけば，基質に対する応答の減少から，シアン化物イオンや一酸化炭素，殺虫剤など，酵素の働きを阻害する物質を検出できる。

b. 免疫センサー・遺伝子センサー

免疫センサーは，SPR や QCM の上に抗体を固定し，測定対象である抗原との結合による屈折率変化や質量変化を検出する。さらにマーカーで修飾した抗体で抗原をサンドイッチし，検出感度を上げる場合もある。マーカーに酵素を用いれば，酵素反応を電極などで検出することができる。蛍光物質を使えば，蛍光により検出できる。

遺伝子センサーは，同様に，特定の塩基配列をもつ一本鎖 DNA を固定して，相補的な塩基配列をもつ一本鎖 DNA とのハイブリダイゼーションを SPR などにより検出する。二本鎖となった DNA に蛍光性の，あるいは酸化還元活性な物質をインターカレーションさせ，検出する方法もある。

c. 細胞センサー・微生物センサー

細胞センサーや微生物センサーにはさまざまな種類がある。含まれている酵素の反応を利用するもの，膜タンパク質への測定対象の結合を利用するもの，有害物による呼吸活性や代謝活性の低下を検出するもの，などである。 ［立間 徹］

5.7 界面粒子制御

5.7.1 導電性カーボン

絶縁性のゴムやプラスチックに対し，金属代替，制電目的（静電気放電防止，帯電防止），あるいは電磁波障害（EMI：electro-magnetic interference）対策のために，導電性カーボンが使用されることがある。導電性カーボンは，カーボンブラック（CB），黒鉛（グラファイト），炭素繊維，およびカーボンナノチューブなどに分類できるが，なかでも CB は比較的低添加量で導電性が得られ，化学的に安定という特長のほかに，混練性，成形性，経済性に優れている。本項では最も汎用的に使われる CB 系を中心に解説する。

a. カーボンブラック（CB）の物理的・化学的性質

CBは“炭化水素や炭素化合物を不完全燃焼して得られる微細な球状粒子の集合体”と定義され，粒子の形状（粒子径など），集合体の構造（ストラクチャーの大きさなど）および粒子表面の性質（揮発分や表面官能基の種類など）がCBの3大基本特性とよばれている[1]。

CBにおける最小単位の集合体は炭素の六員環が30〜40個結合した層であり，この層平面が3〜5層ファンデルワールス力により等間隔に積層された結晶子，つまり擬似グラファイト構造を形成している。この電気を通しやすい結晶子が発達しているものが導電性CBである。この結晶子は粒子表面付近で粒子外周に平行に配列しているが，内部ほどその配列は不規則になる。この結晶子が1000〜2000個集合して1個の粒子を形成している（図 5.47）[2]。一般的にCBの一次粒子径は10〜100 nmであり，導電性CBでは20〜60 nmの範囲にある。

CBは粒子が連なった凝集体として存在しており，これをストラクチャーとよんでいる。高分子材料にCBを充填して導電性を付与するさい，このストラクチャーの発達度合いが導電性に大きく影響する。ストラクチャーは永続的に融着した一次凝集体（アグリゲート）とファンデルワールス力により一次凝集体が集合した二次凝集体（アグロメレート）からなり，高いせん断を加えるゴムや樹脂練り込みにさいしては，アグリゲートの度合いが導電性を支配するとされている。

CBはある程度の揮発性をもっており，揮発性が高いものほど表面酸化物や活性水素に基づく表面官能基が多く存在している。酸性の官能基としてはカルボキシ基（—COOH），ヒドロキシ基（—OH），アルデヒド基（—CHO）などがある。導電性カーボンでは，表面官能基はπ電子の捕捉により粒子表面の導電性を低下させることから，

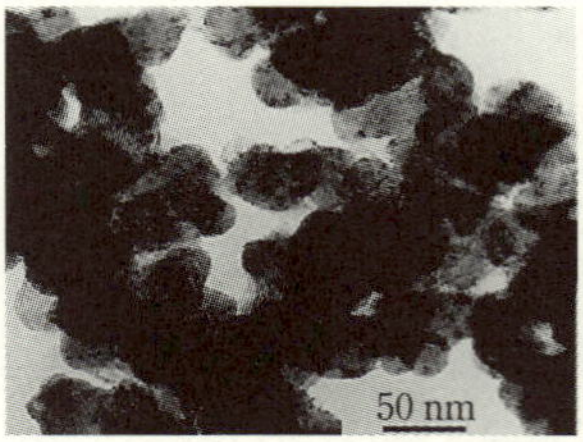

(a)　ストラクチャー

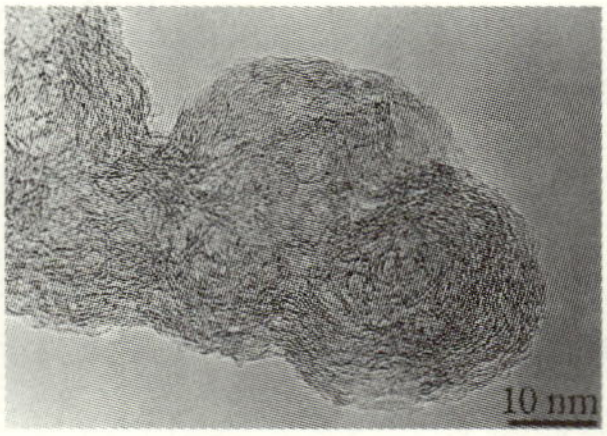

(b)　一次粒子

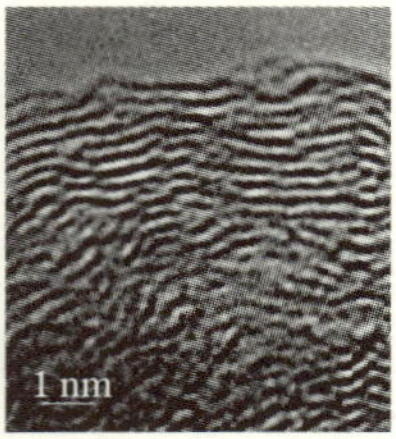

(c)　結晶子

図 5.47　導電性カーボンブラックの透過型電子顕微鏡写真
［戸堀悦雄，プラスチックエージ，**50**，102（2004）］

低揮発性のものほど高導電性を示す。逆に高抵抗値で安定化させる場合は，表面官能基量の多いCBが使用される。たとえば表面を強制酸化させ，カルボキシ基やヒドロキシ基を導入したものや，粒子表面をグラフト化させた高抵抗カーボンなどが開発されている。

b.　導電性発現のメカニズム

CBは充塡率が低い場合あまり導電率に影響を与えず，臨界充塡率を超えたところで急激に導電率を上昇させ,その後一定値に達することから,導電性の発現機構はパーコレーション理論で説明される。効果的に導電性を付与するCBの特性として，① ストラクチャーが高度に発達していること（吸油量が大きいこと），② 比表面積が大きいこと，③ 一次粒子が小さいこと，④ 結晶構造が発達していること，⑤ π 電子を捕捉する不純物が少ないこと，などがあげられる[3)]。

各種導電性CBをポリアミド樹脂（6-PA）に配合したさいの体積抵抗率を，CB添加量に対してプロットしたものを図 5.48[2)] に示す。それぞれ配合量の増加に伴い体積抵抗値が減少し，上記の導電性CBの要求性能を満足するカーボンほど，導電性付与効果に優れることがわかる。

カーボン系導電性粒子の用途は多岐にわたっており，求められる性能も年々向上している。高度な要求に応えるためには，用途や分野に応じてカーボン系導電性粒子の最適化をはかる必要がある。またマトリックス中に粒子を分散させる技術の向上も必須であり，両者の技術を融合することによってさらなる高性能材料を開発することができる。

［戸堀 悦雄］

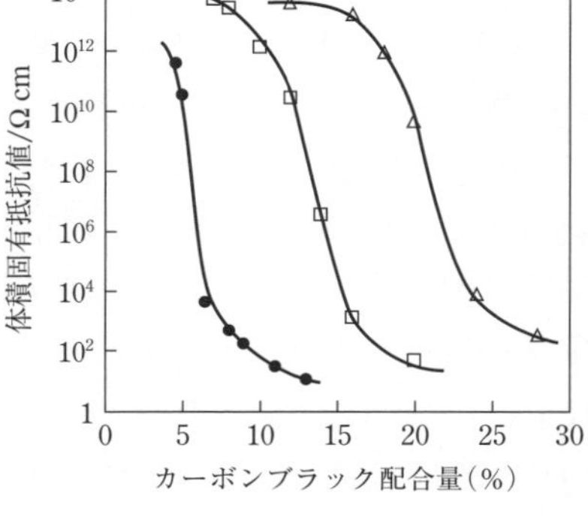

図 5.48　ポリアミド樹脂に対するカーボンブラック配合量と射出成形体の体積固有抵抗値の関係

●：カーボンA（吸油量 495 mL 100 g^{-1}，比表面積 1270 m^2 g^{-1}，揮発分 0.7%）

□：カーボンB（吸油量 365 mL 100 g^{-1}，比表面積 800 m^2 g^{-1}，揮発分 0.5%）

△：カーボンC（吸油量 212 mL 100 g^{-1}，比表面積 76 m^2 g^{-1}，揮発分 0.4%）

［戸堀悦雄，プラスチックエージ，**50**，102（2004）］

5.7.2　電池活物質の微粒子設計

蓄電池の電極は，電池活物質，結着剤，導電助剤を水あるいは有機溶媒（例えば，*N*-メチル-2-ピロリドンなど）に分散させてスラリー溶液を調製し，これを集電体に塗布し，その後乾燥して溶媒を除去することで作製される。蓄電池では，充放電のさいにこの電極内をイオンと電子が移動する。したがって，電極の性能はそれを構成する電池活物質の電子およびイオン導電性により支配される。

リチウムイオン二次電池では，開発当初にはコバルト酸リチウム（$LiCoO_2$）が正極活物質として用いられた。この材料は電子およびリチウムイオン導電性に優れているが，Co の資源の問題，$LiCoO_2$ の熱安定性の問題，価格の問題，さらには電池のさらなる高容量化の観点から，これに代わる新規正極活物質の研究が活発に行われてきた。その結果として，三元系とよばれるニッケル-マンガン-コバルト系層状酸化物（$Li(Ni\text{-}Mn\text{-}Co)O_2$）やニッケル系層状酸化物（$LiNiO_2$），スピネル型リチウムマンガン系複合酸化物（$LiMn_2O_4$），オリビン型リン酸鉄リチウム（$LiFePO_4$）が，現在の正極活物質の主流となっている。また，ポリアニオン正極活物質（$LiMPO_4$，Li_2MSiO_4，M＝Fe，Mn など）も $LiCoO_2$ の代替材料として期待されているが，それらの材料は，電子およびリチウムイオン導電性がきわめて低いという問題を抱えている。このような背景のもと，電子およびイオン導電性に優れた電極を得るための活物質の微粒子設計が重要となっている。

これまで，異種金属のドーピング，活物質粒子の微細化や導電性物質との複合化などにより，最終的に電極内での電子の導電パスを確保することや，リチウムイオンの活物質内での拡散距離を減少させることにより前述の問題を解決できることが明らかにされてきた[4)]。そのなかで，Konarova と Taniguchi[5)] は，エアロゾルプロセスを用いたセラミックス微粒子の合成法の一つである噴霧熱分解法とボールミル粉砕法を組み合わせた新規合成プロセス（図 5.49）により，100 nm 程度の $LiFePO_4$ 一次粒子の表面を厚さ数十 nm の炭素で被覆した $LiFePO_4$ ナノ粒子/炭素複合体活物質（図 5.49(a),(b)）の合成に成功した。この電極活物質は電池特性にきわめて優れており，0.1 C レート（$1\ C = 170\ mA\ g^{-1}$）の条件でほぼ理論放電容量を示すとともに，1 から 60 C レートにおいて 100 サイクル後の容量維持率もほぼ 100% であった（図 5.50）。さらに，$LiFePO_4$ 以外のポリアニオン系正極活物質（$LiMnPO_4$，Li_2MSiO_4，$Li_2MP_2O_7$，M＝Fe，Mn）についても，前述の新規合成プロセスにより電子およびリチウムイオン導

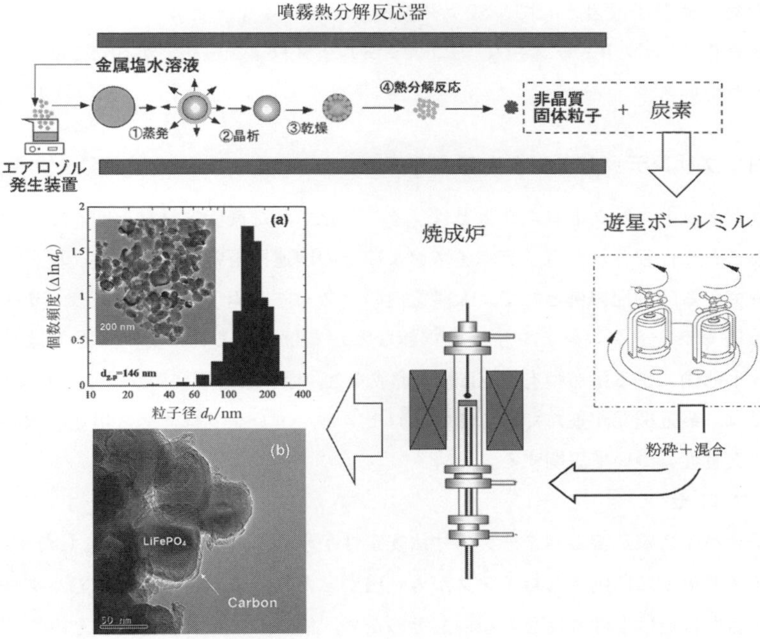

図 5.49 活物質ナノ粒子/炭素複合体の合成プロセス

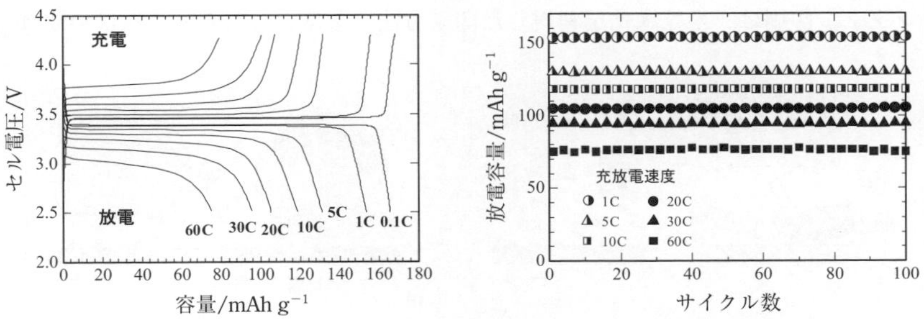

図 5.50 $LiFePO_4$ ナノ粒子/炭素複合体のリチウム二次電池特性
[M. Konarova, I. Taniguchi, *J. Power Sources*, **195**, 3661 (2010)]

電性の問題を解決できることが報告されている[6]。

超高容量負極活物質として知られているシリコン (Si) 系材料においは, 前述の正極活物質が抱えている問題に加えて充電時の大きな体積膨張の問題もあり, これらを解決するための活物質の微粒子設計が重要となっている。最近, これらの問題を解決するための微粒子設計として，Si ナノ粒子やナノワイヤーとカーボンナノチューブとの複合化[7]，メソポーラス Si/C のコアシェルナノワイアー化[8] が有効であることが報告されている。　　　　　　　　　　　　　　　　　　　　　　　　　［谷口 泉］

5.7.3　プリンテッドエレクトロニクス

プリンテッドエレクトロニクスとは，インク化された機能性材料を印刷でパターニグすることで作製された電子デバイスおよびその関連技術の総称である。現在，実用化されている印刷配線例として，太陽電池のバスバー電極，グルコースセンサーの電極，積層セラミックコンデンサーの電極などがあげられる。一方，最近ではインクジェット印刷による塗布型有機 EL 層の形成など，様々な応用展開がはかられている。ここでは，最近開発が進んでいる印刷プロセスと，エレクトロニクス用途に求められるインク特性について説明する。

a.　プ ロ セ ス

電子デバイス製造ではパターンの寸法安定性が求められる場合が多い。したがって，デバイス基板上に印刷されたインクがぬれ広がったり，染み込んだりしてパターンが崩れることは避けなければならない。そのため，液状のインク膜を固体とみなせる程度まで半乾燥化させてから印刷する工夫が進められている。図 5.51 に示す代表的な印刷プロセスのうち，グラビアオフセット印刷，反転オフセット印刷およびマイクロコンタクト印刷は，半乾燥化を利用した印刷方法である。これらの手法はいずれも，

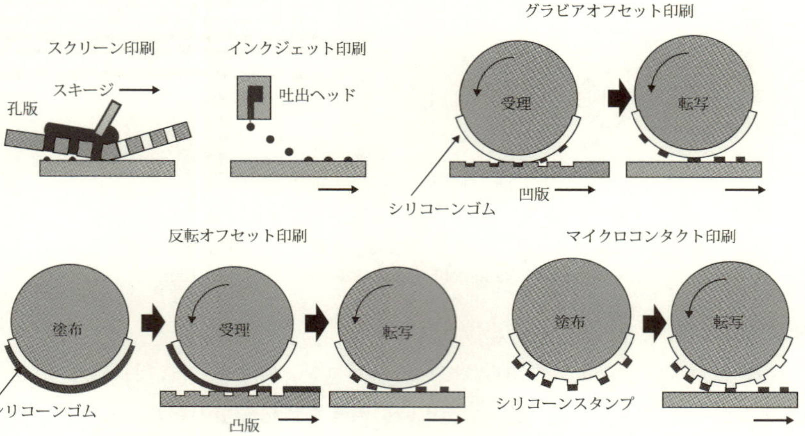

図 5.51　エレクトロニクス用途で用いられる代表的な印刷手法

シリコーンゴム表面にインク膜を形成させてから転写する方式を取っている。反転オフセット印刷を例にあげて説明する。

工程は次のとおりである。① まずシリコーンゴム表面にインク膜を一様に塗布する。塗布されたインクの溶媒は，蒸発およびゴムへの吸収によって急速に失われ，塗膜は半乾燥状態になる。高分子系または顔料系インクが望ましく，おおむね固形分率が 50〜80 vol% の膜が半乾燥状態とよばれる。低分子インクの場合，シリコーンゴムに染み込まれやすいためごく薄い層しか転写できない。シリコーンゴムが好んで用いられる理由として，比較的極性の低い有機溶媒を吸収しやすく，溶剤系インクの半乾燥化を引き起こしやすいことと，ゴム表面はメチル基で覆われているため，半乾燥化したインク膜を基板上に転写しやすいこと，があげられる。シリコーンゴムと溶媒の SP（solubility parameter）値が近いほど溶媒吸収速度は高い傾向にある，② 次に半乾燥化したインク膜に凸版を押し当ててから離すことで，凸部にのみにインク膜を転写させる。この作業によって不要な部分を除去することで，シリコーンゴム上にパターンが形成される。インク膜は固体状態に近いため，液膜を引き離すときに生じる液架橋はなく，シリコーンゴムとインク膜の界面が破壊されることによって完全転写が実現できる，③ 最後に，このパターンをデバイス基板に押し当てて転写すると，所望のパターンが得られる。反転オフセット印刷ではマイクロメートルオーダーの線幅のパターンを得ることができ，金属微粒子だけでなく高分子有機半導体なども合わせて印刷することで全印刷薄膜トランジスタを形成することもできる（図 5.52）。このようにインク膜の半乾燥化を利用した印刷は，液体のぬれよりもむしろ固体膜としての付着性を巧みに利用してパターニングする方式といえる。

微細配線が求められる場合は反転オフセット印刷が最適な方法といえるが，数 μm の厚膜が必要な場合はグラビアオフセット印刷が向いている。いずれの方式もシリ

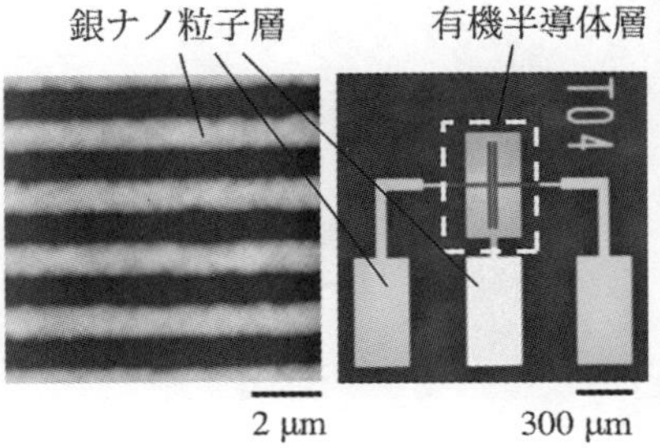

図 5.52　反転オフセット印刷で形成された配線と有機薄膜トランジスター
［Y. Kusaka, K. Sugihara, M. Koutake, H. Ushijima, *J. Micromech. Microeng.*, **24**, 035020 (2014)］

コーンゴムをロールに巻いて，刷版と基板を平坦ステージに搭載する，roll-to-sheet方式がよく用いられる。一方，オンデマンド・非接触が求められる場合はインクジェット印刷がよい。インクジェット印刷や反転オフセット印刷に使われるインクの粘度は数mPa sで，それぞれヘッド吐出性と塗布膜厚の観点から選択される。顔料系の場合，コロイド粒径は主に10 nmのオーダーである。グラビアオフセット印刷は凹版の凹部にインクを掻き入れる必要があるため，見かけの粘度100〜1000 Pa s（せん断速度1 s^{-1}）の擬塑性流体インクが主である。スクリーン印刷用ペーストも同様である。ペーストに用いられるコロイド粒径はいずれも1〜5 μm程度が主流であるが，ナノ粒子分散ペーストも使われる。　［日下 靖之，牛島 洋史］

b. 材　料

プリンテッドエレクトロニクスにおける電極の形成は，ナノ粒子径の金属コロイド分散液をインクとして使用し，所望の電極パターンを各種の方法で印刷することにより行われる。

金属は，数nm以下まで超微粒子化すると劇的に融点が低下することが知られている[9)]。これは，粒子径が小さくなるのに伴って，単位重量あたりの表面積が増加し表面エネルギーが増大する効果によるものである。この効果を利用すれば，低温であっても粒子どうしを焼結させることが可能となり，金属コロイド分散液をインクとして印刷した後，この塗膜を焼成して得られる電極は優れた導電性を発現する。

しかしながら，粒子表面が清浄な“裸の”金属ナノ粒子は，表面エネルギーが高い状態であるために室温でも粒子どうしが凝集してしまう（図 5.53(a)）。凝集した状

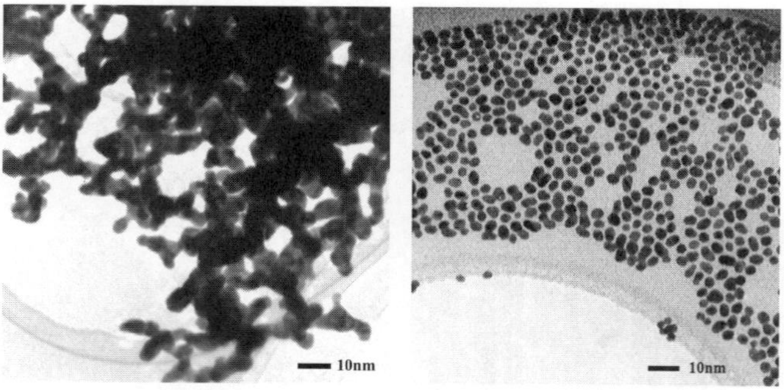

(a)　(b)

図 5.53　(a)　界面活性剤が吸着していないAuナノ粒子のTEM像
(b)　界面活性剤が吸着したAuナノ粒子のTEM像

態では均一な塗膜を形成することができないため，インクとして使用するには金属ナノ粒子を溶媒中で安定に分散させる必要がある。このような理由から，金属ナノ粒子表面に，例えば，脂肪酸や脂肪族アミンなどの界面活性剤を吸着させることにより，溶媒中に安定に分散させた金属コロイド分散液がインクとして用いられる[10,11]。界面活性剤が表面に吸着した金属ナノ粒子は凝集することなく孤立して，溶媒中で安定に分散するようになる（図 5.53(b)）。

このように，金属ナノ粒子を安定に分散させるためには，粒子表面に吸着させる界面活性剤は欠かせないものである。しかしながら，印刷した後の塗膜に導電性を付与させるには，この界面活性は不要なものである。印刷しただけの塗膜は導電性を有しておらず，この塗膜に導電性を付与するには界面活性剤を除去する必要がある。界面活性剤を除去するためには，一般的には加熱による方式がとられている。金属コロイド分散液を印刷して電極を形成する場合，印刷後の塗膜を焼成する必要があるのはこのためである。

粒子表面に界面活性剤が吸着した金属ナノ粒子が，加熱されて変化する様子の模式図を図 5.54 に示す。

加熱により界面活性剤が脱離し，金属ナノ粒子の表面が“裸の”状態になると，高い表面エネルギーを減少させようとする方向，すなわち表面積が減少する方向に物質移動が生じ，粒子どうしの焼結が進行する。この焼結により，バルクに匹敵する優れた導電性を有する電極が得られる。優れた導電性の発現は，金属ナノ粒子どうしがネッキングにより焼結して粒子間に電子伝導のパスを形成することによるものである。単なる粒子どうしの物理的な接触では，このような優れた導電性は発現しない。例えば，平均粒子径が 10 nm 以下の Ag コロイド分散液を用いた場合，電気抵抗率が 10 μΩ cm 以下の電極が得られる[11]。

電極形成用インクとして用いられる金属コロイド分散液の焼成温度は，一般に 300

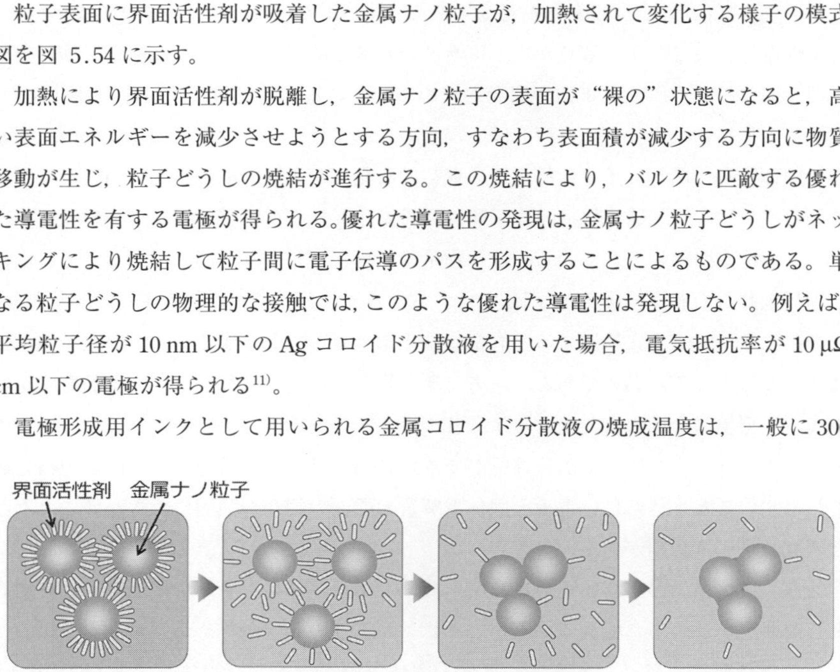

図 5.54　界面活性剤が吸着した金属ナノ粒子の焼結メカニズム

℃以下であり，最近では150℃以下であるインクも珍しくない[11]。この焼成温度は，界面活性剤が粒子表面から脱離する温度に実質的に等しい。例えば，アルキル鎖が外側に向くように吸着する界面活性剤は，アルキル鎖が短くなれば，より低温の焼成で脱離する傾向にあるが，一方で，アルキル鎖が短くなりすぎると金属ナノ粒子の分散安定性が低下してしまう傾向もあり，一般的には，焼成温度の低温化と金属ナノ粒子の分散安定性はトレードオフの関係にあるといってよい。

金属コロイド分散液のインクとして，現在，最も普及している金属種は Ag である。Ag は比較的低価格であり，導電性を付与するための塗膜の焼成は通常の大気雰囲気で行えばよく，特殊な雰囲気は不要である。このため，Ag コロイド分散液は，プリンテッドエレクトロニクスにおいて汎用的な電極形成用のインクとして用いられている。［大沢 正人］

5.7.4　固体電解質

リチウム二次電池では，1 回の充電での長時間使用のためのエネルギー密度の向上，安全性確保，長寿命化の観点から，可燃性の有機電解液に替わり，電解質に固体を用いる全固体リチウム二次電池の開発が進められている。歴史的には，1970 年代から，有機物や無機物を主体とした研究開発が進められてきたが，近年は硫化物や酸化物の無機固体物質に関してイオン導電性に飛躍的な発展があり，その進展に期待が高まっている[12]。とくに，硫化物系固体電解質材料では液体系電解質と同レベルのリチウムイオン導電率が報告されている。硫化物系は，可塑性に優れた固体であるために電極と固体電解質の界面の接合が，固体ではあるが容易に形成できる特徴がある。ただし，この系では，大気中に暴露すると有毒な硫化水素ガスを発生するため，実際の使用には頑丈な封止加工が必要である。一方で酸化物系固体電解質材料は，化学的な安定性が高く，環境適合性の点で優れるが，リチウムイオン導電率が液系電解質より低いこと，また十分に密な固体電解質部材ができず金属リチウムの貫通により内部短絡を起こしやすいこと，さらには電極と固体電解質の界面の接合が強固にできないこと，などの克服すべき課題がある。

他方，有機系高分子固体電解質に関しては，ポリエチレンオキシド（PEO）を中心とした研究が進められてきているが，イオン導電性の発現がエチレンオキシド鎖のセグメント運動によることから[13]，高分子固体電解質のイオン導電率は常温で 10^{-4} S cm^{-1} 程度が上限であると予想されており，現状ではこのレベルに近づいている。た

表 5.1　酸化物系および硫化物系固体電解質の室温導電率

組　成	室温導電率/S cm^{-1}	分　類
酸化物系		
$La_{0.51}Li_{0.34}Ti_{2.94}$	1.4×10^{-3}	結晶（ペロブスカイト型）
$Li_{1.3}Al_{0.3}Ti_{1.7}(PO_4)_3$	7×10^{-4}	結晶（NASICON 型）
$Li_7La_3Zr_2O_{12}$	3×10^{-4}	結晶（ガーネット型）
$Li_{2.9}PO_{3.3}N_{0.46}$(LIPON)	3.3×10^{-6}	アモルファス（薄膜）
$Li_{1.5}Al_{0.5}Ge_{1.5}(PO_4)_3$	4.0×10^{-4}	ガラスセラミックス
硫化物系		
$Li_{10}GeP_2S_{12}$	1.2×10^{-2}	結晶
$63Li_2S\cdot36SiS_2\cdot1Li_3PO_4$	1.5×10^{-3}	ガラス
$57Li_2S\cdot38SiS_2\cdot5Li_4SiO_4$	1.0×10^{-3}	ガラス
$70L_2iS\cdot50GeS_2$	1.6×10^{-3}	ガラス
$50Li_2S\cdot50GeS_2$	4.0×10^{-5}	ガラス
$Li_{3.25}P_{0.95}S_4$	13×10^{-3}	ガラスセラミックス

［辰巳砂昌弘，林晃敏，化学，**67**(7)，21（2012）表 1 抜粋］

だし，高分子系は可塑性に優れ，かつ薄膜化も容易である，などの利点をもっている。表 5.1 には，酸化物系[14] および硫化物系[15] 固体電解質材料の代表的物質の一部が紹介されている。ここでは，ガーネット型構造をもつ $Li_7La_3Zr_2O_{12}$ などの複合酸化物，NASICON 型の結晶構造をもつ $Li_{1.3}Al_{0.3}Ti_{1.7}(PO_4)_3$ などが掲載されているが，それらのリチウムイオン導電率は 10^{-3}〜10^{-4} S cm^{-1} レベルにある。硫化物系材料では，近年有機溶媒系に匹敵するイオン導電体（$Li_{10}GeP_2S_{12}$）が報告され，さらに，新に $Li_{10+\delta}[Sn_ySi_{1-y}]_{1+\delta}P_{2-\delta}S_{12}$ などの有望物質が報告されてきている[16]。これらを使った全固体電池は，次世代のリチウムイオン電池の候補として，大きな期待が寄せられている。一般には，上記の固体電解質を用いた電池系では，電極活物質と固体電解質との界面形成が電池特性を支配するので，その制御がキー技術の一つになっている。

［小山　昇］

参 考 文 献

5.1 節

1）北川　進 監修，“新時代の多孔材料とその応用”，シーエムシー出版（2004），p. 71.

5.2 節

1）G. A. Somorjai, “Introduction to Surface Science and Catalysis”, John Wiley & Sons (1994).
2）D. R. Strongin, G. A. Somorjai, *J. Catal.*, **103**, 213 (1987).
3）M. Chen, D. Kumar, C.-W. Yi, D. W. Goodman, *Science*, **310**, 291 (2005).
4）小間　篤ら 編，“表面物性工学ハンドブック 第 2 版”，丸善（2007），20 章.
5）M. Tada, Y. Iwasawa, *Chem. Commun.*, **2006**, 2833.

6) Y. Iwasawa, *Stud. Surf. Sci. Catal.*, **101**, 21 (1996).
7) R. Bal, M. Tada, T. Sasaski, Y. Iwasawa, *Angew. Chem. Int. Ed.*, **45**, 448 (2006).
8) M. Tada, R. Bal, T. Sasaki, Y. Uemura, Y. Inada, S. Tanaka, M. Nomura, Y. Iwasawa, *J. Phys. Chem. C*, **111**, 10095 (2007).

5.3 節

1) K. D. Snell, A. G. Keenan, *Chem. Soc. Rev.*, **8**, 259 (1979).
2) R. W. Murray, *Acc. Chem. Res.*, **13**, 135 (1980).
3) 長 哲郎, 藤平正道, “化学増刊 86 巻, Electroorganic Chemistry”, 南江堂 (1980), p. 8.
4) 小山 昇, 松田博明, 電気化学, **49**, 396 (1981).
5) J. R. Dahn, *Pkys. Rev., B*, **44**, 9170 (1991).
6) 谷口 功, 化学と工業, **47**, 1441 (1994).
7) H. Nishihara, K. Kanaizuka, Y. Nishimori, Y. Yamanoi, *Coord. Chem. Rev.*, **251**, 2674 (2007).
8) N. Oyama, F. C. Anson, *J. Am. Chem. Soc.*, **101**, 739, 3450 (1979).
9) N. Oyama, T. Tatsuma, T. Sato, T. Sotomura, *Nature*, **373**, 598 (1995); Y. Kiya, G. R. Hutchison, J. C. Henderson, T. Sarukawa, O. Hatozaki, N. Oyama, H. Abruna, *Langmuir*, **22**, 10554 (2006).
10) 立間 徹, 小山 昇, 高分子加工, **43**, 114 (1994).
11) N. Oyama, T. Ohsaka (R. Murray, ed.), “Molecular Design of Electrode Surfaces”, John Wiley & Sons (1992), p. 333.
12) 千田 貢, 相澤益夫, 小山 昇 編, “高分子機能電極”, 学会出版センター (1983); 小山昇 監修, “リチウムイオン二次電池の長期信頼性と性能の確保”, サイエンス&テクノロジー (2016).
13) Y. Gründer, C. A. Lucas, *Nano Energy*, **29**, 378 (2016).
14) K. Uosaki, *Jpn. J. Appl. Phys.*, **54**, 030102 (2015).
15) C. M. Sánchez-Sánchez, *Electrochem. Soc. Interf.*, **23**, 43 (2014).
16) J. Snyder, N. M. Markovic, V. R. Stamenkovic, *J. Serb. Chem. Soc.*, **78**, 1689 (2013).
17) N. M. Markovic, P. N. Ross, Jr., *Surf. Sci. Rep.*, **45**, 117 (2002).
18) M. I. Awad, M. S. El-Deab, T. Ohsaka, *J. Electrochem. Soc.*, **154**, B810 (2007).
19) A. P. Abbott, K. J. McKenzie, *Phys. Chem. Chem. Phys.*, **8**, 4265 (2006).
20) T. Oyama, T. Okajima, T. Ohsaka, *J. Electrochem. Soc.*, **154**, D322 (2007).
21) K. Arihara, T. Ariga, N. Takashima, K. Arihara, T. Okajima, F. Kitamura, K. Tokuda, T. Ohsaka, *Phys. Chem. Chem. Phys.*, **5**, 3758 (2003).
22) F. Gao, M. S. El-Deab, T. Okajima, T. Ohsaka, *J. Electrochem. Soc.*, **152**, A1226 (2005).
23) K. Itaya, N. Batina, M. Kunitake, K. Ogaki, Y. -G. Kim, L. J. Wan, T. Yamada (A. Wieckowski, *et al.*, eds.), “ACS Monography in Electron Spectroscopy and STM/AFM analysis of the solid-liquid interface 656” (1997) p. 171; “ACS Symposium Series 656” (1997), Chap. 13.
24) 國武雅司 (日本化学会 編), “第5版 実験化学講座 第24巻 表面・界面”, 丸善 (2007), 3.14節.
25) M. Kunitake, R. Higuchi, R. Tanoue, S. Uemura, *Curr. Opin. Coll. Int. Sci.*, **19**, 140-154 (2014).

5.4 節

1) R. Aogaki, *J. Chem. Phys.*, **103** (19), 8602 (1995).
2) M. Asanuma, A. Yamada, R. Aogaki, *Jpn. J. Appl. Phys.*, **44** (7A), 5137 (2005).
3) R. Aogaki, *J. Electrochem. Soc.*, **142**, 2954 (1995).
4) M. Asanuma, R. Aogaki, *J. Electroanal. Chem.*, **396**, 241 (1995).
5) R. Aogaki, R. E. White, *et al.*, ed., “Modern Aspects of Electrochemistry”, Vol. 33, Kulwer/Plenum (1999), p. 217.
6) 荒牧国次, 材料と環境, **56**, 243, 292, 542 (2007).
7) M. Itoh, H. Nishihara, K. Aramaki, *J. Electrochem. Soc.*, **142**, 3936 (1995).

5.5 節

1) 例えば, Semiconductor Industry Association, “International Technology Roadmap for Semiconductors”, 1999 ed. 〈http://www.itrs.net/ntrs/publntrs.nsf〉.
2) A. I. Kingon, J. Maria, S. K. Streiffer, *Nature*, **406**, 1032 (2002).
3) K. S. Chang, M. L. Green, J. Suehle, E. M. Vogel, H. Xiong, J. Hattrick-Simpers, I. Takeuchi, O. Famodu, K. Ohmori, P. Ahmet, T. Chikyow, P. Majhi, B. H. Lee, M. Gardner, *Appl. Phys. Lett.*, **89**, 142108 (2006).
4) K. Hasegawa, P. Ahmet, N. Okazaki, T. Hasegawa, K. Fujimoto, M. Watanabe, T. Chikyow, H. Koinuma, *Appl. Surf. Sci.*, **223**, 183 (2004).

5) D. G. Schlom, J. H. Haeni, *MRS Bulletin*, **27**, 198 (2003).
6) K. Shiraishi, K. Yamada, K. Torii, Y. Akasaka, K. Nakajima, M. Konno, T. Chikyow, H. Kitajima, T. Afikado, Y. Nara, *Thin Solid Films*, **508**, 305 (2006).
7) J. Chen, T. Sekiguchi, N. Fukata, M. Takase, T. Chikyow, K. Yamabe, R. Hasunuma, M. Sato, Y. Nara, K. Yamada, *Appl. Phys. Lett.*, **92**, 262103 (2008).
8) 例えば，吉武道子，表面科学，**29**，64 (2008).
9) T. S. Böscke, St. Teichert, D. Bräuhaus, J. Müller, U. Schröder, U. Böttger, T. Mikolajick., *Appl. Phys. Lett.* **99**, 112904 (2011).
10) A. P. Sutton, R. W. Balluffi, "Interfaces in Crystalline Solids", Oxford University Press (1996).
11) Y. Ikuhara, P. Pirouz, *Microsc. Res. Tech.*, **40**, 206 (1998).
12) T. Sasaki, K. Matsunaga, H. Ohta, H. Hosono, T. Yamamoto, Y. Ikuhara, *Sci. Tech. Adv. Mater.*, **4**, 575 (2003).
13) T. Mizoguchi, T. Sasaki, K. Matsunaga, S. Tanaka, T. Yamamoto, M. Kohyama, Y. Ikuhara, *Phys. Rev. B*, **74**, 235408 (2006).
14) L. Esaki, R. Tsu, *IBM J. Res. Develop.*, **14**, 61 (1970).
15) Y. Arakawa, H. Sakaki, *Appl. Phys. Lett.*, **40**, 939 (1982).
16) M. Asada, *et al., IEEE J. Quantum Electron.*, **QE-22**, 1915 (1986).
17) K. K. Likharev, *IBM J. Res. Develop.*, **32**, 144 (1988).
18) R. Dingle, *et al., Appl. Phys. Lett.*, **33**, 665 (1978).
19) H. L. Stormer, *et al., Solid State Commun.*, **29**, 705 (1979).
20) T. Mimura, *et al., Jpn. J. Appl. Phys.*, **19**, L225 (1980).

5.6 節

1) E. Peled, *J. Electrochem. Soc.*, **126**, 2047 (1979).
2) T. Abe, F. Sagane, M. Ohtsuka, Y. Iriyama, Z. Ogumi, *J. Electrochem. Soc.*, **152**, A2151 (2005).
3) S. Kobayashi, Y. Uchimoto, *J. Phys. Chem. B*, **109**, 13322 (2005).
4) D. Aurbach, M. D. Levi, E. Levi, H. Teller, B. Markovsky, G. Salitra, *J. Electrochem. Soc.*, **145**, 3024 (1998).
5) D. Aurbach, K. Gamolsky, B. Markovsky, G. Salitra, Y. Gofer, U. Heider, R. Oesten, M. Schmidt, *J. Electrochem. Soc.*, **147**, 1322 (2000).
6) K. Edström, T. Gustafsson, J. O. Thomas, *Electrochim. Acta*, **50**, 397 (2004).
7) J. Lei, L. Li, R. Kostecki, R. Muller, F. McLarnon, *J. Electrovhem. Soc.*, **152**, A774 (2005).
8) M. Hirayama, K. Sakamoto, T. Hiraide, D. Mori, A. Yamada, R. Kanno, N. Sonoyama, K. Tamura, J. Mizuki, *Electrochim. Acta*, **53**, 871 (2007).
9) M. Hirayama, N. Sonoyama, T. Abe, M. Minoura, M. Ito, D. Mori, A. Yamada, R. Kanno, T. Terashima, M. Takano, K. Tamura, J. Mizuki, *J. Power Sources*, **168**, 493 (2007).
10) M. Hirayama, N. Sonoyama, M. Ito, M. Minoura, D. Mori, A. Yamada, K. Tamura, J. Mizuki, R. Kanno, *J. Electrochem. Soc.*, **154**, A1065 (2007).
11) 石川正司，"未来エネルギー社会をひらくキャパシタ"，化学同人 (2007).
12) B. E. Conway, "Electrochemical Supercapacitors", Kluwer Academic Plenum Publishers (1999).
13) 西野 敦，直井勝彦 編，"大容量キャパシタ技術と材料 (II)"，シーエムシー出版 (2003)，p. 206.
14) M. Watanabe, S. Motoo, *J. Electroanal. Chem.*, **60**, 267 (1975)；*ibid.*, **60**, 275 (1975).
15) M. Watanabe, H. Igarashi, T. Fujino, *Electrochemistry*, **67**, 1194 (1999)；H. Igarashi, T. Fujino, Y. Zhu, H. Uchida, M. Watanabe, *Phys. Chem. Chem. Phys.*, **3**, 306 (2001).
16) G. Shi, H. Yano, D. A. Tryk, M. Watanabe, A.Iiyama, H. Uchida, *Nanoscale*, **8**, 13893 (2016).
17) H. Yano, J. Inukai, H. Uchida, M. Watanabe, P. K. Babu, T. Kobayashi, J. H Chung, E. Oldfield, A. Wieckowski, *Phys. Chem. Chem. Phys*, **8**, 4932 (2006).
18) V. A. Jalan, E. J. Taylor, *J. Electroanal. Chem.*, **130**, 2299 (1983)；J. Appleby, *Energy*, **11**, 13 (1986)；S. Mukerjee, S. Srinivasan, *J. Electroanal. Chem.*, **357**, 201 (1993)；S. Mukerjee, S. Srinivasan, M. P. Soriaga, J. McBreen, *J. Electrochem. Soc.*, **142**, 1409 (1995).
19) M. Watanabe, K. Tsurumi, T. Mizukami, T. Nakamura, P. Stonehart, *J. Electrochem. Soc.*, **141**, 2659 (1994).
20) T. Toda, H. Igarashi, H. Uchida, M. Watanabe, *J. Electrochem. Soc.*, **146**, 3750 (1999).
21) N. Wakabayashi, M. Takeichi, H. Uchida, M. Watanabe, *J. Phys. Chem. B*, **109**, 5836 (2005).
22) M. Watanabe, H. Yano, D. A. Tryk, H. Uchida, *J. Electrochem. Soc.*, **163**, F455 (2016)；M. Watanabe, H. Yano, H. Uchida, D. A. Tryk, *J. Electroanal. Chem.*, https://doi.org/10.1016/j.jelechem.2017.11.017.
23) E. Endoh, *ECS Transaction*, **16**(2) 1229-1240 (2008).

24) 宮武健治，渡辺政廣，日本膜学会，**30**(5)，264-268 (2005).
25) J. Miyake, R. Taki, T. Mochizuki, R. Shimizu, R. Akiyama, M. Uchida, K. Miyatake, *Sci. Adv.*, **3**, 1 (2017).
26) H. Gerischer, M. E. Michel-Beyerle, F. Rebentrost, H. Tributsch, *Electrochim. Acta*, **13**, 1509 (1968).
27) H. Tsubomura, M. Matsumura, K. Nakatani, K. Yamamoto, K. Maeda, *Solar Energy*, **21**, 93 (1978).
28) J. B. Goodenough, *et al., Nature*, **280**, 571 (1979).
29) B. O'Regan, M. Grätzle, *Nature*, **353**, 737 (1991).
30) A. Hagfeldt, M. Grätzle, *Chem. Rev.*, **95**, 49 (1995).
31) N. Koumura, Z.-S. Wang, S. Mori, M. Miyashita, E. Suzuki, K. Hara, *J. Am. Chem. Soc.*, **128**, 14256 (2006) (Addition and Correction, **130**, 4204 (2008)); Z.-S. Wang, N. Koumura, Y. Cui, M. Takahashi, H. Sekiguchi, A. Mori, T. Kubo, A. Furube, R. Kato, K. Hara, *Chem. Mater.*, **20**, 3993 (2008).
32) 荒川裕則 編著，"色素増感太陽電池の最新技術 II"，シーエムシー出版 (2007).
33) T. Miyasaka, *et al., J. Am. Chem. Soc.*, **131** (17), 6050 (2009).
34) Y. Kanemitsu, *et al., J. Am. Chem. Soc.*, **136** (33), 11610 (2014).
35) H. Suzuki, O. Tomita, M. Higashi, R. Abe, *Catal. Sci. Tech.*, **5**, 2640 (2015).
36) M. Higashi, K. Domen, R. Abe, *J. Am. Chem. Soc.*, **135**, 10238 (2013).
37) R. Asahi, T. Morikawa, T. Ohwaki, K. Aoki, Y. Taga, *Science*, **239**, 269 (2001).
38) S. S. K. Ma, K. Maeda, R. Abe, K. Domen, *Energy Environ. Sci.*, **5**, 8390 (2012).
39) 城戸淳二，"有機 EL のすべて"，日本実業出版社 (2003).
40) 時任静士，安達千波矢，村田英幸，"有機 EL ディスプレイ"，オーム社 (2004).
41) M. Pope, H. P. Kallmann, P. Magnante, *J. Chem. Phys.*, **38**, 2042 (1963).
42) C. W. Tang, S. A. Van Slyke, *Appl. Phys. Lett.*, **51**, 913 (1987).
43) 関 一彦，日本写真学会誌，**69**，28 (2006).
44) 岩澤康裕，梅澤喜夫，澤田嗣郎，辻井 薫 監修，"界面ハンドブック"，エヌ・ティー・エス (2001)，p. 841.
45) H. Aziz, Z. D. Popovic, N.-X. Hu, A.-M. Hor, G. Xu, *Science*, **283**, 1900 (1999).
46) 藤田祐司，井出伸弘，城戸淳二，第 67 回応用物理学会学術講演会，31a-ZV-10 (2006).
47) 城戸淳二，遠藤潤，仲田壮志，森浩一，横井啓，松本敏男，第 49 回応用物理学会関係連合講演会，27p-YL-3 (2002).
48) 筒井哲夫 監修，"有機 EL ハンドブック"，リアライズ理工センター (2004)，p. 263.

5.7 節

1) カーボンブラック協会 編，"カーボンブラック便覧 第3版"，カーボンブラック協会 (1995)，p. 5.
2) 戸堀悦雄，プラスチックスエージ，**50**，102 (2004).
3) 久 英之，プラスチックス，**53**，48 (1995).
4) Z. Gong, Y. Yang, *Energy Environ. Sci.*, **4**, 3223 (2011).
5) M. Konarova, I. Taniguchi, *J. Power Sources*, **195**, 3661 (2010).
6) 情報機構 編，谷口泉 著，"ナノ粒子の表面修飾と分析評価技術"，情報機構 (2016)，pp. 364-378.
7) W. Wang, P. N. Kumta, *Acs Nano*, **4**, 2233 (2010).
8) H. Kim, J. Cho, *Nano Lett.*, **8**, 3688 (2008).
9) Z. Chen, Inorganic Printable Electronic Materials, in Z. Cui, "Printed Electronics: Materials, Technologies and Applications", John Wiley & Sons (2016), pp. 54-105.
10) 特開 2013-204106
11) 大沢正人，橋本夏樹，インクジェット用導電性ナノ粒子インクの特性，"機能性顔料の開発と応用"，シーエムシー出版 (2016)，pp. 208-219.
12) 辰巳砂昌弘，林晃敏，化学，**67**(7)，21 (2012).
13) M. Watanabe, *et. al., Macromolecules*, **20**, 968 (1987).
14) N. Hamao, K Kataoka, J. Akimoto, *J. Ceramic Soc. Jpn.*, **125** (4), 272 (2017).
15) A. Hayashi, M. Tatsumisago, *Electron. Mater. Lett.*, **8**, 199 (2012).
16) M. Hirayama, R. Kanno, *Chem. Mater.*, **29** (14), 5858 (2017).

6

動的・静的界面—すべり，摩擦，接着

6.1　動的表面・界面張力

6.1.1　動的表面張力の基礎

界面活性を示す物質は，新たな表面（界面）が形成されると溶液中（バルク）から表面（界面）に吸着し，系のギブズエネルギーを減らす。この吸着現象は表面（界面）張力の時間変化として捉えることができる。平衡状態では同じ表面張力を示す物質でも，その遷移過程では条件によって両者に違いが現れ，時間的な視点から特徴づけることができる。図 6.1（a）に一般的な気/液界面への界面活性剤の吸着イメージを示す。表面層とサブ表面層間でモノマーの吸着・脱離が繰り返され，バルクではミセルとモノマーの交換が起きている[1]。すなわちミセル形成は動的な過程であり，図 6.1（b）に示す二つの緩和過程が含まれる。第一緩和過程は，ミセルとバルク相との間での速いモノマーの交換で，緩和時間（τ_1）はマイクロ秒（μs）オーダーである。第二緩和過程は，ミセル自身の崩壊と形成といったミセルの寿命にかかわり，緩和時間（τ_2）はミリ秒（ms）オーダーである[2]。ミセルが溶液中で非常に安定（τ_2 が大）ならば，表面へのモノマーの供給はできず，表面張力は高いままであり，一方，非常に不安定なミセル（τ_2 が小）ならば，表面張力が低下することとなる。

［竹内 祥訓，田村 隆光］

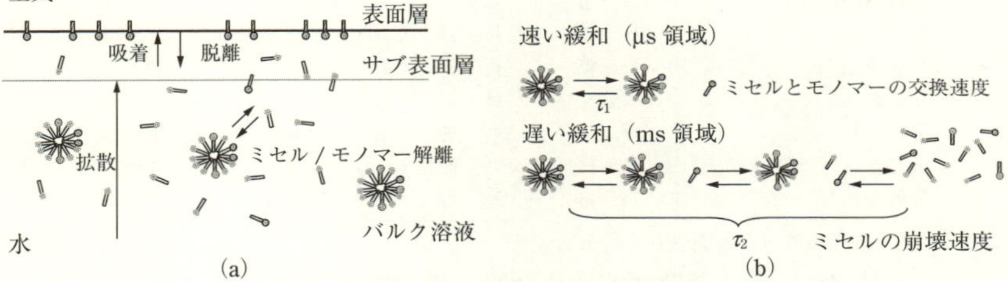

図 6.1　気/液界面への界面活性剤の吸着と分子緩和過程

6.1.2　表面張力の測定方法

新しい表面を形成すると水/空気の表面張力 72.6 mN m^{-1}（25℃）を初期値として界面活性剤の吸着とともに表面張力は低下し，表面での分子配向を最適化しながらその界面活性剤のバルク濃度に見合った平衡値に至る。表 6.1 に種々の動的表面・界面張力測定方法とその基本的な特徴をまとめた[3)]。一般的な動的表面張力測定には，振動ジェット法，最大泡圧法，滴容法など表面を変化させながら測定する方法が用いられる。静的表面張力の測定法で一般的な静滴（ペンダントドロップ）法やつり板（Wilhelmy）法も前述のように動的表面張力を測定できないわけではないが，動的表面張力の指標が重要になる 1 s 未満のきわめて短時間での表面張力の変化を精度よく求めるのは難しい。現在，最大泡圧法が 0.01 s オーダーの形成初期の表面張力から平衡値までを精度よく測定できることから主流になっている。多くのメーカーから市販され，その機構が単純なことから最近ではポータブルタイプの装置も見受けられる。

最大泡圧法は，水溶液に浸したキャピラリーに気体を送り，その先端で成長する気泡の圧力を測定するものである。図 6.2（a）に示すように気泡がキャピラリー先端で成長するにつれ，気/液界面の曲率半径が減少し，その圧力は最大の泡圧 p_{max} に達

表 6.1　動的表面・界面張力測定法一覧

方法	液/液界面への適合性	気/液界面への適合性	時間域	温度域/℃
毛管上昇法	可　能	良　好	10 s～24 h	20～25
滴容法*	良　好	良　好	1 s～1000 s	10～90
液滴（気泡）成長法	良　好	良　好	0.01 s～600 s	10～90
傾斜平板法	問題あり	良　好	0.1 s～10 s	20～25
最大泡圧法*	可　能	良　好	0.1 ms～10 s	10～90
振動ジェット法	問題あり	良　好	0.001 s～0.02 s	20～25
振動気泡法	——	良　好	0.01 Hz～500 Hz	20～90
振動液滴法	良　好	——	0.01 Hz～10 Hz	20～90
懸滴（泡）法*	良　好	良　好	10 s～24 h	20～90
つり板法*	可　能	良　好	10 s～24 h	20～45
リング法*	問題あり	良　好	30 s～24 h	20～45
静滴法*	可　能	可　能	10 s～24 h	10～90
スピニングドロップ法*	良　好	可　能	——	10～90
静滴容法*	良　好	良　好	10 s～1000 s	10～90

*　市販の装置が販売されている方法

［K. Holmberg, M. J. Schwuger, D. O. Shah, *et al.*, eds., 辻井薫，高木俊夫，前田悠監修，“翻訳 応用界面・コロイド化学ハンドブック”，技術情報協会（2006）］

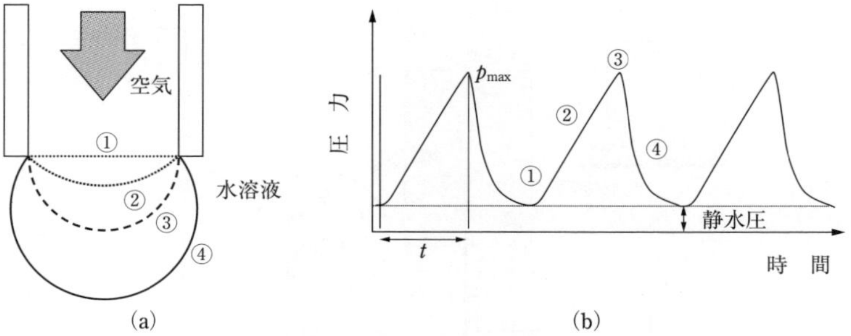

図 6.2　キャピラリー先端での気泡の成長と圧力の関係
(a)　キャピラリー先端での気泡の成長　　(b)　吐出する空気の圧力変化

するまで単調に増加する（図②）。この p_{max} のとき，気泡の曲率半径はキャピラリーの半径に一致する（図③）。気泡がさらに成長すると曲率半径は再び増加し，圧力も一気に低下する（図④）。そして浮力により気泡は壊れやすい不安定な状態になり，ついにはキャピラリーから離れて，キャピラリー表面には新規な表面が形成される。これが繰り返され，圧力計には図 6.2（b）のような波形が計測される。

動的表面張力 γ_t は，気体の吐出時間を変えて圧力変化を測定し，次の Laplace 式（6.1）から計算される。

$$\gamma_t = pr/2 \tag{6.1}$$

ここで，r はキャピラリーの半径，p は圧力である。実測される圧力に静水圧と浮力の補正を行うことで式（6.2）が得られる。

$$\gamma_t = r[p_{max} - \{h + (2/3)r\}\rho g]/2 \tag{6.2}$$

ここで，h はキャピラリー先端の水深，ρ は溶媒の密度（正確には気体との密度差），g は重力加速度を示す。したがって，事前に測定した r から表面張力が求まる。圧力計によっては大気圧との差圧を測定するため，純水での測定を行い大気圧の補正を行う。またこのときに，キャピラリー径のわずかな補正を含めている装置が多い。

最大泡圧法では，数十 ms オーダーの表面張力変化が求められるが，1 ms オーダーの時間領域の測定が必要な場合もある。通常の最大泡圧法では泡の吐出速度を速めすぎるとキャピラリーから発生する気泡が単一泡として分離せずに連続化してしまう。これを解決するためキャピラリー先端から一定距離に電極を設置し，気泡が接触することによりその安定性や対象性を失わせ，単一気泡としてすみやかに脱離させ数 ms の測定を可能にした装置も市販されている。

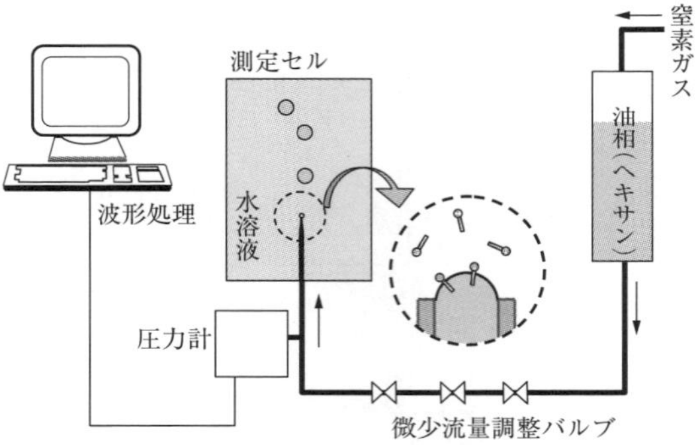

図 6.3　最大泡（滴）圧法に基づく動的界面張力計
［竹内祥訓，金子行裕，*Fragrance J.*, **29** (12), 68 (2001)］

一方，表 6.1 に示す液/液界面の張力変化測定も，1 s 以下の変化測定では表面の場合以上に測定法が限定され，動的な界面張力計としては滴容法を用いた装置のみが市販されている。界面張力は絶対値が低いために液滴界面を拡張させて，リアルタイム画像処理により動的界面張力を算出する試みが多い。しかし流体力学的な影響もあり，改善の余地が多く残されている。さらに界面張力は油相として飽和炭化水素，エステル，アルコール，シリコーンなどさまざまな油が選択でき，界面活性剤を油相側に溶かすことができる。しかしこの多様性が各測定方法間での比較を困難にしている。とくに動的界面張力を測定する場合には次の問題がある。

（1）　表面張力に比べ界面張力は低く，精度の確保が難しい。

（2）　浮力が少ないため，油滴どうしが合一しやすい（最大泡（滴）圧，滴容法など）。

（3）　界面活性剤の油/水への分配の影響を受けやすい。

静的表面張力に比べ圧力測定の難しさから最大泡（滴）圧法を用いた動的界面張力の報告は非常に少ないが，図 6.3 にその設計例を示す[4)]。　［竹内 祥訓，田村 隆光］

6.1.3　表面吸着速度の解析理論

界面活性剤水溶液でかくはんやせん断などエネルギーの投入により表面が新しく形成されたり，表面積が大きく拡張された場合，その表面張力はバルクからの界面活性剤の移動によって時間的に変化しながら平衡値に近づく。図 6.4 に各種ポリオキシエチレンドデシルエーテル（$C_{12}E_n$）の 1 mmol L^{-1}（図中表記は mM）水溶液の γ_t の測定結果を示す[5)]。この結果を利用する場合，任意の時間での表面張力値を比較して

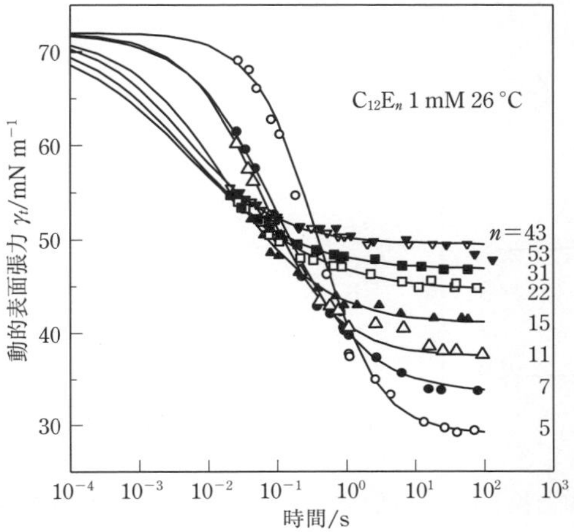

図 6.4 $C_{12}E_n$ 1 mM 水溶液の動的表面張力低下挙動
○：$n=5$，●：$n=7$，△：$n=11$，▲：$n=15$，□：$n=22$，■：$n=31$，▽：$n=43$，▼：$n=53$
[田村隆光，表面，**38**，482（2000）]

もよいが，より定量的に解釈する場合，いくつかの表面吸着式に速度項変数を加え，実験により求めた曲線とフィッティングさせ拡散係数を求めることが有効である。

表面への動的吸着モデルとして diffusion-controlled（D-C）モデルと mixed-kinetic（M-K）モデルがある。D-C モデルは，サブ表面層から表面層への移動にエネルギー障壁がないと仮定した場合で，濃度拡散が吸着の駆動力とするモデルである。一方，M-K モデルは，サブ表面層から表面層への移動速度に表面層での吸脱着の影響などを考慮したモデルである[1)]。一般の非イオン界面活性剤では，式（6.3）と式（6.4）の D-C モデルがあてはまる[6)]。すなわち，短時間領域では

$$\gamma_t = \gamma_0 - 2cRT(Dt/\pi)^{1/2} \tag{6.3}$$

長時間領域では，

$$\gamma_t = \gamma_{eq} + (RT\Gamma^2/2c)(Dt/\pi)^{-1/2} \tag{6.4}$$

の関係にある。ここで，c はバルク濃度，Γ は平衡表面過剰量，D はモノマーの拡散係数，γ_0 は溶媒の表面張力，RT は気体定数と絶対温度の積，t は吸着時間を示す。平衡吸着の場合でも，低濃度において Langmuir 型吸着は Henry 型吸着（吸着サイト数を考慮せず濃度比例した吸着量を仮定）に近似されるが，動的条件の場合も吸着があまり進んでいない短時間領域では Henry 型吸着で，吸着が進んだ長時間領域では Langmuir 型吸着に伴う拡散係数で解析する。

一方，現象論からの解析も提唱されている。バルクからの界面活性剤の移動によって時間的に変化しつつ平衡値に近づく現象を，外力により非平衡状態にある系が，内

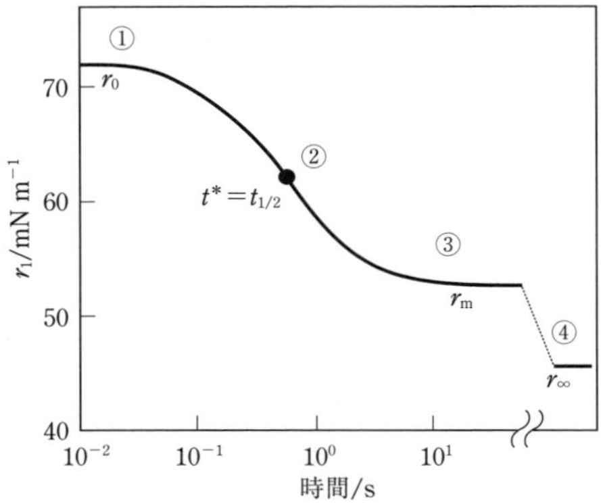

図 6.5　典型的な表面張力低下挙動

部運動により平衡状態に回復する緩和過程と捉え，緩和関数により解析するものである[7]。たとえば，図 6.5 に示すように表面張力の時間依存性曲線を，時間経過に沿って四つの領域に分けて考える。すなわち，ごく短時間の誘導領域①，急激な表面張力の下降領域②，表面張力変化がわずかしかみられないメソ平衡領域③，および平衡領域④である。一定の界面活性剤濃度での動的表面張力 γ_t を，式（6.5）で近似し，②領域の表面張力低下の最大速度（$\mathrm{d}\gamma_t/\mathrm{d}t)_{\max}$ を指標に求めるものである。

$$\gamma_t=\gamma_m+(\gamma_0-\gamma_m)/\{1+(t/t^*)^n\} \tag{6.5}$$

ここで，γ_m は30秒間の表面張力変化が 1 mN m^{-1} 以下になったときの表面張力，γ_0 は溶媒（水）の表面張力，t^* は γ_t が γ_0 と γ_m の中間になった時間，n は定数を示す。式（6.5）を微分すると式（6.6）が得られる。

$$\mathrm{d}\gamma_t/\mathrm{d}t=-(\gamma_0-\gamma_m)[n(t/t^*)n-1/t^*]/[1+(t/t^*)n]^2 \tag{6.6}$$

したがって，表面張力の最大低下速度（$\mathrm{d}\gamma_t/\mathrm{d}t)_{\max}$ は式（6.7）で示される。

$$(\mathrm{d}\gamma_t/\mathrm{d}t)_{\max}=n(\gamma_0-\gamma_m)/4t^* \tag{6.7}$$

この（$\mathrm{d}\gamma_t/\mathrm{d}t)_{\max}$ の値を，表面張力低下速度の大きさとして用いる。

［竹内 祥訓，田村 隆光］

6.1.4　動的解析の応用

a.　ぬれ現象の解析

界面活性剤水溶液が固体表面をぬれ広がるためには，溶液の気/液界面の拡張が伴う。もちろん，ぬらそうとする基質の表面張力もその拡張速度に影響するが，これが一定の場合，溶液の動的表面張力が重要となる。たとえば，図 6.6 でウール布への

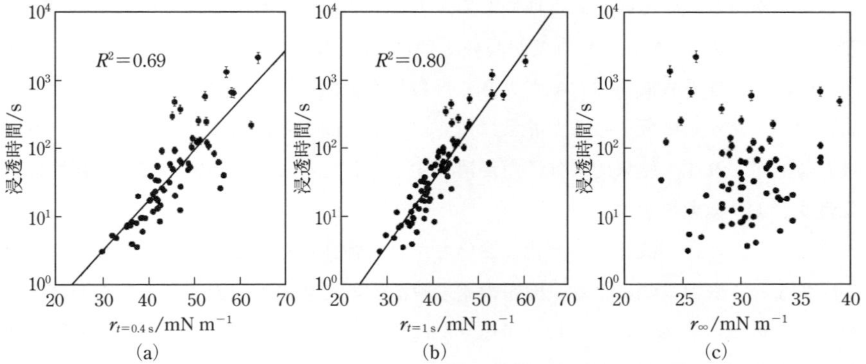

図 6.6　各時間域における表面張力とウール布の浸透時間との関係
(a)　0.4 s における表面張力　(b)　1 s における表面張力　(c)　平衡表面張力
[Y. Hua, M. J. Rosen, *Coll. Interf. Sci.*, **141**, 180 (1991)]

水の浸透性評価の結果が示すように，典型的な界面活性剤水溶液の浸透は平衡表面張力（図 6.6 (c)）ではなく動的表面張力の依存性が高い[8)]。衣類の脱水にさいしても動的表面張力による解析が有効で，動的表面張力低下速度の大きい領域では衣類の脱水率も高くなる[9)]。

b.　起泡現象の解析

気/液界面での動的吸着挙動を把握することは，起泡現象を理解するために重要である。起泡性はマクロな泡体積で見積もられると同時に，液体に気体が取り込まれて微細化する過程と考えた場合，そこでできる気泡の数や面積に対応する物理量を指標に捉えることもできる。すなわち，一定体積の気体からより微細な気泡が形成される場合を起泡性が高いとするもので，気泡の面積を広げるのに要するエネルギーをいかに下げられるかが指標となる。

泡沫中で泡膜（ラメラ）は，排液や気泡の運動などにより，様々な局所的変形を受けている。こうした変形に対して泡膜を安定化する大きな因子が表面弾性（ギブズ弾性）である。Gibbs は泡膜を引き伸ばすことによる表面積増大と吸着分子密度の低下による表面張力の増加から，その勾配である式 (6.8) の量を膜弾性 E と定義した。

$$E=2\,\mathrm{d}\gamma/\mathrm{d}\ln A \tag{6.8}$$

ここで，A は表面積，γ は表面張力を示す。この表面張力勾配は，溶質分子の表面吸着量より決まる。界面活性剤濃度が非常に低い場合，変形を加える以前も表面吸着量そのものが少なく，泡膜を引き伸ばしても大きな表面張力勾配は得られず，低い弾性力を示す。一方，CMC より濃度が高い場合は，表面が飽和吸着していることから膜面積の増加に伴う表面張力勾配が大きく得られる反面，濃度が高いことから新たな表面へのバルクからの分子吸着が非常に速く，変形時間を可能な限り短くしても，表面張力勾配がとれず，結果的に弾性力が消失する。したがって，泡膜のギブズ弾性は溶質濃度により極大を示す。

前述したように，液体膜の薄化においてギブズ弾性がその安定化に関与する力となる。すなわち表面拡張による表面張力差を解消するために，表面で側方からの分子移動やバルクから表面への分子吸着が速やかに行われることにより，時間とともに初期の表面吸着濃度への回復が起き，泡膜の安定性を保つギブズ弾性も時間依存性を示す。この時間に依存した回復力を Gibbs-Marangoni 効果とよぶが，たんに Marangoni 効果とすることが多い。すなわち，Marangoni 効果は外乱や流れによって，表面で局所的な界面活性剤濃度差が生じたさいの，① 表面張力勾配によるバルク流体を引き連れた弾性回復，② 界面活性剤の表面への吸着による濃度勾配の解消を伴う。つまり先ほどの表面での分子の側方拡散に伴って，薄化した液膜部分への内部液体の流れが生み出されることとなり，泡膜の安定化効果が働く。②の因子が強すぎると液膜はどんどん薄化してしまい，②の因子が弱すぎると弾性回復できる張力勾配を超えたところで一気に膜が破れる。

ポリオキシエチレンドデシルエーテルの $(\mathrm{d}\gamma_t/\mathrm{d}t)_{\mathrm{max}}$ は濃度とともに増加するが（図 6.7，図中 mM は mmol L^{-1} を示す），泡膜の伸び性（DuNoüy 表面張力計において引

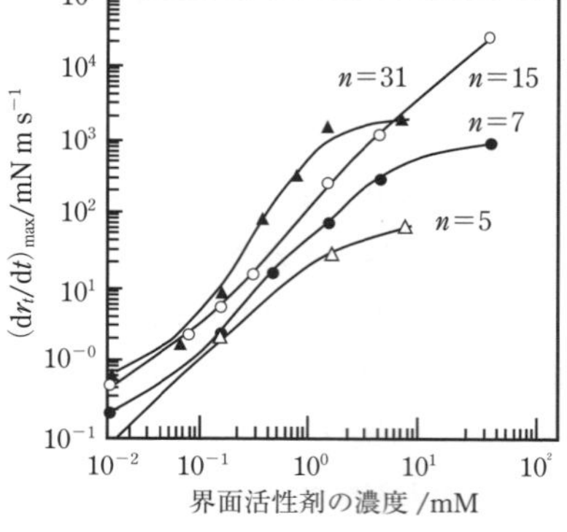

図 6.7　$C_{12}E_n$ 水溶液の $(\mathrm{d}r_t/\mathrm{d}t)_{\mathrm{max}}$

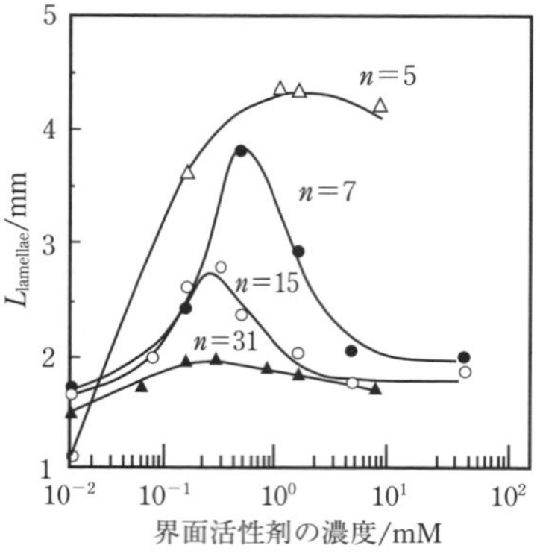

図 6.8　$C_{12}E_n$ 水溶液のにおける泡膜の伸び性

き上げ速度を一定としたときの破れるまでの距離 $L_{lamellae}$）は，ある濃度で伸び性が極大をとる（図 6.8）。この極大値の濃度ではエチレンオキシド数にかかわらず，$(d\gamma_t/dt)_{max}$ は 10^1 オーダーであり，この表面張力低下速度で Marangoni 効果が最も働き，液膜が破れにくいことを示す[5]。

c. 乳化現象の解析

最大泡圧法（図 6.3）を用いたテトラオキシエチレンアルキルエーテル硫酸ナトリウム塩（C_mAES）のヘキサンとの動的界面張力の測定結果を図 6.9 に示す。界面張力の低下速度の差異は，界面活性剤の拡散速度，モノマー濃度，ミセルからのモノマー解離速度，モノマーの界面張力低下能などに起因する。これら γ_t が異なる界面活性剤種および濃度において，油相としてヘキサンと同じ炭化水素系のスクワランを用いて高圧乳化を行った場合の $(d\gamma_t/dt)_{max}$ とエマルション径の比較結果を図 6.10に示す。高圧乳化は瞬時に機械エネルギーを与えて界面を拡張させて微粒化するため動的界面張力とよい相関がある。また通過回数とともに傾きは変わるがその相関は維持される。すなわち，高圧乳化の処理回数を上げると $(d\gamma_t/dt)_{max}$ の影響が大きくなる[4]。

［竹内 祥訓，田村 隆光］

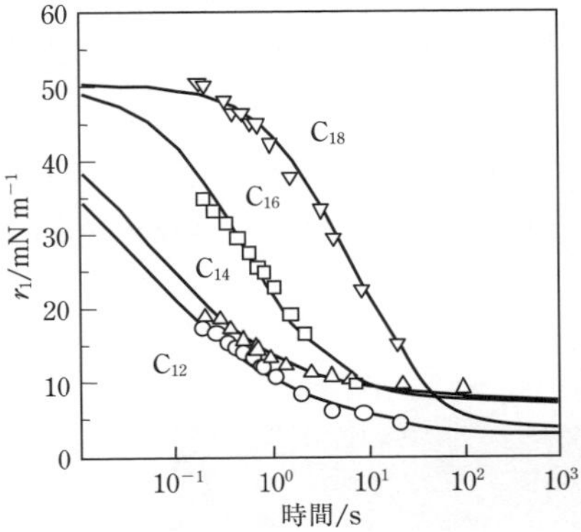

図 6.9　C_mAES 水溶液の動的界面張力

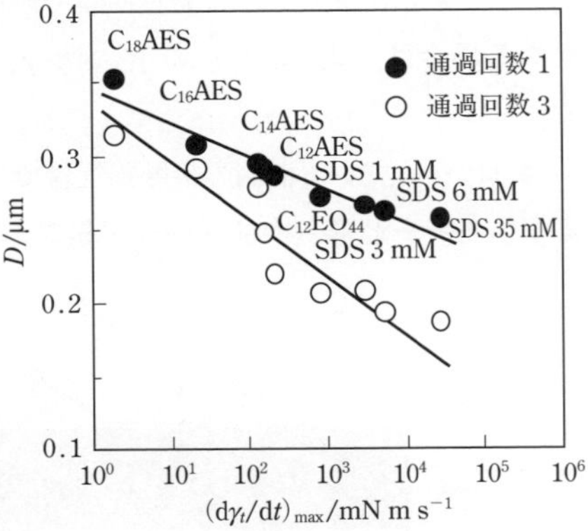

図 6.10　$(dr_t/dt)_{max}$ と高圧乳化液の粒径

6.1.5 非線形ダイナミクス

動的表面張力などの界面での時間発展，あるいは流れと変形を扱うレオロジーは，根底に非線形ダイナミクスを抱えたソフトマター科学に包含される。本項では，平衡点から離れた非線形現象である“ぬれのダイナミクス”と“摩擦のダイナミクス”について，新しい視点を含めて紹介する。

a.　ぬれのダイナミクス

液滴がぬれ広がる際には液滴のまわりに薄膜（先行薄膜）が先行してぬれ広がり，それを追うようにして液滴がぬれ広がる。この現象は接触角 θ の時間変化 $\theta(t)$，もしくは液滴の半径 R の時間変化 $R(t)$ で記述するのが適切である。滑らかで汚れていない表面に不揮発性の液体の液滴を置いたときの $\theta(t)$ は次の Tanner の法則に従う[10,11]。

$$\theta(t) \propto t^{-3/10} \tag{6.9}$$

さらに，$\theta(t)$ は基板表面の表面凹凸や液体の揮発性にも強く依存する。現象を支配する因子は，液滴をぬれ広げる力 F と粘性によって散逸するエネルギーである。

液滴をぬれ広げる力 F は先行薄膜と液滴の表面張力の差から求められるが（図 6.11 (a)），基板表面に凹凸がある場合には液滴の接触線が凹凸に引っかかるさいの有限の大きさのピン止め力を考慮する必要がある（図 6.11 (b)）[12,13]。

$$F = \gamma_{\mathrm{L,film}} - \gamma_{\mathrm{L,drop}} \cos\theta(t) - f_{\mathrm{pin}} \tag{6.10}$$

ここで，$\gamma_{\mathrm{L,film}}$ と $\gamma_{\mathrm{L,drop}}$ はそれぞれ薄膜と液滴の表面張力，f_{pin} はピン止め力である。アルコール水溶液のように先行薄膜で液体が揮発して，先行薄膜と液滴の表面張力が異なる場合は，式（6.10）の $\gamma_{\mathrm{L,film}}$ と $\gamma_{\mathrm{L,drop}}$ の間に差が生じ，Marangoni 効果が生じる[13]。

ぬれ広がっている液滴の接触線近傍では流体の流れ場が形成されるので，粘性によるエネルギー散逸（内部摩擦）が起こる[12,13]。単位時間あたりのエネルギー散逸 $\dot{E}_{\mathrm{dis}}$

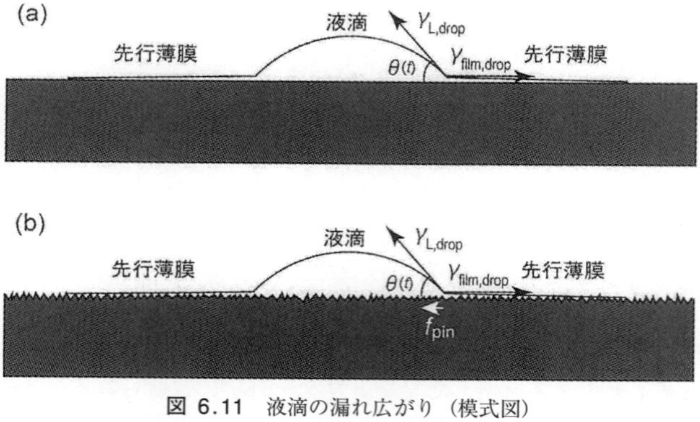

図 6.11　液滴の漏れ広がり（模式図）
(a)　滑らかな基板表面，(b)　凸凹のある基板表面における液滴のぬれ広がり

は下式のように記述され，接触線を広げようとする力 F と液滴の接触線速度 v と関連付けられる。

$$\dot{E}_{\mathrm{dis}}=\int\eta\left(\frac{\mathrm{d}v_x(z)}{\mathrm{d}z}\right)^2\mathrm{d}V=F\dot{x}=Fv \tag{6.11}$$

基板表面のラフネスから受ける影響は流体の流速勾配 $\mathrm{d}v_x(z)/\mathrm{d}z$ に反映され，接触線近傍で蒸発して増粘する効果は η に反映される。式（6.11）の $\mathrm{d}v_x(z)/\mathrm{d}z$ は次式のように仮定する。

$$\frac{\mathrm{d}v_x(z)}{\mathrm{d}z}\sim\frac{v^{1+\varepsilon}}{\theta(t)x} \tag{6.12}$$

ここで，v はぬれ広がり速度，ε は表面凹凸で決まる因子（$\varepsilon\geq0$），x は接触線からの距離である。式（6.12）は表面凹凸のため，基板表面から離れるに従って流速が非線形に増加することを意味する[12,13]。一方で増粘効果は下式で仮定する[14]。

$$\ln\frac{\eta}{\eta_0}=k(p)\phi+fm^3\phi^2 \tag{6.13}$$

ここで，η_0 は分散粒子がないときの流体の粘性，ϕ は分散粒子の体積分率，$k(p)$ は分散粒子のアスペクト比 p で決まる関数，f は粒子の形に依存する定数，m は粒子間相互作用を反映した係数である。ϕ が時間に依存する（$\phi\sim t^{\zeta}$）増粘効果を扱うことができる[14]。

このように，種々の液滴のぬれ広がり条件（揮発性，基板表面のラフネス，増粘効果）は式（6.10）と式（6.11）に反映される。式（6.11）の右辺の F に式（6.10）を代入することで，v（液滴のぬれ広がり半径 R の時間変化率）が求められる。また，液滴の体積 V と接触角の関係（$V=(\pi/4)R(t)^3\theta(t)$）から $\theta(t)$ を考えることができる。

表 6.2 に $\theta(t)$ が液滴の揮発性と超親水性基板表面（フラクタル寒天ゲル）の状態とどのように関係するかをまとめた[12,13]。滑らかな表面では液滴の揮発性が $\theta(t)$ の時間依存性に著しく影響を与えるが，凹凸表面では影響がない。凹凸表面では純水でもアルコール水溶液でも同じ時間依存性でぬれ広がる。シリカ粒子を分散させた懸濁液においては，滑らかな表面では増粘効果によりきわめて遅いぬれ広がりが観察されたが，凹凸表面では比較実験の純水液滴の振る舞いとほぼ同じであった[14]。つまり基板の表面凹凸は液体の揮発性や増粘効果など液体の性質に起因する種々の効果を打ち消しているといえる。

b.　摩擦のダイナミクス

固体の摩擦については以下の経験則，Amontons-Coulomb の式がよく知られている。

表 6.2　接触角の時間変化と超親水性基板（寒天ゲル）表面の状態と溶液の性質の関係

溶　液	基板表面	溶液の性質	観測された $\theta(t)$	理　論
シリコーン油[10,11] (Tanner の法則)	滑らか（金属）	不揮発性 増粘効果なし	$\propto t^{-0.3}$	$\propto t^{-0.3}$
純水[12]	滑らか	なし	$\propto t^{-0.27}$	$\propto t^{-0.3}$
純水[12]	凹凸あり	なし	$\propto t^{-0.39}$	$\propto t^{-0.3\ (1+\varepsilon)/(10+\varepsilon)}$
アルコール水溶液[13]	滑らか	Marangoni 効果示す	$\propto t^{-0.92}$	$\propto t^{-0.75}$
アルコール水溶液[13]	凹凸あり	Marangoni 効果示す	$\propto t^{-0.3}$	$\propto t^{-0.3\ (1+\varepsilon)/(10+\varepsilon)}$
0.1 wt% シリカ粒子 (粒径 20 nm) 懸濁液[14]	滑らか	増粘効果示す	$\propto t^{-0.08}$	14) 参照
0.1 wt% シリカ粒子 (粒径 20 nm) 懸濁液[14]	凹凸あり	増粘効果観測されず	$\propto t^{-0.49}$	14) 参照

$$F = \mu W \qquad (6.14)$$

ここで，F は摩擦力，μ は摩擦係数，W は荷重である。式（6.14）より，摩擦力 F は荷重 W にのみ比例し見かけの接触面積とは無関係である。ヒドロゲルの摩擦は，以下の Gong-Osada の式に従うことが知られている[15]。

$$F = AP^{\alpha} f(v) \qquad (6.15)$$

ここで，F は摩擦力，A は接触面積，P は圧力，v は滑り速度である。α はゲルの化学組成や荷電状態によって 0〜1 の間で変化する値であり，$f(v)$ は滑り速度に依存する関数である。固体の場合と異なりヒドロゲルの摩擦は接触面積や滑り速度に依存する。$\alpha=1$ の場合，式（6.15）は Amontons-Coulomb の式に相当する。一般的なヒドロゲルの弾性率は 10^3〜10^6 Pa 程度であり，固体に比べ 5〜6 桁低い。そのためヒドロゲルは小さな荷重範囲においても体積の数%〜数十%の変形が生じ，真の接触面積と見かけの接触面積はほぼ等しく，摩擦力は接触面積に依存する。

ヒドロゲルと摩擦相手基板との間には，ヒドロゲルの高分子鎖と相手基板との間に引力が生じる場合と斥力が生じる場合の二つのケースが考えられる。引力が生じるケースでの摩擦では，相手基板に吸着している高分子鎖は引き伸ばされた後に引き剝がされるため，摩擦力は高分子鎖が引き伸ばされるときの弾性力である（図 6.12）。ヒドロゲルの高分子鎖は，ある平均吸着寿命をもって摩擦相手基板に対し自発的な吸着・脱着を繰り返している。摩擦力は高分子鎖の引き伸ばされる長さに依存するので，引き伸ばされる速度と吸着寿命（高分子鎖が引き伸ばされる時間）の積に比例する。吸着寿命は高分子鎖と基板との吸着力が大きいほど長い。また，高分子鎖が引っ張ら

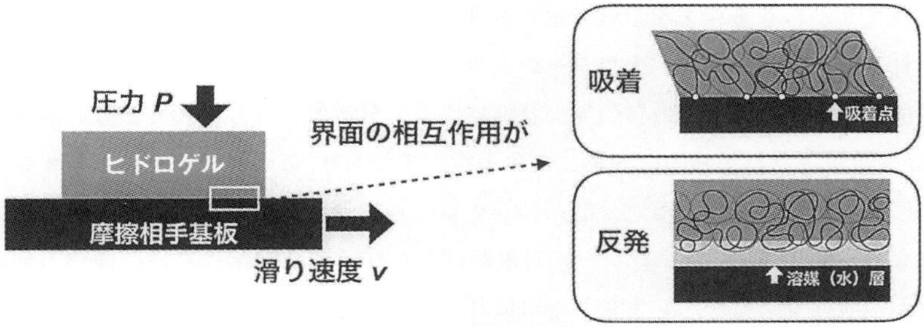

図 6.12 ヒドロゲルの摩擦における吸着・反発モデル
〔J. P. Gong, *Soft Matter*, 7, 544-552 (2006) を改変〕

れると基板から脱着する確率が上がるため，吸着寿命は短くなると考えられる。よって摩擦速度が小さい場合には，吸着寿命は熱ゆらぎによって決まるが，摩擦速度が大きくなるに従い吸着寿命は短くなり摩擦力は減少する。一方，摩擦界面の高分子網目に存在する低分子溶媒起源の摩擦力は摩擦速度の増加に従い単調増加する。

ヒドロゲルと摩擦相手基板との間に斥力が生じる場合，摩擦界面の高分子網目と相手基板との間には溶媒（水）層が形成される。この場合，溶媒層は潤滑層として働くため，一般的に生じる摩擦力は小さい。高分子網目上に負電荷をもつヒドロゲルどうしの摩擦も斥力が生じる典型的なケースである。ヒドロゲルどうしが相対運動すると，界面に形成された電気二重層を介してせん断応力による粘性抵抗が生じ，摩擦抵抗として現れる。この流体潤滑モデルでは，ヒドロゲル界面において静止摩擦はなく，動摩擦力はすべり速度に比例して大きくなることが予想される[16)]。

〔眞山 博幸，室﨑 喬之，秋田谷 龍男〕

6.2 レオロジー

6.2.1 レオロジーとは

レオロジーは 1929 年に Bingham によって命名された学問で，ラテン語の“流れる”の意味の“レオ”と学問の“ロジー”を合わせた言葉である。レオロジーの定義は“物質の流動と変形を扱う科学”である。また，レオロジーは血液，食品，医薬品，化学製品，マントルと何でも流れるものが対象材料である。これまで主に高分子のキャラクタリゼーションを目的にレオロジーの研究が行われてきたが，近年環境問題への関心が高まりからさまざまな領域で水に溶ける高分子の開発が進められ，分散系として扱われる親水性高分子はレオロジーの大きな対象となっている。

分散系では分散媒と分散質の界面状態により，分散質どうしが影響しない液体状態から, 分散質どうしが強固に凝集したゲル状態まであり, この状態の違いがレオロジー特性に大きく影響を与える。分散系のレオロジーは界面化学を扱う者としては避けて通れない。図 6.13 にレオロジーの対象範囲を示す。流体力学は粘性，固体力学は弾性変形の研究であるが，レオロジーは流体力学と固体力学の学際分野で，粘弾性や降伏応力として塑性変形も扱う学問である。粘弾性の研究とは，液体のねばねば，さらさら，しゃぶしゃぶなどの性質と，固体の硬い，柔らかい，もろい，腰がある，跳ねるなどの性質がどのように定量的に表現できるか，なぜこのような性質がでてくるのかを考えることである。

このような性質を調べるには触ってみるのが一番である。しかし，触るといってもじっと触るだけではだめで，力を加えてその反応を確かめる必要がある。レオロジーはこの触るという行動そのものである，物に変形を加えるときにどのくらいの力がいるか，または力を物に加えたときにどの位変形するか，という性質を調べることである。人間は手で触ることでこれらの性質をすべて確かめることができるが，主観的な言葉であいまいな評価をする。レオロジーでは以上の性質を数値やグラフとして定量的にとらえる。

レオロジー的性質は温度や加える力の速さによっても変化する。たとえば，プラスチックを曲げるとき, ドライヤーで暖めると小さな力で短時間に曲げることができる。また長時間かければ軽い重りを乗せても曲がることを日常経験している。このような温度と時間に関する性質は“時間温度換算則”とよばれ，長時間かかる現象を加熱に

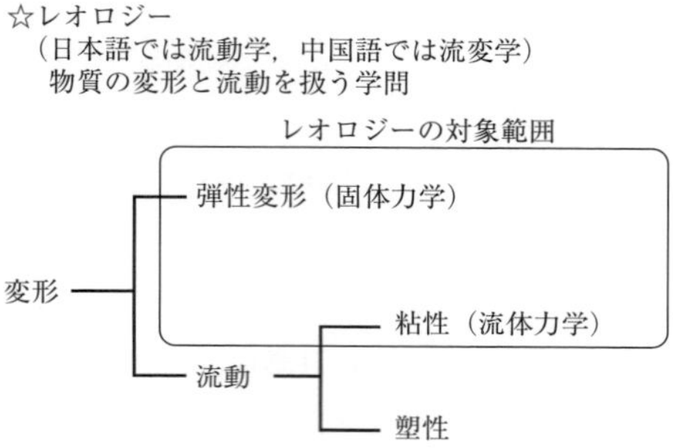

図 6.13　レオロジーの対象範囲

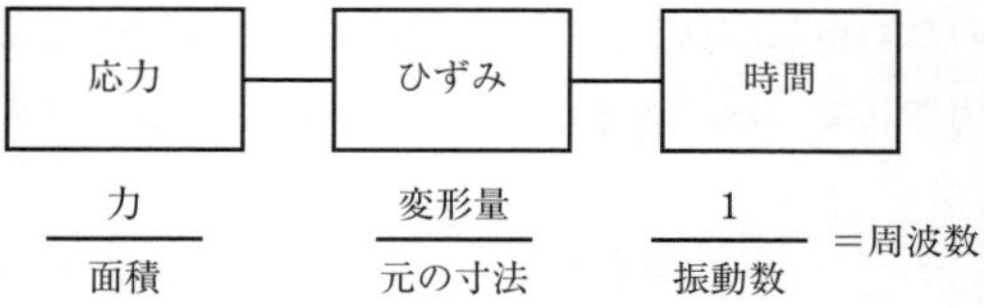

図 6.14　レオロジーの現象論的な目的

より短時間に，同じ力で同じ変形をさせることができる。また，短時間の現象は冷却により長時間で，同じ力で同じ変形をさせることができる重要な法則である。

時間温度換算則は高分子での経験則であるが，分散系でも分散が均一で比較的小粒径で分散質の相互作用が強くなければ成立する場合も多い。

レオロジーの現象論的目的は図 6.14 に示すように，応力とひずみと時間との関係を調べることである。レオロジー測定はひずみを与えて応力を測定する方法と，応力を与えてひずみを測定する方法がある。さらに，応力またはひずみをある一定の方向へかける静的測定と，応力またはひずみを正弦波振動として与える動的測定がある。変形と力の関係には温度が関係しているが，温度は時間温度換算則によって時間に換算できる。すなわち，高温での応力-ひずみの関係は長い時間での応力-ひずみの関係と等価で，低温での応力-ひずみの関係は短い時間での応力-ひずみの関係と等価である。

分散系には液体も固体もあるが，界面の性質が大きく影響するのは液体である。液体の静的レオロジー測定は一定方向への回転を加えて測定を行う定常流動測定が最も一般的である。

応力またはひずみを試料に加える方法には，せん断，引張り，圧縮がある。圧縮は

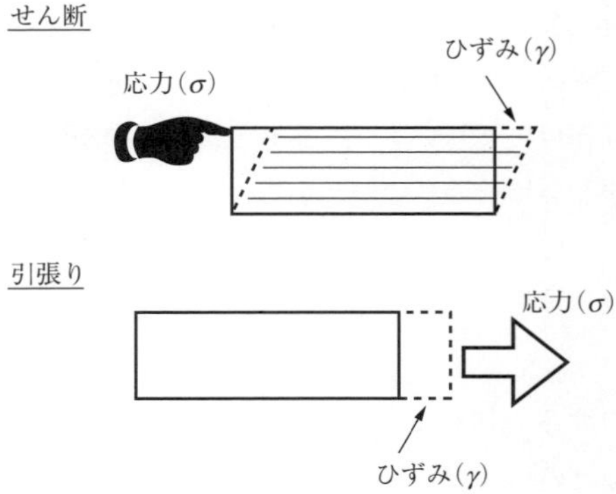

図 6.15　せん断変形と引張り変形

等方向圧縮が必要で装置は大掛かりのため市販されていない。固体のレオロジー測定では引張りが一般的で，せん断も利用されている。液体のレオロジー測定ではせん断が最も一般的である。

せん断変形は箱をひずませるのではなく，図 6.15 に示すようにトランプの山の上を横にスライドさせるような高さの変わらない変形である。

せん断ひずみを一定回転で加える定常流測定による高分子溶液の粘度には次の三つの関係式（6.16)～式（6.18）が成り立つ。

分子量と粘度（粘性率）

$$[\eta]=KM^{\alpha} \tag{6.16}$$

ここで，η は粘度（粘性率)，M は分子量，K，α は定数：ランダムコイル $\alpha=0.5$，ふつうのポリマー $\alpha=0.8$～1.8，剛直なポリマー $\alpha=2.0$ を示す。

温度と粘度（Andrade の式)

$$\log\eta=\log A+B/T \tag{6.17}$$

ここで，η は粘度，T は絶対温度，A，B は定数を示す。

濃度と粘度

$$\log\eta=\log A+Bx \tag{6.18}$$

ここで，η は粘性率，x は濃度，A，B は定数を示す。

これらの式は高分子溶液では成立するが，分散系では一般に成立しない。しかし，安定均一分散系では成立する場合もある。

剛体球（パチンコ玉のような相互作用がなく硬く変形しない粒子）を分散した分散系には次のアインシュタイン式（6.19）が成立する。

$$\eta_r=1+2.5\,\phi \tag{6.19}$$

ここで，η_r は分散質を入れる前後の相対粘度，ϕ は剛体球の体積モル濃度である。通常の分散系では分散質が剛体球として考えられる場合はほとんどなく，分散質どうしの相互作用や分散媒と分散質との相互作用によりアインシュタイン式での予測より大きな粘度となる。しかし，相互作用がない場合の粘度がわかるので，相互作用の大きさの推測に役立つ。

6.2.2　分散系液体の測定

液体の定常流測定は一般にせん断ひずみを加える方法で行われ，図 6.16 に示す二重円筒，コーンプレート，平行平板などの治具が利用されている。

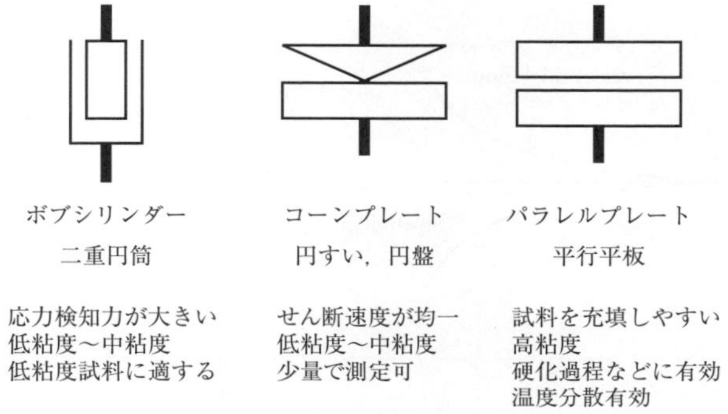

図 6.16 分散系液体測定治具

二重円筒はB型粘度計として品質管理用に多く利用されている。特定回転数での粘度や6回転と60回転での粘度の比を *TI* 値または *TF* 値としてチキソトロピー性の指数としている。しかし，分散系では試料にかかるせん断ひずみが治具内部で均一にならないと正確な測定ができず，レオロジー的な解析を十分に利用できない。

コーンプレート治具は，図 6.17 に示すように試料に均一にせん断ひずみが加わり，分散系のレオロジー測定に最も適している。二重円筒はギャップを小さくして試料の粘度が低い場合に，平行平板は粘度が高い場合や硬化過程などに利用される。

分散系で最も重要なのはせん断応力のせん断速度依存性である。

図 6.18のように縦軸を粘度で示す流動曲線で描く場合もある。この場合，ニュートン流動ではせん断速度にかかわらず粘度が変らず，横軸に平行になる。また，構造粘性（shear thinning）ではせん断速度が高くなるに伴って粘度が低くなる。しかし，この流動曲線では分散系の特徴である低せん断領域での降伏値を含めた分散質粒子間

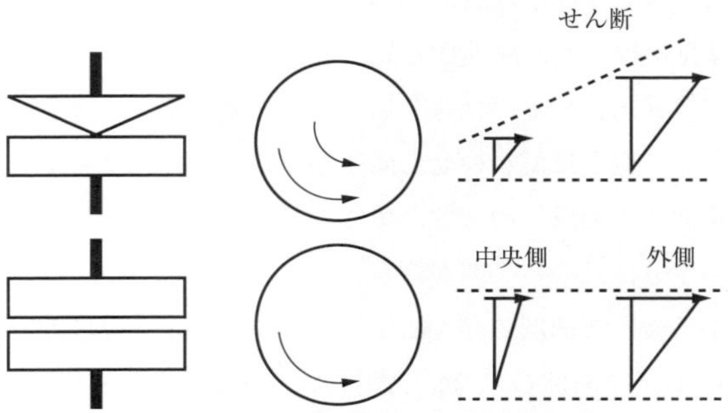

図 6.17 液体測定治具のせん断変形の均一性

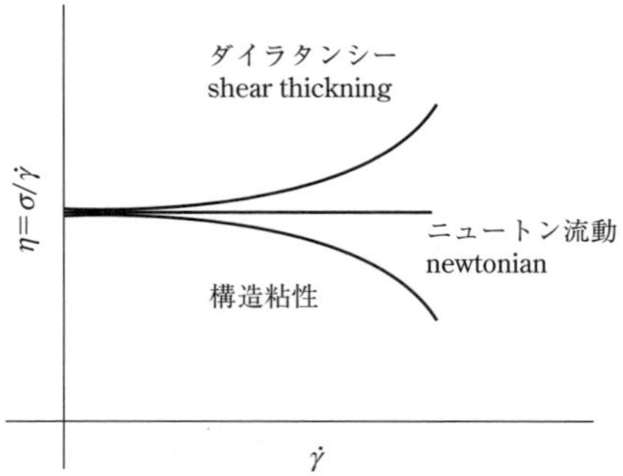

図 6.18　縦軸粘度の流動曲線

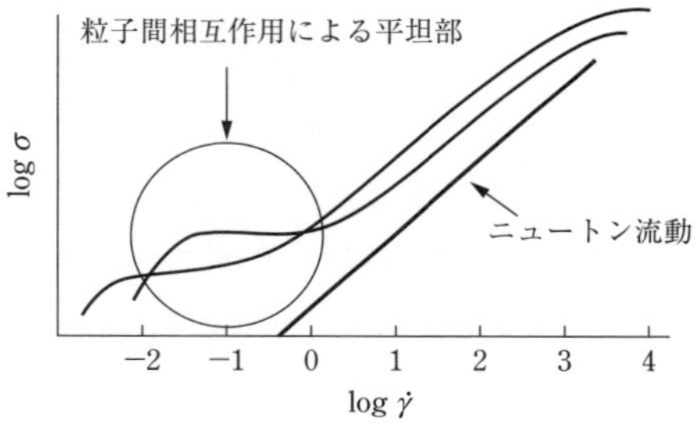

図 6.19　流動曲線

の相互作用を考察するうえでは不都合である。

流動曲線は図 6.19 に示すように横軸をせん断速度の対数，縦軸をせん断応力の対数で表すのがもっともよい。この場合，ニュートン流体は角度 45° の右上がりの直線で，分散質粒子の相互作用は低せん断領域での第2平坦部として現れる。

せん断速度とせん断応力を定常値の D と S で表す場合と見掛けの値 $\dot{\gamma}$ と σ で表す場合がある。D と S は一定値になるまで測定した定常せん断速度と定常せん断応力であり，$\dot{\gamma}$ と σ は見掛けのせん断速度と見掛けのせん断応力で，一定値になる必要はない。分散系を定常状態にするのは難しいので $\dot{\gamma}$ と σ で表す方が適切である。

分散系のレオロジー測定は試料のせん断履歴（かくはんによって分散質粒子の凝集構造の破壊や凝集構造の形成）の影響が強くでるため，せん断履歴を含むせん断速度条件と温度制御に十分注意する必要がある。

定常流測定によるせん断速度依存性測定に対応するのが，動的粘弾性の周波数分散測定である。動的測定の周波数に 2π をかけて求められる角速度 ω (rad s^{-1}) はせん断速度 $\dot{\gamma}$ (s^{-1}) と経験的に等価であるという Cox-Mertz 則が成立する。すなわち，

横軸に角速度 ω を，縦軸に粘度にあたる複素剛性率 G^* をプロットするとせん断速度とせん断応力の流動曲線のグラフと重なる，

分散系の流動曲線では，低せん断領域でのせん断速度に依存しない平坦なせん断応力（動的測定では角速度に依存しない平坦な複素剛性率）が特徴であり，これを一般に第2平坦部とよんでおり，これにより，分散質の相互作用や分散貿と分散媒との相互作用の影響を考察することができる。

6.2.3 幅広い流動曲線の解析と測定

a. 流動曲線の解析

分散系の流動曲線は表 6.3 に示すようにニュートン流動，オストワルド流動，ビンガム流動，拡張オストワルド流動などの流動方程式で解析する。拡張オストワルド流動式はこれらすべての流動曲線を表現できる。しかし，式中の係数 κ や n には物理的な意味がない。

簡便で係数に物理的意味がある Casson 式（6.20）は針状結晶分散系の流動に関する式であるが，経験的に広範囲の分散系でよく合う。

$$\sqrt{S} = a\sqrt{D} + b \tag{6.20}$$

ここで，S はせん断応力，D はせん断速度，a と b は係数である。

図 6.20 に示すように Casson 式ではせん断速度の平方根 $\sqrt{D}$（x 軸）とせん断応力の平方根 $\sqrt{S}$（y 軸）が直線関係にある。y 軸の切片の二乗がせん断速度ゼロのときの応力 S_0（降伏値）であり，勾配の二乗がせん断速度無限大での粘度 η_∞（残留粘度または Casson 粘度）である。降伏値は低せん断速度での現象に，残留粘度は高せん断速度の現象に対応する。

表 6.3 各種の流動方程式

流動方程式	記号
	γ：せん断速度/s^{-1}
ニュートン流動	σ：せん断応力/Pa
$\sigma = \eta\dot{\gamma}$	η：粘度
オストワルド流動（べき法則）	κ：定数
$\sigma = \kappa\dot{\gamma}^n$	n：shear rate index
ビンガム流動	σ_y：降伏値
$\sigma = \sigma_y + \eta_p\dot{\gamma}$	η_p：塑性粘度
拡張オストワルド流動（Herschel–Bulkley の式）	
$\sigma = \sigma_y + \kappa\dot{\gamma}^n$	
Casson の式	a, b：定数
$\sqrt{S} = a\sqrt{D} + b$	

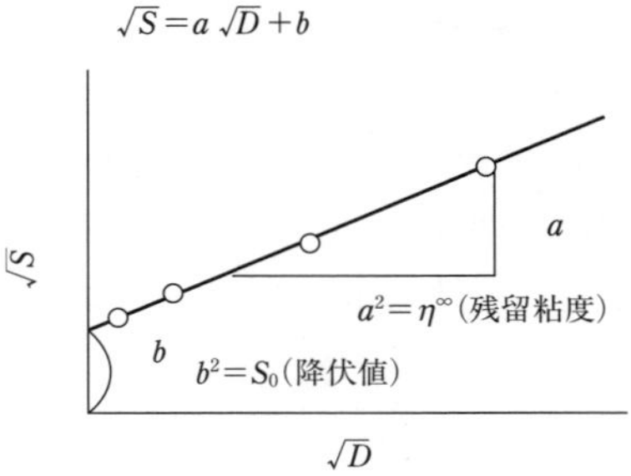

図 6.20　Casson プロット

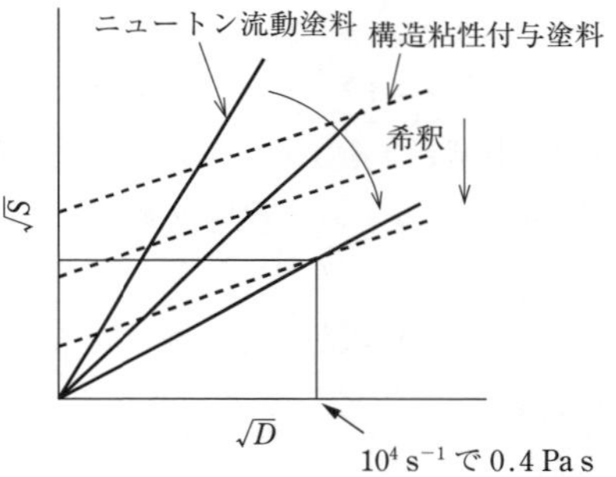

図 6.21　橋梁用塗料の微粒子化粘度の検討

Casson 式を利用した橋梁用塗料のエアレススプレーでの微粒化のせん断速度と粘度の解析例が図 6.21 である。増粘剤を添加した塗料と添加しない塗料を高度から希釈しながら塗装を行い，微粒化の程度が同じ希釈状態（この実験では，エアレススプレー塗装で塗装面から 30 cm 離れてスプレーしたときの塗装範囲が直径 30 cm の円となる条件）となったときの粘度を Casson 式で解析したとき，2 種の塗料の交点より，微粒化の条件はせん断速度 $10^4\ s^{-1}$ で粘度 0.4 Pa s 以下であることがわかる。ある現象を制御しているせん断速度を実験的に求める場合に有効な方法である。

b.　ばね緩和法

低せん断領域での流動曲線には，粒子問相互作用が大きく影響するために流動方程式による外挿値での評価は難しく，実際の測定が必要である。図 6.22 に示すのは発条緩和法という低せん断速度の簡便な測定方法である。コーンプレート治具の Brookfield 型粘度計のうず巻きばねを巻き上げた状態で試料を充填し，ばねの緩和挙動を計測する。援和曲線の時間微分からせん断速度を，援和曲線の指示値からせん断応力を求めて流動曲線を描く方法である。

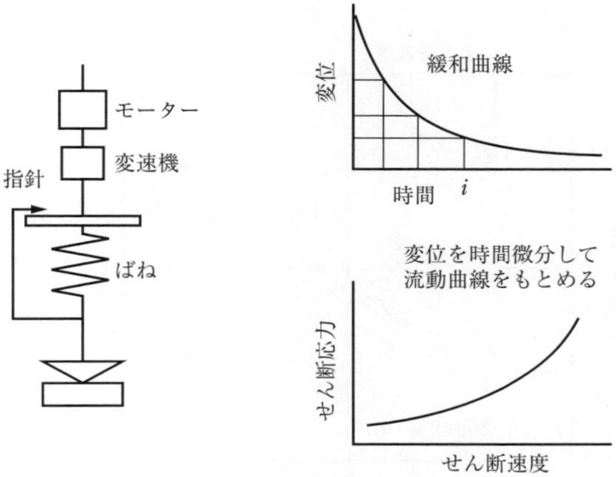

図 6.22 ばね緩和法

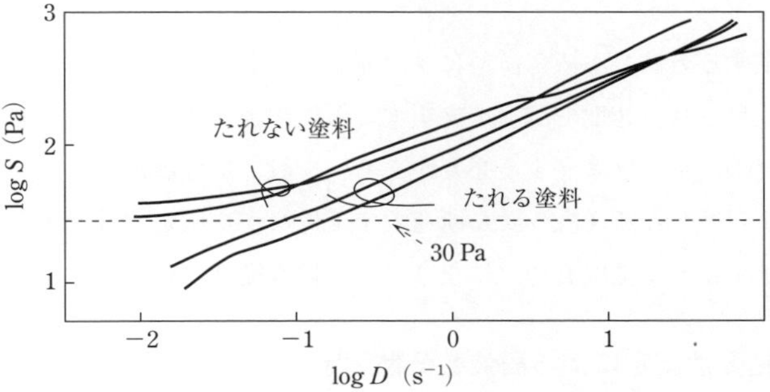

$X = S_0/\rho g$　　$X = 3$ mm で $S_0 = 30$ Pa

X：膜厚，S_0：降伏値，ρ：密度，g：重力加速度

図 6.23 建築外壁用塗料のたれ性と流動曲線

図 6.23 は，ばね緩和法による建築外壁用塗料のたれ性の実験結果である。せん断速度 0.1 s^{-1} 以下でたれない塗料とたれる塗料の流動曲線に大きな差がみられる。

図 6.24 は，高分子ゲル粒子を配合した塗料の低せん断領域での流動曲線で，たれ性に関連するせん断速度は 0.1 s^{-1} 以下，レベリングに関連するせん断速度は 1 s^{-1} 以上であり，レベリングが良好（平滑な肌で）でたれないという背反現象が，せん断速度範囲が異なることで両立している。

応力制御型レオメーターを用いて，降伏値を直接測定できるストレススイープ測定は，試料を充填した状態でせん断応力を徐々に大きくしていき，動きだした点での降

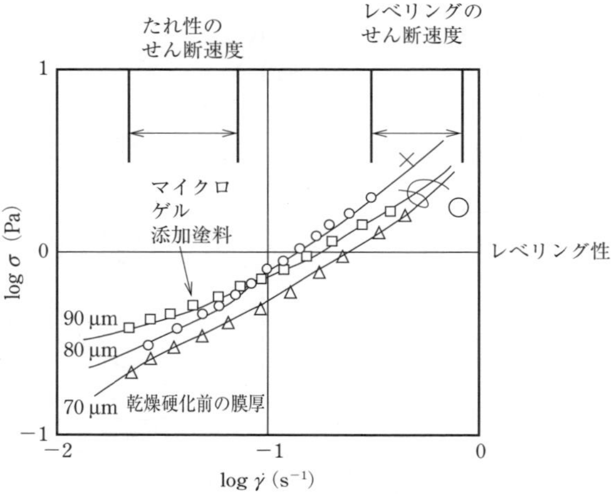

図 6.24　自動車用塗料の低せん断挙動

伏値を直接測定する方法である。試料にせん断をかけない状態で測定できる方法であるが，応力を上昇させる速度や試料を充塡する前処理操作などによって大きく結果が異なるので測定条件を十分考慮する必要がある。一般には分散系のレオロジー測定は高せん断速度から低せん断速度へせん断速度を下げながら測定する，すなわち構造回復の方向で測定する方が温度も均一になり，再現性も優れている。

6.2.4　動的粘弾性測定による周波数分散測定

動的粘弾性の周波数分散測定は時間がかかる。分散系では測定中の状態変化とひずみを小さくするために，短時間に幅広い周波数範囲を測定できる RCP 法（raised cosine pulse）や合成波による周波数分散の同時測定法が提案されている。RCP 法[1]は，一つのパルスひずみで低周波数領域の測定ができる優れた特徴をもつが，広義の緩和測定のために状態変化が大きいと測定結果に誤差が生じ，状態変化がある周波数分散の温度測定や硬化過程での周波数分散測定は困難である，

合成波による周波数分散測定法（FTRM 法：Foulier transform reomerter）[2] は高次高調波の合成波を用いるので基底周波数で状態変化が追いついていれば，状態変化過程での周波数分散測定ができる。

顔料と分散媒の親和性を変えたときの顔料分散系の状態変化を知るために，未処理のシリカ粉末（親水性）と疎水処理したシリカ粉末を，それぞれアクリル樹脂に

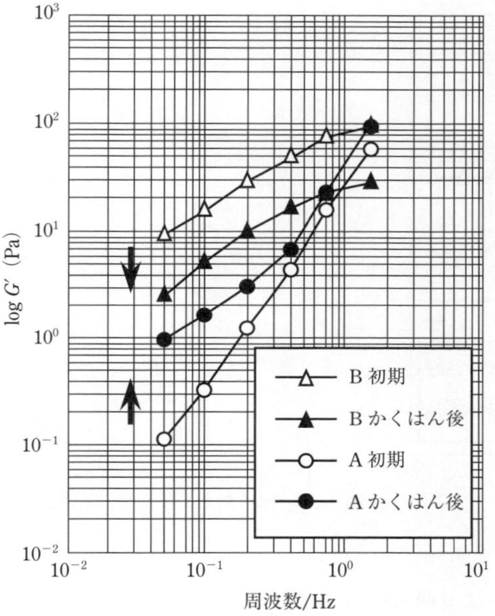

図 6.25 せん断前後の周波数分散

10 wt% 分散させた試料を用いて，100 s^{-1} のせん断速度で 10 分間の予備かくはんを行い，せん断停止直後からの粘弾性関数の時間依存性を基底周波数 0.5 Hz で，1, 2, 4, 8, 16 Hz の高調波を加えた正弦合成波を用いての予備せん断速度でのかくはん前後の貯蔵剛性率 G' の周波数分散の測定結果を図 6.25 に示す。黒塗り記号は 100 s^{-1} のせん断停止直後の G' の周波数分散，白抜き記号は充填して 1 日放置した状態の G' の周波数分散である。試料 A は疎水処理したシリカ粉末を分散した親和性がよい系，試料 B は未処理のシリカを分散した親和性の悪い系を示している。試料 B では周波数分散の形状はあまり変わらず，せん断停止直後に全周波数領域で G' が低い。試料 A では周波数分散の形状が大きく変わり，とくに低周波数領域ではせん断停止直後の貯蔵剛性率 G' が高く，明らかに相互作用が発生している。

図 6.26 は，周波数 0.1 Hz での G' のせん断停止直後からの回復挙動である。親和性により予備せん断かくはんによる剛性率増減の方向性が正反対であり，せん断停止後の回復は親和性が悪い場合の方が速い。親和性の悪い場合は，凝集体がせん断かくはんによって分散され，せん断停止後は時間とともに凝集構造をつくりながら，もとの状態に戻ると考えられ，親和性がよい場合には，シリカ粒子に樹脂が十分に吸着し

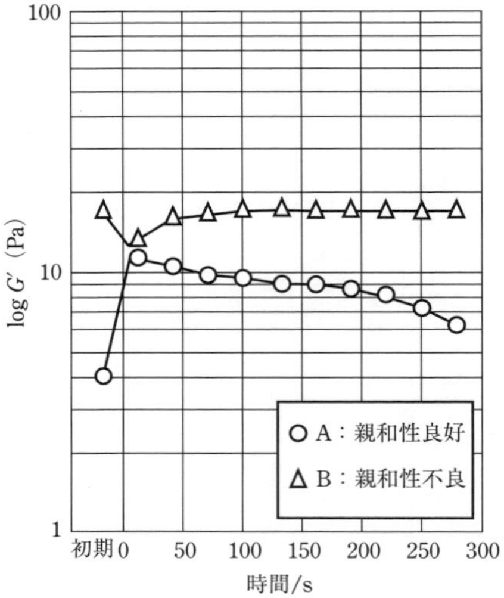

図 6.26　せん断かくはん後の粘弾性回復

た状態で存在し，せん断かくはんにより吸着樹脂が絡み合いにより凝集構造をつくり低周波数での貯蔵剛性率が大きくなっていると考えられる。このように分散状態により粘弾性挙動が大きく変化する系においても，FTRM 法により周波数依存性を測定しながら状態変化を測定することで構造変化について理論的な考察を行うことができる。

分散系の動的粘弾性測定で問題となるのは線形性である。横軸にひずみ，縦軸に応力を描くとリサージュ図となる。リサージュ図は完全弾性体では 45° 右上がりの直線に，完全粘性体では円になり，一般的な粘弾性体では右上がりの楕円になる。

分散系では，少し大きなひずみを与えるとリサージュがつぶれた非線形応答を示すために，分散系の測定では線形性を知るためにリサージュ図を使うことは重要である。しかし，最近の装置はリサージュ図を表示せず，測定データをデジタルフーリエ変換によって直接 G' や G'' を算出しグラフ表示するため，非線形で測定しているにもかかわらず結果が得られる。この問題を回避するためにも，フーリエ解析での奇数次高調波の大きさから非線形性を検知する方法が組み込まれるようになった。

固体の粘弾性測定は，強制引張り伸縮振動型の粘弾性測定装置を用いた温度分散測定が最も一般的である。温度分散測定ではガラス転移温度，熱硬化系では架橋密度などの特性が測定できる。また，貯蔵弾性率 E' や正接損失 $\tan\delta$ の温度依存性より，分散系での相互作用を推定できる。

レオロジーで何が測定できるかは大きな問題である。レオロジー測定はあくまで人間が感じとれる優位差がある場合にだけ測定に意味がある。また，絶対値的な評価は難しく，比較試料を測定する必要がある。たとえば，塗料のたれはゆっくりとした流動現象なので，ゆっくりした流動抵抗を測定する，すなわち低せん断速度での定常流測定が必要である。プリンや寒天ゲルのようなゲル化過程は指でつついてぷりんぷりんとした感じでゲル化を判定していることから，動的粘弾性測定をすればよい。経験的に判断している方法を定量化する手段と考えるだけで多くの成果が得られる。

［上田 隆宣］

6.3 トライボロジー

トライボロジー（tribology）はギリシャ語の $\tau\rho\iota\beta\eta$（摩擦）と $\lambda o\gamma o\sigma$（言葉）の合成語で，“相対運動を行いながら相互作用を及ぼしあう表面およびそれに関連する実際問題の科学技術”と定義される摩擦，摩耗，潤滑を扱う工学の分野である[1]。

6.3.1〜6.3.3 項で摩擦・摩耗・潤滑の基礎，および 6.3.4 項で応用例として自動車エンジンの潤滑について述べる。また，6.3.5 項にソフトマテリアルのトライボロジーがハードマテリアルと対比して解説する。

6.3.1 摩 擦

a. 二つの面の接触とすべり

摩擦とは“接触する二つの物体が外力の作用の下で運動をするときに，その接触面において運動を妨げる方向の力が生じる現象”である[2]。二つの物体の接触面を拡大してみると，表面には凹凸があるため表面の凸部どうしが接触し，凸部の接触点は塑性変形や弾性変形を起こしている（図 6.27）[3,4]。n 個の接触点があるとき，それぞれの接触面積を $A_1, A_2, A_3, \cdots, A_n$ とすると接触面積の総和 A は

$$A = A_1 + A_2 + A_3 + \cdots + A_n \tag{6.21}$$

となる。このときの A は実際に接触して荷重を支えている面積であり，真実接触面積という[3,4]。接触する二面がすべるとき，それぞれの接触点で“ずれ（せん断）”が起きる。接触点での摩擦界面のせん断強さ（ずれに抵抗する力の限界）を S とすると，すべりを妨げようとする力である摩擦力 F は，

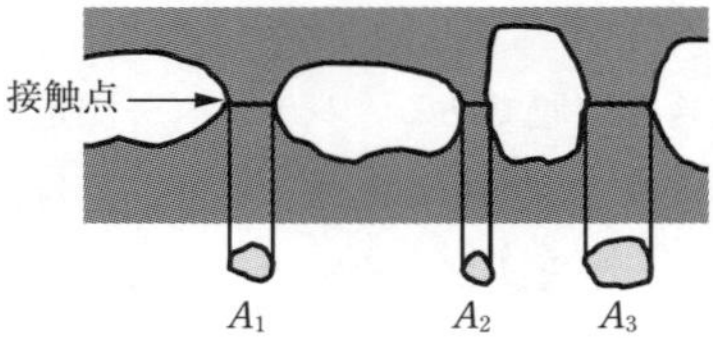
接触点
A_1
A_2
A_3
表面は凸凹している
二つの面を合わせたとき，凸部のみが接触する

図 6.27　二つの面の接触

$$F=AS \tag{6.22}$$

と表される[3]。よって，摩擦力を小さくするには，真実接触面積か接触部のせん断強さを小さくすればよい。

摩擦の度合いを表す尺度に“摩擦係数”がある。摩擦係数 μ は垂直荷重 W を掛けたときの摩擦力が F であったときの F と W の比であり，式（6.23）で表される。

$$\mu=F/W \tag{6.23}$$

用途により適した摩擦の大きさはさまざまで，エンジンのピストンとシリンダーのように効率よく動かすしゅう動部では摩擦は小さいほうが好ましく，ブレーキなど動きを止めるためのしゅう動部ではある程度の大きさの摩擦が必要である。

b.　摩擦面で起きる現象

機械的な刺激を受ける摩擦面ではさまざまな物理・化学現象が起きる。以下に代表的な現象例をあげる。

（i）　摩擦発熱　　摩擦仕事（摩擦力のした仕事）の大部分は熱（摩擦熱）に変わり摩擦面の温度が上がる。摩擦されている二表面の接触点の先端部では瞬間的に閃光温度とよばれる高い温度が発生する[5]。MgO と鋼を 2 N の荷重，40 m s^{-1} の速度で摩擦した場合の閃光温度は 1300℃ に達する[6]。

（ii）　ダングリングボンドの形成　　固体が破壊されることにより化学結合が切断され，ダングリングボンド（ラジカルのような結合していない結合手）が形成される[7]。

（iii）　荷電粒子の放出　　電子や正イオン，負イオンなどの荷電粒子が摩擦面から放出される[8]。

（iv）　新生面の形成　　一般に材料表面は酸化膜や吸着有機物層で覆われており化学的に安定である。摩擦によって安定な酸化膜や吸着物層が破れると，きわめて化学的活性の高い新生面（できたばかりで汚れのない表面）が露出する[7]。

（v）　トライボケミカル反応　　上述の高い閃光温度の発生や結合の切断，新生面の露出などにより活性化された摩擦面と，周囲に存在する分子（酸素，水，潤滑剤など）との間で化学反応が起きる。このような摩擦によって起きる化学反応をトライボケミカル反応という。 ［日比 裕子］

6.3.2 摩　耗

摩耗とは，“摩擦によって固体の表面部分が減量していく現象”である[9]。摩耗の形態は大きく，凝着摩耗，アブレッシブ摩耗，疲労摩耗，化学（腐食）摩耗の4種類に分類される。

a. 凝着摩耗

凝着摩耗とは，真実接触点で二つの面の材料が互いにくっついてしまう凝着が起きたとき，二面がずれたさいに材料の内部で破断が起きて相手材表面に移着し，移着と破断を繰り返したのちに破断された部分が摩耗粉として排出される摩耗形態である[10,11]。

b. アブレッシブ摩耗

アブレッシブ摩耗とは，硬い材料の凸部（二元アブレッシブ摩耗）や二面間に挟まった硬い粒子（三元アブレッシブ摩耗）が柔らかい方の材料の表面を削り取る形態の摩耗である[10,11]。硬い材料は耐アブレッシブ摩耗性が高い[10,11]。摩擦方向に沿った条痕（すじ状のあと）がアブレッシブ摩耗痕の特徴である。

c. 疲労摩耗

疲労摩耗とは，応力が繰り返し作用することによって表面から少し内部の表層下に発生したクラック（微小な割れ）が広がって合体することによって表面が剝がれる形態の摩耗である[10,11]。

d. 化学（腐食）摩耗

化学（腐食）摩耗とは，摩擦面で化学反応（トライボケミカル反応）が起きて，材料表面に反応生成物が生成し，この反応生成物が相手材によって除去される形態の摩耗である[10,11]。反応生成物が除去されることにより摩耗が進行するため，反応速度が速いと化学（腐食）摩耗が大きくなる。

上記の4種類の摩耗形態は単独で起きるときも，複数の形態が複合化して起きるときもある。

一般に摩耗は小さいほうが好ましい。 ［日比 裕子］

6.3.3 潤　滑

潤滑とは，“相対運動をする二面の間に潤滑剤を介在させて，摩擦，摩耗を低減すること”である[12]。一般に油などの液体で潤滑することが多いので，以下に液体による潤滑について述べる。

a. 液体による潤滑

液体による潤滑では，二面の接触状態によって境界潤滑，混合潤滑，流体潤滑という潤滑状態に分類される（図 6.28）[7,13]。境界潤滑では油膜厚さが薄く，二面が直接固体接触している。一方，流体潤滑では油膜厚さが厚く，二面が完全に隔離されている。混合潤滑は境界潤滑と流体潤滑の両方が混ざっている潤滑状態である[7,13]。

二面が潤滑油で完全に隔離されている流体潤滑では潤滑油の粘度が摩擦特性に影響を与える[14]。一方，二面の接触が起きている境界潤滑では潤滑油の界面化学的な性質が摩擦特性に影響を与える[13]。境界潤滑における潤滑性を改善するために，摩擦面での界面化学現象が利用されている。

b. 境界潤滑における潤滑剤の界面化学

潤滑剤と材料との代表的な界面化学現象は吸着と化学反応である。

（i）吸着による潤滑膜　OH 基や COOH 基などの極性基と炭化水素鎖を有する化合物が材料表面に吸着すると，吸着膜が固体接触を低減して潤滑作用が生じる[15]。図 6.29 に吸着膜の模式図を示す[15]。潤滑性のよい強い吸着膜にするには，吸着分子が固体表面に強く結合し，膜自身が強いことが必要である[5]。表面への結合力は吸着する基の種類や表面の材質によって異なる[5]。また，吸着分子の炭化水素鎖が長いと炭化水素鎖間に凝集力が働き，分子が配向して密度の高い強い吸着膜ができ

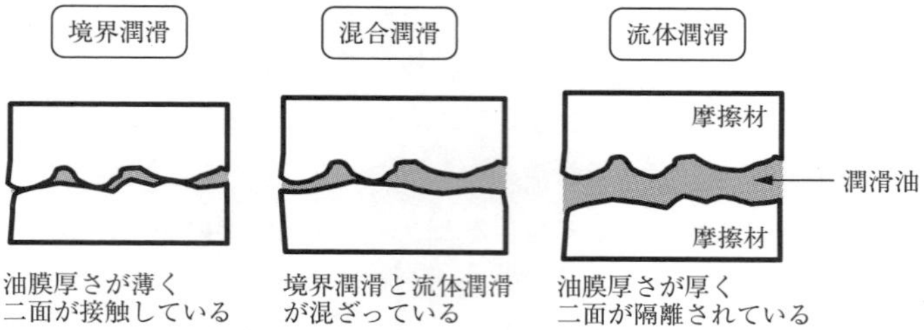

図 6.28　潤滑状態の分類

［榎本祐嗣，三宅正二郎，“薄膜トライボロジー”，東京大学出版会（1994），p. 56］

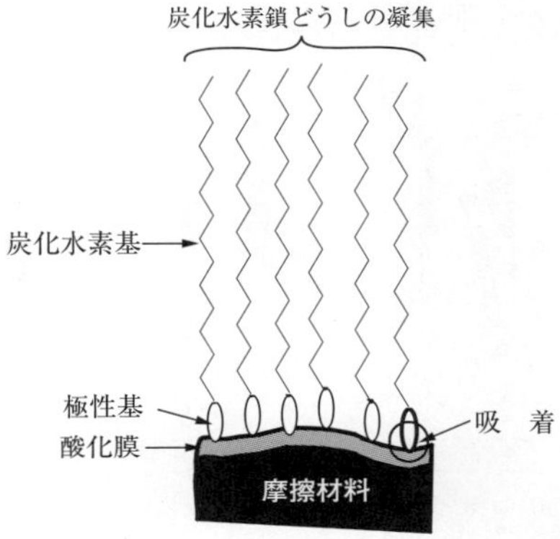

図 6.29　吸着膜

る[5)]。このような，長い炭化水素鎖と極性基を有し表面に吸着膜を形成して潤滑性を示す添加剤を油性向上剤（油性剤）という[15)]。油性向上剤にはオレイン酸，ステアリン酸などの脂肪酸や高級アルコール，エステルなどがある。

（ii）化学反応による潤滑膜　高荷重や高温といった厳しい条件下では化学反応（トライボケミカル反応）による潤滑膜が利用される。ジアルキルジスルフィド，リン酸トリクレシルなど硫黄やリンを含む有機化合物は鉄と反応して硫化鉄（FeS）やリン酸鉄（$Fe_3(PO_4)_2$）といった潤滑性の固体皮膜を形成する[5)]。このような摩擦材料と化学反応して潤滑性の無機皮膜を形成する作用を有する化合物を極圧剤という。

さまざまな摩擦条件に対応するために，穏やかな条件で有効な油性向上剤と厳しい条件で有効な極圧剤を混ぜて用いることが多い[7)]。　［日比 裕子］

6.3.4 応　用

自動車には多くのトライボロジー技術が応用されている。ここでは自動車の動力を発生するエンジンに注目する。4サイクルエンジンの場合，燃料の① 吸気（吸入），② 圧縮，③ 燃焼，④ 排気によってピストンがシリンダー内を往復運動してコンロッドとクランク軸を介して回転運動に変換しタイヤに回転を伝える（図 6.30）[16,17)]。エンジンにはピストンとシリンダー，コンロッド，クランク軸や動弁系など多数のしゅう動部分があり，これらのしゅう動部の摩擦，摩耗を低減することは燃費の向上，すなわち CO_2 排出量の削減につながる[18)]。エンジンの各しゅう動部はエンジンオイルによって潤滑されている[19)]。エンジンオイルは合成油や鉱油を基油として，前述の油性向上剤や極圧剤のほかにも，酸化防止剤，粘度指数向上剤，流動点降下剤，清浄分

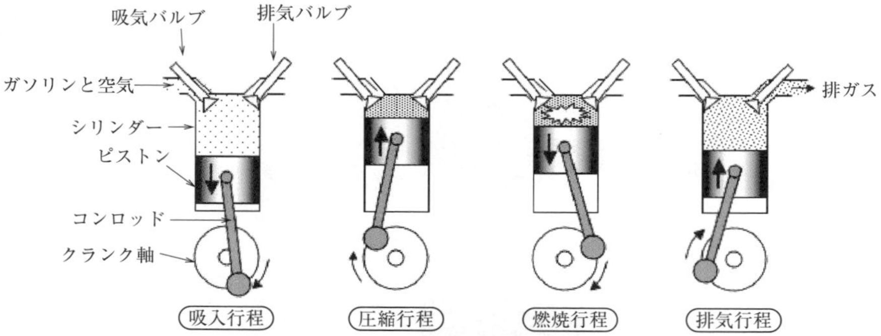

図 6.30　4サイクルエンジンの行程

散剤，腐食防止剤やさび止め剤，泡消し剤などの多種類の添加剤が加えられている[14]。近年では，有害排ガスの削減のために基油中および添加剤中の硫酸灰分，リン，硫黄を削減したエンジン油の開発が進められている[20]。また，摩擦損失を低減するために，ピストン-シリンダー系の摩擦材料表面へのDLC（diamond-like carbon）膜や窒化クロム膜のコーティングや，材料表面に微細な凹凸形状を付与するテクスチャリングなど，摩擦材料の表面改質も適用されている[21,22]。　［日比　裕子］

6.3.5　ソフトマテリアルのトライボロジー

ソフトマテリアルの開発と産業応用は20世紀後半から急速に拡大し，それに伴いそのトライボロジー特性の理解と制御は重要な研究課題となっている。雨天や雪道，凍結路でも滑りにくいタイヤ用ゴム材料のような長年の課題から，超低摩擦材料としてのヒドロゲルを人工関節軟骨[23]やコンタクトレンズ[24]などのバイオ領域に応用する試みに至るまで，広範な分野で様々な検討が進められている。このようなソフトマテリアルのトライボロジーは，その「柔らかく変形する」特徴から6.3.1～6.3.4項に解説してきた内容がそのままでは当てはまらない場合が少なくない。そこで本項では，ハードマテリアル（以下ハード系と表記）との対比からソフトマテリアル（以下ソフト系）のトライボロジーを理解するために考慮すべき点について述べる。

a.　真実接触面積と圧力の効果

ハード系・ソフト系を問わず，固体の表面は一見平滑に見えても微視的には凹凸があり，2表面間の接触はその凸部において生じる。図 6.31には，一方の（下側）表面をハード系平滑表面とし，それに凹凸を有するハード系またはソフト系表面（上側）

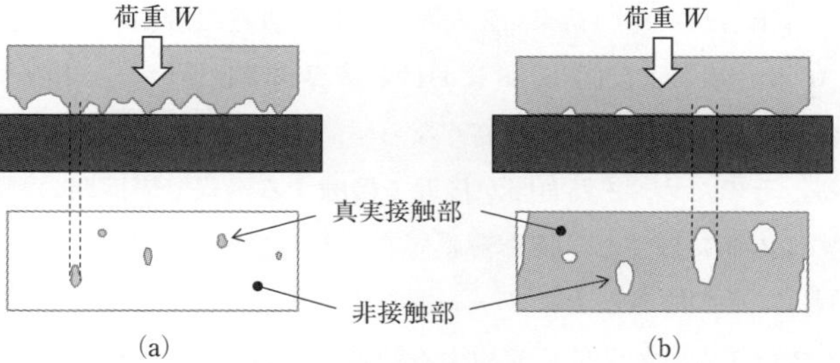

図 6.31 ハード系/ハード系材料の接触界面（a），ソフト系/ハード系材料の接触界面（b）の模式図
下段に投影面積（見掛けの接触面積）と真実接触部の関係を示す。

を荷重 W で押し付けたときの接触状態を模式的に示す。ハード系/ハード系界面（図 6.31（a））では，接触する凸部の変形はソフト系と比べて圧倒的に小さいため，真実接触面積は物体のサイズによって決まる投影面積（見掛けの接触面積）と比べて桁違いに小さくなる。それに対しソフト系（図 6.31（b））では，無負荷状態における表面の凹凸形状がハード系と同等であっても，荷重下では個々の接触部が容易に変形して押し広がる。その結果，真実接触面積は見掛けの接触面積と同等のオーダーになる場合もある[25)]。

トライボロジーにおいて重要なパラメーターの一つである接触圧力は，簡易的には荷重を見掛けの接触面積で除することにより見積もられる（見掛けの圧力）。しかしハード系/ハード系接触界面（図 6.31（a））では，真実接触面積が見掛けの面積と比べて桁違いに小さいため，真実接触部にかかる圧力は見掛けの圧力よりもはるかに大きくなる。この局所的に高い圧力は，6.3.1～6.3.2 項に述べられた摩擦発熱やトライボケミカル反応，摩耗などの大きな要因となる。一方，ソフト系/ハード系界面（図 6.31（b））では真実接触面積が大きくなるため，真実接触部にかかる圧力はハード系の場合のように大きくはならない。その結果，（しゅう動条件によるが）ソフト系の摩擦においては上述の発熱やトライボケミカル反応，摩耗などの影響がハード系ほど顕著でない場合もある。

ハード系とソフト系における真実接触部での圧力影響の違いは，潤滑液体を介した摩擦において重要な効果を生む。2 表面が潤滑液体を介して接近し，その凸部が接触する状況を考える。ハード系の場合，すでに述べたように真実接触部には局所的に非常に大きな圧力がかかる。また個々の真実接触部の面積が小さいため，潤滑液体は真実接触部から排出され，その結果，2 表面どうしの直接接触が起こると一般には考えられている（6.3.3 項および図 6.28 における境界潤滑状態）*。一方ソフト系の場合，真実接触部にかかる圧力は局所的に高くならず，また変形により個々の接触部の面積が大きくなる。そのため，2 表面間が接近・接触する過程で表面間の潤滑液体がすべて排出されずに界面に残留し，液体薄膜層を介した接触状態をとる[26]。2 表面間に挟まれた液体層は，その厚みがナノメートルのオーダーになると閉じ込め効果（微小な空間で潤滑液体分子が幾何学的に充填する効果）によって分子運動性の低下（粘度（粘性率）の増加）や固化を生じ，界面からの液体排出を阻害する方向に働く[26~28]。このようにソフト系における接触界面には潤滑液体の薄膜層が介在することから，この薄膜界面層の設計から摩擦を制御する試みが行われている。

b.　摩擦力に対する荷重の効果

摩擦係数は摩擦の大きさを表す最も汎用的なパラメーターであり，それは摩擦力 F と荷重 W の比（F/W）で求められる（式 (6.23)）。この定義は摩擦力と荷重が原点を通る直線関係にあるという仮定に基づいており，実際多くのハード系接触界面の摩擦においてこの仮定が近似的に成り立つことが実験により確かめられている（図 6.32)。しかしソフト系の場合，変形により表面どうしが密着し，ハード系と比較して大きな真実接触面積を有する。この大面積の密着表面間にはファンデルワールス相互作用などに基づく引力（付着力）が生じ，そのため荷重がゼロ（あるいは負）であっても 2 表面間には摩擦力が生じる[26]。このような系において式 (6.22) における単位面積あたりのせん断強さ S は表面間の引力相互作用によって決まり，荷重に依存しない。したがって，摩擦力の荷重依存性は接触面積の荷重依存性を反映することになる。荷重がゼロであっても付着力に基づく接触面積を反映した摩擦力 F_0 を有し，荷

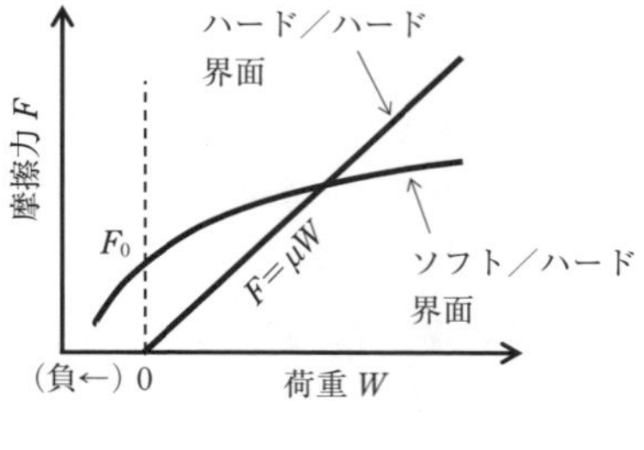

図 6.32　図 6.31 に示した接触状態に対応した摩擦力と荷重の関係の一例

ハード系/ハード系界面における摩擦は多くの場合，原点を通る直線で近似でき，その傾きは摩擦係数 μ を与える。表面間に付着力を生じるソフト系/ハード系界面では，荷重がゼロでも（あるいは負であっても）有限の摩擦力が働く。

---

*　最近の研究から，閉じ込め効果に基づく潤滑液体の固化によってハード系界面でも「固化した液体」を介した接触が生じている可能性が指摘され，議論が行われている。

重を増加していくと接触面積の増加が徐々に鈍化する。そのため，付着力が働くソフト系界面における摩擦力の荷重依存性は図 6.32 のような曲線を示すことが多い。低摩擦が求められる系においては，荷重が大きくなるほどソフトマテリアルの応用が有利になることがわかるであろう。

c.　すべり速度の影響

ハード系接触界面においては，摩擦の大きさは図 6.27 および式（6.22）に示されるように幾何学的な因子（凹凸形状から決まる真実接触面積 A）とせん断強さ S によって決まり，せん断強さとは例えば金属どうしの凝着などに依存する。このような機構に由来する摩擦力はすべり速度の影響をあまり受けない。一方ソフト系においては，摩擦せん断に伴い接触部が粘弾性変形（とその緩和）を生じることでエネルギーを散逸し，それが摩擦の大きさを決める大きな要因となる。また，密着したソフト系接触界面に働く相互作用は分子の再配向やコンフォメーション変化などを伴い，それらは個々の時定数をもつ。そのため，ソフト系のトライボロジーは材料の粘弾性や分子運動性などの影響を強く反映したものとなり，すべり速度（時間スケール）に応じて変化することになる[29]。　［山田 真爾］

6.4　接着剤・バインダー

6.4.1　接 着 と は

接着とは，接着剤（バインダー）を使用して物（被着材）と物（被着材）とを接合（つなぎ合わせる）する方法である。接合の方法には，① 接着のほか，② 機械的接合（ボルト締め，リベット締結，ねじおよび釘止めなど），③ 冶金的接合（溶接，ろうおよびはんだ付けなど），④ その他（縫い合わせ，はめ込みなど），多くの方法がある。ISO（国際標準化機構：International Organization for Standardization）では，“接着とは，二つの面が化学的あるいは物理的な力，あるいはその両者によって一体化された状態であり，接着剤とは，接着によって 2 個以上の材料を一体化することができる物質”と定義されている[1]。

接着する金属表面どうしを精密に研磨して，両者間の距離を約 1 nm 以下に近づけることができれば，二つの金属表面には分子間力（ファンデルワールス力）が働き，接着剤の介在なしでも強固に結合する。しかし，実際には精密に研磨した金属でも無数の凹凸（約 20 nm 以上の山と谷）があるといわれ，両面がピッタリ合わないため

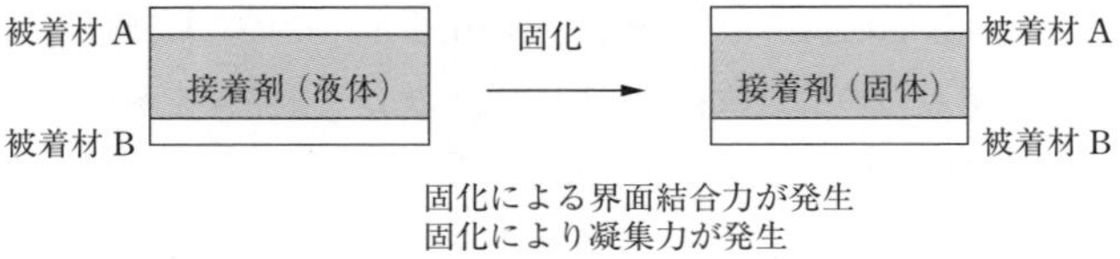

図 6.33　接着のメカニズム

に接着剤なしでの接合は難しい。接着剤は被着材表面の凹凸部を充たして平滑な連続膜をつくって表面の全面的な接触をはかり，さらに毛管現象などでよくぬらすため，分子間力の及ぶ距離に近づき，さらに液体から固体に変化することによって一定の強度を発揮する。接着が成立するためには，① 接着剤が流動する液体である，② 接着剤が被着材表面を十分にぬらす，③ 接着剤は液体のままでは強度がないので，固化して十分な接着力を発揮する，の 3 要件が不可欠であり[2]，図 6.33 に接着のメカニズムを示す。　［新井 康男］

6.4.2　接着接合の長所と短所

接着剤による接着接合は小さな部品の組み立てから大形構造物に至るまで幅広い分野で使用され，従来の接合法に代わって用いられている。しかし，接着接合は多くの長所があるが，短所もあるので，接着を成功させるには，被着材と接着剤の性質をよく理解しておくことが大切である。

表 6.3 に接着接合の長所と短所をまとめた[3]。　［新井 康男］

表 6.3　接着接合の長所と短所

長　所	短　所
・せん断方向の力に強い	・被着材によっては表面処理を必要とする
・接合部にかかる応力が均一に分散する	・有機系接着剤は耐熱性に限界がある
・被着材の変形を防ぎ，構造を強化する	・剝離の方向の力に弱い
・疲労強さが高い	・接合部の解体が困難である
・異種材料の接着が可能である	・硬化収縮による内部ひずみがある
・振動を軽減させる	・接着強さにバラツキがある
・軽薄短小化と工程の簡素化が可能である	・接着剤の選定が難しい
・表面を平滑にして美観を与える	・接着の良否の判定が難しい
・密封性（気密，水密）が優れている	・接着耐久性が不明である
・熱および電気を絶縁する	・実用までに時間がかかる

［日本接着剤工業会，“接着剤読本　9 版”，日本接着剤工業会（1997），p. 2］

6.4.3　接着の界面科学

a.　接着の理論

“接着剤はなぜくっつくか”という接着の原理については，多くの人々によってさまざまな理論が提唱されているが，広く統一的に説明できる理論はまだ確立されていない。

これまでに提唱された主要な接着説について紹介する[4)]。

（i）　**機械的結合説**（投錨効果，アンカー効果あるいはファスナー効果ともいう）被着材表面の孔や谷間に液状接着剤が入り込んで，固まることによって機械的に引っ掛かり，結合力が発生して接着が成り立つという考え方で，コンクリート，木材や繊維など吸い込みのある多孔質材料の接着を説明するのに有効な説である。接着剤が被着材の表面にある空隙に侵入硬化して釘またはくさびのような働きをする。

（ii）　**物理的相互作用説**（二次結合力，ファンデルワールス力，分子間力）　分子間力は，あらゆる分子間の引力（ファンデルワールス力）をいい，二次結合力ともいって接着の基本的原因とされている。分子の接近によって分子間に力が働き，一種の結合状態になる。

（iii）　**化学的相互作用説（一次結合力）**　一次結合力である共有結合，イオン結合，配位結合（水素結合はこの結合の代表例）によって最も強力に接着する。

（iv）　**拡散説**　相溶性（互いによく溶け合う性質）のある材料どうしが接着界面を超えて相互拡散によって接着力が発生する場合であり，未加硫ゴムやエマルション粒子の自着のように，両相の界面の分子が時間とともに相互拡散して接着する(Voyutskii 1951)。

（v）　**吸着説**　接着剤分子と被着材表面の分子との間が 1 nm 以内に近づくと両者の間には分子間力が働き，接着剤分子が化学的および物理的に被着材表面に吸着して接着する（McLaren 1948）。

（vi）　**静電気・電子説**　電子状態の異なる 2 種類の被着材が接すると，一方から他方へ電子の移動が起こり，電子をもらった方（アクセプター，受容体）はマイナス（−）に，電子を与えた方（ドナー）はプラス（+）に荷電し，その静電引力で相互に引き合って接着する。分極している分子がナノメートルオーダーで近づくと，これらの分子間で電子の授受が起きる（Derjaguin 1955）。

（vii）　**酸・塩基説**　金属（酸化物）やガラス表面のヒドロキシ基と接着剤分子の

相互作用を酸-塩基の相互作用によって接着界面に強い結合力が発生するという説である（Fowkes 1972）。ここでいう酸と塩基はルイス酸とルイス塩基のことであり，非共有電子対を受けるものが酸であり，与えるものが塩基である。

(viii)　絡み合い説　界面層における分子鎖の絡み合いまたは相互侵入高分子網目構造によって接着する。

(ix)　統一理論　これまで提唱された機械的接着説，吸着説，拡散説，静電気説や酸-塩基説などを統一しようとする試みがされた（Chung 1991）。

b.　表面のぬれ

接着には，接着剤と被着材はその分子間の及ぶ範囲に接近する必要がある。ここで"ぬれ"が大切になる。固体表面が液体によってぬれるか，ぬれないかは液滴の先端部分の接線と固体表面とがつくる角度，すなわち接触角 θ で判定される。図 6.34 に接触角 θ とぬれとの関係を示す。平衡状態において，液滴を広げようとする固体の表面張力 γ_S と固体/液体の界面張力 γ_{SL} および液体の表面張力 γ_L には，Young 式(6.24)が成立する。

$$\gamma_S = \gamma_{SL} + \gamma_L \cos\theta \qquad (6.24)$$

水はガラスの上ではぬれるが，ポリエチレン上では球となってぬれない。液で被着材が完全にぬれるときには $\theta=0°$ であり，まったくぬれないときには $\theta=180°$ になる。実際には 0° と 180° との間の角度をとる。被着材そのものに固有のぬれの数値，すなわち，臨界表面張力がある。被着材上に種々の既知の表面張力をもつ液体を滴下し，直後の接触角 θ を実測し，液体の表面張力を x 軸に，$\cos\theta$ を y 軸にプロットすると右肩下がりの直線（Zisman プロット）が得られる。この直線を外挿して y 軸の値が $\cos\theta=1$（すなわち，$\theta=0°$ で，完全にぬれている状態）のときの表面張力が被着材

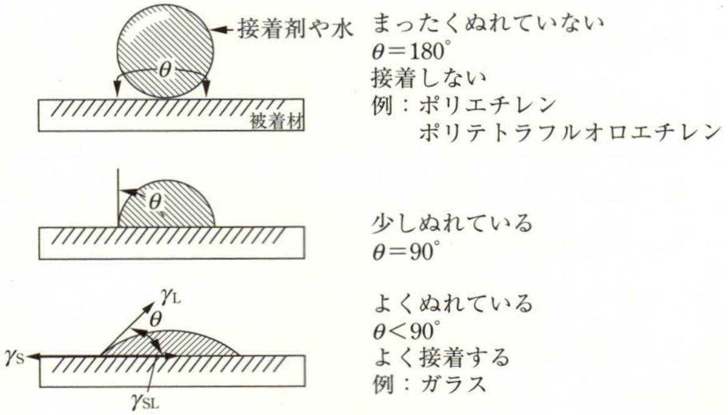

図 6.34　接触角 θ とぬれ

表 6.4　各種高分子材料の臨界表面張力

プラスチック	臨界表面張力 γ_C/mN m^{-1}
ポリテトラフルオロエチレン	18.5
ホリフッ化ビニリデン	25
ポリエチレン	31
ポリスチレン	33
ホリ塩化ビニル	39
ポリエチレンテレフタレート	43
66 ナイロン	46

[W. A. Zisman, *J. Am. Chem. Soc. Ser.*, **43**, 99 (1964)]

の臨界表面張力 γ_C である（表 6.4）。γ_C の小さい被着材は γ_C の値より表面張力の小さい液体でなければぬれない。γ_C の大きい被着材は表面張力の大きい液体でも，小さい液体でもともによくぬれる。ポリエチレンの γ_C は 31 mN m^{-1}，ポリテトラフルオロエチレンの γ_C は 18.5 mN m^{-1} であり，これらを接着する接着剤はこれよりも低い表面エネルギーをもたなければならない。しかし，一般にこのような低エネルギー接着剤は存在しないので，ポリエチレンやポリテトラフルオロエチレンを強固に接着することは不可能である[1]。

c.　液体と固体の接着エネルギー

γ_C 以下の液体は固体表面を完全にぬらし，固体表面に接着していることになる。この接着エネルギー（接着仕事）は，引き離すときのエネルギー変化と捉えることができる。エネルギー保存の法則から，引き離す前に系がもっていたエネルギーに引き離しに要したエネルギーを加えたものが，引き離したのちのエネルギーとなる。したがって，液体の表面自由エネルギー（表面張力）と固体の表面自由エネルギーの和から固体/液体の界面自由エネルギーを差し引いた値が引き離しに必要なエネルギー（接着仕事）となる。1869 年, Dupre は, 液体と固体間の接着仕事 W_a を次式で示した。

$$W_a = \gamma_S + \gamma_L - \gamma_{SL} \qquad (6.25)$$

Young 式（6.24）と Dupre 式（6.25）を組み合わせると液体の表面張力と接触角だけを含む Young-Dupre 式（6.26）になる。

$$W_a = \gamma_L (1 + \cos\theta) \qquad (6.26)$$

液体の表面自由エネルギーは，液体の表面張力の単位を N m^{-1} から J m^{-2} に換算して求められ，接触角 θ は実測できるので，接着仕事が計算できる。

d.　溶解度パラメーター（SP 値：solubility parameter）

溶解度パラメーターは蒸発エネルギー ΔE/cal mol^{-1}（1 cal＝4.18 J）を分子容

表 6.5　溶剤および高分子材料の溶解度パラメーター（SP値）

溶　剤	*SP*値	高分子材料	SP値
n-ヘキサン	7.3	ポリテトラフルオロエチレン	6.2
キシレン	8.8	ブチルゴム	7.3
トルエン	8.8	ポリエチレン	7.9
アセトン	10.0	天然ゴム	7.9～8.3
酢酸エチル	9.1	ブタジエンスチレンゴム	8.1～8.5
酢酸ブチル	8.5	ポリスチレン	8.6～9.7
フタル酸ジブチル	9.4	クロロプレン	9.2
アセトニトリル	11.9	ポリ酢酸ビニル	9.4
メタノール	14.5	ポリ塩化ビニル	9.5～9.7
エタノール	12.7	エポキシ樹脂	9.7～10.9
イソプロピルアルコール	11.5	フェノール樹脂	11.5

［芝崎一郎，“接着百科（上）”，高分子刊行会（1995），p. 26］

($cm^3\ mol^{-1}$）で割った値の平方根である。ゴムや高分子材料はSP値がよく似た溶剤に溶解し，被着材もSP値がよく似た接着剤によく接着するといわれている。SP値は溶解または混合性を予知する方法として一応の目安に使用されている。表6.5に溶剤および高分子材料の溶解度パラメーター（SP値）を示す。また，Smallが提案したSP値を分子構造式から計算する簡易法を式（6.27）に示す[5]。

$$\mathrm{SP}=\frac{d\times\Sigma\Delta F}{M} \tag{6.27}$$

ここで，dは比重，Mは分子量，ΔFは分子構造の各部分に特有なSmallの定数の和を示す。

e.　弱い境界層説（WBL：weak boundary layer）

Bikermanによってはじめて唱えられた説で，Schonhornらが実験的に証明してから脚光を浴びた。接着接合部の破壊は被着材か接着剤，あるいは両相の界面付近の弱い境界層（WBL）で起こると考えられ，WBLを除去することで接着強さは増大する。一般に，プラスチックおよびゴムなどの高分子材料や接着剤の表面には，各種の添加剤（可塑剤，酸化防止剤，充塡剤，顔料など）やオリゴマー（低分子量の高分子）が存在してWBL層を形成しているため，破壊がそこで起きやすい。したがって，十分な接着強度を得るためには，洗浄，研削，化学的処理によるWBLの除去，あるいは紫外線照射，コロナ放電，プラズマ処理による表面改質が必要である[6～8]。

［新井　康男］

6.4.4　接着剤と接着強さ

接着剤としては，クロロプレンゴムなどのゴム系溶剤形接着剤，酢酸ビニルエマルションなどの水系接着剤，エポキシ樹脂系や第二世代アクリル系接着剤（SGA）などの反応形接着剤，エチレン-酢酸ビニル（EVA）系ホットメルト形接着剤など多くの種類がある。各種反応形接着剤の接着強さについて表 6.6 に示す。一般的にエポキシ樹脂系接着剤や SGA などの反応形接着剤は被着材と水素結合により強固に結合する。一方，溶剤形接着剤や水性接着剤は溶剤や水の揮散によって固化し，分子の拡散や絡み合いによる界面結合力によって接着するため，接着強さは小さい。結合の種類と分子間距離による結合エネルギーを表 6.7 に示す。一次結合エネルギーは二次結合エネルギーよりもはるかに大きいが，ほとんどの接着では，一次結合は期待できないので水素結合をいかに活用するかが重要となる。

表 6.6　反応形接着剤の接着強さ比較（室温硬化）

項　目	SGA	エポキシ	ウレタン	嫌気性	シアノアクリレート
引張せん断/N mm^{-2}					
油面，鋼板	18.3	6.1	0	4.9	—
同上，177℃，30 min 加熱	20.4	7.7	5.9	—	—
溶剤洗浄，研磨なし，鋼板	18.5	13.7	4.2	—	0.7
溶剤洗浄，サンドブラスト，鋼板	23.9	13.7	6.0	16.5	28.2
エッチング，アルミニウム	24.6	15.5	13.3	—	21.1
溶剤洗浄，アルミニウム	14.8	12.0	2.7	7.0	8.6
衝撃/J mm^{-2}					
室温（20℃）	0.39	0.28	0.21	0.10	0.10
−29℃	0.31	0.10	0.08	—	—
−18℃	0.31	0.13	0.08	—	—
+82℃	0.28	0.13	0.10	—	—
T 形剥離/N/25 mm 幅					
溶剤洗浄，鋼板	120	34	130	7	—
エッチング，アルミニウム	120	79	160	7	—

表 6.7　結合の種類と分子間距離による結合エネルギー

結合の種類	原子間距離/nm	結合エネルギー/kJ mol^{-1}
一次結合（共有結合）	0.1～0.2	200～800
水素結合（配位結合）	0.2～0.3	20～40
二次結合	0.5～0.5	2～20

接着剤の多くは有機高分子のため，長い年月の間に，種々の環境因子（熱，水，光，酸素，オゾン，化学薬品，クリープ，疲労，熱サイクルなど）の影響を受けて劣化する。とくに熱と水分による接着接合部への影響が大きい。　［新井 康男］

6.4.5　接着の応用

a.　構造用接着剤，ポスト・イット®，複合材料

接着・接着剤の応用分野は非常に多岐，広範囲にわたるため，ここでは，強い接着（構造用接着剤），弱い接着（貼って剝がせる粘着剤）と複合材料に関して解説する。

（i）　構造用接着剤　構造用接着剤は“長期間大きな荷重に耐える信頼できる接着剤”（JIS K 6800）と定義されており，接着部が破壊すると構造物全体が破壊する，あるいは，機能しなくなる用途に使用される接着剤の総称である。現在市販されている接着剤のなかで強度や信頼性が最も高いものは航空機用の構造用接着剤である[9]。航空機の組立工程では古くから構造用接着剤が使われており，1940年代中期のデ・ハビランド社ホーネットの主翼構造の金属/木の接着にビニル・フェノリックが使用されたのが始まりで，1950年代後半のハニカム・サンドイッチ構造の出現により，構造用接着剤は航空機組立工程で必須のものとなった。ハニカムは蜂の巣構造（honeycomb）を意味し，それをスキンで挟んで（囲んで）接着した構造物であり，軽くて強く，接着する以外に組み立てる方法はない。ハニカムの材料はジュラルミンや芳香族ポリアミド，スキンの材料もジュラルミンや繊維強化複合材料などがあり，平面形状から曲面形状（図 6.35）まで多種多様で，現在の航空機では不可欠な構造材料となっている。使用される接着剤のほとんどはフィルム状のエポキシ系接着剤である。

日本の代表的な産業である自動車や電気電子分野などでも構造用接着剤は不可欠

図 6.35　ハニカムサンドイッチ構造
（左：V-22ヘリコプターのプロペラ・ローター）
［3M社カタログ］

で，航空機と同様に自動車の車体はもちろん，近年，自動車で多用されているモーター用磁石の組立では構造用接着剤が鍵となっている。磁石材料はフェライトやネオジムなどで脆いために，シャフトや本体にねじやボルトで固定することは不可能で，接着する以外に組み立てる方法はない。自動車などではエンジン近傍の高温（100℃以上）に曝される場合もあり，磁石がはがれればモーター，ひいては自動車自体の制御機能を失う。

構造用接着剤として使用される樹脂は，硬化反応により高分子化し，架橋構造を形成するもので，組成で分類するとフェノール系，エポキシ系，変性アクリル系などがある。形態で分類すると液状（ペースト状）かフィルム状である。構造部位には，せん断，剝離，衝撃やクリープなどの相反する接着強度と，耐熱や耐水性などの耐久性が要求される。構造用接着剤のほとんどは熱硬化型で，架橋密度やガラス転移温度が高く，せん断強度，耐クリープ，耐熱性などに優れる一方，剝離や衝撃などの接着強度に対しては不利であり，ゴム成分を μm サイズで相分離させたり（ポリマーアロイ），近年では有機・無機成分を nm サイズで分散させたりして（ナノコンポジット），靱性の向上がはかられている。

表 6.8 にエポキシ系構造用接着剤の接着特性の一例を示す。最も簡便な室温硬化型（使用時に主剤と硬化剤を混合するタイプ）でも，規格に基づく室温でのせん断強度は 1 cm^2 あたり 300 kg の重り（約 3000 N）をつり下げたほどの力を発揮する。つまり，たとえば 2.5 cm×2 cm の小さな接着面積なら，普通乗用車をもち上げることが可能である。しかし，単純重ね合わせによるせん断試験片では，時間とともに被着

表 6.8 エポキシ系構造用接着剤

接着剤	標準硬化条件	せん断強度 MPa/kgf cm^{-2}				T-剝離強度 24℃
		−55℃	24℃	80℃	150℃	kN m^{-1}(kgf/25 mm)
2 液混合型	25℃×7 日	23（235）	29（296）	2.5（25）	—	5.9（15）
2 液混合型	25℃×24 h	29（296）	29（296）	4.4（45）	—	11.8（30）
1 液ペースト	120℃×60 min	34（347）	39（398）	34（347）	3（30）	9.8（25）
1 液ペースト	120℃×60 min	20（204）	25（255）	25（255）	25（255）	3.9（10）
フィルム状	120℃×60 min	41（418）	38（388）	26（265）	—	11.4（29）
フィルム状	180℃×60 min	32（326）	39（398）	—	19（194）	5.3（14）

・試験片材質：アルミニウム 2024（せん断），アルミニウム 1050 または 2024（剝離）
・試験片サイズ（mm）：1.6 T×25 W×100 L（せん断），0.8 T×25 W×100 L（剝離）
・接着面積（mm）：25 W×12.5 L（せん断），25 W×100 L（剝離）
・表面処理：FPL エッチング（せん断・剝離）

体（金属）が変形し剥離，割裂応力が加わること，接着剤のせん断クリープ変形などの理由で，一定時間後に接着部の破壊が起こる。接着接合部のデザインを検討すれば，製品寿命よりも長い接着信頼性が得られる。つまり，使い方を間違えると（表面処理や加わる応力の解析など）容易に破壊に至る場合もある。多くの人命を預かる航空機産業では，接着接合のメリットを十分にいかすため，接着（接着剤）にとって理想的ともいえる表面処理や硬化プロセスなどが設定され，いまだかつて接着不良による事故はない。

（ii）　**ポスト・イット®**　　粘着剤は英語では pressure sensitive adhesive とよばれ，接着剤の一つである。ここでは，弱い接着（貼って剝がせる粘着剤）に関して解説する。Post-it® とよばれる製品は直訳すれば“それを貼ってみて”であり，3M 社が 1980 年に発売した粘着剤つきメモ用紙，付箋紙の登録商標である。“貼って・剝がして・また貼れる”というユニークな特性をもつ。その秘密は粘着剤にあり，直径数十 μm の球状の粘着剤が紙の上に塗布されている。その粘着剤の組成そのものは非常に粘着力が強いものであるが，微小球として紙の上に分散した状態で塗布されているため（図 6.36），接着面積が小さくなり，その分，粘着力が低下，引っ張れば，微小球が破壊することなく再剝離する仕掛けになっている。それまでの粘着剤は，紙やフィルムなどの上に全面に均一に塗布されており，接着面積が大きく，破れることなく，のり残りもなく再剝離することは困難であった。“貼って剝がす”という発想自体がなかった。しいていえば，貼ったものが剝がれることは許されなかった。

（iii）　**複合材料**　　繊維強化複合材料（CFRP：carbon/glass fiber reinforced plastic）はスポーツ，自動車から航空機まで幅広く使われている。2011 年に就航したボーイング 787 では主翼や胴体などの一次構造材料にも使用され（機体重量の約 50%），ボーイング 767 と比較して機体の軽量化と燃費がそれぞれ約 20% 向上した。軽いこと，繊維の方向性を利用して補強したい方向に重点的に繊維を配向させることができる設

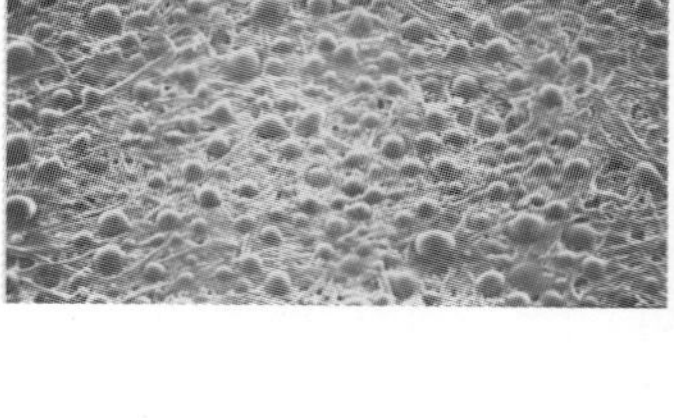

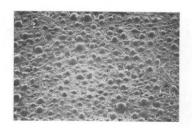

図 6.36　Post-it® の（微小）球状粘着剤

計の自由度（強いこと）に加えて適用実績やコストの低下などにより金属材料からCFRPへの変換が加速している。

CFRPのマトリックス樹脂そのものはエポキシ樹脂がほとんどであり，近年実用化が加速してきたレジントランスファーモールディング（RTM）とよばれる成形方法では，型の中に炭素繊維をセットしたのち，マトリックスとなるエポキシ樹脂を注入し，硬化させる手法である。成形精度が高く高性能を維持しながら低コストで成形する方法で，プラモデルのように複雑な部品形状が1回でできる（図 6.37）。金属の切削や研磨加工と違って，高分子材料らしさが発揮されている用途である。

複合材料の接合に関して，金属では溶接やリベットなどによる接合もあるが（周期的応力による応力集中，疲労破壊に注意が必要），CFRPなどの複合材料では接着面全体で応力を分散して受ける接着接合が基本である。複合材料でも表面処理や接着剤の選定は重要である。表面処理は金属と同様にサンドペーパーやアルミナ粒子のブラストによる表面研磨があるが，ピールプライ法とよばれる独特の方法がある。それは，CFRP成形時に接着面に薄いナイロンかポリエステルの織物をセットして硬化，接着時にその織物を剥離して，新しく接着面を出す方法で，研磨の手間を省いたり，少なくできる。これも高分子材料らしい方法である。

接着剤の選定に関しては，金属被着体と異なる点として，加熱硬化時の発泡がある。有機材料をマトリックスとするCFRPでは吸湿は避けられないため，加熱硬化時（接着時）に水蒸気になり，接着界面で発泡し，接着強度の低下を招く場合がある。とくに修理前には複合材料を十分に乾燥することが重要である。近年，吸湿したCFRPでも強度低下が少ないエポキシ系接着剤が開発されている（図 6.38）。エポキシ系接着

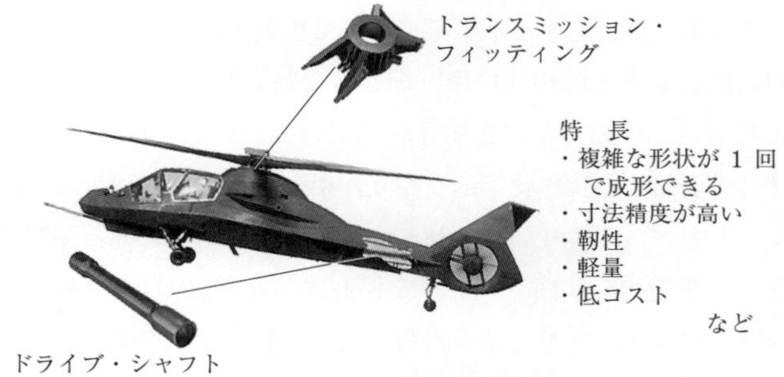

図 6.37　CFRP（RTM）の応用例
[3M社カタログ]

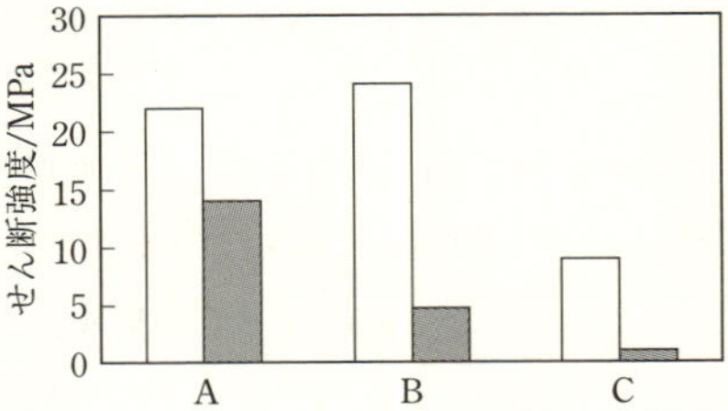

図 6.38　CFRPの吸湿前後のせん断強度
□：CFRPを113°Cで9日間乾燥後に接着
■：CFRPを71°C/100 RHで9日間吸湿後に接着
せん断強度測定条件：136°Cの雰気囲下で測定
A：新世代構造用接着剤
B：金属構造用接着剤（高せん断強度タイプ）
C：金属構造用接着剤（高剝離強度タイプ）

剤は，主剤，硬化剤，変性剤などの主要成分を比較的自由に組み合わせることが可能である。また，エポキシ系に限らず新しい機能をもった接着剤の新しい応用・用途が拡大している。　［山中　啓造］

b.　抗血栓材料・細胞シートの構造非破壊を実現するインテリジェント表面

（i）　はじめに　細胞やタンパク質，生体組織などに直接，あるいは間接的に接して用いられる材料をバイオマテリアルといい，医療材料，医療デバイス，人工臓器，細胞や生体分子分離材料，各種センサー表面などに利用されている。生体内で人工物を接触させると，生体は人工物を異物として認識し，防御機能が働き，免疫応答，血栓形成反応，炎症反応さらにはカプセル化反応による排除反応が起こる。これを抑制するため，生体適合性を付与したバイオマテリアル表面の設計が重要である。ポリエチレングリコール（PEG）鎖やリン脂質構造に類似したリン酸基を側鎖にもつ合成高分子で修飾した表面は高い生体適合性を示す[10,11]。一方で，細胞やタンパク質の接着，脱着が制御できれば，従来の生体適合性材料でなし得なかった機能を有する新しいバイオマテリアル表面設計が期待できる。本項では細胞の材料表面への接着，脱着制御を可能にしたインテリジェント表面の特性を説明し，温度応答性表面により作製した細胞シートによる新しい細胞シート工学について概説する。

（ii）　材料表面と細胞との相互作用（細胞の受動的粘着と能動的粘着）　細胞の材料表面への接着は，受動的粘着と能動的粘着の二つの過程からなる（図 6.39）[12]。受動的粘着は材料表面との物理化学的な相互作用（疎水性相互作用，クーロン力，ファンデルワールス力など）により制御される。受動的粘着過程にある細胞は，細胞膜レセプターを介した細胞内の代謝シグナルを伴わず，材料表面から容易に脱着できる。受動的粘着過程につづき，能動的粘着過程に入った細胞は細胞膜レセプターを介した細胞内シグナルにより，細胞骨格構造を再構築しながら細胞膜や細胞形状を変化させ伸展する。受動的粘着細胞は，トリプシン酵素やキレート剤を用いても細胞外マトリッ

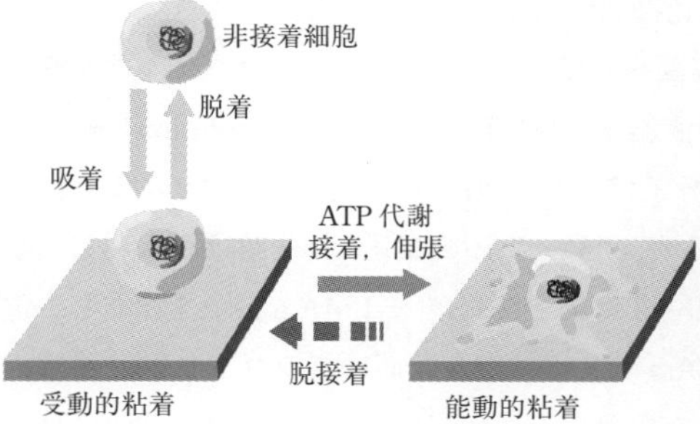

図 6.39 細胞と材料表面との相互作用
細胞の受動的粘着，能動的粘着のプロセス制御が可能なインテリジェント表面が作製できれば新しいバイオマテリアル表面の設計が期待できる。
［A. Kikuchi, T. Okano, *J. Control. Release.*, **101**, 69（2005）］

クス，細胞膜レセプター，細胞-細胞間接着タンパク質（カドヘリン，カテニン）の分解で回収できるが，このような処理では，細胞機能はダメージを受ける。

（iii） 能動的粘着への移行を抑制する表面設計と血栓抑制材料への応用　人工臓器に長期間の抗血栓性をもたせることは，人工臓器としての機能を維持する面からも重要である。血栓は複雑な血液凝固反応を通じて形成するが，そのなかでも血小板は中心的な役割を果す。血小板が材料表面上に能動的に粘着し始めると，血小板凝集やフィブリン形成を促進する物質を放出し，最終的に血栓を形成する。しかし，親水性のポリ(2-ヒドロキシエチルメタクリレート)（PHEMA）と疎水性のポリスチレン（PSt）のブロックコポリマー（poly(HEMA-*b*-St)）をコートした表面は血小板の能動的粘着をおさえ，血栓形成を抑制する[13]。実際に，poly(HEMA-*b*-St）を 3 mm 径の人工血管にコートし，イヌ頸動脈に移植した系で 1 年以上の血栓形成抑制が報告されている[14]。移植 poly(HEMA-*b*-St）表面の分析から，血漿タンパク質のアルブミンが未変性時の立体構造を維持したまま長期間にわたり単層吸着することが示された。この吸着特性は poly(HEMA-*b*-St）の相分離で生じるラメラ構造の特性に起因すると考えられる。

in vitro 系において，poly(HEMA-*b*-St）表面では，血小板はローリング，剝離，振動などの細胞運動を伴って移動する[15]。すなわち，poly(HEMA-*b*-St）表面では，このような血小板の細胞運動が能動的粘着への移行を阻害している。他方，PHEMA，PSt および poly(HEMA-*co*-St）（HEMA と St のランダム共重合体）表面では，血小板が能動的に粘着するため，このような運動や移動は起こらない。また，ATP 合成阻害剤（アジ化ナトリウム）や膜骨格破壊剤（ジブカイン）処理により poly(HEMA-*b*-St）表面で血小板の運動性が急激に低下することは，ATP 代謝と膜骨格再生が血小板の運動に関与していることを示唆している[15]。以上二つのファクターが poly

(HEMA-b-St) 表面での血小板の活性化抑制に関与していると考えられる。

(iv)　温度応答性表面と細胞培養表面への展開　ポリ(*N*-イソプロピルアクリルアミド) (PIPAAm) は，下限臨界溶液温度 (LCST：lower critical solution temperature) を 32℃ に有する温度応答性高分子である。PIPAAm 水溶液は，32℃ より低い温度ではポリマー鎖は水和し溶解するが，32℃ 以上ではポリマー鎖は脱水和し，凝集し，沈殿する[16]。ポリスチレン製組織培養皿 (TCPS) に IPAAm 溶液を塗布し，電子線を照射すると，超薄膜状の PIPAAm ゲルが TCPS 表面にグラフトされた温度応答性細胞培養表面 (PIPAAm-TCPS) を作製することができる。PIPAAm-TCPS はグラフトした PPIAAm ゲルの水和，脱水和により，温度変化によって表面の親・疎水性を変化させることができる[17,18]。この表面に細胞を 37℃ で播種すると，市販の TCPS と同様に細胞は吸着・粘着 (受動的粘着) する。その後，細胞は ATP を消費しながら能動的接着過程に入り伸展，増殖する (図 6.40)。培養温度を LCST よりも低くすることでグラフトした PIPAAm ゲルの水和により，PIPAAm-TCPS は親水性を示す。その結果，伸展した細胞は丸くなり脱着する。低温処理による細胞脱着過程は，ATP 合成阻害剤 (アジ化ナトリウム)，チロシンキナーゼ活性阻害剤 (ゲニステイン)，アクチン脱重合剤 (サイトカラシン D) などの阻害剤の存在下では，細胞脱着が阻害される。この結果から，PIPAAm-TCPS 表面からの細胞脱着は，ATP 消費を伴った，細胞内シグナル伝達や細胞骨格の再構成など細胞の能動的過程で引き起こされる"能動的"脱着であることが示された (図 6.40 右から左)[20,21]。通常，トリプシンなどのタンパク質分解酵素を用いて培細胞間の結合や培養細胞が分泌した細胞外マトリックス (ECM) を分解し，細胞にダメージを与えながら培養基材に接着した細胞を剥離させるが，PIPAAm-TCPS 表面の場合，温度変化させるだけで，細胞の構

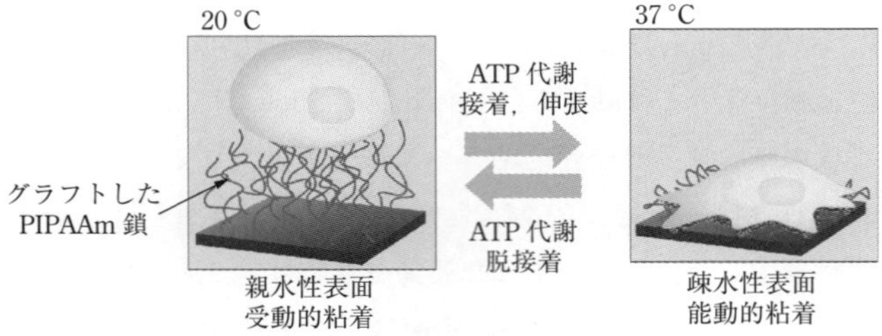

図 6.40　温度応答性高分子グラフト表面

温度に応答して変化する細胞接着・脱接剤制御 (左：20℃，右：37℃)。
温度応答性表面を利用した細胞培養床は細胞の脱接着を実現。

造と機能を損なわずに培養細胞を回収できる[19~21]。脱着した細胞は，細胞基底膜側にECMを保持し，細胞をシート状に回収することも可能である。

（v）細胞シート工学　組織工学（tissue engineering）とは，*in vivo* あるいは *in vitro* で組織構造を形成させ，生体内の組織の構造・機能を再構築させる研究領域である。Vacanti らの手法では，生分解性材料を足場として細胞を培養し[22]，成長因子の存在下で組織を再構築する。しかし，分解に伴う組織化速度のコントロール，生分解性材料内部への細胞播種の難しさが，複雑な機能，構造を有する組織や臓器，細胞密度が高く，また，厚い組織や臓器作製の障害になっている。さらに，生分解性材料の分解産物によって引き起こされる周辺組織の炎症反応も課題となっている。

組織工学の新技術として，PIPAAm-TCPS 表面で作製した二次元の細胞シートを利用し，三次元的な組織を構築する「細胞シート工学」が提唱されている[23,24]。PIPAAm-TCPS 表面で培養，作製した細胞シートは細胞基底膜側に ECM を保持している[25]。この ECM が「のり」の役割をするため，別の培養皿上や別の細胞シート，生体組織などに移動，移植することができる（図 6.41）。

細胞シートの特徴を応用し，損傷した様々な組織，臓器を治療すべく，細胞シートのヒト臨床への応用が始まり，角膜上皮細胞シート移植による角膜上皮の再生，骨格

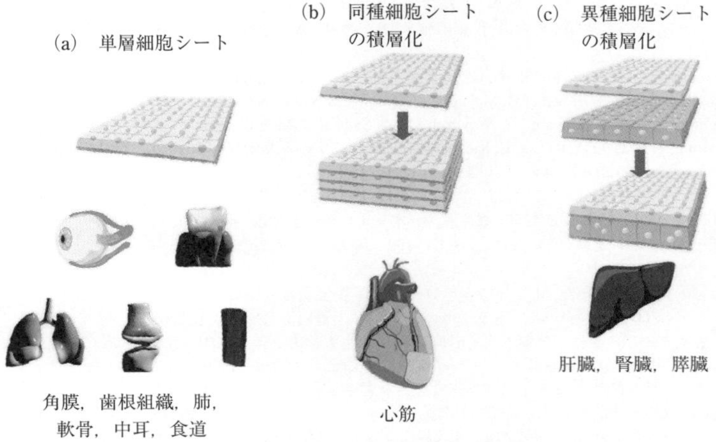

図 6.41　細胞シート工学を利用した組織および臓器構築方法
(a)　単層細胞シート　(b)　同一の細胞シートを重層化した組織
(c)　異なる細胞シートを重層化した組織構築
それぞれの組織や臓器の構造特性に着目し，細胞シートを積層化。

筋芽細胞シート移植による虚血性心疾患の治療，歯周組織由来細胞シートによる歯周組織の再生，口腔粘膜上皮細胞シート移植による内視鏡的食道粘膜切除後の食道狭窄予防，軟骨細胞シート移植による関節治療，皮膚線維芽細胞シート移植による肺気漏の治療が成功を収めている。また，細胞シートによる細胞が密で厚い組織を *in vitro* で作製すべく血管網が付与された組織や，肝臓，腎臓などのより複雑で高度な構造，機能を有する次世代に組織再生への挑戦的な研究も始まった[26)]。

［秋山 義勝，岡野 光夫］

参考文献

6.1 節

1) C. H. Chang, E. I. Franses, *Coll. Surf. A*, **100**, 1 (1995).
2) S. G. Oh, S. P. Klein, D. O. Shah, *AIChE J.*, **38**, 149 (1992).
3) K. Holmberg, M. J. Schwuger, D. O. Shah, *et al.*, eds., 辻井 薫，高木俊夫，前田 悠 監修，“翻訳 応用界面・コロイド化学ハンドブック”，技術情報協会 (2006).
4) 竹内祥訓，金子行裕，*Fragrance J.*, **29**(12), 68 (2001).
5) 田村隆光，表面，**38**，482 (2000).
6) V. B. Fainerman, R. Miller, *Coll. Polym. Sci.*, **272**, 731 (1994).
7) Y. Hua, M. J. Rosen, *J. Coll. Interf. Sci.*, **142**, 652 (1988).
8) Y. Hua, M. J. Rosen, *J. Coll. Interf. Sci.*, **145**, 180 (1991).
9) D. L. Carter, M. C. Draper, D. O. Shah, *Langmuir*, **21**, 10106 (2005).
10) ドゥジェンヌ，ボロシャール-ヴィアール，ケレ著，奥村剛 訳，“物理学叢書 104 表面張力の物理学—しずく，あわ，みずたま，さざなみの世界”，吉岡書店 (2003)，p. 145.
11) ウィッテン，ピンカス 著，好村滋行，福田順一 訳，“物理学叢書 106 ソフトマター物理学”，吉岡書店 (2013)，p. 301.
12) Y. Nonomura, Y. Morita, T. Hikima, E. Seino, S. Chida, H. Mayama, *Langmuir*, **26**, 16150-16154 (2010).
13) Y. Nomura, S. Chida, E. Seino, H. Mayama, *Langmuir*, **28**, 3799-3806 (2012).
14) E. Seino, S. Chida, H. Mayama, Y. Nonomura, *Coll. Surf. B*, **122**, 1-6 (2014).
15) J. P. Gong, Y. Iwasaki, Y. Osada, K. Kurihara, Y. Hamai, *J. Phys. Chem. B*, **103**, 6001-6006 (1999).
16) J. P. Gong, *Soft Matter*, **7**, 544-552 (2006).

6.2 節

1) 磯田武信，大坪泰文，安江高秀，梅屋薫，日本レオロジー学会誌，**4**(3)，133 (1976).
2) 上田隆宣，日本レオロジー学会誌，**26**(4)，199 (1998).

6.3 節

1) 日本トライボロジー学会 編，“トライボロジー辞典”，養賢堂 (1995)，p. 179.
2) 日本トライボロジー学会 編，“トライボロジー辞典”，養賢堂 (1995)，p. 250.
3) 榎本祐嗣，三宅正二郎，“薄膜トライボロジー”，東京大学出版会 (1994)，p. 7-10.
4) 岡本純三，中山景次，佐藤昌夫，“トライボロジー入門”，幸書房 (1990)，p. 13-16.
5) 加藤孝久，益子正文，“トライボロジーの基礎”，培風館 (2004)，p. 134-140.
6) T. Sugita, K. Suzuki, *Wear*, **45**, 57-73 (1977).
7) 森誠之（日本化学会 編），“第2版　現代界面コロイド化学の基礎”，丸善 (2002)，p. 194-200.
8) 中山景次，トライボロジスト，**46**(5)，374-379 (2001).
9) 日本トライボロジー学会 編，“トライボロジー辞典”，養賢堂 (1995)，p. 253.
10) 榎本祐嗣，三宅正二郎，“薄膜トライボロジー”，東京大学出版会 (1994)，p. 36-39.
11) 岡本純三，中山景次，佐藤昌夫，“トライボロジー入門”，幸書房 (1990)，p. 40-50.

12) 日本トライボロジー学会編，“トライボロジー辞典”，養賢堂（1995），p. 112.
13) 榎本祐嗣，三宅正二郎，“薄膜トライボロジー”，東京大学出版会（1994），p. 56-58.
14) 星野道男（木村好次 監修），“普及版 トライボロジーの解析と対策 第1編 トライボロジーデータブック”，テクノシステム（2003），p. 15-18.
15) 桜井俊男，“トライボロジー叢書1新版潤滑の物理化学”，幸書房（1978），p. 122-123.
16) 福島慎哉，トライボロジスト，**46**(3)，189-194（2001）.
17) 藤田功著，北郷薫 編，“機械の辞典”，朝倉書店（1980），p. 587-589.
18) 辻 直樹，トライボロジスト，**46**(3)，183-188（2001）.
19) 倉知祥晃（野呂瀬進 監修），“普及版 トライボロジーの解析と対策 第2編 摩耗機構の解析と対策”，テクノシステム（2003），p. 469-490.
20) 八木下和宏，トライボロジスト，**52**(9)，657-662（2007）.
21) 三原雄司，トライボロジスト，**61**(2)，71-77（2016）.
22) 山本英継，トライボロジスト，**61**(2)，78-83（2016）.
23) J. P. Gong, *Soft Matter*, **7**, 544 (2006).
24) M. Roba, E. G. Duncan, G. A. Hill, N. D. Spencer, S. G. P. Tosatti, *Tribology Lett.*, **44**, 387 (2011).
25) 山口哲生，日本ゴム協会誌，**85**，319（2012）.
26) J.N. イスラエルアチヴィリ著，大島広行 訳，“分子間力と表面力 第3版”，朝倉書店（2013），p. 397.
27) S. Granick, *Phys. Today*, **52**, 26 (1999).
28) 山田真爾，分析化学，**62**，131（2013）.
29) B. N. J. Persson, B. Lorenz, M. Shimizu, M. Koishi, *Adv. Polym. Sci.*, **275**, 103 (2017).

6.4 節

1) 日本接着剤工業会，“接着剤読本 9版”，日本接着剤工業会（1997），p. 1.
2) 芝崎一郎，“接着百科（上）”，高分子刊行会（1985），p. 1.
3) 日本接着剤工業会，“接着剤読本 9版”，日本接着剤工業会（1997），p. 2.
4) 日本接着学会 編，“接着ハンドブック 第3版”，日刊工業新聞（1996），p. 1.
5) P. A. Small, *J. Appl. Chem.*, **3**, 71 (1953).
6) J. J. Bikermann, *J. Coll. Sci.*, **2**, 163 (1947).
7) J. J. Bikermann, “The Science of Adhesive Joints, 2 nd ed.”, Academic Press (1968).
8) 日本接着学会 編，“接着ハンドブック 第3版”，日刊工業新聞（1996），p. 30.
9) 日本接着協会 編，“接着ハンドブック 第2版”，日刊工業新聞（1980），p. 344.
10) A. Razatos, Y.-L. Ong, F. Boulay, D. L. Elbert, J. A. Hubbell, M. M. Sharma, G. Georgiou, *Langmuir.*, **16**, 9155 (2000).
11) K. Ishihara, N. P. Ziats, B. P. Tierney, N. Nakabayashi, J. M. Anderson, *J. Biomed. Mater. Res.*, **25**, 1397 (1991).
12) A. Kikuchi, T. Okano, *J. Control. Release.*, **101**, 69 (2005).
13) T. Okano, S. Nishiyama, I. Shinohara, T. Akaike, Y. Sakurai, K. Kataoka, T. Tsuruta, *J. Biomed. Mater. Res.*, **15**, 393 (1981).
14) C. Nojiri, T. Okano, H. A. Jacobs, K. D. Park, S. F. Mohammad, D. B. Olsen, S. W. Kim, *J. Biomed. Mater. Res.*, **24** (9), 11511 (1990).
15) E. Ito, M. Yamato, M. Yokoyama, Y. Sakurai, T. Okano, *J. Biomed. Mater. Res.*, **42** (1), 148 (1998).
16) H. G. Schild, *Prog. Polym. Sci.*, **17**, 163 (1992).
17) N. Yamada, T. Okano, H. Sakai, F. Karikusa, Y. Sawasaki, Y. Sakurai, *Makromol. Chem., Rapid Commun.*, **11**, 571 (1990).
18) T. Okano, N. Yamada, H. Sakai, Y. Sakurai, *J. Biomed. Mater. Res.*, **27**, 1243 (1993).
19) T. Okano, N. Yamada, M. Okuhara, H. Sakai, Y. Sakurai, *Biomaterials*, **16**, 297 (1995).
20) M. Yamato, M. Okuhara, F. Karikusa, A. Kikuchi, Y. Sakurai, T. Okano, *J. Biomed. Mater. Res.*, **44**, 44 (1999).
21) Y. Akiyama, A. Kikuchi, M. Yamato, T. Okano, *Langmuir*, **20**, 5506 (2004).
22) R. Langer, J. P. Vacanti, *Science*, **260**, 920 (1993).
23) J. Yang, M. Yamato, T. Okano, *MRS Bull.*, **30**, 189 (2005).
24) J. Yang, M. Yamato, T. Shimizu, H. Sekine, K. Ohashi, M. Kanzaki, T. Ohki, K. Nishida, T. Okano, *Biomaterials*, **28**, 5033 (2007).
25) A. Kushida, M. Yamato, C. Konno, A. Kikuchi, Y. Sakurai, T. Okano, *J. Biomed. Mater. Res.*, **45**, 355 (1999).
26) K. Nagase, M. Yamato, H. Kanazawa, T. Okano, Y. Sakurai, *Biomaterials.*, **153**, 27 (2018).

7

分子の組織化—原子，分子，ナノ粒子の配列

本書をここまで読んできた読者は，コロイドおよび界面化学において分子の集合や溶液の制御が，主に分子の形状が重要であり，そこに働くファンデルワールス力やイオン相互作用など凝集するための力がバランスよく機能することが必要であると理解されているだろう。これらはまるで，DNAの塩基配列情報がタンパク質をつくり出し生命を制御しているかのように，はじめに与えられた情報が高次構造までをもつくり出すかのようにみえる。事実，生命にみられるさまざまな集合体や組織の構造は，多様であり美しい。

しかし生命情報の構築と異なり，コロイドおよび界面化学で構成される集合体や組織の成因に関しては，いまだその全貌が明らかになっていない。分子をどのようにデザインするのか，どのようにつくり出すのかという設計の問題とともに，それを並べる外的環境が多種多様であるためである。だからこそ，多くの研究者・技術者が，人為的に制御してみたいと思い，研究に取り組んでいる。

配列構造をつくり出すことは，われわれが分子を人為的に利用するうえで，また新しい機能性を探るうえでとても重要である。とくに分子形状と外的環境という複数の制御が時系列や空間列で必要な手法は，界面という環境で顕著に現れる。ここでは，固/液・気/液界面などで行われるさまざまな分子，もしくは集合体の配列制御について概論する。

［三輪 哲也］

7.1 原子の配列

7.1.1 表面の結晶構造の幾何学

結晶は，それを形成する原子の規則的な集合体であり，幾何学的にその構造を分類することができる。Bravaisらによって，空間を同じ体積に分割するような空間格子は14種類のみであることが示されている。図 7.1にその14種類のブラベ格子の単

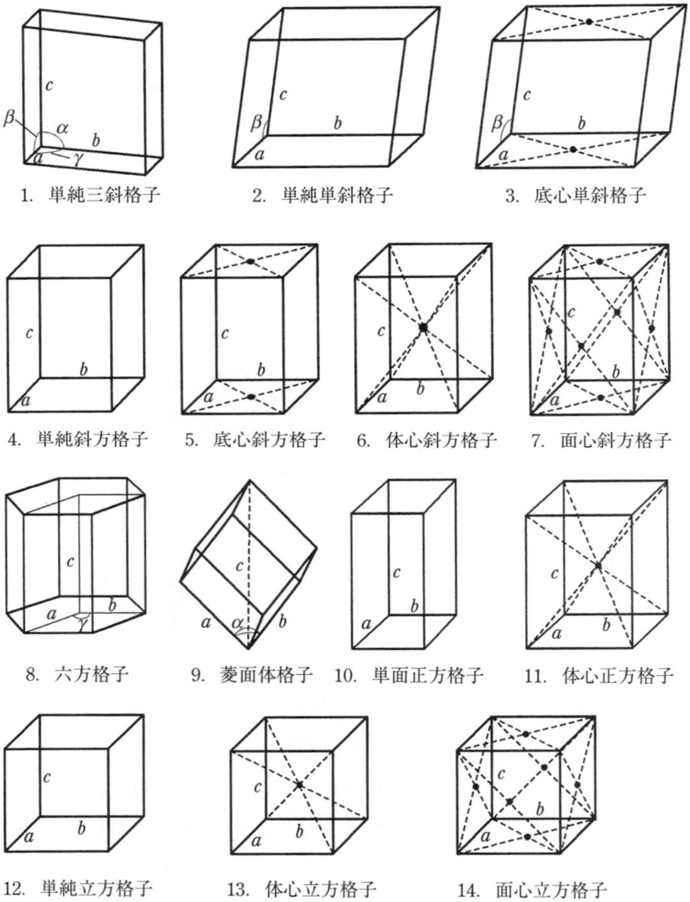

図 7.1　単位格子で構成されたブラベ格子

位格子を示す。これらのブラベ格子は立方，正方，斜方，単斜，三斜，菱面体および六方の七つの結晶系に分類される。これらの空間格子は，a，b，c の三つの基本並進ベクトルによって定義される。表 7.1 には，七つの晶系の単位格子の条件を示す。実際の結晶はこれらの空間格子に原子，分子あるいは原子団が配置されて構成されている。

結晶面の方向の指定には，多くの場合ミラー指数が用いられる。ミラー指数は以下の手順で定められる。ある結晶面が結晶軸 a，b，c と交わる点の，原点からの距離を，

表 7.1 結 晶 系

結晶系	軸の長さ	軸 角	格子の種類(図 7.1)
三斜晶系	$a \neq b \neq c$	$\alpha \neq \beta \neq \gamma$	1
単斜晶系	$a \neq b \neq c$	$\alpha = \beta = 90°$ $\gamma \neq 90°$	2, 3
斜方晶系	$a \neq b \neq c$	$\alpha = \beta = \gamma = 90°$	4, 5, 6, 7
正方晶系	$a = b \neq c$	$\alpha = \beta = \gamma = 90°$	10, 11
立方晶系	$a = b = c$	$\alpha = \beta = \gamma = 90°$	12, 13, 14
菱面体晶系	$a = b = c$	$\alpha = \beta = \gamma = 90°$	9
六方晶系	$a = b \neq c$	$\alpha = \beta = 90°$ $\gamma = 120°$	8

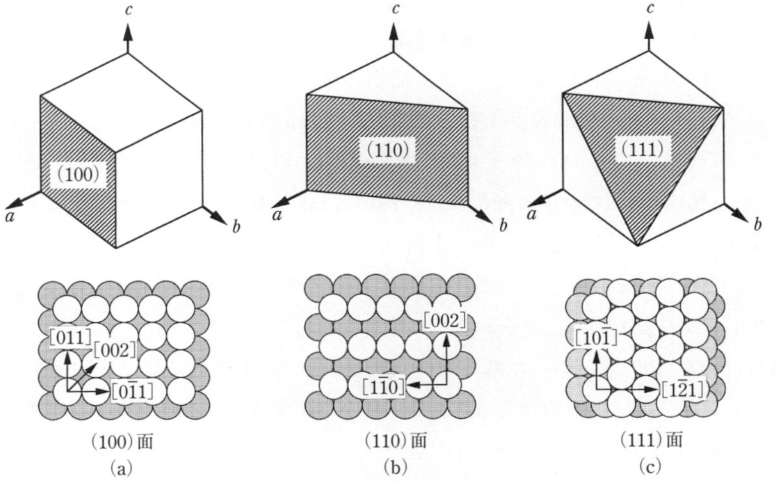

図 7.2 面心立方格子の基本的低指数面と表面の原子配置

格子定数の単位として求める。その三つの数の逆数をとって，それと同じ比をもつ最小の整数を求め，括弧の中に入れて（h, k, l）と表す。例として，立方晶系の一つである面心立方格子の基本的低指数面と，表面の原子配列を図 7.2 に示す。軸の方向は［u, v, w］で表され，軸と反対の方向，たとえば u 方向の場合［$\bar{u}, v, w$］と表す。立方晶系では（h, k, l），（k, l, h），（l, h, k）などの等価な構造の面を｛h, k, l｝で表示できる。

［板谷 謹悟，指方 研二］

7.1.2　表面構造と配位数

結晶表面での電子の挙動は，厳密には量子論的な取扱いを必要とするが，近似的には隣接する原子間の結合エネルギーと結合の数（配位数）を用いることで取り扱える。結晶内部にある原子を取り囲むさい，近接原子数は単純立方格子で6個，体心立方格子で8個，面心立方格子では12個である。これに対し，表面では外部に向かって不対電子が突き出すことになる。結合する相手を失った結合手が表面に存在することで，表面のエネルギーが高くなる。このようにして表面に生ずる単位面積あたりの過剰なエネルギーを，表面エネルギーという。

面心立方格子を例にとる。結晶内部での原子1個あたりの結合エネルギーを L とすると，最近接原子間の結合エネルギーは，一つの結合あたり（1/12）L となる。(111) 面のテラス内に位置する原子は，図 7.2(a) に示すように9個の原子と結合しており，配位数は9である。したがって，(111) 面から原子1個を引き抜いて取り除くのに必要なエネルギーは（9/12）L となる。また，この表面では原子1個あたり3本の結合手があまることになるので，原子1個あたりの表面エネルギーは (3/12)L になる。(100) および（110）面にある原子の配位数は，図 7.2(a)，(b) に示すようにそれぞれ8および7なので，これらの面から原子1個を取り除くのに必要なエネルギーは，おのおの (8/12)L と (7/12)L となる。このことは，表面に最密充填構造を露出している (111) 面が最も安定な面であることを示している。

(111) 面や（100）面といった基本的低指数面から面方位を変えることにより，平滑な表面のテラス上に周期的な間隔でステップが出現する。ステップエッジの原子配列は高指数面の面方位に応じて異なる。たとえば，(111) 面に現れたステップエッジ部分の原子の配位数は7となる。一方，(100) 面では，[011] 方向と平行なステップのエッジにある原子の配位数が7であるのに対し，[002] 方向と平行なステップのエッジにある原子の配位数は6である。この場合ステップエッジから原子1個を取り除くのに必要なエネルギーは，それぞれ（7/12）L と（6/12）L になる。このように，結晶表面の原子の配位数を考えることによって，表面原子の配列構造の安定性を予測することができる。

［板谷 謹悟，指方 研二］

7.1.3　溶液中での単結晶電極表面の原子構造解析

走査トンネル顕微鏡（STM：scanning tunneling microscope）の登場によって，電

解質溶液中においても，原子，分子レベルでその場観察できるようになった。STMによる表面構造の解析は，UHV（超高真空）中での清浄表面の再配列構造の解析から始まり，種々の金属表面での研究が急速に進展した[1]。その後，Pt(111)面上に吸着したヨウ素原子がUHV中で解像されたことにより[2]，STMの応用範囲は吸着原子，分子へと広がっていった。

電気化学STMによる電極/溶液界面の構造決定の進展も著しい。理想的な結晶面が溶液中に露出されていることが実証され[3] 単結晶電極を用いた研究が急速に進展した[4]。以下に電極反応過程に伴う構造変化を，原子レベルで解析した研究例について述べる。

a.　アンダーポテンシャルデポジション（UPD）

UPDとは，基板となる金属表面に異種金属を電解析出したときに，電析反応の平衡電位よりもアノード側の電位で1層程度の吸着金属層を形成する現象である。図7.3(a) に，0.05 mol L^{-1} H_2SO_4＋1 mmol L^{-1} $CuSO_4$ 溶液中でのAu(111) 上のCuのUPDを示す。0 V付近からCuのバルク電析による電流が立ち上がるが，それよりも正側の約0.2 V（第一波）および0.05 V（第二波）にUPDによる電流ピークが2波現れる。また，UPD反応に伴って消費された電荷量の測定結果から，第一波の終了する電位でCuの被覆率は約2/3であることが予想された。UPD過程のSTM測定を

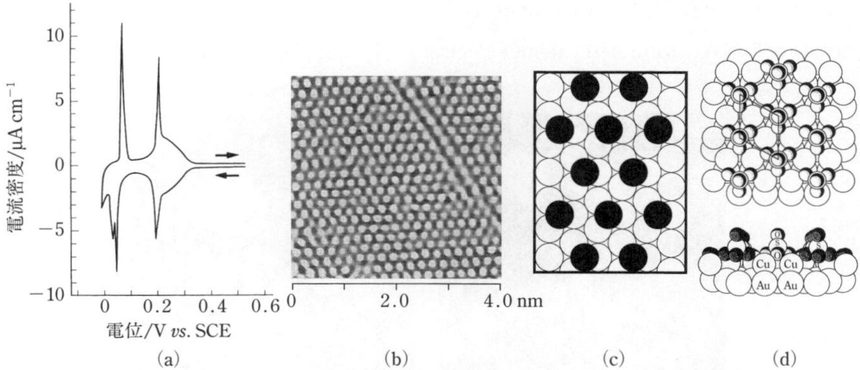

図 7.3　CuのUPDしたAu(111)面のサイクリックボルタモグラム (a)[1] とSTM像およびその吸着構造モデル (b)[1]，(c)，(d)[2]

1)　T. Hachiya, H. Honbo, K. Itaya, *J. Electroanal. Chem.*, **315**, 275 (1991).

2)　M. Toney, J. Howard, J. Richer, G. Borges, J. Gordon, O. Melroy, D. Yee, L. Sorensen, *Phys. Rev. Lett.*, **75**, 4472 (1995).

行ったところ，Cu が UPD していない 0.5 V 付近では，基板である Au(111) 面の個々の原子の（1×1）構造が観察された。

しかし，UPD 第一波後の 0.15 V では図 7.3(b) に示すようなまったく異なる構造が観察された。図中の明るい点が1個の吸着種である。図中の右上部には，吸着構造が基板に対して水平方向にずれたために生じる境界領域が観察されている。吸着種間の拒離は金原子間距離の $\sqrt{3}$ 倍で，吸着種の列は基板の金原子列に対して 30° ずれていることから，観察されている構造は図 7.3(c) に示すような Cu 原子の（$\sqrt{3}\times\sqrt{3}$）R 30° 構造であると考えられた。しかし，この構造の Cu の被覆率は 1/3 であり，電荷量の測定結果から推定された被覆率とは大きく異なっている。その後の研究で，UPD に伴う吸着種の表面過剰量が精密に決定されるとともに[5]，*in situ* EXAFS（広域 X 線吸収微細構造，extended X-ray absorption fine structure）測定によって Au(111) 上に吸着した Cu 原子と SO_4^{2-} イオンの配置が決定され，現在では図 7.3(d) のモデルに示されるような Cu 原子のハニカム（$\sqrt{3}\times\sqrt{3}$）R 30° 構造のハニカム中心に吸着した SO_4^{2-} イオンが STM で観察されたと考えられている。

b.　溶液中での表面再配列

電解質溶液中の Au(111)，(110)，(100) 清浄面，ならびに高指数面[6] においても，超高真空中での露出清浄表面と同様電極の電位に応じて再配列構造が誘起される。

Au(100) 面の場合，表面が完全に（5×20）構造に再配列した Au(100) 面から，試料電位をゼロ電荷電位（pzc：point of zero charge）よりもアノードの 0.6 V *vs.* SCE（飽和カロメル電極，saturated calomel electrode）に変更すると，図 7.4(a) に示すよう

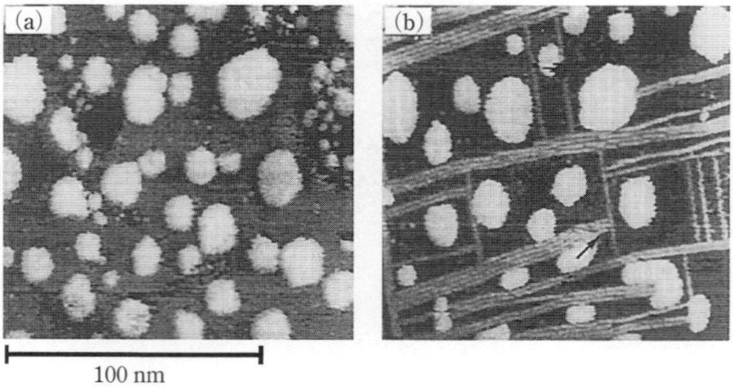

図 7.4　Au(100) 面の再配列過程の STM 像
〔O. M. Magnussen, J. Hotlos, R. J. Behm, N. Batina, D. M. Kolb, *Surf. Sci.*, **296**, 310 (1993)〕

な単原子高さの島構造が現れる。Au(100)面の(5×20)構造は，最密充塡構造とほぼ同じ表面原子密度を有するため，(1×1)構造よりも約25%過剰の原子が表面に存在している。図7.4(a)にみられる島構造は，(5×20)構造から(1×1)構造へ非再配列したさいに生じた余剰原子が，テラス上に移動することで形成されたものである。試料電位を再び再配列構造が現れる電位領域に変更すると，図7.4(b)に示すように再配列による帯状の構造が現れる。これは，再配列に必要な25%の過剰原子が島構造から供給されていることによるという。

c. 半導体表面のエッチング過程

STMを半導体溶液界面のキャラクタリゼーションに応用した場合，表面の構造解析ばかりでなく，電極電位とバンド構造の関係を決定できることから，n-TiO_2，n-ZnO，p, n-Siなどの電極のバンド構造がSTMで検討された。

一方，液相エッチングとの関係では，Si(111)面をNH_4F溶液で処理すると原子的に平滑な表面が得られ，テラス上では末端に水素原子が結合したSi原子像も得られている。さらに，実際のエッチング過程を実時間で検討した結果を図7.5に示す[7]。0.27 mol L^{-1} NH_4F溶液中で実際にエッチングが進行している状況下でのSTM像とステップの構造モデルを示す。Si(111)面は1原子層ごとにエッチングされているが，その速度は一様ではない。結果的には，$[\bar{1}\bar{1}2]$方向のエッチング速度は$[11\bar{2}]$に比較して非常に大きく，テラスTは基本的には$[\bar{1}\bar{1}2]$方向のステップのエッチングによって消失することがわかる。エッチングが進行する$[\bar{1}\bar{1}2]$ステップは二水素化物であるのに対し，$[11\bar{2}]$ステップは一水素化物であるので，この方向のエッチングは基本的には進行しない。原子レベルでの詳細なエッチング過程の解明が行われている。

以上に述べたように，溶液中の電極表面で進行する反応過程が原子・分子レベルで

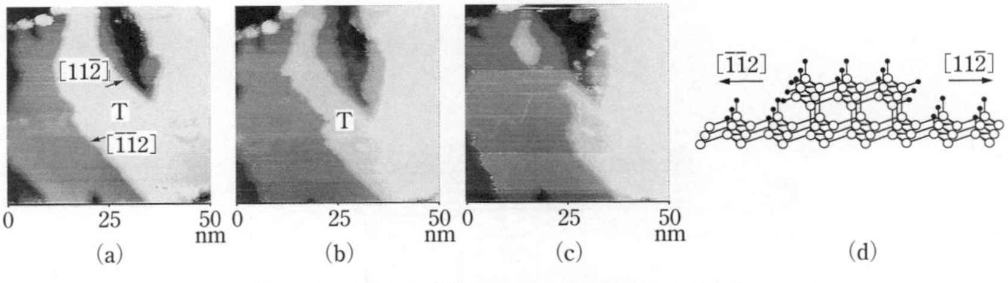

図 7.5 Si(111)表面のエッチング過程のSTM像
(a)，(b)，(c)は約13 sごとに得られた像。(d)はステップの構造に模式図
[K. Kaji, S.-L. Yau, K. Itaya, *J. Appl. Phys.*, **78**, 5727 (1995)]

明らかにされるようになった[8]。　　[板谷 謹悟，指方 研二]

7.2　分子の配列

7.2.1　展開単分子膜[1~4]

一つの分子の中に疎水性の部分（疎水基）と親水性の部分（親水基）をもつ両親媒性分子は，気/水界面に親水基を水中に向けて配列し単分子膜を形成する。水に不溶性な分子からなる単分子膜を形成するには，通常，両親媒性分子を有機溶媒に溶かし，水面に適量を展開する。これを水溶性分子が界面に吸着して形成する単分子膜と区別する意味で展開単分子膜とよぶ。展開単分子膜を形成する典型的な分子は，ヘキサデカン酸やオクタデカン酸のような長鎖脂肪酸や生体膜を構成するリン脂質などである。

水面に単分子膜が存在すると，水の表面張力は展開前の値 γ_0/mN m^{-1} から変化し γ となる。この差は膜が広がろうとするエネルギーであり，膜の表面圧 π/mN m^{-1} とよび $\pi=\gamma_0-\gamma$ である。単分子膜の分子密度を通常1分子あたりの占有面積（分子占有面積，A）で表し，滴下する量を増減させ A を変える展開法とともに，図 7.6 に

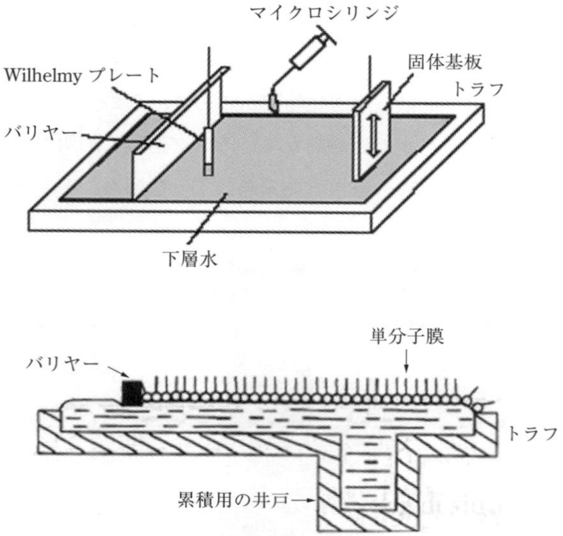

図 7.6　展開単分子膜製造装置

示すような水槽（トラフ）に入れた水の表面に単分子膜を形成し，その面積をバリヤーで変化させる方法がある。展開単分子膜の状態を示すために，分子占有面積 A を横軸に，表面圧 π を縦軸にプロットする π–A 曲線がある。この曲線を，圧力・体積・温度の関係をみる三次元の相図に対応させ，二次元の相図として考え，単分子膜の状態を分子の密度により気相，液相，固相のように分類する（図 7.7）。

従来，水面の展開単分子膜の観察は，π–A 曲線とともに表面電位や表面粘性が主であり，光学的観察は非常に限られた例があるのみであった。近年の計測装置の高度化により，蛍光顕微鏡，Brewster 角顕微鏡，反射吸収スペクトル，蛍光スペクトル，X 線回折などさまざまな物理化学的手法で水面単分子膜をその場観察できるようになってきた。それに従い，膜の詳細な描像が直接得られるようになっている。たとえば，展開単分子膜にも相図から予想される均一に広がったものに加え，室温のステアリン酸のように A が大きい領域でも展開時から凝集した島状構造をもつものがあることもわかってきた。図 7.8 に示したジミリストイルレシチン単分子膜の蛍光顕微鏡観察では，液体膜から固体膜への転移における二相共存状態がよくわかる。

1970 年代後半より分子組織体や分子デバイスの研究が盛んになり，展開単分子膜を用いた多様な機能材料設計が行われてきている。長鎖脂肪酸の例に従い機能性の官能基を，疎水部あるいは親水部に導入する分子設計がよく行われる。たとえば，重合性をもつアセチレン基を疎水部に導入した両親媒性分子の特性はよく知られ，重合が進むにつれ膜は赤色を呈す。 ［栗原 和枝］

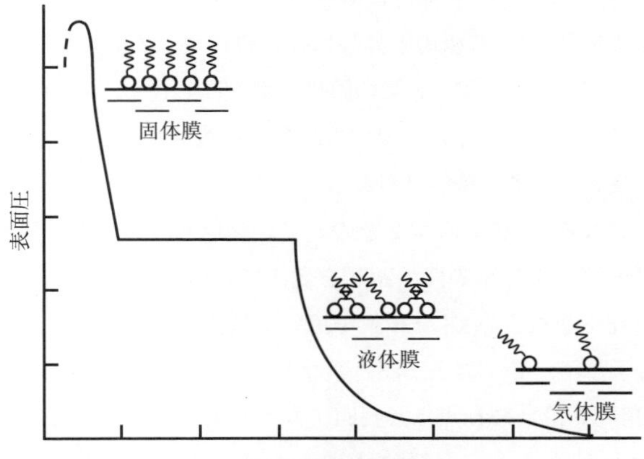

図 7.7 表面圧–面積曲線の模式図

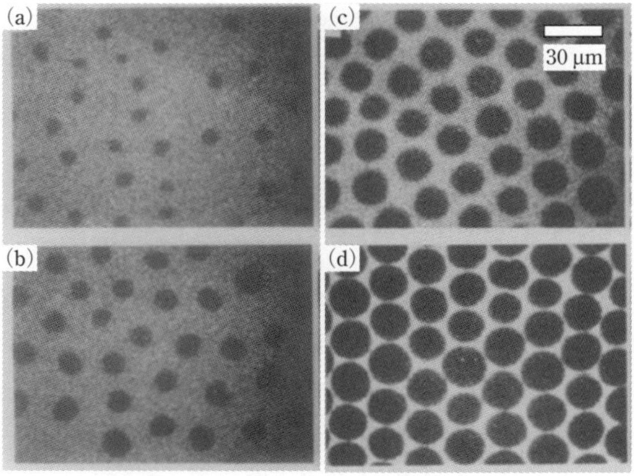

図 7.8　ジミリストイルレシチン単分子膜の蛍光顕微鏡像
蛍光色素プローブは固体相には取り込まれないので，(a) から (d) に膜を圧縮するに伴い液体層から固体相が生成している様子がわかる。

7.2.2　LB 膜[1~4)]

一定の表面圧に圧縮された水面単分子膜をよぎって固体基板を垂直に上下させることにより，固体表面上に単分子膜を移しとる技術は Langmuir–Blodgett（LB）法とよばれ，LB 法によって得た累積膜を LB 膜ともよぶ。図 7.9 に示すように，LB 法における膜の累積方法には基板の下降時にのみ単分子膜を移行する X 型累積，下降・上昇ともに移行する Y 型累積，基板の上昇時にのみ移行する Z 型累積の三つの型がある。それぞれに対応して X 膜，Y 膜，Z 膜の膜構造が存在し得る。このように基板に移行した膜の評価には，さらに多くの物理化学的測定が適用できる。

水面の単分子膜をそのまま機能材料として利用するのは難しいが，累積することにより利用が可能となる。Kuhn らは 2 種のシアニン色素誘導体の単分子膜を用い，その間のエネルギー移動を色素の間の距離を変えて調べ，Förster モデルで進むことがわかった。本研究を契機として，LB 膜を用いる機能材料の研究が進んできた。電極の表面修飾，分子認識，分子素子，潤滑膜など様々な機能材料への適用が試みられている。LB 膜を用いる設計の利点は，長鎖アルキル基などをつけるという単純な設計で分子の組織化が可能で，その機能を研究しやすいことである。しかし，図 7.6 に示すような展開単分子膜製造装置（LB トラフ）を必要とし操作が煩雑であること，

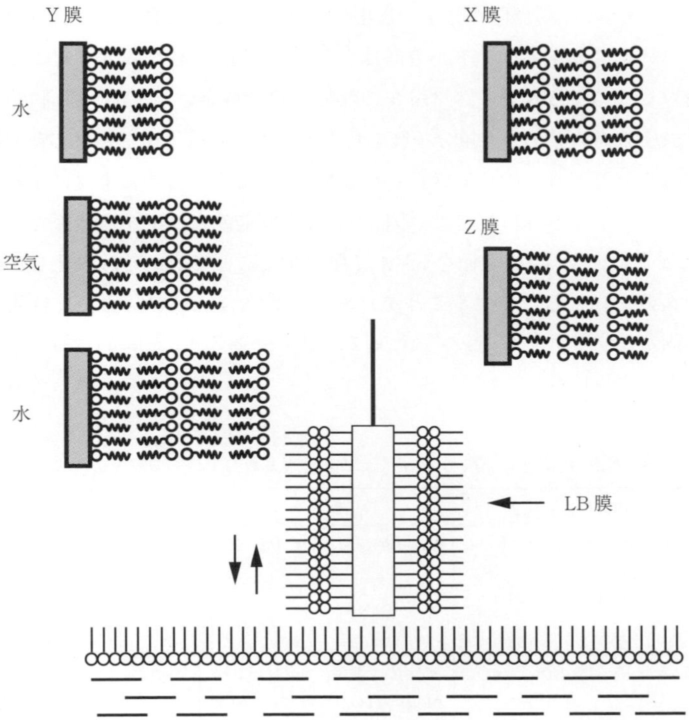

図 7.9　LB 膜を水面から基板上に移行する操作の模式図（垂直累積法）

膜が共有結合的な修飾に比べ不安定な点などが課題であり，共有結合による自己組織化膜や重合による安定化などが検討されている。　［栗原 和枝］

7.2.3 自己組織化膜

ある分子の溶液に固体基板を浸積したときに，固体表面に分子が自発的に化学吸着して，分子間の相互作用により分子配向や配列構造が緻密で規則的構造をとる分子薄膜が形成される。このような膜を自己組織化膜（SAM：self-assembled monolayer）とよぶ。SAM は，反応活性分子の溶液に基板を浸けるだけで基板と分子が化学反応して熱力学的に安定な構造に落ち着くように表面に吸着する。SAM を LB 膜と比べると，LB 膜の場合には界面活性分子と固体表面との間は物理吸着であるが，SAM の場合には分子が表面に結合した化学吸着であるので，LB 膜に比べて化学的安定性が増す。また，SAM の場合には分子の反応性官能基が基板表面を向いた方向で化学吸着しているので，分子のベクトル方向は一義的に決まり，LB 膜内で起こる分子のフリップフロップのような分子ベクトルの反転は起こらない。また，LB 膜ができないような蒸気圧の高い分子でも単分子膜を形成できる。基板表面との反応を利用することから，基板と官能基との反応性が安定な SAM を形成するのに重要になる。これまでに研究されてきた SAM の主なものについて，官能基と反応する基板という点から表 7.2 にまとめた[5)]。金属表面を SAM で保護することで表面を疎水化し，防食効果や摩耗耐久性を向上したりすることができる。また，SAM は，表面に機能性分子を集積化・固定化するボトムアップ法として，ナノテクノロジーにおける表面機能化の要素技術として注目されている。　［芳賀　正明］

表 7.2　反応性官能基と SAM を形成可能な基板およびその表面結合状態

反応性官能基	基板表面	表面での考えられる結合状態
有機硫黄（R−SH，R−S−S−R）有機セレン，有機テルル分子（R−SeH，R−Se−Se−R，R−TeH）	Au，Ag，Cu，Pt，Pd，Hg	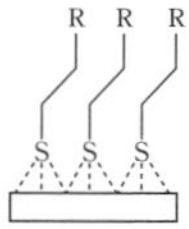
有機シラン分子（R−SiX_3(X=Cl，OCH_3，OC_2H_5)	ガラス，雲母，SnO_2，TiO_2，Al_2O_3，ITO，SiO_2 などの酸化物	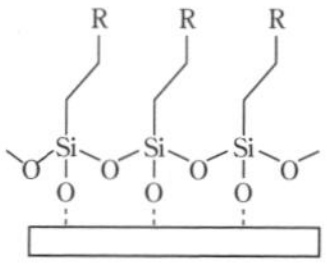
有機カルボン酸 R−COOH	Al_2O_3，AgO，CuO，TiO_2 などの酸化物	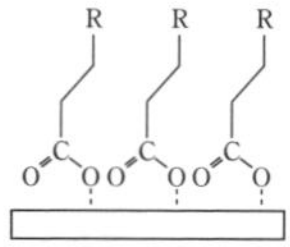
有機ホスホン酸 R−PO_3H_2	雲母，SnO_2，TiO_2，Al_2O_3，ITO，SiO_2 などの酸化物	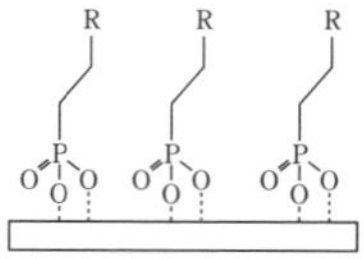
不飽和炭化水素（アルケン R−CH=CH_2，アルキン R−C≡CH）	水素終端化シリコンあるいはダイヤモンド	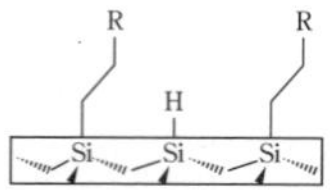

［A. Ulman, *Chem. Rev.*, **96**, 1533 (1996)］

7.2.4　膜の累積化と積層膜

固体表面に形成されるSAMは基本的に単分子膜であるので，機能を賦与しようとする場合には膜の累積・積層化が必要となる。LB膜では気/水界面に配向した分子を移しとることで高品位の分子配列をもつ累積膜が比較的容易にできるが，それぞれの分子層間に働く力はファンデルワールス力であり，熱的･力学的安定性は低い。一方，反対電荷をもつ高分子電解質間の相互作用を利用した交互積層法は，簡便に累積膜が作製できるという点から注目されている。反対符号の高分子電解質は静電力により凝集を起こす。固体表面が帯電している場合には反対電荷をもつ高分子電解質が引きつけられ，表面に吸着する。1層目で電荷の中和のために次の層はできないようにみえるが，実際には吸着される電荷は過剰となり，表面電荷が逆転する。このため，新たに反対電荷をもつ分子が吸着可能となり，正負電荷が交互に多積層されることが可能となる。この性質を利用して固体表面に交互積層膜を作製する報告は，1966年にIlerにより最初に報告されたが[6]，1991年にDecherにより高分子電解質を用いる超薄膜作成技術として展開された[7]。交互積層法として累積できる分子は，正あるいは負電荷をもつ合成高分子だけではなく，生体高分子であるDNA，タンパク質，酵素，さらには無機化合物である無機層状ナノシートなども積層できることが最近の研究からわかっている[7]。この交互積層法はマクロなレベルでは層構造を構成しているが，分子レベルでの層境界面はそれぞれの高分子が入れ子構造になっている（図 7.10）。

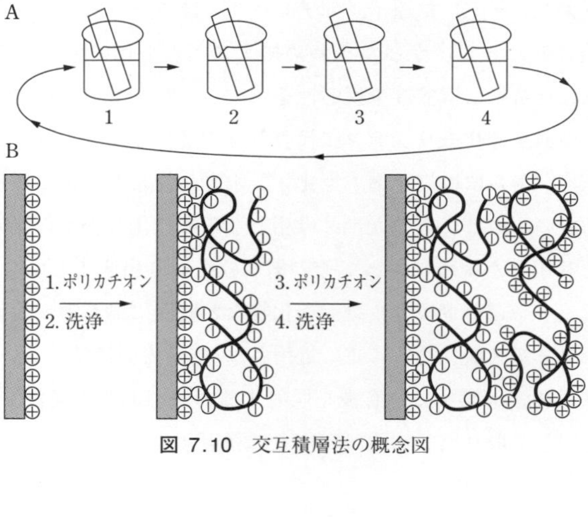

図 7.10　交互積層法の概念図

層構造を分子レベルで制御する方法として逐次積層法がある[8)]。固体基板に固定されたSAMの上端に反応活性基を導入した第一層を作製した後で，溶液中の分子あるいはイオンとの反応により第二層を構築する。さらに，両端に官能基をもつ二官能性架橋分子（あるいは配位子）を結合させて逐次的に積層化を行う。この一例としては，金表面にSAMとしてチオブチルホスホン酸を吸着させ，この上にジルコニウム(IV)イオンを結合させ，さらにその上にブチルビスホスホン酸を積層して，基板をそれぞれの溶液に浸けるだけで二次元面に制限された層が次々に生成していくことで積層構造を作製した[9)]。さらには金属イオンと配位子との組合せで積層構造を作製することも可能である。しかしこの方法ではほぼ100%の反応収率が求められる。下地に欠陥があると積層化が起こらず，層の厚みが増加するとともにそこには大きな欠損部が形成されてしまう。一方この逐次積層法では分子レベルでの制御が可能であり，ポテンシャル傾斜型分子構築や分子ベクトルを一方向に向けた界面障壁を考慮したデバイスへの応用例があり，光・エネルギーの分野での進展が期待される。そのほか，この積層法をナノギャップ電極間で行うと，両電極表面から分子層が逐次的に形成され，ギャップが埋められてくるので，この分子層を金蒸着膜のマスクとすることで，電極から積層分子サイズに応じたさらに微小なナノ電極を作製することができ，積層膜を分子モノサシ（molecular ruler）とする新しい作製法に応用されつつある[10)]。

［芳賀　正明］

7.2.5　二次元物質

二次元物質（ナノシート）は原子，分子レベルの薄さをもち，横方向にはその数百倍から数十万倍にわたって広がったきわめてアスペクト比の大きな二次元形状を有し，それに由来した特異な機能性や反応性を示す。これまでにグラフェン，酸化グラフェン，窒化ホウ素，硫化モリブデンに代表される遷移金属カルコゲン化物，酸化チタンなどの酸化物，さらには炭化物，塩化物，水酸化物など多種多様な二次元物質の合成が達成されている。これらの大半は母相となる層状化合物から機械的なへき開または化学反応を利用した剝離によってその層1枚を取り出すことで合成されている。前者はグラファイトや遷移金属カルコゲン化物など層間に働く力が比較的弱い，いわゆるファンデルワールス層状物質に主に適用され，結晶表面に粘着テープを貼り付け，剝がし取る方法や極性溶媒中で超音波を照射する方法である。簡便で直接的であり，単層シートを選別して取り出し物性研究に主に利用されている一方で，単層シートとして得られるのは一部であり，中途半端に薄片化された成分が大量に混ざり込むため，薄膜構築など材料開発には向かないという問題点がある。

一方，第二の方法は層状化合物の化学反応性を利用して層と層の間に働く力を弱めて剝離する方法であり，原理的にすべての層間で反応が均一に進行するため，単層シートを高い収率で得ることができる。例えばグラファイトを硫酸，過酸化水素で処理した後，水中で超音波照射を行うと大量の単層シートが分散したサンプルが得られる。ただし得られるのは sp^2 炭素網が一部開裂してエポキシ基やカルボキシ基が導入された酸化グラフェンであり，上記の機械的へき開法で合成されるグラフェンとは特性が異なる。硫化モリブデンも *n*-ブチルリチウムなどを反応させて Li^+ を還元的にインターカレーションした後，水中に投入することで剝離させることができる。この場合も剝離に伴い Mo の配位構造が三方プリズム配位から八面体配位に変化するとともに，特性も半導体ではなく金属的となる。一方，層状遷移金属酸化物ではアミン類の水溶液を反応させると，層間に溶液自体が大量に入り込んで層間隔が 100 倍程度にまで大きく膨潤し，最終的に層 1 枚にまでバラバラに剝離する。この場合，二次元構造は剝離後も基本的に保たれ，ナノシートは負電荷を帯びた一種のポリアニオンコロイドとして得られる。炭化物，塩化物ナノシートは同様にポリアニオンであるのに対して，水酸化物はカチオン性ナノシートとして得られる。

このように化学剝離プロセスでは電荷を帯びた単層ナノシートが液媒体中に大量に単分散したコロイドとして得られるので，溶液プロセスを適用してナノシートを基板上に精密に配列，累積することでナノシートの厚み単位で制御したナノ薄膜の構築が可能となる。その目的には，主として交互吸着法（静電的自己組織化法）と Langmuir-Blodgett 法（LB 法）が適用されている（図 7.11）。前者はナノシートと反対電荷をもつ高分子電解質を組み合わせ，それぞれの溶液中に基板を交互に浸漬するという簡便な方法であり，ナノシートと高分子電解質の自己組織化モノレイヤー吸着を繰り返すことにより，ナノシートの厚み単位でのレイヤーバイレイヤー成膜が可

図 7.11 原子平滑基板上に LB 法で成膜された $Ca_2Nb_3O_{10}$ ナノシート多層膜
［M. Osada, K. Akatsuka, Y. Ebina, H. Funakubo, K. Ono, K. Takada, T. Sasaki, *ACS Nano*, **4**, 5225 (2010)］

能となる。他方，ナノシートが通常μmレンジの横サイズをもつことから，ナノシート間の隙間や重なりを完全に抑えた成膜は困難であり，この点はこの方法の原理的な限界ともいえる。一方LB法ではトラフ中のナノシートコロイド溶液上に両親媒性分子を展開すると，ナノシートがこれとの静電的相互作用で気/液界面に吸着するので，バリヤーを移動させてナノシートを集合させ，その後基板上に転写する。この表面を圧縮する操作により，適切な表面圧のもとではナノシートの稠密な配列が達成されるので，隙間，重なりの少ない単層膜を形成することができる。またこのLB転写を繰り返すことで，多層膜構築も可能となる。

最近ナノシートの稠密配列膜の高速成膜を可能とする新しい方法が開発された。典型的なプロセスはナノシートをDMSO（dimethyl sulfoxide）などの粘性の高い有機溶媒に分散させ，これをスピンコートするという方法であり，最適のナノシート濃度，回転数を用いると，1分間前後で直径数cmの基板上にナノシートを遠心力で緻密に配列させることができる。交互吸着法，LB法と比較して，簡便で熟練を必要とせず，短時間で成膜できる点が利点である。

以上のように，分子レベルの薄さの二次元結晶であるナノシートを用いることで，溶液プロセスでありながら，ビームエピタキシーにより構築される人工格子に匹敵する高い秩序性を有した多層膜，さらには超格子膜の構築が可能となる。この精密なナノ構造制御を活用して様々な特性のナノシートを累積することで，高度な機能発現，設計が実現される。　［佐々木 高義］

7.2.6　その他の分子配向

固体表面での液晶の配向膜への処理方法として“ラビング法”がよく利用される。これは，液晶配向膜を塗布した基板に対して，ナイロンなどの布を巻いたローラーを一定圧力で押し込みながら回転させるプロセスをとる。配向膜の表面を一定方向にする（ラビング）ことによって，膜表面に異方性が生じ，これが液晶分子の配向方向を規定すると考えられている。この方法はとくに液晶ディスプレイ製造工程にとり入れられている。しかしながら機械的な表面の摩擦で行う工程であるため，液晶ディスプレイ製造の歩留まりを大きく左右する要因となる。このため，ラビング法に変わる新しい液晶配向法の研究も盛んに行われている。固体表面に高分子単量体を固定したのちに，精密重合（原子移動ラジカル重合，ATRP：atom transfer radical polymerization）などにより表面に高分子ブラシを作製することで表面をコントロールし，表面の接着性を上げたり，表面の感熱応答性をもたせる試みがなされている[11]。また，ナノテクノロジーの進展とともに，表面を修飾して分子の機能性を導入する研究例が増えている。二つの異なる物質，たとえばAuとSiO_2からなるパターン基板上に官能基の基板選択性を利用して分子を吸着させるテクニックは，ボトムアップ法として重要である。チオール基をもつ分子はAu基板上に，シラノール基をもつ分子はSiO_2基板上に選択的に吸着させSAMを作製することができる。このような自己組織化法は直交自己組織化（orthogonal self-assembly）として知られている。また，銅(II)から銅(I)への接触還元を利用してアジ化化合物とアセチレン化合物との反応による電極選択的な反応によるマイクロ金電極の修飾も，新しい電極への選択性の付与として興味がもたれる[12]。さらに，基板上での反応を利用するDNAアレイの場合や，基板上での分子の可動性を利用する分子アクチュエーターの場合には，基板表面上で分子間に空間を確保することが必要である。このために表面にSAMを作製するさい，頭部に大きな置換基をもたせたり，脚部に多脚アンカー部位をつけることが大切である。生体膜内でのエネルギー生産では電子，イオンの動きに方向性があり，選択的な物質透過が膜を通して行われている。そこでは必ずそれを担う脂質やタンパク質の分子配向・配列が存在している。新たな機能性発現のためには，生体膜の精緻な分子配向・配列から大いに学ぶ必要がある。　［芳賀　正明］

7.3　ナノスケールの配列

7.3.1　超　薄　膜

界面活性剤の水溶液に金属のフレームを浸して引き上げると，フレームの中に水溶液の膜ができる（図 7.12）。この膜は，丸いシャボン玉が平面になったものであり，

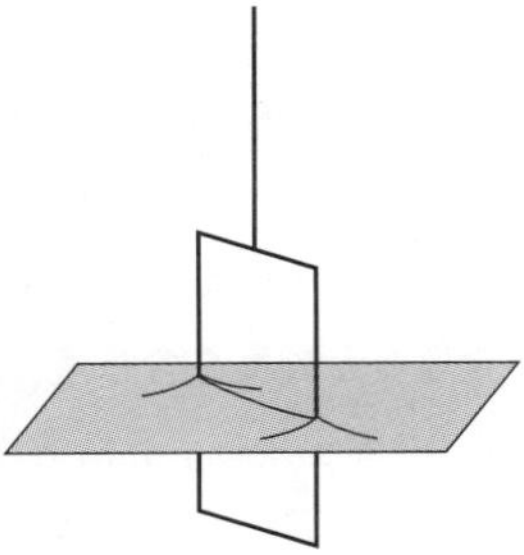

図 7.12　フレームを引き上げてつくった泡膜
界面活性剤の水溶液と泡膜の境界には凹面が形成され，キャピラリー圧が生じる。

一般にはシャボン膜とよばれる。しかし，シャボンという言葉は化学的には高級脂肪酸の塩のことを指すため，学術論文では泡膜（foam film）と書かれることが多い。金属のフレームの中の泡膜は，表面が界面活性剤で覆われた水の膜である。この膜は，フレームを垂直に立てておくと，溶けている界面活性剤とともに水がゆっくりと下の方に移動していく。その結果，厚みがしだいに薄くなり，泡膜は光の干渉現象として虹色に輝いてくる。このとき泡膜の厚さは，1 μm から 200 nm ぐらいになっている。泡膜を放置すると，上の方の膜の厚みがさらに薄くなり，その色は薄い白色から黒色に変化してくる。黒くなった部分（黒膜とよばれる）の厚みは，大体 100 nm 程度である。一方，食塩を含む界面活性剤の水溶液から黒膜を形成すると，その厚みが 7 nm に満たなくなる場合がある。このような超薄膜は，表面の界面活性剤の単分子層が食塩水の非常に薄い層をサンドイッチした構造をもち，Newton black film（NBF）とよばれる。

黒膜に関する最初の学術的な記載は，17 世紀の英国の科学者である R. Hooke によるといわれているが[1]，黒膜が薄い膜であるという認識は，I. Newton の“光学（Opticks）”の中ではじめて記載されている[2]。以後，黒膜の研究は，Dewar や Perrin などに引き継がれ，Rayleigh や Langmuir などの水面上の油膜の研究に影響を与えつつ，分子科学の礎を築くこととなる。黒膜に関する科学史は，立花太郎による著書に詳しい[3]。

さて，枠に張られた泡膜は，その表面積が最小になるような形となる。これは，泡膜を構成している液体に，表面張力に由来する圧力が働いているためである。この圧力は，Young-Laplace の式から凸面ではプラスに，凹面ではマイナスに働く。その結果，四角い枠に張られた泡膜は，いわゆる水平面を与える。一方，泡膜が枠と接している部分には，液体の表面に凹面が形成されており，同様な圧力（キャピラリー圧）が生じている。このため，泡膜中の液体は，平らな中心部分から縁の凹面部分に向かって流れる。

膜の厚さが薄くなると，今度は，二つの界面活性剤の層の間に主に静電相互作用に由来する斥力が生じてくる（図 7.13）。この斥力（分離圧という）と先のキャピラリー圧が釣り合ったときの厚みは，およそ 100 nm である。このような黒膜は，common black film（CBF）とよばれる。一方，界面活性剤の水溶液が食塩などの塩を含む場合，二つの表面の間に生じる静電的な斥力が弱められ，黒膜はさらに薄くなる。界面活性剤の層で挟まれた液体の平均的な厚みが数十 nm になると，その表面張力がしだいに

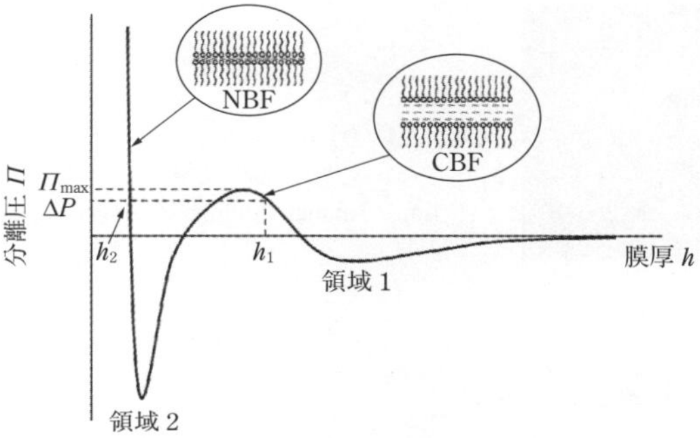

図 7.13　泡膜の厚み h と分離圧 Π の関係
領域 1 では CBF が，領域 2 では NBF が形成する。h_1 と h_2 では，キャピラリー圧 ΔP と分離圧が釣り合っている。$\Pi_{max}-\Delta P$ は，CBF から NBF へ転移するときの障壁となる。
[D. Platikanov, D. Exerowa (J. Lyklema, Ed.), "Fundamentals of Interface and Colloid Science", Vol. 5, Elsevier (2005), Chapter 6]

弱くなってくる。別の表現では，表面の二つの界面活性剤の層の間にファンデルワールス力が強く働いてくる。その結果，界面活性剤の層が互いに接近し，7 nm 未満の NBF を与える。黒膜には，このような 2 種類の膜が存在するが，いずれも平衡膜であり，キャピラリー圧などの条件を変化させると相互に転移する場合が多い[4,5]。超薄膜となった NBF であっても，界面活性剤の層の間には，食塩などの塩を含む水の層が存在する。しかし，この水の層は，二つの界面活性剤の層に立体的な反発を与えており，これにより膜厚が一定になると考えられている。

泡膜の安定性は，Gibbs-Marangoni 効果により説明されている。一方，黒膜では，厚みが 100 nm 以下になるが，1 μm 程度の泡膜と比較して格段に不安定になるわけではない。むしろ，薄い膜の方が液体の対流の影響を受けにくく，安定であるという報告もある[3]。最近の研究で，数 μm の微細な穴の中に泡膜を調製し，空気中で乾燥させると，水を含まない界面活性剤の二分子膜が得られることが明らかになった[6]（図 7.14）。この二つの単分子膜からなる超薄膜（乾燥泡膜）は，超高真空下でも安定であり，150℃ 以上の加熱に耐えるものもある。乾燥泡膜は，その表面にシリコンやカーボンなどの無機材料を蒸着することができ，微細孔の内部に無機自立膜を製造するための基板としての利用が期待されている[7]。　［一ノ瀬　泉］

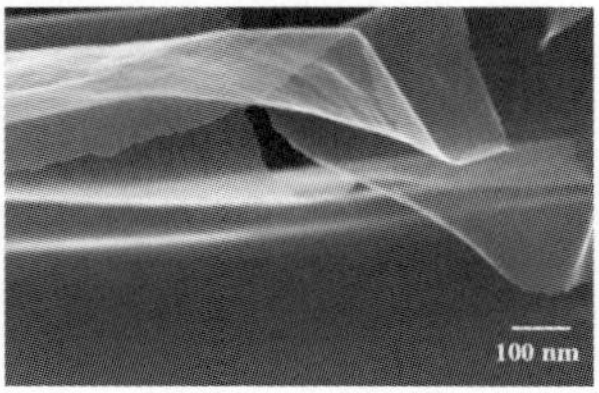

図 7.14　DTAB（臭化ドデシルトリメチルアンモニウム）の乾燥泡膜の SEM 像
［J. Jin, J. Huang, I. Ichinose, *Angew. Chem. Int. Ed.*, **44**, 4532 (2005)］

7.3.2　ナノ分子組織系

a.　分子の自己組織化によるナノスケール構造の形成

自己組織化を利用したナノ分子組織系の開発は，ナノ次元に特有の新しい物性を開拓するために重要な研究領域である。ナノ分子組織系とは，固体（三次元）中における単位構造に加え，溶液系においてもナノ構造として安定分散する系を指し，大まかに超分子，ナノ粒子（0 次元），ナノワイヤー（一次元），ナノシート（二次元）に大別される(図 7.15(a))。nm〜μm サイズの組織構造を分子の自己組織化に基づき構築，制御した例としては，國武らによる合成二分子膜の研究[8] が先駆的なものとして知られ，適切に分子設計された様々な両親媒性化合物から脂質二重層を基本単位とするベシクル，ナノファイバーやナノチューブなどの超構造が形成された。一方，近年では両親媒性を有しない複数のコンポーネントからナノファイバーが自己組織的に形成される例も見出されている[9,10]。たとえばアデノシン三リン酸（ATP）とシアニン色素を水中で混合するだけで，ナノファイバー構造が得られている[9]。

b.　一次元金属錯体を主鎖とするナノワイヤーの自己組織化特性と機能

ナノ分子組織系は，さまざまな機能性分子を構成要素として設計できる（図 7.15(a)）。ここでは従来固体物性化学の研究対象であった一次元金属錯体を主鎖とするナノワイヤーの開発について述べる。金属錯体は，無機元素の多様性と有機配位子の高い設計自由度の両方を兼ね備えており，共役電子系を構築するうえで格好の素材といえる。一次元金属錯体を媒体にナノワイヤーとして分散させるためには，その表面を親媒性に変換することが必要であり，このためには非共有結合的に被覆する手法（図 7.15(b)）と親媒性基を導入した架橋配位子を用いる手法（図 7.15(c)）がある。前者の例として，ハロゲン架橋白金混合原子価錯体 $[Pt^{II}(en)_2][Pt^{IV}Cl_2(en)_2](ClO_4)_4$ の ClO_4^- イオンを合成脂質に置換すると，有機溶媒中にナノワイヤーとして分散できる（図 7.16(a), (b)）[11]。このナノワイヤー分散液を加熱すると一次元共役電子系に特徴

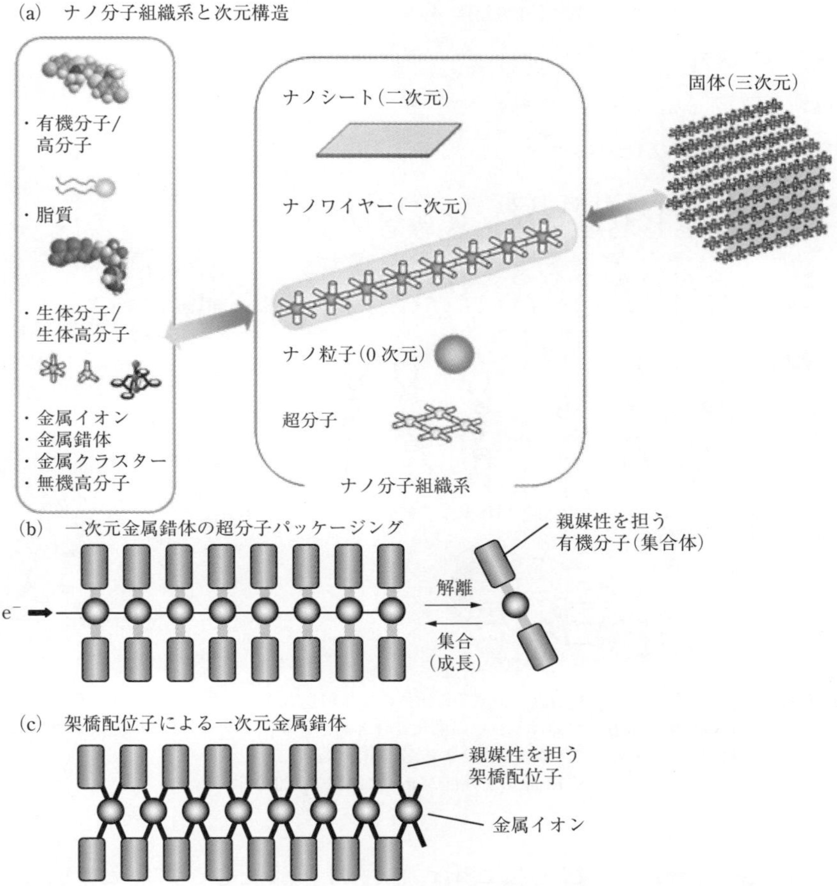

図 7.15　分子の自己組織化によるナノ分子組織系の構築と次元構造（a），超分子被覆法による一次元金属錯体の可溶化と自己組織性の付与（b），親媒性架橋配位子を用いる一次元金属錯体の設計（c）

的な電荷移動（CT）吸収が消失し，ハロゲン架橋構造が解離するが，この溶液を冷却すると可逆的に CT 吸収が回復し，共役電子系は再生可能である。このように脂質で被覆して脂溶性を付与するアプローチは，分子組織化と共役電子系の生成を連動させることができる。また，この脂質被覆した一次元［$Pt^{II}(en)_2$］［$Pt^{IV}Cl_2(en)_2$］錯体の CT 吸収（591 nm）は，ClO_4^- 塩のそれ（456 nm）に比べて著しく低エネルギー側にあり，一次元錯体の光吸収を決める最高被占軌道（HOMO）と最低空軌道（LUMO）

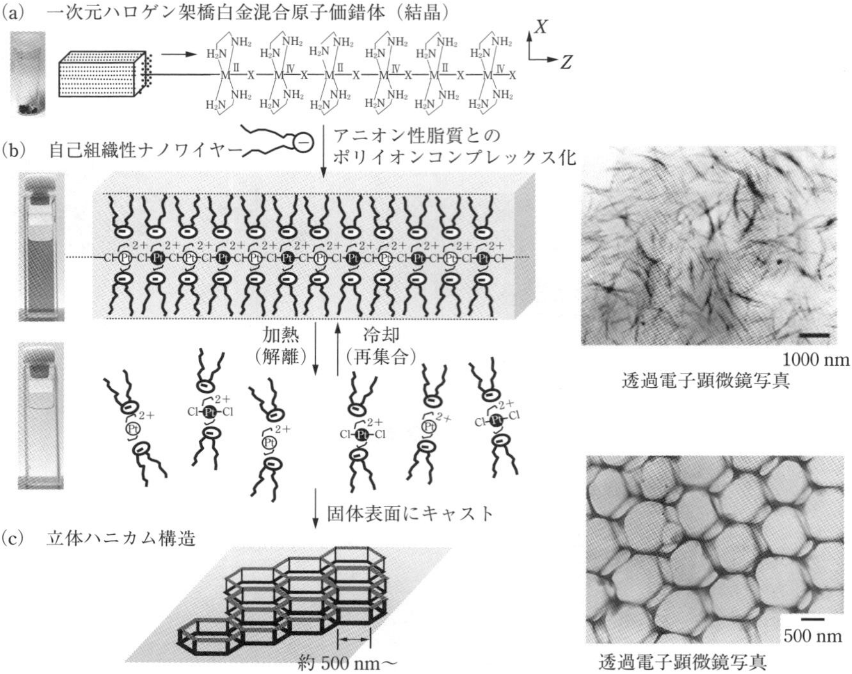

図 7.16　擬一次元ハロゲン架橋白金混合原子価錯体の基本構造（a），一次元ハロゲン架橋金属錯体/脂質複合体の溶液中における自己組織化特性と超分子サーモクロミズム（b），固体表面上で形成される立体ハニカム構造とその透過電子顕微鏡写真（c）
［N. Kimizuka, *Adv. Mater.*, **12**, 1461 (2000)］

のエネルギー差が著しく減少した。これは，脂質を対イオンとして導入したことによって Pt(II) の d_{z^2} 軌道と架橋ハロゲンの p_z 軌道の重なりが大きくなった結果，一次元鎖に沿ったCT励起子の非局在化が促進されたことを意味する。

一次元錯体を可溶化させる技術は，錯体ナノワイヤーの高次集積構造を構築するためにも有用である。脂質被覆型 $[Pt^{II}(en)_2][Pt^{IV}Cl_2(en)_2]$ 錯体の分散液を高湿度条件下で固体基板表面に滴下すると，立体ハニカム構造が形成された[12]。このハニカム構造は，溶媒の蒸発に伴い有機溶媒の薄膜表面に凝縮したマイクロ水滴が鋳型となって形成され，幅約 100 nm のナノファイバーから形成された上下2枚のハニカムネットワーク（ヘキサゴナルの一辺 650〜750 nm）が柱（高さ 320〜370 nm）で支えられた構造である。一次元金属錯体を両親媒性に変換した自己組織性ナノワイヤーにおいては，多彩な構成要素の特徴が相乗的に働き，従来にない新しい物性と機能が発現される。固体状態で高スピン状態を与える Fe(II) トリアゾール錯体が，有機媒体にナノワイヤーとして分散すると低スピン状態に変化する現象が見出された[13]。バルク固体状態と溶液系ナノ構造とで異なる電子状態が発現することから，ナノ分子組織系はナノ界面の効果を反映した物性機能が期待できる。近年，脂溶性一次元金属錯体の巨視的配向を電場制御することも可能となっており[14]，マテリアル開発ならびに基礎学理の両面から展開が進むものと期待される。　　［君塚　信夫］

7.3.3　ナノカーボンの応用

ナノテクを支える多様な材料のなかで，ナノカーボン（NC）は根幹を担うものの一つである。構造や性質の特異性から多くの研究者の関心を引きつけた NC は，その後さまざまな化学修飾法の開発によって特性向上や機能の拡大がはかられ，それに伴って応用研究も急速に進展しつつある。ここでは，NC の分類と調製法を簡単に説明したのち，本書の性格を考慮して化学修飾法と発現する特性や機能，応用の可能性をできるだけ幅広く紹介する。

a.　ナノカーボンの分類

図 7.17 に示したように，炭素原子は sp，sp^2，sp^3 の三つの異なる電子状態（混成軌道）を有し，カルビン，グラファイト，ダイヤモンドの三つの同素体が生ずる。ナノサイズのダイヤモンドとグラファイトがナノダイヤモンド（ND）とナノグラファイト（NG）で，NG を構成する 1 枚の炭素芳香族平面がナノグラフェンである。フラー

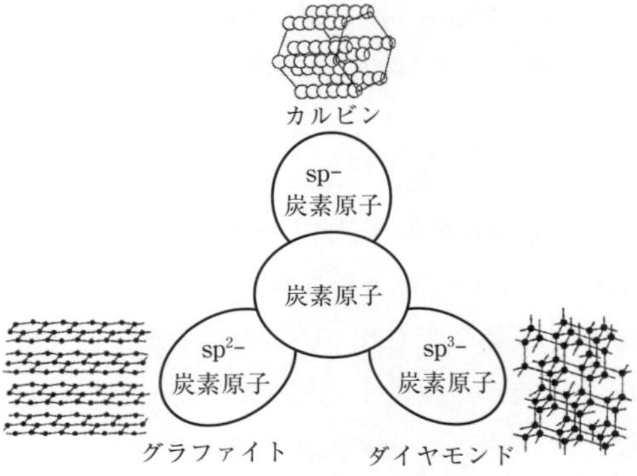

図 7.17　炭素原子の電子状態（混成軌道）と炭素材料

レンとカーボンナノチューブ（CNT）は基本的には sp^2 炭素で構成されるが，ひずみのある構造により sp^3 混成軌道の要素も入る。NC の詳細な分類は文献を参照していただきたい[15)]。

NC は多様な形状次元性を有する。グラファイト，ダイヤモンドの二，三次元形状は，ナノサイズ化しても保持される。代表的な一次元 NC は CNT で，単層（SWCNT）と多層（MWCNT）とがあり，前者には金属と半導体の性質を有するものとが存在する。カーボンナノホーン（CNH）やカーボンナノコイルなども一次元 NC である。カーボンナノウォールはナノグラフェンの積層体なので NG の一種である。こうした一～三次元の NC に，0 次元構造のフラーレンやカーボンオニオンが加わって 0～三次元構造の NC がそろう。

b.　ナノカーボンの調製法

ND の単純な調製法はダイヤモンド粒子の粉砕であるが，50 nm 程度が限界とされる。不活性雰囲気下で火薬を爆発させる爆発法は，4～5 nm の ND からなる 100～200 nm の凝集体を生じ，凝集体はビーズミリング法で分散できる。爆発で発生する高温高圧の衝撃波を黒鉛に当てる衝撃法は量産に適し，研磨用などの工業用 ND はこの方法で製造される。また，化学気相析出（CVD）法も開発され，硬質表面処理に使用されている。

NG もグラファイト粒子の粉砕で調製し得るはずであるが，層間が滑りやすく通常法での粉砕は難しい。高圧解放時に生じるキャビテーションを用いると，nm サイズの粒子が得られる。また ND を不活性雰囲気中で熱処理すれば，相転移によって NG が生成する。NG をナノグラフェンにまで剝離することは，現実にはきわめて難しい。高配向熱分解黒鉛（HOPG：highly oriented pyrolytic graphite）上に付着させた 5 nm ほどの ND をアルゴン雰囲気下で 1600℃ に加熱すると，HOPG 上に 10 nm 前後のナノグラフェンが生成する[16)]。

フラーレンはアーク放電法やプラズマ法などでも調製できるが，工業的には燃焼法で製造されている[17)]。炭化水素ガスの不完全燃焼で生じるすすの中に約 20% 存在するフラーレンを溶媒抽出，ついでカラムを用いて C_{60}，C_{70} などのフラクションに分離する。CNT のなかで，工業生産されているのは触媒化学気相析出（CCVD）法による MWCNT のみであったが，現在は，次のスーパーグロース法による SWCNT も工業生産されている。フェロセンなどの低沸点錯体のガスと，ベンゼンなどの炭素原料ガスを一緒に電気炉に導入すると，錯体の分解によって生じる微小金属粒子が炭素

図 7.18　スーパーグロース法で調製したSWCNTフォレスト（a），（b）と，パターニング法で調製したSWCNTのマクロ構造体（c）
［K. Hata, D. N. Futaba, K. Mizuno, *et al.*, *Science*, **305**, 1362（2004）］

原料ガスと反応してCNTが生成する。このほかにアーク放電法，固液界面接触分解法，炭化ケイ素表面分解法など，MWCNTの調製法は数多い。

SWCNTの製法にはレーザーアブレーション法，アーク放電法，CCVD法，COガスを原料とするHiPco法（high pressure CO disproportionation）などが開発されている。昨今注目されているのが図 7.18のスーパーグロース法である[18]。原料ガスに加える微量水分により触媒が活性化されてCNTの成長速度が増し，同時に触媒の寿命も延びる。また触媒が基盤上に固定化されているので金属が混入しない。パターニング技術を用いると複雑なマクロ構造体も調製できる。CCVD法で調製されるCNTがSWCNTかMWCNTか，結晶性や長さ，太さなどは調製条件，とりわけ触媒粒子サイズによって強く影響される。

c.　ナノカーボンの化学修飾と発現する特性・機能，そして応用の可能性

NCにおいては，全体に占める表面炭素原子の比率がきわめて大きいため，性質に及ぼす影響が顕在化する。表面修飾の影響が強く現れるのも同様の理由による。ナノグラフェンのエッジ構造にはジグザグ型とアームチェア型の二つが存在し，前者には局在スピンが存在して磁性が発現する。この現象は活性炭素繊維でも観察され，気体の吸着があるしきい値に達すると磁性が急変する。この変化を利用すれば磁気スイッ

チや気体センサーが開発できるかもしれない。NGの一つであるナノシェル状構造炭素は，窒素の導入によって高い電極活性を示すようになる。燃料電池用触媒として実用化されたとの報告が最近なされた[19)]。しかし，NGに対する化学修飾の本格的研究はこれからである。フッ素化はNCの有力な表面化学修飾法の一つである[20)]。フッ素化ND（F-ND）は表面エネルギーが低く潤滑性や耐摩耗性が向上するので，ナノサイズの固体潤滑材やベアリングになり得る。NDを電子材料として用いる研究も進んでいる[21)]。

フラーレンの最初の実用化例は，表面部分にフラーレンを配合したエボナイト製ボーリングボールである。その後，少量のフラーレンの添加によって機械特性の向上した炭素繊維強化プラスチック（CFRP）を用いてテニスラケット，ゴルフシャフト，メガネフレームなどが商品化され，その後も応用分野は着実に拡大している。フラーレンはきわめて多様な化学反応を示す[22)]。水素化フラーレン（$C_{60}H_n$）や水溶性の水酸化フラーレン（$C_{60}(OH)_n$）などはすでに市販されている。フラーレンの丸い形状は，ナノトライボロジー材料としての期待を抱かせ，膨張化黒鉛にフラーレンを挿入した層間化合物が超低摩擦力を示すことで現実に立証された。フラーレンの優れた潤滑性を用いてエンジンオイルやスキーワックスが商品化されている。

C_{60}の反応性を利用して，図 7.19のような五重付加型フラーレン$C_{60}R_5H$が合成された[23)]。バドミントンのシャトルコックに類似し，積み重なって一次元カラム構造を形成する。極性カラムの配向制御により強誘電材料などへの応用が考えられる。

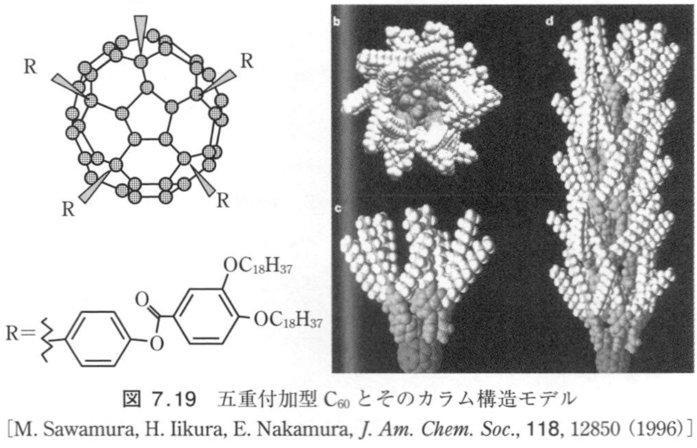

図 7.19　五重付加型 C_{60} とそのカラム構造モデル
［M. Sawamura, H. Iikura, E. Nakamura, *J. Am. Chem. Soc.*, **118**, 12850 (1996)］

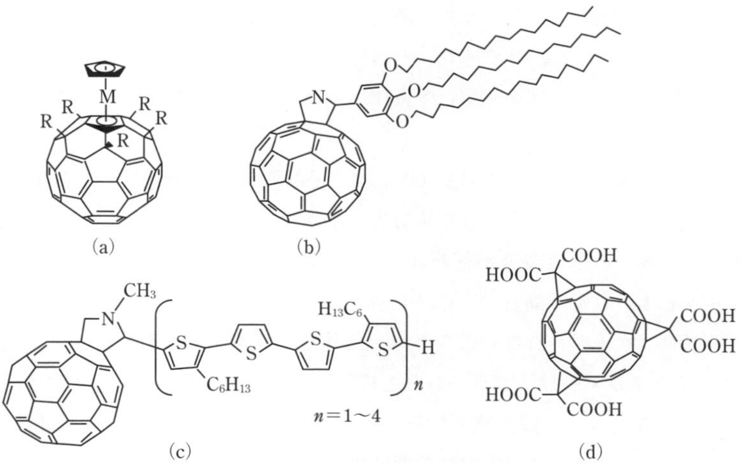

図 7.20　化学修飾されたいろいろな C_{60} 誘導体

五員環構造を共有したフェロセンとフラーレンとからなる図 7.20(a) のバッキーフェロセンは，光照射によって高速の電荷分離と失活を示すことから光電材料になり得る。フラーレンに長鎖のアルキル基を導入した図 7.20(b) の化合物は，sp^2 炭素のフラーレン部と sp 炭素のアルキル鎖部の溶媒に対する親和性の差を利用した新規な両親媒性分子である[24]。この化合物を 1, 4-ジオキサンの溶解したのちに放冷すると，フラーレンを外側に，アルキル基を内側に向けたディスク構造が生じてナノキャパシターに，1-プロパノールを使用すると，同じ積層構造をもつ導電性ナノテープになる。

長い共役系の長鎖オリゴチオフェンは可視光吸収や，ドーピングによって高導電性を発現することが知られている。ここに電子受容体のフラーレンを導入すれば光電変換素子になるはずで，図 7.20(c) のようなオリゴチオフェン/フラーレン連結系の薄膜がつくられた[25]。この薄膜を金とアルミニウムの電極で挟み，アルミニウム側から単色光を当てると電流が流れるが，現在の量子収率は 9.7%，エネルギー変換効率も 0.4% にすぎない。

フラーレンの最も期待される分野は医薬関連である。フラーレンカルボン酸は，HIV ウイルス内のプロテアーゼの活性部位にはまって酵素活性を阻害するので，抗 HIV 剤としての開発が行われているし，同様に図 7.20(d) の化合物も筋萎縮性側索硬化症（ALS）治療薬として有望視されている。ポリビニルピロリドンで包接されたフラーレンは，活性酸素（ラジカル）消去機能を有し，スキンケア薬やUV防御薬としての利用が考えられる。フラーレンを用いたいくつかの化粧品がすでに商品化されている。このほかにも，フラーレン多量体，金属内包フラーレンなど，ユニークな研究が多々みられる。

フラーレンよりもサイズの大きいCNTは分子的取り扱いが難しく，表面修飾に関する研究も比較的少ない。代わって積層数，結晶性，太さ，長さなどの多様な構造因子を利用して多くの応用開発が行われている。CNTの最大の需要先はリチウムイオン二次電池電極の導電補助材で，CCVD法で製造したMWCNTが用いられる。少量の添加で電池のサイクル特性が改善され，導電性や電解液含浸性も向上するという。またCNT補強ポリマーは，フラーレンと同様にスポーツ用品に使用されている。

CNT製の走査プローブ顕微鏡の探針も市販されている。CNTの優れた電界電子放出特性に加えて，化学的に安定で長期間使用しても分解能の低下が小さい。高輝度光源管や超小型X線管への利用も本質的にはこの電界放出特性を利用しており，後者は乳がん検診用マンモグラフィーへの応用が考えられる。電界放出型フラットパネルディスプレイのエミッター（電子銃）はCNTの期待される応用分野の一つであるが，画素内や画素間の輝度のばらつきが解決できず，商品化には至っていない。

リソグラフィーによるLSIの集積度の限界が危惧されるなかで，1 nm径のSWCNTは魅力的である。半導体SWCNTのみを分離して取り出すことが必要で，ジアゾニウム塩やアミンの金属CNTとの選択的反応，あるいは選択的吸着などの分離法が考案されている。この関連分野では，積層LSIの層間を繋ぐ配線に銅ではなくMWCNTをたばねたビア（銅の1000倍の電流密度耐性と10倍の熱伝導率をもつ）を使用する研究が進展しており，実用化も近そうである。CNTを用いるキャパシターは，チューブ形状を反映する高いイオン移動度によって，優れたレート特性やサイクル特性を示す。

サイズの大きなCNTの可溶化・分散化は難しいが，応用展開上からは重要である。CNTを硫酸/硝酸で処理するとチューブ末端や側面に-COOHが導入されるので，ここを反応点として表面化学修飾し，水や有機溶媒への可溶化がはかられる。SWCNTを可溶化し，さらに機能性基を導入できる図 7.21(a) のような可溶化剤も開発されている。

一方，表面吸着によるCNTの可溶化・分散化法もある。おもに界面活性剤が使用されるが，図 7.21(b) のポリフィリンのような多核芳香族の吸着でもSWCNTの有

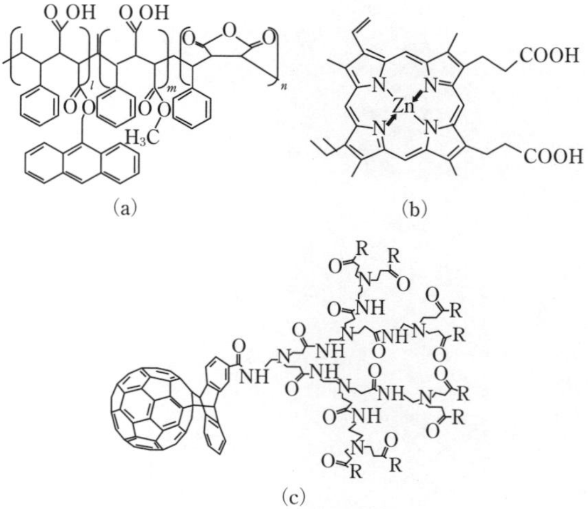

図 7.21　SWCNT の可溶化剤と分散剤

機溶剤への可溶化は可能である。機能という点では DNA や RNA の吸着による可溶化が興味深い[26]。DNA の吸着により単離された SWCNT はフォトルミネセンスを示す。フォトルミネセンスは溶媒中の CNT の状態にきわめて敏感なので，DNA の構造変化やその他のセンサーとして使用できるかもしれない。また触媒金属なしで調製される CNH は安全性が高く，薬物送達（ドラッグデリバリー）システム（DDS）への応用が期待されている。フラーレンを芯とし，そこから樹枝状に伸びた側鎖部とからなる図 7.21(c) のような高分子が，フラロデンドロンである。芳香族親和性のフラーレン部位が SWCNT 表面に向けて配位するので，フラーレンと CNT の接触による機能発現が期待される。また CNT 中にフラーレン，あるいは金属内包フラーレンを挿入したピーポットも同様で，特異な電子物性の発現に興味がもたれる。

なお，ナノカーボンの全分野を網羅したハンドブックが出版されているので，参考にして頂きたい[27]。　［大谷 朝男］

7.3.4 高温超伝導体

a. 高温超伝導体（銅酸化物超伝導体）の特徴

銅酸化物超伝導体は高温超伝導体ともよばれるように，高い T_c が魅力であり，1986 年の発見以後 30 余年を経た今日でも材料開発研究が活発に進められており，送

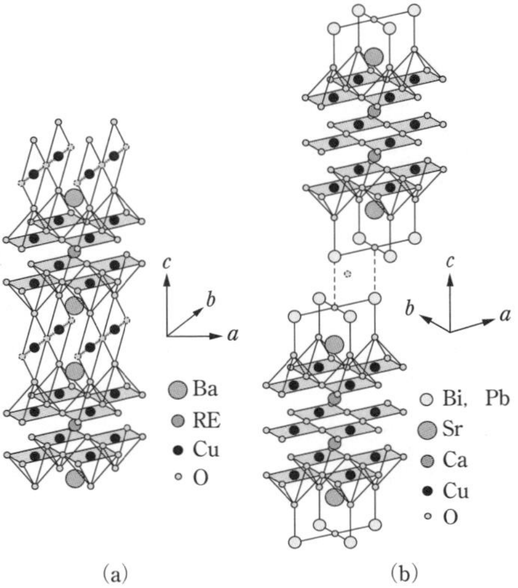

図 7.22　材料物質として代表的な高温超伝導体の結晶構造
(a)　$REBa_2Cu_3O_{7-\delta}$
(b)　$(Bi, Pb)_2Sr_2Ca_2Cu_3O_{10+\delta}$

電ケーブルや通信フィルターなどすでに実用されているものもある。図 7.22 には銅酸化物超伝導体の中でも材料化が最も進んでいる $REBa_2Cu_3O_{7-\delta}$［RE：希土類（Sc, Ce, Pr, Pm, Tb を除く），RE123］と $(Bi, Pb)_2Sr_2Ca_2Cu_3O_{10+\delta}$［(Bi, Pb)2223］の結晶構造を示した。銅酸化物超伝導体は，一般に c 軸方向に積層した層状構造をもち，超伝導を担う CuO_2 面が ab 面方向に広がっている。つまり，複数の金属元素を含み，ab 面方向と c 軸方向の物性に大きな異方性を有することが銅酸化物超伝導体の特徴といえる。前者については，さらに金属組成や酸素組成に不定比性がある場合が多く，さまざまなドーピングも可能である。銅酸化物超伝導体では化学組成の精密制御が良好な超伝導特性の発現に不可欠である一方，単相化や組成の均一制御が容易でない物質も多い。また後者について，材料開発の点で最も重要なのは臨界電流密度 J_c の異方性である。c 軸方向の J_c は ab 面方向のそれより数倍～数百倍低いため，線材など多結晶の実用材料では通電方向に ab 面をそろえる，すなわち c 軸配向化が必須となる。加えて，銅酸化物超伝導体の超伝導が d 波対称（$d_{x^2-y^2}$）であることから，c 軸だけでなく ab 面内も配向させる，つまり 2 軸配向化によって多結晶体の J_c は一層向上する。たとえば，多結晶 RE123 の場合，液体窒素温度（77 K），低磁場における J_c は，無配向のとき 10^2 A cm^{-2} 程度，c 軸配向で 10^4 A cm^{-2} 台，2 軸配向によって 10^6 A cm^{-2} 台と大きく上昇する。

b. 銅酸化物超伝導体の合成におけるコロイドプロセス

銅酸化物超伝導体の合成においてコロイドプロセスは主に二つの目的から適用されている。一つは均質な物質合成を目的としたゾル-ゲル法であり，もう一つは結晶配向を目的としたスラリーの調製である。

先述の通り銅酸化物超伝導体は多元系であり，金属組成の均一度が高い試料を得るには，固相反応法よりも溶液過程を経る方法が適している。銅酸化物超伝導体の場合には，各金属成分を所定比含んだ酢酸または硝酸溶液が用いられることが多い。連続的に大量の粉末を合成する場合には，噴霧熱乾燥法など直接熱分解する方法が採用されるが，ゾル-ゲル法は少量，高純度の試料作製に適当で，不定比金属組成制御やドーピングの効果が大きく物性に影響する銅酸化物超伝導体の基礎的な研究に適している。なかでも錯体重合法は，クエン酸を用いたゾル-ゲル法を改良したもので，同時に加えたグリコールのヒドロキシ基とクエン酸のカルボニル基のエステル化反応によって生成する高分子ゲル内に所定比の金属錯体を分解，沈殿させることなく均一に閉じ込めてしまう方法である[28)]。脱媒後の焼成においては固相反応法よりも低温，短時間で目的相が生成しやすく，金属組成が均一でかつ微細な粉末を得ることができる。このほか，溶液プロセスの応用例として，開発が急速に進んでいるRE123系の薄膜導体（長尺の金属テープ上に2軸配向した中間層を設けその上に2軸配向したRE123薄膜をエピタキシャル成長させたもの）があげられる。RE123層や中間層の形成には気相法のほかトリフルオロ酢酸塩などの金属有機酸塩を塗布，熱分解する手法が広く採用されており，この長尺導体は77 Kで10^6 A cm^{-2}台の高いJ_cを示す。

ところで銅酸化物超伝導体の密度はおおむね～7 g cm^{-3}と比較的高く，その粉末が均一に分散したスラリーの調製は容易ではない。しかし，有機溶媒に適当な分散剤，可塑剤などを加えたものに，銅酸化物超伝導体の粉末を入れ，ボールミルを用いて混合，粉砕することにより，比較的長時間安定なスラリーが得られる。このスラリーから，ドクターブレード法やディップコート法によって厚さ数十μmのグリーンシートを作製し，脱媒，焼成を経て厚膜材料が得られるが，先に記したように高いJ_cを実現するには，まず結晶をc軸配向させる必要がある。超伝導厚膜の作製は当初，RE123系で進められていたが，この物質の結晶はブロック状であるため結晶配向は困難であった。これに対し，(Bi, Pb)2223はab面が広い20 μm以上の平板状結晶であるため，ドクターブレード法によるグリーンシート作製と脱媒後の1軸プレスによってc軸配向が実現する[29)]。しかし，のちにより実用的でJ_cがはるかに高い長尺銀被覆

(Bi, Pb)2223テープ線材が登場したため，この厚膜材料開発は中断されている。なお類縁物質の$Bi_2Sr_2CaCu_2O_{8+\delta}$(Bi2212）については，同様に作製した厚膜を銀テープ上で部分溶融凝固することによって，銀との界面と膜表面からそれぞれ10 μmの範囲に緻密かつ強くc軸配向した組織が形成し，J_cが大きく改善することが見出された[30]。さらにディップコート法によって長尺の銀テープ両面に付着させたBi2212厚膜を部分溶融凝固すると高J_cの長尺導体が得られ，これを用いたパンケーキコイルは銅酸化物超伝導体の磁石開発研究の先駆けとなった[31]。また，この部分溶融凝固法によるc軸配向組織の形成技術はのちの銀被覆Bi2212線材作製にいかされ，液体ヘリウム冷却下（4.2 K）での大容量導体や25 T以上の超高磁場超伝導磁石[32]の開発をもたらした。

スラリーからのRE123厚膜の作製においては結晶配向が難しいと述べたが，10 T程度の強磁場下ではRE123の磁気異方性によって結晶配向が可能になる。CuO_2面はその垂直方向，つまりc軸方向に磁化容易軸をもつので，Y123，Bi(Pb)2223をはじめ多くの銅酸化物超伝導体の粉末は磁場とc軸がそろう方向の力を受ける。このような銅酸化物超伝導体の粉末を含むスラリーを強磁場中で鋳込み成形すれば，c軸配向した粉末の成形体が得られ，熱処理すればc軸配向した焼結体となる。磁場による結晶配向法の特長は，1軸プレスなどの機械的手法では困難な物体全体の結晶配向が実現することであり，また，物体の形状も任意に変えられるので応用範囲も広い。なお，REイオンの磁気異方性はCuO_2面のそれより大きいことが多く，Er123などab面内方向に磁化容易軸をもつ物質もある[33]ことを付しておく。

さて，銅酸化物超伝導材料の用途の一つに冷凍機伝導冷却方式の超伝導磁石に用いる電流リードがあり，この応用には超伝導体の熱伝導率が低い性質をいかしている。電流リードは長さ5〜30 cmで一般にRE123やBi(Pb)2223の焼結体が用いられている。電流リードからの熱侵入量の低減により，比較的小型の冷凍機でも4 Kという極低温まで冷却できるようになり，T_cが低い金属系超伝導材料を用いた超伝導磁石を液体ヘリウムで冷却することなく運転できるようになった。このような超伝導磁石はこの20年あまりでかなり普及し，近年では強磁場を利用した磁気科学的手法がさまざまな研究・開発に展開されているが，磁場による常磁性物質の結晶配向もその一つである。上記の磁場配向過程を経て作製するc軸配向焼結体の用途としては電流リードがあり，J_cが高い点で従来品よりも優れることが予想される。さらに最近，RE123において回転変調磁場下で3軸配向が達成された[34]。現状，エポキシ樹脂中での原理証明実験の結果であるが，コロイドプロセスとの併用により，より高 J_c の RE123 焼結体材料の開発につながる。

以上，銅酸化物超伝導体およびその材料の合成におけるコロイドプロセスについて述べてきたが，本章主題のナノスケールの組織化に特段の注目をあてた研究例はこれまでにほとんどない。しかし，銅酸化物超伝導体のコヒーレンス長は数 nm で，このサイズの微細な非超伝導粒子の超伝導体結晶内への導入は，磁場下の J_c を高める最も有効な手法の一つであることから，その実現に向けての努力が重ねられている。銅酸化物超伝導体そのものではなく，その材料特性を高める手段として，常伝導物質の超微粒子合成にもコロイドプロセスがいかせると考えられる。

［下山 淳一，堀井 滋］

7.4 粒子の配列

7.4.1 単粒子膜の形成

昆虫のチョウやタマムシの翅(はね)など，生物には美しい表面をもつものがあり，これらは顕微鏡で観察すると精細な空間配列をもった“構造化膜”を構築している。高次の規則構造は，構造の中に機能美があり，これらの理解には集合の仕方を導くことが大切である。原子や分子の構造形成はその解明が進んでいたが，高次の構造を形成する理解は現象を確認することが先行していた。散逸構造とよばれる巨大な構造形成は，エネルギーや物質が拡散していくダイナミックな過程で形成される規則的な構造である[1)]。例えば熱い味噌汁に見られる規則的な対流（Bernal 対流）は，熱エネルギーが下から上へ運ばれ，空気中に逃げていく過程で起きる構造であり，ワイングラスの表面にできるワインのぬれたガラス面の雫(しずく)の規則構造（フィンガリング不安定性）も，アルコールと水が織りなす構造である。一方，電解現象や超音波による共振など，外部からのエネルギー供給により，ダイナミックな過程を系全体に取り入れ，規則構造を導入することもできる。このような構造はどのように模倣すればよいのだろうか。

平坦な固体基板の上に，微細な粒子を自己集積させる手法が提案された[2)]。人為的に粒子を並べるこの手法は“単粒子膜作成法”として利用されている。コロイドのような微粒子は，水中でブラウン運動をしている（図 7.23(a)）。すなわち分散しており集積はしない。無理な集積は凝集をつくることになる。したがって一般的なコロイド溶液は会合を避ける工夫が施されてきた。ところが溶媒が蒸発し，溶媒の厚さ h が

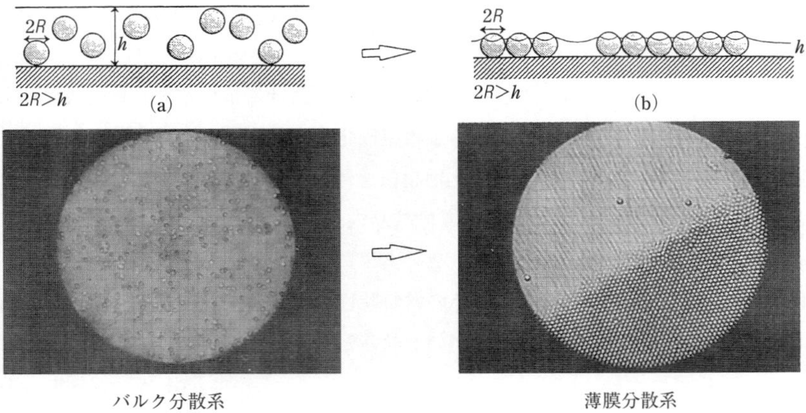

図 7.23　液体薄膜による単粒子膜作製（膜厚 h と直径 $2R$ の関係が重要）
［永山国昭，粉体工学会誌，**32**，477（1995）］

粒子径 $2R$ より小さくなると，粒子が動き出し粒子が充塡された粒子膜をつくる（図7.23(b)）。この現象には，① 集積過程に溶媒の安定な液体薄膜層の存在が必要である（液体薄膜），② 粒子は蒸発が誘起する溶媒の流れに運ばれ，粒子膜として成長する（移流集積），③ 部分的に溶媒に浸かった粒子間には表面張力由来の引力が働く（横毛管力）の条件が必要である[3]。これまで数 μm のポリスチレンラテックス球から球状タンパク質（5～20 nm）の超微粒子を用いて二次元結晶化膜が得られている。この場合，水を溶媒に用いている。水のぬれ膜の厚さは膜の分離圧と壁面のぬれのバランスで制御し，移流集積と横毛管力で結晶性のよい六方細密充塡膜をつくる。

a. 移 流 集 積

移流とは液体層中の横方向の液体の流れである。この流れは粒子膜へ液体が浸み込む形で周りから起こる。浸み込んだ液体は蒸発 (j_e) し，それに伴う流れが粒子を運び，さらに膜成長が進む。そしてその成長（V_c）に合わせ，基板または液体膜を掃引すると，大きな粒子膜が形成される。粒子膜の成長は膜における単位面積あたりの蒸発量が一定ならば，時間に比例する。また，水の流れに粒子を乗せて集積するので，拡散に依存する通常の結晶成長に比べ高速である。図 7.24 に移流集積法についての模式図を示すが，重力に影響されない微粒子では粒子膜の成長方向は水平にこだわる必要はなく，基板を粒子懸濁液に垂直に漬け，引き上げるだけでも同様のことが起こる。

移流集積による膜形成の理論的検討が行われた。粒子膜中の粒子の充塡率 ε または

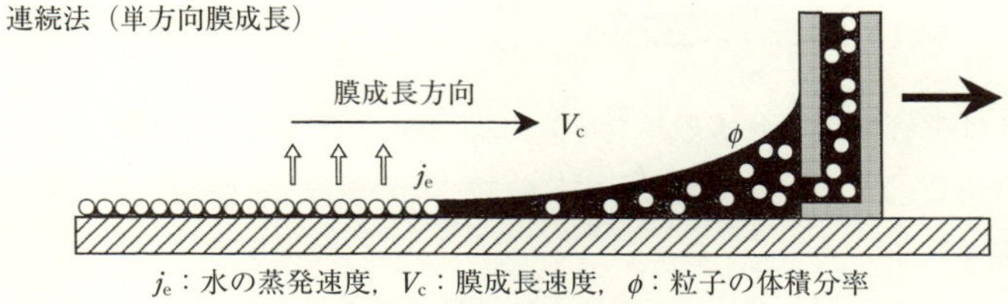

図 7.24　移流集積法の模式図
［永山国昭，粉体工学会誌，**32**，478（1995）］

空隙率 $\eta(=1-\varepsilon)$ は，膜成長近傍の水蒸発速度 j_e，基板の掃引速度 V_c，粒子の体積分率 ϕ に次式のように依存する[4]。

$$\eta=1-\varepsilon=\beta\frac{J_e}{V_c h}\frac{\phi}{1-\phi}=\frac{K}{h}\quad K=\frac{\beta J_e\phi}{V_c(1-\phi)}\tag{7.1}$$

この式は粒子膜の充填率 ε または空隙率 η と膜厚 h を決める重要な関係式である。この関係からわかることは，h を自由変数と考えると充填率は一意的に決まらないことである。粒子膜は厚いと充填率が低く，薄いと高くなる。すなわち厚みと充填率のどちらかに制約条件が入らない限り，膜厚にむらができることを意味する。横毛管力がこの制約を与えるが，充塡力により粒子は局所的につねに最密充塡される。したがって，膜厚は自由な値をとらず，単層２層３層と決まった値をとる。単粒子膜の結晶性，一様性，成長速度などの要求により最適化し成膜することで，２粒子３粒子の厚みをもつ粒子膜ができる。

b. 横毛管力

集まった粒子をつなぎ止める力が横毛管力である。この力は日常にありふれている。水に浮かぶ粒子を考えると，ぬれ性により粒子には，はっ水性と親水性のどちらかを示す。そこにかかる水表面の変形の程度は，ぬれと粒子の間の接触角度 ψ とその接点における円周の半径 r から毛管電荷を

$$Q=r\sin\psi\tag{7.2}$$

と定義する。水表面に二つの粒子があると，粒子の周りの水の変形は，粒子間と粒子の外側に生じる変形では左右対称とならず，アンバランスになる。はっ水性や親水性などの表面の性質が同種の場合粒子間に引力が，異種の場合には斥力が生じる。500 μm 以下の微粒子では，力 F と距離 L の関係は次式で近似できる。

$$F=\frac{2\pi\gamma Q_1 Q_2}{L}\quad (r_1, r_2<L<q^{-1}) \tag{7.3}$$

ここで，q は毛管定数で，水の場合 $q^{-1}=2.7\,\mathrm{mm}$ となる。γ は表面張力，Q_1，Q_2 は毛管電荷である。力は距離に逆比例するので，長距離な力が働き，粒子の集積とパッキングに働く[5]。

球状タンパク質など，タンパク質複合体も粒子性を示すため，界面において同様の集積を行うことができる。液膜の厚さをタンパク質の直径程度に制御することは難しく，清浄な雰囲気を整えたり，液体基板表面に展開するなどの工夫がなされてきた[6]。近年ではグルコース溶液の気液界面にわずかに低濃度の球状タンパク質溶液を注入し，液泡を浮上させることによりゆるやかに界面に展開させ，結晶性の高いタンパク質二次元膜を得られるようになった。この球状タンパク質の特性を利用し，金属の量子ドット作成などがはかられている[7,8]。　　［三輪 哲也］

7.4.2　フォトニック結晶と光制御の可能性

半導体の中では電子の波長と同じサイズの原子が規則的に配列している。電子は半導体の中で回折・反射を繰り返し，その結果バンドギャップが開く。光も電子同様に波動性と粒子性を有するので，光と同じサイズのものが規則的に配列すればバンドギャップが開き，光を閉じ込めることができる。この光の半導体版がフォトニック結晶である[9]。

粒子膜（近年ではコロイド結晶とよばれる）におけるフォトニック結晶の可能性については多くの研究者が注目しているところである。しかしながら，光と同じサイズのものが並べば何でもバンドギャップが開くわけではない。残念ながら，粒子膜中によくみられる立方最密充塡では，微粒子とその周りの屈折率差が 2.85 以上でないと完全なバンドギャップが開かない。空気の屈折率が 1 とすると，周囲の屈折率が 3.85 以上でないといけないのである[10]。一方，ダイヤモンド型構造では屈折率差が 2 以上あればよい[11]。近年では自己組織的にダイヤモンド型構造がつくれる可能性も理論的に示唆され[12]，完全自己組織化におけるフルフォトニックバンドギャップ構造作製が期待される。

粒子膜中で完全にバンドギャップが開かなくても，近接場の共鳴は生じている[13]。例えば膜中に蛍光微粒子を導入すると充塡に応じた光伝搬パターンが確認されるが（図 7.25[14]），これは膜中で特異的な光回折が生じた結果と考えられる[15]。ただ前述

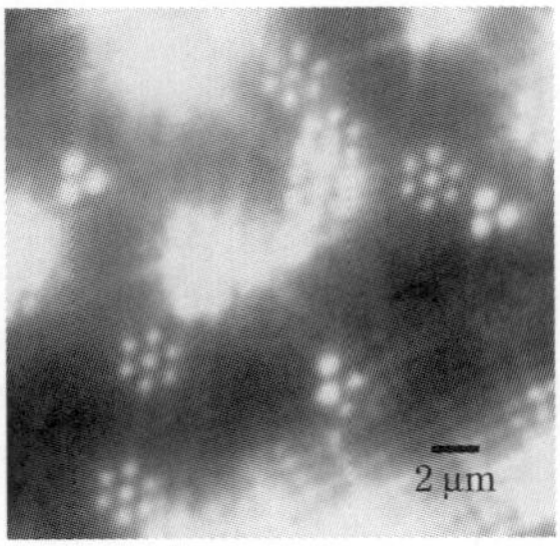

図 7.25　粒子膜 3 層内に赤および緑の蛍光微粒子を導入したさいに確認される光伝搬パターンの蛍光顕微鏡像
[S. I. Matsushita, Y. Yagi, T. Miwa, D. A. Tryk, T. Koda, A. Fujishima, *Langmuir*, **16**, 636 (2000)]

のように，フォトニック結晶は高規則性が重要視され，大雑把にいえば 1 ドメイン 10 周期分は無欠陥であることが望まれる。コロイドのように確実に欠陥を含む構造体は残念ながら適さない。そこで近年では，フォトニック結晶ほど規則性を必要としない，メタマテリアル構造への研究が多く行われている。また，幾何光学領域にはなるが，マイクロレンズアレイ[16] やディスプレイなど粒子膜を利用した光デバイスへの応用も示されている。さらにはここで紹介した光学以外にも，単細胞分析アレイ[17] や電子エミッター[18] など多くの可能性が示されている。　［松下 祥子］

7.4.3　生物におけるナノ構造

生物は配列構造をうまく利用してその生存競争を勝ち抜いてきた。とくに，節足動物で昆虫類はナノからサブミクロンスケールの微細構造を体表面にもち，その構造に特徴的な光の反射によって美しい色を全身にまとうものが多数いる。1 cm～1 m のスケールの体長をもつこれらの生物は，クチクラでできた硬い外骨格で覆われた構造をもつ。これらの色は，光の吸収だけによる発色と区別され，構造色とよばれる。これまで数多くの構造が報告されてきたが，それらは，サブミクロンスケールの繰り返し構造で，多くが多層薄膜構造を基本としている[19～21]。構造色は構造とその屈折率，周囲の屈折率が変化しない限り不変だが，甲虫の場合，構造周辺の屈折率変化により色が変化する場合がある。ジンガサハムシやアカスジキンカメムシ[22] は，死ぬと体液が抜けて暗く変色することが知られているし，ヘラクレスオオカブトムシの鞘翅（しょうし）は，湿度が高いと黒色だが，低くなると黄色に変化する[23]。これらは，鞘翅内部の細孔への液体の出入りによる屈折率変化によるものである。一方，構造自体は安定でなので，構造変化により変色を示す甲虫種はまずいないと推測できる。実際，ヤマトタマムシの鞘翅は，通常の環境では，1300 年以上色が変化しないほど安定である[24]。しかし，

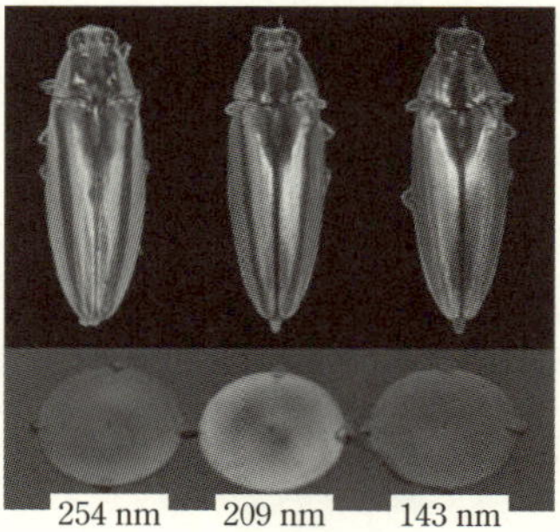

図 7.26　ヤマトタマムシの鞘翅(しょうし)
左から赤，緑，青

生きている甲虫の鞘翅の構造変化による変色がないと断言できるほど，詳細な構造がわかっているわけではない。例えば，ヤマトタマムシの鞘翅は，多層薄膜構造による金属的な緑色を示すが，200℃程度に加熱すると青色に変色し，ブロモホルム（屈折率 1.59）への浸漬により赤色に変色する（図 7.26）。反射光ピーク波長は，約−0.6 nm K^{-1} で変化し，ブロモホルム分子が浸入できる程度の細孔（0.5〜0.6 nm）をもっている[25)]。変色の理由は，多層薄膜が熱により法線方向に収縮するためであり，細孔への浸入により薄膜の屈折率が増加するためである。また，鞘翅表面の多層薄膜構造以下の鞘翅内部は黒色で，透過光は吸収され構造色のかがやきをつくり出している。生きているヤマトタマムシが温度や物質の出入りで反射光を制御している証拠はないが，鞘翅自体は物理的に変化し得る構造をもっている。この構造を詳細に模倣することは困難であるが，それぞれ直径 254 nm，209 nm，143 nm の球形粒子の濃厚懸濁液を黒色支持体上に塗布してできる多層粒子膜により，赤，緑，青の構造色をつくり出すことができる（図 7.26 下）。これらは，ヤマトタマムシにみられる多層薄膜の膜厚変化による発色変化を模倣している。　［足立 榮希］

7.5　ナノポア材料の作製法と機能[1)]

多孔性材料はその孔径によって分類され，ミクロ細孔（細孔直径 2 nm 以下），メソ細孔（同 2〜50 nm），マクロ細孔（同 50 nm 以上）材料として分類される。一方で，興味深い物性が期待される nm 領域（10^{-9}〜10^{-7} m）の孔径をもつ材料を慣例的に総称して“ナノポーラス材料”とよぶことがある。最もなじみの深い多孔性材料は，活性炭やゼオライトである。活性炭は重量あたりの比表面積値が大きいという特徴があり，優れた吸着材として用いられてきた。しかし，活性炭のような従来の多孔性物質は孔径分布が広く，より進んだ機能発現には至りにくい。またゼオライトは孔径分布が非常に狭い微細孔をもち，石油精製や触媒応用に力を発揮してきた。だが，そのミクロ細孔に分類される孔構造は，生体物質や超分子物質などの高機能性のやや大きな物体には適用できない。このような背景により，孔径が自由に設計でき，かつ規則性の高い多孔性物質としての“ナノポーラス材料”あるいは“ナノポア材料”の開発が望まれるようになった。

ナノ領域の切削加工は容易ではない。したがって，ナノポア構造を作製する技術は，人為的な微細加工技術によるのではなく，自発的な化学反応や自己集合構造の利用が主体となる。前者には陽極酸化アルミナにおける規則孔作製が，後者にはポリマーなどの相分離構造の利用があげられる。これらは後に詳述されるので，ここではメソ細孔シリカ作製などにみられる鋳型合成について簡単に紹介したい。図 7.27(a) に概要を示した例では，界面活性剤やブロックコポリマーなどが形成するミセルの集合構造を鋳型として用いる。棒状ミセルが形成するヘキサゴナル相を鋳型として，そこにシリカを合成する前駆体物質（アルコキシシランなど）と触媒を加えることによりシリカ形成を促す。生成した複合構造から，有機成分を焼結操作や溶媒抽出によって除けば，鋳型であるミセルの構造を反映した規則的な孔の開いたシリカ構造ができる。孔径は鋳型ミセル径を反映してメソ細孔領域に属するものとなり，得られた構造はメ

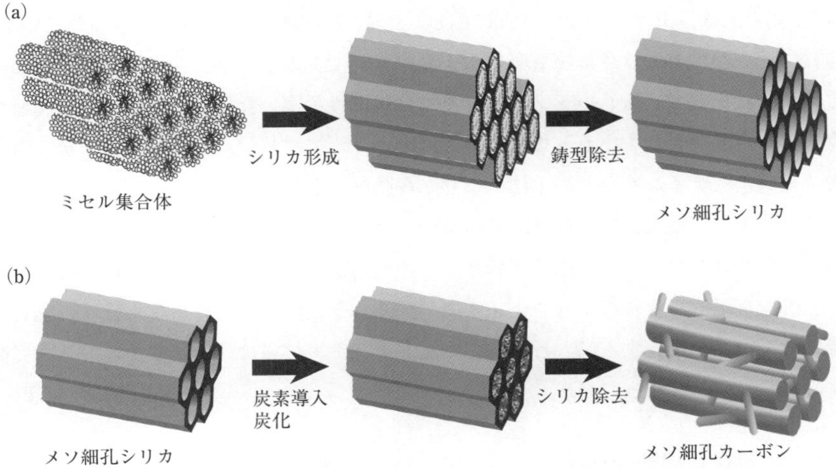

図 7.27　ソフトテンプレート法によるメソ細孔シリカ作製 (a)，ハードテンプレート法によるメソ細孔カーボンの作製 (b)

ソ細孔シリカとして知られている。また，柔らかい鋳型を用いていることから，この手法はソフトテンプレート合成ともよばれる。鋳型となるミセル構造は，溶液組成に応じてラメラ相やキュービック相などをとるので，それらの構造を転写したメソ細孔シリカを得ることもできる。温度などの合成条件や添加物の利用により孔径の微調整も可能である。

また，得られたメソ細孔シリカを鋳型として多孔性構造を作製するハードテンプレート合成も行われている。図 7.27(b) の例では，メソ細孔シリカの中に適当な炭素源（ショ糖など）を加え炭化したのちに，シリカ成分をフッ化水素酸などで取り除くことにより規則的な構造をもつ炭素材料（メソ細孔カーボン）を得ることができる。さらに，粒子の自己集積体などを利用した鋳型合成もマクロ細孔材料を中心に研究されている。これらの代表例だけではなく，鋳型合成によりさまざまな金属酸化物や金属そのものあるいは有機-無機複合構造を構成成分としたナノポア材料の開発が行われている。また，孔内の修飾により，さまざまな有機官能基の導入もなされる。有機物からなるナノポア材料の作製には，このような鋳型合成ではなく，配位結合や水素結合などの超分子的な相互作用を用いた自己組織化法による作製手法も注目を集めている。その一部は，MOF（metal-organic framework）として後述される。

ナノポア材料には，比表面積や非空孔体積の大きさを利用した応用が期待されている。例えば，触媒担体としての利用は盛んで，比表面積の大きさを反応効率にいかしつつ，孔の大きさやそのつながり方に応じた生成物の選択率の改変が試みられている。同様に比表面積の大きさは物質吸着除去にも有利であるが，活性炭などの孔径分布の広い材料に比べて，新しいナノポア材料では規則性の高い孔構造に基づくより精密な物質分離が期待されている。また，ある種のナノポア材料は，ディップコーティングやスピンコーティングなどの手法により，薄膜材料として成形することができる。このことにより，電気・電子材料，光学材料，センサー材料などへのナノポア材料の応用も模索されており，低誘電率材料としての利用が提案されている。最近では，ナノポア構造を正確なサイズをもつナノ空間と捉え，そこに閉じ込められた様々な物質の特異的な物性を研究する例も目立っていた。ナノポア材料は，ナノサイエンスを展開する格好の場ともなっている。

［有賀 克彦］

7.5.1　無機系規則配列

ナノメートルスケールの細孔が配列したナノポア材料は，さまざまなナノデバイスを作製するための出発構造材料として重要な役割を担っている。無機系のナノポア材料は，自己組織化的に規則ポーラス構造を形成する点にある。代表的なメソ細孔材料は前節でも述べたイオン性界面活性剤が形成するミセルをテンプレートとして形成されるメソ細孔シリカである[2]。鋳型構造としては，イオン性界面活性剤のほか，ブロック共重合体などの非イオン性有機物が用いられる[3]。類似のプロセスにより，シリカに加え各種遷移金属酸化物，金属，炭素などの非シリカ系メソ細孔材料が合成されている。

a. 陽極酸化ポーラスアルミナ

アルミニウムを酸性電解液中で陽極酸化することにより表面に形成される多孔性の酸化皮膜は，陽極酸化ポーラスアルミナとよばれ，自己組織化的に形成されるナノポア材料の典型的なものである[4,5]。陽極酸化ポーラスアルミナの基本構造は，図 7.28 に示されるようなセルとよばれる均一なサイズの円筒状の構造が細密充填した構造からなり，各セルの中心に均一な細孔が存在することにより，独特なハニカム状の幾何学構造が形成される。陽極酸化ポーラスアルミナの細孔周期，細孔径は，陽極酸化時の化成電圧にほぼ比例し，細孔周期 20～500 nm，細孔径 10～400 nm の範囲のものが得られる。また，細孔深さは，陽極酸化時間に比例し，長時間の陽極酸化により高アスペクト比構造を有する試料が得られる。このように，陽極酸化条件により比較的容易に幾何学構造を制御可能な点がこの材料の大きな特徴といえる。

陽極酸化ポーラスアルミナの細孔配列の規則性は，陽極酸化条件に依存し，適切な条件で陽極酸化を行った場合には，広い範囲で細孔が理想配列した構造が得られる[6]（図 7.29)。このような規則配列構造は，陽極酸化初期の規則性の低い状態から，陽極酸化の進行に伴って細孔が再配列し，規則性が向上することにより得られる。細孔

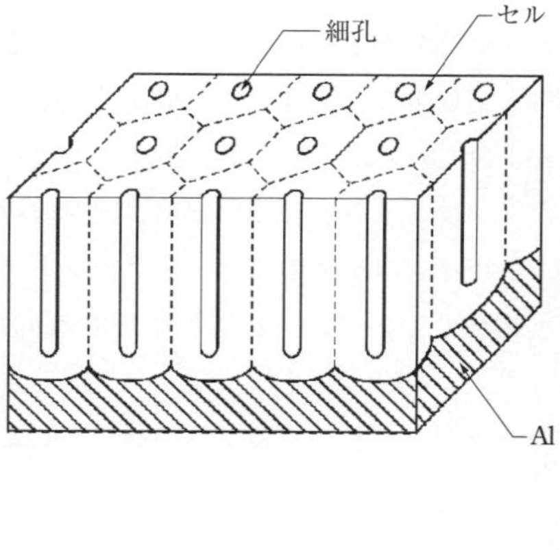

図 7.28 陽極酸化ポーラスアルミナの構造

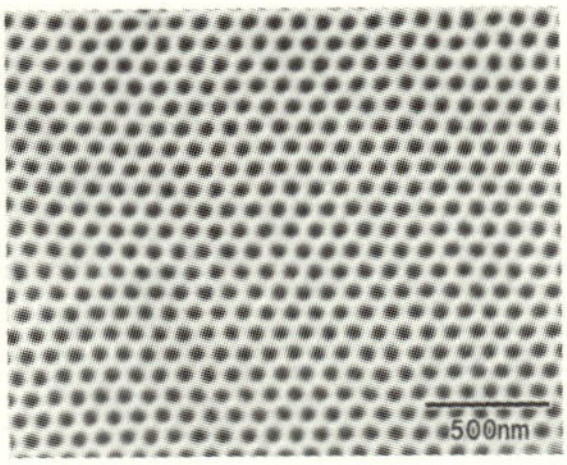

図 7.29　自己組織化的に形成された高規則性陽極酸化ポーラスアルミナ
［K. Yasui, T. Morikawa, K. Nishio, H. Masuda, *Jpn. J. Appl. Phys.*, **44**, L469 (2004)］

配列の自己組織化は，電解液の選択と化成電圧を中心とする適切な陽極酸化条件の組合せにより得られる。

陽極酸化ポーラスアルミナは，高い規則性を有するナノポア構造が大面積で得られることから，さまざまなナノデバイス作製用の構造材料として広く利用さている。おもな応用分野として，細孔内に磁性金属を充塡した高密度磁気記録媒体[6]，バイオデバイス[7]，光機能デバイスなどがあげられる。このような機能デバイスの作製を目的とする細孔内への物質充塡には，電析法，ゾル-ゲル法などが一般に用いられている。

［益田　秀樹］

7.5.2　有機系規則配列

有機系ナノポア材料においては，構成要素である有機分子の構造が反映されたナノポアが形成される。したがって，これは精緻な分子設計に基づいてナノポア構造をつくり上げることが可能な非常に拡張性の高い材料である。その特徴としては，① 柔軟で動的な骨格，② 構造の階層的な多様性，③ 構成要素の多元性，④ 表面修飾の容易性，などがあげられる。これらは無機系ナノポア材料においては実現が困難であり，有機系材料ゆえの特徴であるといえる。また，有機系材料は成形性に優れており，粉末以外のオブジェクトとして利用することが可能である。たとえば，薄膜化することによって，材料中のナノポアの配向を制御して異方性を付与させた機能発現や，材料の構造を多角的に評価できるという長所があげられる。また，有機系ナノポア材料薄膜は，ナノ構造転写やナノ複合化といったテンプレートとしての応用展開が期待されている。このようなナノテンプレートは，ドライプロセスのみならずウェットプロセスにおいても適用可能であり，さらに，利用後のテンプレートの除去が比較的簡便に行えるといった特性を有している。

このような有機系ナノポア材料をテンプレートとして利用する試みの展望として以

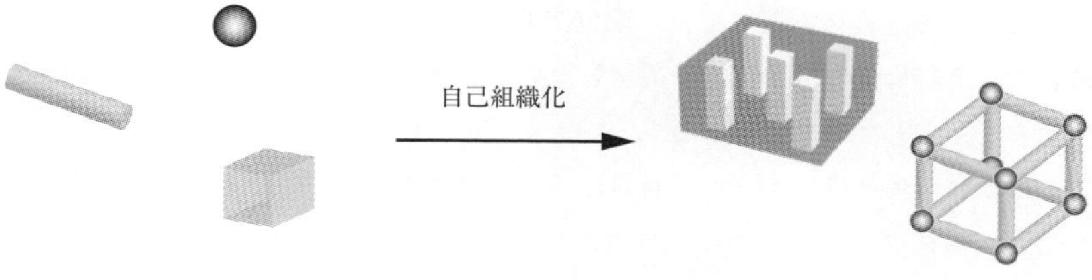

（例 1）ブロック共重合体の相分離薄膜，ハニカムフィルム

テンプレート（構造転写・複合化） → ナノ構造物性の探索に向けた新奇ナノ材料の創製

（例 2）集積型金属錯体，脂質ナノチューブ

リアクター（分子認識・物性制御） → 孤立ナノ空間の科学の基盤確立

図 7.30 自己組織化プロセスによるナノポア構造の形成とナノポア材料の応用展望

下の 2 点があげられる。第一に，ナノ構造に特異な光・電子・磁性機能を有するような新奇ナノ材料の創製，ならびにそのような材料における構造物性の探索である。第二に，ナノポア内の分子の挙動を明らかにすることによって，孤立ナノ空間における科学の基盤を確立することである（図 7.30）。

a. ブロック共重合体のミクロ相分離薄膜

互いに混じり合わない高分子を結合したブロック共重合体は，数十 nm 領域の球状，棒状（シリンダー），層状のミクロ相分離構造を形成する。一般に，ブロック共重合体を構成する各ブロックの重合度を変化させることによって，発現するミクロ相分離構造を制御することが可能である。具体的な利用例として，ドメイン選択的なナノ構造転写やナノ複合化といった，テンプレートとして利用することがある。さらには，ドメインをチャネルとした高分子薄膜基板のエッチング（ブロック共重合体リソグラフィー）がある[8)]。このほかにも，ミクロ相分離構造を利用した光電変換やドラッグデリバリーなどへの応用展開が検討されている[9)]。

b. 集積型金属錯体の配位空間

有機配位子と金属イオンによって構成される集積型金属錯体（配位高分子）は，金属イオンに由来した磁性や伝導性に関して古くから広く研究されてきた。一方で，これら金属錯体の結晶構造中に存在するナノポア，いわゆる配位空間に焦点をあてた研究が盛んである。具体例としては，配位空間へのガス-ゲスト分子の吸着[10]や，配位空間における特異的な分子認識や集積した分子の物性制御，新奇反応の反応場（ナノリアクター）としての利用がある[11]。

このほかにも興味深いナノポア材料は多く見出されている。空気中の水滴を鋳型とした自己組織化プロセスによってハニカム状の高分子多孔質膜が形成される[12]。このハニカムフィルムはエレクトロニクスやフォトニクス，バイオテクノロジー分野への応用が検討されている。また，合成糖脂質が自己集合することによって形成される，内径が 10〜100 nm の脂質ナノチューブは，ナノサイズの流路やリアクターとしての展開が期待される[13]。　　［山本 崇史，彌田 智一］

7.5.3　散逸構造形成

散逸構造とは非平衡開放系において，系と外部との間でエネルギーや物質のやりとりが行われた結果，マクロなスケールで現れる時空間構造のことである。この散逸構造という言葉は 1977 年にノーベル化学賞を受賞した Ilya Prigogine により提唱された[14]。平衡状態から大きく離れた状態は，線形応答の範囲外であり，従来の理論では説明できない現象が起こる。このような強い非平衡状態では，熱力学的な分岐の不安定性によって秩序構造がしばしば発現する。この構造は固体の結晶構造のような熱平衡状態で達成される構造とは異なり，背景にある非線形性のため，系を支配するパラメーターの変化に対して，状態が急激に変化する分岐現象を示す。

散逸構造の身近な例は，Rayleigh-Bénard 対流である。2 枚の熱伝導性の良い板で挟まれた薄い層状の液体に，下から熱を与えた状態を考える。上下の温度差が小さいとき，液体は静止したままで，熱はフーリエの法則に従って定常的に伝導する。しかしこのとき，下部の液体は熱膨張により上部より軽くなっており，不安定な状態である。温度差があるしきい値を越えると，液体の循環的な流動が発生し，対流のセル構造が現れる[15]。これは Bénard セルと呼ばれており，散逸構造として馴染み深いものの一つである。この簡単な例は，系を支配するパラメーターの変化に対して状態が急激に変化する分岐現象を示し，エネルギーや物質の流入と散逸のバランスにより構造が維持されるという，散逸構造の基本的な性質を備えている。

自然には様々な散逸構造が存在している。初期の散逸構造研究では，これらを取り上げ，散逸構造という視点から共通する性質について研究を行うというものが主であった。特に結晶成長や対流現象，化学反応波（Belousov-Zhabotinsky 反応）といったモデル系を対象とし，非線形科学や非平衡物理学の観点から，その一般的性質を理解するための基礎研究が多く行われている。一方で，散逸構造は強い非平衡状態からの変化の過程において出現する動的な構造であるという特性ゆえに，材料科学への応用は遅れていた。また混同しやすい概念として，自己組織化がある。自己組織化とは，界面活性剤ミセルやベシクルなど，分子間の相互作用により自発的に秩序構造が形成される現象であり，閉鎖系でも成立する。したがって，散逸構造とは非平衡開放系で見られる自己組織化現象ということができる。

散逸構造は，前述のとおり非平衡開放系で見られる自己組織化現象であり，広く一般に見られるものである。ゆえに，散逸構造を利用した材料調製法とみなすことができる研究は古くから行われてきた。例えば過飽和溶液からの再結晶化は，固/液界面に着目すると非平衡開放系であり，高い飽和度では樹状結晶が形成されることからも，散逸構造形成の一種である。また 7.5.1 で述べられているポーラスアルミナなど，陽極酸化を用いたポーラス材料の形成も散逸構造を利用した手法であるといえる。

1990 年代中頃から，材料調製の手法として散逸構造の利用を意識した研究が行われるようになってきた[16)]。その代表例は，疎水性溶媒を用いた高分子溶液キャスト法と，水蒸気の結露現象を組み合わせた breath figure 法（BF 法）によるハニカム材料である。breath figure とは，冷えた表面に息を吹き付けると呼気中の水分が結露する現象である。BF 法では，飽和水蒸気中で高分子溶液を蒸発させることで，溶媒の蒸発による気化熱により高分子溶液表面の温度が下がり，溶液表面に水滴を形成させる。このとき水滴を界面活性剤により安定化しておくと，水滴は成長しながら，毛管力により六方細密充填に集積する。この集積した水滴を鋳型として高分子フィルムを調製することにより，ハニカム構造[17,18)] を有する高分子膜が形成できる。また，このハニカムフィルムから派生してピラーやレンズアレイ[19)] といった構造の形成も報告されている。

氷の結晶成長は典型的な散逸構造の一つである。水溶液や水分散液を凍結させることで，材料中に氷結晶を成長させ，これをテンプレートとするポーラス材料の調製が多数行われている。用いられる素材はセラミックス[20)]，ポリウレタン[21)]，ヒドロゲル[22,23)] など多岐にわたっており，冷却速度や温度勾配により，空孔率や孔の方向性を制御できる。また相分離現象を利用し，ポリマー溶液を大きく温度クエンチすることによりポーラス構造を形成した例もある[24)]。

散逸構造は比較的大きなスケールまで成長した構造を指し，ナノスケールでの散逸構造に関しては，その存在から明確ではなかった。しかし近年，金錯体の水溶液と脂溶性アンモニウムイオンを溶解した有機溶媒の界面において，金錯体とアンモニウムカチオンのイオン対形成により，中空構造を有するナノワイヤーを調製した例が報告され[25]，界面を隔てた物質輸送によるナノスケールの散逸構造形成を利用した材料調製が可能であることが示された。

ここまで述べてきた例は，散逸構造の空間的パターンに着目し，それを固定化する形で新たな構造形成を行うものである。近年では，散逸構造の動的な側面に着目し，時空間構造を形成する研究も行われている。例えば，化学反応場を利用したヒドロゲルの自律的振動現象[26]や，化学エネルギーを消費してファイバー[27]やベシクル[15]といった構造を形成・維持する研究がある。これらのようなアクティブな材料調製のための散逸構造の利用は，今後増えていくものと予想される。　［向井 貞篤］

7.5.4　多孔性配位高分子

PCP（porous coordination polymer，多孔性配位高分子）もしくはMOF（metal organic framework，有機金属構造体）とは，金属イオンとそれを連結する有機配位子で構築され，内部に分子吸着可能な細孔を有する結晶性固体である。金属イオンはCu，Zn，Feなどの遷移金属イオンをはじめ，Mgなどの第2族元素イオンおよび希土類元素イオンの一部が用いられる。有機配位子は2座以上の配位座を有していればよく，さまざまな有機配位子がPCPの構成分子になることが可能であり，また2種類以上の有機配位子が結晶の構成分子となることも可能である。これらの金属イオンと有機配位子との組合せは無限であり，構造および機能的に多様な物質群となっている[29,30]。PCPの作製方法は有機配位子を含む溶液と金属イオンを含む溶液を緩やかに拡散させて結晶を得る方法と，すべての原料を含む溶液を混合して耐圧容器に密閉し，約100〜200℃で加熱したのち，緩やかに冷却して結晶を得る方法の二つが主に用いられるが，最近では固体原料を溶解させることなく，混合・かくはんする合成法や，原料溶液をマイクロ波で加熱する合成法など，新しい手法も開発されている。いずれの方法も非常に簡便であることが多い。PCPは，通常は細孔中に溶媒分子がゲスト分子として充填された状態で単離されるため，吸着材料として用いるためには加熱，減圧処理を行い，ゲスト分子を取り除かなければならないが，ゲスト分子を取り除くと構造体が崩壊してしまうことが非常に多い。このような崩壊型PCPを，第一世代型PCPとよぶ[31]。一方，ゲスト分子を取り除いても安定で堅牢な空間構造を保ち，その空間を二次利用できる物質は第二世代型 PCP とよばれている[32)]。細孔の大きさは 2 nm 以下のマイクロ孔領域のものがほとんどであるが，それを超えるような大きな細孔を有する物質もみつかってきている。さらに第三世代型 PCP と分類されるものも存在し，これはゲスト分子や外部雰囲気の違いによって，細孔サイズや形状が変化する柔軟構造を有する PCP である[32)]。これは主に，① 固体中で開裂および再結合可能な配位結合，水素結合などの弱い結合や，ファンデルワールス相互作用などの弱い相互作用による骨格の構築，② 配位結合の様式や次数の柔軟さ，③ 有機配位子の分子内の配向の自由度によるものである。

多孔性物質としての PCP の最大の特徴は，構成分子の選択により系統的に物質合成できる点と，第三世代型 PCP にみられる動的な構造由来の特異な吸着挙動である。

以下，これまでに報告されている代表的な PCP を紹介する。

a.　ピラードレイヤー型 PCP

CPL（coordination pillared layer structure）とよばれる一連の構造体は，[$Cu_2(pzdc)_2L$]，（pzdc＝pyrazine-2, 3-dicarboxylate，ピラジン-2, 3-ジカルボン酸，L＝ピラー（柱）配位子）の一般組成を有する PCP である[33,34)]。この化合物は Cu(II) と pzdc によって構築された層構造がピラー配位子によって連結されている。ピラー配位子は非常に近接しているため，層とピラーで区切られる細孔は一次元空間となっている。ピラー配位子を使い分けることにより，細孔の大きさを約 4～12 Å の間で調節することができる。なかでも，ピラー分子にピラジン（pyrazine）を用いた 4×6 Å の細孔サイズを有する CPL-1：[$Cu_2(pzdc)_2(pyrazine)$] は非常に特殊なナノ空間を提供し，反応活性なアセチレン分子を通常の爆発限界の 200 倍の密度に濃縮したり[35)]，細孔中に酸素分子を配列させて特異な磁気特性を発現したりする[36)]。

b.　亜鉛四核クラスター連結型 PCP

亜鉛四核クラスター（Zn_4O）を，種々のカルボン酸置換基を有する配位子で連結した第二世代型 PCP である[37)]。最も代表的な MOF-5[38)] の単位胞は立方体で，八つの格子点のそれぞれに Zn_4O クラスターが存在し，立方体の辺に存在するテレフタレートによって Zn_4O が連結され，[$Zn_4O(OOC—C_6H_4—COO)_3$] という組成を有する無限構造を形成している。MOF-5 の細孔表面積は 2900 $m^2\,g^{-1}$ に達し，77 K における窒素の最大吸着量は 830 $mg\,g^{-1}$ と非常に大きな値を示す。MOF-5 のテレフタレートをトリフェニレンジカルボキシレートで置き換えた IRMOF-16 は非常に大きな空隙を有し，固体密度はわずか 0.21 $g\,cm^{-3}$ である[37)]。

c.　インターディジテイト型 PCP

Cu(II)，2, 5-ジヒドロキシ安息香酸（2, 5-dihydroxybenzoate, dhbc）と 4, 4′-ビピリジン（4, 4′-bipyridine）で合成される PCP（CPL-p1：$[Cu_2(dhbc)_2bpy]_n$）は代表的な第三世代型 PCP である。CPL-p1 は二次元シートが dhbc 部位の π-π スタッキングによって積層したインターディジテイト構造を有する。二次元シートは剛直であるが，互いに直接の結合を有していないため，三次元構造は柔軟性に富んでいる。298 K における窒素吸着実験では，50 atm 以下ではまったく吸着を示さないのに対し，それを超えると急激な吸着を示す。窒素の吸脱着に伴い，細孔のない構造から多孔性構造へ変化することが，X 線回折実験から明らかになっている。この現象はゲスト分子と細孔壁との相互作用の強さに依存するため，吸着する気体分子に依存してゲートが開く圧力，すなわち吸着する圧力が大きく異なる[39]。　［北川　進，松田　亮太郎］

7.6　生体の機能

7.6.1　生体膜の超分子構造

すべての生物の基本単位である細胞には，一番外側を囲む形質膜，ミトコンドリア，粗面小胞体およびゴルジ体などのオルガネラ（小器官）で膜状構造体が存在する。このような膜状構造体は，総称して生体膜とよばれる。生体膜の機能は，外界との区画を形成することである。さらには，絶えず物質を取り込み，代謝産物を外へ排出しなければならないため，物質の輸送の制御が巧みに行われる。特定の分子を認識するレセプターが膜表面に存在し，その情報を膜内に伝える機構も存在する。生体膜の厚さは，ほんの 6～10 nm である。この膜中に，タンパク質，糖鎖，脂質が高度に配列制御されて超分子複合体を形成し，種々の機能を発現している。ここでは，生体膜における脂質，高分子の配列制御について解説する[1～5]。

生体膜の構成成分が，脂質，タンパク質および少量の炭水化物（糖）であることは比較的古くから知られていたが，はっきりした単位構造が明らかになったのは比較的最近のことである。主な脂質成分は，リン脂質，糖脂質およびコレステロールである。そのなかでも，ホスファチジルコリンとよばれるリン脂質が最も多く存在する。このリン脂質を水中に分散すると，二分子層を基本としたラメラ構造を形成する。1964 年，Bangham は，十分な水を加え，かくはんや超音波処理により，ラメラ構造がちぎれて袋状のリポソームとよばれる閉鎖小胞体（ベシクル）が形成されることを見出した

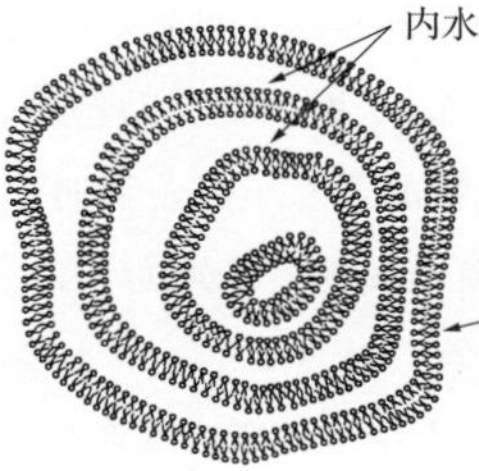

図 7.31 多重層リポソームの構造（断面）

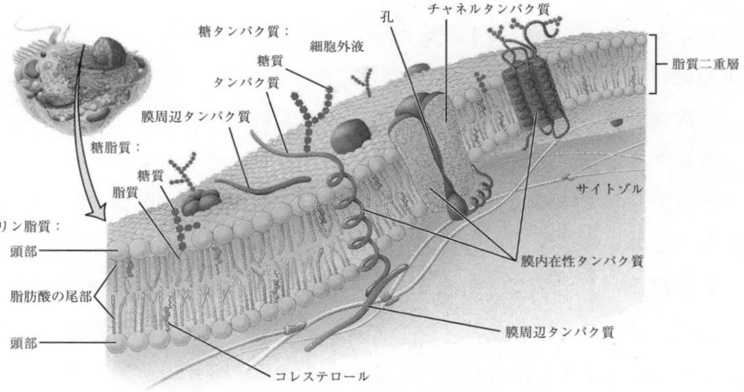

図 7.32 生体膜構造の模式図
[G. J. Tortora, B. Derrickson 著，大野忠雄，黒澤美枝子，高橋研一，細谷安彦 共訳，“トートラ 人体の構造と機能 第 2 版”，丸善出版（2007），p. 46]

（図 7.31）。その後，1972 年 Singer と Nicolson らは，生体膜の電子顕微鏡観察，X 線回折などの結果，脂質二分子膜構造，膜内での分子の運動性などを考慮して，流動モザイクモデルを提唱した（図 7.32）。脂質二分子膜構造を基本骨格とし，膜タンパク質がその中に割り込んだ構造をとっている。タンパク質は側方へ移動する自由度がある。膜タンパク質についた糖鎖部分は，みな膜の外側にのみ存在している。また，脂質分子も外膜と内膜で異なる組成をもつ。このように生体膜は，さまざまな機能性分子が自己組織的に会合した超分子複合体であり，非対称構造を有する機能性薄膜である。
［秋吉 一成］

7.6.2 生体膜の流動性[2)]

生体膜は，固定したものではなく流動性に富む動的な構造体である。膜内の横方向の動きを見積もってみると，脂質の二分子膜中での並進拡散定数は，10^{-8}〜10^{-9} cm^2

s^{-1}と求められる。脂質分子は，直径5 μmの細胞の膜を端から端まで動くのに，早いもので，約6 sかかる計算になる。形質膜中のタンパク質の場合は，脂質分子よりも同じ程度の速さ（$10^{-9}\,m^2\,s^{-1}$）から$10^{-11}\,cm^2\,s^{-1}$と比較的遅く，広い範囲に及んでいる。ここからは，脂質二分子膜の海を氷山のごとく膜タンパク質が動いている様子がわかる。

近年，光学顕微鏡技術の発達により，細胞膜上の一つのタンパク質の動きを直接観察することが可能となり，光ピンセットとよばれる技法により膜タンパク質1分子を操作し得るようになった。この手法を用いて，膜貫通タンパク質の動きを観察したところ，細胞膜は0.5〜1.0 μm程度の膜骨格の網目がちょうどフェンスのようにはりめぐり，膜貫通型タンパク質の運動がおさえられていることがわかった。また，糖脂質であるガングリオシドが細胞膜上でミクロドメイン（サイズは数十 nm）を形成し，このドメインを介して糖鎖間の細胞接着のみならず情報伝達が制御されていることが提唱された。このドメインの細胞質側にシグナル伝達に関与するいくつかの情報伝達タンパク質が配置されていて，外来からの刺激を細胞内に伝える場を提供している。このほかにも，コレステロールとタンパク質とから形成される細胞膜上のミクロドメインが存在することが明らかになっている。この機能ドメインは，海に浮かぶ“いかだ”になぞらえて“脂質ラフト”ともよばれている。これらのドメインや先に述べたピケットフェンスを介して，レセプターやエフェクターを膜の両側に集めることでシグナル伝達の効率を上げるしくみは，種々の細胞系でみられる一般的な概念である。

［秋吉　一成］

7.6.3　生体膜中でのタンパク質の存在様式と配向制御[1)]

脂質二分子膜中でのタンパク質の存在様式は，図 7.33のようにまとめられる。膜タンパク質の膜中での構造は，α-ヘリックス構造である場合がほとんどである。また，生体膜が非対称であることは，細胞内外での方向性のある物質輸送や物質生産に必須の条件である。

それでは，膜タンパク質のこの非対称性はどのように実現されているのだろうか。リボソームで合成される膜タンパク質は，粗面小胞体を認識して脂質膜を貫通し，小胞体の内側にペプチド鎖が伸びるかたちで合成が進む。さらに内膜に存在する酵素により糖鎖も内側で付与される。この糖鎖の存在により，タンパク質の反転はほとんどおさえられる。その後，この小胞が形質膜と融合し，内側に出ていた部分が，細胞の

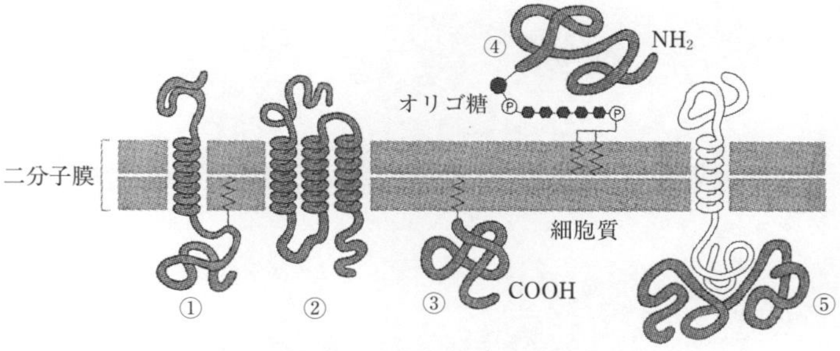

図 7.33 膜タンパク質の結合様式
① 単一膜貫通部分による結合，② 複数膜貫通部分による結合，③，④ 共有結合脂質によるアンカー，⑤ ほかのタンパク質との非共有結合的な結合
[J. D. Watson, *et al.*, ed., "Molecular Biology of the Cell, 3 ed.", Garland Pub. (1995), p. 486]

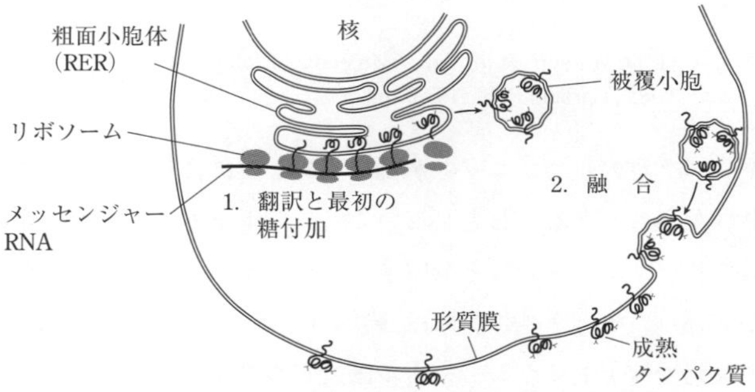

図 7.34 膜タンパク質の形質膜への組込みと方向性の維持機構

外にきて，タンパク質の配向は保持される（図 7.34）。単離された膜タンパク質を前述のリポソームに再構成することは可能であるが，その配向性を規制するのは難しい。生体系では，厳密な方向性をもつタンパク質合成過程において，シグナルペプチドとその膜受容体を利用して，膜への組み込みを同時に行い，その結果，膜中での配向制御を達成している。 ［秋吉 一成］

7.6.4 膜中での膜タンパク質の自己集合による機能制御

生体膜の物質輸送現象を例にとって膜タンパク質の自己集合による機能発現について説明する[1,3]。生体膜では，無機イオンや物質を選択的に輸送している。イオンチャ

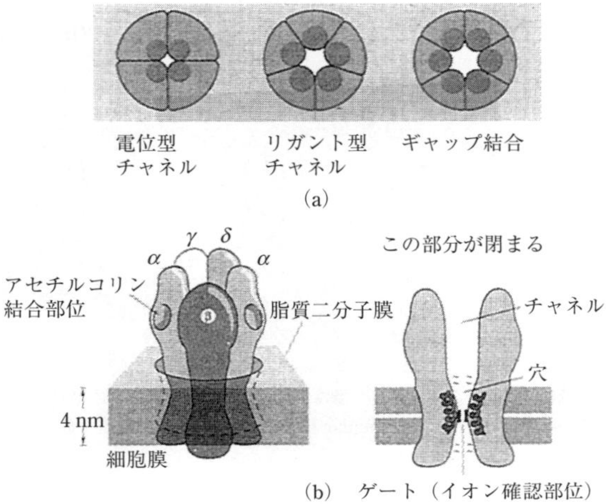

図 7.35　チャネルタンパク質の集合様式 (a) とアセチルコリンレセプターの構造モデル (b)
[J. D. Watson, *et al.*, ed., "Molecular Biology of the Cell, 3 ed.", Garland Pub. (1995), pp. 538, 539]

ネルは，膜タンパク質のサブユニットが集合することにより，物質を選択的に通す細孔を膜中にあけたものである。おもしろいことに，チャネルの機能の違いで，集合するタンパク質のサブユニットの数と形成されるポアサイズとの関係がある程度決まっている(図 7.35(a))。チャネルの開閉に，膜内外の電位差を利用する電位型チャネル，たとえば，電位感受性ナトリウムチャネルは，四つの繰り返し構造をもつサブユニットで形成されている。また，化学物質を用いるリガンド型チャネル，たとえば，ニコチン性アセチルコリンレセプターチャネルの場合は，アセチルコリンを結合し得る二つの同一サブユニットと三つの異なるサブユニットで形成されている（図 7.35(b))。いま一つは，ギャップ結合とよばれるもので，隣の細胞と物質の出入りが可能となる。ギャップ結合は二つの同一サブユニットが集合した六角形の構造をしている。チャネルの細孔はほかのものより大きく，1.6〜2 nm で，分子量 1〜1.5 kDa 以下のイオン，アミノ酸，糖類およびヌクレオチドを自由に通し，選択性はないが，チャネルの直径は，Ca^{2+} イオン濃度に依存して変化する。その濃度が 10^{-7} mol L^{-1} 以下では，チャネルは全開しており，濃度が増すにつれ細くなり 5×10^{-5} mol L^{-1} に達するとふさがる。

電気化学ポテンシャルに逆らって物質を輸送する能動輸送の例も知られている。能動輸送を行うためには，ポンプが必要で，ポンプを作動するにはエネルギーが必要である。Na^+，K^+-ATP アーゼは，ATP の加水分解の化学エネルギーを使って作業を行う分子機械である。外側に K^+ があり，内側に Na^+ と ATP が存在するときにのみ，Na^+ を外側に K^+ を内側に輸送する。ポンプとして働くキャリヤータンパク質をリン酸化・脱リン酸化することにより，その構造制御を行い，イオンを選択的に濃度勾配の高い側へ輸送する。
［秋吉 一成］

7.6.5 生体膜のモデル化と応用

Bangham らによる発見以来，リポソームを用いて，生体膜を単純化した系で再現できることから，リポソーム系は生体膜の機能解明に大きく貢献してきた。生体膜から抽出してきた単一の膜タンパク質をリポソームに再構成したプロテオリポソームは，現在でも膜タンパク質の機能解明に大きな役割を果たしている。また，種々の生体膜機能を人工的にシミュレートし得るシステムが構築され，臨床検査用リポソーム，バイオセンサーへの応用が期待されている[3,4]。

リポソームは，その内水相に水溶性薬物や DNA，脂質相に脂溶性薬物を可溶化し，また分子集合体である点をいかし，タンパク質や機能性脂質を再構成して膜の安定性の向上や細胞特異性など機能付与し得る。このように，人工細胞といえる機能化リポソームは，薬物運搬体としてミサイル療法，遺伝子治療や人工ワクチンへの応用が活発に行われている（図 7.36）。とくに，抗がん剤を含有したリポソームはがん治療薬として認可され，実用化されている[4]。

生体リン脂質の構造的特徴は，疎水性の 2 本のアルキル鎖と親水性頭部を有する両親媒性物質である点にある。この基本的特徴を満たした構造を有する単純ジアルキルアンモニウム塩が，水中で安定な二分子膜を形成することが，1977 年國武らにより

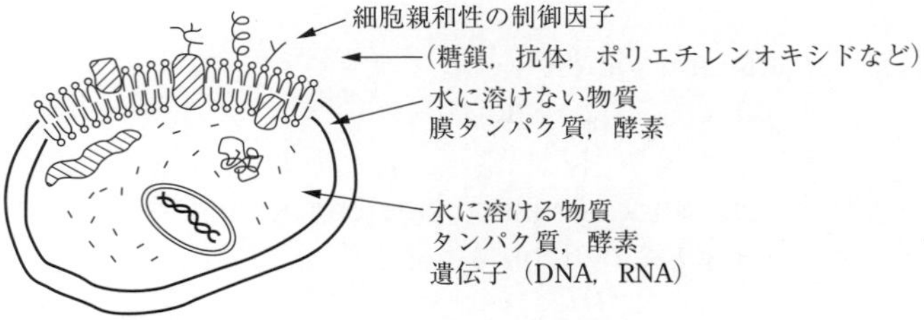

図 7.36　機能化リポソームの模式図

明らかにされた[5]。その後，数多くの両親媒性物質が見出され，二分子膜の形成は生体特有でなく，一般的な現象であることが確立された。また，二分子膜構造以外にも球状，ひも状，円盤状などさまざまな会合形態がみつかった。会合形態は，両親媒性分子の疎水性-親水性のバランス，幾何学的形状に依存しているが，分子間の相互作用の強さや分子配向も大きな因子である。モノアルキル型の両親媒性化合物は，通常水中でミセルを形成するが，アゾベンゼンなどの芳香族の剛直部位を導入すると，分子配向性が向上し二分子膜を形成するようになる。また，3，4本のアルキル鎖を有する両親媒性分子でも，設計しだいでは二分子膜を形成する（図 7.37）。これらの結

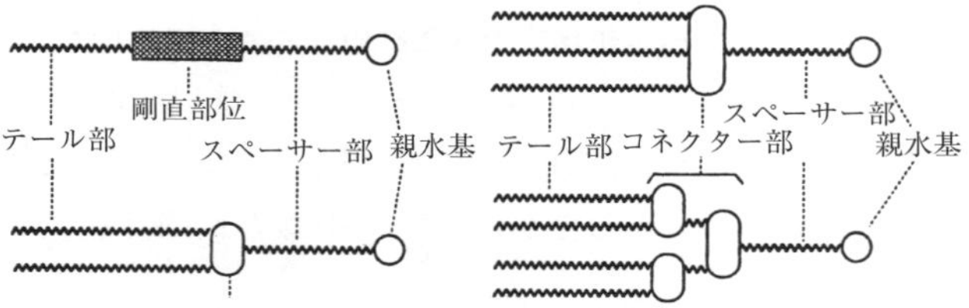

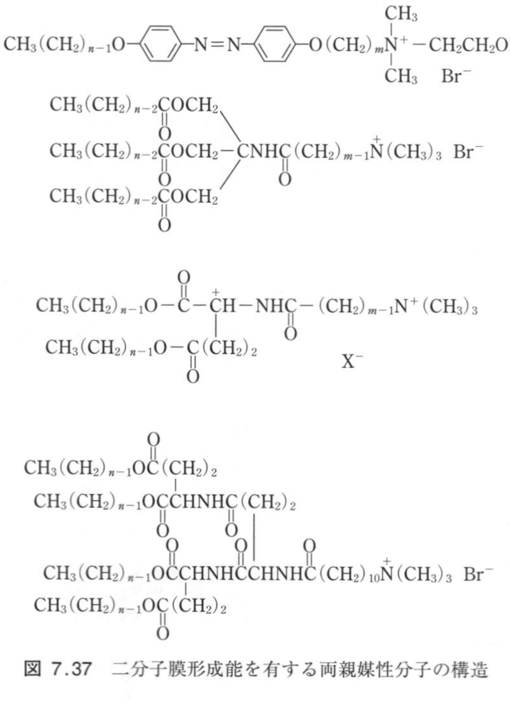

図 7.37　二分子膜形成能を有する両親媒性分子の構造

果は，分子の配向性も二分子膜形成に重要な因子であることを示している。

生体膜類似の高度に配向した二分子膜構造が合成両親媒性分子により得られて以来，機能性ナノ組織体の研究が活発に展開されている。酵素類似反応場としての人工触媒系，分子認識の場，人工光合成の場としての研究がなされ，生体類似の高次機能が発現し得ることが示された。また，配向した二次元平面を鋳型とした有機-無機ハイブリッド構造の形成や，ベシクルを鋳型とした無機微粒子の合成なども報告され，マテリアルサイエンスの分野でも注目されている[5)]。 ［秋吉 一成］

7.6.6 リポソームの化粧品への応用

a. 化粧品市場におけるリポソーム製剤

化粧品においてリン脂質は古くから乳化剤，分散剤などとして配合されてきた原料であり実用性，有効性，安全性および良好な官能特性などの面から，製剤分野としてのリポソームに対する関心は高まりつつある。しかし，リポソーム製剤開発当初は，経皮吸収を促進する可能性も指摘されたため，製品としてリポソーム製剤を標榜するためには安定性や安全性において一定の基準を設ける必要性が生じてきた。そこで当時の厚生省は，リポソーム製剤の承認を与えうる基準を設定し，業界にこれを示した[6)]。この基準を初めてクリアした製品は1992年に上市されている。

b. 化粧料としてのリポソーム製剤の安定化研究

化粧品製剤の安定性は，消費者の使用条件や店頭での保管条件などを考慮し，40℃前後の高温度領域での品質保証が必要である。すなわち医薬品のように冷暗所での保管を前提とすることはできない。さらに品質の安定化のための窒素ガス置換などの特殊な処理は施しにくく，また外観や匂いの変化についても保証しなければならない。

リポソーム製剤に用いるリン脂質は長期にわたり水分散系での物理的・化学的変化の少ないものが要求される。リポソーム中のリン脂質の長期安定性については，PC（ホスファチジルコリン）純度が高いことは不可欠の条件であり[7)]，さらにはリン脂質を構成している脂肪酸にわずかでも不飽和部分が存在しないことが重要である[8)]。脂肪酸部にわずかでも不飽和が存在すると，経時的なpH低下をきたし，さらには分散物の凝集や変臭といった変化を引き起こす。また飽和脂肪酸からなる天然のリン脂質は，常温領域にT_c（ゲル-液晶相転移）をもつことから，この温度領域では脂質二分子膜の相分離が起こり，内包物質の漏出やリポソーム自身の凝集が発生する。これを抑制する方法としては，コレステロールの添加が有効である。コレステロールは脂

質の T_c 以下ではリン脂質の疎水基間の相互作用を弱め，T_c 以上ではこれを強めるため膜を安定化し内包した薬剤の膜透過性を抑制する。このリン脂質 1 mol に対し 0.2 mol 以上のコレステロールを添加することで安定化効果が得られる。また長期安定性に関しても，コレステロールの添加はリポソームの膜流動性を抑制し，リン脂質自体の加水分解を防ぐ効果もある[9)]。その他，化粧品に配合される成分のなかでリポソーム製剤の安定性に影響されるものとして，荷電物質[9)]，界面活性剤[10,11)]，多価アルコール[7)]，電解質，水溶性高分子[12)] などがある。リン脂質の種類によっても異なるが，荷電物質の影響はリン脂質の加水分解に，また界面活性剤では膜への吸脱着による膜の破壊が見られるなど，安定性に大きく影響するため，慎重な選定が要求される。

c.　化粧品におけるリポソームの有用性

リポソームが化粧品製剤として優れている点として，① 水溶性および油溶性薬剤の両方を膜内に内包可能であること，② 生体由来成分を用いているために生体適合性が高く，毒性が低いこと，③ 皮膚内の貯留性が高いこと，④ 保湿効果が高いことなどがあげられる。例えば，コラーゲン，エラスチン，ヒアルロン酸などの高分子，種々の薬効作用をもつ植物エキスや水溶性美白剤や抗酸化剤などをリポソームに内包させることで，水溶性薬剤の皮膚親和性を高め，またその有効性を持続させる効果が期待できる。さらに脂溶性や難溶性の薬剤を二分子膜に取り込むこともでき，これらの薬剤の拡散効率を高めることが期待できる。

（i）　リン脂質の保湿効果　　化粧料としてリポソーム剤形を用いたとき，リポソームを構成するリン脂質自体の保湿効果は重要な要素である。リポソームの主な構成成分である PC は，1 mol あたり 10 mol の水分子と水和し，ラメラ型の液晶を形成する。示差走査熱量分析によりジステアロイル PC の水分含有の影響を熱量変化で検討した結果では，PC に対し重量換算で約 20% の結合水を有する[13)]。また皮膚柔軟性という観点では，対照として用いたグリセリン単独系よりも，リン脂質添加系の方が皮膚柔軟効果の持続性を有することが認められている[14)]。これらよりリン脂質が保湿剤として有用な成分であることがわかる。

（ii）　リポソームの液晶構造と保湿性　　ラメラ型の閉鎖小胞であるリポソームもその構造自体に肌への保湿効果が期待できる。そこで実際にラメラ構造が保湿効果に関与していることを証明するために，脂質濃度 10% のリポソーム製剤とこのラメラ構造を界面活性剤で破壊した製剤の保湿効果を検討した。濃度 1% のオクチルフェニルエーテルでラメラ構造を破壊した対照サンプルに対して，リポソーム製剤は有意に

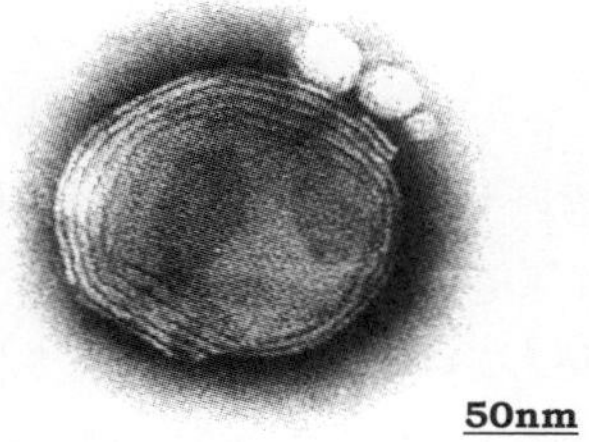

図 7.38 水分蒸散後のリポソーム

図 7.39 シェアを与えた後のリポソーム

高い保湿性を示した[15)]。つまり，ラメラ型の閉鎖小胞であるリポソームはその構造自体に肌に対する保湿効果がある。しかし，化粧品としてリポソームを肌に塗布した場合，水分が蒸発したり高いシェアレートがかかるため，リポソーム構造が肌上でどの程度維持されているか疑問が生じる。そこである程度の水分蒸散させたもの，およびプレパラートで十分にシェアをかけたものをTEMにて観察した（図 7.38, 図 7.39）若干の膜構造の欠落や変形が見られるものの，全体的には膜構造を維持していることがわかる。リポソームは構成しているリン脂質自体のみならず，その構造を維持することによっても皮膚の保湿効果を高めることが示唆された。

（iii） リポソーム製剤の皮膚改善効果　保湿成分含有のリポソーム製剤を用い，皮脂欠乏症や尋常性魚鱗癬の比較的軽度の皮膚疾患患者を対象に臨床試験の例がある[16)]。ここでは被験薬剤としてリン脂質・コレステロールからなるリポソームを脂質成分として3% 含有したものを用いた。この結果，何らかの改善効果が認められたものは 100% であり，副作用も認められなかったことより有用率も 100% である。また症例部位を特定した場合にはリポソームのみを除いた対照と比較し，有意に優れている。これと同時に実施された機器による客観的な評価においても，角質水分の上昇，柔軟性の向上，落屑スコアの減少などの著しい改善効果が認められている。さらに試験終了後もある程度効果の持続が見られ，肌改善効果の持続性が示されている。

d. まとめ

リポソームは一定の条件をクリアすれば化粧品製剤としても十分に応用可能であり，また皮膚にとって有効な薬剤の滞留性が向上し，さらには保湿効果の高い有用な製剤であることがわかる。今後は数多くの薬剤適合性や，踏み込んだ有効性の研究が課題であり，さらにはもっと応用範囲を拡大し，化粧品製剤として一般的な製剤となることを期待したい。

［姫野 達也，内藤 昇］

7.6.7 バイオミメティクス

バイオミメティクス（biomimetics，生物模倣）という用語は，米国の神経生理学者 Otto H. Schmitt が 1950 年代後半頃に用いたものである。シュミットはノイズに強いシュミット・トリガー（1934 年）の考案者として知られているが，電子回路で問題となる入力信号のノイズ対策を神経系が大昔から備えていたことに驚嘆し，生物に学ぶことの意義を正しく理解した。生物進化は生き残りをかけた生命の生存戦略の歴史であり，39.5 億年に及ぶ大自然の壮大な実験の記録でもある。バイオミメティクスは，この貴重な多様性や様々な問題解決のしくみを理工学的に受け継ぐ学術体系で，膨大な生物情報を収蔵する自然史博物館との緊密な連携[17]と，① 生物機能の解析→② 原理の抽出とモデル化→③ 工学的応用，という研究フローに特色がある。

生物機能の解析（①）では，SEM や X 線マイクロ CT を駆使して得られた画像データが大いに活躍している。得られた画像データを膨大な画像データベースと対比するためのバイオミメティテクス画像検索システム[18]も開発されている。生きたままの昆虫を電子顕微鏡下で観察する技術も開発された[18]。ナノスーツ法（NanoSuit®）と呼ばれるもので，0.1 wt%程度の界面活性剤（例えば Tween20）を塗布しておくと界面活性剤が電子線で重合し，厚さ数 nm の保護皮膜が *in situ* で形成される。②と③については表 7.3 にまとめた。

バイオミメティクスに先行する形で議論されたのが昆虫ミメティクス[19]である。昆虫は哺乳類とはまったく異なる戦略で大進化を遂げている。乾燥に強く軽くて丈夫な外骨格を得て海から陸へと進出し，さらに翅を得て空も飛べるようになった。この大躍進を可能にしたのがクチクラである[20]。クチクラは表面を覆う硬い膜状物質の総

図 7.40　昆虫類の進化

表 7.3 生物の機能，規範対象と原理・モデル化，理工学的応用の例

生物の機能	規範対象と原理・モデル化	理工学的応用
親水・はっ水・防汚機能	カタツムリの殻の微細構造 ハスの葉表面の階層的な微細構造 生物の粘液分泌能	親水性自浄材料 超はっ水性材料 離漿材料
構造色・低反射性	ルリスズメダイの可変構造色 モルフォ蝶のりん粉のナノ構造 ガの眼の微細周期構造	オパールフォトニック材料 構造色繊維・フィルム 低反射フィルム
接着性の制御	ヤモリの指の微細構造 アブラムシのリキッドマーブル イガイの水中接着機構 ゴボウやオナモミの実	ファンデルワールス接合材料 粉末接着剤 医療用接着剤 面状ファスナー
流体抵抗の制御	サメ肌のリブレット構造 ヌタウナギの皮膚 低速滑空を可能にするトンボの翅	流体抵抗低減フィルム 低摩擦塗料 風力発電機
自己組織化	生体膜 生体膜 筋肉 心臓の拍動 傷の修復と再生	人工生体膜センサー 有機ナノチューブ DDS ソフトアクチュエーター ゲルポンプ 自己修復材料

称で，髪の毛のキューティクルもクチクラである。昆虫の場合は上クチクラ，外クチクラ，内クチクラからなる3層薄膜構造で，厚さは0.2 mm程度，主成分は液晶性を有するキチン（ポリ-*N*-アセチルグルコサミン）とタンパク質である。キチンはすべて表面に平行に配向し，これにβシート構造をもつタンパク質が結合している。タンパク質がキノンで架橋されると，色は褐色になると同時に脱水化が起こり，クチクラの機械的強度は飛躍的に増大する。昆虫のクチクラはきわめて優れた繊維強化複合材料で，有機材料のみで構成された大変魅力的な生物規範材料である。

［山口 智彦］

7.6.8 細胞操作

細胞の機能応用は，培養細胞による医薬品候補化合物のスクリーニングから，細胞治療・再生医療まで多岐にわたり，さらに近年の幹細胞関連技術の進展によって，その意義と可能性が急速に拡大している。これらすべての応用領域において細胞操作は基盤技術であり，その内容は，① 浮遊細胞の分離とハンドリング，② 細胞の改質，③ 細胞接着の制御に大別できる（表 7.4）[21]。懸濁状態の浮遊細胞には，マイクロマ

表 7.4　代表的な細胞操作技術

浮遊単一細胞の操作	接　触　法：機械式マニピュレーター 非接触法：光，電場，磁場など
細胞形質の操作 (遺伝子ベクターなどの導入)	物理的手法：マイクロインジェクション，エレクトロポレーション 生化学的手法：ウイルスベクター，リポフェクション
細胞接着の操作 (ECM タンパク質のマイクロパターニング)	インクジェット法，フォトリソグラフィー ソフトリソグラフィー，電気化学反応利用

［福田敏男，新井史人 監修，“細胞分離・操作技術の最前線” シーエムシー出版（2008)］

ニピュレーターによる機械的な接触操作に加えて，光（レーザー)，電場，磁場を駆動源とする非接触操作が可能である。一方，細胞接着は，基材表面の分子レベルの構造と性質を敏感に反映するので，界面の分子制御で操作できる。

a.　浮遊細胞の操作

浮遊細胞は直径数 μm の誘電体粒子であるため，レーザーピンセットが適用できる。これは，レーザー光を集光照射すると，その焦点に誘電体粒子を引きつける光圧力が発生することを利用している[21,22]。

電場を駆動力とする操作技術には，電気泳動と誘電泳動がある。電気泳動は，数十 V cm^{-1} の直流電場をかけて電荷を有する分子や粒子を移動させる技術であり，移動度の差を利用して分離する。細胞の表面には，糖衣（糖鎖）由来の負の固定電荷があるので，電気泳動による搬送・分離が可能であり，加えて，細胞の状態（細胞表面電位など）を反映した移動度が，細胞の診断や品質管理の指標となる[21,23]。

誘電泳動力は，不均一な交流電場（10 Vpp 程度，数百 kHz～数 MHz）から誘電体粒子が受ける力であり，その大きさと向きは，粒子サイズ，および粒子や溶媒の誘電率と導電率に依存する[21,24]。粒子の誘電率が溶媒より大きい場合には，外部電場と同方向の誘起双極子が形成され，電場強度の強い領域へ誘導される力が作用する（正の誘電泳動)。誘電率の大小が逆であれば，電場強度の弱い領域へ誘導される（負の誘電泳動)。誘電率は周波数に依存するので，力が作用する向きを交流電場の周波数で制御できる場合もある。不均一な交流電場を形成するための電極形状は多様に考えられる。たとえば，針状の電極の先端は電場強度が強いので，細胞を引き寄せる効果を示す。周波数を変えて放出することもできるから，単一細胞のマニピュレーションに利用できる。

磁場を利用して細胞を分離・操作するさいには，細胞を磁気ビーズで標識する。磁気ビーズの粒径は数十 nm と非常に小さく，典型的にはマグネタイト Fe_2O_3（重量比55〜59％）がデキストラン（35〜39％）と細胞表面抗原を認識する抗体（2〜10％）で覆われた構造を有する。この組成は生分解可能であり毒性がないため，分離した標識細胞はそのまま培養できる[21]。

b. 細胞内への物質導入

細胞内への物質導入には，キャピラリーによるインジェクション法や，ウイルスを用いる方法などに加えて，エレクトロポレーションがある[21,26]。電場によって細胞膜に誘起される膜電圧がしきい値（1 V 程度）を超えると絶縁破壊が生じ細胞膜に細孔が形成されるのを利用する。細胞膜の流動性によって細孔が修復するまでの間に，主に拡散によって遺伝子ベクターや可視化のための色素などが導入できる。

c. 細胞接着の操作

血球細胞を除くほとんどの動物細胞は接着依存性であり，適切な接着状態において細胞機能を発揮する。細胞接着は，基材表面に吸着したフィブロネクチンなどの細胞外マトリックス（ECM：extracellular matrix）タンパク質を，細胞膜に発現したインテグリンなどが特異的に認識して進行する[27]。よって，細胞接着の操作は，ECM タンパク質の吸着制御とパターニングに基づく。タンパク質溶液を万年筆の要領で基板表面に塗る方法や，ノズルから噴射するインクジェット法などによって，ECM タンパク質および細胞のマイクロパターンが形成できる。半導体回路の製造で用いるフォトリソグラフィーで基板表面に親水性・疎水性の領域を作製し，高精度でバイオパターンを形成することもできる。ソフトリソグラフィーは，ポリジメチルシロキサンで作製した微細なスタンプを用いるのが特徴で，インクに見立てた ECM タンパク質などをスタンプから基板に転写する[28]。電気化学反応によって，電極表面や電極周辺のタンパク質吸着性をコントロールすることもできる[21]。［西澤 松彦］

7.6.9 免疫反応体[29]

免疫測定法（イムノアッセイ）は，抗体と放射性物質あるいは酵素などを標識した抗原による抗原抗体反応を原理とする定量分析法である。この分析法は，高感度であるため，病気を診断するための生化学的診断法として，また環境分析法として広く利用されている。

数あるイムノアッセイのうち主に用いられるのが，競合法とサンドイッチ法である。

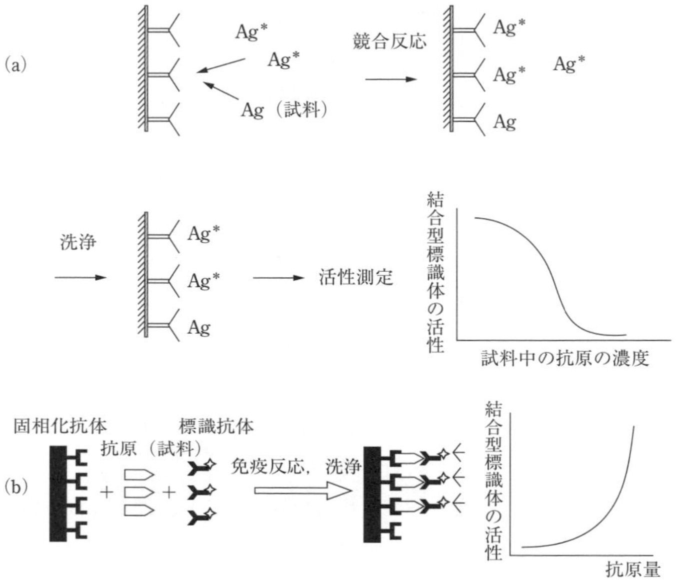

図 7.41　競合法によるイムノアッセイの模式図と検量線の例（a）と，サンドイッチ法イムノアッセイの模式図と検量線の例（b）

例えば競合法では，一定量の抗体（Ab）に一定量の標識抗原（Ag*，＊は酵素）を加えると抗原抗体反応物（Ag*—Ab）が生成する。この系に試料である抗原（Ag は非標識）を加えると Ab に対し Ag* との競合反応が起こり，Ag の濃度に依存して反応物 Ag*—Ab の量が減少する。その後，混在する Ag* と Ag*—Ab を何らかの方法で分離し，いずれかの画分の活性を測定する（図 7.41）。この過程における分離のステップを *B/F* 分離（B（bound）は Ag*—Ab，F（free）は遊離 Ag*）という。その分離法としては，一般に簡易な方法である洗浄法が用いられる。したがって，抗原抗体反応物（B）の固相などへの固定化が必要となる。

固相化条件は，① 固相単位面積あたりの抗原または抗体の固定化率が高い，② 固定化した抗原や抗体の脱離が最少である，③ 固定化した抗体や抗原の変性が最少である，の条件を満たす必要があり，次の三つがよく利用される。

a.　物理的吸着法

抗原または抗体の溶液を固相に加えて放置すると，タンパク質と固相との間にファンデルワールス力などに由来する物理吸着が生じる。物理吸着の程度は強固で，結合

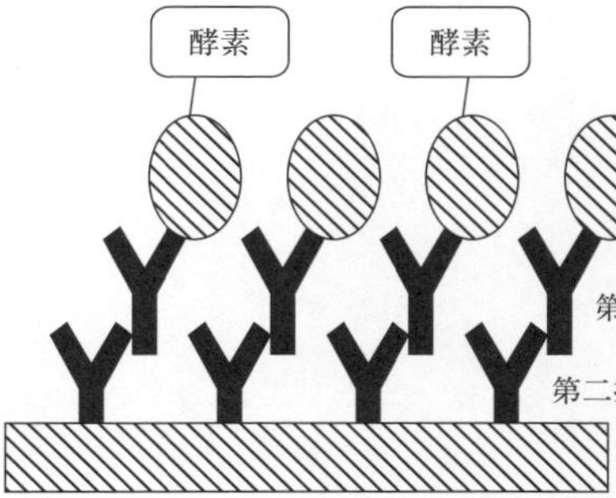

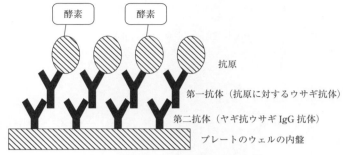

図 7.42 第二抗体固相化プレートの模式図

されるタンパク質量も多い。吸着に影響する因子は，時間，温度，タンパク質濃度，pH，塩濃度がある。この方法は第一抗体が希少な場合や高価なときに用いられる第二抗体固相化法（図 7.42）でよく用いられる。第二抗体とは，目的物質に対する抗体に対する抗体であり，多くの場合，抗ウサギ，抗ヤギ，抗マウス抗体が用いられる。固定化の方法（第二抗体固相化プレートの調製）を以下に例として示す。

ヤギ抗ウサギ IgG 抗体（第二抗体）を 0.05% NaN_3 を含む 0.05 mol L^{-1} 炭酸ナトリウム緩衝液（pH 9.5）で 10 µg mL^{-1} になるように希釈し，96 穴マイクロタイタープレートの各ウェルに 200 µL ずつ添加し，室温で一夜放置する。次にマイクロタイタープレートの各ウェル内の溶液を取り除き，50% ブロックエース溶液（0.05% NaN_3 を含むリン酸緩衝液 pH 7.0）または 1% ゼラチン溶液（0.05% NaN_3 を含む Tris-HCl 緩衝液 pH 7.0）250 µL で満たし，シールでカバーし 4℃ 保存する。

b. アビジン-ビオチン法

アビジン-ビオチンの親和定数は，K_a 値約 10^{15} L mol^{-1} と抗原抗体反応より 10^3～10^4 倍高い。この反応を利用して抗体を容易に固定化できる。はじめに，ビオチンの活性エステル体やヒドラジド誘導体を用いてビオチン標識抗体を調製する。次に，アビジン（卵白由来）またはストレプトアビジン（細菌由来）を物理吸着法で固相化し，さらにビオチン標識抗体を固定することができる。

c. 化学結合法

安定で定量的に固相化する場合は，アミノ基やカルボキシ基などを導入した固相を用い，グルタルアルデヒド法や活性エステル法（カルボジイミド）などの方法により共有結合させる（図 7.43）。 ［佐野 佳弘］

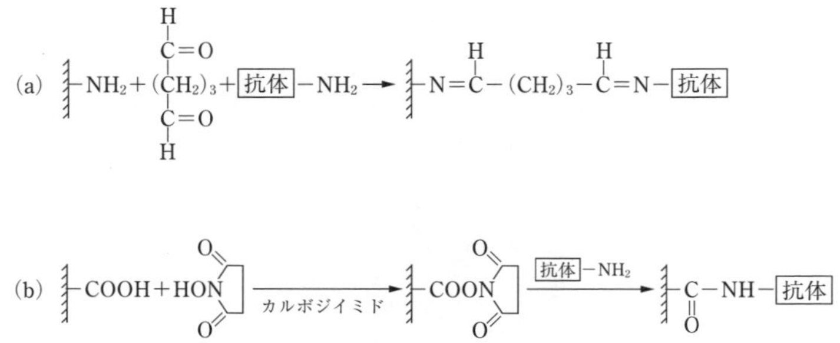

図 7.43　化学的結合法

7.6.10　細菌が放出する細胞外膜小胞

細菌は一般的に直径が0.5～10 µm程度で，目に見えないため，その存在に普段気付くことは少ない。しかしながら，多様な環境に生息し，医療・食料・環境問題に関わるなどわれわれの生活にも直接影響を及ぼしている。多種多様な種が存在するなかで，細胞の構造上，細菌はグラム陰性細菌とグラム陽性細菌に大きく二分される。グラム陰性細菌は内膜と外膜をもち，その間にペプチドグリカンで構成される5 nm程度の細胞壁が存在する。一方，グラム陽性細菌は，外膜をもっておらず，内膜の外側は30 nm程度の厚い細胞壁によって覆われている。近年，グラム陰性細菌とグラム陽性細菌の多くが，20～400 nm程度の膜小胞を細胞外に放出することが明らになっている。この膜小胞はメンブレンベシクル（MV：membrane vesicle）ともよばれており，細菌間相互作用や細菌-宿主間相互作用で重要な役割を担っているほか，触媒やドラッグデリバリーシステムへの応用が検討されている。髄膜炎菌ワクチンとしての利用がすでに一部の国で認可されるなど，その利用価値にも注目が集まっている。実環境中からもMVは同定されており，その機能や動態については未解明な部分も多い[30)]。

a.　メンブレンベシクルの生物学的機能

MVは細胞膜によって構成されているため，マイナスに帯電した表層をもつ。タンパク質やDNA，RNAといった核酸，細胞間シグナル伝達に関わるシグナル物質などを運搬し，周囲の細菌に受け渡すことができる。MVの生物学的な機能や活性は運搬されるものに大きく依存し，その内容は細菌の生育環境に応じて変化する。また，グラム陰性細菌の細胞外膜には内毒素として知られるリポ多糖（LPS：lipopolysaccharide）が含まれており，MV 自体も宿主の免疫応答を活性化する。MV に含まれるペプチドグリカンも似たような働きをする。さらに，細胞膜をターゲットにした殺菌物質やファージなどを MV が吸着することで，細菌を守る，おとりとしても働く。

MV の特徴の一つは，細菌から放出された物質を濃縮できることである。したがって，物質が無限希釈される環境中において，その物質が機能するのに必要な有効濃度を MV 内に保つことができる。例えば，多くの細菌において，シグナル物質を介して細胞間でコミュニケーションを行うためには，シグナル物質濃度がある一定のしきい値を超える必要がある。ある種のシグナル物質は，MV 1 粒子でそのしきい値濃度以上のものが運搬されるため，シグナル物質が希釈されやすい環境下においてもシグナル伝達が可能となる[31]。MV による物質運搬のさらなる特徴として，特定の細胞への特異的な物質輸送や，運搬物を分解等から保護することがあげられる。

b. メンブレンベシクルの形成機構

MV は現在のところ一括りにされているが，それらが形成される機構はいくつか存在し，その形成機構の違いによって，MV の多様性が生じていると考えられている。形成機構は，グラム陰性細菌においては，大まかに，小疱形成（blebbing）と溶菌（explosive cell lysis）を介す過程が存在し，グラム陽性細菌については理解があまり進んでいない。グラム陰性細菌の小疱形成モデルでは，細胞外膜が湾曲して出芽する形で，MV が形成される。細胞外膜が湾曲する原因としては，負電荷を帯びた膜成分どうしの局所的な反発や，細胞ダメージによる膨圧の局所的な上昇，内膜と外膜の架橋の消失が考えられている[30]。溶菌に関しては，内在性の溶菌酵素が働いて，ペプチドグリカンが分解された結果，膨圧によって，細胞が破裂し，その際に断片化した細胞膜が会合して MV を構築することが示されている[32]。ペプチドグリカン分解酵素はグラム陽性細菌も保持しており，その作用によって細胞壁に穴が空いて，そこから MV が形成，放出される[33]。このグラム陽性細菌における MV 形成過程は，細胞死（bubbling cell death）を伴うが，集団中の一部の細胞でのみ誘導される。グラム陽性細菌においても小疱形成する形で膜と細胞壁の間に MV が形成されている様子も観察されているが，細胞壁は 2 nm 程度の物質までしか通さないため，この場合，MV が最終的にどのようにして細胞壁の外側に放出されるのかは未解明である。

［豊福 雅典，野村 暢彦］

参考文献

7.1 節

1) G. Binnig, H. Rohrer, C. Gerber, E. Weibel, *Phys. Rev. Lett.*, **50**, 120 (1983).
2) S. -L. Yau, C. M. Vitus, B. C. Schardt, *J. Am. Chem. Soc.*, **112**, 3677 (1990).
3) K. Itaya, S. Sugawara, K. Sashikata, N. Furuya, *J. Vac. Sci. Technol.*, **A8**, 515 (1990).
4) A. J. Bard, H. D. Abruna, C. E. Chidsey, L. R. Faulkner, S. W. Feldberg, K. Itaya, M. Majda, O. Melroy, R. W. Murray, M. D. Porter, M. P. Soriaga, H. S. White, *J. Phys. Chem.*, **97**, 7147 (1993).
5) S. Wu, J. Lipkowski, T. Tyliszczak, A. P. Hitchcock, *Prog. Surf. Sci.*, **50**, 227 (1995).
6) X. Gao, G. J. Edens, A. Hamelin, M. J. Weaver, *Surf. Sci.*, **318**, 1 (1994).
7) K. Kaji, S. -L. Yau, K. Itaya, *J. Appl. Phys.*, **78**, 5727 (1995).
8) K. Itaya, *Prog. Surf. Sci.*, **58**, 121 (1998).

7.2 節

1) M. C. Petty, "Langmuir Blodgett Films: an Introduction", Cambridge University Press (1996).
2) 日本化学会 編，"新実験化学講座 18 界面とコロイド"，丸善（1988）.
3) 日本化学会 編，"第4版 実験化学講座 13 表面・界面"，丸善（1993）.
4) 日本化学会 編，"第5版 実験化学講座 24 表面・界面"，丸善（2007）.
5) A. Ulman, *Chem. Rev.*, **96**, 1533 (1996).
6) R. K. Iler, *J. Coll. Interf. Sci.*, **21**, 569 (1966).
7) G. Decher, J. Schlennoff, ed., "Multilayer Thin Films: Sequential Assembly of Nanocomposite Materials", VCH (2003).
8) T. E. Mallouk, H. Kim, P. J. Ollivier, S. W. Keller, "Comprehensive Supramolecular Chemistry vol. 7", ed. by G. Alberti, T. Bein, p. 189, Pergamon (1996).
9) (a) M. Haga, K. Kobayashi and K. Terada, *Coord. Chem. Rev.*, **251**, 2688 (2007); (b) H. Nishihara, K. Kanaizuka, Y. Nishimori, Y. Yamanoi, *ibid.*, **251**, 2674 (2007).
10) A. M. Moore, D. L. Allara, P. S. Weiss, NNIN Nanotechnology Open Textbook, Chapter 11, p. 1, Pennsylvania State University (2006).
11) 辻井敬亘，福田 猛，"機能性物質の集積膜と応用展開"，シーエムシー（2006），第8章.
12) N. K. Devaraj, P. H. Dinolfo, C. E. D. Chidsey, J. P. Collman, *J. Am. Chem. Soc.*, **128**, 1794 (2006).

7.3 節

1) R. Hooke, Communications to the Royal Society, March, 28 (1672).
2) I. Newton, "Opticks Book II, Part I", Smith and Walford (1704).
3) 立花太郎，"シャボン玉 その黒い膜の秘密"，中央公論社（1975）.
4) D. Exerowa, P. M. Kruglyakov, "Foam and Foam Films: Theory, Experiment, Application", Elsevier (1998).
5) D. Platikanov, D. Exerowa (J. Lyklema, Ed.), "Fundamentals of Interface and Colloid Science Thin liquid Films", Vol. 5, Elsevier (2005).
6) J. Jin, J. Huang, I. Ichinose, *Angew. Chem. Int. Ed.*, **44**, 4532 (2005).
7) J. Jin, Y. Wakayama, X. Peng, I. Ichinose, *Nature Mater.*, **6**, 686 (2007).
8) T. Kunitake, *Angew. Chem. Int. Ed.*, **31**, 709 (1992).
9) M-A. Morikawa, M. Yoshihara, T. Endo, N. Kimizuka, *J. Am. Chem. Soc.*, **127**, 1358 (2005).
10) T. Shiraki, M-A. Morikawa, N. Kimizuka, *Angew. Chem. Int. Ed.*, **47**, 106 (2008).
11) N. Kimizuka, *Adv. Mater.*, **12**, 1461 (2000).
12) C.-S. Lee, N. Kimizuka. *Proc. Natl. Acad. Sci.*, **99**, 4922 (2002).
13) H. Matsukizono, K. Kuroiwa, N. Kimizuka, *J. Am. Chem. Soc.*, **130**, 5622 (2008).
14) R. Kuwahara, S. Fujikawa, K. Kuroiwa, N. Kimizuka, *J. Am. Chem. Soc.*, **134**, 1192 (2012).
15) O. Shenderova, V. Zhirnov, *et al., Solid State Mater. Sci.*, **27**, 227 (2002).
16) A. M. Affoune, B. L. V. Prasad, *et al., Chem. Phys. Lett.*, **348**, 17 (2001).
17) http://www.f-carbon.com/
18) K. Hata, D. N. Futaba, K. Mizuno, *et al., Science*, **305**, 1362 (2004).

19) J. Ozaki, T. Anahara, N. Kimura, A. Oya, *Carbon*, **44**, 3358 (2006).
20) H. Touhara, F. Okino, *Carbon*, **38**, 241 (2000).
21) O. A. Williams, *Semicond. Sci. Technol.*, **21**, R49 (2006).
22) 伊与田正彦，吉田正人，有機合成化学協会誌，**53**，756 (1995).
23) M. Sawamura, H. Iikura, E. Nakamura, *J. Am. Chem. Soc.*, **118**, 12850 (1996).
24) T. Nakanishi, J. Kikuchi, M. Naito, *et al., Langmuir*, **16**, 4929 (2000).
25) T. Yamashiro, Y. Aso, T. Otsubo, H. Yang, *et al., Chem. Lett.*, **28**, 443 (1999).
26) 中嶋直敏，高分子，**54**，572 (2005).
27) 遠藤守信，飯島澄男 監修，"ナノカーボンハンドブック"，エヌ・ティー・エス (2007).
28) 例えば，M. Kakihana, M. Yoshimura, *Bull. Chem. Soc. Jpn.*, **72**, 1427 (1999).
29) E. Yanagisawa, T. Morimoto, D. R. Dietderich, H. Kumakura, K. Togano, H. Maeda, *Appl. Phys. Lett.*, **54**, 2602 (1989).
30) J. Kase, N. Irisawa, T. Morimoto, K. Togano, H. Kumakura, D. R. Dietderich, H. Maeda, *Appl. Phys. Lett.*, **56**, 970 (1990).
31) J. Shimoyama, T. Morimoto, H. Kitaguchi, H. Kumakura, K. Togano, H. Maeda, K. Nomura, M. Seido, *Jpn. J. Appl. Phys.*, **31**, L163 (1992).
32) H. W. Weijers, Y. S. Hascicek, K. Marken, A. Mbaruku, M. Meinesz, H. Miao, S. H. Thompson, F. Trillaud, U. P. Trociewitz, J. Schwartz, *IEEE. Trans. Appl. Supercond.*, **13**, 1396 (2003).
33) A. Ishihara, S. Horii, T. Uchikoshi, T. S. Suzuki, Y. Sakka, H. Ogino, J. Shimoyama, K. Kishio, *Appl. Phys. Exp.*, **1**, 031701 (2008).
34) S. Horii, T. Nishioka, I. Arimoto, S. Fujioka, T. Doi, *Supercond. Sci. Technol.*, **29**, 125007 (2016).

7.4 節

1) G. Nicolis, I. Prigogine 著，小畠陽之助，相沢洋二 訳，"散逸構造—自己秩序形成の物理学的基礎"，岩波書店 (1980).
2) N. D. Denkov, O. D. Velev, P. A. Kralchevsky, I. B. Ivanov, H. Yoshimura, K. Nagayama, *Nature*, **361**, 26 (1992).
3) K. Nagayama, *Coll. Surf. A*, **109**, 363 (1996).
4) A. S. Dimitrov, K. Nagayama, *Langmuir*, **12**, 1303 (1996).
5) C. D. Dushikin, P. A. Kralchevsky, V. N. Paunov, H. Yoshimura, K. Nagayama, *Langmuir*, **12**, 641 (1996).
6) H. Yoshimura, M. Matsumoto, S. Endo, K. Nagayama, *Ultramicroscopy*, **32**, 265 (1990).
7) 吉村英恭，応用物理，**67**，1163 (1998).
8) 山下一郎，吉村英恭，日本結晶成長学会誌，**128**，183 (2001).
9) K. Ohtaka, *Phys. Rev. B*, **19**, 5057 (1979).
10) A. Moroz, C. Sommers, *J. Phys. Chem. B*, **11**, 997 (1999).
11) K. M. Ho, C. T. Chan, C. M. Soukoulis, *Phys. Rev. Lett.*, **65**, 3152 (1990).
12) Z. Zhang, A. S. Keys, T. Chen, S. C. Glotzer, *Langmuir*, **21**, 11547 (2005).
13) S. I. Matsushita, M. Shimomura, *Chem. Commun.*, **2004**, 506.
14) S. I. Matsushita, Y. Yagi, T. Miwa, D. A. Tryk, T. Koda, A. Fujishima, *Langmuir*, **16**, 636 (2000).
15) H. T. Miyazaki, H. Miyazaki, Y. Jimba, Y. Kurokawa, N. Shinya, K. Miyano, *J. Appl. Phys.*, **95**, 793 (2004).
16) M.-H. Wu, G. M. Whitesides, *J. Micromech. Microeng.*, **12**, 747 (2002).
17) T. Tatsuma, A. Ikezawa, Y. Ohko, T. Miwa, T. Matsue, A. Fujishima, *Adv. Mat.*, **12**, 643 (2000).
18) S. Okuyama, S. I. Matsushita, A. Fujishima, *Langmuir*, **18**, 8282 (2002).
19) M. Srinivasarao, *Chem. Rev.*, **99**, 1935 (1999).
20) A. R. Parker, *J. Opt. A: Pure Appl. Opt.*, **2**, R15 (2000).
21) S. Kinoshita, S. Yoshida, *Chem. Phys. Chem.*, **6**, 1442 (2005).
22) K. Miyamoto, A. Kosaku, *Forma*, **17**, 155 (2002).
23) H. E. Hinyon, G. M. Jarman, *J. Insect Physiol.*, **19**, 533 (1973).
24) 林 良一，国華，**939**，9 (1971).
25) E. Adachi, *J. Morph.*, **268**, 826 (2007).

7.5 節

1) Abdelhamid Sayari, Mietek Jaroniec, ed., "Nanoporous Materials", World Scientific Pub. (2008).
2) C. T. Kresge, M. E. Leonowicz, W. J. Roth, J. C. Vartuli, J. S. Beck, *Nature*, **359**, 710 (1992).
3) S. A. Bagshaw, E. Prouzet, T. J. Pinnavaia, *Science*, **269**, 1242 (1995).
4) 益田秀樹，西尾和之，まてりあ，**45**，172 (2006).

5) H. Masuda, K. Fukuda, *Science*, **268**, 1466 (1995).
6) K. Yasui, T. Morikawa, K. Nishio, H. Masuda, *Jpn. J. Appl. Phys.*, **44**, L469 (2004).
7) H. Masuda, H. Hogi, K. Nishio, F. Matsumoto, *Chem. Lett.*, **33**, 812 (2004).
8) J. Bang, U. Jeong, D. Y. Ryu, T. P. Russell, C. J. Hawker, *Adv. Mater.*, **21**, 4769 (2009).
9) F. H. Schacher, P. A. Rupar, I. Manners, *Angew. Chem. Int. Ed.*, **51**, 7898 (2012).
10) S. Horike, S. Shimomura, S. Kitagawa, *Nature Chem.*, **1**, 695 (2009).
11) Y. Inokuma, M. Kawano, M. Fujita, *Nature Chem.*, **3**, 349 (2011).
12) H. Yabu, M. Tanaka, K. Ijiro, M. Shimomura, *Langmuir*, **19**, 6297 (2003).
13) T. Shimizu, M. Masuda, H. Minamikawa, *Chem. Rev.*, **105**, 1401 (2005).
14) G. ニコリス，I. プリゴジーヌ 著，小畠陽之助，相沢洋二 訳，"散逸構造－自己秩序形成の物理学的基礎"，岩波書店 (1980).
15) 森肇，蔵本由紀，"現代物理学叢書 15 巻 散逸構造とカオス"，岩波書店 (1994).
16) M. Shimomura, T. Sawadaishi, *Curr. Opin. Coll. Interf.*, **6**(1), 11-16 (2001).
17) H. Yabu, M. Tanaka, K.Ijiro, M. Shimomura, *Langmuir*, **19**(15), 6297-6300 (2003).
18) G. Widawski, M. Rawiso, B. Francois, *Nature*, **369**(6479), 387-389 (1994).
19) H. Yabu, M. Shimomura, *Langmuir*, **21**(5), 1709-1711 (2005).
20) S. Deville, *Adv. Eng. Mater.*, **10**(3), 155-169 (2008).
21) J. J. Guan, K. L. Fujimoto, M. S. Sacks, W. R. Wagner, *Biomaterials*, **26**(18), 3961-3971 (2005).
22) H.-W. Kang, Y. Tabata, Y. Ikada, *Biomaterials*, **20**(14), 1339-1344 (1999).
23) Y. Hashimoto, S. Mukai, S. Sawada, Y. Sasaki, K. Akiyoshi, *Biomaterials*, **37**, 107-115 (2015).
24) Y. S. Nam, T. G. Park, *J. Biomed. Mater. Res.*, **47**(1), 8-17 (1999).
25) T. Soejima, M. Morikawa, N. Kimizuka, *Small*, **5**(18), 2043-2047 (2009).
26) R. Yoshida, T. Ueki, *Npg. Asia Mater.*, **6**, e107 (2014).
27) J. Boekhoven, A. M. Brizard, K. N. K. Kowlgi, G. J. M. Koper, R. Eelkema, J. H. van Esch, *Angew. Chem. Int. Edit.*, **49**(28), 4825-4828 (2010).
28) S. Maiti, I. Fortunati, C. Ferrante, P. Scrimin, L. J. Prins, *Nat. Chem.*, **8**(7), 725-731 (2016).
29) S. Kitagawa, R. Kitaura, S.-i. Noro, *Angew. Chem. Int. Ed.*, **43**, 2334 (2004).
30) 北川 進，"集積型金属錯体"，講談社 (2002).
31) S. Kitagawa, M. Kondo, *Bull. Chem. Soc. Jpn.*, **71**, 1739 (1998).
32) M. Kondo, T. Yoshitomi, K. Seki, H. Matsuzaka, S. Kitagawa, *Angew. Chem. Int. Ed.*, **36**, 1725 (1997).
33) M. Kondo, T. Okubo, A. Asami, S. Noro, T. Yoshitomi, S. Kitagawa, T. Ishii, H. Matsuzaka, K. Seki, *Angew. Chem. Int. Ed.*, **38**, 140 (1999).
34) R. Matsuda, R. Kitaura, S. Kitagawa, Y. Kubota, T. C. Kobayashi, S. Horiike, M. Takata, *J. Am. Chem. Soc.*, **126**, 14063 (2004).
35) R. Matsuda, R. Kitaura, S. Kitagawa, Y. Kubota, R. V. Belosludov, T. C. Kobayashi, H. Sakamoto, T. Chiba, M. Takata, Y. Kawazoe, Y. Mita, *Nature*, **436**, 238 (2005).
36) R. Kitaura, S. Kitagawa, Y. Kubota, T. C. Kobayashi, K. Kindo, Y. Mita, A. Matsuo, M. Kobayashi, H.-C. Chang, T. C. Ozawa, M. Suzuki, M. Sakata, M. Takata, *Science*, **298**, 2358 (2002).
37) M. Eddaoudi, J. Kim, N. Rosi, D. Vodak, J. Wachter, M. O'Keeffe, O. M. Yaghi, *Science*, **295**, 469 (2002).
38) H. Li, M. Eddaoudi, M. O'Keeffe, O. M. Yaghi, *Nature*, **402**, 276 (1999).
39) R. Kitaura, K. Seki, G. Akiyama, S. Kitagawa, *Angew. Chem. Int. Ed.*, **42**, 428 (2003).

7.6 節

1) D. Voet, J. Voet 著，田宮信雄，八木達彦，村松正実，吉田 浩 訳，"ヴォート生化学（上）"，東京化学同人 (1992), p. 235.
2) 大西俊一，"第2版 生体膜の動的構造"，東京大学出版会 (1993).
3) 日本化学会 編，"コロイド科学 III. 生体コロイドとおよびコロイドの応用"，東京化学同人 (1995)，p. 63.
4) 秋吉一成，辻井 薫 編，"リポソーム応用の新展開——人工細胞の開発に向けて"，エヌ・ティー・エス (2005).
5) 日本化学会 編，"コロイド科学 II. 会合コロイドと薄膜"，東京化学同人 (1995)，p. 256.
6) 厚生省，実務連絡，No. 26，1990/9/13 付け.
7) K. Arakane, K. Hayashi, *J. Soc. Cosmet. Chem. Jpn.*, **25**, 171 (1991).
8) K. Arakane, K. Hayashi, N. Naito, T. Nagano, M. Hirobe, *Chem. Pharm. Bull.*, **43**(10), 1755 (1995).
9) K. Hayashi, K. Arakane, N. Naito, T. Nagano, M. Hirobe, *Chem. Pharm. Bull.*, **43**(10), 1751 (1995).
10) 佐々木一郎，鈴木正，石井文由，油化学，**41**，35 (1992).

11) 阿部正彦，平松剛，内山浩孝，山内仁史，荻野圭三，油化学，**41**，136 (1992).
12) 牧野公子，コスメトロジー研究報告，**1**，46 (1993).
13) D. Chapman, *et al.* ed., "Formation and Function of Phospholipids", Elsevier Scientific (1973), p. 117.
14) 鹿子木宏之，西山聖二，山口道広，フレグランスジャーナル，**19**，49 (1991).
15) A. Takano, Y. Murata, Y. Tabata, *J. Soc. Cosmet. Chem. Jpn.*, **29** (3), 221 (1995).
16) 原田敬之，皮膚，**36**，697 (1994).
17) 下村正嗣 編著，"トコトンやさしいバイオミメティクスの本"，日刊工業新聞社 (2016).
18) 篠原現人，野村周平 編著，"バイオミメティクス"，東海大学出版部 (2016).
19) 下澤楯夫，針山孝彦 監修，"昆虫ミメティックス"，エヌ・ティー・エス (2008).
20) 本川達雄，"ウニはすごい バッタもすごい"，中公新書 (2017).
21) 福田敏男，新井史人 監修，"細胞分離・操作技術の最前線" シーエムシー出版 (2008).
22) A. Ashkin, J. M. Dziedzic, *Science*, **235**, 1517 (1987).
23) T. Ichiki, *et al., Electrophoresis*, **23**, 2029 (2002).
24) T. B. Jones, "Electromechanics of Particles", Cambridge Univ. Press (1995).
25) A. B. Kantor, *et al.*, "Cell Separation Methods and Applications", Marcel Dekker (1998).
26) U. Zimmermann, *Rev. Physiol. Biochem. Pharmacol.*, **15**, 175 (1986).
27) ベッカー ほか，"細胞の世界"，西村書店 (2003).
28) Y. Xia, G. M. Whitesides, *Angew. Chem. Int. Ed.*, **37**, 550 (1998).
29) C. Price, D. Newman, "Principles and Practice of lmmunoassay" Stockton Press (1995), p. 158.
30) M. Toyofuku, Y. Tashiro, Y. Hasegawa, M. Kurosawa, N. Nomura, *Adv. Coll. Interf. Sci.*, **226**, 65-77 (2015).
31) M. Toyofuku, *et al., ISME J.*, doi:10.1038/ismej.2017.13 (2017).
32) L. Turnbull, M. Toyofuku, *et al., Nat. Commun.*, **7**, 11220 (2016).
33) M. Toyofuku, *et al., Nature Comm.*, **8**, 481 (2017).

8

測 定 手 法

光は空間をわたる電磁波であり，ラジオ波，マイクロ波，遠赤外光，赤外から可視光，紫外，真空紫外，軟X線さらにX線までの広い波長領域をカバーし，光と物質との相互作用を利用して物質の構造や機能を明らかにするための測定手法が，それぞれの波長領域において開発されている[1]。たとえば，真空紫外からX線領域では最近とくにシンクロトロン放射光が利用できることから，表面での薄膜の構造や界面分子のミクロ・ナノ構造などの同定のためのX線小角散乱法やX線吸収分光法の利用が急速に進んでいる。可視・紫外領域は分子の電子遷移を引き起こすことから，古くから可視紫外分光法に利用されている。分子集合体の会合状態がH会合かJ会合か知るためには，スペクトルの波長変化をみて判断することが多い。赤外光は分子と相互作用すると振動や格子振動を引き起こすことから，分子のローカルな情報が得られる。また赤外検出器の進歩とFT技術との融合により，薄膜や表面分子の配向を知るのによく利用される。これら分光法を支えているのがレーザーの発達である。現在では安

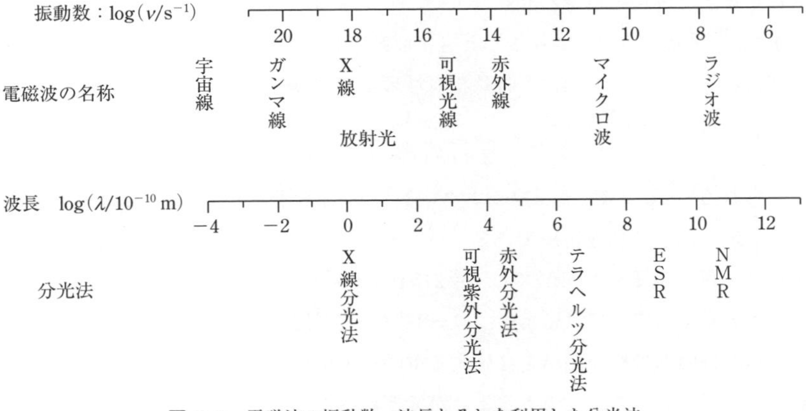

図 8.1 電磁波の振動数・波長とそれを利用した分光法

定な半導体レーザーが入手可能となり，コロイド界面の計測，加工に幅広く利用されている。

最近，さまざまな物質を透過し，X線に比べて人体への影響が少ないためにX線に代わる計測技術としてテラヘルツ分光法が注目されている。ラジオ波を利用する分光法としては，ESRとNMR法が知られており，溶液中や膜内の分子の集合状態について重要な知見を与えてくれる。複雑系であるコロイド・界面状態を明らかにするためには，波長領域の異なる種々の分光法を組み合わせることで，その状態の分子構造を明らかにすることが可能となる。　　〔芳賀 正明〕

8.1　顕微鏡による表面の解析とその原理

8.1.1　電子顕微鏡

a.　透過電子顕微鏡（TEM）

虫眼鏡や光学顕微鏡では，波動（電磁波）として1方向に伝わっている可視光を凸レンズで屈折させて1点に集めて，後方に倒立した拡大像を形成する。凸レンズの焦点距離や枚数を重ねることで像の倍率は変えられるが，波動は回折して障害物の裏にも回り込むために，波長より小さな物体は波の伝播の障害物になり得なくなり，一般の光学顕微鏡では可視光の波長である300〜800 nmより小さな物体は，いくら倍率を上げても原理的に観察できない。したがって，この回折限界より小さな物体を拡大して観察するには，可視光より短い波長の波動とその進行方向を曲げて焦点を結ぶレンズ作用をする場を組み合わせればよいことになる。

電子は，質量と電荷をもつ粒子とともに波動としても振る舞う二面性を有しており，その波長はド・ブロイの関係と特殊相対性理論により

$$\lambda=\frac{h}{\sqrt{2m_{\mathrm{e}}eE(1+eE/2m_{\mathrm{e}}c^{2})}} \tag{8.1}$$

で与えられる[1)]。ここで，hはプランク定数，m_{e}は電子の静止質量，eは電気素量，cは光速，Eは電子の加速電圧である。式（8.1）より電子の波長は加速電圧とともに短くなり，例えばE=200 kVではλ=2.5 pmと可視光よりはるかに短くなる。電荷をもって運動する電子には磁場中でローレンツ力が働き，その進行方向が曲げられる。そのため，軸回転対称な磁場を発生する電磁石を用意することによって，電子に対するレンズ（電磁レンズ）をつくることができる。このように加速された電子と電磁レ

ンズの組み合わせで，光学顕微鏡より高い分解能を有する顕微鏡ができる。これが，透過電子顕微鏡（TEM：transmission electron microscopy）の基本原理である。伝播する波動とレンズの組み合わせと見れば，光学顕微鏡と TEM の共通点は多い。

電子が通過する光軸を中心に孔が開いた軸対称の磁極（N, S）を上下に配置すると，電子ビームに対する凸レンズとして作用する。ここで磁場は磁極片近傍で強く孔の中心では弱くなるため，一般に中心の光軸から離れるとともにレンズの焦点距離は短くなる。これが（正の）球面収差と呼ばれるもので，図 8.2(a) に示すように電子ビームが 1 点に集束せずに像のボケの原因になる。すなわち分解能が制限される。このとき焦点が最も絞られるのは，図 8.2(b) で見られるように中心付近の焦点を像面よりわずかに下にずらしたときであり，分解能も最も高くなる。中心に孔をもつ電磁レンズでは，磁場が円対称である限り逆傾向（負の）球面収差は得られない。そこで，多極子の偏向装置を組み合わせた球面収差補正器が近年開発されて，TEM の空間分解能が格段に改善した。図 8.3(a), (b) において TEM 像の球面収差補正の有無を比較する。収差補正がなされていない図 8.3(a) でも原子レベルの分解能は得られているが，双晶界面に沿って明暗のコントラストが現れている。この主因は，上述のよう

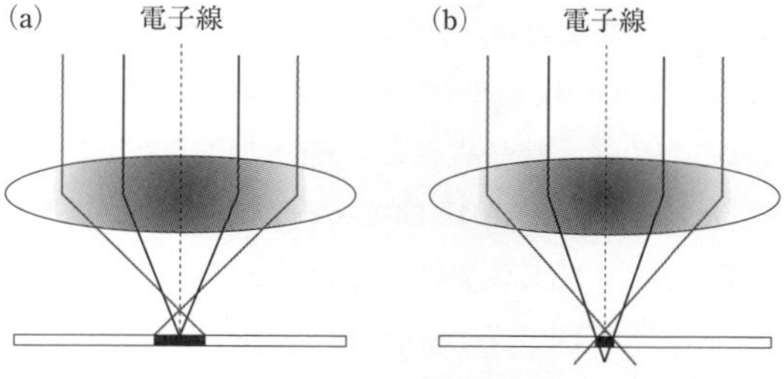

図 8.2 凸レンズの球面収差と焦点

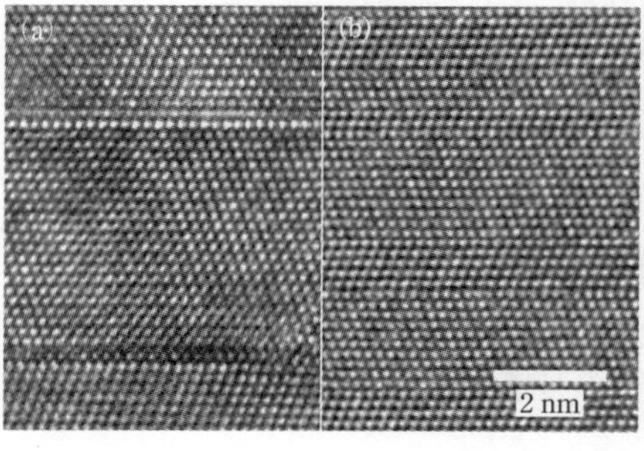

図 8.3 双晶構造を有する Si 結晶の [011] 高分解能 TEM 像
(a) 収差補正なし，(b) 収差補正あり
[提供：日本電子(株)]

に十分な分解能を得るためにわずかに焦点をずらしたためである。一方，収差補正がなされるとこのような焦点はずしは必要なくなり，図 8.3(b) では原子構造と関係ない双晶界面での明暗コントラストは消失している。このように，収差補正技術の確立によって，特に表面や界面構造の解析精度が大きく向上した。

さらに，従来の TEM では加速電圧を高めて電子の波長を短くすることで分解能を向上させてきたが，収差補正によって低い電圧でも高い分解能を実現できるようになり，高速電子照射による損傷を受けやすい軽元素物質の高分解能観察の可能性が大きく拡がった[2)]。図 8.4 はグラフェンの支持膜上に置かれた Pd ナノ粒子を，加速電圧を 80 kV にして観察した例である。加速電圧を下げたことによりグラフェン支持膜が破れることなく，Pd 粒子内の約 0.2 nm 間隔の原子配列が明瞭に観察できている。炭素原子一層の支持膜で像バックグラウンドノイズがほとんどなく，かつ低加速電圧であるために Pd 粒子を覆っている分散剤の高分子も像中に現れている。

一方，収差補正機能を対物レンズの前方に配置すると，電子ビームを原子サイズより小さく試料上に結ぶことができる。収束した電子ビームを試料上で走査して試料を透過した電子を環状の検出器で捉えて拡大像を得る走査透過電子顕微鏡（STEM：scanning transmission electron microscopy）も，収差補正によってその分解能が大きく改善された[3)]。100 mrad 程度の角度に散乱した電子で結像する高角度環状暗視野（HAADF：high-angle annular dark-field）像では，電子の散乱ポテンシャルの投影に近い像強度が得られるために，結晶状態を直接的に観察できる。図 8.5 は微細な双晶構造を有する Au ナノ粒子の HAADF 像である[4)]。内部の原子配列状態とともに表面構造も明瞭に観察できる。STEM では，像観察と同時に試料から発せられた X 線のエネルギースペクトル（XEDS：X-ray energy dispersive spectroscopy）や電子エネ

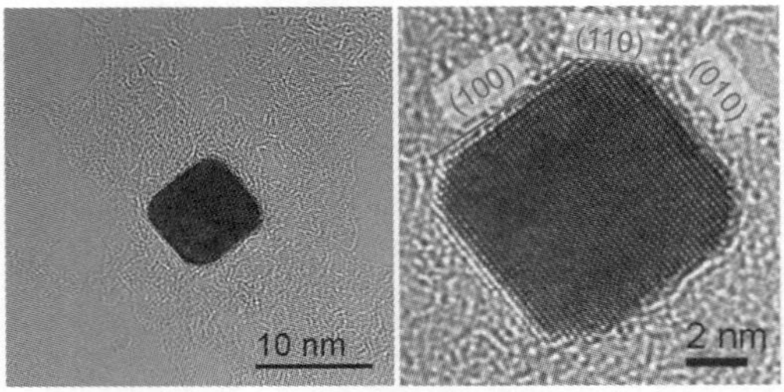

図 8.4　グラフェン支持膜上の Pd 立方体ナノ粒子の高分解能 TEM 像（加速電圧 80 kV）
右は左の拡大像

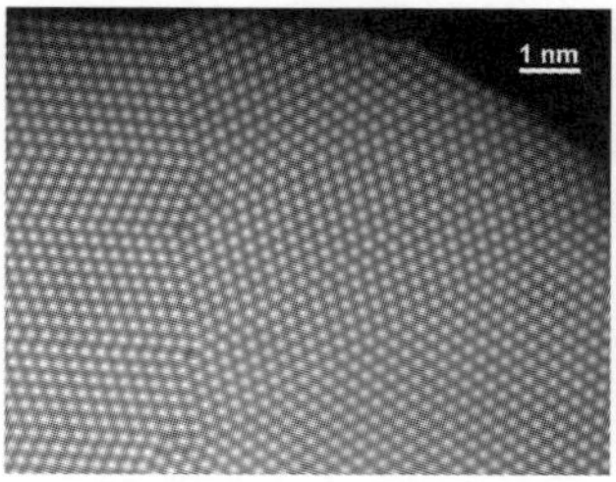

図 8.5　微細な双晶構造を有する Au ナノ粒子の HAADF-STEM 像（加速電圧 120 kV）

ルギー損失スペクトル（EELS：electron energy loss spectroscopy）を取得することで，原子分解能での元素分布マップ[5,6]や原子結合状態の解析[7]も行われている。

［松村 晶］

b.　走査型電子顕微鏡（SEM）

走査型電子顕微鏡（SEM：scanning electron microscopy）は微小に絞られた電子ビームを試料表面上で走査させ，電子照射時に試料から放出された信号を利用する表面観察装置である。

試料は特別な SEM を除いて室温で揮発の少ないものであれば，特に限定されるものはなく，透過型電子顕微鏡とは異なりバルクの状態で観察できる。SEM の分解能は高性能タイプであればサブナノメートルにまで達している。また電子照射時に励起された特性 X 線を使った EDS（energy dispersive spectroscopy）マップや電子後方散乱回折を利用した EBSD（electron backscatter diffraction）マップも得ることができる。

観察時に得られる情報としては主に，表面のトポグラフィー（図 8.6(a)），表面電位（図 8.6(b)），組成情報，および結晶情報（図 8.7）である。トポグラフィー観察では主に試料表面から励起された二次電子を用いる。試料内部で励起された二次電子はエネルギーが低いため試料表面から脱出できず，二次電子検出器（ET：Everhart-Thornley）が捉えているのは表面近傍から放出された電子の情報である。弱いエネルギーのうえ，二次電子の散乱はわずかな段差や凹凸に影響されやすい。そのため定位置に置かれた電子検出器から電子を検出すると，検出器側に向いた斜面のコントラストは明るく表示される。またこの二次電子は試料表面の電位によっても電子強度が異なり，電位コントラストが得られる。組成観察では入射電子の物質内の吸収/散乱の違いを利用する。軽元素ほど原子核のポテンシャルが小さく電子が原子核近傍を通過しないと電子の散乱は起きにくい。そのため軽元素ほど入射電子は試料に吸収されやすく暗いコントラストとして現れる。次に結晶情報の観察では，同じく吸収/散乱の

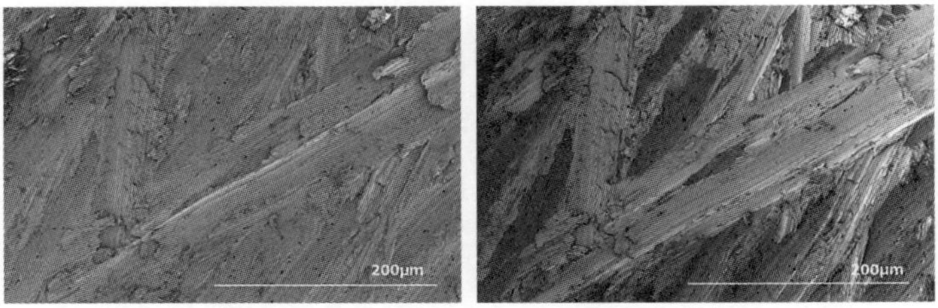

(a)　　(b)

図 8.6　トポグラフィック像 (a), 電位コントラスト (b) (試料 Al_2O_3/Al)

図 8.7　チャネリングコントラスト（試料 Pt）

違いを利用する。電子が結晶に入射した際に結晶の向きにより，電子の進入深さは異なる（チャネリング効果）。電子の進入が深ければ脱出する電子は少ないため暗いコントラストを示す。多結晶体の結晶粒は同じ元素でありながら，様々な向きの結晶面が存在し，結晶粒ごとに様々なコントラスト（図 8.7）を示す。

ここまで大まかに分類して記述したが，実際にはこれらの情報は重複して1枚の画像に現れる。コントラストをより正確に解釈するためには，SEM の観察条件を変えながら画像を取得し，比較しながら理解することが重要である。条件を変えると励起のしやすさ，電子の吸収/散乱の度合いが変化してくるからである。

（i）　走査型電子顕微鏡の構成と原理　SEM の構成は大きく分けて電子銃，鏡筒，試料室の三つからなり，すべて真空にする必要がある。電子銃にはいくつかのタイプが存在し分解能を求める場合には電界放出型（FE：field emission）が選ばれる。さらに FE にもタイプがあり，元素分析（EDS）など分析を重視するのであれば，大電流ビームが長時間安定して得られるショットキー FE を，画像分解能を求めるのであれば電子エネルギーのゆらぎの少ない冷陰極 FE が選択される。最近ではそれら両方の特長を併せもつモノクロメーター付ショットキー電子銃も存在する。分解能を求めるときには単色化されたビームを利用し，分析時には大電流を使用する。鏡筒はコンデンサーレンズ，スキャンコイル，非点コイル，絞りが配置され，さらに近年では複数のインレンズ/インカラム検出器が鏡筒内に配置されており，多様な情報を取得できるようになっている。SEMの性能はいかに電子ビームを小さく絞れるかに左右されるが，鏡筒内に配置された複数の検出器も重要な要素となっている。試料室には試料ステージや各種検出器が備わる。試料室サイズやステージ駆動範囲により挿入可能な試料が異なる。電子ビームの高性能化に伴い，ステージにも高い安定性が要求されている。

SEMの原理は，細く絞った電子ビームをスキャンコイルにより試料上のx-yの二次元に走査する。その際に逐次試料から放出される電子強度を電子検出器にて読み取り，スキャンとその電子強度を同期させて画像を得る。

(ii)　環状型反射電子検出器によるトポグラフィー，組成観察　上述のように一般的にはトポグラフィー観察は二次電子を用いて行うが，環状型BSE（backscattered electron，反射電子）検出器を用いた低加速電圧観察では，反射電子信号によってもトポグラフィー観察が可能である。さらに半径の異なる複数の環状型BSE検出器を備えた角度取り込み型の検出器（図 8.8）ではトポグラフィーと組成の情報が一度に取得できる（図 8.9）。

(iii)　環境制御型SEM　高分解能化を目指した高真空SEMとは異なり，試料室の真空や試料温度を自由に制御可能な環境制御型SEM（environment scanning electron microscopy）も存在する。試料室の真空を10～4000 Paまで可変させ，さらに試料温度を－20～50℃まで自由に変更することで，揮発性の高い材料の観察，水の湿潤や乾燥過程の動的観察，ガスを導入させながら行う酸化還元反応の動的観察などが可能となる。試料室内の残留ガスが多い中では電子ビームは散乱されるが，極力

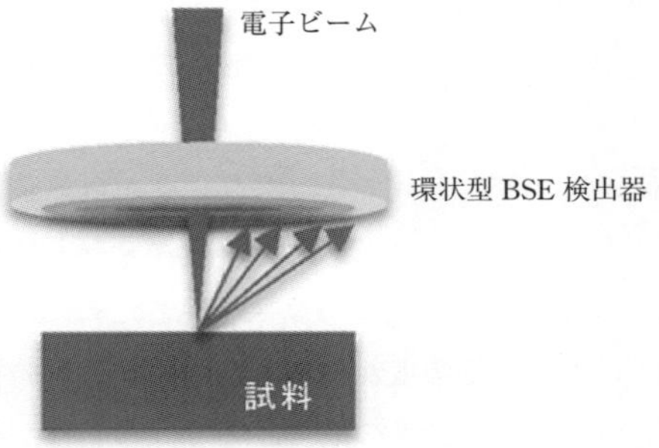

図 8.8　環状型BSE検出器
（内角：組成，外角：トポグラフィー）

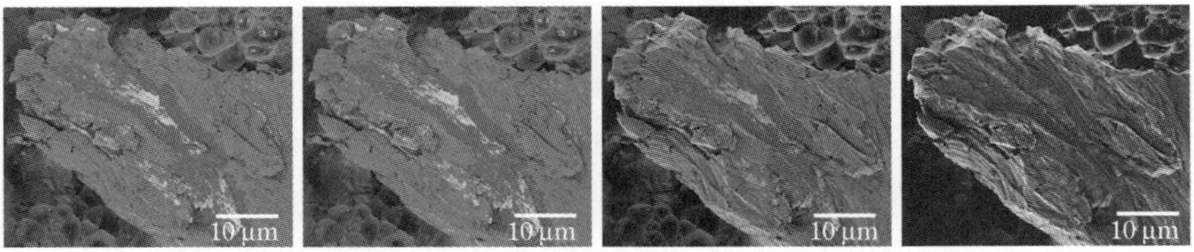

図 8.9　複数の環状型 BSE 検出器による組成，およびトポグラフィー観察
内角から外角へ向かってコントラストは組成情報からトポグラフィー情報へ変化している。

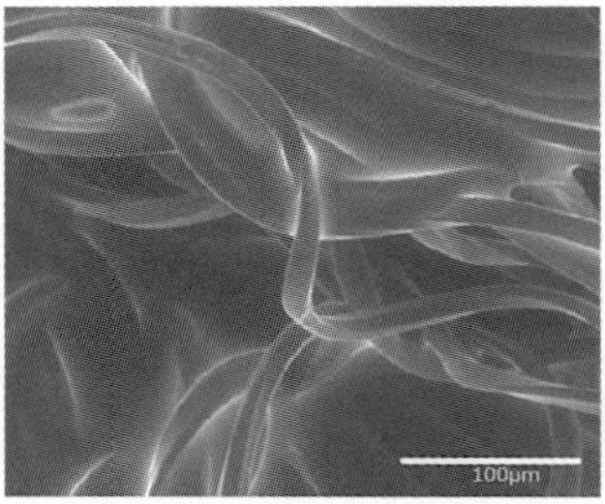

図 8.10　環境制御型 SEM による繊維の湿潤観察（繊維を水に浸けた状態）

ビームの散乱を抑えるためにレンズ先端から試料までの距離を短くする機構が取り付けられている。それにより細いビームを維持し高い分解能を維持しながら観察できる。図 8.10 に環境制御型 SEM による繊維の湿潤観察の結果を示す。　　　　［村田 薫］

8.1.2　電子線トモグラフィー（ET）

X 線透視のコンピューター断層撮影（CT：computed tomography）は医療に広く使われて一般によく知られている。CT と同じ原理で様々な方向から観察した透過電子顕微鏡（TEM：transmission electron microscope）像あるいは走査透過電子顕微鏡（STEM：scanning transmission electron microscope）像から観察試料の立体構造を再構築する手法が電子線トモグラフィー（ET：electron tomography）である。そのプロセスの概略を図 8.11 に示す[8)]。

ET では，CT と違って観察試料を細かな角度ステップで傾斜させながら連続的に投影像を取得して，それらの視野位置と傾斜軸をそろえて一旦フーリエ変換して重ねた後に逆フーリエ変換することで立体に再構築する。確かな結果を得るためには，このプロセスが精度よく行われるとととともに，① 像強度が投影方向の物体密度の単調な一価関数にあることと，② 180° 全方位からの投影像の取得，の二つの条件が必須

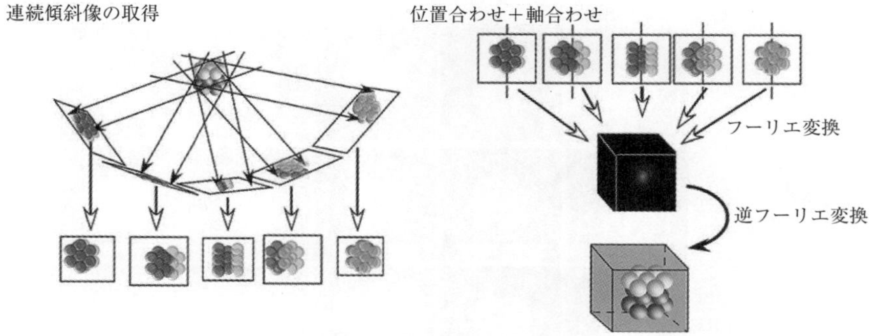

図 8.11 電子線トモグラフィーの概念
連続傾斜像を取得後に，視野位置と傾斜軸を合わせた後に三次元再構築を行う。
［金子賢治，馬場則男，陣内浩司，顕微鏡，**45**(1)，37（2010)］

である。しかしながら，ET では両条件とも成立しない場合が多い。①については，結晶性試料では特定の観察方位でブラッグ回折が強く生じてしまい，この条件を乱しかねない。STEM では大きな角度で電子線を収束させるので，像強度の回折条件依存性が TEM に比べて抑えられる。そのため結晶性試料では STEM による ET が主流になっている[9]。一方，通常の TEM 試料は平板状であるために試料傾斜角度の範囲が制限され，②の条件が成立せずに情報欠落（missing wedge）を生じてしまう。解析の対象がバルク体の内部構造であれば，試料を細い針状に加工してこの問題を克服できるが[10]，ナノ構造体では一般に難しい。図 8.12 に，立方体 Pd ナノ粒子の高角度環状暗視野 STEM 傾斜像シミュレーションを基に，断面再構築の傾斜角度範囲と角度ステップ依存性を検討した例を示す。

汎用性が高く一般に広く用いられている演算法である FBP（filtered back projection）や SIRT（simultaneous iterative reconstruction technique）による再構築では，傾斜角度範囲の制限による情報欠落によって上下方向にボケと延びが生じ，傾斜角度範囲の拡大によって実際の断面形状に近づいていく様子がわかる。ここで FBP は図 8.11 で示したプロセスを解析的に進める最も基本的な手法である[8]。一方，SIRT では，同様にして得られた推定画像の投影データを実験像と比較して再構築の収束解を得る反復計算を行い再構築の精度を高めている[8]。このように missing wedge は ET の本質的な問題であり普遍的な解決は難しい。FBP や SIRT は密度勾配（階調）がある場合でも適用できる一般性を有しているが，例えば図 8.12 で扱っている純 Pd ナノ粒子の

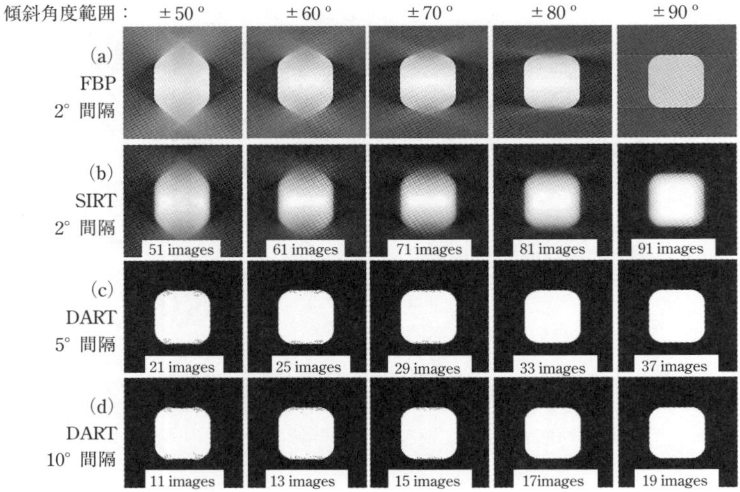

図 8.12　Pd 立方体ナノ粒子の断面の再構築シミュレーション
(a)　FBP 法，傾斜間隔：2°，(b)　SIRT 法，2° 間隔，(c)　DART 法，5° 間隔，
(d)　DART 法，10° 間隔。記したイメージ数は再構築に用いた投影像の枚数

ように，均質な単相あるいは少数の相のみで構成されている場合は，その条件を考慮することによってこの本質的な問題を抑制あるいは解決することができる。図 8.12 には，そのような手法である discrete algebraic reconstruction technique（DART）[11] で再構築した結果も示している。DART により，傾斜角度制限があっても少ない枚数の傾斜像から断面形状がよく再現されることがわかる。多くの傾斜像を得るには試料は一般に長時間の電子照射を受けるため，その間の照射損傷や変形が再構築を妨げる要因になりかねない。DART は，missing wedge の問題と同時に照射時間の短縮にも効果的である。実際の Pd ナノ粒子の形態を DART によって三次元再構築した結果を図 8.13 に示す。

14 枚の傾斜像のみを用いているが，それぞれの粒子の表面と形態が全方位にわたって明瞭に再構築されている。最近では DART の他に，圧縮センシング法を用いて missing wedge 問題の克服と画像取得の短縮化への取り組みもなされている[9,12]。

［松村　晶］

8.1.3　共焦点（コンフォーカル）顕微鏡

共焦点光学系（図 8.14）では，一般の顕微鏡の光学系とは大きく異なり，照明光

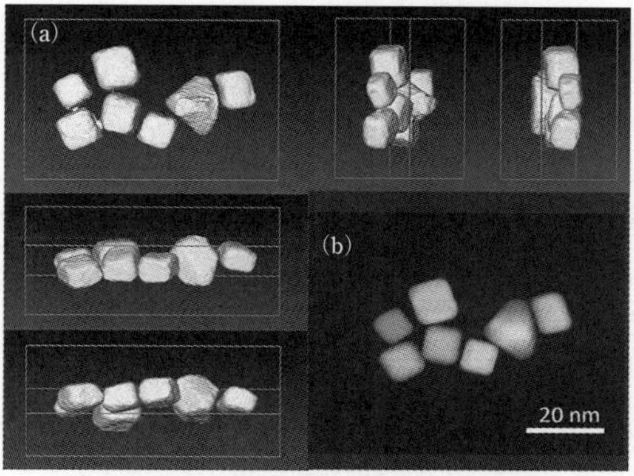

図 8.13　DART 法で再構築した Pd ナノ粒子の立体形態 (a) と高角度環状暗視野 STEM 像 (b)
わずか 14 枚の傾斜像から再構築

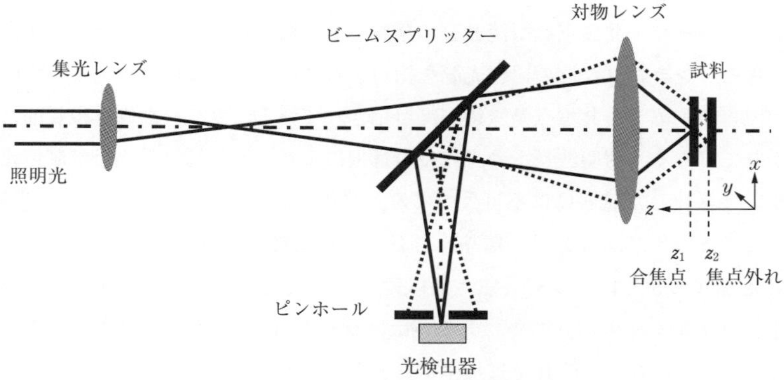

図 8.14　共焦点光学系

を絞り込んだ微小スポット光を試料に照射し，表面からの反射光を微小面積の光検出器で受光する。試料が焦点位置 z_1 にあるときは，試料からの反射光がピンホール（スリット）を通過して光検出器上に結像する。この結像点にピンホールを正しく配置すると，反射光はピンホールを通過する。試料が焦点外れ位置 z_2 に移動すれば，ピンホール上で反射光が大きく広がる。したがって，焦点外れの画像は，ボケるのではなく検出されなくなり，合焦点箇所の画像だけが検出できる。焦点外れからの光をカットすることで得られる極端に焦点深度の浅い像を光学的断層像という。この特性により，透明結晶や薄膜の裏面反射や観察窓からの反射，迷光など，焦点以外からの反射光などのノイズを除去するので，通常の顕微鏡に比べて高解像の観察が可能となる[13]。

光学的断層像はスポットを x-y 方向に走査することで表示され，試料を z 方向に移動させながら光学的断層像を取り込み積算することにより，全面に焦点のあった焦点深度の深い画像（全焦点画像）が作成できる。同時に，z 位置を精密に検出することにより，試料表面の高さ分布（高さ画像）を作成することができ，三次元形状を μm 以下の分解能で計測できる。また，断層像から内部構造を可視化することもできる。同様の効果は x 方向の線状照明光とスリットでも得られ，y 方向の走査によるライン走査式で高速測定が実現できる。光学的断層像がリアルタイムに表示されるので，表面状態の動的変化の動画測定に適用されている。近年では位相シフト干渉法と組み合わせ，高さ分解能を 1 nm 以下に向上させる方法も適用されている[14,15]。

共焦点顕微鏡は光源にレーザー（He-Ne 波長 632.8 nm，GaN 波長 408 nm など）を用いた，レーザー共焦点顕微鏡として発展してきた。近年ではレーザー光源に限定せず，キセノンランプなどの白色光源を採用することで，より自然な色合いでの表面観察ができる，カラー共焦点顕微鏡が実用化されている。カラー画像は視覚的に美しいばかりではなく，照明波長や受光波長の選択により，物理的に重要な計測情報を利用でき，多様化した試料には不可欠である。共焦点顕微鏡の主な用途には，半導体，金属，セラミックス，高分子，結晶，岩石，生物試料などがあげられる。ここでは，ライン走査式の 3CCD カラー共焦点顕微鏡による最近の測定例を紹介する。測定波長は干渉フィルターの切り換え，あるいはカラー CCD のチャネルにより白色光から選択できるので，最適な波長を選択することが測定のポイントとなる。

測定例 1 は，基板上に透明膜が形成された多層構造の表面，界面を測定した結果である（図 8.15）。各層による透過・反射特性の波長依存性を利用することで，表面は膜を透過しない波長 405 nm（紫）で，基板と膜の界面形は膜を透過する波長 630 nm（赤）でそれぞれ測定した結果である。高さ画像の解析により図 8.15(a) より多層の三次元構造の構築，図 8.15(b) より膜の内部構造や膜厚を測定することができる。そのほか，表面積，体積，表面粗さなどの計測も自在に行える。

測定例 2 は，スライドガラスに水と油を滴下しカバーガラスをのせて，混合状態の挙動変化を観察した結果である（図 8.16：1024×1024 pixel，15 フレーム/秒の動画からのスナップショット）。可干渉性が高いレーザー光では複雑な試料の内部干渉コ

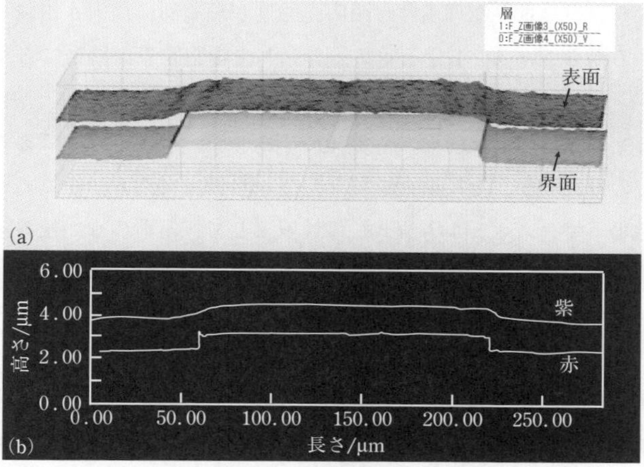

図 8.15　測定例 1：多層構造の表面，界面の測定結果

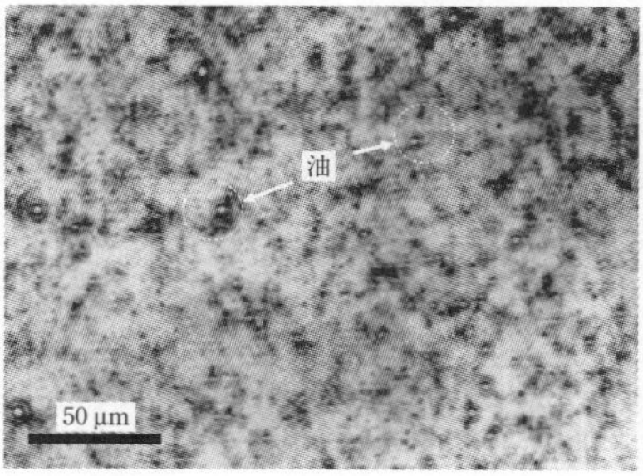

図 8.16　測定例 2：水と油の混合状態

ントラストにより画像が乱され観察できないが，白色光による観察では水中を動き回る微細な油滴を鮮明に捉えることができている（図中のコントラストのついた球状の物体がすべて油滴である）。

［西村　良浩］

8.1.4　全反射照明蛍光顕微鏡（TIRF）

全反射照明蛍光顕微鏡（TIRF：total internal reflection fluorescence microscopy）[16)] を用いると，従来の蛍光顕微鏡では背景に埋もれてしまって見ることのできなかった，ガラス表面のみのイメージングを高画質で行うことができる[17,18)]。全反射のさいに生じるエバネッセント光（evanescent，“消失する”意の英語）は，表面から深さ 50〜200 nm 程度の近傍しか照らさないため，背景光を大きく減少させることができるからである。もう一つの重要な理由は，照明光強度が理論的に最大4倍強くなり，シグナルが増加するからである。1分子イメージングや細胞膜表面観察にも多用されている。

エバネッセント光は，全反射面からの光のエネルギーの浸み出しである。入射光と反射光としての電磁場が，全反射面を境として試料側で突然0になることはないことによる。電磁場（マクスウェル方程式）の性質として，電荷のない境界面では電磁場は連続的に変化するからである。電磁場のエネルギーつまり光の強度は，全反射面から指数関数的に急激に減衰する[18,19]（図 8.17）。

エバネッセント光の強度は，全反射面において，最大で入射光の約4倍に強くなる。直観的に説明すると，臨界角では全反射面で光の位相が変わらず，入射光と反射光の位相が同じであるため両者が足し合わされ，その和は電場の大きさで入射光の2倍となる。光の強度は，電場の平方に比例するため4倍となる。入射角を臨界角よりも大きくしていくと，反射時に位相がずれ，入射光と反射光の和が小さくなり，エバネッセント光の強度も小さくなっていく。厳密には偏光（電場の向き）と屈折率に依存する。実験的には，全反射照明光の強度として，3.1倍という値が得られている[17]。

エバネッセント光の入射角依存性に関して，浸み込みの深さは，入射角を大きくする（反射面に平行に近づける）ほど浅くなる。一方，全反射面におけるエバネッセン

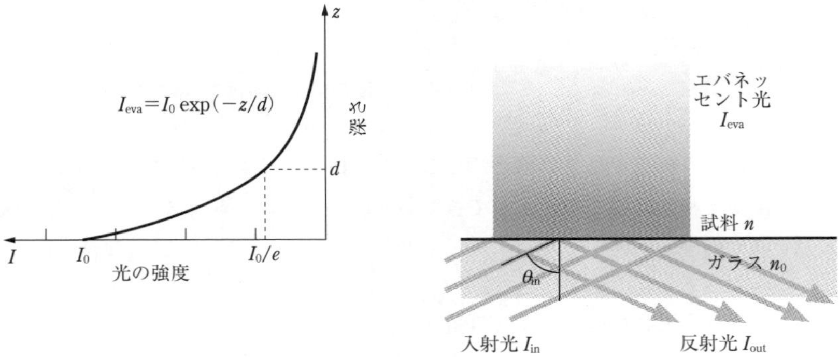

図 8.17　エバネッセント光の浸み込みの深さ

エバネッセント波の進む向きは反射面に平行な向きで，垂直な向きにはエネルギーの流れはない。全反射面から浸み込む深さ（penetration depth，光の強度が $1/e$ となる深さ）d は，次式で与えられる（光の波長 λ，試料の屈折率 n，ガラスの屈折率 n_0，入射角 θ_{in}；光強度の d は電場に対する値の半分であることに注意）。

$$d=\frac{\lambda}{4\pi\sqrt{n_0{}^2\cdot\sin^2\theta_{in}-n^2}}$$

ト光の強度は，臨界角の時最大であり，入射角を大きくするほど小さくなる[18]。

全反射照明の方法としては，プリズムを使うプリズム型[16]，プリズムを使わない対物レンズ型などがある[17]。プリズム型全反射照明法は，広い視野を得られるという大きな利点がある。余分な背景光もほぼ皆無にできる。しかし，試料の観察面から出た光は，試料の全厚を通ってから対物レンズに入るため，試料が厚いと結像できなくなる。

対物レンズ型全反射照明法[14]は，対物レンズとカバーガラスだけで全反射を起こすため，特別な光学部品が不要である（図 8.18(a)）。試料上部の空間が開放されており，試料の厚みに制限がなく，細胞など試料の形状に関係なく用いることができる。広い視野を必要としない高倍での観察に向いている。開口数 *NA* が試料の屈折率 n より大きい対物レンズ，具体的には *NA* 1.4 以上の油浸対物レンズを使う。最近では，*NA* 1.45 や 1.49 のものが市販されている。*NA* 1.65 対物レンズは，結像性能が優れているが，専用のオイルとカバーガラスが必要で，オイルカバーガラス由来の背景光がやや高い。*NA* 1.45 や 1.49 対物レンズでは観察できない場合に用いるとよい。

全反射蛍光顕微鏡法は，生命科学で 1 分子イメージングとして新しい知見をもたらしてきた。*in vitro* において，生体分子モーターの観察計測や，酵素反応や分子間相

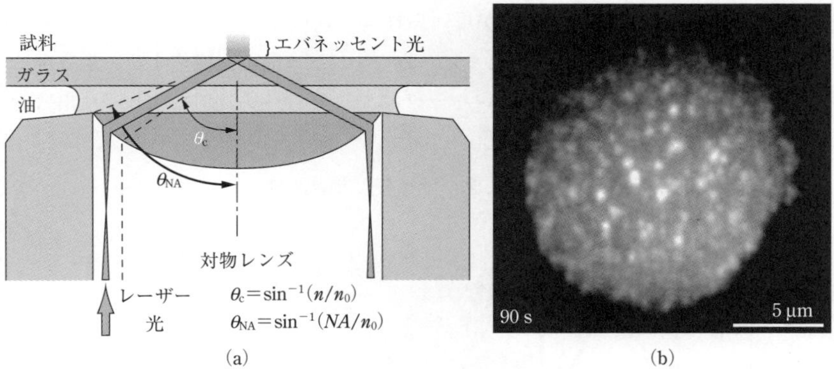

図 8.18　全反射蛍光顕微鏡法の模式図と応用例

(a)　対物レンズ型全反射蛍光顕微鏡法の模式図（対物レンズ辺縁部にレーザー光を入射し，ガラス・試料境界面のエバネッセント光を，蛍光照明に用いる。θ_c は臨界角，θ_{NA} は開口数 *NA* に対応した角度。n は試料の屈折率，n_0 はガラスの屈折率）(b)　免疫細胞におけるシグナル伝達開始の可視化（リンパ球 T 細胞を刺激開始の瞬間からリアルタイム観察した。白い点が，T 細胞レセプターが約 50〜100 分子集合したマイクロクラスター。図は刺激 90 s 後，バーは 5 μm）

互作用の1分子イメージングに使われている。走査プローブ顕微鏡とも相性がよく，1分子計測にもブレークスルーをもたらした。さらに，生きた細胞や組織表面の観察に利用が広がっている。たとえば，免疫細胞におけるシグナル伝達活性化の可視化により，約50〜100分子程度のマイクロクラスター形成がシグナル開始であることが発見されている[20]（図 8.18(b)）。　［徳永 万喜洋，十川 久美子］

8.1.5　原子間力顕微鏡

原子間力顕微鏡（AFM：atomic force microscope）[21] は，走査型プローブ顕微鏡（SPM：scanning probe microscope）と総称される顕微鏡の一つであり，先鋭な探針と試料との間に働く相互作用力を検知・調整しながら表面を走査することで，表面の詳細な観察を行う装置である。AFMは原子・分子レベルの分解能が比較的容易に得られること，環境を選ばず液相でも観察が可能なこと，*in situ* での測定が行えることなどから，コロイド・界面化学における最も重要な測定装置の一つとして位置付けられるようになってきている。本項では，AFMの原理を解説したのち，測定モードの概観と，AFMによる相互作用測定についても述べる。

a.　AFMの原理

図 8.19に典型的なAFMの原理を示す。先端の曲率半径数〜十数nmの探針がカンチレバーに保持されたプローブが用いられる。試料をピエゾ圧電素子で x-y 方向に動かすことで表面を走査するとともに，走査中に z 方向にも変位する。走査中に試料との相互作用を受けたカンチレバーのたわみはレーザーの反射により光検出器で読み取られる。

表面の形状像を得るためには，大きく分けて2種類のモードが用いられる。一つは

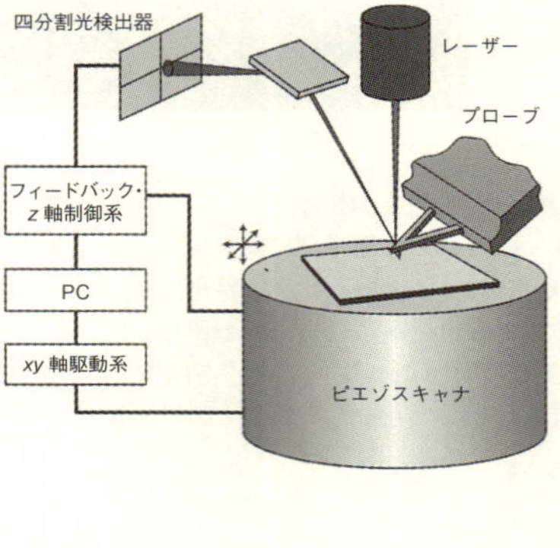

図 8.19　原子間力顕微鏡（AFM）の模式図

コンタクトモードとよばれるものであり，探針を試料表面に押し当てて走査し，表面の凹凸によるカンチレバーのたわみが一定となるようフィードバックしながら，走査中の z 軸を変位させる。この z 軸変位量を画像化することで，表面形状が得られる。これに対してダイナミックモード（タッピングモード，ノンコンタクトモードなどともよばれる）は，共振点付近でカンチレバーを微小に振動させ，その振幅の減衰率が一定となるように走査することで形状を得る。ダイナミックモードはコンタクトモードよりも高い分解能で表面像が得られるのに加え，探針の接触による試料の破壊がはるかに少ないため，高分子材料や生体分子など柔らかい物質の観察にも有利であり，表面観察にはこのモードが中心的に用いられるようになってきている。さらに，ダイナミックモードを発展させた周波数変調 AFM では，液中でも原子分解能で観察可能であることが明らかになっている[22)]。

また近年，スキャナ駆動やフィードバック回路の高速化・安定化，カンチレバーの微小化によって，非常に高速な画像取得ができる AFM も開発されている。この装置では液中の分子構造変化のリアルタイム動画観察なども可能であり[23)]，表面観察に新たな可能性を拓くものとして注目される。

b. AFM と測定モード

AFM では，形状像だけでなく，表面の様々な物性をマッピングした表面像を得ることができることも大きな特徴の一つである。以下に主なものをあげる。

- 位相モード：ダイナミックモードで，カンチレバーへの加振振動と，試料に接触した実際の振動の位相のずれを画像化する。振動位相に影響を与える試料表面の吸着性や粘弾性の分布がマッピングできる（図 8.20(b)）。
- 摩擦力顕微鏡：AFM の四分割光検出器では，カンチレバーの横方向のねじれも検出できるため，コンタクトモードで走査中のねじれ変位から摩擦力分布の画像化が可能である。これを応用し，摩擦力の違いから表面に存在する官能基の種類を識別する，化学力顕微鏡[24)] という手法も開発されている。
- 電気力顕微鏡：導電性の探針に交流電圧を印可し，走査中の振動成分を検出することで，表面の電位など電気的性質を画像化する。検出対象によりマクスウェル応力顕微鏡やケルビンフォース顕微鏡などがある（図 8.20(d)）。
- 磁気力顕微鏡：強磁性体をコートした探針で，磁界分布を可視化する。

c. AFM による表面間の相互作用力測定

AFM は表面観察の他に，原理上，探針と試料間に働く相互作用力を容易に計測で

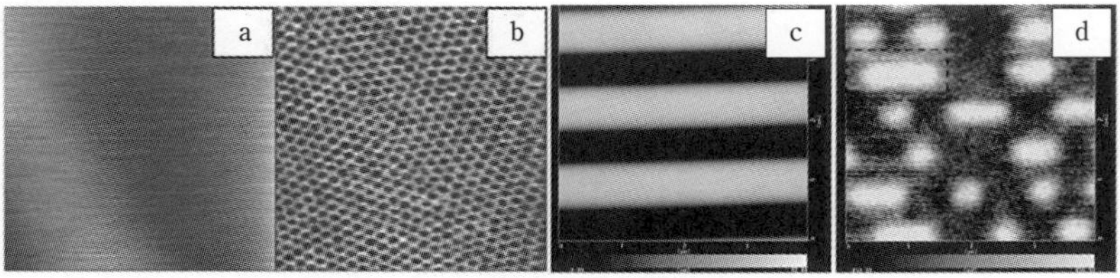

図 8.20　シリコンウェハー上にコートしたポリブタジエン-ポリエチレンオキシドブロックコポリマー膜の形状像（a）と位相像（b）（500×500 nm^2），およびDVD-RAMの記録膜（GeSnTe）の形状像（c）とケルビンフォース顕微鏡による電位像（d）（4×4 μm^2）
（b）では柔らかいポリエチレンオキシド部分が暗く，（d）では電位が高い記録マーク部分が明るく示されている。
［(a)，(b)　G. Reiter, G. Castelein, J.-U. Sommer, A. Röttele, T. Thurn-Albrecht, *Phys. Rev. Lett.*, **82**, 226101（2001）；(c)（d）　T. Nishimura, M. Iyoki, S. Sadayama, *Ultramicroscopy*, **91**, 119（2002)］

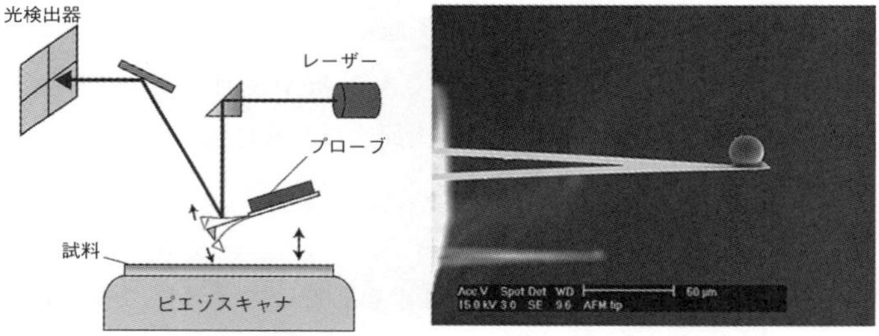

(a)　　(b)

図 8.21　相互作用測定の模式図（a）とコロイドプローブのSEM写真（b）
［(b)　S. M. Notley, S. Biggs, V. S. J. Craig, L. Wågberg, *Phys. Chem. Chem. Phys.*, **6**, 2379（2004)］

きるため，これを応用した相互作用測定が盛んに行われてきている。相互作用測定は，ピエゾ圧電素子を z 方向に伸縮させて試料と探針の距離を変化させ，相互作用を受けたカンチレバーの変位を上記と同じくレーザーで計測する（図 8.21(a)，多くのAFMでは，この操作を自動的に行うモードが付属している）。測定したカンチレバー変位にばね定数を乗ずることで，表面間距離に対する相互作用力が求まる。ここで，探針と試料間だけでなく，図 8.21(b) のように，微小な粒子をカンチレバーの先端に固定したコロイドプローブ[25]を用いることで，マクロな表面間の相互作用をも測定することができる。この表面間相互作用の測定では，次項に述べる表面力装置（SFA：surface force apparatus）とほぼ等価な相互作用が得られる。SFAと比べコロイドプローブAFMでは，測定精度が劣る，表面の接触や表面間距離の絶対的な測定が不可能，というデメリットもある一方，様々な材質の表面や，種々の分子を固定した表面を使える，経時的な変化の測定が容易，測定系が柔軟に工夫できる，などのメリットから，より幅広い分野で応用されている。

コロイドプローブには，半径数～十数 μm の球形粒子が用いられ，これをエポキシ系の接着剤や熱可塑性の樹脂によって探針先端に接着する。粒子はシリカなどの無機固体が多く用いられるが，変わったところでは細胞などを固定し，細胞－表面間や細胞－細胞間の相互作用を測定した例もある[26)]。また，近年では油滴や気泡などの流体粒子を特殊な形状の探針に付着固定し，気液や液/液界面間の相互作用測定も行われており[27)]，目的に応じて様々な工夫が可能である。さらに，垂直方向の力だけでなく試料表面上をプローブで走査して，摩擦力を定量的に見積もる[28)] といった使い方もある。

探針そのものを用いる測定では，探針と試料表面に固定した高分子の自由端に，特異的に相互作用する分子をそれぞれ固定し，分子をフライ・フィッシングのように釣り上げて分子間の相互作用力を測定する方法が特筆される[29)]。この方法では 1 分子間の結合エネルギーを評価することができ，バイオ分野で多く利用されている。

［石田　尚之］

8.1.6　表面力装置（SFA）

ばねばかりの原理による表面力の直接測定は，最初は空気（真空）中でファンデルワールス引力の測定が 50 年程前に始められ，1970 年代末に溶液中の相互作用を高精度で測定できる現在の形の装置“表面力装置（SFA：surface force apparatus）”としてほぼ完成した[30,31)]。SFA は表面間に働く力の距離依存性を距離 0.1 nm，力 10 nN という分子オーダーの分解能で直接測定できる。力の距離依存性の精密な測定とその解析は，力の起源，界面の特性の研究に非常に威力を発揮する。8.1.5 で述べられているように，1990 年代はじめには，原子間力顕微鏡（AFM：atomic force microscope）を用いて表面力装置とほぼ等価な測定を行う方法（コロイドプローブ AFM）[32,33)] や，より最近には不透明基板用の SFA[34)] も開発され，力の測定による研究対象の幅が広がってきている。表面力装置にずり力を測定する機構を組み込んだ装置も開発され[35～43)]，ナノ空間における液体の力学物性，分子レベルでの摩擦，潤滑の研究も行われている[38～43)]。ここでは，SFA および AFM による表面力測定を装置と原理，および測定例をあげながら説明し，SFA にずり測定機構を組み込んだ装置を用いた液体薄膜評価例を紹介する。

a. 表面間に働く相互作用力

二つの物体を近づけていくときの最も一般的な相互作用は，空気中や真空中では，Lennard-Jones ポテンシャルで近似的に表される分子や原子間に働くファンデルワールス引力ポテンシャルと立体斥力（電子雲の重なり）ポテンシャルの和とするものである。巨視的な表面間の場合には，その形状により距離依存性が異なる。一方，液体中での物体の相互作用ははるかに複雑であり，たとえば，荷電表面の近傍には，対イオンが濃縮した拡散電気二重層が形成され，荷電表面間には，電気二重層の重なりによる斥力（電気二重層斥力），高分子が吸着した表面間には高分子鎖の吸着構造，広がりによる立体斥力，生体分子間の特異的相互作用力，界面近傍あるいは2表面間に挟まれた限定空間中での液体の配列・構造化による力（溶媒和力）や表面の分子のゆらぎによる力などが現れる（図 8.22）。詳しくは成書や原著論文を参考にされたい[31)]。

b. ばねを利用する相互作用力測定

原子間力顕微鏡（AFM，図 8.19），および表面力装置（SFA，図 8.23，図 8.24）はともに，ばねばかりの原理を用いて，二つの表面の間に働く引力ならびに斥力を，その間の距離の関数として原子・分子オーダーで直接測定する装置である。AFM の場合は探針-表面間，SFA の場合は表面間に働く力 F は，ばね（カンチレバー，ばね定数 K）の変位 ΔD より決定される（$F=K\Delta D$）。引力が働く場合には，力の勾配（力の距離による微分）がばね定数 K を超えると（$\mathrm{d}F/\mathrm{d}D>K$），表面は近距離への飛込みを起こす（ジャンプイン）（図 8.23）。ばね定数を変えてこの飛込みの起こる距離を調べ，引力の距離依存性を求めることもできる。また，接着した表面を引き離すさいの，距離の飛び（ジャンプアウト）を測定することで，表面間の接着力を評価できる。

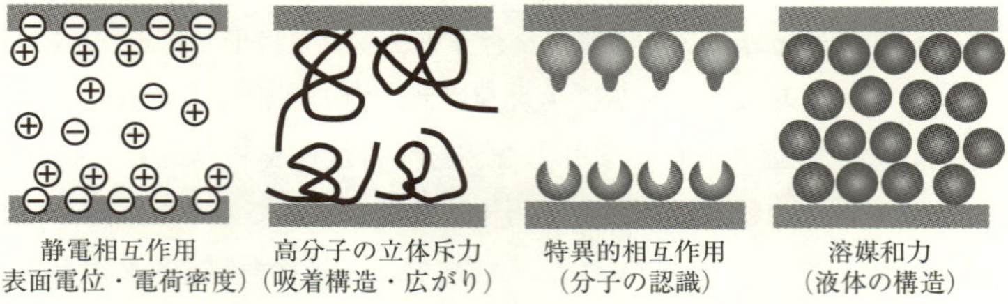

図 8.22　液体中の表面間に働く相互作用力の例

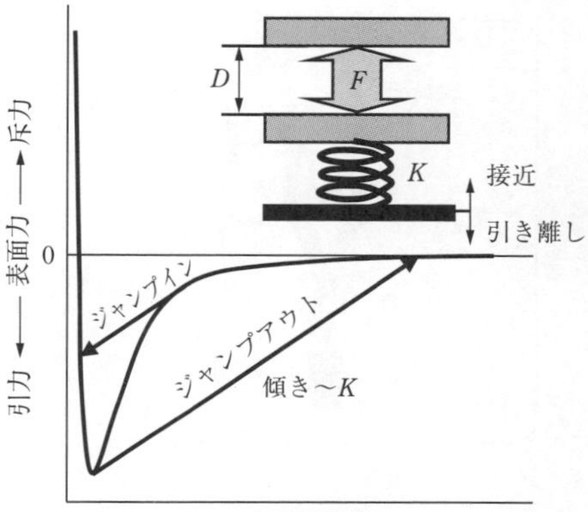

図 8.23　相互作用力測定の模式図

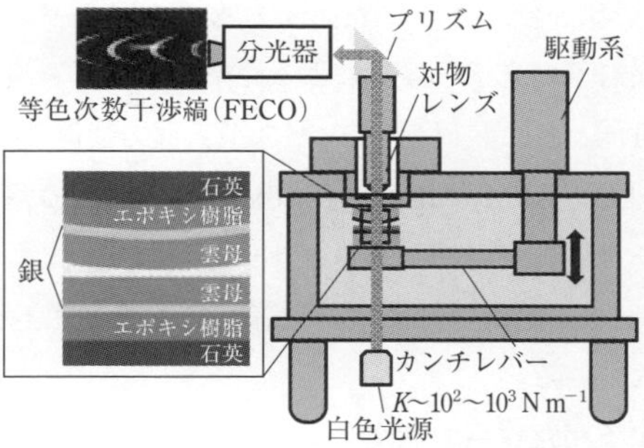

図 8.24　FECO 型表面力装置

c.　表面力装置（SFA）による相互作用力測定

図 8.24 に表面力装置（SFA）の模式図を示す。試料表面には厚さ数 μm まで薄くへき開した雲母片の裏面に銀を蒸着し，円筒形の石英レンズ上に貼り，二つの円筒を直交させるように配置する。一方の表面を DC モーターまたはパルスモーターにより駆動し，表面間距離 D を変える。D は，表面に垂直に入射させた白色光の銀蒸着面間での多重反射により生じた等色次数干渉縞（FECO：fringes of equal chromatic order）の解析から 0.1 nm の分解能で測定される[44)]。表面間に力が作用すると一方の表面を固定したばねが曲がり，表面の駆動距離と D の変化に差 ΔD が生じる。この差 ΔD にばね定数 K を掛けて力 F を求めることができる（$F=K\Delta D$）。目的に応じて吸着法，Langmuir-Blodgett 法，シランカップリング反応などで修飾した表面を用い

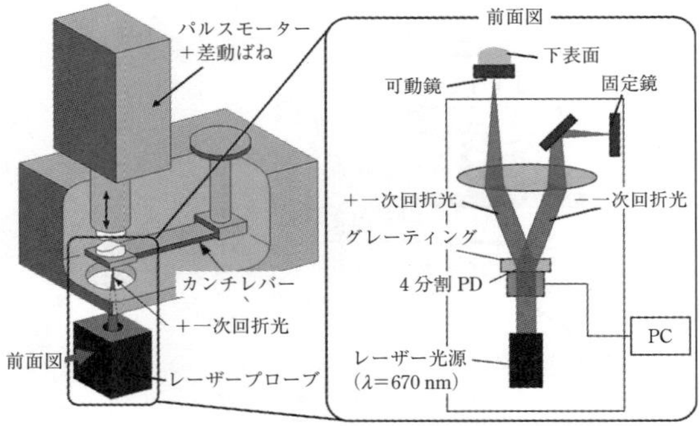

図 8.25　ツインパス型表面力装置

ることができる。

SFAが他の測定法と比べて優れている点はFECOを用いた距離決定の精度の高さと，さらにFECOの形より表面の形状評価，さらに表面間の物質の屈折率の測定が可能なことである。また，最近，反射型の光学干渉計による距離測定機構を導入することで,不透明基板,液体の測定を可能とした装置(ツインパス型表面力装置,図 8.25)も開発されている[34]。ツインパス型は，AFMに比べ，表面材料の選択性の多さ，二つの同等な面で測定できるためデータ解析が容易などのメリットがあり，また電位をかけて測定する電気化学SFAも実現し，電極の対イオン吸着[45]や水素発生過程[46]などの定量的な評価法として期待されている。

d.　原子間力顕微鏡（AFM）による相互作用力測定

8.1.5 c参照。

e.　Derjaguin 近似

SFAでは，互いに直交する円筒をもつ表面が用いられる。この場合，測定された力Fを円筒の曲率半径Rで割り規格化した量F/RはDerjaguinの近似式によれば単位面積あたりの平行平板間の相互作用自由エネルギーG_fと比例関係にあり（$F/R=2\pi G_f$）[31]，理論やその他の実験データとの比較が容易という利点がある。

f.　表面力の測定例

（i）　雲母表面の水中での表面力とDLVO理論　　二つの雲母表面間の表面力を純水ならびに塩溶液中で測定すると，遠距離では斥力，数nmまで近づくと引力が検出される（図 8.26)。雲母のへき開面は水中でK^+イオンが解離し，負に荷電する。このような荷電表面の相互作用は，電気二重層力とファンデルワールス力の和で表さ

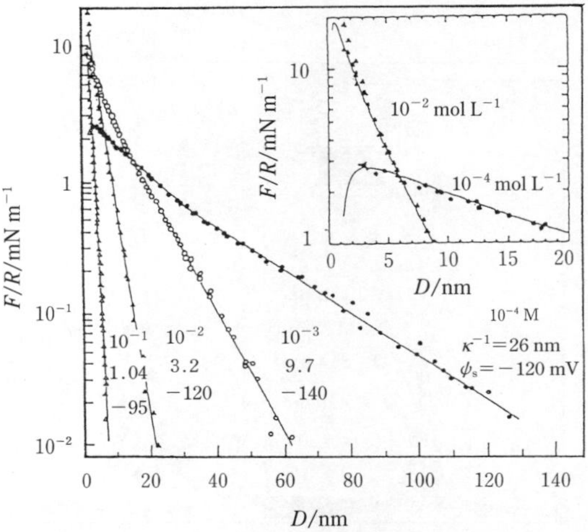

計算に使用したデバイ長 κ^{-1} と表面電位 ψ_s を図中に記入してある。Hamarker 定数は 2.2×10^{-20} J を用いている。

図 8.26　水中での雲母表面間の相互作用の塩（$LiNO_3$）濃度依算性と DLVO 理論曲線

［V. B. Schubin, P. Kekicheff, *J. Coll. Interf. Sci.*, **155**, 108 (1993)］

れ（DLVO 理論），理論曲線のフィッティングより表面電位・電荷密度を求めることができる。ただし，近距離では DLVO 理論からのずれが観測され，これは水和力，Stern 層の存在の寄与によるものと考えられている[31]。

（ii）　限定ナノ空間における液体の性質　　SFA は二つの表面間の距離を nm レベルで連続的に変えて制御，計測可能という特色をいかして，ずり力測定機構を組み込んだ装置が開発され，nm 厚さの液体の粘性，摩擦・潤滑特性の定量的な評価も可能となっている[35~40]。ここでは筆者らが開発した新しい原理（共振法）を導入したナノ共振ずり測定法を用いて，雲母表面間の液晶（4-シアノ-4′-ヘキシルビフェニル，6 CB）の閉じ込めによる構造化挙動を評価した例を示す[42]。図 8.27 に雲母表面間に 6 CB を挟んで室温（ネマチック相）にて測定した共振カーブを示す。共振法では，空気中で表面が分離した状態で上表面を振動させると，まったく摩擦がないため，上表面のユニットのみで決まる共振周波数（約 212 rad s^{-1}）にピークが観測される（空気中分離（AS）ピーク）。雲母表面を空気中で接触させると滑りがないため，上下合わせたユニットで決まる共振周波数（342 rad s^{-1}）へとピークがシフトする（雲母接触（MC）ピーク）。表面間に試料が存在すると，試料の構造化・ずり力の伝達の程

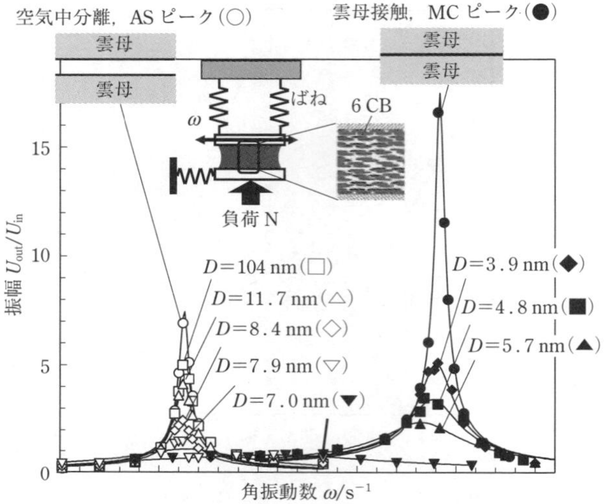

図 8.27　雲母表面間に 6 CB を挟んで測定した共振カーブ
［栗原和枝，液晶，**6**，34（2002）；M. Mizukami, K. Kusakabe, K. Kurihara, *Prog. Coll. Polym. Sci.*, **128**, 105（2004）］

度に依存して，AS ピークと MC ピークの間に共振カーブが観測される。図 8.27 で，表面間距離の減少に伴い，① 低周波数（約 212 rad s^{-1}）の共振ピーク強度の減少，② 共振ピークが高周波数（約 342 rad s^{-1}）へ移行，③ 高周波数の共振ピーク強度の増大が観測されている。この過程は閉じ込めによる 6 CB の構造化が進み，6 CB を介した上表面の振動の下表面への伝達の増大を表す。共振カーブのモデル解析により粘性率，摩擦の定量評価が可能である[40]。

表面力測定により，表面の荷電状態，分子の表面への吸着状態，配向，構造などの評価が可能であることを述べてきた。本文では触れなかったが，特異的に相互作用する分子（核酸塩基[47]，酵素-基質[48] など）の間の結合力の測定，表面に特定の配向で並べた高分子ブラシ層の力学特性評価（ポリペプチド[49]，高分子電解質[50,51] など），固/液界面への液体吸着構造・特性の評価などに用いられ，他法では得られない重要な知見を与えている。ほかにも，界面活性剤集合系の研究例[52]，接着力の評価例[53]，最近の表面力による研究の展開[54,55]，などの総説も参照されたい。　［栗原　和枝］

8.2 X線および放射光による表面解析法

8.2.1 蛍光X線分析法（XRF）

物質を構成する原子に十分に高いエネルギーをもつX線を照射すると，内殻電子がそのエネルギーを吸収して光電子として外に弾き飛ばされ空孔が生じる。そこに外殻の電子が落ち込んで励起状態を解消するさいに，余分なエネルギーを電磁波の形で放出するが，これが蛍光X線である。発生する蛍光X線のエネルギーは元素の種類によって決まっており，ここから試料に含まれる元素の情報が得られる（定性分析）。また，その強度を測定することによって定量分析が可能となる。このように蛍光X線分析（XRF：X-ray fluorescence analysis）は，試料にX線を照射して蛍光X線を発生させ，それを利用して元素の同定（定性分析）や定量（化学分析）を行う分析手法である。

XRFには分光法が異なる2種類の方法がある。エネルギー分散型X線分光法（EDX：energy dispersive X-ray spectrometry）は固体半導体検出器を用いて，検出器に飛び込んでくるX線光子一つひとつのエネルギーを測定するもので，横軸に蛍光X線のエネルギー，縦軸に強度といったスペクトルが得られる。一方，波長分散型X線分光法（WDX：wavelength dispersive X-ray spectrometry）では，分光結晶によって蛍光X線の波長を分光し，横軸に蛍光X線の波長（または回折角），縦軸に強度というスペクトルを観測する。EDXはWDXに比べ駆動部が少なく装置がコンパクトで，測定時間も短くてすむ。しかしスペクトル分解能がWDXに比べて数倍から十倍程度低く，近接する蛍光X線ピークの重なりによる定量性の悪化や，元素の見落としに注意が必要である。なお原理や装置の詳細は成書を参照されたい[1~3]。XRFでは測定雰囲気を大気中，真空中，特定のガス雰囲気中（たとえば，Heガスなど）と選択でき，SEM-EDSなどでは測定が難しい含水試料や電子線照射で壊れやすい有機物，さらには液体などの分析も可能である。EDXの測定可能元素は一般にNa以降の元素であるが，現在では真空雰囲気下で超軽元素（C，O，Fなど）が測定できるEDX装置も市販されている。

次に測定領域の大きさ（面積，深さ）について述べる。測定面積はふつう周囲数十mm以下で，コリメーターなどにより数十μm程度まで観測領域を絞ることができる。また試料内部で発生した蛍光X線は試料の表面に出てくるまでに試料自身による吸収を受ける。エネルギーの大きなX線ほど透過力が強いため，重い元素の蛍光X線の方が軽い元素のものよりも，より試料の深いところから出てくることができる。さらに吸収の度合いは試料の組成や組織の混ざり具合といった条件によって大きく左右される（これをマトリックス効果とよぶ）。このように蛍光X線の分析深さは，試料や観測する元素種によって大きく変わるが，一般に数μmから数百μm程度である場合が多い。これに対して近年，X線を平滑な物質表面に非常に薄い角度で入射すると全反射する性質を利用して，数nmといった極薄い表面領域の分析を行う全反射蛍光X線分析法が大いに発展し，半導体産業の製造工程で表面汚染の分析に利用されている。可溶性の試料や微細粉末試料なども基盤へのスピンコート法を用いて測定できる。さらにX線の入射角を変化させながら目的元素のピークを観測し，表面から深さ方向への元素分布を解析できる装置も市販されており，強力な表面分析手段の一つとなっている。

さて，EDXで観測されるスペクトルには含有元素からの蛍光X線だけではなく，励起源として用いたX線管球の特性X線も観測される。またサテライトといわれるピークや，エスケープピーク，およびサムピークとよばれる種々のピークが同時に観測されるため，とくに微量元素の検出においてはこれらのピークを誤って解釈しないよう十分に注意する必要がある。このため元素の同定にあたっては1本の蛍光X線ピークだけを使用するのではなく，生じるべき複数の蛍光X線が強度比も含めて矛盾なく観測されているかを十分に検討する必要がある。

表 8.1　蛍光X線分析法と電子プローブマイクロアナライザーの特徴比較

<table>
<tr><th>測定法</th><th>XRF-EDX</th><th>XRF-WDX</th><th>SEM-EDS</th><th>SEM-WDS</th></tr>
<tr><td>測定領域</td><td colspan="2">照射面積はコリメーターで可変。分析深さは試料・対象元素による異なるが，一般の金属で数十μm</td><td colspan="2">照射面積はnmサイズに絞れるが，特性X線は電子を照射した周囲1〜2μmの範囲からも発生することに注意</td></tr>
<tr><td>前処理</td><td colspan="2">前処理なし可。定量分析では合金は平らに研磨。粉体はペレット成形かガラスビード化を推奨</td><td>バルク測定可。非金属試料ではC, Ptなどによるコーティングを推奨</td><td>樹脂に埋込み鏡面研磨しカーボンコーティングをする</td></tr>
<tr><td>定量性</td><td>XRF-WDXよりも迅速だがピーク分離能が若干劣る。軽元素は苦手</td><td>前処理・標準試料の選択が適切ならよい結果が得られる。薄膜試料も可</td><td>あまりよくない。表面を研磨し標準試料も使うと改善する。Naより軽い元素の定量性はよくない</td><td>最もよいが，標準試料測定が必要。ホウ素以上の元素の定量が可</td></tr>
</table>

表 8.1 に蛍光X線分析法と，電子プローブマイクロアナライザー（EPMA（SEM-EDS と SEM-WDS））の特徴をまとめた。試料の分析にあたっては各分析法の特徴をよく理解し，目的に適った装置を選ぶことが大切である。［福岡 宏］

8.2.2 X線光電子分光法（XPS）

X線光電子分光法（XPS：X-ray photoelectron spectroscopy）は ESCA（electron spectroscopy for chemical analysis）ともよばれ，X線を試料に照射し，試料表面から放出される光電子を分光して，表面分析を行う方法である。XPS の特徴として，① 水素を除くすべての元素の同定，定量が可能であり，金属，無機化合物，ポリマーなど幅広い試料に適用できる，② 化学シフトなどのスペクトル情報から元素の状態分析が可能である，③ 非破壊分析が可能である，④ nm レベルの試料極表面の分析ができる，などがあげられる[4,5]。

a. 原理と装置

物質にX線を照射すると，原子の内殻軌道や価電子帯の電子が光電子として放出される。この光電子の運動エネルギー E_k を測定することにより，フェルミ準位基準の電子の結合（束縛）エネルギー E_b を求めることができる。E_b は入射X線のエネルギーを E_x とすると，$E_b = E_x - E_k$ と表すことができる。

XPS 測定装置は，試料導入と前処理部，X線発生部，測定室，電子エネルギー分析部および検出部から構成される。励起X線として，Al K_α（1486.6 eV），Mg K_α（1253.6 eV）が広く用いられるが，これら特性X線を分光して用いる高分解能測定装置も普及している。また強力な連続光源であるシンクロトロン放射光（SR）はX線のエネルギーを任意に選ぶことができるため，XPS のX線源として最適である。光電子のエネルギー分析には，電子レンズを併用した静電偏向型の同心半球型分析器が用いられる。光電子の検出には，チャネルトロンやマルチチャネル検出器が利用されている。光電子の運動エネルギーを分析するため，測定系は高真空，超高真空状態に保つ必要があるが，最近では差動排気を利用して 10 mbar 程度の蒸気圧下でも測定可能な装置が開発されている[6]。

b. 定性，状態分析

XPS では元素に特有の内殻軌道に対応したエネルギー位置にピークが観測されることから容易に元素の同定ができる。さらに元素の化学状態によって結合エネルギーが異なっている（化学シフト）ため，この化学シフトから目的とする元素の酸化状態や結合，元素の周囲の環境に関する情報が得られる。さらにサテライトとよばれる副次的なピークやX線励起によるオージェピーク，価電子帯の光電子スペクトル構造も状態分析に広く用いられる。

元素の状態分析を行うためには，結合エネルギーの値を正確に求めることが重要である。このために電子分光器のエネルギー校正は純金属の測定値を基準に行う。試料が絶縁体の場合，光電子の放出に伴い試料表面の帯電（charge-up）が起こり，正確な結合エネルギー値が求められなくなるので，測定中に低速電子を試料表面に照射して帯電を中和する必要がある。帯電が起こる場合には，① 試料表面の炭化水素の汚染によるC 1sピークを基準として用いる，② エネルギー基準となる物質を試料に混合して内部標準とする。③ 少量の金を試料上に蒸着して基準とする，などの方法によりエネルギーの補正を行う。また，XPSスペクトルに観測されるオージェピークの測定を組み合わせることによって得られるオージェパラメーターを利用すれば，帯電の影響を受けない状態分析が可能である[7]。

c. 定量分析

XPSの表面感度は比較的高く1/100原子層程度である。ピーク強度から試料表面の元素や化学種の組成比を求めることが可能である。XPSのピーク強度は，励起X線の強度，光イオン化断面積，光電子の非弾性平均自由行程，などの因子によって決まる。これらの因子のうち，光イオン化断面積と非弾性平均自由行程は理論的に見積もることができる。非弾性平均自由行程はXPSにおいて通常検出している50～1500 eVのエネルギー範囲では5 nm以下である。実際の定量解析では，これらの因子のうち，実測困難な因子を除くためにピーク間の相対強度が用いられることが多い。使用する装置で各元素のXPSピークに関する相対感度を求めておけば組成分析は容易になる。

d. 深さ方向分析

XPSでは光電子の観測角度を変化させることにより，試料表面層の膜厚や元素分布を見積もることができる。試料表面からの取り出し角（法線方向からの角度）を大きくすると表面の情報が強調されて観測される。さらに，組成分析だけでなく，観測角を変化させた場合の化学シフトから深さ方向の各元素の状態分析も可能である。このような角度分解測定が適用できるのは，およそλの3倍の厚さの領域についてのみであり，より深い領域の情報を得るためには，試料表面層をエッチングにより取り除いて測定を行う。連続的にエッチング-測定を繰り返すことで組成や化学状態に対す

る深さ方向の分布情報を得ることができる。　［文珠四郎 秀昭］

8.2.3　X 線吸収微細構造（XAFS）[8)]

物質中に存在する原子の X 線吸収スペクトルを測定すると，図 8.28 に示すように，その原子に特有のエネルギー（吸収端）で X 線の吸収係数が急激に増加する。孤立原子の吸収スペクトルが単調な減衰曲線を描くのに対し，周囲に原子が存在するとその影響で吸収スペクトルに振動構造が現れる。この吸収端から高エネルギー側約 50～1000 eV にわたって見られる振動構造を広域 X 線吸収微細構造（EXAFS：extended X-ray absorption fine structure）とよび，これを解析することにより結合距離と配位数に関する情報が得られる。一方，吸収端～約 40 eV に観測される構造は X 線吸収端近傍構造（XANES：X-ray absorption near-edge structure）とよばれ，電子状態や配位構造に関連する情報を与える。以下に EXAFS と XANES の原理，特長および応用例を述べる。

a.　広域 X 線吸収微細構造（EXAFS）[8)]

X 線が原子に入射すると，図 8.29 に示すように原子の内殻電子が光電子として放出され，その電子波は四方八方に広がっていくが，周辺に原子が存在すると光電子は散乱され，散乱波として戻ってくる。これらの波が互いに干渉する結果，吸収スペクトルに強弱が現れる。すなわち，電子の波長 λ と原子間距離 γ との間に，$\gamma=n\lambda/2$ がなりたてば電子波は強めあい，$\gamma=(2n+1)\lambda/4$ ならば弱めあう。したがって，入射

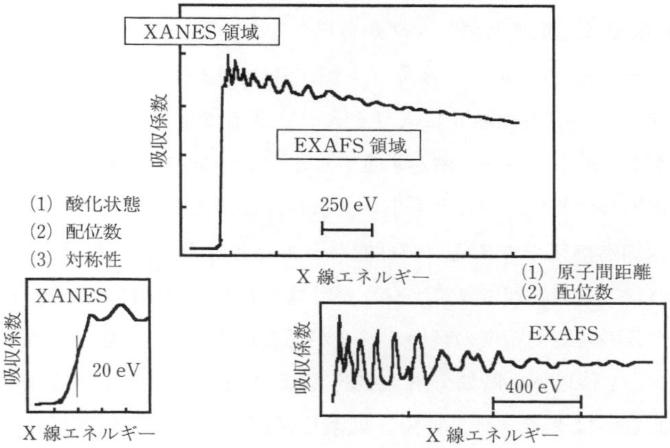

図 8.28　X 線吸収微細構造スペクトル（EXAFS と XANES）と得られる情報

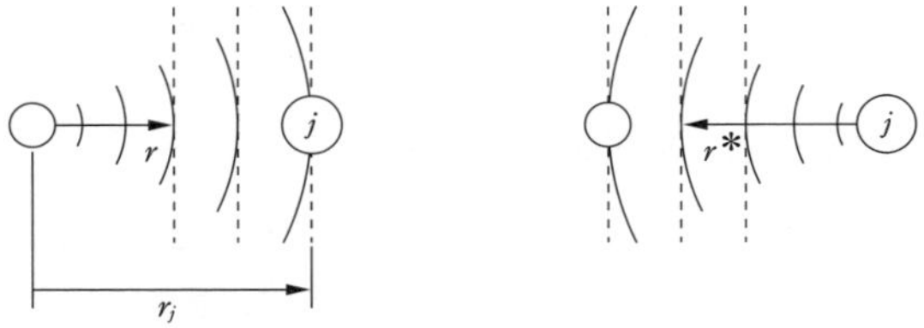

（a）吸収原子からの放出電子波　（b）r_jの距離に存在する原子からの散乱電子波

図 8.29　EXAFSの原理

X線のエネルギーを掃引していくと，電子波は距離に応じて周期的に強い弱いの振動構造が出現することになる。このようにEXAFSの周期は原子間距離に，その強度は散乱原子の数（配位数）に関連する。

1回散乱理論によりEXAFSは式（8.1）により表される。

$$\chi(k)=N_jF_j(k)s_0{}^2\sin[2k\gamma_j+\phi_j(k)]\exp(-2\sigma_j^2k^2)/k\gamma_j^2 \tag{8.1}$$

ここで，$\chi(k)$ はEXAFS振動，N_jは配位数，$F_j(k)$ は後方散乱因子，s_0は減衰因子，γ_jは原子間距離，$\phi_j(k)$ は位相シフト，σ_jはDebye-Waller因子，kは電子の波数ベクトルである。添字jはj番目の周囲の散乱原子を意味する。

EXAFSスペクトルを得るには，連続的にX線のエネルギーを変えて試料に照射し，その吸収を測定する。その振動は全体の吸収の数%にすぎず，このため広いエネルギー領域にわたり大きな強度のX線が望まれ，シンクロトロン放射光が広く利用されている。つくばのKEK放射光施設や播磨のSPring-8放射光施設に設置されているXAFS測定装置では，電子蓄積リングから発生したシンクロトロン放射光は，結晶モノクロメーター［Si(311)チャネルカット型，Si(111)2結晶型など］により分光されてイオンチャンバー（電離箱）に入り，入射強度I_0が測定され，試料を透過した透過強度Iをイオンチャンバーで測定する。イオンチャンバーの代わりに高感度の多素子半導体型検出器が使われることもある。試料は冷却用クライオスタットに装着したり，あるいは加熱排気やガス処理が可能なセルなどに入れる。信号I_0，Iは計数回路に送られ，パソコンで処理されて$\chi(k)$ が計算される。測定には数分，低濃度試料でも通常，数十分の時間で精度の高いデータが得られる。最近，湾曲結晶と位置敏感検出器を用いて，1秒以下の時間分解EXAFS測定が可能となっている（エネルギー分散型XAFSあるいはクイックXAFS)。低濃度試料で透過法では良質のスペクトルが得られない場合，蛍光法を用いる。蛍光法ではライトル型検出器あるいは多素子半導体型検出器などが使われる。

一般の試料ではEXAFS振動はいくつかの結合距離の異なる原子からの寄与の総和になり複雑な形になる。そこで，$\chi(k)$ をフーリエ変換して動径分布関数に相当するものを得て，多重散乱を組み入れた理論（コード名FEFF8）を用いて，動径分布関数を最もよく再現する N_j, γ_j, σ_j をカーブフィッティング法で決定する。場合により，標準試料から抽出される経験的パラメーターが使われる。

EXAFSの長所は，① 長距離秩序を必要とせず，したがって物質の状態によらず（粉末，液体，結晶，アモルファス，薄膜など）結合距離，配位数，配位原子の種類がわかる，② 複数元素からなる試料でも目的の特定元素の周囲の局所構造がわかる，③ 試料の状態や測定雰囲気（真空，ガス雰囲気，液相，加熱など）にほとんど制約がない。一方，短所としては，① 遠距離の情報が得にくい，② 配位数，結合距離を決めるためには，$F_j(k)$ や $\phi_j(k)$ など正確なパラメーターが必要である，③ 一次元構造情報であり三次元構造を与えない，④ X線回折法のような高い精度をもたない，などがあげられる。また，XAFSは透過性の大きなX線を用いるため測定雰囲気にほとんど影響を受けず，*in situ* 測定がXAFSの最も大きな利点といえる。測定に試料の種類や形状に制限されないことから，さまざまな触媒系の *in situ* キャラクタリゼーションに応用されている[9]。EXAFSを用いて触媒反応過程を追跡した例として，図 8.30に吸着COにより誘起される Al_2O_3 表面上のRhクラスター崩壊過程を捉えた時間分解XAFS測定を示す[10]。COは0.6 sでRhクラスターの一部に吸着したのち，2 sでRhあたり1分子のCOが吸着するとRh–Rh結合が緩みだし，さらに4 sかけてもう1分子のCOが吸着すると表面を拡散し，$Rh(CO)_2$ 種は表面酸素原子からなる三中心サイトに安定化され Rh^+ に酸化される（17 kJ mol^{-1} 活性化エネルギー）。時間分解XAFSを用いると，燃料電池Pt/Cカソード触媒や自動車排ガス浄化助触媒Pt/$Ce_2Zr_2O_8$ など実用触媒系の動作下の構造変化と電子状態変化がリアルタイムで測定できる。

b. X線吸収端近傍構造（XANES）[8]

X線の吸収スペクトルを測定すると，吸収端付近に微細構造が現れる（図 8.28）。この吸収端から約40 eVの領域に観測される微細構造をXANESとよび，EXAFSとはその出現の機構が理論的に異なるため区別して取り扱われる。XANESはX線の吸収原子の内殻軌道（1 sや2 p）からd軌道などの束縛準位への電子遷移に基づく吸収スペクトルであり，連続帯への放出電子波と周囲の原子による散乱波との干渉による

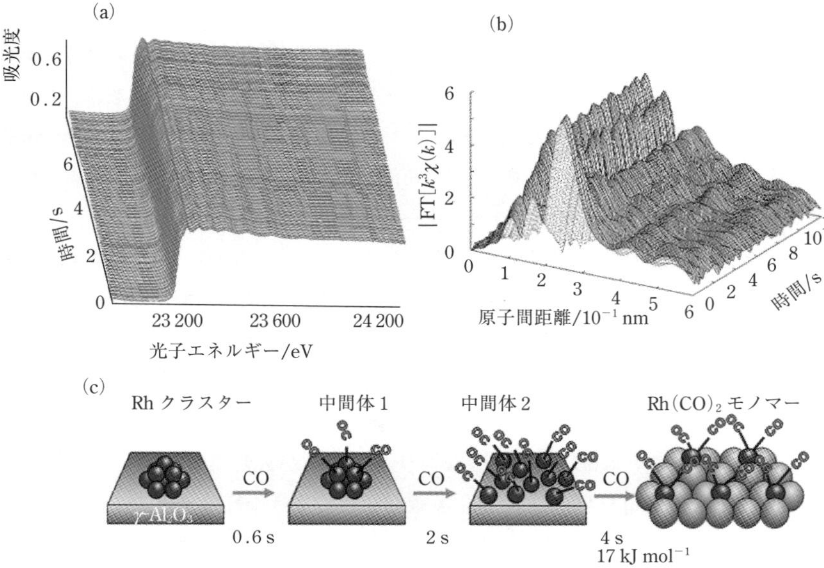

図 8.30　時間分解 EXAFS 測定例：室温での吸着 CO により誘起される Al_2O_3 上の Rh クラスターの崩壊・拡散過程

(a)　100 ms ごとの XAFS スペクトル　(b)　(a) の EXAFS フーリエ変換　(c)　アルミナ表面上の Rh クラスターの崩壊・拡散過程

[A. Suzuki, Y. Inada, A. Yamaguchi, T. Chihara, M. Yuasa, M. Nomura, Y. Iwasawa, *Angew. Chem. Int. Ed.*, **42**, 4795 (2003)]

EXAFS とはまったく異なる。EXAFS の理論が電子の 1 回散乱を基本としているのに対して，XANES は多重散乱を含み一般的には複雑である。その理論的取扱いには分子軌道法によるものと散乱理論によるものとがある。詳細は最近の成書を参照されたい。XANES には原子の電子状態（酸化状態）と配位構造（対称性）に関する情報が含まれる。反応雰囲気下で測定することが可能であり，触媒作用と直接対応する d 電子密度が測定できる利点がある。

XANES の長所は EXAFS に比べ測定温度の影響が少ない点や，測定エネルギー領域が少ないので短時間ですむ点があげれる（現在 ms〜μs リアルタイム測定も可能である）。一方，電子状態や配位構造を決めるために，散乱理論や分子軌道理論などを取り扱う必要があり，一般に簡単でないのが，最大の短所である。

［唯 美津木，岩澤 康裕］

8.2.4　放射光を利用した表面解析

一般に物質に対する X 線の進入深さは電子線などに比べて大きく，数～数十 μm 程度である。したがって，表面あるいは表面に近い界面に数原子層程度存在する構造からの散乱強度はバルクからのものに比べてきわめて弱い。このようなきわめて弱い散乱を測定するために考案されたのが，X 線の全反射現象を利用する測定法である。X 線反射率法，微小角入射 X 線回折法などがよく知られている。これらの方法は，放射光に限らず，実験室系の X 線源でも有効な手法であるが，放射光を利用すると，その輝度の高さから，より薄い薄膜や軽元素からなる薄膜の測定に威力を発揮する。以下に，X 線反射率法と微小角入射 X 線回折法について，その原理と放射光を利用した研究例を説明する。

a.　X 線反射率法の原理と研究例

X 線反射率（XRR：X-ray reflectivity）法は，物質の X 線に対する屈折率が 1 よりわずかに小さいため，X 線の視斜角が小さい場合に全反射を起こす現象を利用した測定法である。物質の X 線に対する屈折率 n は，式（8.2）で与えられる。

$$n=1-\delta-\mathrm{i}\beta=1-\frac{\lambda^2 r_\mathrm{e}}{2\pi}N_\mathrm{A}\rho\frac{\sum_a(z_a+f_a'+\mathrm{i}f_a'')x_a}{\sum_a x_a M_a} \tag{8.2}$$

ここで，r_e は古典電子半径，N_A はアボガドロ定数，ρ は密度，Z_a，M_a，x_a はそれぞれ，a 原子の原子番号，原子量，組成比である。$f_a'+\mathrm{i}f_a''$ は原子散乱因子の異常分散項であり，計算値は International Tables for Crystallography[11] で得ることができる。屈折率の実数部 δ は 10^{-5}～10^{-6} 程度である。このように屈折率が 1 よりわずかに小さいため，X 線の視射角が小さい場合に全反射が起こる。その臨界角 θ_c は $\sqrt{2\delta}$ で与えられる。臨界角は波長と物質の電子密度に依存するが，たとえば，Cu Kα_1 の X 線に対しては，Si で 0.22°，Ni で 0.42°，Au で 0.57°，と 1°より小さな角度である。

X 線反射率測定の原理[12] を図 8.31 を使って説明する。表面が平坦な物質の表面すれすれに X 線が入射すると，視射角 θ_c 以下では全反射が起こる。X 線の入射角がこの角度より高角になるにしたがって，X 線はしだいに深く物質中に入り，理想的に平坦な表面をもった物質では反射率が θ^{-4} に比例して減少する。一方，物質の表面が粗い場合，そのラフネスの度合いによってさらに急激に反射率が減少する。このために，反射率の角度依存性を測定することにより物質の密度と表面ラフネスが決定できる

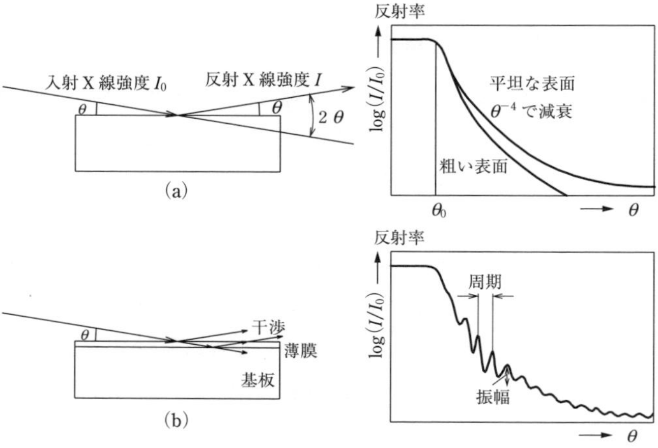

図 8.31　X線反射率法の原理

(図 8.31(a))。このような物質の基板上に電子密度の異なる別の物質を均一に積層すると，基板と薄膜との界面および薄膜の表面からの反射X線が干渉し，反射率曲線に振動パターンが現れる。その周期から膜厚に関する情報が，振幅から密度差や界面のラフネスに関する情報が得られる（図 8.31(b))。実際の反射率曲線の計算は，界面原子位置の確率密度を Gaussian 型関数で近似して導出された理論式[13] により計算する。この理論式を使い，実験により得られたX線反射率曲線をフィッティングすることにより，多層膜の膜厚，密度，表面および界面ラフネスを決定できる。

標準的なX線反射率の測定は，通常の実験室系でも実施できるが，ラフネスや薄膜界面での拡散などの詳細な検討を行うためには，放射光の利用が有効である[14]。

b.　微小角入射X線回折法の原理と研究例

微小角入射X線回折（GIXD：grazing incidence X-ray diffraction）法は，X線の物質への侵入深さが，視斜角が全反射の臨界角以下であるときに著しく抑制される現象を利用する回折法である。X線の強度が $1/e$ になる深さは，X線の侵入深さと定義され，式（8.3）で与えられる[13]。

$$\Lambda=\frac{1}{\sqrt{2}\,k\{\sqrt{(\theta_c{}^2-\theta^2)^2+4\beta^2}+\theta_c{}^2-\theta^2\}^{\frac{1}{2}}} \tag{8.3}$$

Si 結晶表面に波長 0.1 nm のX線が入射する場合，全反射条件下（$\theta\ll\theta_c$）ではX線の侵入深さが数 nm に制限される。この条件下で回折実験を行えば，バルクからの寄

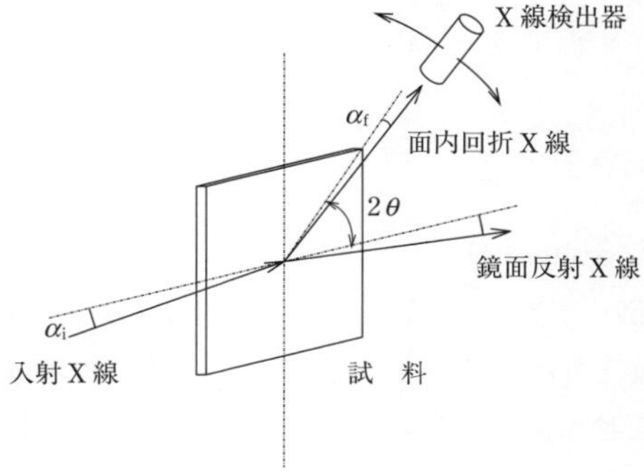

図 8.32　微小角入射X線回折法の実験配置の模式図

与を大幅に減らし，表面もしくはごく薄膜やその界面の構造からのX線回折測定をSN比よく測定することが可能となる。実際の測定では，表面近傍での電場強度が $\theta\sim\theta_c$ で極大になるので，視斜角としては θ_c 程度かそれよりやや大きい角度がよく使われる。図 8.32 に微小角入射X線回折法の実験配置の模式図を示す。視斜角 α_i で入射したX線は，表面（あるいは界面）に平行な面に投影された構造の周期に対応した回折角 2θ，表面からの取り出し角 α_f で散乱される。このときの散乱ベクトル $\boldsymbol{Q}$ は，ほぼ表面に平行である。したがって，微小角入射X線回折法では，表面や薄膜の表面に平行な面に投影した周期構造を比較的容易に求めることができる。

図 8.33 に放射光を利用した研究の一例として，水面キャスト法により調製された SiO_2/Si 基板上ポリアルキルシロキサン超薄膜について測定された微小角入射X線回折曲線を示す[15]。膜厚わずか 2.65 nm の超薄膜にもかかわらず，六方晶の（11）面間隔に起因する回折ピークが明瞭に観察できている。　［木村 滋，坂田 修身］

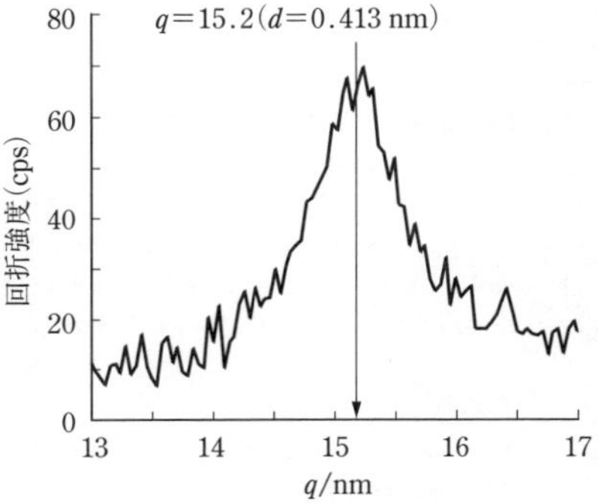

図 8.33　水面キャスト法により調製された SiO_2/Si 基板上ポリアルキルシロキサン超薄膜について測定された微小角入射X線回折曲線
［古賀智之，本田幸司，佐々木園，坂田修身，高原淳，高分子論文集，**64**，269（2007）］

8.3　散乱法による解析

8.3.1　静的・動的光散乱測定法

a.　静的光散乱法（SLS：static light scattering）

（ⅰ）　ミセル，高分子の分子量評価　散乱体が波長に比べて十分に小さい場合，その還元散乱強度 R_θ（溶媒からの散乱を差し引いた過剰分）は，入射光の強度 I_0，散乱角 θ における散乱強度 i_θ，試料と検出器間の距離 r により，以下のように定義される。

$$R_\theta \equiv \frac{i_\theta r^2}{I_0(1+\cos\theta)} \tag{8.4}$$

光学定数 K を，溶媒の屈折率 n_0，溶液の屈折率 n，濃度 c，入射光の真空中での波長 λ_0，およびアボガドロ定数 N_A を用い，以下の通り定義する。

$$K = \frac{2\pi^2 n_0{}^2\left(\dfrac{dn}{dc}\right)^2}{N_A\lambda_0{}^4} \tag{8.5}$$

θ が十分小さければ，近似的に次式が得られる。

$$\frac{Kc}{R_\theta} = \frac{1}{M_w}\left\{1+\frac{\langle s^2\rangle}{3}\left(\frac{4\pi n\sin(\theta/2)}{\lambda}\right)^2\right\}+2A_2c \tag{8.6}$$

ここで，M_w は分子量，$\langle s^2\rangle$ はミセル回転半径の二乗平均である。通常，図 8.34 に示すような Zimm プロットにより解析を行う。これは高分子ミセルの測定例であるが[1]，黒塗りの点で示された濃度 0 および角度 0 へのそれぞれの外挿直線の傾きより，$A_2 = -2.0\times10^{-5}$ mL mol g^{-2}，回転半径 28 nm が求められ，さらに切片から求められる M_w より，ミセル会合数が 17 と見積もられる。SLS により測定可能な M_w の範囲は，

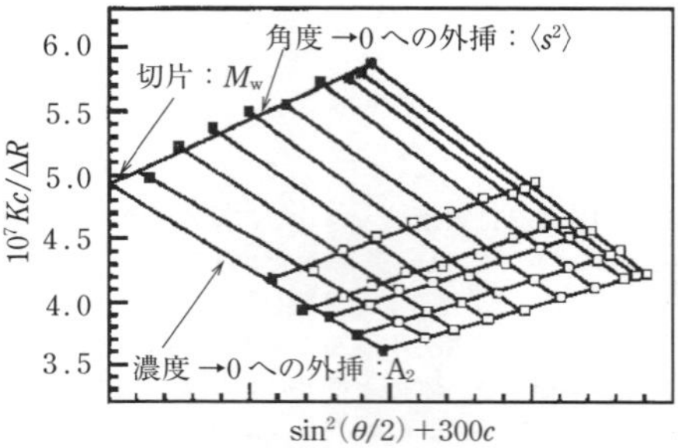

図 8.34　ポリエチレンオキシド/ポリスチレンジブロック共重合体ミセル（シクロペンタン溶液）からの SLS データの Zimm プロット
塗りつぶした点上の直線がそれぞれ角度→0，濃度→0への外挿線で，それらの傾きおよび切片より，回転半径，A_2，M_w が得られる。
[L. J. M. Vagberg, K. A. Cogan, A. Gast, *Macromolecules*, **24**, 1670 (1991)]

おおむね 10^3〜10^7 程度である。

(ii) コロイド粒子の大きさ，形状の評価　次の小角散乱の項に示すように，散乱体の形状により散乱強度の角度依存性が異なるため，モデルフィッティングなどにより，比較的大きなコロイド粒子の大きさや形状を評価することも可能である[2)]。ただし試料が白濁していない，粒子間に相互作用がないなどの条件が必要である。

b. 動的光散乱法

動的光散乱法（DLS：dynamic light scattering）は，試料溶液にレーザー光を照射し，散乱された光の強度の μs〜s での時間ゆらぎを測定し，溶液中のコロイド，ミセル，高分子の流体力学的半径 R_h を算出する手法である[3,4)]。光子相関法ともよばれる。ある散乱角度 2θ で散乱強度の時間ゆらぎを測定すると図 8.35(a) のようなデータが得られる。粒子が大きくブラウン運動が遅い場合は，散乱強度のゆらぎも緩やかになる。この生データから，コリレーターにより散乱光強度の時間相関関数 $g^{(2)}(q, \tau)$ が計算される。$g^{(2)}(q, \tau)$ は，散乱光電場の時間相関関数 $g^{(1)}(q, \tau)$ と以下の Siegert 関係式で結びつけられる。

$$g^{(2)}(q, \tau) = A(1+|g^{(1)}(q, \tau)|^2) \tag{8.7}$$

ここで，τ は時間，q は散乱ベクトル（$=4\pi\sin\theta/\lambda$）である。

図 8.35(b) に示すように，R_h が大きく拡散が遅い場合はゆっくりと，R_h が小さく拡散が速い場合は，速く減衰する指数関数となる。

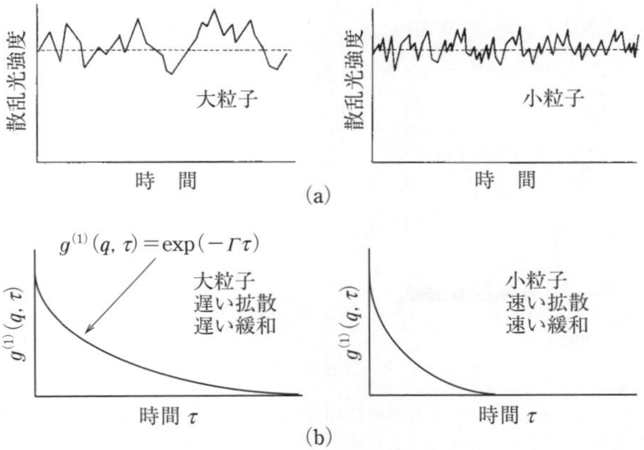

図 8.35　大粒子および小粒子の散乱光強度の時間ゆらぎ (a) と時間相関関数 (b)

アインシュタインの理論に従うブラウン運動の場合，$g^{(1)}(q, \tau)$ は，

$$g^{(1)}(q, \tau) = \exp(-\Gamma\tau) \tag{8.8}$$

により，減衰率 Γ と関係づけられ，

$$\Gamma = Dq^2 \tag{8.9}$$

より，並進運動の拡散係数 D が求められる。Γ を q^2 に対してプロットすると原点を通る直線になり，この傾きから並進拡散係数 D を評価する。D より，以下のストークス-アインシュタインの式により，R_h を算出する。

$$D = \frac{k_B T}{6\pi\eta R_h} \tag{8.10}$$

ここで，k_B はボルツマン定数，T は絶対温度，η は溶媒の粘性率である。

大きさの異なる2種類の粒子が混在している場合は，$g^{(1)}(q, \tau)$ が二つの指数関数の重みつき和となる。粒径に分布がある場合は，Cumulant 法により，混合系の場合は，CONTIN などのソフトウェアにより，解析される[3)]。

図 8.36 は高分子ミセル水溶液からの $g^{(1)}(q, \tau)$ の例である[5)]。$g^{(1)}(q, \tau)$ は，二つの指数関数の和を用いる方法によりよいフィッティングが得られており，右の Γ-q^2 プロットの傾きより，高分子ミセルと凝集体の二つの流体力学的半径がそれぞれ無塩系では 21 Å，95 Å と，1 mol L^{-1} NaCl 系では，15 Å，60 Å と計算される。

偏光板を用いた特殊な測定法である偏光解消動的光散乱からは，粒子の回転拡散係

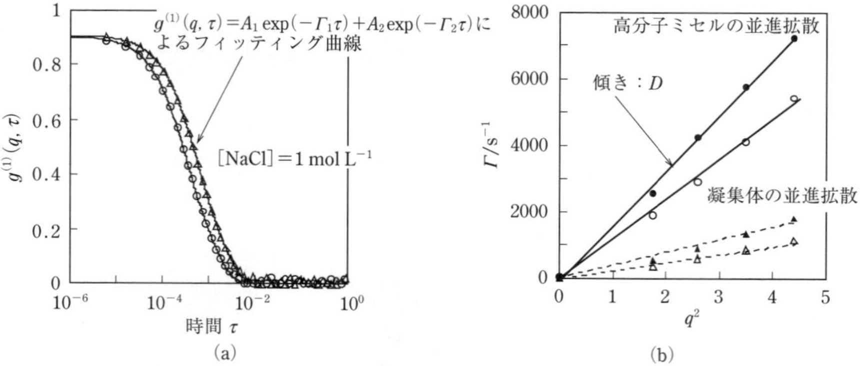

図 8.36　高分子ミセル水溶液の時間相関関数 (a) と Γ *vs.* q^2 プロットの例 (b)
高分子：水素化ポリイソプレン/ポリスチレンスルホン酸ナトリウムジブロック共重合体。濃度：1 wt%，○，△：無塩系，●，▲：NaCl 系
［P. Kaewsaiha, K. Matsumoto, H. Matsuoka, *Langmuir*, **21**(22), 9938 (2005)］

数を評価することが可能である[4,6]。電気泳動光散乱（ELS：electrophoretic light scattering）は，動的光散乱の一種であり，ドップラーシフトより電気泳動移動度を測定し，コロイド粒子の ζ 電位を見積もるものである[4]。 ［松岡 秀樹］

8.3.2 X線・中性子小角散乱法

小角散乱はおおむね15〜1000 Å程度の高分子，ミセル，微粒子の大きさと構造を解析する手法である。小角X線散乱（SAXS：small-angle X-ray scattering）においては，試料溶液にX線を照射し，散乱X線の強度を散乱角 2θ の関数として測定する。粒子内の干渉効果により（図 8.37(a)，(b)），より大きな粒子からの散乱が小角側に集まる。データは，散乱角の代わりに散乱ベクトル（$q=4\pi\sin\theta/\lambda$）により扱われるが，大きな粒子と小さな粒子からの散乱は図 8.37(c) のように，異なる角度依存を示す。異方性粒子は，大小両方の要素をもっているので，散乱曲線もそれを反映したものとなる。均一な粒子の場合，1本の散乱曲線は，それぞれの q 領域で異なる情報を反映している（図 8.38）[7〜9]。大きなスケールでの観察に対応する小角領域では，Guinier プロット（$\ln I(q)$ *vs.* q^2）の初期勾配より，散乱体の回転半径 R_g が求められる。中角領域では，粒子の形状を反映したものとなり，形状ごとに図中に示した異なる角度依存性を示す。より小さなスケールでの観察に対応する広角領域では，もはや粒子全体に関する情報は得られず，粒子表面の構造情報が反映される。平滑表面では，q^{-4} の依存性（Porod の法則）を示し，表面フラクタル構造を有する場合は，そのフラクタル次元 D に応じて，$q^{-(6-D)}$ の依存性を示す。代表的な形状の粒子の散乱関数および構造パラメーターと回転半径の関係は成書を参照されたい[7,9,10]。

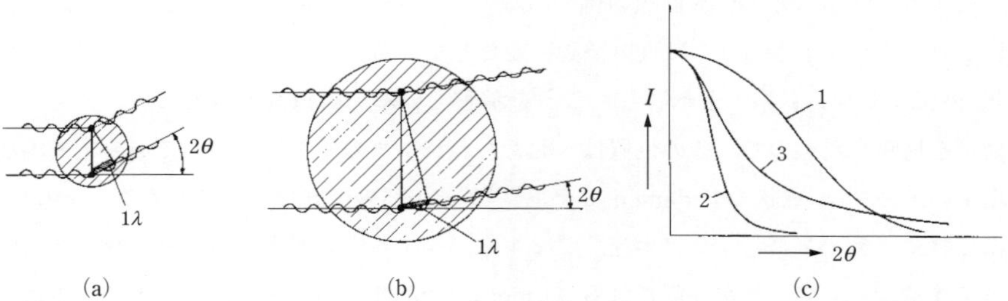

図 8.37 小粒子からの散乱（a），大粒子からの散乱（b），小粒子（1），大粒子（2），異方性粒子（3）からの散乱曲線（c）
［O. Kratky, O. Glatter, "Small-angle X-ray Scattering", Academic Press (1982), p. 4］

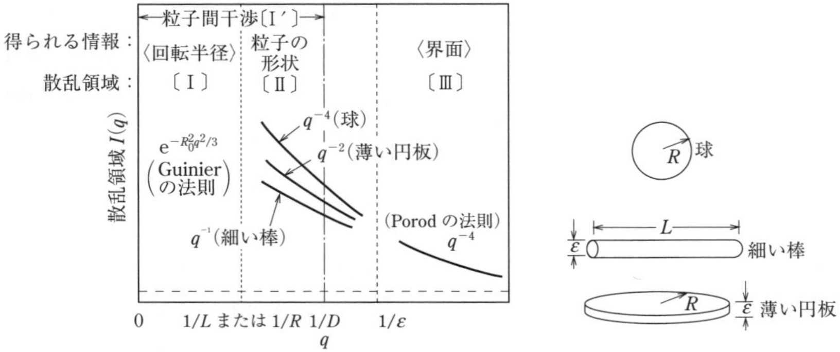

図 8.38　小角散乱から得られる情報
［松岡秀樹，日本結晶学会誌，**41**，215（1999）］

散乱が電子密度の差ではなく，散乱長密度の差により起こることが小角中性子散乱（SANS：small-angle neutron scattering）の特徴である。散乱長は原子核に固有のものであり，個性的な値を示す[7〜10]。軽水素（-3.74×10^{-13} cm）と重水素（6.65×10^{-13} cm）が大きく異なる散乱長をもつことが特徴的で，これを利用した実験法が活用される。とくに内部構造を有する粒子（コアシェルミセルなど）の場合，SAXS と SANS を併用してモデルフィッティングを行い，同じ構造を与えることを確認することは有用である。また，大きな正の散乱長密度をもつ重水と負の散乱長密度をもつ軽水を混合した溶媒を種々用いて，散乱体粒子と溶媒の密度差（コントラスト）を任意に変化させるコントラスト変化法は，複雑な内部構造を有する粒子の構造解析に活用される。簡便な手法として Stuhrmann プロットがある[9]。

一般的に解析は，モデルフィッティングにより行う。図 8.39 は，両親媒性高分子ミセル水溶液からの SANS 曲線の例である[11]。小角側の散乱強度が塩を添加することにより，フラットから q^{-1} に近い挙動に変化している。これは，球状ミセルから，球状/棒状ミセル共存系へと転移したことを示している。広角側の極大は，コアシェル構造を反映したもので，その位置は，おおむねシェルの厚さに対応している。無添加塩系のデータは，球状の Pedersen モデル[12]（シェル部分が高分子鎖であることを考慮）にてフィッティングし，コア半径，シェル厚，シェル内の親水鎖の回転半径，そしてコア体積より，会合数が評価される。1 mol L^{-1} NaCl 系のデータは，コアシェル構造（シェル内の密度均一）を仮定し，球状ミセルと円柱状ミセルの混合モデルにてフィッティングしている。それぞれのコア半径，シェル厚，会合数（円柱状ミセルは単位長

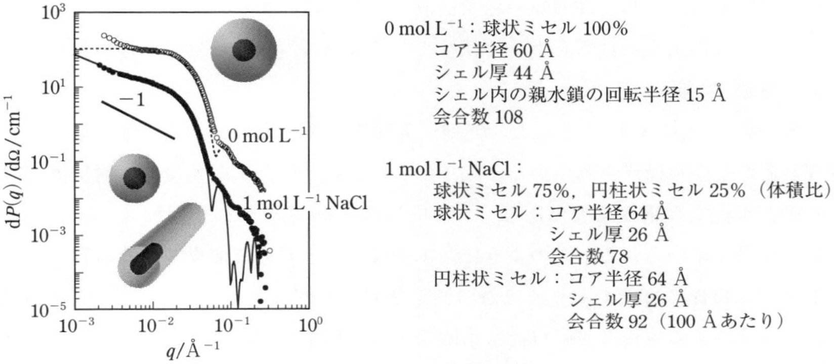

図 8.39 イオン性高分子ミセルの SANS 曲線の例
ポリマー：ポリ水素化イソプレン/ポリスチレンスルホン酸ナトリウムジブロック共重合体。濃度：1 wt%
[P. Kaewsaiha, K. Matsumoto, H. Matsuoka, *Langmuir*, **23**(18), 9962 (2007)]

さあたりの会合数）に加え，球状ミセルと円柱状ミセルの混合比が，体積比で，75：25 と見積もられる。　[松岡 秀樹]

8.4 分光法による薄膜表面解析

8.4.1 光導波路分光法

光導波路分光法は分光学的分析手法（多重内部反射法）の一種であり，紫外～近赤外の光吸収スペクトルを測定する手法である。よく知られている代表的な光導波路は，光ファイバーであるが，この手法で用いられる光導波路は，薄板状のスラブ光導波路であり，そのためスラブ光導波路分光法とよばれることもある。光導波路内を伝搬する光は内部全反射によってコア内を反射しながら伝搬していくが，コアの表面近傍には，エバネッセント光が生じており，このエバネッセント光が，コア表面に接している試料に吸収される。光導波路長 1 cm あたりの反射回数は十～数百回とされ，高感度化が可能になる。また，エバネッセント光の浸み出し深さは，コア内の反射角やコアと周囲の屈折率の比などによって変化し，おおよそ光の波長の 1/4 程度である。したがって，導波路表面近傍の試料に対して選択性がある。このように本分光法の特徴は，光導波路コアに接している試料表面に対して選択的かつ非常に高感度な測定が可能なことである。たとえば，光導波路表面に対して吸着性のある色素の溶液では非常に高感度であるが，吸着性のない色素溶液に対しては，まったくといっていいほど感度がない。このような性質を上手く使うことによって，大きな効果が得られる。

a. 装置概要

装置の概要を図 8.40 に示した。光源，入射光学系，出射光学系，分光器，データ処理装置などから構成されている。入・出射光学系には，入射角度や入射位置を精度よく調節可能な機構が必要である。一般的には，xy ステージや回転ステージのような光学部品が用いられる。このように基本的構造はきわめて簡単で，ある程度のスキルがあれば自作も可能であり，ほかの測定装置の一部に組み込むことも可能である。一方，さまざまの用途に対応可能な市販装置も利用可能であり，安定した測定を行うためには適している。光導波路への光の導入には，図 8.40 のようにカップリングプリズムを用いる方法と，光導波路の端面を利用する方法がある。前者ではカップリングプリズムとよばれる小さな直角プリズムとカップリング液が必要である。カップリング液としては，屈折率の高いジクロロメタンがよく用いられているようであるが，グリセリン水溶液も利用可能である。屈折率が低い点を除けば，不揮発性，無害，かつ UV 透過率がよいという点では，後者の方が優れている。端面からの入・出射による方法は，取り扱いが容易であるが，光導波路の端面を適当な角度をつけて研磨する必要がある。60° の角度で端面を研磨した石英薄板の光導波路は，消耗品としてはコストが高いが，比較的容易に入手できる。顕微鏡用のカバーガラスも光導波路として利用可能であるが，端面加工がされていないため再現性のある測定は困難である。光導波路の材料としては，ホウケイ酸ガラス，石英ガラス，サファイアなどが利用可能である。光源は，なるべく点光源に近く輝度が高いものが望ましい。一般的なのは

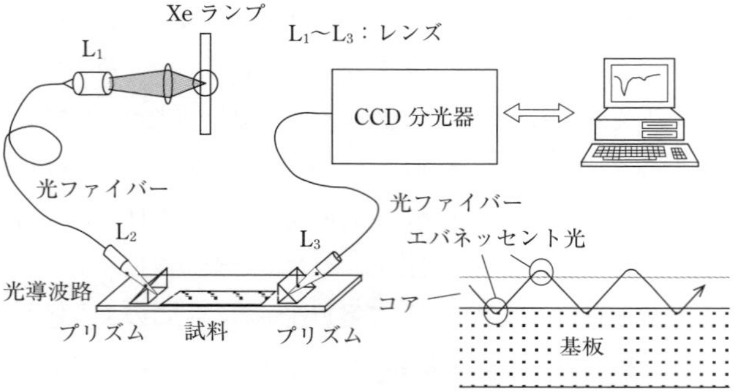

図 8.40　光導波路分光法によるスペクトル測定装置の概要

150 W 程度の小型キセノンランプであり，280 nm〜1 μm 程度の光波長域での測定が可能である。白色発光ダイオード，ハロゲンランプも可視光域では利用可能である。パルス点灯キセノンランプは，相対的に短波長域の強度が強く 220〜250 nm から測定可能である。入射光学系と出射光学系の間に偏光子を入れることにより偏光が利用可能であり，分子の配向に関する情報が得られる。光導波路表面に対して垂直な p 偏光と平行な s 偏光に対して，表面で配向した分子の光吸収が異なるためである。

b. 応　用　例

この手法は，これまで LB 膜中の色素やタンパク質などの吸着現象など薄膜や界面を対象に適した手法として用いられてきた[1]。LB 膜のような試料では，光導波路の半分に LB 膜をすくいとり，LB 膜のない部分を透過した光を参照光，ある部分を試料光として測定する。図 8.41 は，石英光導波路上にリン酸緩衝液（pH 7）をおき，その中にシトクロム *c* 溶液を滴下した後の吸光度の変化を示したものである。図の通り，シトクロム *c* が光導波路表面に吸着していく様子が観察されている。そのほかには，ITO 膜などの導電性の膜を表面にコートした光導波路を用いた *in situ* での電極表面の観察[2] や光導波路分光法と蛍光法，SPR 法（surface plasmon resonane）などの組合せなど，異なる手法と組み合わせて界面を観察する試みが多く行われている[3]。

［加藤　健次］

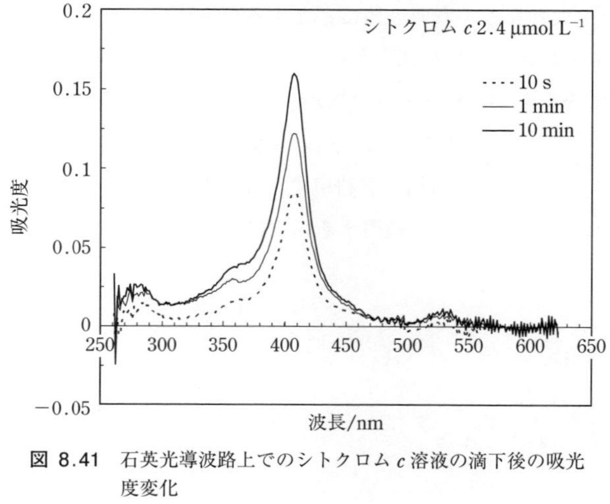

図 8.41　石英光導波路上でのシトクロム *c* 溶液の滴下後の吸光度変化

8.4.2　赤外分光法

分子振動や格子振動（フォノン）を直接励起することのできるエネルギーをもつ電磁波（赤外線）を試料に照射し，その吸収スペクトルを測定するのが赤外分光法である。本法は固/気，固/液，気/液などさまざまな界面に適用することができ，それらの界面における分子の存在状態に関する詳細な知見を得ることができる。電子分光のように測定系を真空にする必要がないため，化学反応過程や状態変化などを“その場”測定することが可能である。

a.　測　定　法

（i）　**反射法**（reflection method）　　赤外分光法を物質の界面に適用する場合に通常用いられる方法である。これは，測定対象となる界面での光の反射現象を利用したものであり，以下の2種類に大別される。

（1）　**外部反射法**（external reflection method）：一般にRAS（reflection absorption spectroscopy）とよばれる，光学的に密度の低い媒体側から界面に光を入射し，界面からの反射光を捉えて吸収の有無を調べる方法である。固/気，固/液，気/液いずれの界面にも適用できる。金属などの高反射率表面にp偏光（図 8.42参照）を照射すると，入射光と反射光との相互作用により，表面に垂直な方向に電気ベクトルをもつ定在波が形成される。その電場強度は一般に入射角が高くなるにつれて大きくなり，80～85°近辺で最大となる。表面近傍に存在する化学種は，この赤外光の電場と相互作用しエネルギーを吸収できるが，分子振動に伴う遷移双極子モーメントが表面電場と同じ方向に成分をもつ振動モードのみが許容となる（表面選択則）。これは吸着分子の配向を決定する上で有用である。なお，s偏光ではこのような定在波は形成されないので，p偏光とs偏光との相違を利用すれば，界面種とバルク種とを区別することができる。本法を固/液界面に適用する場合は，プリズムやウィンドウなどを介し

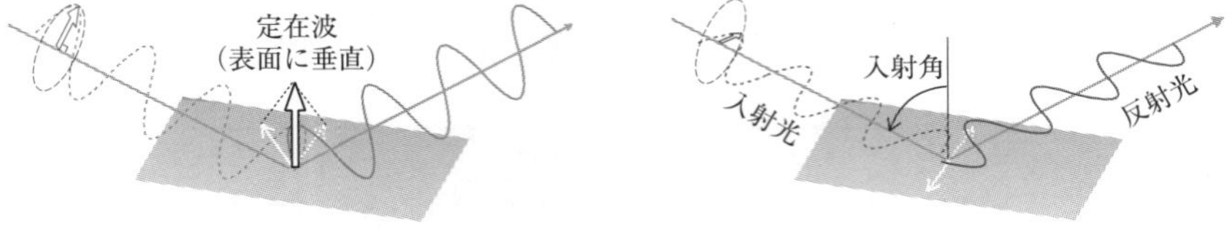

(a)　p偏光　　(b)　s偏光

図 8.42　金属表面での赤外光の反射

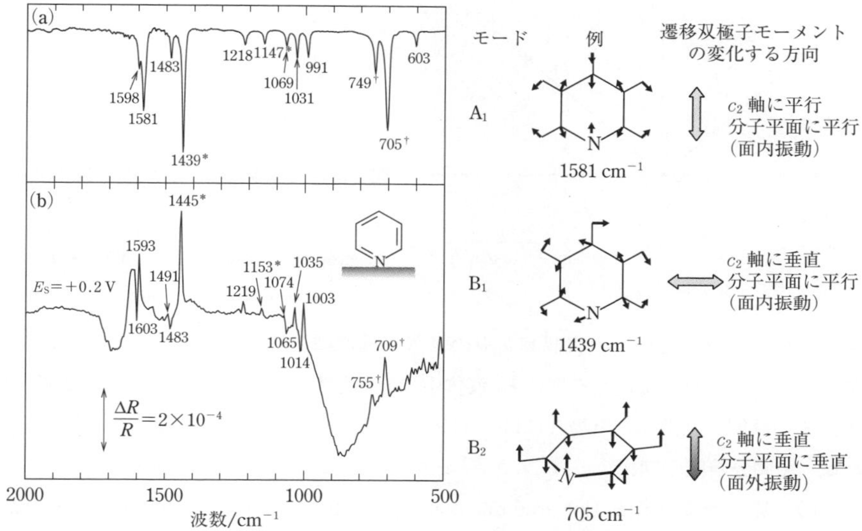

図 8.43　ピリジンの透過スペクトル (a) とピリジン水溶液中の金電極表面で外部反射法により得られた電位差スペクトル (b)。数字の右上の* および† は，それぞれ B$_1$ および B$_2$ モードを表す。

[N. Nanbu, F. Kitamura, T. Ohsaka, K. Tokuda, *J. Electroanal. Chem.*, **470**, 136 (1999)]

て光を液相側から入射する。このさい，液相の厚みを μm 程度にまで薄くする工夫が必要である（図 8.43）。

（2） **内部反射法**（internal reflection method）：プリズム（ウィンドウ）を介して光を界面に入射させて測定を行う方法である。いわゆる全反射吸収法（ATR 法：attenuated total reflection）もこれに属する。ATR 法では一般に，Si や Ge，ZnSe などの高屈折率プリズムをサンプルに密着させ，全反射角条件で測定を行う。用いる入射角によって光の侵入深さが変わることを利用して，深さ方向の解析に用いることもできる[4]（図 8.44）。また，多重回反射を利用すれば測定感度のさらなる向上をはかることもできる。本法は主に，固/気および固/液界面に適用される。最近では，プリズム底面に金属薄膜を形成し，そこでの電場増強効果を利用する赤外表面増強法（後述）による利用例が多い。

（ii） 透過法（transmission method）　金属微粒子系などのように，サンプルを固体の微粉末として採取できる場合には，KBr 錠剤法などの透過法が適用できる。この場合，粒径や凝集状態によっては赤外域でも表面プラズモンが励起され，これが微

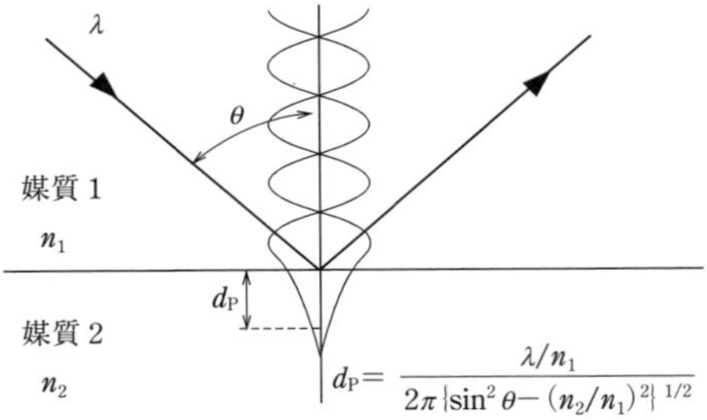

図 8.44　全反射条件における定在波（媒質 1）と減衰波（媒質 2）のようす
[W. Suëtaka, "Surface Infrared and Raman Spectroscopy", Plenum Press (1995), p. 119]

粒子表面に吸着した分子の吸収バンドの位置や強度に影響を及ぼすことがあるので，スペクトルの解釈には注意を要する。液体中に分散したコロイドなどを乾燥させず"そのままの状態"で調べたい場合には，ATR 法（内部反射法）の方が適している。

b.　空間分解能の向上

（i）　赤外顕微分光法（infrared microspectroscopy）　μm 程度の微小な領域の赤外スペクトルを得るには，赤外顕微鏡を用いる。カセグレン鏡やレンズなどを用いて高度に集光された赤外光をサンプルにピンポイントであて，その部分の吸収スペクトルを得る。反射モードと透過モードがあり，前者では ATR 法も多用される。照射箇所を二次元面内で走査しながらスペクトル測定を行えば，イメージング解析が可能である。最近では二次元アレイ型検出器が開発され，観察領域を走査することなく，一度の測定でイメージが得られるようになってきている。

（ii）　近接場赤外顕微分光法（near field infrared microspectroscopy）[5]　通常の顕微鏡の集光システムでは，赤外光の回折限界（およそ数 μm 程度）以下にまで光を絞り込むことができないため，空間分解能が制限される。この限界を超えて，さらに微小な境域の観察を可能とする方法として近年脚光を浴びているのが，近接場分光法である。これを利用した近接場赤外顕微分光では，μm 以下の領域の赤外スペクトルの観測が可能である。

c.　測定感度の向上

（i）　表面増強赤外分光法（SEIRAS：surface enhanced infrared absorption spectroscopy）[6]　Si や Ge などの ATR プリズム基盤上に金や銀，白金などの貴金属微粒子を真空蒸着などにより厚さ数十 nm 程度析出させると，赤外光照射によって微粒子内部にプラズモンが励起され，それらの周囲の電場強度が数十～百倍程度増大する（図 8.45）。この電場増強効果は，表面からわずか数 nm 程度離れると急速に減衰してし

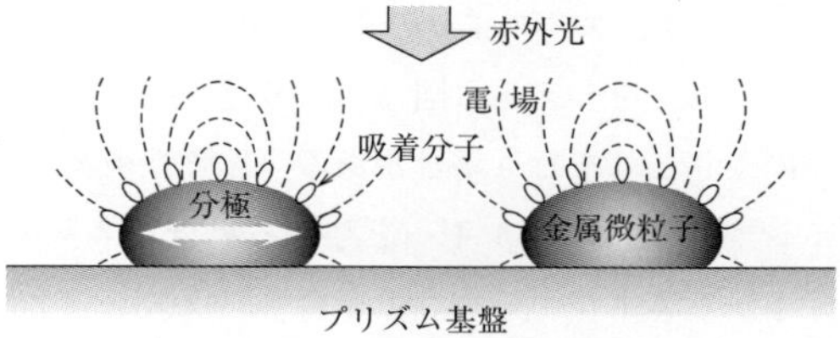

図 8.45 表面増強赤外分光における金属微粒子表面の電場分布の様子
[M. Osawa, *Bull. Chem. Soc. Jpn.*, **70**, 2861 (1997)]

まうため，吸着分子など，表面のごく近傍に存在する分子のみが直接相互作用できる。したがってこの現象を利用すれば，バルクに存在する化学種と吸着種との区別が容易となり，しかも非常に高感度の測定が可能となる。このことは，通常の RAS に比べてスペクトル取得に要する時間が大幅に短縮されることを意味し，動的なプロセスを追跡することが可能となる。 [北村 房男]

8.4.3 ラマン分光法

a. ラマン散乱

ラマン散乱は光の散乱現象に基づく分光法である[7,8)]。ある分子に振動数 ν_0 の光を照射するとき，圧倒的に多くのフォトンは分子と衝突せず素通りしていく（光の透過，図 8.46(a)）。分子に衝突するフォトンはわずかである。その衝突には 2 種類ある。大方の衝突ではフォトンと分子の間にエネルギーのやりとりがない（弾性衝突）。こ

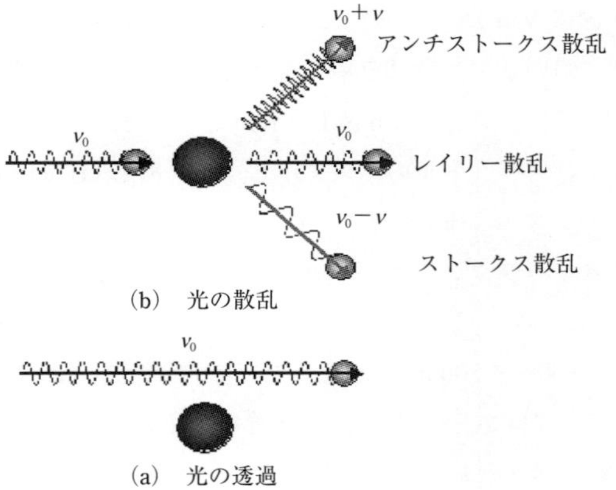

図 8.46 ラマン散乱の原理

の散乱をレイリー散乱とよぶ。エネルギーのやりとりがないので，レイリー散乱は入射光と同じ振動数のフォトンを与える（図 8.46(b)）。きわめてまれに入射フォトンと分子がエネルギーのやりとりを行う場合がある（非弾性衝突）。これがラマン散乱であり，入射フォトンが分子にエネルギーを与える場合（ストークス-ラマン散乱）と入射フォトンが分子からエネルギーをもらう場合（反ストークス-ラマン散乱）がある。前者の場合は入射フォトンがエネルギーを失うので，振動数 $\nu_0-\nu$ の光が散乱される。一方，後者の場合は入射フォトンがエネルギーを得るので，振動数 $\nu_0+\nu$ の光が散乱される。$\pm\nu$ のことをラマンシフトとよぶ。

上の説明から明らかなように，ラマン散乱は本質的に弱い。ところが，ある条件下でラマン散乱強度を著しく増大させる現象がある。その一つが共鳴ラマン散乱（resonance Raman effect）であり[7,8]，ある分子の吸収帯に重なる波長をもつ励起光を用いてラマン散乱を測定したときに，吸収帯の原因となる発色団部分の振動に由来するラマンバンドの強度が著しく増大する効果をいう（10^3〜10^4 程度の強度増大が期待できる）。もう一つが表面増強ラマン散乱（SERS：surface-enhanced Raman scattering）[9〜11] であり，金属の電極，ゾル，結晶および蒸着膜，さらに半導体などの表面上に吸着したある種の分子のラマン散乱強度が，その分子が溶液中にあるときよりも，著しく増強される現象をいう。SERS による強度増大はおおよそ 10^3〜10^8 程度である。したがって共鳴ラマン散乱の条件と SERS の条件がうまく重なると（表面増強共鳴ラマン散乱，SERRS：surface-enhanced resonance Raman scattering），単一分子のラマンスペクトル測定が可能になる場合がある。

b.　表面増強ラマン散乱（SERS）現象

SERS の現象は，1977 年に米国の Van Duyne ら[12] と英国の Creighton ら[13] が独立に銀表面に吸着した分子が異常に強いラマン散乱を示すことを見出したことに端を発する[14]。図 8.47 に 0.05 mol L^{-1} ピリジンと 0.1 mol L^{-1} KCl を含む水溶液から銀電極表面に吸着したピリジンのラマンスペクトルの結果を示した。図 8.47(a) は 0.1 mol L^{-1} KCl 水溶液中の銀電極のラマンスペクトル，図 8.47(b) は 0.05 mol L^{-1} ピリジンと 0.1 mol L^{-1} KCl を含む水溶液のラマンスペクトルである。図 8.47(b) のスペクトルには 1037 と 1005 cm^{-1} にピリジン環の全対称振動によるラマンバンドが観測されている。この系の銀電極に−300〜+200 mV（SCE）までの電位を周期的にかけ，酸化/還元サイクル（ORC）によって銀電極の比表面積を増大させると，図 8.47(c) のスペクトルは，図 8.47(b) のスペクトルに比べ，用いたレーザーパワーが 1/9 で

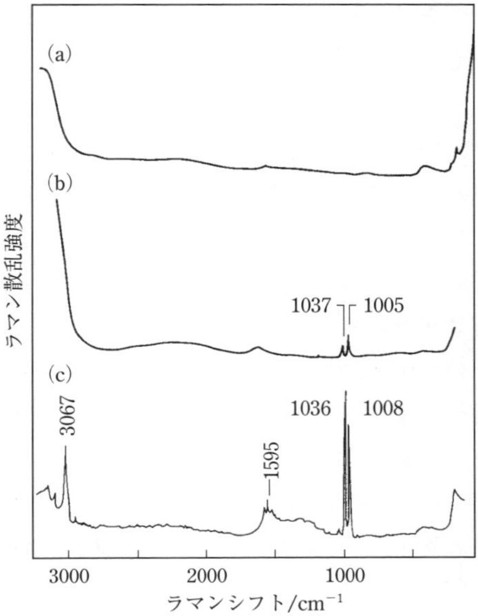

図 8.47　0.1 mol L^{-1} KCl 水溶液中の銀電極のラマンスペクトル (a)，0.05 mol L^{-1} ピリジンと 0.1 mol L^{-1} KCl を含む水溶液のラマンスペクトル (b)，ORC 処理をした銀電極（−0.2 V）へ (b) と同じ水溶液から吸着したピリジンのラマンスペクトル (c)
[濵口宏夫，平川暁子 編，"ラマン分光法"，学会出版センター（1988）]

あるにもかかわらず，ラマン散乱強度が著しく強くなる。また 1000 cm^{-1} 付近のバンドだけではなく，3067 cm^{-1}（CH 伸縮振動）や 1595 cm^{-1}（ピリジン環の環伸縮振動）にも明確にラマンバンドが観測されている。レーザーパワーや吸着ピリジンと水溶液中のピリジンの分子数の違いを考慮に入れると，吸着によるラマン散乱強度の増大は 10^5～10^6 程度と見積もることができる。ORC 処理によって銀電極の比表面積は 10 倍程度増大するが，10^5～10^6 倍の増大はとてもそれだけでは説明できないことから，この新しい現象を SERS とよぶことにした。

SERS 現象の特徴は，① 銀だけでなく，金，銅，白金，ニッケルなどでも SERS は起こるが，金，銀において増強効果がとくに顕著である，② 金属表面の粗さが SERS 発現に何らかの形で関与している，③ SERS スペクトルは一般に明確な励起波長依存性を示す，④ SERS 強度は金属表面に吸着した分子の配向に依存するとともに金属表面からの距離にも依存するなどがあげられる。SERS の最大の魅力は，単一分子，単一ナノ微粒子からでも振動スペクトルを測定できることである。イメージング研究も活発で三次元 SERS イメージングも行えるようになってきた。このために，ナノサイエンス，ナノテクノロジー，生命科学，表面科学，高感度分析など先端科学技術への応用がさかんになりつつある。

最近，SERSとは別に数nm～数十nmの空間分解能をもつチップ増強ラマン散乱(TERS：tip-enhanced Raman scattering）も注目されている[14)]。

c. SERSと金属ナノ微粒子

金属ナノ微粒子はサイズや形状に依存して可視域から近赤外域に強い共鳴を示す。この共鳴は金属粒子内の伝導電子の集団振動によるもので表面プラズモン共鳴（SPR：surface plasmon resonance），または局在表面プラズモン共鳴（LSPR：localized surface plasmon resonance）とよばれる。金属ナノ微粒子に励起光が照射されると（図8.48(a)）SPRが起こり，金属ナノ微粒子の周りは強い電場で覆われる。いまこのような2個の金属ナノ微粒子が近づくと，その接点にきわめて強い増強電場が生じる（図8.48(b)，(c)）。その接点に1～数個の分子が吸着すると（図 8.48(d)），著しいSERS効果が生じる。増強電場をFDTD（finite difference time domain）法とよばれる方法で計算することもできる。計算結果で注目されるのは，増強電場が強い偏光依存性を示すことである。この偏光依存性は銀ナノ微粒子が近接するとSPRが2粒子の長軸方向と短軸方向に分裂することにより生じる。ところで，単一分子のラマンスペクトルを測定するためには10^{14}～10^{15}倍程度のラマン散乱断面積の増大が必要である。ところが増強電場によるその増大は10^{8}～10^{10}倍程度である。その差は共鳴ラマン散乱による増大（10^{3}～10^{4}倍）あるいは電荷移動（CT：charge transfer）効果（～10^{3}倍）により説明される。

［尾崎 幸洋，北濱 康孝］

8.4.4　表面プラズモン共鳴（SPR）法

表面プラズモン共鳴（SPR：surface plasmon resonance）法は，近年注目を集めて

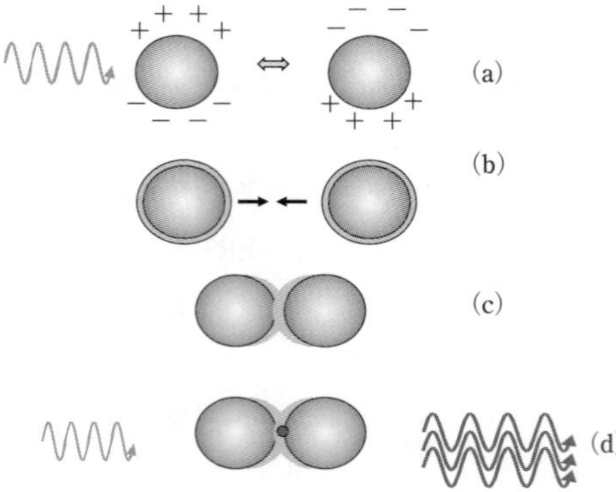

図 8.48　SERSの機構

いる表面高感度分析法である。伝搬型の表面プラズモンと金属微粒子表面に発生する局在型プラズモンとを合わせて“プラズモニクス”とよび，電界増強効果に強い関心がもたれているが，本項では金属薄膜表面への有機および生体分子の吸脱着挙動を膜厚あるいは膜の屈折率変化として検出する従来型の SPR 法について解説する[15]。

a. 原理および測定

表面プラズモン（SP）とは，金属表面に局在した自由電子気体の振動すなわちプラズマ振動のことで，表面プラズモン共鳴（SPR）とは，金属表面に光を入射したとき，表面に局在する SP と入射した光とが共鳴し，光のエネルギーが金属界面に移動する現象を指す。図 8.49 は現在最も広く用いられている Kretschmann 光学配置および測定システムの概略図である。p 偏光を全反射条件で光学プリズムに入射し，入射角を調整することにより SPR を励起する。SPR が生じる光の入射角をプラズモン共鳴角という。励起された表面プラズモン波は金属表面に沿って数 μm 程度伝搬し，金属界面へのしみ出し深さは数百 nm で，距離に応じて指数関数的に減衰する。分子吸着などにより金属界面接触媒体の屈折率が変化すると，SP の発生状態が変化し，共鳴角がシフトする。この共鳴角シフトを Fresnel の式により解析し，数 Å～数十 nm 程度の吸着物の状態評価を行うのが SPR 法である。SPR の共鳴条件は，光学プリズムおよび媒体の屈折率，レーザー光の波長，金属の種類および膜厚によって変わる。これらの条件を自在に組み合わせることにより，有機材料から生体材料に至るさまざまな試料の計測が実現できる。

水あるいは緩衝液中でのタンパク質や DNA など生体分子の吸着の場合，吸着膜の

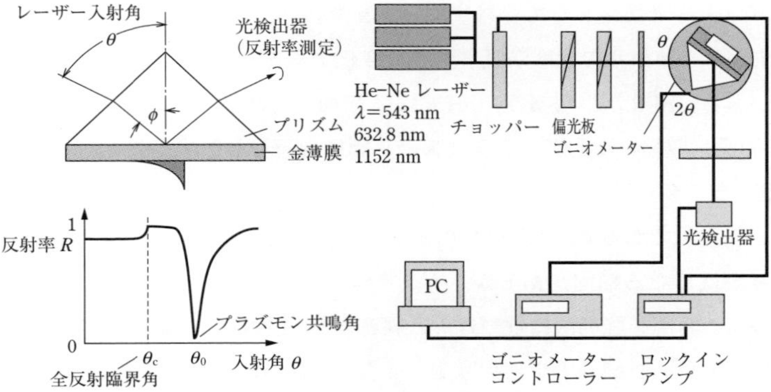

図 8.49 SPR 測定システム概略図

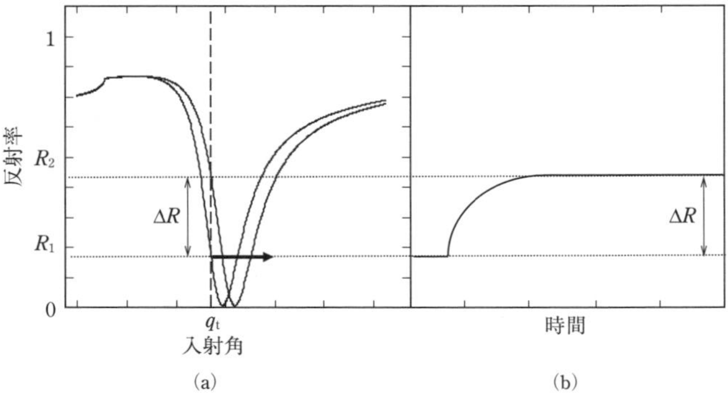

図 8.50　SPRによる吸着の実時間その場観察
プラズモン共鳴角近傍で入射角を固定し（図(a)q_t），表面への分子吸着によって生じる共鳴角のシフトを反射率の変化（ΔR）としてモニターする

屈折率は溶媒よりも大きいので，共鳴角は図 8.50のように高角度側へ移動する。エタノール溶液中でのアルカンチオール自己組織化膜形成，大気中での交互吸着膜やLB膜の厚み測定などの場合も同様である。また，共鳴角近傍でゴニオメーターを固定し，反射率の時間変化を追うことにより，表面への分子の吸脱着の実時間その場計測をすることが可能である。ただし高屈折率溶媒中での有機分子の吸着の場合など，膜の屈折率が溶媒と同じ，あるいは小さい場合には，吸着が進行しても共鳴角がまったく変わらない，あるいはむしろ小さくなる場合もあるので，よく試料の光学的性質を理解したうえで実験を行うことが重要である[16)]。金チオレート自己組織化膜など安定な膜の場合，溶媒を変えた実験を繰り返すことで，膜の厚みと屈折率を厳密に求めることができる（コントラストバリエーション法）[17)]。一方で，高分子の中には，分子鎖の広がりや溶媒和の状態が吸着過程で変化することにより複雑な吸着曲線を呈するものがある。SPR法は塩濃度，pHによる表面電荷状態の変化や溶媒との相互作用（ゲルの膨潤・収縮）などダイナミクスの評価にも適した手法である。

b. 測　定　例

イオン性分子である*QA-SS-QA*の場合，分子鎖間の静電斥力により自己組織化膜の膜密度が低くなる傾向があるが，ジェミニ型構造である*HS-gQA-SH*ではアンモニウム基間の距離を強制的に近づけると膜密度が向上する。図 8.51では，これら自己組織化膜上に酒石酸分子を選択吸着させた[17)]。*HS-gQA-SH*における第四級アンモニウム基間の距離は酒石酸分子のカルボキシ基間の距離と一致し，両分子間には強い

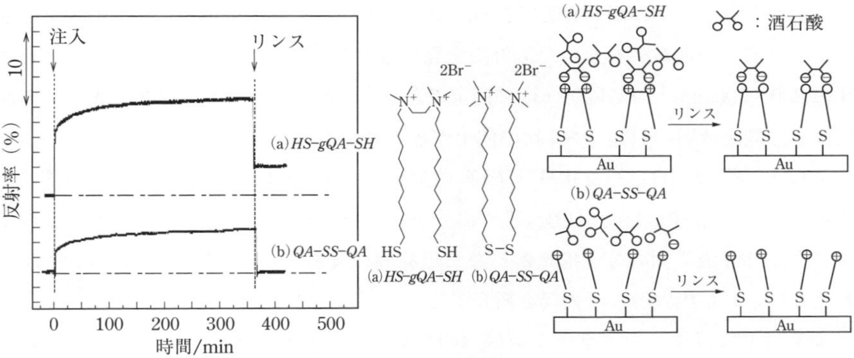

図 8.51 カチオン性自己組織化単分子膜上への酒石酸分子の選択吸着と SPR シグナルの時間変化
［S. Yokokawa, *et al.*, *J. Phys. Chem. B*, **107**, 3544 (2003)］

静電引力が働く。そのため物理吸着しただけの酒石酸分子はリンスにより脱離するが，*HS-gQA-SH* 上ではリンス後も酒石酸単分子吸着層（7 Å）が残る。 ［玉田 薫］

8.4.5 和周波分光法（SFG）

和周波分光法（SFG：sum frequency generation）は二次非線形光学効果の一つで，周波数 ω_1 と ω_2 の 2 光子から，それらの周波数の和（$\omega_{SFG}=\omega_1+\omega_2$）の 1 光子が発生する現象である（図 8.52）[18]。SFG の最大の特徴は，物質の反転対称性が失われる界面や表面でのみ SFG 光が発生することである。このため，表面・界面の計測に有効である。ω_1 として可視光（ω_{vis}），ω_2 として赤外光（ω_{IR}）を用いれば，振動スペクトルが得られることも重要な点で，種々の物質界面の分子構造解析および表面反応ダイナミクスの研究に広く利用されるようになってきた[19〜25]。振動スペクトル測定法としてほかに赤外分光とラマン分光法があるが，SFG では赤外とラマンの両方に活性な振動が観測される[24]。

SFG の励起光源として，波長固定の可視光 ω_{vis} と波長可変の赤外光 ω_{IR} の超短パル

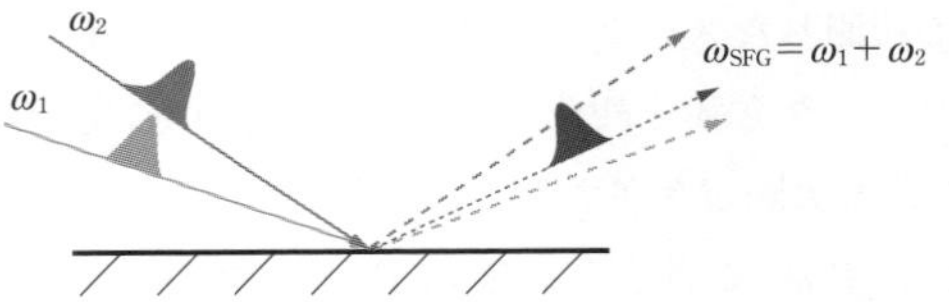

図 8.52 SFG の概略図

スレーザーを用いるのが一般的である。フェムト秒レーザーを用いれば，不確定性原理により広い周波数幅をもった赤外光を発生させることができるので，ω_{IR} を走査せずに 200～300 cm^{-1} の領域が一度に測定できる。このマルチプレックス分光システムにより，測定時間の短縮と SN 比の向上が達成される[24]。

SFG の応用は，自己組織化単分子膜（SAM：self assembled monolayer），脂質二分子膜，Langmuir-Blodgett（LB）膜や高分子材料など有機薄膜の表面・界面，ならびに気/液・固/液界面の分子構造解析など広範囲に及んでいるが[18～24]，以下に SFG の特色をいかした代表的な研究例を紹介する。

金基板上に累積したアラキジン酸（$CH_3(CH_2)_{18}COOH$，H で略記）と重水素置換アラキジン酸（D で略記）の LB 多層膜（11 層）の SFG スペクトル（C—H 伸縮領域）を図 8.53 に示す[26]。図 8.53(a)～(c) は，それぞれ DHD_9，$D_{10}H$，DH_{10} の累積構造（下付きの数字は層数を表す）に対応する。図 8.53(a) では，3 本の強い上向きのピークが観測される。DHD_9 膜中の H/D 界面のメチル基の C—H 伸縮振動に由来する。メチレン（CH_2）基のピークは観測されていない。これは，先に述べた SFG の原理から，CH_2 基が局所反転対称性をもつことを示しており，アルキル鎖が折れ曲がりのない全トランス構造をとっていることがわかる。一方，図 8.53(b) の累積構造でも同様に 3 本のピークが現れているが，それらはすべて下向きに観測されている。これは，H/空気界面における H の配向が図 8.53(a) の H/D 界面の H の配向と逆であることを反映した結果である。また，ピーク位置が高波数シフトしているが，これはメチル基のおかれている環境の違いを反映している（図 8.53(a) が H/D 界面で，図(b) が H/空気界面）。一方，DH_{10} 多層膜は複雑なスペクトルを与える（図 8.53(c)）が，図 8.53(a) と(b) の足し合わせになっている。先の結果に基づいて，上向きと下向きのピークは，近似的に，それぞれ最下層 H と最外層 H に帰属される。この結果は，DH_{10} 多層膜が確かにモデル図 8.53(c) のように H/D と H/空気の反転対称性のない界面を二つ有していることを明確に示している。

図 8.54 には，溶融石英表面に構築したカチオン性界面活性剤，塩化ジオクタデシルジメチルアンモニウム（$(CH_3(CH_2)_{17})_2N^+(CH_3)_2Cl^-$（DOAC と略）の SAM の SFG スペクトルを示す[27]。大気中で観測したスペクトルには末端 CH_3 に由来するピークのほかに，2850 cm^{-1} に CH_2 のピークも強く観測されており，DOAC 層のパッキングが悪く，アルキル鎖にゴーシュ形欠陥が存在することを示す。一方，同じ試料を重水素置換長鎖アルカン溶媒（C_{10}～C_{16}）で測定すると，CH_2 ピークが抑制され，アル

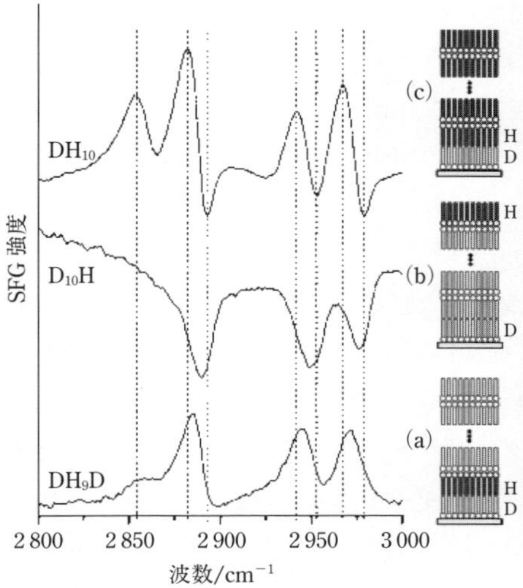

図 8.53 金基板上の LB 多層膜の SFG スペクトル
(a) DH_9D (b) $D_{10}H$ (c) DH_{10}
[J. Holman, P. B. Davies, T. Nishida, S. Ye, D. J. Neivandt, *J. Phys. Chem. B*, **109**, 18723 (2005)]

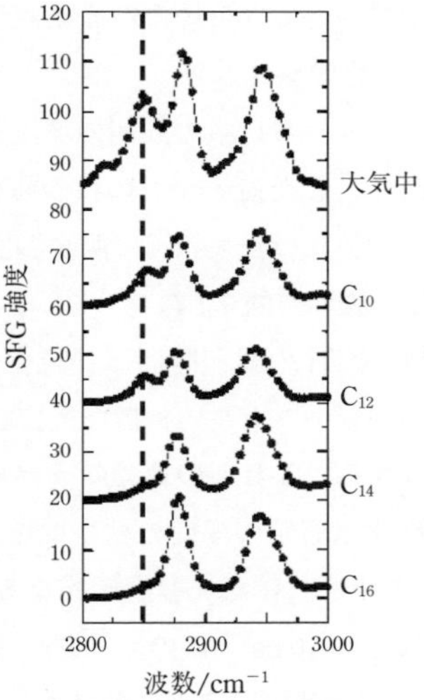

図 8.54 大気中ならびに重水素置換長鎖アルカン溶媒 (C_{10}〜C_{16}) 中で観測された DOAC 単分子膜の SFG スペクトル
[P. Miranda, V. Pflumio, H. Saijo, Y. R. Shen, *J. Am. Chem. Soc.*, **120**, 12092 (1998)]

キル鎖長 14 以上では完全に消失する。長鎖アルカン溶媒分子とのファンデルワールス相互作用により DOAC 分子が全トランス構造へと変化し，膜の規則性が向上したことが示唆される。

以上のように，SFG では表面・界面の分子構造や秩序性に関する情報を選択的かつ高感度に得ることができる。これに対しておなじく振動スペクトルを与える赤外・ラマン分光法は界面選択性が乏しいため，たとえば図 8.53 の場合には膜全体の平均情報が得られる。こうした特性の違いを十分理解したうえで SFG を活用すれば，これまでにない新しい知見が得られるであろう。 [叶 深，大澤 雅俊]

8.4.6 NMR 法

NMR 法はプローブ分子を用いることなく分子の特定の部位からの情報を得ることができ，また平均構造とダイナミクスの両面の情報を与えるという利点をもつ。ここでは対象を界面活性剤集合体に限定し，汎用性が高い基本的な手法について紹介する。

原理については教科書[28]や総説[29,30]を参照されたい。

a.　化学シフト

化学シフトは核の周囲の環境を鋭敏に反映するため，CMC の決定にしばしば用いられる。また対イオンの核からは対イオン結合に関する情報が，疎水鎖の α 位の核からは溶媒の侵入状況に関する情報が得られる。

b.　緩和時間 T_1, T_2

^{13}C や ^{2}H の緩和時間は，炭化水素鎖の局所的な運動（相関時間 τ_f）と，ミセル全体の回転やミセル内拡散などに起因する界面活性剤分子全体の運動（相関時間 τ_s）に依存する。これらの運動のモデル化により，T_1，T_2 の周波数依存性から τ_f，τ_s，および炭化水素鎖の配向の秩序度を表すオーダーパラメーター S を求めることができる（このためには磁場強度が異なる装置がいくつか必要になる）。通常の系の τ_f と τ_s はそれぞれ 10 ps，ns のオーダーであるので，τ_s の決定には重水素置換試料を用いた ^{2}H の緩和時間測定が有効である。一方，^{13}C からは各炭素原子位置での情報が得られるので，両者を相補的に用いることが望ましい。一例として，塩化ドデシルトリメチルアンモニウムの S と τ_f を図 8.55 に示す（τ_s は 3.9 ± 0.4 ns）。疎水鎖の末端の結合の向きはほぼランダムで，τ_f は炭化水素の純液体と同程度であることがわかる。

c.　^{2}H 四極子分裂

リオトロピック液晶の溶媒が重水の場合，^{2}H のスペクトルは分裂した 2 本のピー

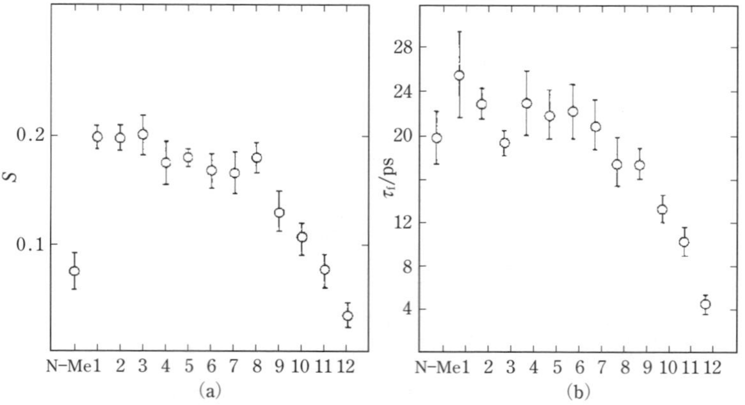

図 8.55　塩化ドデシルトリメチルアンモニウム（30 wt%，28°C）中の各炭素原子位置におけるオーダーパラメーター S（a）および相関時間 τ_f（b）
[O. Söderman, H. Walderhaug, U. Henriksson, P. Stilbs, *J. Phys. Chem.*, **89**, 3693 (1985)]

クとして観測され，分裂幅から前項のSを求めることができる。また等方性相では分裂を示さないので，液晶相と等方性相が共存すると3本のピークが観測される，2種類の液晶相が共存すると2組の分裂ピークが観測される。したがって相図の作成手段としても有用である。

d.　パルス磁場勾配法による自己拡散係数の測定

T_2の測定にしばしば用いられるスピンエコー法のパルス系列に磁場勾配パルスを加えると，磁場の大きさが異なる場所に核が移動することによるエコー信号の減衰が起こり，これを利用して自己拡散係数を測定することができる。分子全体の拡散を観測するので用いる核は何でもよいが，通常感度が高い^{1}Hが用いられる。会合体の形状・大きさの決定のほか，マイクロエマルションの液滴型・共連続型の判定や，混合ミセルのミセル組成の決定に用いられることもある。　［加藤　直］

8.4.7　ESR法

電子スピンを扱うESR[31]（electron spin resonance，電子スピン共鳴）と核スピンを扱うNMRは基礎理論が同じであるが，電子スピンは核スピンよりも磁気モーメントが大きいために，ESRの感度はNMRよりも高く，ナノモル濃度のラジカルの検出が可能である。

ESR測定には，短寿命ラジカルを低温で直接測定する方法や安定なニトロオキシドラジカルを間接的に測定する方法がある。後者では図8.56に示すようなスピンプローブ剤あるいはスピンラベル剤を膜などに導入し，プローブのESRスペクトルから膜の局所環境，構造性，運動性を間接的に研究する[32~34]。また，活性酸素種などの不安定な短寿命ラジカルは，スピントラップ剤と反応させて安定ラジカルにして室温測定することもできる。本項では，ニトロオキシドラジカルのスピンプローブ剤を用いた間接的なESR法による膜内の分子運動の解析について述べる。

a.　スピンプローブ分子の運動性とESRスペクトルの線形

ESRスペクトルの線形は，プローブの周りの環境（粘性など）で変化する。プローブの運動が束縛を受けると超微細結合（hyperfine coupling）とg値の不完全な平均化で線幅のブロード化が起こり，スペクトルの線形は通常の3本線から徐々に変化する。ESRスペクトルの線形とタンブリング時間やオーダーパラメーター（order parameter，秩序度）の関係を表8.2に示す。プローブが膜内で束縛を受け配向するようになると超微細結合の直角（$A_{\perp}$）と平行成分（$A_{//}$）のパターンが明確に現れて

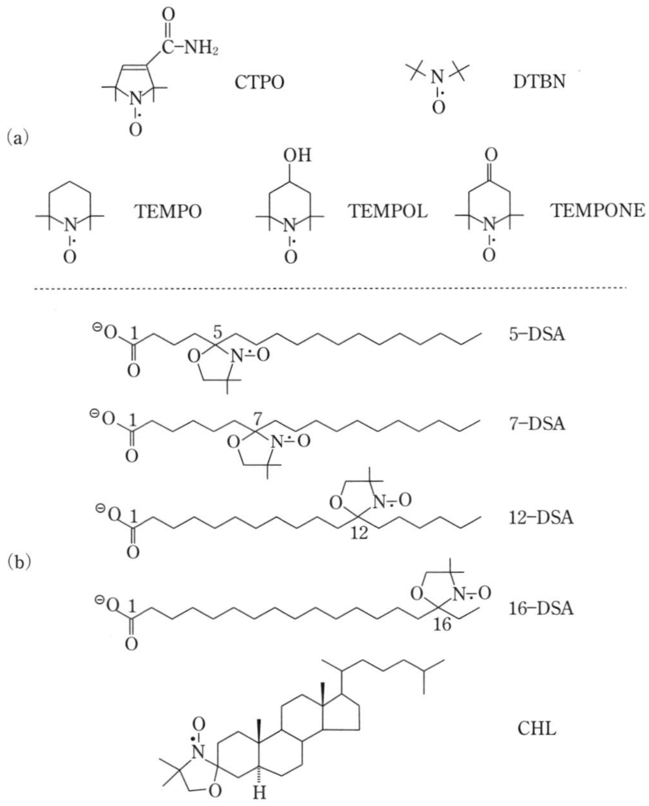

図 8.56　水溶性スピンプローブ剤（a）と脂溶性スピンプローブ剤（b）

くる。一般的なオーダーパラメーターと脂質二重構造の関係は，二重構造の秩序性が高い場合 1 に近く，秩序性が著しく低い場合 0 に近い値を示す。すなわち，プローブ分子が膜内で弱い束縛を受け比較的自由に動いている場合，ESR スペクトルは 3 本線のパターンを示す。

b.　脂溶性スピンプローブ分子の異方性運動

（i）　膜の流動性（fluidity）[35~37]　　図 8.56 に示した低分子量のスピンプローブでも溶媒の粘性が高い場合や低温では運動が遅くなり，スペクトルは異方性（anisotropy）を示す。ここでは脂溶性スピンプローブが膜に取り込まれ，束縛を強く受けるような場合の膜の流動性について述べる。

表 8.2　膜に取り込まれた脂溶性スピンプローブの ESR スペクトルとタンブリング時間およびオーダーパラメーターの関係

	スペクトルの記述	近似的タンブリング時間/ns	近似的オーダーパラメーター値
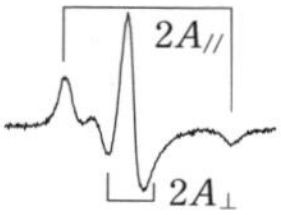	束　縛	0.5	0.7
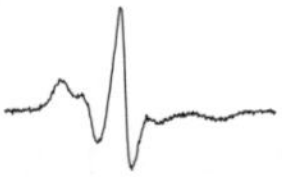	中程度の束縛	2.5	0.3
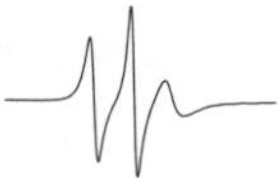	弱い束縛	5.0	0.1

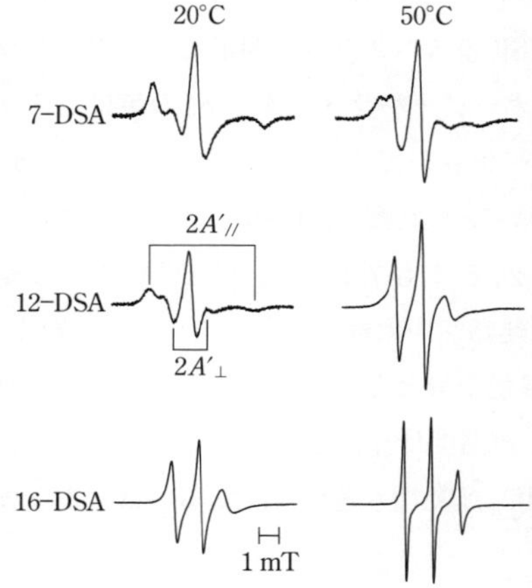

図 8.57　20℃と 50℃における実測の ESR スペクトル

脂溶性プローブの不対電子は窒素原子（^{14}N の核スピンは $I=1$）との相互作用で 3 本の超微細構造を示すが，プローブ分子が膜内で束縛を受けると配向して異方性を示すようになる。このような場合，ESR スペクトルは磁場に平行（parallel, $A_{//}$）と直角（perpendicular, $A_{\perp}$）の超微細構造成分が現れる。これが表 8.2 および図 8.57 の $2A_{//}$ と $2A_{\perp}$ である。刻々変化する膜内のプローブ運動の定量解析には，スペクトル全体を考慮する遅い運動のシミュレーションによる解析が必要である[38]。

c. オーダーパラメーターと回転拡散係数 (rotational diffusion coefficient)[37]

脂質二重膜に配向しているオーダーパラメーター (S_0, 秩序度) は, 式 (8.11) で求められる[39~41]。

$$S_0 = \left\langle \frac{1}{2}(3\cos^2\gamma - 1) \right\rangle = \frac{\int d\Omega \exp(-U/kT) D_{00}^2}{\int d\Omega \exp(-U/kT)} \tag{8.11}$$

ここで, γ はニトロオキシドラジカルの窒素の $2p_z$ 軌道とアシル鎖のなす Euler 角 (図 8.58) である。このシミュレーションで, 既報の主値 (principal value)[42,43] を用いて得られたスペクトルを図 8.59(b) に示す。シミュレーションスペクトルは, 異なるプローブ部位の実測のスペクトルとよく一致している。スペクトル上で超微細結合定数が変わるのは, 膜内環境の変化でスペクトルの線形が変化したからである。

(i) オーダーパラメーター(S_0)　ESR のスペクトルの線形とオーダーパラメーターの関係を表 8.2 に示したが, 定量的オーダーパラメーター S_0 の値はシミュレーション計算によって得られる。シミュレーションで得られた S_0 の結果を図 8.60 に示してある。膜鎖の S_0 は, 温度上昇に伴い膜の上部 (7-DSA) で大きく減少し, 中部 (12-DSA) でも運動性が増している。20℃ でも 7-DSA と 12-DSA の S_0 では明確な違いがあり, 20～40℃ で 7 と 12-DSA の運動性が大きく変化している。したがって, 膜鎖の中部でも温度変化の影響を受け, 温度上昇とともにオーダー性が減少し運動性が増していく。ただ, 16-DSA ではほとんど温度依存性がみられない。これは膜末端のオーダー性が温度変化であまり変わらず, 運動性も速いか, あるいは, シミュレー

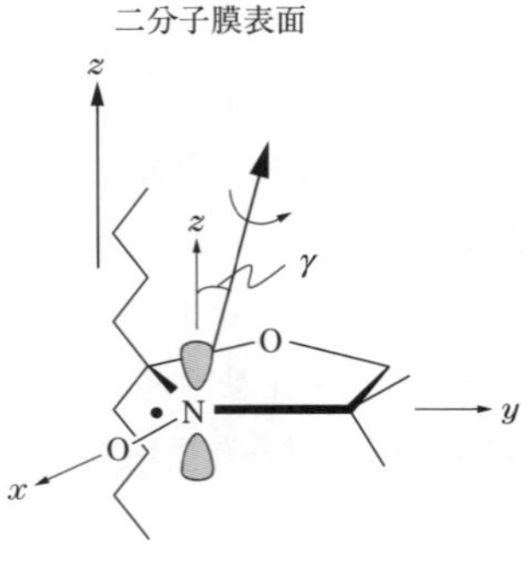

図 8.58　ニトロオキシドラジカルとアシル鎖のなす角 γ

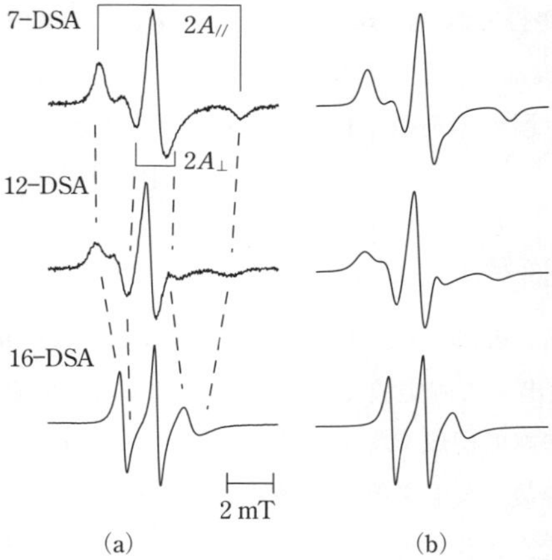

図 8.59 実測のスペクトル (a) とシミュレーションスペクトル (b)

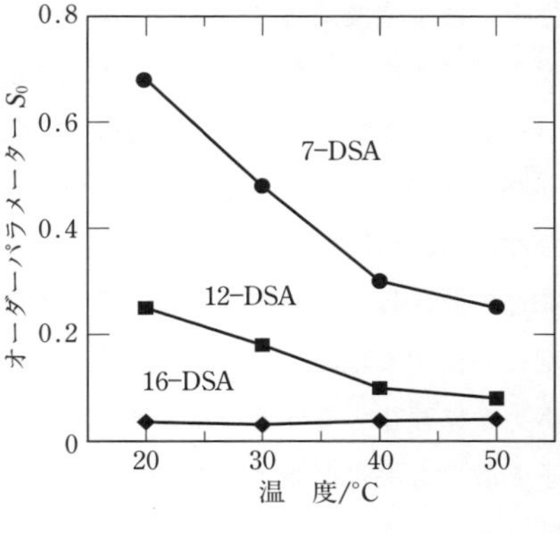

図 8.60 シミュレーションで得られたオーダーパラメーターの温度変化

ションがプローブの遅いタンブリング運動を扱う計算であることによる可能性がある。

(ii) 回転拡散係数 実測のスペクトルのピーク強度, 線幅, 線形をもとにシミュレーションすると, 回転相関時間 (rotational correlation time, τ_R) に相当する回転拡散係数 R が得られる。直角成分の $R_\perp$ と τ_R には以下の関係がある[39]。

$$\tau_R \approx 1/(6R_\perp) \tag{8.12}$$

平行成分 $R_{//}$ の値は一般に精度が低いとされている[39]。シミュレーションで得られた $R_\perp$ と温度の関係から 7-DSA と 12-DSA では温度変化による明らかな差がみられ, 膜の末端である 16-DSA では $R_\perp$ の大きな値をもつ。16-DSA のオーダー性の温度依存性は低いが，$R_\perp$ では明確な温度変化が得られる。式（8.12）から $R_\perp$ は速度の次元をもつから，鎖の運動性は相対的に膜内部にあるほど高い。さらに，温度変化に対する $R_\perp$ の活性化エネルギー E_a は，絶対温度の逆数（$1/T$）から求めることができる[35]。

［中川 公一］

8.4.8 蛍光相関分光法

蛍光相関分光法（FCS：fluorescence correlation spectroscopy）は数 nm～数百 nm サイズの分子やナノ粒子の動的挙動を検出する測定法であり，1970 年代にその原理が提案された[44~46]。現在の FCS 装置の基本的構成である共焦点レーザー顕微鏡を用いた測定法は 1993 年に開発され[47]，その後，装置の改良や多くの応用例が報告されている[48~50]。FCS の蛍光検出には単一光子計数装置が一般的に用いられ，検出感度の高さから単一分子検出法の一つに数えられる。

FCS では，希薄濃度の蛍光分子や蛍光性ナノ粒子溶液試料に蛍光励起用のレーザー光を集光し，集光スポットからの蛍光強度の時間的ゆらぎを測定する。蛍光強度の時間的ゆらぎを引き起こす原因としては，① 分子や粒子のブラウン運動による集光スポットへの出入，② 励起三重項などの一時的な非発光状態への遷移，③ 他分子による蛍光消光過程などがあげられる。蛍光強度の自己相関関数の解析からは，上記①～③の事象に対応した，蛍光分子や粒子の並進拡散係数，非発光状態への遷移速度と非発光状態の寿命，蛍光分子や粒子と消光剤との衝突の時間などに関する情報が得られる。また蛍光の強度変化の大小は集光スポットに存在する分子や粒子数と関係するので，集光スポットにおける蛍光分子や粒子の濃度も決定可能となる。

測定装置の一例を図 8.61 に示す。試料の励起光には連続発振あるいはパルス発振レーザーが使用されるが，パルス光源を用いる場合には間欠的な光照射に伴う蛍光強度変化の影響を考慮する必要がある。励起光は対物レンズで試料溶液中に集光され，照射スポットからの蛍光を同じ対物レンズで集め，結像レンズで一次像面に集光する。一次像面上の集光位置に設置されたピンホールが共焦点光学系を構成し，励起レーザー光の集光領域（検出領域）からの蛍光のみが検出される。開口数の大きな（NA＝1.2～1.4）対物レンズを用いた場合，一般的な FCS の検出領域は光軸方向で 2 μm，光軸に垂直な面上で 400 nm 程度である。ピンホールを通過した蛍光は強度比 1：1 に分割され，それぞれが光子計数用のアバランシェフォトダイオード（APD：avalanche photodiode）で検出される。各 APD で検出される信号は元々同じ蛍光を分

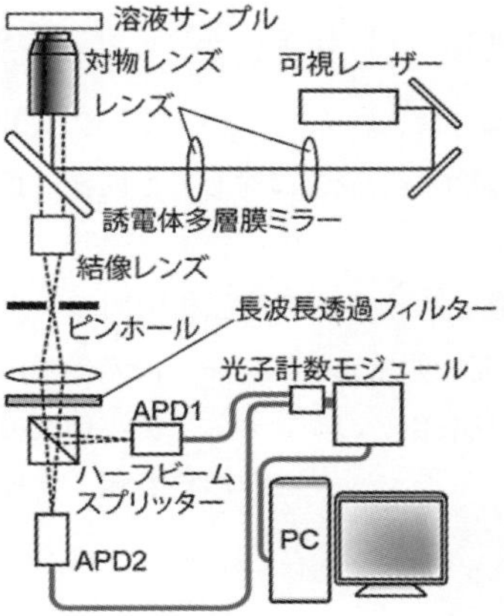

図 8.61 共焦点レーザー顕微鏡の構成例

割したものであるため，光子の不分割性が顕在しない条件では，それらの相互相関関数は蛍光強度の自己相関関数と等価である。検出に2台のAPDを用いる理由は，APDのデッドタイムとなるアフターパルシングの影響を除去するためである。

蛍光の自己相関関数 $G(\tau)$ は，蛍光強度の時間変化 $I(t)$ から $G(\tau)=\langle I(t)I(t+\tau)\rangle/\langle I(t)\rangle^2$ として求められる。式中の〈 〉の記号は t に関する積分を表す。蛍光分子や粒子が並進拡散し検出領域に出入りすることが蛍光強度のゆらぎの原因となる場合には，$G(\tau)$ は式（8.13）を用いて解析できる[49,50]。

$$G(\tau)=1+\frac{1}{N}\left(1+\frac{\tau}{\tau_D}\right)^{-1}\left(1+\frac{\tau}{w^2\tau_D}\right)^{-1/2} \tag{8.13}$$

ここで，N は検出領域中の分子や粒子数の平均，τ_D は蛍光分子や粒子が検出領域を通過する平均時間である。$w=w_z/w_{xy}$ は検出領域の形状を反映したパラメーターであり，w_z はガウス関数で近似した検出領域の励起光軸方向の長さ，w_{xy} は光軸に垂直な面上での半径であり，一般的には $w=5$ 程度である。検出領域の体積は $V=\pi^{3/2}{w_{xy}}^2w_z$ として与えられる。蛍光分子や粒子の並進拡散係数 D は $D=w_{xy}^2/(4\tau_D)$ で求められ，並進拡散係数が既知の蛍光分子を参照試料として測定し，w_{xy} を見積もることで測定対象の並進拡散係数をFCSにより決定できる。

蛍光分子の異性化や消光剤との反応などにより蛍光強度が変化する場合として，分子や粒子が発光状態Aと非発光状態B間を速度定数 $k_{A\to B}$，$k_{B\to A}$ で移り変わる場合を考える。蛍光分子の並進拡散係数が消光により影響されない場合には，蛍光強度の自己相関関数は式（8.14）で表される。

$$G(\tau)=1+\frac{1}{N}\left(1+K\exp\left(-\frac{\tau}{\tau_R}\right)\right)\left(1+\frac{\tau}{\tau_D}\right)^{-1}\left(1+\frac{\tau}{w^2\tau_D}\right)^{-1/2} \qquad (8.14)$$

ここで，$K=k_{A\to B}/k_{B\to A}$ は反応の平衡定数，$\tau_R=(k_{A\to B}+k_{B\to A})^{-1}$ は反応の緩和時間である。蛍光分子の三重項への項間交差に伴う蛍光強度変化に対しても同様に扱うことができる[49]。

以上のようにFCSでは微小体積中の蛍光強度のゆらぎの自己相関関数から，微小領域における蛍光分子や粒子の拡散係数，濃度，非発光状態寿命，消光の時間スケールなどの知見を得ることができる。また並進拡散係数の測定から，微小領域の温度計測への応用も可能である[51]。　［伊都 将司，宮坂 博］

8.4.9　テラヘルツ分光法

a.　テラヘルツ分光法とは

テラヘルツ（terahertz, THz）とは主に $0.5\sim10\times10^{12}$ Hz の電磁波のことを指し，それを利用した分光計測法をテラヘルツ分光法とよぶ。この周波数領域は，可視光領域（数百 THz）と電波（GHz 帯）のちょうど中間に位置する周波数領域であり，これまで光源や検出器の問題からあまり分光計測に用いられてこなかった周波数帯である。しかし，1984 年フェムト秒レーザー光による THz 領域の高強度光パルスの発生が報告され，その THz 光を用いたテラヘルツ時間領域分光法（THz-TDS：terahertz time-domein spectroscopy）が開発されてから急速に進展してきた。この周波数領域には，生体関連分子の水素結合の振動モードや分子結晶のフォノン振動モードが存在し，薬剤の結晶多形の検出，タンパク質のラベルフリー検出などに期待がもたれている。また，電波と光波の中間の周波数領域にあることから両方の性質を兼ね備えている。すなわち，電波のように様々な物質に対して適度な透過性をもち，光波のようにレンズやミラーを使って空間内を自在に移動させることができる。そのため，絵画の含有成分のイメージングや封筒内の禁止薬物の未開封検出など具体的な応用例も示されている。

界面・コロイド系へのテラヘルツ分光法への期待としては，分子どうしや分子と水の間に働く弱い相互作用の解析が考えられる。例えばアミノ酸などは分子間水素結合を介して安定な結晶構造をとっており，DNA やタンパク質などの高分子の立体構造の安定化には，水との相互作用や分子内・分子間水素結合，疎水性相互作用などが重要な役割を果たしている。このような集合体の相互作用を解析することで，材料開発

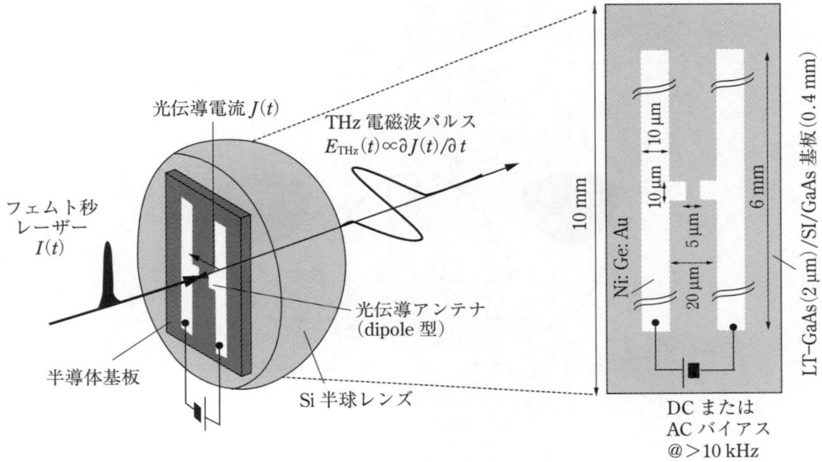

図 8.62 光伝導アンテナ素子の模式図
[谷 正彦，ぶんせき，**11**，572 (2007)]

や医薬・バイオ・食品といった産業への応用の期待がもたれている。

b. THz-TDS 法の原理[52,53]

テラヘルツ（THz）電磁波の放射および検出には，光伝導アンテナ[52]が主として用いられる。図 8.62 に示すように，光伝導アンテナ素子は半導体基板の上に作成された平行伝送線路とマイクロストリップアンテナで構成される。アンテナの中央にはギャップがあり，そこにフェムト秒パルスレーザー光（ポンプパルス）を照射する。すると，ギャップ中に電子とホールが生成され，パルス状の光伝導電流が流れる。このとき，電流の時間変化に比例した電磁波が双極子放射としてアンテナから放射される。これが THz 電磁波である。

この発生した THz 電磁波は図 8.63 のような光学系，すなわち放物面鏡などを用いて平行光としたのち，サンプルに集光される。再度放物面鏡を用いて平行光としたのち，受信用の光伝導アンテナに集光される。ポンプパルス光の一部を分けてプローブパルスとして，時間的なタイミングを制御して受信用の光伝導アンテナに照射する。光伝導アンテナに流れる電流値をプローブパルスの遅延時間 τ の関数として求める。プローブパルス光がいわゆるポンプ-プローブ測定の役割を果たして，THz 電磁波の時間応答波形をパルス幅と同程度（数百 fs）の時間分解能で得ることができる。その得られた時間応答波形をフーリエ変換することで周波数スペクトルに変換することが

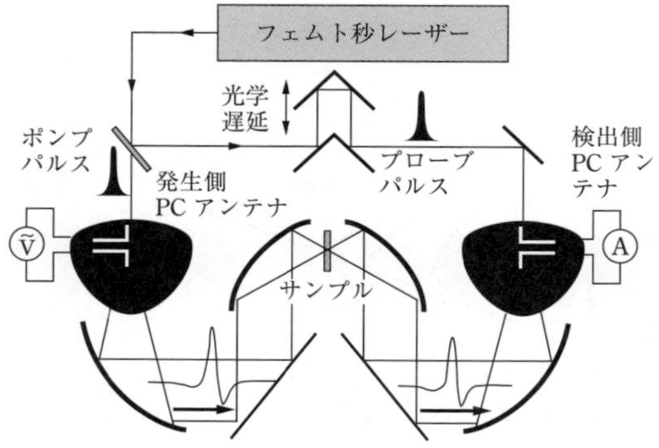

図 8.63　光伝導アンテナ（PC アンテナ）を用いた THz-TDS システム模式図
［谷　正彦，ぶんせき，**11**，572（2007）］

可能である。通常は，信号の SN 比を向上するためにポンプ光をチョッパーによって変調して，受信側の光伝導アンテナの信号電流をロックインアンプにより，増幅検出する。THz-TDS による吸収スペクトルの測定のさいには，THz 電磁波の伝搬経路に試料を挿入したときと挿入しないときの信号波形を測定する。それぞれの信号波形をフーリエ変換して得られる複素振幅スペクトルの振幅比から透過振幅スペクトルを得ることができる。試料が固体の場合，平行平板か基板上の薄膜である必要がある。粉末状の試料は錠剤成形器でプレスし，ペレット状に成形する。ペレット状にならないものは THz を吸収しないポリエチレンなどを混ぜてプレスする。

c.　測　定　例

図 8.64 に覚せい剤メタンフェタミン，合成麻薬，5-アスピリンの 3 種の THz スペクトルを示す。このように THz 領域においては，赤外吸収のように特定の官能基の振動モードではなく，分子全体が関わるような振動モードが現れる。そのため，各分子固有の吸収を観測することができる。テラヘルツ分光計測の特徴は，ある程度の透過性があることであり，このような違法薬物を封筒の中に入った状態で検知できる。いくつかの物質が混合している場合にも，主成分分析を用いることで，物質の含有量に関する情報を得ることができる[55)]。

テラヘルツ分光計測の欠点は，水を含む液体試料の場合，水自身が THz 波を吸収するために通常の吸収計測が難しい点である。透過測定のためには，非常に薄い光路長のセルが必要であるが，近年，全反射分光計測法（ATR：attenuated total reflection）

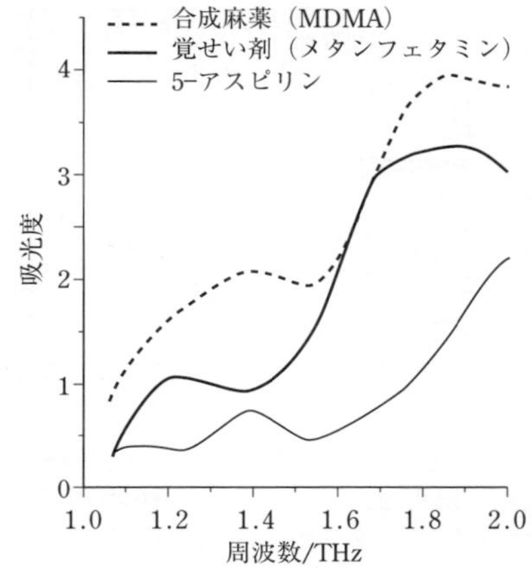

図 8.64　各物質のテラヘルツ分光スペクトル
［上野裕子，味戸克裕，ぶんせき，**11**，576（2007）］

が開発された[56]。これにより微量の液体をプリズムの底面に垂らすだけで液体試料の測定が可能となった。多くの生体分子の機能発現において，水分子との相互作用変化を捉えることが重要であるが，ATR 法を使ったテラヘルツ分光計測により，水溶液試料での測定が可能となり，生体分子のダイナミクスの理解につながることが期待されている。

［片山　建二］

8.5　その他の表面評価法

8.5.1　水晶振動子マイクロバランス法（QCM）

水晶振動子（quartz crystal）は圧電素子の一つであり，その表面に他の物質が付着することにより，共振周波数が変化するので，この周波数変化から質量変化を知ることができる。また，その変化は質量変化だけでなく，表面粗さの変化，薄膜の粘弾性変化，ストレス変化などにより誘起されるので，これらの変化量を *in situ* 計測することにも使うことができ，その応用範囲も広い。

水晶振動子（図 8.65(a)）を用いた測定法は，発振法[1~4]とインピーダンス法[2~4]の二つに分けることができる。発振法では，振動子を発振させその周波数を出力として取り出す。AT カットの水晶振動子の厚みに対して十分に薄い均一な物質の付着・脱着によって振動子表面に質量変化 $\Delta m/g$ が生じる場合，発振周波数 f_{osc} は Sauerbrey の式（式（8.15））で表されるように，振動子の質量増加 Δm に比例して

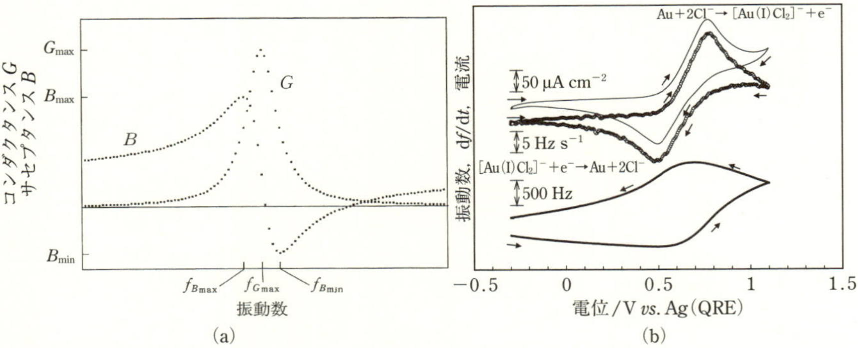

図 8.65　水晶振動子のインピーダンススペクトル (a) と塩化物イオン含有イオン液体中での金被覆水晶振動子電極上での金の溶解と析出に伴うボルタモグラム (b)
［T. Oyama, T. Okajima, T. Ohsaka, S. Yamaguchi, N. Oyama, *Ball. Chem. Soc, Jpn.*, **81**, 726 (2008)］

減少する。

$$f_{osc} = -c\Delta m \tag{8.15}$$

ここで，c は比例定数であり，基本周波数が 5 MHz の AT カット水晶振動子の場合，17.7 ng cm^{-2} の質量増加が 1 Hz の周波数低下として観測される。周波数は±0.1 Hz の精度で測定しているので ng オーダーの質量検出感度を有することになる。この関係は，気相中においても液相中においても，表面が剛体性なら成立する。一方，インピーダンス法の場合，ここで得られる共振周波数変化も発振周波数と同様，質量変化を反映する。さらに，コンダクタンスの最大値 G_{max} は振動子に接する膜，溶液などによる振動エネルギーの損失に反比例するため，液相中における膜の膨潤度，表面粗さ，親媒性などの変化を捉えることができる[2~4]。

a. 質量測定

多くの金属・無機化合物膜は剛体として扱えるため，金属の析出や酸化，腐食のほか，無機化合物のイオン・分子のインターカレーションに伴う振動子の質量変化を *in situ* 計測することができる。一方，有機薄膜および生体関連物質の場合，膜の剛体性を確かめる必要がある。すなわち，振動子上の膜の厚さと周波数低下が比例するか，あるいは未修飾の振動子と薄膜被覆振動子とで G_{max} 値が同じであることを確認すべきである，また，反応に伴って G_{max} 値が変化しない（粘弾性などが変化しない）ことを確かめなければならない。これらの点を確認すれば，水晶振動子上での有機薄膜の析出（電解重合反応など）やインターカレーションなどに伴う質量変化の計測が可能である。

水系および有機溶媒系で用いられてきたQCM測定をイオン液体中でも使用することができることを図 8.65(b) に示す。ここでは，塩化物イオンを含んだ1-エチル-3-メチルイミダゾリウム塩（$EMIBF_4$）中における Au 薄膜被覆電極の酸化還元反応が，電気化学 QCM（EQCM）に基づいた重量分析法の基礎原理を検証するために使用された[5)]。また，秒単位での金の析出・溶解反応の解析を行えることが示された。

まず，Au の酸化に相当するアノードピーク電流は約 0.8 V（*vs.* Ag/Ag^+）で観察された。この酸化波は塩化物イオンを含んだ酸性水溶液やイオン液体中における Au の電気化学挙動から判断されているように，下記の Au の $Au(I)Cl_2^-$ イオンへの溶解であると推定できる。

$$[AuCl_2]^- + e^- \rightleftarrows Au + 2Cl^- \qquad (8.16)$$

図 8.65(b) において示されるように，印加電圧の正側掃引で得られる酸化反応過程での周波数における増加は Au の溶解に帰することができる。また，印加電圧の負側掃引で得られる周波数の減少は，0.50 V 以下の還元反応過程によって得られる。得られたボルタモグラム応答が Au 電極表面の質量変化に直接対応することを明らかにするために，電位に対する（df/dt）値の変化をプロットすると，その形と相対的な大きさの変化は，−0.3〜0.9 V の電位範囲における CV の電流の変化と類似していることから，Au 電極表面での質量変化と電流応答は一致していると判断できる。$\Delta m/Q$ から 196.5 g mol^{-1} と計算することができる。すなわち，196.5 g mol^{-1} の質量変化が酸化還元反応過程の間で起こっていることを意味する。Au の原子量は 196.97 g であるから，観測された質量変化は，単純に Au/Au(I) 酸化還元系の溶解と析出反応過程に帰することができる。

また，単分子層レベルの有機薄膜の場合にも，膜の粘弾性の影響を受けにくく，発振法で質量変化を測定できる場合が多い。Langmuir–Blodgett 膜（LB 膜）の反応や自己組織化膜の形成や反応などの観測に用いられる。水晶振動子は，質量変化だけでなく，分子間の選択的結合に基づくアフィニティーセンサーにも応用でき，免疫センサーや DNA センシングに用いられている。

b.　膜の粘弾性

水晶振動子上の薄膜が剛体性を失い，粘弾性的性質をもつようになると，膜内部で振動エネルギーの損失が起き，結果として G_{max} 値が低下する。この原理に基づき，薄膜の膨潤や累積 LB 膜の相転移現象，ゲルの体積相転移現象，クレー（粘土）の配向変化などのその場観測が可能である。

すでに述べたように，G_{max} 値が変化する場合には質量変化を正確に求めることはできないが，変化があまり大きくない場合には，周波数変化から質量変化を定性的に観測する（増えたのか減ったのかを判断する）ことができる。

c. 表面粗さと親媒性

振動子を気相から液相に移すと，周波数が大きく低下する。液相中では振動子付近の液体が振動子とともに振動し，その液体の振動が周波数の低下として反映されるためである。また，液体の振動により振動エネルギーが熱エネルギーに変化して失われるため G_{max} 値も低下する。同様に，液体中において振動子表面の粗さや親媒性が変化すると，振動子とともに振動する液体の量が変化し，周波数や G_{max} 値の変化が観測される。たとえば，無機物質の析出反応を観測する場合，G_{max} 値の低下から表面粗さの増加をその場観測することができる。

d. 応　力

膜の剛体性が高い場合，膜中にイオンや分子が取り込まれたりすると，機械的応力が発生する場合がある。水晶振動子上の膜に応力が発生すると，AT カット水晶振動子の場合には周波数低下，BT カット振動子の場合には周波数増加が観測される。したがって，AT カットおよび BT カット水晶振動子を併用すれば，これらの周波数変化から，応力変化と質量変化とを分離して同時に定量評価することができる。この手法は，水素吸蔵金属への水素の吸・脱蔵現象や，無機化合物でのイオンのインターカレーション過程の観測などに応用できる。　　　　　　　［小山 昇，立間 徹］

8.5.2 質量分析法による表面分析（TOF-SIMS）[6~8]

固体表面にイオンを照射すると，入射したイオンは固体内原子と衝突を繰り返し，固体をかき乱す。その結果，固体表面近傍の原子ないし原子集団が固体外に飛び出す。これをスパッターという。スパッターされる粒子は大半が中性粒子であるが，一部がイオン化している。図 8.66 に示したように，固体試料に数 keV から数十 keV 程度のエネルギーのイオン（一次イオン）ビームを照射したとき，表面近傍から脱離するイオン種（二次イオン）を質量分析する手法を二次イオン質量分析法（SIMS：secondary ion mass spectrometry）という。イオン種を分析することにより，表面近傍の元素分析のみならず化学状態についての情報を得ることができる。一次イオンの電流量が大きいと，スパッターにより，固体はどんどん掘られていき，これにつれて

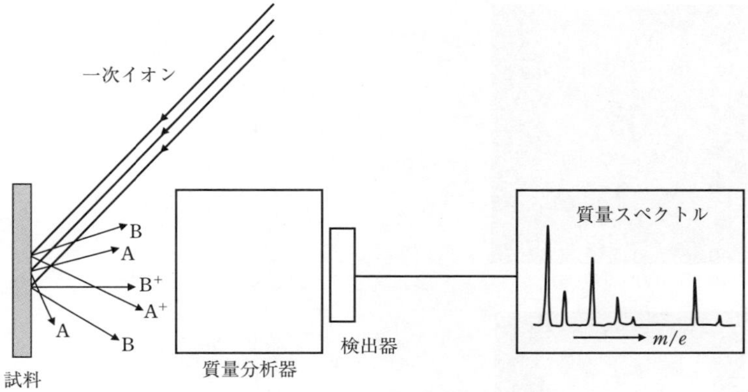

図 8.66 二次イオン質量分析装置概念図

二次イオンが変化する。これを解析することにより，破壊分析ではあるが，固体の深さ方向分析ができる。これをダイナミック SIMS という。一方，一次イオンの電流量が 10^{-9} A cm^{-2} 程度（10^{10} イオン s^{-1} cm^{-2}）と小さいときには，表面の原子密度が 10^{15} 原子であるので，イオンの総照射量が小さい範囲に留めると統計的に一次イオンにより乱されていない表面の分析を SIMS により行うことができる。これをスタティック SIMS という。一次イオンをパルス化して，二次イオンを飛行時間型質量計により分析する手法をとくに TOF-SIMS（time-of-flight SIMS）という。一つの一次イオンパルスに対して，広い質量数範囲の質量スペクトルを同時に高質量分解能で測定できることから，スタティック SIMS では TOF-SIMS が用いられる。

TOF-SIMS の一次イオンとしては，Ga，Au，Bi のような液体金属でぬらした尖った針先に高電圧を印加することにより放射される金属イオンを用いることが多い。これにより，μm 以下のスポットサイズの一次イオンビームを生成することができる。一次イオンを走査することにより，μm 以下の水平方向分解能で表面の元素分析あるいは分子種分析のマッピングを行うことが可能である。測定例を図 8.67 に示す。ギャップ間隔 2 μm の金微小電極上に修飾した自己組織化膜が設計どおり金電極上にのみ存在し，ギャップ間隙には存在しないことがわかる。

有機物，高分子あるいは生体試料の分析への応用を念頭におく場合，高分子量の脱離イオン種の解析がとくに有効である。SIMS は質量スペクトル法であるので，高感度分析であるが，通常高分子量イオンの脱離収率は高くない。ところが，近年 Au_n，Bi_n あるいは C_{60}（フラーレン）のようなクラスターイオンを一次イオンとすると，

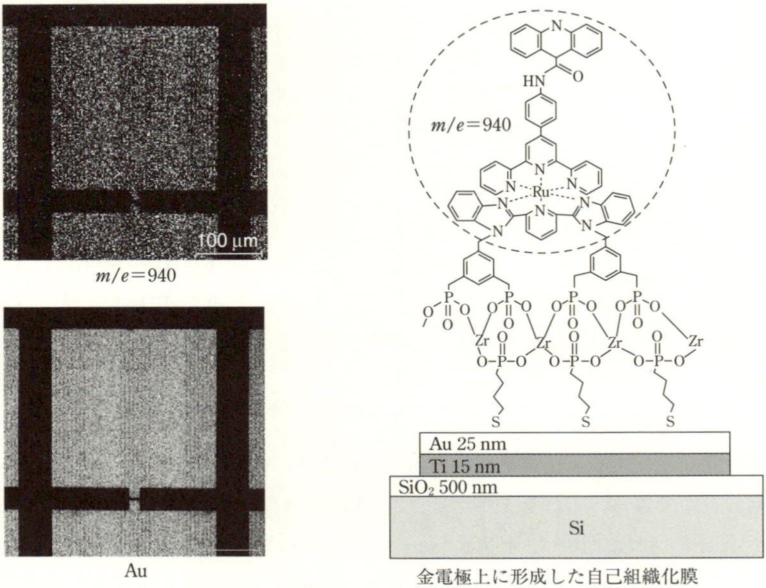

図 8.67　金微小電極上に自己組織化した有機物の SIMS による解析例
［K. Kobayashi, H. Nozoye, M. Haga, *et al.*, *Langmuir*, **24**, 13203 (2008)］

高分子量イオンの脱離収率が顕著に高くなることがわかってきた。クラスターイオンを一次イオンとするクラスター TOF-SIMS の有効性が広く認識されるようになり，クラスター TOF-SIMS の有機物，高分子あるいは生体試料の分析への適用例が急増している。とくに，C_{60}（フラーレン）を一次イオンとして用いる場合，一次イオンによる試料のダメージがほとんどなく，試料をスパッターにより掘り進んでも，試料の組成が変化しにくく，有機系試料でも三次元分析が可能であるという報告がなされるようになってきている。

クラスター TOF-SIMS はいまだ発展途上であり，クラスターイオンと固体試料の相互作用には，いまだわからない点が多い。クラスター TOF-SIMS が広範な対象に用いられるためには，このような基礎的な面からの検討も重要であろう。

［野副　尚一］

8.6 そ の 他

8.6.1 濃厚分散系の評価法

一般的な濃厚分散系の評価項目としては，① レオロジー特性，② 分離（沈降・浮上）特性，③ 分散性（dispersibility），④ 分散安定性（dispersion stability），⑤ 粒子濃度や充塡度の評価（沈降高さの評価），などがあげられるが，本項では，これら評価項目や評価手法との関係を整理して解説する。

図 8.68 は濃厚分散系の特性とそれの支配因子でもある構成物質の微構造との関係を示している。スラリーやペーストなどを塗布する場合は，評価特性としては流動性がよく使われるが，数値化して解析するにはレオロジー特性を評価する必要がある。従来はスラリーを一旦希釈してから粒子径分布やゼータ電位を測定して，レオロジー特性との相関を調べるのが定法であった。しかし，希釈することで分散・凝集状態など高次構造に大きな変化が生じることが多いので，本来は希釈せずに高次構造をまず評価し，その上で一次構造との相関を評価すべきであった。レーザー散乱法や DLS 法（dynamic light scattering）がよく使われるようになった 1980 年代では，光をプローブとしていたため，希釈してから測定する手法に研究手法が限定されていたが，現在

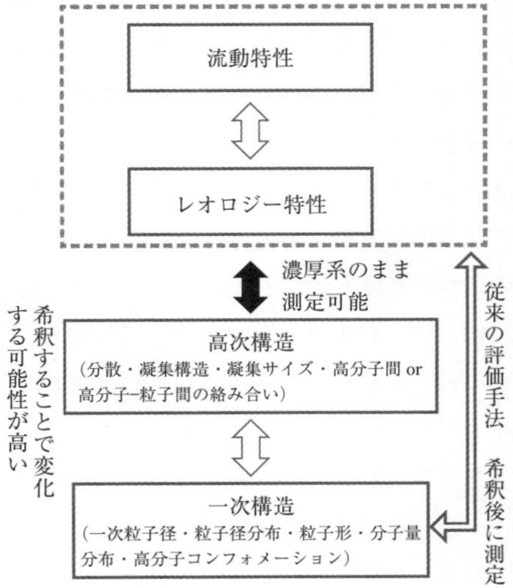

図 8.68　濃厚分散系の特性と微構造の関係

では，超音波減衰法[1]，遠心沈降分析法[2]，パルスNMR法[3]，小角X線散乱法[4] など濃厚系のまま粒子径分布や分散特性を評価できる手法が開発されているので，これら手法を用いてレオロジー特性を評価したサンプルと同一濃度のサンプルで粒子径分布などを評価すべきである。また，ゼータ電位測定法もレーザーを用いない手法である超音波法[1]，ESA法（electrokinetic sonic amplitude）[5] が現在では利用可能なので，これら手法を用いて評価する方が解釈は容易である。とくに，溶媒中に分散剤などの高分子が溶けている場合には希釈すると添加物の濃度が変わり，吸着平衡がずれたり，二重層厚さが変化したりするので，系に極力変化を与えないようにして評価すべきである。

次に濃厚分散系を評価する上で気を付けなければいけない点として，高次構造に非可逆的な経時変化が生じることを認識しておくことがあげられる。例えば，混練時に混入した気泡の成長や消滅，徐々に進行する溶存高分子の吸着，増粘剤などの比較的分子量が高い高分子のコンフォメーション変化など，粒子の凝集以外にも微構造が時間の経過とともに変化するので，変化速度を評価することも肝要である。したがって，時間とともに変化しない一次粒子の粒子径分布や無限希釈した溶媒中での高分子の回転半径などを見積もっても役に立たないことがあるのは，このような経時変化を見落としていることが原因である可能性が高い。また，実用的には，粘性やレオロジー特性と微構造を関連付けて解釈を試みる場合が多いが，せん断を与える前後で気泡の量やサイズが変化したり，高次構造を崩壊させたり，凝集を促進させたりなど，一次構造のような小さいサイズの構造単位では変化しなかったものが，より大きなサイズの構造単位になってくると変化が生じる場合があるので，この点も主に一次構造から構成される希薄系との相違点であるので，注意が必要である。

濃厚分散系の評価は実用系そのものを評価する場合が多いので，製造プロセスにおける評価方法について説明する。一般に，“粒子の分散性”という言葉には，大別して，① 微粒子化の程度と，② 分散安定性，の二つの意味が含まれているため，評価を行う際にも誤解を生じる場合が少なくない。例えば，凝集粒子を一次粒子に微粒子化する場合，その微粒子化の程度やそのしやすさの程度を“分散性（dispersibility）”とよぶことがある。この「分散性」は一次粒子の粒子径分布，凝集粒子の大きさやその割合，D10，D90などで表現される。したがって，分散性を評価したい場合には，液中の粒子径分布を正確に評価すればよい。一方，微粒子化した後，スラリーなどを調製し，その分散状態が時間の経過に対して変化する速度あるいはその特性を“分散安

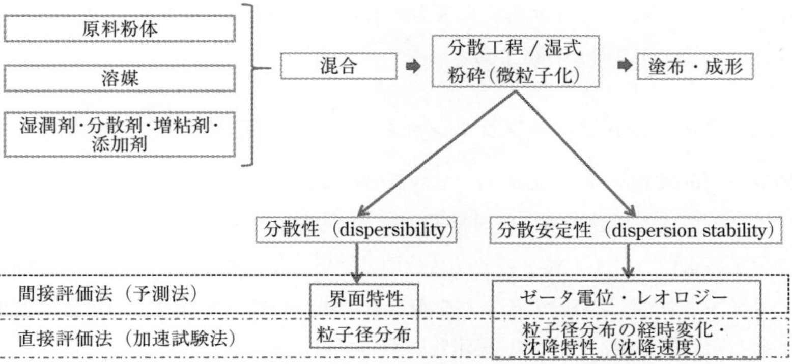

図 8.69 スラリーが関与するプロセスと評価項目

定性（dispersion stability）”とよぶ[6]。図 8.69 に示すように，実際の混合プロセスや湿式粉砕プロセスを想定すると，粉砕や混練直後の状態を把握したい場合と調製したスラリーをすぐには使いきらず貯蔵してから使用する場合が考えられる。前者の場合には，できるだけ調製したままの状態を評価したいし，後者の場合にはある時間経過後の状態を正確に予測したいという要望が多い。

図 8.68 にも示したが，分散性，分散安定性とも，評価方法として直接評価法と間接評価法に大別される。まず，分散性を直接評価する際には，粒子径分布を測定するが，評価するさいに希釈する場合がある。その際，ソルベントショックといわれる効果で液中の凝集状態が変化することがあるので，希釈せずに測定できる超音波減衰法を適用するのが望ましい。次に，分散性の間接評価法であるが，これは粒子表面が使用する予定の溶媒に対して親和性（ぬれ性）が高いかどうかを調べる方法である。親和性が高ければそれだけ容易に微粒子化が可能である。手法の詳細[2]はここでは省くが，基本的には種々の溶媒を用いて Hansen Dispersibility（Solubility）Parameter[7]を評価する。一方，分散安定性を直接評価するさいには，粒子の沈降特性を遠心沈降分析装置か自然沈降分析装置で評価する[2]。次に間接評価法であるが，この手法の長所は，短時間で評価が可能な点である。分散安定性には，沈降に対する安定性と再凝集に対する安定性と二つの観点があるので，沈降に対する安定性の場合にはストークス式に，再凝集に対する安定性の場合には DLVO 理論にしたがって評価する。ストークス式の場合には，粒子径，粒子と溶媒の密度差，溶媒の粘性の値から沈降速度を計算する。一方，DLVO 理論の場合にはゼータ電位の値から斥力やポテンシャルを超え

る確率を計算する[8]。いずれも式に入力する値が分かれば，安定性パラメーターの値がすぐに計算できるのが特徴である。　［武田 真一］

8.6.2 フィールドフローフラクショネーション（FFF）

FFF法（field flow fractionation）は層流の中で懸濁液中の微粒子や溶液中の高分子をサイズ分離する手法である。分離範囲はnm〜数μmの広いサイズに適応し，可溶性高分子およびコロイド粒子のサイズ分画に適応する。本法は1966年にC. Giddingsにより考案され[9]，長い歴史をもちながらも市場への普及は遅れていたが，近年課題を改善した装置が製品化され，実用化に至っている。

FFF法は，力場の発生方法に応じて，遠心型，熱型，電場型などが存在するが，ここでは広く一般的に使用されている非対称フロー型FFF（AF4）について解説する。AF4の分離は薄板状のスペーサーと上下二つのブロック（下側には浸透性がある）で構成された分離チャンネル内で行われる。試料（粒子）の分離は，移動方向に対して垂直の力場を発生させることにより生じる層流中の移動速度の差に基づいて行われる（図 8.70）。垂直の力場を掛けると，試料は下壁の方向へ移動する。このとき，試料は濃縮される一方で，濃度を均一にしようとブラウン運動由来の拡散力が力場に反して働く。やがて試料は平衡状態に達するが，拡散係数の大きい（移動速度の速い）小さな粒子ほど，下壁から離れた位置で平衡状態になる。ここに層流を発生させると分離チャンネル内の流れは，壁面が遅く中央部が早い放物線状の流れとなり，拡散係数の大きい小さな粒子ほど先に溶出する。

AF4における試料の保持時間 t_R は，流速が継時的に一定で，保持力が十分に高い場合，次の式で定義される[10]。

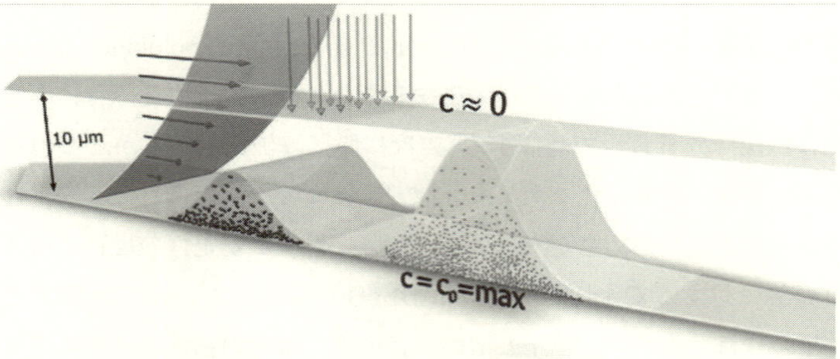

図 8.70　FFF法での分離イメージ

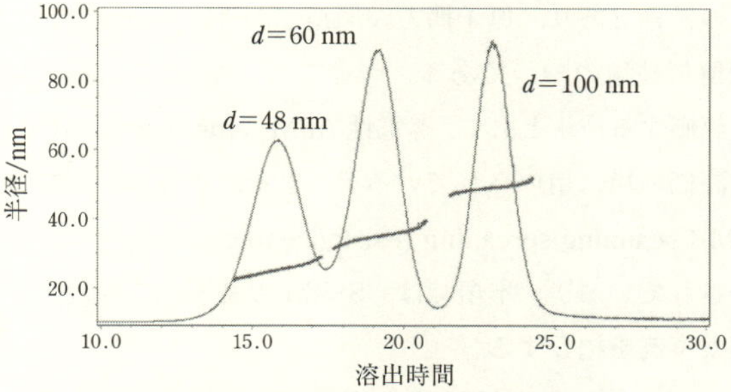

図 8.71　FFF-MALS によるポリスチレン標準ラテックス粒子（混合品）の測定

$$t_R = \frac{w^2}{6D} \cdot \ln\left(1 + \frac{F_c}{F_{out}}\right)$$

ここで，w はチャンネル（スペーサー）の厚み，D は試料の拡散係数，F_c はクロスフロー（垂直力場）の流速，F_{out} は検出器フロー（移動方向）の流速である。つまり垂直方向と移動方向の流速を正確に制御することで，保持時間を制御できる。

現在市販の FFF 装置は，高速液体クロマトグラフィーと同様にオートサンプラーやフラクションコレクター，UV，蛍光，光散乱などの各種検出器を接続でき，自動分析および試料の分取，検出が可能である。特に多角度光散乱検出器（MALS：multi angle light scattering）は，分画された粒子の粒子径の直接測定が可能で，またロッド長など幾何学的パラメーターを決定することも可能である[11]。これらを組み合わせた FFF-MALS システムは高分解能かつ高精度の粒子径分布測定を実現する（図 8.71）。

また近年では，誘導結合プラズマ質量分析計（ICP-MS：inductively coupled plasma-mass spectrometry）との接続により，金属粒子の高感度かつ特異的な検出法として，環境，医薬品，食品分野において使用され始めている。このように FFF 法はその分離能力のみならず，各種検出法と組み合わせることで，コロイド粒子や高分子を様々な側面から解析する手法として期待できる。今後の発展に期待したい。

［鶴田 英一］

8.6.3 走査型拡がり抵抗顕微鏡（SSRM）

走査型プローブ顕微鏡（SPM：scanning probe microscopy）は，先端の鋭利な探針を用いる顕微鏡の総称であり，原子間力顕微鏡（AFM：atomic force microscopy）に代表される表面解析技術の一つである。昨今では，AFMによる表面形状の観察と同時に電気特性を評価する技術として，導電性AFM（conductive-AFM）が広く普及し，研究開発や品質評価の場に用いられている[12]。また，半導体分野では走査型拡がり抵抗顕微鏡（SSRM：scanning spreading resistance microscopy）による微小部の評価事例が数多く報告されている[13]。本項では，SSRMの基本的な原理，リチウムイオン電池電極材料の観察事例を紹介する。

SSRMは，コンタクト方式のAFMと2端子拡がり抵抗法を組み合わせた技術であり，導電性AFMの一種である。測定時の模式図を図 8.72に示す。コンタクトAFMの基本原理については割愛するが，探針接触時にDCバイアスを印加し，その場の電流値を出力することでAFMによる高さ像と電流マッピング像（＝拡がり抵抗像）を得る。一般的に導電性AFMでは微小電流を検知できるリニアアンプ，SSRMは広範囲の測定レンジを有するログアンプを利用している。SPM装置メーカーごとに詳細な仕様は異なるものの，筆者の使用している装置の電流アンプのカバーしている範囲を図 8.73に示す。

SSRMが検出する電流，すなわち拡がり抵抗について述べる。空間分解能は大よそ探針先端径と等しく10 nm程度である。また，探針径に対して十分に大きいサンプルを測定するとき，試料側の電極からの電位勾配はほとんどなく探針直下の抵抗成分が支配的となる。このとき，拡がり抵抗R_sは，探針先端を半球と仮定した場合，以下の式（8.17）のように記述できるが，試料と探針の接触面積や三次元の拡がりをも

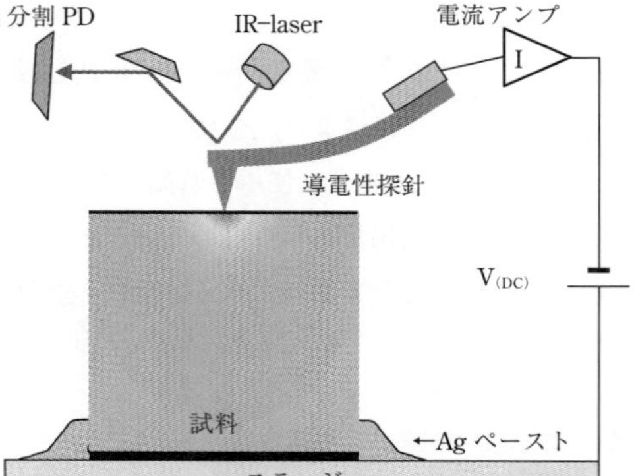

図 8.72　SSRM測定の模式図

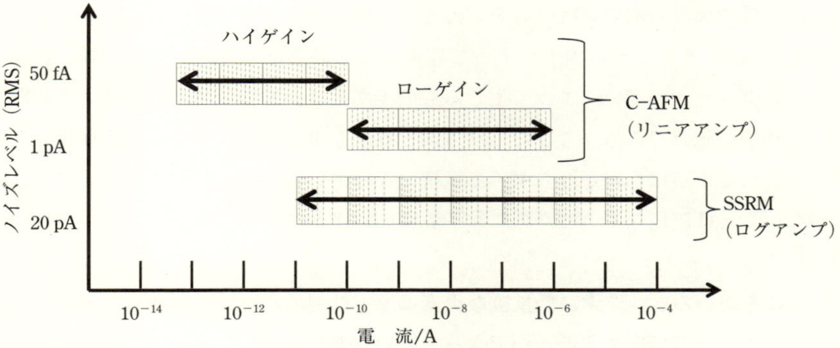

図 8.73 C-AFM と SSRM の電流アンプ
RMS：root mean square（標準偏差）

つ測定データに対する補正項を正確に求めることは難しい。

$$R_s = CF \times k \times \frac{\rho}{2\pi r} \tag{8.17}$$

ここで，CF は拡がり抵抗の体積効果による補正項，k は探針試料間のショットキー障壁における極性依存性による補正項，r は探針先端の曲率半径，ρ は比抵抗を示す。実験的に不確定な要素を含む点から，SSRM で得られた値は，比抵抗値にそのまま換算するのは難しく，像内での大小関係や，試料間での比較に留まる。

次に，リチウムイオン電池（LIB）正極の断面を観察した事例を図 8.74 示す。本試料の構成材について図の左部分に記載した。SSRM では，コンタクト AFM による高さ像（a)，および同１ヵ所の拡がり抵抗像（b）が得られ，デジタルズーム（c）す

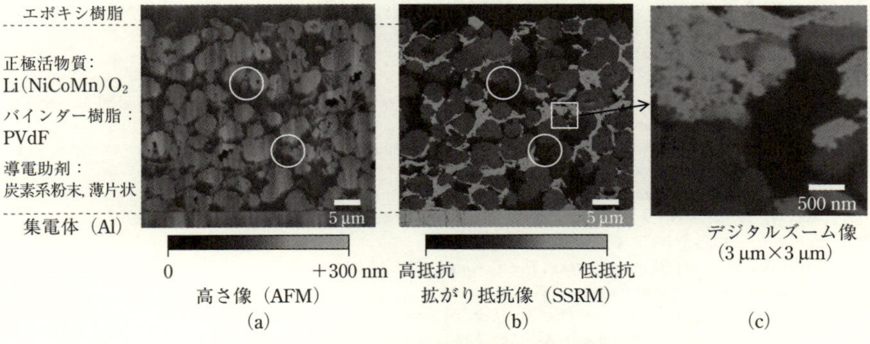

図 8.74 SSRM による LIB 正極の断面構造

ると活物質や導電助剤の抵抗分布を捉えている様子が分かる。断面は，エポキシ樹脂に含侵後 Ar イオンビーム加工によって作製した。高さ像のコントラストは，材料のエッチングレートの違いによって生じるものであり，樹脂部分は削れやすいため窪んでいる様子が確認できる。ここで，高さ像と拡がり抵抗像の丸で囲った領域は，活物質が存在しているにもかかわらず，高抵抗になっている。別途，組成の違いに大きな差がないことは確認しているため，粒子周囲の導電パスが悪くなっている可能性が示唆される。

SSRM を用いると，非常に低抵抗な炭素系導電助剤，高抵抗な酸化物半導体である活物質などを一度に捉えることができる。高い空間分解能で，直接的に導電性の分布を得られるという特徴は，材料を選ばず幅広い分野に応用することができる。

［松村　浩司］

参考文献

1) 文部科学省制作，“光マップ”（2008 年 3 月文部科学省の制作したもので，電磁波の全領域を俯瞰できるグラビア図版。“一家に一枚 光マップ”というキャッチフレーズ通り手元にあると便利である）。

8.1 節

1) B. Fultz, J. Howe, “Transmission Electron Microscopy and Diffractometry of Materials”, Springer-Verlag (2013), p. 734.
2) 末永和知，越野雅至，劉崢，佐藤雄太，C. Jin，顕微鏡，**45**(1)，31（2010）.
3) S. J. Pennycook, P. D. Nellist, ed., “Scanning Transmission Electron Microscopy”, Springer-Verlag (2011).
4) K. Aso, K. Shigematsu, T. Yamamoto, S. Matsumura, *Microscopy*, **65**, 391 (2016).
5) K. Suenaga, T. Okazaki, E. Okunishi, S. Matsumura, *Nature Photonics*, **6**, 545 (2012).
6) M. Itakura, *et al., Jpn. J. Appl. Phys.*, **52**, 050201 (2013).
7) K. Suenaga, M. Koshino, *Nature*, **468**, 1088 (2010).
8) 金子賢治，馬場則男，陣内浩司，顕微鏡，**45**(1)，37（2010）；**45**(2)，109（2010）.
9) 波多聰ら，日本結晶学会誌，**57**(5)，276（2015）.
10) M. Kato, N. Kawase, T. Kaneko, S. Toh, S. Matsumura, H. Jinnai, *Ultramicroscopy*, **108**, 221 (2008).
11) K. J. Batenburg, J. Sijbers, *IEEE Trans. Image Process.*, **20**, 2542 (2011).
12) 工藤博幸ら，顕微鏡，**51**(1)，48（2016）.
13) 大出孝博，日経サイエンス，**20**，42（1990）.
14) W. Erikawa, M. Yonezawa, Y. Nishimura, 19 th General Meeting of the International Mineralogical Association, P 11-07, Kobe, Japan, July (2006), p. 169.
15) Y. Nishimura, W. Erikawa, K. Tsukamoto, 3 rd International Symposium on Physical Science in Space, P-42, Nara, Japan, October (2007), p. 127.
16) D. Axelrod, *Meth. Cell Biol.*, **30**, 245 (1989).
17) 楠見明弘ら 編，“バイオイメージングでここまで理解（わか）る”，羊土社（2002），p. 104.
18) 鶴田匡夫，“応用光学 I”，培風館（1990），p. 37.
19) M. Tokunaga, *et al., Biochem. Biophys. Res. Commun.*, **235**, 47 (1997).
20) T. Yokosuka, *et al., Nature Immunol.*, **6**, 1253 (2005).
21) G. Binnig, C. F. Quate, C. Gerber, *Phys. Rev. Lett.*, **56**, 930 (1986).
22) T. Fukuma, Y. Ueda, S. Yoshioka, H. Asakawa, *Phys. Rev. Lett.*, **104**, 016101 (2010).

23) N. Kodera, D. Yamamoto, R. Ishikawa, T. Ando, *Nature*, **468**, 72 (2010).
24) A. Noy, D. V. Vezenov, C. M. Lieber, *Annu. Rev. Mater. Sci.*, **27**, 381 (1997).
25) W. A. Ducker, T. J. Senden, R. M. Pashley, *Nature*, **353**, 239 (1991).
26) M. Benoit, D. Gabriel, G. Gerisch, H. E. Gaub, *Nat. Cell Biol.*, **2**, 313 (2000).
27) R. R. Dagastine, R. Manica, S. L. Carnie, D. Y. C. Chan, G. W. Stevens, F. Grieser, *Science*, **313**, 210 (2006).
28) S. Biggs, R. Cain, N. W. Page, *J. Coll. Interf. Sci.*, **232**, 133 (2000).
29) M. Rief, F. Oesterhelt, B. Heymann, H. E. Gaub, *Science*, **275**, 1295 (1997).
30) J. N. Israelachvili, G. E. Adams, *J. Chem. Soc., Faraday Trans.*, **74**, 975 (1978).
31) J. N. イスラエルアチヴィリ 著，大島広行 訳，"分子間力と表面力 第3版"，朝倉書店 (2013).
32) W. A. Ducker, T. J. Senden, R. M. Pashley, *Langmuir*, **8**, 1831 (1992).
33) M. Mizukami, M. Moteki, K. Kurihara, *J. Am. Chem. Soc.*, **124**, 12889 (2002).
34) H. Kawai, H. Sakuma, M. Mizukami, T. Abe, Y. Fukao, H. Tajima, K. Kurihara, *Rev. Sci. Instrum.*, **79**, 043701 (2008).
35) J. N. Israelachvili, P. M. MacGuiggan, A. H. Homola, *Science*, **240**, 189 (1988).
36) J. Peachey, J. V. Alsten, S. Granick, *Rev. Sci. Instrum.*, **62**, 463 (1991).
37) J. Klein, D. Perahia, S. Warburg, *Nature*, **352**, 143 (1991).
38) C. Dushkin, K. Kurihara, *Coll. Surf. A,* **129**, 131 (1997).
39) C. Dushkin, K. Kurihara, *Rev. Sci. Instrum.*, **69**, 2095 (1998).
40) M. Mizukami, K Kurihara, *Rev. Sci. Instrum.*, **79**, 113705 (2008).
41) 山田真爾，表面，**41**，1 (2003).
42) M. Mizukami, K. Kusakabe, K. Kurihara, *Prog. Coll. Polym. Sci.*, **128**, 105 (2004).
43) H. Sakuma, K. Otsuki, K. Kurihara, *Phys. Rev. Lett.*, **96**, 046104 (2006).
44) J. N. Israelachvili, *J. Coll. Interf. Sci.*, **44**, 259 (1973).
45) M. Kasuya, K. Kurihara, *Langmuir*, **30**, 7093 (2014).
46) S. Fujii, M. Kasuya, K. Kurihara, *J. Phys. Chem. C*, **121**, 26406 (2017).
47) K. Kurihara, T. Abe, N. Nakashima, *Langmuir*, **74**, 4053 (1996).
48) T. Suzuki, Y. Zhang, T. Koyama, D. Y. Sasaki, K. Kurihara, *J. Am. Chem. Soc.*, **128**, 15209 (2006).
49) T. Abe, K. Kurihara, N. Higashi, M. Niwa, *J. Phys. Chem.*, **99**, 1820 (1995).
50) T. Abe, N. Higashi, M. Niwa, K. Kurihara, *Langmuir*, **15**, 7725 (1999).
51) S. Hayashi, T. Abe, N. Higashi, M. Niwa, K. Kurihara, *Langmuir*, **18**, 3932 (2002).
52) 栗原和枝，中井康裕，油化学，**49**，1191 (2000).
53) 水上雅史，杉原理，山辺秀敏，安東勲雄，黒川幸子，栗原和枝，色材協会誌，**84**，87 (2011).
54) 栗原和枝，高分子，**57**，91 (2008).
55) K. Kurihara, *Langmuir*, **32**, 12290 (2016).

8.2 節

1) 中井 泉 編，"蛍光X線分析の実際"，朝倉書店 (2005).
2) 日本分析化学会 編，"機器分析ガイドブック"，丸善 (1996)，p. 125.
3) 日本表面科学会 編，"電子プローブ・マイクロアナライザー"，丸善 (1998).
4) 日本表面科学会 編，"X線光電子分光法"，丸善 (1998).
5) D. Briggs, M. P. Seah, ed., "Practical Surface Analysis, 2nd ed.", Vol. 1, John Wiley & Sons (1990).
6) M. Salmeron, R. Schlogl, *Surf. Sci. Rep.*, **63**, 169 (2008).
7) 文珠四郎秀昭，素材物性学会雑誌，**18**，1 (2006).
8) Y. Iwasawa, ed., "X-Ray Absorption Fine Structure for Catalysts and Surfaces", World Scientific Pub. (1996).
9) Y. Iwasawa, *Adv. Catal.*, **35**, 187 (1987).
10) A. Suzuki, Y. Inada, A. Yamaguchi, T. Chihara, M. Yuasa, M. Nomura, Y. Iwasawa, *Angew. Chem. Int. Ed.*, **42**, 4795 (2003).
11) D. C. Creagh (E. Prince, ed.), "International Tables for Crystallography, Vol. C: Mathematical, Physical and Chemical Tables International Tables for Crystallography", Springer Science & Business Media (2004), pp. 241-258.
12) 日本結晶学会「結晶解析ハンドブック」編集委員会 編，"結晶解析ハンドブック"，共立出版 (1999)，pp. 234，244.
13) S. K. Sinha, E. B. Sirota, S. Garof, H. B. Stanley, *Phys. Rev. B*, **38**, 2297 (1988).
14) T. Fukuyama, T. Kozawa, S. Tagawa, R. Takasu, H. Yukawa, M. Sato, J. Onodera, I. Hirosawa, T. Koganesawa, K.

Horie, *Appl. Phys. Exp.*, **1**, 065004 (2008).
15) 古賀智之，本田幸司，佐々木園，坂田修身，高原淳，高分子論文集，**64**，269（2007）.

8.3 節

1) L. J. M. Vagberg, K. A.Cogan, A. Gast, *Macromolecules*, **24**, 1670 (1991).
2) 日本化学会 編，“コロイド科学 IV. コロイド科学実験法”，東京化学同人（1996），4 章.
3) B. Chu, “Laser Light Scattering, 2 nd ed.”, Academic Press (1991).
4) R. Pecora, ed., “Dynamic Light Scattering”, Plenum Press (1985).
5) P. Kaewsaiha, K. Matsumoto, H. Matsuoka, *Langmuir*, **21**, 9938 (2005).
6) H. Matsuoka, H. Morikawa, H. Yamaoka, *Coll. Surf. A*, **109**, 137 (1996).
7) 松岡秀樹，日本結晶学会誌，**41**，213（1999）.
8) 日本化学会 編，“コロイド科学 IV. コロイド科学実験法”，東京化学同人（1996），3 章.
9) 日本化学会 編，“第 5 版 実験化学講座 11. 回折”，丸善（2006），7.2，7.3 節.
10) 松岡秀樹，日本結晶学会誌，**41**，269（1999）.
11) P. Kaewsaiha, K. Matsumoto, H. Matsuoka, *Langmuir*, **23**, 9162 (2007).
12) J. S. Pedersen, D. Posselt, K. Mortensen, *J. Appl. Crystallogr.*, **23**, 32 (1990).

8.4 節

1) K. Kato, A. Takatsu, N. Matsuda, R. Azumi, M. Matsumoto, *Chem. Lett.*, **24**, 437 (1995).
2) Y. Ayato, A. Takatsu, K. Kato, N. Matsuda, *Jpn. J. Appl. Phys.*, **47**, 1333 (2008).
3) K. Takahashi, *Electrochemistry*, **72**, 123 (2004).
4) W. Suëtaka, “Surface Infrared and Raman Spectroscopy”, Plenum Press (1995).
5) S. Kawata, Y. Inoue, *Rev. Laser Eng.*, **31**, 829 (2003).
6) M. Osawa, *Bull. Chem. Soc. Jpn.*, **70**, 2861 (1997).
7) 濵口宏夫，平川暁子 編，“ラマン分光法”，学会出版センター（1988）.
8) 北川禎三，A. T. Tu，“ラマン分光学入門”，化学同人（1988）.
9) M. Moskovits, *Rev. Mod. Phys.*, **57**, 783 (1985).
10) S. Nie, S. R. Emory, *Science*, **275**, 1102 (1997).
11) K. Kneipp, H. Kneipp, G. Deinum, I. Itzkan, P. R. Dasari, M. S. Feld, *Appl. Spectrosc.*, **52**, 175 (1998).
12) D. L. Jeanmaire, P. R. Van Duyne, *J. Electroanal. Chem.*, **84**, 1 (1977).
13) M. G. Albrecht, J. A. Creighton, *J. Am. Chem. Soc.*, **99**, 5215 (1977).
14) K. Kneipp, Y. Ozaki, Z.-Q. Tian, eds., “Recent Developments in Plasmon-Supported Raman Spectroscopy: 45 Years of Enhanced Raman Signals”, World Scientific Pub. (2018).
15) W. Knoll, *Annu. Rev. Phys. Chem.*, **49**, 569 (1998).
16) K. Tamada, *et al., Langmuir*, **17**, 1913 (2001).
17) S. Yokokawa, *et al., J. Phys. Chem. B*, **107**, 3544 (2003).
18) Y. R. Shen, “The Principles of Nonlinear Optics”, John Wiley & Sons (1984).
19) C. D. Bain, *J. Chem. Soc., Faraday Trans.*, **91**, 1281 (1995).
20) P. Miranda, Y. R. Shen, *J. Phys. Chem. B*, **103**, 3292 (1999).
21) G. L. Richmond, *Chem. Rev.*, **102**, 2693 (2002).
22) 和田昭英，堂免一成，廣瀬千秋，分光研究，**47**，190（1999）.
23) 叶 深，大澤雅俊，表面科学，**24**，740（2003）.
24) 山口祥一，田原太平，表面科学，**28**，682（2007）.
25) S. Ye, K. Uosaki, “Encyclopedia of Electrochemistry, Vol. 10”, ed. by A. J. Bard, Wiley-VCH (2007), p. 513.
26) J. Holman, P. B. Davies, T. Nishida, S. Ye, D. J. Neivandt, *J. Phys. Chem., B* (Feature Article), **109**, 18723 (2005).
27) P. Miranda, V. Pflumio, H. Saijo, Y. R. Shen, *J. Am. Chem. Soc.*, **120**, 12092 (1998).
28) R. K. Harris, “Nuclear Magnetic Resonance Spectroscopy. A Physicochemical View.” Longman Scientific & Technical (1986).
29) 加藤 直，油化学，**41**，75（1992）.
30) 加藤 直，油化学，**49**，1173（2000）.
31) 中川公一，生物物理，**33**(5)，57（1993）.
32) 中川公一，表面，**39**，456（2001）.
33) K. Nakagawa, *Bull. Chem. Soc. Jpn.*, **77**, 1323 (2004).
34) K. Nakagawa, *Lipids*, **40**, 745 (2005).
35) K. Nakagawa, *Langmuir*, **19**, 5078 (2003).

36) K. Nakagawa, *Bull. Chem. Soc. Jpn.*, **77**, 269 (2004).
37) K. Nakagawa, *Lipids*, **42**, 457 (2007).
38) K. Nakagawa, *J. Am. Oil Chem. Soc.*, **96**, 1 (2009).
39) J. H. Freed, L. J. Berliner, ed., "Spin labeling, theory and applications", Academic Press (1976), p. 53.
40) E. Meirovitch, D. Igner, G. Moro, J. H. Freed, *J. Chem. Phys.*, **77**, 3915 (1982).
41) E. Meirovitch, J. H. Freed, *J. Phys. Chem.*, **88**, 4995 (1984).
42) M. Ge, S. B. Rananavare, J. H. Freed, *Biochim. Biophys. Acta*, **1036**, 228 (1990).
43) L. J. Berliner, ed., "Spin Labeling, Theory and Applications", Academic Press (1976), p. 565.
44) D. Magde, E. Elson, W. W. Webb, *Phys. Rev. Lett.*, **29**, 705 (1972).
45) E. L. Elson, D. Magde, *Biopolymers*, **13**, 1 (1974).
46) D. Magde, E. L.Elson, W. W. Webb, *Biopolymers*, **13**, 29 (1974).
47) R. Rigler, Ü. Mets, J. Widengren, P. Kask, *Eur. Biophys. J.*, **22**, 169 (1993).
48) R. Rigler, E. S. Elson, ed., "Springer Series in Chemical Physics 65 Fluorescence Correlation Spectroscopy", Springer-Verlag (2001).
49) O. Krichevsky, G. Bonnet, *Rep. Prog. Phys.*, **65**, 251 (2002).
50) J. R. Lakowicz, "Principles of Fluorescence Spectroscopy", 3 rd Ed., Springer (2006).
51) S. Ito, T. Sugiyama, N. Toitani, G. Katayama, H. Miyasaka, *J. Phys. Chem. B*, **111**, 2365 (2007).
52) 萩谷正憲，分光研究，**54**(3)，181 (2005).
53) 萩谷正憲，谷　正彦，長島　健，応用物理，**74**，709 (2005).
54) D. H. Auston, K. P. Cheung, P. R. Smith, *Appl. Phys. Lett.*, **45**, 284 (1984).
55) 小川雄一，ぶんせき，**11**，575 (2007).
56) H. Hirori, K. Yamashita, M. Nagai, K. Tanaka, *Jpn. J. Appl. Phys.*, **43**, L1287 (2004).

8.5 節

1) 小山　昇，直井勝彦，大坂武男，電気化学，**59**(1)，937 (1991).
2) D. A. Buttry, M. D. Ward, *Chem. Rev.*, **92**, 1355 (1992).
3) 立間　徹，小山　昇，表面，**33**，689 (1995).
4) N. Oyama, T. Ohsaka, *Prog. Polym. Sci.*, **20**, 761 (1995).
5) T. Oyama, T. Okajima, T. Ohsaka, S. Yamaguchi, N. Oyama, *Bull. Chem. Soc. Jpn.*, **81**(6), 726 (2008).
6) J. C. Vickerman, D. Briggs, eds., "TOF-SIMS : Surface Analysis by Mass Spectrometry", IM Publications (2001).
7) 日本表面科学会 編，"表面分析技術選書 二次イオン質量分析法"，丸善 (1999).
8) D. Briggs, M. P. Seah 編，志水隆一，二瓶好正 監訳，"表面分析：SIMS－二次イオン質量分析法の基礎と応用"，アグネ承風社 (2004).

8.6 節

1) A. S. Dukhin, P. J. Goetz, "Studies in Interface Science 15 Ultrasound for Characterizing Colloids—Particle Sizing, Zeta Potential, Rheology", Elsevier (2002).
2) 武田真一 他，"微粒子スラリーの分散・凝集状態と分散安定性の評価"，サイエンス&テクノロジー (2016), pp. 52-68.
3) C. L. Cooper, T.Cosgrove, J. S. Duijneveldt, M. Murray, S. W. Prescott, *Soft Matter*, **9**, 7211-7228 (2013).
4) O. Glatter, O. Kratky, ed., "Small-Angle X-ray Scattering", Academic Press (1982).
5) R. W. O'Brien, *J. Fluid Mech.*, **190**, 71-86 (1988).
6) ISO TR13097 : Guidelines for the characterization of dispersion stability (2013).
7) C. M. Hansen, "Hansen Solubility Parameters: A User's Handbook", 2nd Ed., Taylor & Francis (2007), pp. 125-135.
8) ゼータ電位全般の参考書として，北原文雄，古澤邦夫，尾崎正孝，大島広行，" ゼータ電位－微粒子界面の物理化学－"，サイエンティスト社 (2012).
9) J. C. Giddings, *Sep. Sci.*, **1**, 123-125 (1966).
10) K. G. Wahlund, J. C. Giddings, *Anal. Chem.*, **59**, 1332-1339 (1987).
11) P. J. Wyatt, *Anal. Chem.*, **86**, 7171-7183 (2014).
12) X. Zhu, C. S. Ong, X. Xu, B. Hu, J. Shang, H. Yang, S. Katlakunta, Y. Liu, X. Chen, L. Pan, J. Ding, R.-W. Li. *Sci. Rep.*, **3**, 1084 (2013).
13) Li Zhang, H. Tanimoto, K. Adachi, A. Nishiyama, *IEEE Electron Device Lett.*, **29**(7), 799-801 (2008).

9

極限環境のコロイド

9.1 超　臨　界

自然界の微粒子分散系は，幅広い温度・圧力環境に存在するという点で，われわれが普段取り扱う微粒子分散系とは異なる。その極端な例が，熱水噴出孔とよばれる深海底で湧き出す温泉にみられる。深海熱水噴出孔の熱水の温度・圧力は，時には水の臨界点（図 9.1，$T_c=374$℃，$P_c=22.1$ MPa）を超えた超臨界状態にある[1]。なかでもブラックスモーカーとよばれる熱水噴出孔では，熱水が金属硫化物微粒子を多量に含み，高温・高圧の微粒子分散系が形成されている。このような極限環境の水の中での微粒子のふるまいは，常温・常圧とは大きく異なる。

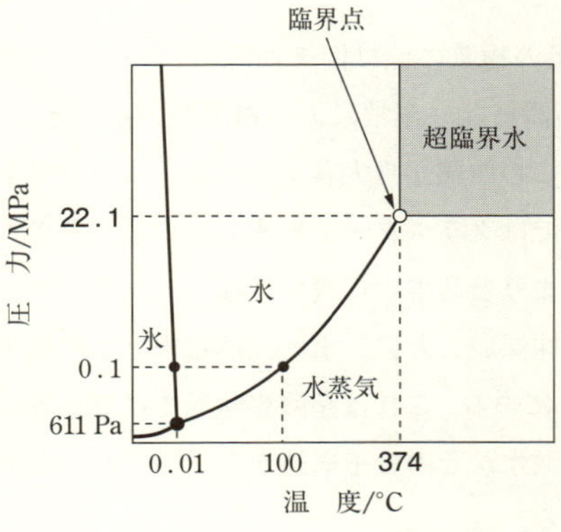

図 9.1　水の相図（模式図）

9.1.1　高温・高圧の極限における水の性質

臨界点近くの高温，高圧下では，水の諸性質は常温，常圧下でのそれとは大きく異なる[2]。例えば，水の密度は $1\,\mathrm{g\,cm^{-3}}$ であるが，臨界点では $0.3\,\mathrm{g\,cm^{-3}}$ と，気体と液体の中間の値にまで低下する。これに伴って水の様々な物性値も大きく変化する。

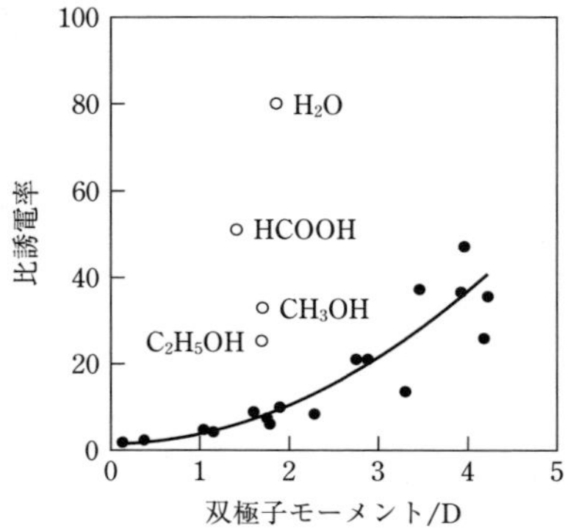

図 9.2　比誘電率と双極子モーメント
[S. Deguchi, K. Tsujii, *Soft Matter*, 3, 797 (2007)]

極性の指標となる比誘電率は，常温，常圧下では80と非常に高いが，400℃, 30 MPaでは6まで低下する。その結果，通常水には溶けない炭化水素や無極性ガスが非常によく溶け，逆に無機塩の溶解度は著しく低下する。したがって超臨界水が特殊な水であるとの印象を受けがちであるが，事実はまったく逆のようである。図 9.2に，さまざまな液体の比誘電率を双極子モーメントに対してプロットしたものを示す[3)]。双極子モーメントは，物質を構成する分子の極性に相当する量であるのに対し，比誘電率はバルクの極性に相当する。

図 9.2から明らかなように，大半の物質の値は同一曲線上にのる。すなわち単一分子の極性とバルク液体の極性との間には，非常によい相関がある。ところが，水，ギ酸，メタノール，エタノールは，この曲線から大きく外れる。これらは会合性液体として知られており，バルク液体中ではクラスターを形成している。そのため，これらの物質の比誘電率には，分子の集まりとしての性質ではなく，クラスターの集まりとしての性質が反映されている。興味深いことに，水の比誘電率として臨界点での値6を用いると，水のデータ点は曲線上にのる。これは超臨界状態では高い熱エネルギーのためにクラスター形成が起こらず，水がその分子構造から予測されるとおりの理想的なふるまいを示すことを表している。

9.1.2　高温・高圧水中での分散安定性

コロイド粒子の分散安定性は，粒子表面間に働くファンデルワールス力と静電力のバランスで決まる。これらの相互作用は表面電荷密度などの粒子表面特性や粒子自体の物性と，比誘電率や屈折率などの分散媒の物性の双方で決まる。しかしながら常温，常圧下では，分散媒の物性は物質に固有の定数とみなせるため，分散安定性は粒子表面の性質のみで議論できる。ところが亜臨界状態や超臨界状態では，コロイドの分散安定性に対する分散媒の影響がきわめて重要になる。

たとえば単分散ポリスチレンラテックスの水分散液の場合，25 MPa の高圧下で加熱すると，275℃ までは安定分散状態が保たれる。しかしながら 300℃ に加熱すると，すみやかに凝集，沈殿が起こる[2]。加熱による同様のコロイド不安定化は，粘土鉱物，フラーレンナノ粒子，金コロイドなどの様々な水分散系でみられる[4]。300℃, 25 MPa での水の比誘電率は 21 と，1-プロパノールに相当する値にまで低下する。したがって，高温，高圧水中でのコロイド凝集の一義的な要因は，水の比誘電率の低下にあると解釈できる[4]。この結果は，高温・高圧の水はもはや優れた微粒子分散媒ではなく，比誘電率の低下によって粒子の安定分散が困難であることを意味している。

［出口 茂］

9.2 微小重力・超重力

化学は基本的に分子/原子を扱う学問であり，それゆえ重力の影響を受けることはほとんどない。しかしながら，界面コロイド化学分野で扱う分子集合体や微粒子などのように，対象系が大きくなると，重力の影響を受ける。たとえばコロイド分散系の研究では，重力による沈降の影響を取り除くため，粒子と分散媒の比重を一致させる

図 9.3 国際宇宙ステーション（ISS）に取り付けられる“きぼう”日本実験棟
［提供：宇宙航空研究開発機構（JAXA)］

手法（density matching）が古くから用いられてきた。

2008年3月に“きぼう”日本実験棟が国際宇宙ステーションに取り付けられ，運用が始まった（図 9.3)。高度約400 kmの軌道を飛行する国際宇宙ステーション内部の重力は，地上での重力の100万分の1程度である[1]。この良質な微小重力環境を利用して新しい化学を創成すべく，“基礎化学研究シナリオ案”がまとめられた[2]。本項では，シナリオ案のうち，界面コロイド化学分野と密接に関連した領域を紹介する。ただ残念ながら，これらの課題は最終的に宇宙実験には採択されなかった。

ちなみにNASAのDon Petit宇宙飛行士が，国際宇宙ステーション滞在中に行った，数々の興味深い実験が紹介されている[3]。いずれも身近な道具を使った簡単な実験ではあるが，微小重力環境の面白さを十分に伝えるものとなっている。

9.2.1 微小重力

a. コロイドの結晶化

コロイド結晶は，結晶成長のモデル系として注目されている。結晶の構成単位が原子分子系の結晶と比べて大きく，光学的手法による観察や現象解明が容易であることが理由である。無機塩，タンパク質およびコロイド結晶の特性を比較してみると，粒径が大きくなるほど結合力は弱まり，溶液中の拡散係数も小さくなるため，対流の効果が強く作用する。とくにコロイド結晶においては，結合あたりの剛性が極端に小さく，重力およびこれに起因する微弱な流れがあると融解してしまう。したがって，コロイド結晶は結晶成長と流れの相互作用を明らかにするうえできわめてよいモデル系である。微小重力下でのコロイド結晶成長を調べることで，従来の結晶成長理論の普遍性と限界を解明できると期待される。

b. 自己組織化によるメゾスコピック構造の形成

高分子やナノ微粒子の希薄溶液からキャストする過程で形成される散逸構造と，基板上における規則的なはっ水現象が組み合わさることによって，数十nmから数μmの大きさの周期性をもつ規則構造が自発的に形成される。このようなキャスト現象では，溶液と基板のメニスカス界面においてフィンガリング不安定性（Marangoni対流に基づく周期的な濃縮現象）が形成される。さらにこの不安定性を起源とする規則的な縞状構造が溶媒の蒸発に伴って形成され，ストライプが基板に対してはっ水することで，島状のドットが規則的に配列する。キャスト溶液のメニスカスのような微小領域では対流と表面張力は拮抗しているため，nmからμmにかけたメゾ領域における自己組織化による構造形成は，重力，表面張力などのバランスによって多様に制御される。重力をコントロールすることによって対流と表面張力のバランスを制御できれば，散逸構造形成の制御とその形成の本質的理解が進むとともに，地上では形成されない新たなメゾスコピックパターンの形成が期待される。

c. 2種液体間の自由接触角と曲率

通常のぬれの研究では，固体表面上に液滴をおくか，比重の大きい液体上に，それより軽い液滴をおいて接触角を測定する。この場合，固体と液体および2種の液体の接点における表面（界面）張力の釣り合いとして求められる接触角は測定できるが，バルクに対する表面（界面）張力の釣り合い（Laplace 圧の釣り合い）は観察できない。その理由は，固体の剛性のために固体表面が容易には曲がらないことと，2種の液体の場合には，重力のために重い液体の上に軽い液体を置かざるを得ないという物理的事情による。もし微小重力下で混じり合わない2種の液体を自由に接触させることができれば，その形は，接触円周上での表面（界面）張力の釣り合い（Neumann 三角形）と，接触面での Laplace 圧の釣り合いによって決まると予想される。これまで，接点での表面（界面）張力の釣り合い（接触角）とバルクに対する表面（界面）張力の釣り合い（Laplace 圧の釣り合い）について同時に観察された例はない。

d. 臨界ゆらぎのもとでのブラウン運動

コロイド分散系の研究は，これまで“一様な媒体中での現象である”ことが前提とされてきた。すなわち，媒体の物性（誘電率，塩濃度，粘性率など）は変化しても，その物性がゆらぐことは考慮されていなかった。しかし媒体が気/液臨界点に近づくと，流体中に大きな密度ゆらぎが発生する。そのような媒体中のコロイド粒子は，媒体の密度ゆらぎの影響を強く受けて，non-Brownian 的な挙動をすると予想される。さらにコロイド粒子間の相互作用も影響を受け，分散安定性が大きく変化すると期待される。地上では，臨界密度ゆらぎに重力の影響による異方性が現れるため，コロイド粒子の運動に及ぼすゆらぎの影響を，均一なゆらぎ場を保持しながら観測するには，重力を除くことが必須である。加えてコロイド粒子の沈降の影響も回避できる。

9.2.2 超 重 力

逆に重力を積極的に活用して研究や新材料の開発を行うこともある。たとえば，100万 g を超える超重力場を 500℃ 以上までの温度で発生できる遠心機[4] を利用して，超重力下で2種類の比重が異なるモノマーを共重合させると，鉛直方向に組成分布を

有する高分子材料が得られる[5]。新たな傾斜機能材料の創成のための方法論として期待される。　［出口 茂・辻井 薫］

9.3 強　磁　場

9.3.1 磁気力効果

強弱は別にして，磁性はあらゆる物質に固有な物理的性質である。したがって，通常は磁性をもたないとみられる物質でも，強磁場中では磁性体として何らかの力を受ける。このとき働く磁気力は磁束密度と磁束密度の勾配に比例して生み出されるので，超伝導磁石でつくり出されるような非常に強い磁場中では，水やタンパク質のような反磁性体物質に対して，重力と釣り合うほどの力を得ることができる。その結果，地上において，あたかも無重力状態が生じたように，時にはカエルのような小動物でも磁場空間内に浮揚させることができる。現在，国際宇宙ステーションでの実験が進んでいるが，磁場を用いる微小重力状態での実験は，費用対効果の点で有利である[1,2]。このような微小重力実験では，浮遊させる反磁性体の磁化率変化の様子を外部からリアルタイムで知ることができることから，反磁性体の電子状態を研究する新しい手段として大きな期待がよせられている。また磁気力は磁気異方性をもつ高分子結晶や金属結晶ドメインを配向させる働きがあるため，磁場を用いてさまざまな材料の構造制御が試みられている。そのさい，加える磁気力の大きさが大きくなるほど小さなドメインを制御できるため，強磁場が利用されている。

9.3.2 ローレンツ力効果

強磁場は磁気力だけでなく，ローレンツ力を介しても物質や反応に大きな効果をもたらす。強磁場中で電気化学反応を行うと，電解電流と磁場によりつくり出されるローレンツ力が反応過程に大きな影響を与える。このローレンツ力はMHD（magnetohydrodynamics）流れとよぶ電解液の流動を引き起こし，物質移動を大幅に促進させる（MHD効果）。さらに電析の場合には，同時に生じる微細なうず状流れ（第一マイクロMHD流れ）が5.4.1項で説明した非平衡ゆらぎと相互作用することで，得られる電析形態に大きな影響が現れる。電析における結晶核生成には，電気二重層中で起こる二次元核生成と，拡散層中で起こる三次元核生成がある。いずれの核生成も，反応に伴って生じる濃度などの非平衡ゆらぎと自己触媒的過程で結び付いている。そこで，

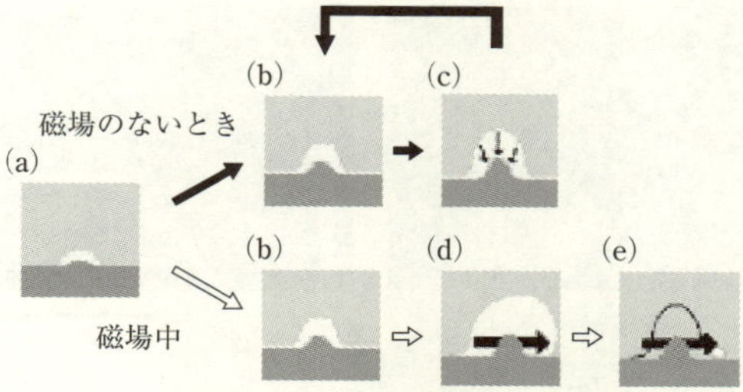

図 9.4 第一マイクロ MHD 流れによる非平衡濃度ゆらぎと三次元核生成の抑制
(a) 初期状態。対称性濃度ゆらぎの発生 (b) ゆらぎの成長 (c) 結晶核の成長 (d) マイクロ MHD 流れによる干渉 (e) ゆらぎの成長の抑制

核生成とこれらの流れの関係は，非平衡ゆらぎと流れの関係に置き換えて考えることができる。

図 9.4 に示すように，拡散層内部で発生した 0.1 μm 程度の大きさのうず対流（第一マイクロ MHD 流れ）が濃度ゆらぎに干渉してこれを抑制するため，結果として三次元核生成が抑制され平滑な析出面をつくり出す。これを第一マイクロ MHD 効果とよぶ[3)]。すなわち，化学的に電析を抑制して析出面を平滑化する平滑剤の代わりを，物理的な第一マイクロ MHD 流れがすることになる。この物理的な平滑剤は溶液を化学的に劣化させることがなく，かつ磁場の強い浸透性によって，複雑な加工材料の内部析出面を平滑化するうえで，きわめて有効である[4)]。

しかしながら，5 T 以上の強磁場中で電析を長時間（1000 s 程度）行うと，二次元核生成が促進されて数十 μm の大きさの二次粒子が得られる。これは反応促進効果であり，第二マイクロ MHD 効果とよばれる。ただし二次粒子の成長には水素イオンの吸着が必要で，水素イオンの吸着がないと第一マイクロ MHD 効果が働いて析出面は平坦になる。図 9.5 に銅の電析で得られる二次粒子を示す。比較として水素イオン吸着がない場合の析出面も示す。この効果は，長時間の電析により二次元核生成が反応律速から物質移動律速に変わることが原因になって生まれる。その結果，数十 μm の大きさをもつうず流が対流拡散層の厚みを決定し，同じ大きさの二次粒子が形成される。このときききわめて小さな電気二重層過電圧が加わることがわかっている。この値は非常に強い磁場によりもたらされる磁気エネルギーと同程度の大きさなので，磁気エネルギーが電析に与える新しい効果の存在が期待されている。　［青柿 良一］

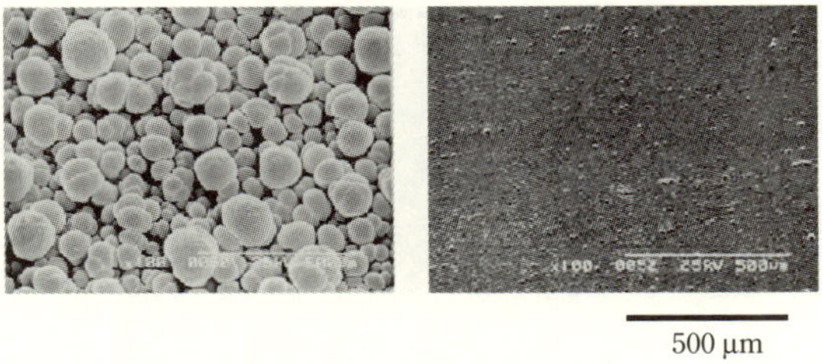

(a)　　　　　　　　(b)

図 9.5　銅析出面の電子顕微鏡写真（磁束密度 B＝5 T，析出時間 1200 s）
(a)　水素イオン吸着の場合　　(b)　水素イオン吸着なしの場合

9.4 磁　化　水

磁場はきわめてマイルドかつクリーンなエネルギーで，表面から深部まで一様に効果を及ぼす。物質は普遍的に反磁性磁化をもつので，すべての物質が磁場と相互作用し，正味の電子スピン角運動量をもつ常磁性の場合には比較的大きな相互作用が期待される。磁場は物質系に量子力学的効果，熱力学的効果，力学的効果を及ぼす[1,2]。化学反応の中間体であるラジカル対の電子スピン状態間の遷移は磁場によって変化し，反応速度や反応経路が変わるとともに収量が変化する。これは量子力学によって厳密に理解されている。熱力学的には物質の状態や状態間の転移は磁気エネルギーを含む自由エネルギーに支配される。磁化が磁場と相互作用してもつ磁気エネルギーは10 T の磁場下でさえ室温の熱エネルギーの 10000 分の 1 よりも小さいが，分子ドメインが大きければ協同的に磁場応答するので，コロイド系は磁場応答しやすい系といえる[3~6]。また，磁場が電流や勾配磁場と相互作用してローレンツ力や磁気力を及ぼし，配向や物質輸送に影響する。これらの効果に対してもコロイド系は敏感である[7]。

一方で，上記のような物理として確立した磁場作用のほかに，既存理論の枠組みでは理解し難い磁場効果もあり，磁気処理水（磁化水）はその一つである。磁気処理は，永久磁石を装着した配管に水を流すとスケール付着防止や防錆効果があるとされる。さらに進んで，磁気処理された水自体が磁化水として特殊な状態にあり，染色工業，農業，土木などに半世紀以上も前から利用可能とされている[8]。その磁気処理効果は，処理後数時間以上にわたる記憶効果をもつといわれている。

ゼータ電位や原子間力顕微鏡を用いるコロイド化学的手法からは，コロイド周りの水和層が磁気処理によって肥厚することが示された[9～11]。磁気処理効果を評価する簡便かつ定量的な方法としては，接触角測定をあげることができる[12,13]。接触角が3°以上低下した磁気処理水では，水の分解電圧の上昇，水の赤外（IR）およびラマンバンドの変化，水中での鉄や銅の腐食抑制，水中から生成する結晶の構造の変化をもたらす。炭酸ナトリウム水溶液と塩化カルシウム水溶液とをそれぞれ磁場中を通過させたのち混合すると，通常生成するカルサイトにバテライトが混ざる（図 9.6）[12～16]。図 9.7（a）は，真空蒸留水のIRスペクトルを磁気処理前後で比較したものであるが，変化はみられなかった。この真空蒸留水に分圧を変えて純酸素を溶存させ磁気処理すると，図 9.7（b）にみられるように2900および1100 cm^{-1}付近に新ピークが現れ，水素結合バンドが増大した。つまり酸素が溶存している場合にのみ，磁気処理によって磁化水になることがわかった[13,14]。また，酸素同位体 $^{18}O_2$ を用いると，両新規バンドは低波数側にシフトした。これらの変化は静置すると1時間程度で消失することから，磁気処理水は不純物生成によるものではなく，振動モードをもつような実体，たとえば酸素クラスレートハイドレート様ドメインの形成を伴う現象であることを示唆している[13]。水が動的構造を有することを考えれば理解しにくい現象ではあるが，こ

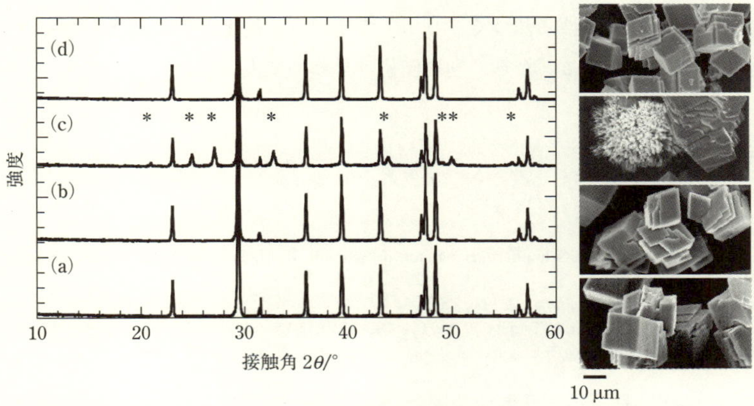

図 9.6 塩化カルシウム水溶液と炭酸ナトリウム水溶液から調製した炭酸カルシウムのX線回折図と走査電子顕微鏡写真
(a) 未処理（真空蒸留水） (b) 磁気処理（真空蒸留水） (c) 磁気処理（空気溶存，接触角低下 $\Delta\theta = -7.4°$） (d) 磁気処理後3日経過。
＊：バテライト
［I. Otsuka, S. Ozeki, *J. Phys. Chem. B*, **110**, 1506（2006）］

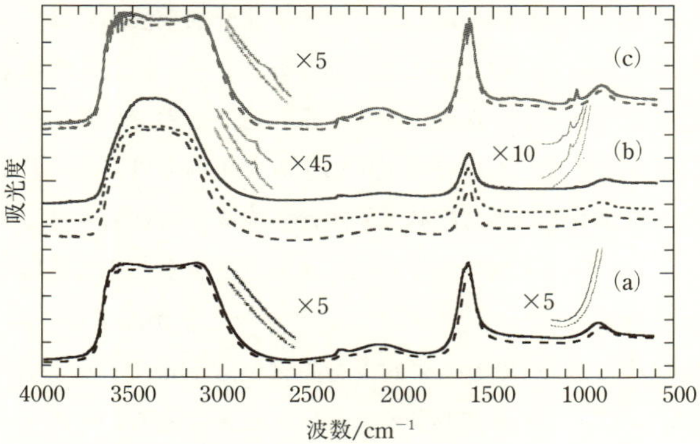

図 9.7　磁気処理水の赤外線吸収スペクトル
(a)　真空蒸留水　(b)　(a) に酸素 98 Torr（破線と点線，$\Delta\theta=-3.6°$）および 695 Torr（実線；$\Delta\theta=-6.8°$）を導入した水　(c)　(a) に空気を 760 Torr 導入した水
各スペクトルの破線は未処理水，実線と点線は磁気処理水
[S. Ozeki, I. Otsuka, *J. Phys. Chem. B*, **110**, 20067 (2006)]

れまで再現性の乏しかった現象を評価しながら，科学的に検証する道筋が示された。磁気処理は，磁場の特性に基づくメリットのほかに，施工が簡単でまったくランニングコストがかからないことから，利用価値はきわめて大きい。　　［尾関 寿美男］

参考文献

9.1 節

1) A. Koschinsky, D. Garbe-Schonberg, S. Sander, K. Schmidt, H.-H. Gennerich, H. Strauss, *Geology*, **36**, 615 (2008).
2) S. Deguchi, K. Tsujii, *Soft Matter*, **3**, 797 (2007).
3) R. G. Alargova, S. Deguchi, K. Tsujii, *Coll. Surf. A*, **183**, 303 (2001).
4) S. K. Ghosh, R. G. Alargova, S. Deguchi, K. Tsujii, *J. Phys. Chem. B.*, **110**, 25901 (2006).

9.2 節

1) 井口洋夫 監修，岡田益吉，朽津耕三，小林俊一 編，“宇宙環境利用のサイエンス”，裳華房 (2000).
2) 宇宙航空研究開発機構，基礎化学研究シナリオ案 (2004).
3) Don Pettit Space Chronicles, http://spaceflight. nasa. gov/station/crew/exp 6/spacechronicles. html
4) T. Mashimo, X. Huang, T. Osakabe, M. Ono, M. Nishihara, H. Ihara, M. Sueyoshi, K. Shibasaki, S. Shibasaki, N. Mori, *Rev. Sci. Instrum.*, **74**, 160 (2003).
5) H. Ihara, Y. Abe, A. Miyamoto, M Nishihara, M. Takafuji, M. Ono, S. Okayasu, T. Mashimo, *Chem. Lett.*, **37**, 200 (2008).

9.3 節

1) 北澤宏一 監修，尾関寿美男，谷本能文，山口益弘 編著，“磁気科学”，アイピーシー（2002），p. 166.
2) M. Yamaguchi, Y. Tanimoto, ed., “Magneto-Science”, Kodansha / Springer (2006), p. 41.
3) R. Morimoto, A. Sugiyama, R. Aogaki, *Electrochemistry*, **72**, 421 (2004).
4) 森本良一，矢澤貞春，青柿良一，杉山敦史，齋藤 誠，表面技術，**59**，408（2008）.

9.4 節

1) 北澤宏一 監修，尾関寿美男，谷本能文，山口益弘 編著，“磁気科学”，アイピーシー（2002），p. 166.
2) M. Yamaguchi, Y. Tanimoto, ed., “Magneto-Science”, Kodansha / Springer (2006), p. 41.
3) S. Ozeki, J. Miyamoto, S. Ono, C. Wakai, T. Watanabe, *J. Phys. Chem.*, **100**, 4205 (1996).
4) S. Ozeki, H. Kurashima, H. Abe, *J. Phys. Chem. B*, **104**, 5657 (2000).
5) S. Ozeki, H. Kurashima (A. Hubbard, ed.), “Encyclopedia of Surface and Colloid Science”, Marcel Dekker (2002), p. 3109.
6) S. Saravanan, S. Ozeki, *J. Phys. Chem., B*, **112**, 3 (2008).
7) 尾関寿美男，化学，**68**(1)，39-43（2013）.
8) V. I. Klassen, “Magnetization of Water Systems (in Russian)” Nauka (1982).
9) K. Higashitani, A. Kage, S. Katamura, K. Imai, S. Hatade, *J. Coll. Interf. Sci.*, **156**, 90 (1993).
10) K. Higashitani, H. Iseri, K. Okuhara, A. Kage, S. Hatade, *J. Coll. Interf. Sci.*, **172**, 383 (1995).
11) K. Higashitani, J. Oshitani, *J. Coll. Interf. Sci.*, **204**, 363 (1998).
12) 大塚伊知郎，福井克彦，中川和典，尾関寿美男，中山武典，細木哲郎，佐伯主税，銅と銅合金，**44**，196（2005）.
13) I. Otsuka, S. Ozeki, *J. Phys. Chem. B*, **110**, 1509 (2006).
14) S. Ozeki, I. Otsuka, *J. Phys. Chem. B*, **110**, 20067 (2006).
15) 大塚伊知郎，G. サラバナン，本間裕太，尾関寿美男，中山武典，細木哲郎，石橋明彦，銅と銅合金，**46**，243（2007）.
16) T. Hase, T. Nakayama, S. Ozaki, T. Sakanishi, *Corr. Eng.*, **61**(3), 61-65 (2012).

索　引

✍ー略　語

✍－あ　行

✍―か　行

✍ーさ　行

✍—た　行

✍−な　行

✍—は　行

✍―ら　行

✍―わ　行

第4版　現代界面コロイド化学の基礎
　―原理・応用・測定ソリューション

平成30年4月30日　発　　行
令和3年6月30日　第2刷発行

編　者　公益社団法人 日本化学会

発行者　池　田　和　博

発行所　丸善出版株式会社
〒101-0051 東京都千代田区神田神保町二丁目17番
編集：電話(03)3512-3261／FAX(03)3512-3272
営業：電話(03)3512-3256／FAX(03)3512-3270
https://www.maruzen-publishing.co.jp/

組版印刷・中央印刷株式会社／製本・株式会社 星共社

ISBN 978-4-621-30291-0　C 3043　Printed in Japan